AF382870

Korrosionstabellen metallischer Werkstoffe

geordnet nach angreifenden Stoffen

Von

Dr. techn. Franz Ritter

Leoben-Linz

Vierte, erweiterte Auflage

Mit 37 Textabbildungen

Wien

Springer-Verlag

1958

ISBN-13: 978-3-7091-5708-4   e-ISBN-13: 978-3-7091-5706-0
DOI: 10.1007/978-3-7091-5706-0

Vorwort zur vierten Auflage

Als vor nunmehr zwanzig Jahren die erste Auflage dieser Korrosionstabellen erschien, gab es nur eine verhältnismäßig geringe Anzahl von Fachleuten, die sich mit Korrosionsfragen beschäftigten. Heute ist die Untersuchung und Bekämpfung der Korrosion, die uns nicht nur in der chemischen Industrie, sondern selbst im täglichen Leben vielfach begegnet, eine so dringende technische und wirtschaftliche Notwendigkeit geworden, daß sich nicht nur Tausende solchen Aufgaben widmen, sondern sogar eine Europäische Föderation Korrosion geschaffen wurde.

Die Fülle des in zahlreichen Fachzeitschriften vorliegenden Materials ist so groß geworden, daß es schon schwierig wird, alles Wissenswerte in dem Rahmen eines handlichen Buches unterzubringen. Trotzdem bei der Neubearbeitung der vorliegenden Auflage mehrere tausend Ergänzungen eingefügt wurden, erfuhr der Gesamtumfang des Buches nur eine geringe Erweiterung. Dies war vor allem dadurch möglich, daß Hinweise auf das Verhalten nichtmetallischer Werkstoffe hier entfallen konnten, weil darüber ein inzwischen erschienener eigener Tabellenband[1] Auskunft gibt.

Wiederum wurden alle Zahlenangaben auf die genormten Einheiten $g/m^2 \cdot Tag$ und mm/Jahr umgerechnet, um für jeden Benutzer anschauliche Angaben zu bieten. Im Schrifttumsnachweis wurden die neueren Literaturangaben, besonders über ausführlichere Darstellungen, zusammengefaßt. Die ältere und oft schon schwer beschaffbare Literatur, die schon in der dritten Auflage angeführt ist, wurde im neuen Schrifttumsnachweis nur mehr in den Fällen vermerkt, in denen eine gute neue Zusammenstellung nicht gefunden werden konnte.

Das den Tabellen vorangestellte Werkstoffverzeichnis gibt die Zusammensetzung einer großen Anzahl von Legierungen an, die für Zwecke der chemischen Technik entwickelt wurden. Für die Durchführung der systematischen Anordnung der Werkstoffe dienten die neuesten Vorschläge hervorragender Fachleute und die Normen als Grundlage. In den Tabellen wurden die von der Zusammensetzung der Werkstoffe abgeleiteten Gruppenbezeichnungen verwendet, Firmenbezeichnungen wurden möglichst vermieden.

Allen Fachleuten, Forschungsinstituten und Firmen, die die Neubearbeitung durch Überlassung von Sonderdrucken und durch Hinweise gefördert haben, möchte der Verfasser hiermit seinen aufrichtigen Dank sagen. Besonderen Dank schuldet der Verfasser auch dem Springer-Verlag in Wien, der vor zwanzig Jahren das Werk eines unbekannten Autors zur Herausgabe annahm und immer wieder diesem Werke seine bewährte Mitwirkung schenkte.

Leoben-Linz, im November 1957

Franz Ritter

---

[1] RITTER, F.: Korrosionstabellen nichtmetallischer Werkstoffe, geordnet nach angreifenden Stoffen. IV, 232 Seiten. Wien: Springer, 1956.

Inhaltsverzeichnis

Anleitung zur Benützung der Tabellen 1

Werkstoffverzeichnis 3

Korrosionstabellen 27

Umrechnungsfaktoren 285

Schrifttum 286

Anleitung zur Benützung der Tabellen

Die angreifenden Stoffe sind in alphabetischer Reihenfolge angeordnet. In vielen Fällen sind der Schmelzpunkt (Sm.), der Siedepunkt (Sd.) und die Dichte (d) angegeben. Die erste Spalte trägt die Bezeichnung

W. V. Nr.

Hier sind die Nummern des Werkstoffverzeichnisses eingetragen. Im Werkstoffverzeichnis findet man die chemische Zusammensetzung der einzelnen Werkstoffe, soweit diese bekannt ist. Wenn in der Spalte W. V. Nr. keine Werkstoffnummer eingetragen ist, so sind die in der betreffenden Zeile gemachten Angaben von allgemeiner Gültigkeit. Gelten sie nur für einen bestimmten Werkstoff, dessen Zusammensetzung aber nicht bekannt ist, dann wurde ein Fragezeichen eingesetzt.

In der Spalte

Werkstoff

werden die Namen der einzelnen Werkstoffe bzw. der Werkstoffgruppen angeführt.

Zusammensetzung des angreifenden Stoffes

In allen Fällen, in denen es sich um eine wäßrige Lösung handelt, wurde dies durch das Zeichen Lg. oder durch g/l zum Ausdruck gebracht. Die Bezeichnung r e i n bedeutet den normalen, für technische Zwecke hinreichenden Reinheitsgrad. W a s s e r f r e i gibt an, daß auch Spuren von Feuchtigkeit nicht vorhanden sein dürfen.

Sofern zahlenmäßige Angaben vorlagen, wurden diese auf die genormten Einheiten $g/m^2 \cdot Tag$ bzw. mm/Jahr umgerechnet und die Ergebnisse in den Spalten

Angriff
$g/m^2 \cdot Tag$

Angriff
mm/Jahr

eingetragen. Dabei wurde auch die Temperatur, bei der die Messungen durchgeführt wurden, mitgeteilt. Eine Erhöhung der Temperatur bringt fast immer eine Vergrößerung des Angriffes mit sich. Leider ist im Schrifttum die Untersuchungstemperatur häufig nicht angegeben. Es empfiehlt sich, Angaben über den Angriff, bei welchen nicht gleichzeitig die Untersuchungstemperatur mitgeteilt wird, als nur für Zimmertemperatur gültig anzusehen.

Da das Korrosionsverhalten oft durch die Abtragung nicht in ausreichender Weise gekennzeichnet werden kann und vielfach auch zahlenmäßige Angaben nicht vorliegen, mußten zahlreiche andere Hinweise auf die Verwendbarkeit der verschiedenen Werkstoffe gegeben werden. Neben kurzen allgemeinen und zusammenfassenden Angaben finden sich vor allem die folgenden Hinweise.

K e i n   A n g r i f f: Die Einwirkung auf den Werkstoff ist so gering, daß sie praktisch vernachlässigt werden kann.

G e r i n g e r   A n g r i f f: Die Abnützung bleibt in solchen Grenzen, daß der Werkstoff für viele technische Zwecke verwendbar ist.

S t a r k e r   A n g r i f f: Der Werkstoff ist in den meisten Fällen nicht verwendbar.

A n g r i f f: Eine genauere Angabe stand nicht zur Verfügung.

O f t   v e r w e n d b a r: Der Werkstoff ist für viele technische Zwecke brauchbar, kann aber in einigen Fällen auch ungeeignet sein.

E m p f o h l e n: Der Werkstoff wird in irgendeiner Veröffentlichung zur Benützung empfohlen, eine Überprüfung der Verwendbarkeit erscheint geboten.

Z u s a m m e n s e t z u n g   b e a c h t e n: Die Zusammensetzung des angreifenden Stoffes ist Schwankungen unterworfen, die die Brauchbarkeit der Werkstoffe maßgebend beeinflussen können. Es ist daher von Wichtigkeit, diese Zusammensetzung zu überprüfen und auch gelegentliche Verunreinigungen zu berücksichtigen.

Angaben.........nachsehen: Hierdurch wird auf die bei anderen angreifenden Stoffen gegebenen Korrosionswerte verwiesen.

Die den Korrosionsangaben beigefügten hochgestellten Zahlen verweisen auf das Schrifttum-Verzeichnis am Ende des Buches.

Werkstoffverzeichnis

D. Deutsches Erzeugnis. USA. Amerikanisches Erzeugnis. E. Englisches Erzeugnis.
F. Französisches Erzeugnis. I. Italienisches Erzeugnis. Russ. Russisches Erzeugnis.

Aluminium

1	Reinstaluminium (Raffinal)	>99,99 Al; 0,0014 Fe; 0,0020 Si; 0,0011 Cu. D.
2	Reinaluminium	99,9 Al. D.
3	Reinaluminium	99,8 Al. D.
4	Reinaluminium 99,7	Al 99,7 H DIN 1712; <0,3 Si + Fe; <0,03 Ti; <0,03 Cu + Zn; <0,3 insgesamt. D.
5	Reinaluminium	Al; 0,15 Fe; 0,15 Si; 0,05 Cu. D.
6	Reinaluminium 99,5	Al 99,5 H DIN 1712; <0,5 Si + Fe; <0,03 Ti; <0,05 Cu + Zn; Al 99,5 U DIN 1712; <0,5 insgesamt. D.
7	Reinaluminium	99,3 Al. D.
8	Reinaluminium	Al; 0,37 Fe; 0,46 Si. D.
9	Reinaluminium	99,16 Al. D.
10	Reinaluminium 99	Al 99 H DIN 1712; <1 Si + Fe; <0,03 Ti; <0,1 Cu + Zn; Al 99 U DIN 1712; <1 insgesamt. D.
11	Alcoa 2 − S	<1,0 Fe; <0,20 Cu; <0,10 Mn; Rest Al. USA.
12	Aluminium	Al; 0,6 Fe; 0,54 Si.
13	Reinaluminium 98/99	Al 98/99 U DIN 1712; <2 Si + Fe; <0,05 Ti; <0,1 Cu + Zn; <2 insgesamt. D.

H = Hüttenaluminium, U = Umschmelzaluminium.

Aluminium-Knetlegierungen

Gattung Al—Cu—Mg: Aluminium-Knetlegierungen mit Kupfer- und geringem Magnesiumgehalt (DIN 1713)

2,5—5,0 Cu; 0,2—2,5 Mg; 0,3—1,5 Mn.
Si ≤1,5; <0,5 Fe; <0,1 Zn; Rest Al.

14	Albondur	wie Bondur, beiderseits mit einer 5% dicken Schicht von Reinalumin plattiert.
15	Alkumag	3,5—4,5 Cu; 0,2—1 Si; 0,3—1,2 Mn; 0,4—1,4 Mg; Rest Al.
16	Aludur	3,5—5,5 Cu; 0,3—0,6 Si; 0,3—1 Mn; 0,3—0,7 Mg; Rest Al.
17	Avional	3,5—5 Cu; 0,2—0,8 Si; 0,4—0,8 Mn; 0,5—0,8 Mg; Rest Al.
18	Bergal	3,5—4,5 Cu; 0,2—1 Si; 0,3—1,2 Mn; 0,4—1,4 Mg; Rest Al.
19	Bondur	3,5—5,5 Cu; 0,3—0,5 Si; 0,3—1 Mn; 0,2 —0,7Mg; Rest Al.
20	Alcoa 17—S	0,80 Si; 1,0 Fe; 3,5—4,5 Cu; 0,40—1,0 Mn; 0,20—0,80 Mg; 0,10 Cr; Rest Al. USA.
21	Alcoa 17—ST	0,50 Si; 0,50 Fe; 3,8—4,9 Cu; 0,30—0,90 Mn; 1,2—1,8 Mg; 0,10 Cr; Rest Al. USA.
22	Deltumin	3,5—5,5 Cu; 0,2—1,5 Si; 0,1—1,5 Mn; 0,2—2 Mg; Rest Al.
23	Duralumin	2,5—5,5 Cu; 0,2—1 Si; 1,2 Mn; 0,2—2 Mg; Rest Al.
24	F & G 1	3—5,5 Cu; 0,3—0,9 Si; 0,3—1 Mn; 0,5—1,5 Mg; Rest Al.
25	Finodur	3,5—5,5 Cu; 0,3—1,0 Si; 0,2—1,5 Mn; 0,3—1,5 Mg; Rest Al.
26	Hathal A	3—5 Cu; 0,3—0,5 Si; 0,4—1 Mn; 0,3—1 Mg; Rest Al.
27	Heddur	3,5—5 Cu; 0,3—0,8 Si; 0,2—1,2 Mn; 0,4—1 Mg; Rest Al.
28	Hodur	3,5—5,5 Cu; 0,3—1 Si; 0,3—1,2 Mn; 0,4—1,4 Mg; Rest Al.
29	Igedur	3—5 Cu; 0,2—1,2 Si; 0,2—1,2 Mn; 0,3—1,4 Mg; Rest Al.
30	ML 1	3,5—5,5 Cu; 0,3—1 Si; 0,5—1 Mn; 0,5—1,2 Mg; Rest Al.
31	MWU 1	3,5—5 Cu; 0,3—0,9 Si; 0,2—1,4 Mn; 0,6—1,4 Mg; Rest Al.
32	Rheindur	3,5—5 Cu; 0,5—1 Si; 0,5—1 Mn; 0,5—1,2 Mg; Rest Al.

| 33 | Silal | 1,5—4,4 Cu; 0,3—0,6 Si; 0,6—1 Mn; 0,6—1,2 Mg; Ti; <0,1 andere; Rest Al. |
| 34 | Ulminium | 3,5—5,5 Cu; 0,2—1,5 Si; 0,1—1,5 Mn; 0,2—2 Mg; Rest Al. Al—Cu—Mg zwecks Erhöhung der chemischen Beständigkeit plattiert. Plattierwerkstoff. 0—1,5 Mg; 0—2,0 Mn; 0—1,5 Si. <0,1 Cu; <0,5 Fe; <0,05 Zn; Rest Al. |

Gattung Al—Cu—Ni: Aluminium-Knetlegierungen mit Kupfer und Nickel- und geringem Magnesiumgehalt (DIN 1713)

3,5—4,5 Cu; 1,8—2,2 Ni; 1,3—1,8 Mg;
<0,5 Si; <0,5 Fe; <0,1 Zn; Rest Al.

| 35 | Duralumin W | 3,5—4,5 Cu; 1—1,8 Mg; 1,8—2,2 Ni; Rest Al. |
| 36 | Y-Legierung | 3,8—4,2 Cu; 1,3—1,6 Mg; 0,3 Fe; 1,8—2,2 Ni; Rest Al. |

Gattung Al—Mg—Si: Aluminium-Knetlegierungen mit geringem Magnesium- und Siliziumgehalt (DIN 1713)

0,3—1,5 Mg; 0,2—1,5 Si; ≦1,5 Mn;
<0,1 Cu; <0,5 Fe; <0,05 Zn; Rest Al.

37	Aldrey (Leitlegierung)	0,5—0,6 Si; 0,4—0,5 Mg; Rest Al.
38	Aludur	0,3—1 Si; 0,3—0,8 Mn; 0,5—1,3 Mg; Rest Al.
39	Anticorodal	0,9—1,1 Si; 0,6—0,8 Mn; ~0,7 Mg; Rest Al.
40	Bergal C	0,9—1,4 Si; 0,9—1,4 Mn; 0,1—1 Mg; Rest Al.
41	Deltal	0,3—1,5 Si; 0,2—1,5 Mn; 0,5—2 Mg; Rest Al.
42	Duralumin K	0,3—1,5 Si; —1,5 Mn; 0,5—2 Mg; Rest Al.
43	Erges 4	0,8—1 Si; 0,6—0,8 Mn; 0,6—0,8 Mg; Rest Al.
44	F & G 4	0,5—1 Si; 0,8—1,5 Mn; 0,5—1 Mg; Rest Al.
45	Finodal	0,5—1,2 Si; 0,5—1,2 Mn; 0,5—1,3 Mg; Rest Al.
46	Hathal C	0,5—1 Si; 0,3—1,5 Mn; 0,8—1,5 Mg; Rest Al.
47	Howal	0,5—1,5 Si; 0,3—1,3 Mn; 0,5—1,5 Mg; 0,1 Ti, andere; Rest Al.
48	Legal I	0,4—0,6 Si; 0,4—0,5 Mg; 0,2—0,4 Fe; Rest Al.
49	Legal II	0,9—1,2 Si; 0,6—1 Mn; 0,8—1,2 Mg; 0,2—0,4 Fe; Rest Al.
50	ML 4	0,2—1,2 Si; 0,5—2 Mn; 0,5—2,5 Mg; Rest Al.
51	MWU 4	0,3—1,5 Si; 0,3—1,5 Mn; 0,5—2 Mg; Rest Al.
52	Pantal	0,5—1 Si; 0,4—1,4 Mn; 0,8—2 Mg; Rest Al.
53	Polital	0,5—1,5 Si; 0,5—1 Mn; 0,2—0,6 Mg; 0,1—0,5 Ni; Rest Al.
54	Qualität M	0,85 Si; 0,6—0,9 Mn; 0,5—1 Mg; Rest Al.
55	RS-Legierung	0,7—1,2 Si; 0,7—1,2 Mn; 0,8—1,2 Mg; Rest Al.
56	Silal V	0,3—0,7 Si; 0,5—1 Mn; 0,8—1,5 Mg; 0,3 Ti; Rest Al.
57	Simagal 200	0,5—1,5 Si; 0,3—1,3 Mn; 0,5—1,5 Mg; Rest Al.
58	Ulmal	0,3—1,5 Si; 0,2—1,5 Mn; 0,5—2 Mg; Rest Al.

Gattung Al—Mg: Aluminium-Knetlegierungen mit mittlerem und hohem Magnesiumgehalt (DIN 1713)

	Al—Mg 3	2,5—4,0 Mg; ≦0,8 Mn; ≦0,4 Zn; <0,8 Fe + Si; <0,05 Cu; Rest Al.
	Al—Mg 5	über 4,0 Mg; bis 6,0 Mg; ≦0,8 Mn; ≦0,4 Zn; <0,8 Fe + Si; <0,05 Cu; Rest Al.
	Al—Mg 7	über 6,0—8,0 Mg + Zn; ≦1,2 Zn; ≦0,8 Mn; <0,5 Cr; <0,8 Fe + Si; <0,05 Cu; Rest Al.
	Al—Mg 9	über 8,0—10,0 Mg + Zn; ≦1,2 Zn; ≦0,8 Mn; ≦0,5 Cr; <0,8 Fe + Si; <0,05 Cu; Rest Al.
59	BS-Seewasser	0,2 Si; 0,3—0,5 Mn; 4,8—5,2 Mg; Rest Al.
60	BS-Seewasser	0,2 Si; 0,3—0,4 Mn; 7—7,7 Mg; Rest Al.
61	BS-Seewasser	0,2 Si; 0,2—0,3 Mn; 9—10 Mg; Rest Al.
62	Duranalium	0,3—0,6 Mn; 2,5—9 Mg; Rest Al.
63	F & G 5	1,5 Mn; 5—9 Mg; Rest Al.
64	Finomalium	~0,2 Mn; 2—9 Mg; Rest Al.
65	Hathal B	0,2—1 Si; 0,2—0,6 Mn; 2—8 Mg; Rest Al.
66	Heddenal	0,5 Mn; 3,5—7 Mg; Rest Al.
67	Hydronalium	0,2—1 Si; 0,2—0,5 Mn; 3—12 Mg; Rest Al.
68	ML 5	0,2—1 Si; 0,2—0,6 Mn; 2,5—9 Mg; Rest Al.
69	MWU 5	0,3—0,8 Mn; 4,5—5,5 Mg; Rest Al.
70	Peraluman 7	0,3—0,5 Mn; 7 Mg; Rest Al.

Gattung Al—Mg—Mn: Aluminium-Knetlegierungen mit geringem Magnesium- und geringem Mangangehalt (DIN 1713)

1,5—2,5 Mg; 1,0—2,0 Mn; $\leqq$0,2 Sb;
<0,8 Fe + Si; <0,05 Cu; <0,05 Zn; Rest Al.

71	Duranalium 2 S	1—2 Mn; 2—2,5 Mg; Rest Al.
72	Heddenal 2	1,3—1,5 Mn; 2—2,3 Mg; Rest Al.
73	KS-Seewasser	0,3—1 Si; 1—2 Mn; 1—2 Mg; Sb <1 andere; Rest Al.
74	MWU 6	0,3—1,5 Mn; 1,5—3 Mg; <0,1 andere; Rest Al.
75	Peraluman 2	1,3—1,5 Mn; 2—2,3 Mg; Rest Al.

Gattung Al—Mn: Aluminium-Knetlegierungen mit geringem Mangangehalt (DIN 1713)

1,0—2,0 Mn; $\leqq$0,5 Mg; Rest Al.
<0,8 Fe + Si; <0,1 Cu; <0,05 Zn; Rest Al.

76	Aluman (AW 15)	1,4—1,6 Mn; Rest Al.
77	Donal	0,3—0,5 Si; 1—2 Mn; Rest Al.
78	F & G 8	1—2 Mn; Rest Al.
79	Finoman	1,4—1,6 Mn; Rest Al.
80	Heddal	1,5 Mn; Rest Al.
81	Ho 3	1—2 Mn; Rest Al.
82	Mangal	1,5 Mn; Rest Al.
83	M 115	1,5 Mn; Rest Al.
84	ML 8/01	1—2,5 Mn; Rest Al.
85	MN 20	1,5 Mn; Rest Al.
86	MWU 8	0,8—1,3 Mn; Rest Al.
87	Osmagal	1,8 Mn; Rest Al.
88	Silal K	1,5 Mn; bis 0,5 Mg; Rest Al.
89	Wicromal	0,8—2 Mn; 0,2—0,7 Th; Rest Al.

Aluminium-Gußlegierungen

Gattung G Al—Si: Aluminium-Gußlegierungen mit hohem Siliziumgehalt ohne Zusatz (DIN 1713)

11—13,5 Si; 0,3—0,45 Mn; zulässig: 0,6 Fe; 0,15 Ti; Cu + Mg + Zn 0,1; davon Cu oder Mg oder Zn 0,05; Rest Al.

90 Silumin 13 Si; Rest Al.

Gattung G Al—Si—Cu: Aluminium-Gußlegierungen mit hohem Silizium- und geringem Kupfergehalt (DIN 1713)

11—13,5 Si; 0,7—1 Cu; 0,3—0,45 Mn; zulässig: 0,6 Fe; 0,15 Ti; Mg + Zn 0,1; davon Mg oder Zn 0,05; Rest Al.   .

91 Kupfer-Silumin 0,7—0,9 Cu; 12—12,5 Si; 0,2—0,3 Mn; Rest Al.

Gattung G Al—Si—Mg: Aluminium-Gußlegierungen mit hohem Silizium- und geringem Magnesiumgehalt (DIN 1713)

11—13,5 Si oder 9—10; 0,3—0,45 Mn; 0,2—0,5 Mg; zulässig: 0,6 Fe; 0,15 Ti; Cu + Zn 0,1; davon Cu oder Zn 0,05; Rest Al.

92 Silumin-Beta (Gamma) 12,25—12,75 Si; 0,35—0,65 Mn; 0,25—0,35 Mg; Rest Al.

Gattung G Al—Mg: Aluminium-Gußlegierungen mit höherem Magnesiumgehalt (DIN 1713)

G Al—Mg 3	1,8—3,5 Mg; 0,3—1,3 Mn; 0—1,3 Si; 0—0,3 Ti; 0—0,3 Sb; 0—0,3 Cr, 0,5 Fe; 0,05 Cu; 0,1 Zn; Rest Al.
G Al—Mg 5	4,5—5,5 Mg; 0,1—0,5 Mn; 0,6—1,5 Si; 0—0,3 Ti; 0—0,3 Sb; 0—0,3 Cr, 0,5 Fe; 0,05 Cu; 0,1 Zn; Rest Al.
G Al—Mg 7	6—7,5 Mg; 0,1—0,5 Mn; 0,6—1,5 Si; 0—0,3 Ti; 0—0,3 Sb; 0—0,3 Cr, 0,5 Fe; 0,05 Cu; 0,1 Zn; Rest Al.

93	BS-Seewasser-Guß	<0,2 Si; 0,2—0,3 Mn; 8 Mg; Rest Al.
94	Duranalium	0,3—0,6 Mn; 2,5—9 Mg; Rest Al.
95	Hydronalium	0,2—1 Si; 0,2—0,5 Mn; 3—12 Mg; Rest Al.
96	KS-Seewasser-Guß	0,3—0,8 Si; 1—2 Mn; 2,3 Mg; 0,2 Sb; Rest Al.
97	L 15 III	0,5—1 Si; 1,4—1,5 Mn; 2 Mg; 0,25 Fe; 0,1 Ti; Rest Al.
98	Nüral	0,2—1 Si; 0,2—0,5 Mn; 3—12 Mg; Rest Al.

99   Stalanium $<0,2$ Cu; $<0,5$ Si; $<0,5$ Mn; $6-9$ Mg; Sb <1:
                          Rest Al.

     Titan-Sonder-Seewasser:
100   TS$-$S$_3$ }   0,8 Si; 3 Mg; $>0,3$ Fe; 0,3 Ti; Rest Al.
101   TS$-$S$_5$ $0,1-0,7$ Si; 5 Mg; $>0,3$ Fe; 0,3 Ti; Rest Al.
102   TS$-$S$_8$ $0,1-0,7$ Si; 8 Mg; $>0,3$ Fe; 0,3 Ti; Rest Al.

Gattung G Al$-$Mg$-$Si: Aluminium-Gußlegierungen mit mittlerem Silizium- und geringem Magnesiumgehalt (DIN 1713)

                          $0,5-3$ Mg, $2-5,5$ Si, $0-1$ Mn.
                          0,5 Fe, 0,15 Ti, 0,05 Cu, 0,1 Zn, Rest Al.
103 Anticorodal-Guß   2 Si; $0,6-0,8$ Mn; $\sim0,7$ Mg, $0,1-0,2$ Ti; Rest Al.
104 L 15 I $0,9-1$ Si, 0,8 Mn; 0,8 Mg; Rest Al.
105 Nüral 43 $4,5-6,0$ Si, Spuren Mn, Spuren Mg; 1,2 Fe; Rest Al.
106 Pantal 5   5 Si; 0,7 Mn; $0,6-0,7$ Mg; Rest Al.
107 Polital $0,5-1,5$ Si; $0,5-1$ Mn; $0,2-0,6$ Mg; $0,1-0,5$ Ni; Rest Al.

Gattung GAl$-$Cu$-$Ni: Aluminium-Gußlegierungen mit Kupfer-, Nickel- und geringem Magnesiumgehalt (DIN 1713)

                          $3,8-4,2$ Cu; $1,7-2,2$ Ni; $1,2-1,7$ Mg; $0,1-0,5$ Si; $0,2-0,9$ Fe;
                          0,15 Ti; 0,3 Mn; 0,5 Zn; Rest Al.
108 Nüral 142 $4-4,5$ Cu; $1,3-1,8$ Mg; $1,8-2,2$ Ni; Rest Al.
109 Y-Legierung   4,5 Cu; 1,5 Mg; 2 Ni; Rest Al.

Magnesium-Knetlegierungen

Gattung Mg$-$Al: Magnesium-Knetlegierungen mit Aluminiumgehalt und gegebenenfalls geringem Zinkgehalt

     Mg$-$Al 3 DIN 1717 $2-4$ Al; $0-1,5$ Zn; $0-0,5$ Mn; Mg; $24-29$ kg/mm^2.
110 Elektron AZ 31   3 Al; 1 Zn; Mg.   D.
111 Magnewin 3512   3 Al; 1 Zn; $0,2-0,5$ Mn; Mg.   D.
112 Mg-Legierung F 3   (für Blech T 28) 3 Al; 1 Zn; Mg.   F.
113 Elektron AZ 31   3 Al; 1 Zn; Mg.   I.
     Mg$-$Al 6 DIN 1717 $6-7$ Al; $0-1,5$ Zn; $0-0,5$ Mn; Mg; $27-33$ kg/mm^2.
114 Elektron AZM   6 Al; 1 Zn; Mg.   D.
115 Magnewin 3510 $6-7$ Al; $0,5-1,0$ Zn, $0,2-0,5$ Mn; Mg.   D.
116 Elektron AZM   wie Elektron AZM.   E.
117 Mg-Legierung M 1   wie Elektron AZM.   F.
118 Elektron AZM   wie Elektron AZM.   I.
119 AMC-Alloy AM 57 S   wie Elektron AZM.   USA.
120 Dowmetal J   wie Elektron AZM.   USA.

     Mg$-$Al 9 DIN 1717 $8-11$ Al; $0-1,5$ Zn; $0-0,5$ Mn; Mg;
                          nicht warmbehandelt $28-37$ kg/mm^2
                          homogenisiert $32-38$ kg/mm^2
                          ausgehärtet $36-43$ kg/mm^2.
121 Elektron AZ 855   8 Al; 0,5 Zn; Mg; nicht warm behandelt od. angelassen. D.
122 Magnewin 3515 $8-9$ Al; $0,2-0,6$ Zn, 0,2 Mn, Mg.   D.
123 Elektron AZ 855   wie Elektron AZ 855.   E.
124 Mg-Legierung M 3   wie Elektron AZ 855.   F.
125 Elektron AZ 855   wie Elektron AZ 855.   I.
126 AMC-Alloy AM 58 S   wie Elektron AZ 855.   USA.
127 Elektron V 1   10 Al; Mg; nicht wärmebehandelt.   D.
128 Mg-Legierung F 5   wie Elektron V 1.   F.
129 Elektron V 1   wie Elektron V 1.   I.
130 AMC-Alloy AM 59 S   wie Elektron V 1.   USA.
131 Elektron V 1 w   10 Al; Mg homogenisiert.   D.
132 Mg-Legierung F 5 traité wie Elektron V 1 w.   F.
133 Elektron V 1 w   wie Elektron V 1 w.   I.
134 Elektron V 1 h   10 Al; Mg; homogenisiert und ausgehärtet.   D.
135 Mg-Legierung F 5 traité, revenue wie Elektron V 1 h.   F.
136 AMC-Alloy AM 59 S$-$T   wie Elektron V 1h.   USA.

Gattung Mg$-$Zn: Magnesium-Knetlegierungen mit Zinkgehalt

     Mg$-$Zn DIN 1717 $4-5$ Zn; $0-0,2$ Mn; Mg; $24-28$ kg/mm^2.
137 Elektron Z 1 b   4 Zn; Mg; nicht wärmebehandelt.   D.

| 138 | Magnewin 40 | 4,5 Zn; Mg. D. |
| 139 | Elektron Z 1 b | wie Elektron Z 1 b. I. |

Gattung Mg—Mn: Magnesium-Knetlegierungen mit Mangangehalt

	Mg—Mn DIN 1717	1—2,5 Mn; Mg; 19—23 kg/mm².
140	Elektron AM 503	2 Mn: Mg; nicht wärmebehandelt. D.
141	Magnewin 3501	1,5—2 Mn; Mg. D.
142	Elektron AM 503	wie Elektron AM 503. E.
143	Mg-Legierung T 2	wie Elektron AM 503. F.
144	Elektron AM 503	wie Elektron AM 503. I.
145	AMC-Alloy AM 3 S	wie Elektron AM 503. USA.
146	Dowmetal M	wie Elektron AM 503. USA.
147	Elektron AM 537	2 Mn; 0,5 Ce; Mg. D.
148	Elektron AZ 21	2 Al; 1 Zn; Mg; nicht wärmebehandelt. D.
149	Elektron AM 6	2 Mn; 6 Ce; Mg; nicht wärmebehandelt. D.

Magnesium-Gußlegierungen

Gattung G Mg—Al: Magnesium-Gußlegierungen mit Aluminiumgehalt und gegebenenfalls geringem Zinkgehalt

	G Mg—Al DIN 1717	7—11 Al; 0—0,5 Zn; 0—0,5 Mn; Mg; 16—29 kg/mm².
150	Elektron A 8	8 Al; Mg. D.
151	Elektron A 8 K	wie Elektron A 8; Kokillenguß. D.
152	Magnewin 3508	8 Al; 0,5 Zn; 0,3 Mn. D.
153	Elektron A 8	ähnlich Elektron A 8 K. E.
154	Elektron A 8 K	wie Elektron A 8 K. I.
155	AMC-Alloy AM 241 C	ähnlich Elektron A 8 K. USA.
156	Dowmetal A	wie Elektron A 8 K. USA.
157	Elektron A 9 v	8,5 Al; 0,5 Zn; Mg; homogenisiert. D.
158	Mg-Legierung FT traité	wie Elektron A 9 v. F.
159	Elektron A 9 v	wie Elektron A 9 v. I.
160	AMC-Alloy AM 240 T 4	wie Elektron A 9 v. USA.
161	Elektron A 9 h	8,5 Al; 0,5 Zn; Mg; homogenisiert und ausgehärtet. D.
162	Mg-Legierung FT revenu	wie Elektron A 9 h. F.
163	Elektron A 9 h	wie Elektron A 9 h. I.
164	AMC-Alloy AM 240 T 6	wie Elektron A 9 h. USA.
165	Elektron A 10 v	9,5 Al; 0,5 Zn; Mg; homogenisiert. D.
166	Elektron AZ 91 heat treated	wie Elektron A 10 v. E.
167	Elektron AZ 91	wie Elektron A 10 v; Kokillenguß. D.
168	Elektron A 10 h	9,5 Al; 0,5 Zn; Mg; homogenisiert und ausgehärtet. D.
169	Elektron AZ 91 fully heat treated	wie Elektron A 10 h. E.
170	AMC-Alloy AM 246 T 6	ähnlich Elektron A 10 h. USA.
171	Dowmetal G H.T.A.	wie Elektron A 10 h. USA.

Gattung G Mg—Al—Zn: Magnesium-Gußlegierungen mit Aluminium- und Zinkgehalt

	G Mg—Al 3—Zn DIN 1717	2,5—3,5 Al; 0,5—1,5 Zn; 0—0,5 M; Mg; 14—17 kg/mm².
172	Elektron AZ 31	3 Al; 1 Zn; Mg. D.
173	Elektron AZ 31	wie Elektron AZ 31. E.
174	Mg-Legierung F 3	wie Elektron AZ 31. F.
175	Elektron AZ 31	wie Elektron AZ 31. I.
	G Mg—Al 4—Zn DIN 1717	3—4,5 Al; 2—3,5 Zn; 0—0,5 Mn; Mg; 17—22 kg/mm².
176	Elektron AZF	4 Al; 3 Zn; Mg. D.
177	Mg-Legierung F 2	wie Elektron AZF. F.
178	Elektron AZF	wie Elektron AZF. I.
	G Mg—Al 6—Zn DIN 1717	5—6,5 Al; 2—3,5 Zn; 0—0,5 Mn; Mg; 16—20 kg/mm².
179	Elektron AZG	6 Al; 3 Zn; Mg. D.
180	Elektron AZG	wie Elektron AZG. E.
181	Mg-Legierung F 1	wie Elektron AZG. I.
182	AMC-Alloy AM 265 C	wie Elektron AZG. USA.
183	Dowmetal H	wie Elektron AZG. USA.

Gattung G Mg—Mn: Magnesium-Gußlegierungen mit Mangangehalt

G Mg—Mn DIN 1717 1—2,5 Mn; Mg; 8—11 kg/mm².

184	Elektron AM 503	2 Mn; Mg. D.
185	Elektron AM 503	wie Elektron AM 503. E.
186	Elektron AM 503	wie Elektron AM 503. I.
187	AMC-Alloy AM 403 C	wie Elektron AM 503. USA.
188	Dowmetal M	wie Elektron AM 503. USA.

Gattung G Mg—Si: Magnesium-Gußlegierungen mit Siliziumgehalt

G Mg—Si DIN 1717 0,5—2 Si; Mg; 9—13 kg/mm².

189	Elektron CMSi	1 Si; Mg. D.
190	Elektron CMSi	wie Elektron CMSi. I.
191	Elektron ZA	0,5 Zr; Mg. D.
192	Elektron ZB	3 Zn; 0,5 Zr; Mg; nicht wärmebehandelt. D.
193	Elektron ZBh	wie Elektron ZB; ausgehärtet. D.

Magnesium-Spritzgußlegierungen

194	Sp G Mg—Al 6	DIN 1740	5—8 Al; 0—1,0 Zn; 0,1—0,5 Mn; Mg; <0,4 Cu; <0,5 Si; <0,1 Fe; Beimengungen zulässig; 16—24 kg/mm². D.
195	Sp G Mg—Al 9	DIN 1740	8—10 Al; Mg; Zn; Mn; Cu; Si; Fe wie bei Sp G Mg—Al 6; Beimengungen zulässig; 16—24 kg/mm². D.
195	Magnewin Sg		9 Al; 1 Zn; 0,2—0,5 Mn. D.

Gußeisen

>1,7 C (meist 2—4 C); im allgemeinen merklicher Si-Gehalt.

196	Hartguß	Fe; 3—3,8 C; 0,5—0,7 Si; 0,2—0,4 P; <0,10 S; 0,4—0,8 Mn.
197	Gußeisen	Fe; 3,6 C; 1,5 Si; 0,1 P; 0,08 S; 0,4 Mn.
198	Gußeisen	Fe; 3,55 C (2,79 Graphit).
199	Gußeisen	Fe; 3,5 C (2,68 Graphit); 2,25 Si; 0,091 P; 0,064 S; 0,8 Mn.
200	Gußeisen	Fe; 3—3,5 C; 1,3—1,5 Si; 0,2—0,3 P; <0,05 S; 0,7 Mn.
201	Gußeisen	Fe; 3—3,5 C; 2—2,5 Si; <0,08 P; <0,08 S; 0,5—0,8 Mn.
202	Gußeisen	Fe; 3,41 C; 3,46 Si; 0,789 P; 0,024 S; 1,52 Mn.
203	Grauguß	Fe; 3,39 C (2,69 Graphit); 1,81 Si; 1,02 P; 0,37 Mn; 0,048 O_2.
204	Gußeisen	Fe; 3,2—3,35 C; 1,7—2,0 Si; 0,14—0,20 P; 0,07 S; 0,5—1,45 Mn.
205	Gußeisen	Fe; 3,14 C (2,34 Graphit); 0,84 Si; 0,97 P; 0,145 S; 0,6 Mn.
206	Gußeisen	Fe; 2,75 C; 1,5 Si; 0,35 P; 0,03 S; 0,45 Mn.
207	Gußeisen	Fe; 2,52 C; 2,25 Si; 0,756 P; 0,133 S; 0,58 Mn.
208	Gußeisen	Fe; ganz wenig Si.

Si-Gußeisen

209	Siferrid	Fe; 18 Si. D.
210	Thermisilid Extra	Fe; 0,55—0,60 C; 16—18 Si; 0,03 P; 0,02 S; 0,30 Mn. D.
211	Edelantazid	Fe; 16—18 Si. D.
212	Si-Gußeisen	Fe; 0,4—1,0 C; 12—18 Si; <0,1 P; <0,07 S; 0,3—0 8 Mn; Russ.
213	Si-Gußeisen	Fe; 12—18 Si. D.
214	Säurefester Guß	Fe; 12—18 Si. D.
215	Duracid	Fe; 12—18 Si. D.
216	Acidur	Fe; 0,9—1,96 C; 8—17 Si; 0,055—0,077 P; 0,015—0,045 S; 1,12—2,20 Mn. D.
217	Metillure	Fe; 0,25 Al; 0,59 C; 16,9 Si; 0,17 P; 0,1 S; 0,88 Mn. F.
218	Thermisilid	Fe; 0,65—1 C; 14—16 Si; 0,03 P; 0,02 S; 0,30 Mn. D.
219	Antacid	Fe; 14—16 Si. D.
220	Si-Gußeisen	Fe; C; 13—16 Si; 0,25 Ni; 3—4 Mo.
221	Elianite I	Fe; 15,1 Si; 0,60 Mn. I.
222	Elianite II	Fe; 0,82 C; 15,1 Si; 0,06 P; 0,03 S; 0,53 Mn. I.
223	Antichlor I	Fe; ~0,80 C; 14—15 Si; 0,41 P; 0,5 Mn; 3—4 Mo. Russ.
224	Antichlor II	Fe; ~0,80 C; 14—15 Si; ~0,4 P; 0,5 Mn; 0,17 Cr; 6 Mo. Russ.

225	Durichlor	Fe; 0,85 C; 14,5 Si; 0,50 Mn; 0,08 S.　USA.
226	Si-Gußeisen	Fe; C; 13,6 Si.
227	Si-Gußeisen	Fe; C; 13,5 Si.
228	Si-Gußeisen	Fe; C; 12,5 Si.

Cr-Gußeisen

229	Cr-Gußeisen	Fe; 0,9 C; 60,0 Cr.
230	Cr-Gußeisen	Fe; 2,5 C; 50 Cr.
231	Cr-Gußeisen	Fe; 2,5 C; 40 Cr.
232	Cr-Gußeisen	Fe; 2,8 C; 1,2—1,5 Si; 35 Cr; 0,5 Mn.　Russ.
233	Cr-Gußeisen	Fe; 2,6 C; 1,37 Si; 34,66 Cr.
234	Cr-Gußeisen	Fe; 2 C; 34 Cr.
235	Cr-Gußeisen	Fe; 1 C; 33 Cr.
236	Cr-Gußeisen	Fe; 1,45 C; 0,96 Si; 0,053 S; 32,9 Cr; 0,088 Mn.　Russ.
237	Cr-Gußeisen	Fe; 2,5 C; 0,91 Si; 30,1 Cr.　Russ.
238	Chromguß	Fe; 1,0 C; 30,0 Cr; 40—45 kg/mm². D.
239	Guronit	Fe; C; 30 Cr; 40—45 kg/mm². D.
240	Cr-Gußeisen	Fe; 1,25 C; 1,3 Si; 30 Cr; 42—47 kg/mm². D.
241	Cr-Gußeisen	Fe; 0,5 C; 30,0 Cr; 45—50 kg/mm². D. (Verwendungstemperatur: 1200° Dauer, 1230° Höchst.)
242	Chromguß	Fe; 30 Cr; 50 kg/mm². D.
243	Chromguß	Fe; 1,0 C; 28 Cr; 45 kg/mm². D.
244	Cr-Gußeisen	Fe; viel C; 25 Cr. D.
245	Cr-Gußeisen	Fe; 0,5 C; 25,0 Cr; 45—50 kg/mm². D. (Verwendungstemperatur: 1000° Dauer, 1100° Höchst.)
246	Cr-Gußeisen	Fe; 0,5 C; 19,0 Cr; 50—55 kg/mm². D. (Verwendungstemperatur: 900° Dauer, 950° Höchst.)
247	Cr-Gußeisen	Fe; 0,5 C; 14,0 Cr; 50—55 kg/mm². D. (Verwendungstemperatur: 800° Dauer, 850° Höchst.)
248	Cr-Gußeisen	Fe; C; 10—12 Cr.
249	Cr-Gußeisen	Fe; <2 C; 6 Al; 10 Cr.
250	Cr-Gußeisen	Fe; 0,5 C; 7,0 Cr; 55—60 kg/mm². D. (Verwendungstemperatur: 700° Dauer, 750° Höchst.)

Cr-Mo-Gußeisen

251	Chrom-Molybdänguß	Fe; 32 Cr; Mo; 50 kg/mm². D.
252	Cr-Mo-Gußeisen	Fe; 1,15 C; 1,1 Si; 30 Cr; 2,4 Mo; 42—47 kg/mm². D.
253	Chrom-Molybdänguß	Fe; 1,0 C; 30 Cr; 2,0 Mo; 40—45 kg/mm². D.
254	Cr-Mo-Gußeisen	Fe; C; 30 Cr; Mo; 40—45 kg/mm². D.
255	Chrom-Molybdänguß	Fe; 1,0 C; 28 Cr; 2 Mo; 45 kg/mm². D.

Ni-Gußeisen

256	Niresist 1	Fe; <3,0 C; 1,0—2,5 Si; 1,0—1,5 Mn; 13,5—17,5 Ni; 5,5—7,5 Cu; 1,75—2,5 Cr.　USA.
257	Niresist 2	Fe; <3,0 C; 1,0—2,5 Si; 0,8—1,5 Mn; 18,0—22,0 Ni; <0,5 Cu; 1,75—2,5 Cr.　USA.
258	Niresist 3	Fe; <2,75 C; 1,0—2,0 Si; 0,4—0,8 Mn; 28,0—32,0 Ni; <0,5 Cu; 2,5—3,5 Cr.　USA.
259	Niresist 4	Fe; <2,6 C; 5,0—6,0 Si; 0,4—0,8 Mn; 29,0—32,0 Ni; <0,5 Cu; 4,5—5,5 Cr.　USA.
260	Niresist 5 (Minovar)	Fe; 1,0—2,0 Si; 0,4—0,8 Mn; 34,0—36,0 Ni; <2,4 C; <0,5 Cu; <0,1 Cr.　USA.
261	ACIPCO-Niresist	Fe; <2,8 C; 1,0—2,5 Si; 0,8—1,5 Mn; 13,5—17,5 Ni; 5,5—7,5 Cu; 1,8—4,0 Cr; 0,1 P; 0,12 S.　USA. (Temperfähig, Dehnung 5%.)
262	Monel-Gußeisen	Fe; 2,6—3 C; 1,5 Si; 8 Cu; 12 Ni; event. auch 1,5—3,5 Cr. D.
263	Ni-Gußeisen	Fe; 3,05 Ni.
264	Ni-Gußeisen	Fe; 3,3 C; 1 Si; 2 Ni.
265	Ni-Gußeisen	Fe; 3,0 C; 0,8 Si; 2 Ni; 1 Mn.
266	Ni-Gußeisen	Fe; 3,5 C; 0,5 Si; <0,3 Cr; 2,0 Ni; 0,5 Mn.
267	Ni-Gußeisen	Fe; 3,3, C; 0,7 Si; 0,6 Cr; 1,5 Ni; 0,5 Mn.

C-Stähle

268	Stahl	Fe; 0,92 C; 0,20 Si; 0,042 P; 0,040 S; 0,27 Ni; 0,615 Mn.
269	Stahl	Fe; 0,92 C; 0,20 Si; 0,017 P; 0,014 S; 0,30 Mn.
270	Stahl	Fe; 0,6 C.
271	Stahl	Fe; 0,51 C; 0,083 Si; 0,046 P; 0,058 S; 0,48 Mn.
272	Stahl	Fe; 0,42 C; 0,33 Si; 0,019 P; 0,028 S; 0,75 Mn.
273	Stahl	Fe; 0,39 C; 0,19 Si; 0,044 P; 0,024 S; 0,41 Ni; 0,665 Mn.
274	Flußstahl	Fe; 0,35 C; 0,23 Si; 0,71 Mn.
275	Stahl	Fe; 0,3 C; 0,07 Si; 0,857 Mn.
276	Stahl	Fe; 0,2 C.
277	Stahl	Fe; 0,15 C; 0,22 Si; 0,042 P; 0,034 S; Spur Cu; 0,55 Mn. I.
278	Stahl	Fe; 0,15 C; 0,01 Si; 0,046 P; 0,06 S; 0,46 Mn. Russ.
279	Kesselblech	Fe; 0,116 C; 0,01 Si; 0,031 P; 0,011 S; 0,52 Mn.
280	Flußstahl	Fe; 0,115 C.
281	Thomasstahl	Fe; 0,114 C; 0,035 Si; 0,035 P; 0,348 Mn. D.
282	Stahl	Fe; 0,1 C; 0,014 P; 0,027 Si; 0,3 Mn.
283	Martinstahl	Fe; 0,078 C; 0,030 Si; 0,036 P; 0,322 Mn.
284	Schweißstahl	Fe; 0,076 C.
285	Flußstahl	Fe; 0,07 C; 0,00 Si; 0,01 P; 0,019 S; 0,015 Cu; 0,1 Mn.
286	Stahl	Fe; 0,06 C; 0,01 Si; 0,026 P; 0,039 S; 0,45 Mn. Russ.
287	Stahl	Fe; 0,06 C; 0,00 Si; 0,012 P; 0,024 S; 0,35 Mn.
288	Flußstahl, weich	Fe; 0,05 C; Spur Si; 0,02 P; 0,047 S; 0,09 Cu; 0,01 Cr; 0,08 Ni; 0,45 Mn.
289	Thomasstahl	Fe; 0,05 C; 0,040 Si; 0,063 P; 0,313 Mn.
290	Stahl	Fe; 0,045 C; 0,007 Si; 0,004 P; 0,015 S; 0,46 Ni; 0,375 Mn.
291	Carbonyl-Eisen	Fe; 0,026—0,037 C; 0,008—0,012 N. D.
292	Eisen, rein	Fe; 0,03 C; 0,07 Si; 0,0193 P; 0,024 S; 0,059 Cu; 0,11 Ni; 0,145 Mn.
293	Elektrolyt-Eisen	Fe; 0,025 C; 0,04 Si; 0,004 P; 0,09 S. D.
294	Armco-Eisen	Fe; 0,02 C; 0,0 Si; 0,007 P; 0,029 S; 0,043 Cu; 0,01 Mn. D.
295	Eisen, rein	Fe; 0,01 C; 0,006 P; 0,015 S; 0,018 Cu; 0,012 Mn.

Cu-Stähle

296	Cu-Stahl	Fe; 1,67 Cu.
297	Patina-Stahl	Fe; 0,9 Cu.
298	Cu-Stahl	Fe; 0,2—0,9 Cu.
299	Thomasstahl	Fe; 0,05 C; 0,023 Si; 0,055 P; 0,71 Cu; 0,350 Mn.
300	Stahl	Fe; 0,13—0,17 C; 0,22—0,36 Si; 0,02—0,043 P; 0,02—0,043 S; 0,4—0,65 Cu; 0,35—0,51 Cr; 0,75—0,92 Mn. Russ.
301	Cu-Stahl	Fe; 0,06 C; Spur Si; 0,017 P; 0,021 S; 0,64 Cu; 0,43 Mn.
302	Thomasstahl	Fe; 0,049 C; 0,038 Si; 0,040 P; 0,53 Cu; 0,322 Mn.
303	Martinstahl	Fe; 0,105 C; 0,018 Si; 0,023 P; 0,50 Cu; 0,309 Mn.
304	Stahl	Fe; 0,17—0,26 C; ~0,26 Si; 0,037—0,04 P; 0,036—0,04 S; 0,36—0,48 Cu; 1,2—1,42 Mn. Russ.
305	Cu-Stahl	Fe; 0,03 C; Spur Si; 0,030 P; 0,060 S; 0,41 Cu; 0,35 Mn.
306	Cu-Stahl	Fe; 0,14 C; 0,077 P; 0,048 S; 0,372 Cu; 0,288 Mn.
307	Cu-Stahl	Fe; 0,05 C; Spur Si; 0,008 P; 0,027 S; 0,33 Cu; 0,21 Mn.
308	Cu-Stahl	Fe; 0,14 C; Spur Si; 0,029 P; Spur S; 0,16 Cu; 0,05 Cr; Spur Ni; 0,5 Mn. Russ.
309	Cu-Stahl	Fe; 0,18 C; <0,001 Si; 0,018 P; 0,038 S; 0,13 Cu; 0,33 Mn. D.
310	Cu-Stahl	Fe; 0,04 C; Spur Si; 0,012 P; 0,018 S; 0,11 Cu; 0,31 Mn.
311	Cu-Stahl	Fe; 0,04 C; Spur Si; 0,012 P; 0,005 S; 0,07 Cu; 0,05 Mn.

Cr-Stähle

Einteilung nach OBERHOFER, DAEVES und RAPATZ, vgl. F. RAPATZ, Die Edelstähle, 3. Aufl., Abb. 70.

1. Ferritisch

312	Cr-Stahl	Fe; 2,74 Si; 38,0 Cr.
313	Cr-Stahlguß: Werkstoffnummer 4390	Fe; 0,30—0,50 C; <1,5 Si; <1,0 Mn; 26,0—28,0 Cr; 3,5—4,5 Ni (DIN G—X 40 CrNi 27 4). D.

314 Cr-Stahlguß:
Werkstoffnummer 4086   Fe; 0,80—1,30 C; <1,5 Si; <1,0 Mn; 27,0—29,0 Cr (DIN G—X 120 Cr 29). D.

315 Cr-Stahl   Fe; 0,1—3 C; <1,0 Si; <1 Mn; 25—30 Cr. D.

316 Cr-Stahlguß:
Werkstoffnummer 4093   Fe; 0,30—0,80 C; <1,5 Si; <1,0 Mn; 27,0—29,0 Cr (DIN G—X 40 Cr 29). D.

317 Cr-Stahl:
Werkstoffnummer 4084   Fe; <0,10 C; <1,0 Si; <1,0 Mn; 27,0—29,0 Cr (DIN X 8 Cr 28). D.

318 Cr-Stahl   Fe; 0,1 C; 26—28 Cr. D.

319 Cr-Stahl   Fe; wenig C; 27 Cr.

320 Cr-Stahl   Fe; wenig C; 25 Cr.

321 Cr-Stahl: Type 446   Fe; <0,35 C; <1,0 Si; <1,0 Mn; 23,0—27,0 Cr; <0,50 Ni; <0,25 N_2. USA.

322 Cr-Stahl: Type 442   Fe; <0,25 C; <1,0 Si; <1,0 Mn; 18,0—23,0 Cr; <0,50 Ni. USA.

323 Cr-Stahl   Fe; 0,1 C; 18 Cr; Ti. D.

324 Cr-Stahl: Type 440 A   Fe; 0,60—0,75 C; <1,0 Si; <1,0 Mn; 16,0—18,0 Cr; <0,50 Ni; <0,75 Mo. USA.

325 Cr-Stahl: Type 440 C   Fe; 0,95—1,20 C; <1,0 Si; <1,0 Mn; 16,0—18,0 Cr; <0,50 Ni; <0,75 Mo. USA.

326 Cr-Stahl: Type 440 F   Fe; 0,95—1,20 C; <1,0 Si; <1,0 Mn; 16,0—18,0 Cr; <0,50 Ni; >0,07 Se. USA.

327 Cr-Stahl: Type 430   Fe; <0,12 C; <1,0 Si; <1,0 Mn; 14,0—18,0 Cr; <0,50 Ni. USA.

328 Cr-Stahl: Type 430 F   Fe; <0,12 C; <1,0 Si; <1,25 Mn; 14,0—18,0 Cr; <0,50 Ni; >0,07 P, S oder Se; <0,60 Mo oder Zr. USA.

329 Cr-Stahl:
Werkstoffnummer 4016   <0,10 C; <1,0 Si; <1,0 Mn; 15,5—17,5 Cr (DIN X 8 Cr 17). D.

330 Cr-Stahl:
Werkstoffnummer 4501   <0,10 C; <1,0 Si; <1,0 Mn; 16,0—18,0 Cr; Ti >7 x C (DIN x 8 CrTi 17). D.

331 Cr-Stahl   Fe; <0,10 C; 17 Cr; Ti; 50—65 kg/mm². D.

332 Cr-Stahl   Fe; 0,10 C; 17 Cr; S; 65—80 kg/mm². D.

333 Cr-Stahl   Fe; ~17 Cr; Ni. D.

334 Cr-Stahl   Fe; <0,1 C; 16 Cr.

335 Cr-Stahl: Type 431   Fe; <0,20 C; <1,0 Si; <1,0 Mn; 15,0—17,0 Cr; 1,25—2,50 Ni. USA.

2. Untereutektoid

336 Cr-Stahlguß:
Werkstoffnummer 4059   Fe; 0,20—0,30 C; <1,5 Si; <1,0 Mn; 16,0—18,0 Cr; <2,0 Ni (DIN G—X 25 Cr 17). D.

337 Cr-Stahl:
Werkstoffnummer 4057   Fe; 0,10—0,25 C; <1,0 Si; <1,0 Mn; 16,0—18,0 Cr; 1,0—2,5 Ni (DIN X 22 CrNi 17). D.

338 Cr-Gußstahl   Fe; 0,15 C; 17 Cr; 80—95 kg/mm². D.

339 Cr-Stahl   Fe; 0,12 C; 17 Cr; 0,2 Mo; S. D.

340 Cr-Stahl   Fe; 13—16 Cr. D.

341 Cr-Stahl   Fe; 0,2 C; 0,26 Si; 0,005 P; 0,018 S; 15,05 Cr; 0,30 Mn; 0,40 V.

342 Cr-Stahl   Fe; 0,2 C; 15 Cr. D.

343 Cr-Stahl   Fe; <0,1 C; 15 Cr. D.

344 Cr-Stahl   Fe; 0,1 C; 15 Cr. D.

345 Cr-Stahlguß   Fe; 15 Cr; 65—75 kg/mm². D.

346 Cr-Stahl   Fe; 13—15 Cr. Russ.

347 Cr-Stahl   Fe; 0,14 C; 0,37 Si; 0,006 P; 0,006 S; 14,5 Cr; 0,42 Ni; 0,69 Mn.

348 Cr-Stahl:
Werkstoffnummer 4034   Fe; 0,38—0,45 C; <1,0 Si; <1,0 Mn; 12,0—14,0 Cr (DIN X 40 Cr 13). D.

349	Cr-Stahlguß: Werkstoffnummer 4027	Fe; 0,15—0,25 C; <1,5 Si; <1,0 Mn; 12,5—14,5 Cr (DIN G X 25 Cr 14). D.
350	Cr-Stahl: Werkstoffnummer 4021	Fe; 0,17—0,22 C; <1,0 Si; <1,0 Mn; 12,0—14,0 Cr (DIN X 20 Cr 13). D.
351	Cr-Stahl: Type 416	Fe; <0,15 C; <1,0 Si; <1,0 Mn; 12,0—14,0 Cr; <0,50 Ni; 0,07 P, S oder Se; <0,6 Zr oder Mo. USA.
352	Cr-Stahl: Type 418	Fe; <0,15 C; <1,0 Si; <1,0 Mn; 12,0—14,0 Cr; <0,50 Ni; 2,50—3,50 W. USA.
353	Cr-Stahl: Type 420	Fe; 0,25—0,35 C; <1,0 Si; <1,0 Mn; 12,0—14,0 Cr; <0,50 Ni. USA.
354	Cr-Stahl: Type 420 F	Fe; 0,25—0,35 C; <1,0 Si; <1,0 Mn; 12,0—14,0 Cr; <0,50 Ni; >0,07 P, S oder Se; <0,60 Zr oder Mo. USA.
355	Cr-Stahl: Werkstoffnummer 4001	<0,12 C; <1,0 Si; <1,0 Mn; 12,0—14,0 Cr (DIN X 10 Cr 13). D.
356	Cr-Stahl	Fe; 0,34 C; 13,62 Cr; 0,34 Mn.
357	Cr-Stahl: Type 414	Fe; <0,15 C; <1,0 Si; <1,0 Mn; 11,5—13,50 Cr; 1,25—2,50 Ni. USA.
358	Cr-Stahl: Type 410	Fe; <0,15 C; <1,0 Si; <1,0 Mn; 11,5—13,5 Cr; <0,50 Ni. USA.
359	Cr-Stahl: Type 405	Fe; <0,08 C; <1,0 Si; <1,0 Mn; 11,5—13,5 Cr; <0,50 Ni; 0,10—0,30 Al. USA.
360	Cr-Stahl: Type 403	Fe; <0,08 C; <0,50 Si; <1,0 Mn; 11,5—13,0 Cr; <0,50 Ni. USA.
361	Cr-Stahl	Fe; 0,1 C; 13 Cr.
362	Cr-Stahl	Fe; <0,1 C; 13 Cr. D.
363	Cr-Stahl	Fe; 0,3 C; 12,2 Cr. D.
364	Cr-Stahl	Fe; 0,15 C; 0,09 Si; 11,8 Cr; 0,77 Ni; 0,16 Mn. D.
365	Cr-Stahl	Fe; 0,07 C; 0,08 Si; 11,7 Cr; 0,57 Ni; 0,12 Mn. D.
366	Cr-Stahl	Fe; 0,10—0,3 C; 4—6 Cr; etwas W; etwas Mo.
367	Cr-Stahl	Fe; 0,13 C; 0,50 Si; 0,01 S; 5,8 Cr; 0,19 Mn.
368	Cr-Stahl	Fe; 0,16 C; 0,56 Si; 0,013 S; 5,6 Cr; 0,53 Mn; 0,65 Mo. USA.
369	Cr-Stahl	Fe; 0,40—0,45 C; 0,2—0,3 Si; 1,0 Cr; 0,5—0,6 Mn. D.
370	Cr-Stahl	Fe; 2,5 Cr; 1,4 Ti. Russ.
371	Sonder-Stahl	Fe; 0,3 C; 1 Cr; 3 W.

3. Karbidisch-übereutektoid

372	Cr-Stahl	Fe; 0,25 C; 17 Cr; 1,3 Ni. D.
373	Cr-Stahl	Fe; 0,45 C; 15 Cr. D.
374	Cr-Stahl 645	Fe; 0,45 C; 14 Cr. D.
375	Cr-Stahl 630	Fe; 0,30 C; 14 Cr. D.
376	Cr-Stahl	Fe; 0,40 C; 13,5 Cr; <0,5 Ni. D.
377	Cr-Stahl	Fe; 0,40 C; 13,5 Cr; <0,5 Ni; S; 170—180 kg/mm. D.

4. Ledeburitisch

378	Cr-Stahl	Fe; 1,84 C; 0,26 Si; 0,011 P; 0,014 S; 15,17 Cr; 0,97 Ni; 0,36 Mn.
379	Cr-Stahl	Fe; 1,0 C; 14,5 Cr; W; Co. D.

Ni-Stähle
1. Austenitisch

380	Ni-Stahl	Fe; 0,2—0,4 C; 55—60 Ni; 1—3 Mn.
381	Platinit	Fe; 0,15 C; 46 Ni. D.
382	Invar	Fe; 0,1 C; Spur P; Spur S; 36,0 Ni; 0,5 Mn. D.
383	Ni-Stahl	Fe; 0,24 C; 0,29 Si; 0,017 P; 0,014 S; 28,15 Ni; 1,16 Mn.
384	Ni-Stahl	Fe; C; etwas Si; 27 Ni. D.
385	Ni-Stahl	Fe; 0,12 C; 25 Ni.

2. Perlitisch

386	Ni-Stahl	Fe; 18 Ni. USA.

387	Ni-Stahl	Fe; 9 Ni. USA.
388	Ni-Stahl	Fe; 0,39 C; 0,18 Si; 0,034 P; 0,023 S; 0,14 Cr; 3,04 Ni; 0,65 Mn. D.
389	Ni-Stahl	Fe; 2,25 Ni.

Cr-Al-Stähle

390	Chromal	Fe; 3,50 Al; 23,26 Cr. Russ.
391	Cr-Al-Stahl	Fe; 0,2 C; 4 Al; 0,8 Si; 28 Cr (bis 1200° verwendbar). Russ.
392	Cr-Al-Stahl	Fe; 2,0—11,6 Al; 8,0—14,5 Cr. Russ.

Cr-Mo-Stähle

393	Cr-Mo-Stahlguß: Werkstoffnummer 4138	Fe; 0,80—1,30 C; <1,5 Si; <1,0 Mn; 27,0—29,0 Cr; 2,0—2,5 Mo (DIN G—X 120 CrMo 29 2). D.
394	Cr-Mo-Stahlguß: Werkstoffnummer 4136	Fe; 0,30—0,70 C; <1,5 Si; <1,0 Mn; 27,0—29,0 Cr; 2,0—2,5 Mo (DIN G—X 40 CrMo 29 2). D.
395	Cr-Mo-Stahl	Fe; 0,85 C; 12—24 Cr; 0,4—3 Mo.
396	Cr-Mo-Stahl	Fe; 0,10 C; 18 Cr; 1,8 Mo; 55—65 kg/mm². D.
397	Cr-Mo-Stahl: Werkstoffnummer 4523	Fe; <0,10 C; <1,0 Si; <1,0 Mn; 16,0—18,0 Cr; 1,5—2,0 Mo; Ti >7 C (DIN X 8 CrMoTi 17). D.
398	Cr-Mo-Stahl	Fe; 0,9 C; 18 Cr; 1 Mo; gehärtet >200 kg/mm². D.
399	Cr-Mo-Stahl	Fe; 0,9 C; 18 Cr; 1 Mo; Co. D.
400	Cr-Mo-Stahl: Werkstoffnummer 4112	Fe; 0,85—0,95 C; <1,0 Si; <1,0 Mn; 17,0—19,0 Cr; 1,0—1,3 Mo; 0,07—0,12 V (DIN X 90 CrMoV 18). D.
401	Cr-Mo-Stahlguß	Fe; 18 Cr; Mo; >70 kg/mm². D.
402	Cr-Mo-Stahl	Fe; 0,10 C; 17—18 Cr; 1,8 Mo. D.
403	Cr-Mo-Stahl	Fe; 0,12 C; 17,5 Cr; 1,4 Mo. D.
404	Cr-Stahl: Werkstoffnummer 4104	Fe; 0,10—0,17 C; <1,0 Si; <1,0 Mn; 15,0—17,5 Cr; 0,2—0,3 Mo; 0,15—0,25 S (DIN X 12 CrMoS 17). D.
405	Cr-Mo-Stahl	Fe; 0,10 C; 17 Cr; 1,8 Mo; 55—70 kg/mm². D.
406	Cr-Mo-Stahl	Fe; <0,10 C; 17 Cr; 1,8 Mo; Ti; 55—70 kg/mm². D.
407	Cr-Mo-Gußstahl	Fe; 0,25 C; 17 Cr; 1,5 Mo; 90—105 kg/mm². D.
408	Cr-Mo-Stahl	Fe; 0,4 C; 17 Cr; 1,2 Mo. D.
409	Cr-Mo-Stahl	Fe; 0,44 C; 0,22 Si; 0,0013 P; 0,018 S; 15,7 Cr; 0,29 Mn; 1,03 Mo. D.
410	Cr-Mo-Stahl	Fe; 0,1 C; 0,4 Si; 0,005 P; 0,02 S; 15,23 Cr; 0,41 Mn; 0,32 Mo. D.
411	Cr-Mo-Stahl	Fe; 0,14 C; 0,24 Si; 0,003 P; 0,028 S; 15,16 Cr; 0,25 Mn; 1,4 Mo. D.
412	Cr-Mo-Stahl	Fe; 0,45 C; 15 Cr; 1,8 Mo. D.
413	Cr-Mo-Stahl	Fe; 0,10 C; 14,5 Cr; 2,2 Mo.
414	Cr-Mo-Stahl	Fe; 0,20 C; 14 Cr; 0,5 Ni; 1,0 Mo; 75—90 kg/mm². D.
415	Cr-Mo-Stahl	Fe; 0,23 C; 11,16 Cr; 2,3 Mo. D.
416	Cr-Mo-Stahl	Fe; 4—6 Cr; ~0,5 Mo.
417	Cr-Mo-Stahl	Fe; 0,15 C; 0,60—0,80 Al; 1—2 Si; 0,75—6,0 Cr; 0,30 Mn; 0,45—0,65 Mo.

Cr-Si-Stähle

418	Wegucit	Fe; 2—6 Si; 15—30 Cr. D.
419	Cr-Si-Stahl	Fe; 1,8 Si; 25 Cr (bis 1100° verwendbar). D.
420	Cr-Si-Stahl	Fe; 0,36 C; 2,88 Si; 0,003 P; 0,015 S; 15,44 Cr; 0,33 Mn.
421	Cr-Si-Stahl	Fe; 0,1 C; 0,44 Si; 0,005 P; 0,02 S; 15,1 Cr; 0,33 Mn.
422	Cr-Si-Stahl	Fe; 0,15 C; 4,7 Si; 0,003 P; 0,017 S; 14,96 Cr; 0,3 Mn.
423	Cr-Si-Stahl	Fe; 0,11 C; 2,78 Si; 0,008 P; 0,016 S; 14,41 Cr; 0,26 Mn.
424	Cr-Si-Stahl	Fe; 0,8 C; 1,02 Si; 0,006 P; 0,016 S; 13,5 Cr; 0,28 Mn.
425	Cr-Si-Stahl	Fe; 0,08 C; 3,84 Si; 0,005 P; 0,015 S; 13,38 Cr; 0,27 Mn.
426	Silcrome	Fe; 0,4 C; 3,5 Si; 8,25 Cr.
427	Cr-Si-Stahl	Fe; ~1,8 Si; 8,0 Cr (bis 900° verwendbar). D.

Cr-Ni-Stähle

1. Austenitisch

[Einteilung im wesentlichen nach F. Rapatz, Die Edelstähle, 3. Aufl., S. 262,
Zahlentafel 55.

428	Cr-Ni-Stahl	Fe; etwas Al; 7—35 Cr; 5—38 Ni; etwas W; etwas Mo.
429	Cr-Ni-Stahlguß	Fe; 1,3 C; 28 Cr; 6,5 Ni; 60 kg/mm². D.
430	Cr-Ni-Stahl	Fe; 28 Cr; 4 Ni. D.
431	Cr-Ni-Stahlguß: Werkstoffnummer 4588	Fe; <0,10 C; <1,5 Si; <1,5 Mn; 24,0—26,0 Cr; 2,0—2,5 Mo; 24,0—26,0 Ni; Nb >10 x C (DIN G—X 8 CrNiMoNb 2525). D.
432	Cr-Ni-Stahl: Type 310	Fe; <0,25 C; <1,5 Si; <2,0 Mn; 24,0—26,0 Cr; 19,0—22,0 Ni. USA.
433	Cr-Ni-Stahl + Mo: Werkstoffnummer 4577	Fe; <0,06 C; <1,0 Si; <2,0 Mn; 24,0—26,0 Cr; 2,0—2,5 Mo; 24,0—26,0 Ni; Ti >5 x C (DIN X 5 CrNiMoTi 2525). D.
434	Cr-Ni-Stahl: Type 314	Fe; <0,25 C; 1,5—3,0 Si; <2,0 Mn; 23,0—26,0 Cr; 19,0—22,0 Ni. USA.
435	Cr-Ni-Stahl: Type 309	Fe; <0,20 C; <1,0 Si; <2,0 Mn; 22,0—24,0 Cr; 12,0—15,0 Ni. USA.
436	Cr-Ni-Stahl	Fe; 24 Cr; 10 Ni.
437	Cr-Ni-Stahlguß	Fe; 24 Cr; Ni; >55 kg/mm². D.
438	Cr-Ni-Stahlguß	Fe; 24 Cr; Ni; Mo; >55 kg/mm². D.

Cr-Ni-Stähle + N, Nb oder wenig C (kornzerfallsicher)

439	Cr-Ni-Stahl	Fe; wenig C; 23 Cr; 5 Ni; <0,28 N. D.
440	Cr-Ni-Stahl	Fe; wenig C; 23 Cr; 4 Ni; 0,29 N. D.
441	Cr-Ni-Stahl	Fe; wenig C; 23 Cr; 3 Ni; 0,29 N. D.
442	Cr-Ni-Stahl: Type 309 C	Fe; <0,10 C; <1,0 Si; <2,0 Mn; 22,0—24,0 Cr; 12,0—15,0 Ni; Nb >10 x C. USA.
443	Cr-Ni-Stahl: Type 309 S	Fe; <0,08 C; <1,0 Si; <2,0 Mn; 22,0—24,0 Cr; 12,0—15,0 Ni. USA.
444	Cr-Ni-Stahl	Fe; 0,10 C; 21 Cr; 5 Ni; Ta; Nb; N. D.
445	Durimet 20 bzw. Carpenter Stainless 20	Fe; <0,07 C; 1 Si; 19 Cr; 29 Ni; 3 Mo; 4 Cu. USA.
446	Worthite	Fe; <0,07 C; 3,5 Si; 20 Cr; 24 Ni; 3 Mo. USA.
447	Cr-Ni-Stahl: Type 308	Fe; <0,08 C; <1,0 Si; <2,0 Mn; 19,0—21,0 Cr; 10,0—12,0 Ni. USA.
448	20/15 Cr-Ni-Stahl	Fe; ~20 Cr; ~15 Ni. D.
449	Stainless W	Fe; 0,07 C; 0,5 Mn; 0,5 Si; 0,01 P; 0,01 S; 17 Cr; 7 Ni; 0,7 Ti; 0,2 Al. USA.
450	Cr-Ni-Stahl	Fe; 0,3—0,4 C; 2,3—2,9 Si; 0,03 P; 0,02 S; 16—20 Cr; 23—27 Ni; 0,4—0,7 Mn. Russ.

18/8 Cr-Ni-Stähle (nicht kornzerfallsicher)

451	Cr-Ni-Stahl: Type 305	Fe; <0,12 C; <1,0 Si; <2,0 Mn; 17,0—19,0 Cr; 10,0—13,0 Ni. USA.
452	Cr-Ni-Stahl	Fe; 1,33 C; 0,42 Si; 0,006 P; 0,018 S; 18,91 Cr; 7,26 Ni; 0,50 Mn. D.
453	Cr-Ni-Stahlguß: Werkstoffnummer 4312	Fe; <0,15 C; 1,0—2,5 Si; <1,5 Mn; 17,0—19,0 Cr; 8,0—10,0 Ni (G—X 15 CrNi 18 8). D.
454	Cr-Ni-Stahl: Werkstoffnummer 4300	Fe; <0,15 C; <1,0 Si; <2,0 Mn; 17,0—19,0 Cr; 8,0—10,0 Ni (DIN X 12 CrNi 18 8). D.
455	Cr-Ni-Stahl: Type 302	Fe; 0,08—0,20 C; <1,0 Si; <2,0 Mn; 17,0—19,0 Cr; 8,0—10,0 Ni. USA.
456	Cr-Ni-Stahl: Type 302 B	Fe; 0,08—0,20 C; 2,0—3,0 Si; <2,0 Mn; 17,0—19,0 Cr; 8,0—10,0 Ni. USA.
457	Cr-Ni-Stahl	Fe; 0,10 C; 18 Cr; 8,5 Ni. D.
458	Cr-Ni-Stahl: Type 303	Fe; <0,15 C; <1,0 Si; <2,0 Mn; 17,0—19,0 Cr; 8,0—10,0 Ni; 0,07 P, S oder Se; <0,60 Zr oder Mo. USA.

459	Cr-Ni-Stahlguß	Fe; 0,15 C; 18 Cr; 8 Ni; 40−60 kg/mm². D.
460	Cr-Ni-Stahl	Fe; 0,1 C; 18 Cr; 8 Ni; 55−75 kg/mm². D.
461	Cr-Ni-Stahl	Fe; 0,10 C; 18 Cr; 8 Ni. D.
462	Cr-Ni-Stahlguß	Fe; 18 Cr; Ni; >55 kg/mm². D.
463	Cr-Ni-Stahl: Type 301	Fe; 0,08−0,20 C; <1,0 Si; <2,0 Mn; 16,0−18,0 Cr; 6,0−8,0 Ni. USA.
464	Cr-Ni-Stahl	Fe; 0,15 C; 0,35 Si; 0,014 P; 0,012 S; 17,6 Cr; 7,92 Ni; 0,56 Mn. Russ.

18/8 Cr-Ni-Stähle + Ti, Nb, Ta oder wenig C (kornzerfallsicher)

465	Cr-Ni-Stahl: Type 304	Fe; <0,08 C; <1,0 Si; <2,0 Mn; 18,0−20,0 Cr; 8,0−11,0 Ni. USA.
466	Cr-Ni-Stahl	Fe; <0,14 C; <1,1 Si; 17−20 Cr; 8−10 Ni; 0,2−0,7 Mn; 5 Ti. Russ.
467	Cr-Ni-Stahl	Fe; 0,07−0,12 C; 0,32 Si; 17,5−18,8 Cr; 8,5−9,3 Ni; <1,2 Nb; <0,5 Ta (Nb >Ta >10 C) D.
468	Cr-Ni-Stahl	Fe; 0,08−0,09 C; 0,43−0,61 Si; 0,02−0,03 Cu; 17,48−18,25 Cr; 8,24−8,36 Ni; 0,32−0,40 Mn; 0,25−1,11 Nb (Nb = 5 C). Japan.
469	Cr-Ni-Stahl: Werkstoffnummer 4541	Fe; <0,10 C; <1,0 Si; <2,0 Mn; 17,0−19,0 Cr; 9,0−11,0 Ni; >5 x C (DIN X 10 CrNiTi 18 9). D.
470	Cr-Ni-Stahl Werkstoffnummer 4550	Fe; <0,10 C; <1,0 Si; <2,0 Mn; 17,0−19,0 Cr; 9,0−11,0 Ni; Nb >8 x C (DIN X 10 CrNiNb 18 9). D.
471	Cr-Ni-Stahl: Type 347	Fe; <0,08 C; <1,0 Si; <2,0 Mn; 17,0−19,0 Cr; 9,0−12,0 Ni; Nb >10 C. USA.
472	Cr-Ni-Stahl: Type 347 F	Fe; <0,08 C; <1,0 Si; <2,0 Mn; 17,0−19,0 Cr; 9,0−12,0 Ni; 0,15−0,35 Se; 0,11−0,17 P; Nb >10 C. USA.
473	Cr-Ni-Stahl: Werkstoffnummer 4301	Fe; <0,07 C; <1,0 Si; <2,0 Mn; 17,0−19,0 Cr; 9,0−11,0 Ni (DIN X 5 CrNi 18 9). D.
474	Cr-Ni-Stahl Type 321	Fe; <0,08 C; <1,0 Si; <2,0 Mn; 17,0−19,0 Cr; 8,0−11,0 Ni; Ti >5 x C. USA.

18/8 Cr-Ni-Stähle + Mo (nicht kornzerfallsicher)

475	Cr-Ni-Stahl + Mo: Type 317	Fe; <0,10 C; <1,0 Si; <2,0 Mn; 18,0−20,0 Cr; 3,0−4,0 Mo; 11,0−14,0 Ni. USA.
476	Cr-Ni-Stahl + Mo	Fe; 0,08 C; 18 Cr; 10 Ni; 1,5 Mo.
477	Cr-Ni-Stahlguß + Mo: Werkstoffnummer 4410	Fe; <0,15 C; 1,0−2,5 Si; <1,5 Mn; 17,0−19,0 Cr; 2,0−2,5 Mo; 9,0−11,0 Ni (DIN G X 15 CrNiMo 18 9). D.
478	Cr-Ni-Stahl + Mo	Fe; 0,06 C; 18 Cr; 9 Ni; 2,5 Mo.
479	Cr-Ni-Stahl + Mo	Fe; 0,1 C; 18 Cr; 9 Ni; 1,8 Mo. D.
480	Cr-Ni-Stahlguß + Mo	Fe; 0,15 C; 18 Cr; 8 Ni; 2−2,5 Mo; 40−60 kg/mm². D.
481	Cr-Ni-Stahl + Mo	Fe: 0,10 C; 18 Cr; 8 Ni; 2,2 Mo; 55−75 kg/mm². D.
482	Cr-Ni-Stahl + Mo: Type 316	Fe; <0,10 C; <1,0 Si; <2,0 Mn; 16,0−18,0 Cr; 2,0−3,0 Mo; 10,0−14,0 Ni. USA.

18/8 Cr-Ni-Stähle + Mo + Ti, Ta, Nb oder wenig C (kornzerfallsicher)

483	Cr-Ni-Stahl + Mo	Fe; 0,1 C; 21 Cr; 38 Ni; 5 Mo; Ti. D.
484	Cr-Ni-Stahl + Mo: Type 318	Fe; <0,08 C; <1,0 Si; <2,5 Mn; 17,0−19,0 Cr; 2,0−2,75 Mo; 13,0−15,0 Ni; Nb >10 x C. USA.
485	Cr-Ni-Stahl + Mo: Werkstoffnummer 4571	Fe; <0,10 C; <1,0 Si; <2,0 Mn; 16,5−18,5 Cr; 2,0−2,5 Mo; 10,5−12,5 Ni; Ti >5 C (DIN X 10 CrNiMoTi 18 10). D.
486	Cr-Ni-Stahl + Mo	Fe; 0,10 C; 18 Cr; 10 Ni; 2 Mo; Si. D.
487	Cr-Ni-Stahl + Mo: Werkstoffnummer 4580	Fe; <0,10 C; <1,0 Si; <2,0 Mn; 16,5−18,5 Cr; 2,0−2,5 Mo; 10,5−12,5 Ni; Nb >8 C (DIN X 10 CrNiMoNb 18 10). D.

488	Cr-Ni-Stahl + Mo	Fe; 0,10 C; 18 Cr; 9,5 Ni; 1,5 Mo; Ta; Nb. D.
489	Cr-Ni-Stahl + Mo: Werkstoffnummer 4436	Fe; <0,07 C; <1,0 Si; <2,0 Mn; 16,5—18,5 Cr; 2,5—3,0 Mo; 11,5—13,5 Ni (DIN X 5 CrNiMo 18 12). D.
490	Cr-Ni-Stahl + Mo: Werkstoffnummer 4573	Fe; <0,10 C; <1,0 Si; <2,0 Mn; 16,5—18,5 Cr; 2,5—3,0 Mo; 11,5—13,5 Ni; Ti >5 C (DIN X 10 CrNiMoTi 18 12). D.
491	Cr-Ni-Stahl + Mo: Werkstoffnummer 4583	Fe; <0,10 C; <1,0 Si; <2,0 Mn; 16,5—18,5 Cr; 2,5—3,0 Mo; 11,5—13,5 Ni; Nb >8 C (DIN X 10 CrNiMoNb 18 12). D.
492	Cr-Ni-Stahl + Mo: Werkstoffnummer 4449	Fe; <0,07 C; <1,0 Si; <2,0 Mn; 16,0—18,0 Cr; 4,0—5,0 Mo; 12,5—14,5 Ni (DIN X 5 CrNiMo 17 13). D.
493	Cr-Ni-Stahl + Mo: Werkstoffnummer 4401	Fe; <0,07 C; <1,0 Si; <2,0 Mn; 16,5—18,5 Cr; 2,0—2,5 Mo; 10,5—12,5 Ni (DIN X 5 CrNiMo 18 10). D.
494	Cr-Ni-Stahl + Mo	Fe; <0,07 C; 18 Cr; 8 Ni; 1,6 Mo; 55—70 kg/mm². D.
495	Cr-Ni-Stahl + Mo: Werkstoffnummer 4570	Fe; <0,10 C; <1,0 Si; <2,0 Mn; 16,5—18,5 Cr; 1,2—1,6 Mo; 10,5—12,5 Ni; Ti >5 X C (DIN X 10 CrNiMoTi 18 10 1). D.
496	Cr-Ni-Stahl + Mo: Werkstoffnummer 4414	Fe; <0,07 C; 2 0—2,5 Si; <2,0 Mn; 16,5—18,5 Cr; 2,0—2,5 Mo; 12,0—14,0 Ni (DIN X 5 CrNiMoSi 18 12). D.

18/8 Cr-Ni-Stähle + Cu (+ Ti, Ta, Nb) (kornzerfallsicher)

497	Cr-Ni-Stahl + Cu	Fe; 0,10 C; 18 Cr; 8,5 Ni; 3 Cu; 55—75 kg/mm². D.
498	Cr-Ni-Stahl + Cu	Fe; 0,10 C; 18 Cr; 8 Ni; 3 Cu; Ti; 55—75 kg/mm². D.

Cr-Ni-Stähle + Mo + Cu (+ Ti, Ta, Nb) (kornzerfallsicher)

499	Cr-Ni-Stahl	Fe; wenig C; 4 Cu; 25 Cr; 5 Ni; 3,5 Mo.
500	Cr-Ni-Stahlguß + Mo + Cu: Werkstoffnummer 4590	Fe; <0,07 Cr; <1,5 Si; <1,5 Mn; 19,0—21,0 Cr; 2,5—3,5 Mo; 24,0—26,0 Ni; 2,0—3,0 Cu (DIN G—X 5 NiCrMoCu 25 20). D.
501	Cr-Ni-Stahl + Mo + Cu: Werkstoffnummer 4595	Fe; <0,07 C; <1,0 Si; <2,0 Mn; 16,5—18,5 Cr; 2,0—2,5 Mo; 16,5—18,5 Ni; 1,8—2,2 Cu; Nb >8 x C (DIN X 5 CrNiMoCuNb 18 18). D.
502	Cr-Ni-Stahlguß + Mo + Cu: Werkstoffnummer 4585	Fe; <0,12 C; <1,5 Si; <1,5 Mn; 16,5—18,5 Cr; 2,0—2,5 Mo; 16,5—18,5 Ni; 1,8—2,4 Cu; Nb >10 x C (DIN G—X 10 CrNiMoCuNb 18 18). D.
503	Cr-Ni-Stahl + Mo + Cu	Fe; 0,10 C; 3 Cu; 10 Cr; 18 Ni; 4 Mo. D.
504	Cr-Ni-Stahl	Fe; 5,26 Cu; 18 Ni; 5,2 Mo; Ti. Russ.
505	Cr-Ni-Stahl	Fe; 4 Cu; 18 Ni; 4 Mo. Russ.
506	Cr-Ni-Stahl + Mo + Cu	Fe; 0,1 C; 2,5 Cu; 5 Cr; 25 Ni; 3,5 Mo; Ti. D.
507	Cr-Ni-Stahl	Fe; 0,29 C; 16,5 Cr; 23,6 Ni; 2,5 Mn. Russ.
508	Cr-Ni-Stahl	Fe; 16 Cr; 16 Ni.
509	Cr-Ni-Stahl	Fe; 0,1 C; 14 Cr; 11 Ni. D.
510	Cr-Ni-Stahl	Fe; 0,15 C; 0,28 Si; 0,034 P; 0,010 S; 12,40 Cr; 62,26 Ni; 2,75 Mn.
511	Sonder-Stahl	Fe; 0,5 C; 12 Cr; 60 Ni; 2 Mn; 2—6 W.

12/12 Cr-Ni-Stähle (nicht kornzerfallsicher, höchste Tiefziehfähigkeit)

512 Cr-Ni-Stahl:
Werkstoffnummer 4307 Fe; <0,10 C; <1,0 Si; <2,0 Mn; 11,5—13,5 Cr;
12,0—14,0 Ni (DIN X 8 CrNi 12 12). D.
513 12/12 Cr-Ni-Stahl Fe; ~12 Cr; ~12 Ni. D.
514 Cr-Ni-Stahl Fe; <0,07 C; 11,5 Cr; 11,5 Ni;
50—65 kg/mm². D.
515 Cr-Ni-Stahl Fe; 0,97 C; 0,59 Si; 0,004 P; 0,017 S;
11,63 Cr; 19,71 Ni; 0,33 Mn.
516 Cr-Ni-Stahl Fe; 0,1 C; 4,5 Cr; 22 Ni. D.
517 Sonder-Stahl Fe; 6,93 Al; 0,24 C; 4,34 Cr; 31,89 Ni.

2. Austenit-martensitisch

518 Cr-Ni-Stahl Fe; 0,47 C; 0,32 Si; 0,016 P; 0,018 S;
18,54 Cr; 5,34 Ni; 0,46 Mn.
519 Cr-Ni-Stahl Fe; 0,25—0,30 C; 2,2—2,8 Si; 0,03 P; 0,03 S;
13—15 Cr; 7—9 Ni; 0,3—0,7 Mn. Russ.

3. Martensit-troosto-sorbitisch

520 Cr-Ni-Stahl Fe; 2 Cu; 18 Cr; 2 Ni.

4. Ferrit-perlitisch

521 Sonder-Stahl Fe; 0,30 C; 2,25 Cr; wenig Ni; etwas W.
522 Perenit Fe; Cu; Cr; Ni; eventl. W, Ti, Zr; insgesamt Legierungselemente
3—4. D.
523 Sonder-Stahl Fe; 0,5—0,8 Cr; 2,3—2,8 Ni; 0,35—0,50 Mo.
524 Stahlguß Fe; 0,25—0,55 C; 0,3—0,75 Cr; 0,8—1,75 Ni; 0—0,4 Mo.

Cr-Mn-Stähle

Einteilung im wesentlichen nach F. RAPATZ, Die Edelstähle, 3. Aufl., S. 268,
Zahlentafel 56.

18/9 Cr-Mn-Stähle, ferritisch-austenitisch (gut schweißbar, tiefziehfähig)

525 Cr-Mn-Stahl Fe; 0,16 C; 18 Cr; 1 Ni; 9 Mn. D.¹
526 Remanit-Stahl 1800 M Fe; 0,1 C; 18 Cr; 9 Mn. D.
527 Wironit 910, 910 S Fe; 0,1 C; 18 Cr; 9 Mn. D.
528 Cr-Mn-Stahlguß TC Dur: T 5 Fe; Cr; Mn; >65 kg/mm². D.
529 Silcorrit M Fe; ~18 Cr; ~8,5 Mn.

18/9 Cr-Mn-Stähle + N, austenitisch (gut schweißbar, tiefziehfähig)

530 Cr-Mn-Stahl:
Werkstoffnummer 4211 Fe; <0,15 C; <1,0 Si; 17,0—19,0 Mn;
11,0—13,0 Cr; 0,3—0,6 Mo; 1,5—2,5 Ni;
<0,08 P (DIN X 12 MnCr 18 10). D.

15/10 Cr-Mn-Stähle

531 Cr-Mn-Stahl Fe; 0,10 C; 16 Cr; 2 Ni; 9 Mn; Ti; Ta; Nb;
75—90 kg/mm². D.
532 V12C-Stahl normal Fe; 0,10 C; 15 Cr; 1,5 Ni; 12 Mn; 65—85 kg/mm². D.
533 V12C-Stahl Fe; <0,10 C; 15 Cr; 1,5 Ni; 12 Mn; 65—85 kg/mm². D.
534 V2C-Stahl normal Fe; 0,10 C; 15 Cr; 1,5 Ni; 8 Mn; 80—95 kg/mm². D.
535 V2C-Stahl Fe; <0,10 C; 15 Cr; 1,5 Ni; 8 Mn. 80—95 kg/mm². D.
536 Cr-Mn-Stahlguß TC Dur: T5E Fe; 11 Cr; Mn; >70 kg/mm². D.

10/18 Cr-Mn-Stähle (+ Mo)

537 Cr-Mn-Stahl Fe; 0,11 C; 0,77 Si; 9,92 Cr; 1,48 Ni; 16,78 Mn; 0,76 Mo. D.
538 Cr-Mn-Stahl Fe; 0,12 C; 0,76 Si; 9,88 Cr; 0,58 Ni; 16,77 Mn. D.
539 Cr-Mn-Stahl Fe; 0,10 C; 9 Cr; 1 Ni; 18 Mn; 1 Mo; 75—85 kg/mm². D.

13/19 Cr-Mn-Stähle + N

540 a) Fe; ~0,20 C; ~13,0 Cr; ~19,0 Mn; ~0,25 N. D.
(rostbeständig, hoch kaltverfestigungsfähig).
541 b) Fe; ~0,12 C; ~13,0 Cr; ~19,0 Mn; ~0,25 N. D.
(hohe Dauerstandfestigkeit. Auspuffsammler).

Mn-Stähle

542 Mn-Stahl Fe; 0,9—1,1 C; 0,2—0,4 Si; 10—13 Mn.
543 Mn-Stahl Fe; 1,15 C; 0,13 Si; 0,056 P; 0,022 S; 0,26 Ni; 11,75 Mn.
544 Mn-Stahl Fe; 5 Mn.
545 Mn-Stahl Fe; 0,3—0,45 C; 0,1—0,2 Si; 1,3—1,4 Mn.

Kupfer

546 Elektrolytkupfer, Kupfer E   E—Cu DIN 1708 (>99,9 Cu)
                                   Elektr. Widerstand 17,84 Ohm/km mm². D.
547 Hüttenkupfer S   S-Cu DIN 1708 sauerstofffrei. D.
548 Hüttenkupfer F   F-Cu DIN 1708 >99,90 Cu. D.
549 Hüttenkupfer D   D-Cu DIN 1708 >99,75 Cu. D.
550 Hüttenkupfer C   C-Cu DIN 1708 >99,5 Cu. D.
551 Hüttenkupfer B   B-Cu DIN 1708 >99,0 Cu; As-arm. D.
552 Hüttenkupfer A   A-Cu DIN 1708 >99,0 Cu; As- und Ni-haltig. D.

Cu-Zn-Legierungen (Messing)

553 Rottombak   Ms 90 DIN 1709   90 Cu; Zn. D.
554 Mittelrottombak   Ms 85 DIN 1709   85 Cu; Zn. D.
555 Hellrottombak   Ms 80 DIN 1709   80 Cu; Zn. D.
556 Messing (für Kondensatoren)   2 Al; 78—79 Cu; Zn; 0—0,2 Sn; 0,03—0,12 As;
                                   0,1—0,3 Si; 0—0,05 P. D.
557 Al-Messing   2 Al; 76 Cu; 22 Zn.
558 Gelbtombak   Ms 72 DIN 1709   72 Cu; Zn. D.
559 Kondensatorrohr   Ms KF 36 DIN 1785   70 + 2 Cu; 1 ± 0,25 Sn; Zn; <0,4
                        Verunreinigungen (Mn und Ni bis 0,5% gelten nicht als
                        Verunreinigung); Zugfestigkeit >36 kg/mm²; Bruchdehnung
                        >35%; angelassen. D.
560 Kondensatorrohr   Ms KF 40 DIN 1785 Zusammensetzung wie bei Ms KF 36;
                        Zugfestigkeit >40 kg/mm²; Bruchdehnung >25%; ange-
                        lassen. D.
561 Messing 70/30   70 Cu; 30 Zn. D.
562 Messing   70 Cu; 29 Zn; 1 Sn.
563 Admiralty   70 Cu; 29 Zn; 1 Sn. USA.
564 Al-Messing   6,59 Al; 69,16 Cu; Zn.
565 Halbtombak   Ms 67 DIN 1709   67 Cu; Zn. D.
566 Gußmessing   GMs 67 DIN 1709 67 ± $^2_1$ Cu; <3 Pb; Zn; (>97,0 Cu + Zn)
                        <0,10 Mn; <0,30 Al; <0,50 Fe; <1,00 Sn; <0,10 Sb + As
                        <0,05 P; Zugfestigkeit >18 kg/mm²; Dehnung >20%;
                        Brinellhärte >40 kg/mm²; Biegegröße Bg >33. D.
567 Pb-Messing   64,76 Cu; Zn; 0,35 Pb. D.
568 Si-Messing   1,77 Si; 64,30 Cu; Zn.
569 Messing   Spur Fe; 64,18 Cu; Spur Ni; 35,67 Zn; 0,33 Pb.
570 Sondermessing A gegossen So-G Ms A DIN 1709   54—64 Cu; <7,5 Mn + Al
                        + Fe + Sn nach Wahl; Zn; (>92,5 Cu + Zn, bis zu 3 Cu
                        können durch Ni ersetzt werden); <0,2 Sb; <0,1 As; <0,1 P;
                        <1,5 Pb; Zugfestigkeit >30 kg/mm²; Dehnung >10%. D.
571 Sondermessing B gegossen So-G Ms B DIN 1709   Cu; Mn; Al; Fe; Sn; Zn; As
                        wie bei So-G Ms A; <0,1 Sb; <1,0 Pb; Zugfestigkeit
                        >35—60 kg/mm²; Dehnung >30—15%; Brinellhärte
                        >80—130 kg/mm²; Biegegröße Bg >50—20.
572 Al-Messing   3,0 Al; 1,62 Si; 63,49 Cu; Zn.
573 Kondensatorrohr   Ms 63 F 36 DIN   1785 63 ± $^2_1$ Cu; Zn; <0,5 Pb; <0,2 Fe;
                        <0,2 Sn; <0,05 Al; <0,6 Pb + Fe + Sn + Al; <0,1 Sonsti-
                        ges; Zugfestigkeit >36 kg/mm²; Dehnung >28%. D.
574 Druckmessing   Ms 63 DIN 1709   63 Cu; Zn. D.
575 Gußmessing 63   G Ms 63 DIN 1709 63 ± $^2_1$ Cu; <3 Pb; Zn; (>97,0 Cu + Zn);
                        <0,20 Mn; <0,05 Al; <0,50 Fe; <1,00 Sn; <0,10 Sb + As;
                        <0,05 P; Zugfestigkeit >15 kg/mm²; Dehnung >7%; Bri-
                        nellhärte >45 kg/mm². D.
576 Marine-Messing   62,03 Cu; 0,23 Pb; 36,73 Cu. E.
577 Messing   62 Cu; Zn.
578 Sondermessing, gewalzt So-Ms DIN 1709 55—62 Cu; <7,5 Mn + Al + Fe + Sn
                        nach Wahl; <3 Ni; Zn. D.

579	Mn-Messing	60,8 Cu; 4,7 Mn; Zn.
580	Mn-Messing	60,3 Cu; 3,0 Mn; Zn.
581	Schmiedemessing (Muntz-Metall) Ms 60 DIN 1709 60 Cu; Zn. D.
582	Fe-Messing	1,27 Fe; 58,94 Cu; Zn.
583	Durana-Metall	0,34 Fe; 58,65 Cu; 39,61 Zn; 0,97 Sn; 0,42 Pb.
584	Hartmessing	Ms 58 DIN 1709 58 Cu; 2 Pb; Zn. D.
585	Messing	0,28 Fe; 56,54 Cu; 40,02 Zn; 0,12 Sn; 2,82 Pb.
586	Rübelbronze	2,07 Fe; 56,4 Cu; 1,08 Ni; 40 Zn; 0,50 Al.
587	Deltametall	0,87 Fe; 55,94 Cu; 41,61 Zn; 0,81 Mn; 0,72 Pb; 0,013 P.
588	Ni-Messing	55,1 Cu; 0,59 Ni; Zn.

Cu-Sn-(Pb-)Legierungen (Bronze)

589	Bronze	86—98 Cu; 2—14 Sn. D.
590	P-Bronze	etwas P; 96,37 Cu; 3,42 Sn. D.
591	Mn-Bronze	95,96 Cu; 3,49 Mn; 0,13 Sn.
592	Bronze	0,22 Fe; 94,44 Cu; 4,94 Sn.
593	Walzbronze	WBz 6 DIN 1705 94 Cu; 6 Sn. D.
594	Nidabronze	Cu; 8—9 Sn; wenig P. D.
595	Carobronze	91,2 Cu; 8,5 Sn; 0,3 P. D.
596	Gußbronze	GBz 10 DIN 1705 90 ± 1,0 Cu; 10 ± 1,0 Sn; (>99,0 Cu + Sn); <1,0 Pb; <0,1 Sb; <0,2 Fe; <0,2 Mn; <0,01 Bi; <0,01 Al; <0,01 Mg; <0,05 S; <0,15 As; <0,5 Ni (gegen Cu aufzurechnen); Zn; Zugfestigkeit >20 kg/mm²; Dehnung >15%; Brinellhärte >60 kg/mm². D.
597	Bronze	0,1 P; 89 Cu; 10 Sn.
598	Bronze	0,16 P; 87,38 Cu; 0,12 Ni; 9,91 Sn; 2,28 Pb.
599	Ni-Bronze	87 Cu; 1,05 Ni; 1,95 Zn; 11 Sn.
600	Bronze	0,07 P; 86,3 Cu; 13 Sn.
601	Gußbronze	GBz 14 DIN 1705 86 ± 1,0 Cu; 14 ± 1,0 Sn; (>99,0 Cu: Sn); <0,2 Sb; sonstige Beimengungen wie bei GBz 10; Zugfestigkeit >20 kg/mm²; Dehnung >3%; Brinellhärte >85 kg/mm². D.
602	Blei-Zinnbronze 5	Pb-Sn-Bz 5 DIN 1716 4—6 Pb; Cu; 9—11 Sn; >18 kg/mm². D.
603	Bleibronze 15	Pb-Bz 15 DIN 1716 10—20 Pb; Cu; evtl. Beimengungen. D.
604	Bleibronze 15 A	Pb-Bz 15 A DIN 1716 10—20 Pb; Cu; <2 Zusätze. D.
605	Bronze	6,2—7,2 Pb; Cu; <0,1 Sb; <0,5 Fe; <0,06 P; <0,2 Ni; 8,6—9,6 Sn. Russ.
606	Tungum	Al; Si; 81—84 Cu; Ni; Sn.
607	Gußbronze	GBz 20 DIN 1705 80 ± ⁹⁄₂ Cu; 20 ± ²⁄₀ Sn; (>99,0 Cu + Sn) <0,2 Sb; <0,3 Fe; sonstige Beimengungen wie bei GBz 10; Zugfestigkeit >15 kg/mm², Brinellhärte >170 kg/mm². D.
608	Blei-Zinnbronze 13	Pb-Sn-Bz 13 DIN 1716 12—14 Pb; Cu; 7—9 Sn; >15 kg/mm². D.
609	Blei-Sonderbronze	Pb-So-Bz 15 DIN 1716 10—20 Pb; Cu; 0—10 Sn; 0—4 Ni; ferner Mn; Si; Sb; Mg; Al; P u. a. D.
610	Gußbronze	78 Cu; 8 Sn; 11 Pb; 3 Sb.
611	Bronze	0,1 P; 77 Cu; 8 Sn; 11 Pb; 3 Sb.
612	Bleibronze 25	Pb-Bz 25 DIN 1716 20—30 Pb; Cu; evtl. Beimengung. D.
613	Bleibronze 25 A	Pb-Bz 25 A DIN 1716 20—30 Pb; Cu; <2 Zusätze. D.
614	Blei-Zinnbronze 20	Pb-Sn-Bz 20 DIN 1716 18—20 Pb; Cu; 5—10 Sn. D.
615	Bleibronze 35	Pb-Bz 35 DIN 1716 >30 Pb; Cu; evtl. Beimengungen. D.
616	Bleibronze 35 A	Pb-Bz 35 A DIN 1716 >30 Pb; Cu; <2 Zusätze. D.
617	Bronze	19 Pb; 66 Cu; 10 Sn; 5 Sb.
618	Blei-Sonderbronze	Pb-So-Bz 25 DIN 1716 20—35 Pb; Cu; 0—8 Sn; 0—4 Ni; 0—3 Zn; ferner Mn; Si; Sb; Mg; Al; P u. a. D.
619	Bronze	57 Cu; 43 Sn.
620	Ni-Bronze	Cu; 7—30 Ni; 5—9 Sn.
621	Kuprodur	viel Cu; kein Sn; kein Zn. D.

Rotguß

| 622 | Rotguß 4 | Rg 4 DIN 1705 93 ± 1,0 Cu; 4 ± 1,0 Sn; (>97,0 Cu + Sn); 2 Zn; 1 Pb (<2,0 Pb); <0,1 Sb; <0,2 Fe; <0,2 Mn; <0,01 Bi; <0,01 Al; |

		$<0,01$ Mg; $<0,05$ S; $<0,15$ As; $<0,5$ Ni (gegen Cu aufzurechnen); Zugfestigkeit >20 kg/mm²; Dehnung $>20\%$; Brinellhärte >50 kg/mm². D.
623	Rotguß	$85-90$ Cu; $2,5-3,5$ Pb; Sn; Zn. D.
624	Rotguß 10	Rg 10 DIN 1705 $86 \pm 1,0$ Cu; $10 \pm 1,0$ Sn; ($>95,0$ Cu + Sn); 4 Zn; $<1,5$ Pb; $<0,3$ Sb; $<0,3$ Fe; sonstige Beimengungen wie bei Rg 4; Zugfestigkeit >20 kg/mm²; Dehnung $>10\%$; Brinellhärte >65 kg/mm². D.
625	Rotguß 9	Rg 9 DIN 1705 $85 \pm 0,5$ Cu; $9 \pm 0,5$ Sn; ($>93,0$ Cu + Sn); 6 Zn; $<2,0$ Pb; $<0,3$ Sb; $<0,5$ Fe; sonstige Beimengungen wie bei Rg 4; Zugfestigkeit >20 kg/mm²; Dehnung $>12\%$; Brinellhärte >60 kg/mm². D.
626	Rotguß 5	Rg 5 DIN 1705 85 ± 1 Cu; $5 \pm 1,5$ Sn; ($>90,0$ Cu + Sn); 7 Zn; 3 Pb (<5 Pb); $<0,3$ Sb; sonstige Beimengungen wie bei Rg 4; Zugfestigkeit >15 kg/mm²; Dehnung $>10\%$; Brinellhärte >60 kg/mm². D.
627	Rotguß	Spur Fe; 84,5 Cu; 0,67 Ni; 4,81 Zn; 4,83 Sn; 4,13 Pb; 0,92 Sb.
628	Rotguß 8	Rg 8 DIN 1705 $82 \pm 1,0$ Cu; $8 \pm 1,0$ Sn; ($>88,0$ Cu + Sn); 7 Zn; 3 Pb (<4 Pb); $<0,5$ Sb; $<0,5$ Fe; sonstige Beimengungen wie bei Rg 4; Zugfestigkeit >15 kg/mm²: Dehnung $>6\%$; Brinellhärte >70 kg/mm². D.

Cu-Ni-Legierungen

629	Cu-Ni-Legierung	80 Cu; 20 Ni.
630	Münzlegierung	75 Cu; 25 Ni.
631	Ambrac	75 Cu; 20 Ni; 5 Zn.
632	Adnic, Marine-Nickel	0,18 Fe; 0,06 C; 69,12 Cu; 28,23 Ni; 0,94 Mn; 0,43 Zn; 1,03 Sn. E. D.
633	Neusilber, Argentan, Alfenide, Packfong	$50-69$ Cu; $12-29$ Ni; $15-40$ Zn. D.
634	Neusilber	60 Cu; 22 Ni; 18 Zn. D.
635	Konstantan	60 Cu; 40 Ni. D.
636	Cu-Ni-Legierung	56 Cu; 14 Ni; 30 Zn.
637	Ferry-Metall	55 Cu; 45 Ni.
638	Cu-Ni-Legierung	0,61 Fe; 53,57 Cu; 25,30 Ni; 0,56 Sn; 19,58 Pb.

Cu-Si-Legierungen

639	Everdur	$3-4,5$ Si; $94,4-96$ Cu; $1-1,1$ Mn. USA.
640	Cu-Si-Legierung	4,1 Si; 94,6 Cu.
641	Cu-Si-Legierung	6,5 Si; Cu. Russ.
642	Cu-Si-Legierung	15 Si; 82 Cu; 0,5 Mn.
643	Rotoxit	Si; Cu (hochsiliziumhaltig).

Cu-Al-Legierungen (Al-Bronze)

644	Al-Bronze 4	Al—Bz 4 DIN 1714 $4 \pm {}^{0,5}_{1}$ Al; $96 \pm {}^{1}_{0,5}$ Cu; ($>99,7$ Cu + Al). D.
645	Al-Bronze	Al; $90-96$ Cu. D.
646	Al-Bronze 5	Al—Bz 5 DIN 1714 $5 \pm {}^{1}_{0,5}$ Al; $95 \pm {}^{0,5}_{1}$ Cu; ($>99,5$ Cu + Al). D.
647	Al-Mehrstoff-Gußbronze A	GAl-M-Bz A DIN 1714 $9-5$ Al; $76-94$ Cu; (>85 Cu + Al); <15 Fe + Ni + Mn + Si + Sn. D.
648	Al-Mehrstoffbronze	Al-M-Bz DIN 1714 $13-5$ Al; $72-94$ Cu; (>85 Cu + Al); 15 Fe + Ni + Mn + Si + Sn. D.
649	Al-Bronze 9	Al-Bz 9 DIN 1714 $9 \pm \frac{1}{2}$ Al; $91 \pm {}^{2}_{1}$ Cu; ($>99,5$ Cu + Al). D.
650	Al-Gußbronze 9	GAl-Bz 9 DIN 1714 9 ± 2 Al; 91 ± 2 Cu; (>99 Cu + Al). D.
651	Al-Mehrstoff-Gußbronze B	GAl-M-Bz B DIN 1714 $12-8$ Al; $73-91$ Cu (>85 Cu + Al); <15 Fe + Ni + Mn + Si + Sn. D.
652	Corrix	8,7 Al; 3,1 Fe; 88,1 Cu. D.
653	Al-Bronze	9,8 Al; 3,14 Fe; 87 Cu.
654	Al-Bronze	10,81 Al; 3,57 Fe; 85,6 Cu.
655	Al-Bronze	4,85 Al; 85,08 Cu; 10,07 Ni.
656	Al-Bronze	$6-8$ Al; $3,5-4,2$ Fe; Cu; $4,78-5,3$ Ni.

657	Al-Bronze	8,2 Al; 3,8 Fe; 82,5 Cu; 5,1 Ni.
658	Al-Bronze	10 Al; 8 Fe; 82 Cu.
659	Al-Bronze	Al; Cu; Ti.
660	Al-Bronze	Aeterna N.F. 26. D.

Chrom

661 Cr-Überzüge, elektrolytisch erzeugt.

Nickel

662 Elektrolytic nickel   0,15 Fe; 0,05 Cu; 99,80 Ni.   USA.
663 Rohnickel, Kathodennickel Kani DIN 1701 >99,5 Ni (+ Co); <0,10 Cu;
   <0,30 Fe; Spuren von Si; As; S; C; P; Mn; Sn; Sb.   D.
664 Mondnickel   0,39 Fe; 0,11 C; 0,11 Si; 0,02 S; 0,03 Cu; 99,3 Ni; 0,06 Co;
   0,09 Mn.   E.
665 Frenchnickel   0,43 Fe; 0,037 C; 0,024 S; 0,112 Cu; 99,01 Ni.   F.
666 Reinnickel   >99,0 Ni.   D.
667 Rohnickel, Würfelnickel (Wüni), Rondellennickel (Roni), Plattennickel (Plani),
   Granaliennickel (Grani) DIN 1701 >98,5 Ni (+ Co); <0,15 Cu;
   <0,50 Fe; <0,20 Si; <0,03 As; <0,03 S; <0,3 C; Spuren von
   P; Mn; Sn; Sb.   D.
668 Rohnickel, Umgeschmolzenes Nickel Uni DIN 1701 >96,75 Ni (+ Co);
   <0,20 Cu; <1,00 Fe; <0,50 Si; <0,03 As; <0,10 S; <1,00 C;
   <0,20 Mn; Spur P.   D.

Ni-Cu-Legierungen

669	Corronil	26 Cu; 70 Ni; 4 Mn.
670	Silverin	27—32 Cu; 67—70 Ni; 1—3 Mn.
671	K-Monel	2—4 Al; <0,25 C; <2 Fe; <0,5 Si; 63—70 Ni; Cu; <1,0 andere Beimengungen.
672	Monelmetall	1—3 Fe; 0,02—1,5 Si; 25—35 Cu; 60—70 Ni; 0,25—2,0 Mn. D.
673	M.M.-Metall	1,89 Fe; 0,19 Si; 26,60 Cu; 60,54 Ni; 0,50 Mn; 12,24 Sn.
674	Cu-Ni-Legierung	24 Fe; 6 Si; 30 Cu; 40 Ni.

Nickelchrom (Fe-frei)

675	Nickelchrom, Chromel P	10 Cr; 90 Ni.
676	Nickelchrom, Chroman A$_0$	11 Cr; 88 Ni; 2 Mn. D.
677	Nickelchrom, Chroman B$_0$	15 Cr; 83 Ni; 2 Mn. D.
678	Nickelchrom, Cekas II	20 Cr; 80 Ni D.
679	Illium	etwas Si; 2 Al; 8,5 Cu; 18 Cr; 66,6 Ni; 1 Mn; 3,3 W; 0,2 Ti; etwas B. USA.
680	Chronin 85	Cr; Ni. D.

Nickelchrom (Fe-haltig)

681	Nickelchrom	Fe; 14—20 Cr; 80 Ni. D.
682	Inconel	6 Fe; 14 Cr; 80 Ni.
683	Nickelchrom, Chroman C$_0$	1,5 Fe; <20 Cr; 76 Ni; 3 Mn; 2 Mo. D.
684	Nickelchrom	Fe; 0,10 C; 0,65 Si; 18,2 Cr; 78,2 Ni; 0,83 Mn.
685	Nickelchrom, Chroman C	10 Fe; 20 Cr; 65 Ni; 4 Mn. D.
686	Nickelchrom	20 Fe; 15 Cr; 65 Ni.
687	Nickelchrom	Fe; 11,7 Cr; 65 Ni.
688	Nickelchrom, Chroman B	20 Fe; 15 Cr; 61 Ni; 4 Mn. D.
689	Nickelchrom	20 Fe; 15 Cr; 61 Ni; 4 Mo.
690	Nickelchrom B10A	10 Al; <20 Fe; <15 Cr; <61 Ni; 4 Mn. D.
691	Contracid B2,5M	19,5 Fe; 15 Cr; 61 Ni; 2 Mn; 2,5 Mo. D.
692	Contracid B4M	18 Fe; 15 Cr; 61 Ni; 2 Mn; 4 Mo. D.
693	Nickelchrom	5 Al; 17 Fe; 15 Cr; 61 Ni; 2 Mn.
694	Contracid B6W	16 Fe; 15 Cr; 61 Ni; 2 Mn; 6 W. D.
695	Contracid B10W	12 Fe; 15 Cr; 61 Ni; 2 Mn; 10 W. D.
696	Nickelchrom, Chroman D	9 Fe; 25 Cr; 60 Ni; 3 Mn; 2 Mo. D.
697	Nickelchrom	Fe; 15 Cr; 60 Ni.

698	Nickelchrom	Fe; 15 Cr; 60 Ni; 4 Mo.
699	Contracid B7M	16 Fe; 15 Cr; 60 Ni; 2 Mn; 7 Mo. D.
700	Nickelchrom	28 Fe; 12 Cr; 60 Ni.
701	Contracid BWMC	14 Fe; 15 Cr; 58 Ni; 3 Co; 2 Mn; 5 W; 3 Mo. D.
702	Nickelchrom	Fe; 0,15 C; 0,91 Si; 15,9 Cr; 56,1 Ni; 0,91 Mn.
703	Nickelchrom	Fe; 0,2 C; 0,13 Si; 0,009 P; 0,008 S; 12,44 Cr; 54,38 Ni; 1,81 Mn.
704	Nickelchrom, Chroman E	13 Fe; 33 Cr; 50 Ni; 2 Mn; 2 Mo. D.
705	Nickelchrom	24 Fe; 6 Si; 30 Cr; 40 Ni.
706	Nickelchrom	Fe; 0,34 C; 0,59 Si; 13,0 Cr; 35,5 Ni; 0,73 Mn.
707	Nickelchrom	35 Fe; 30 Cr; 35 Ni.
708	Nickelchrom	Fe; 0,5 C; 25 Cr; 30 Ni. D.
709	Nickelchrom	Fe; 0,15 C; 5 Cu; 18 Cr; 30 Ni; 5 Mo; 5 Sb. D.
710	Nickelchrom	15 Fe; 0,5 C; 25 Cr; 20 Ni. D.
711	Nickelchrom	Fe; 0,15 C; 2,5 Si; 25,0 Cr; 20,0 Ni; 0,7 Mn.
712	Nickelchrom	Fe; 0,31 C; 1,64 Si; 19,8 Cr; 14,5 Ni; 0,47 Mn.
713	Nickelchrom	Fe; 0,50 C; 1,7 Si; 15,0 Cr; 13,0 Ni; 0,80 Mn; 2,0 W.
714	Nickelchrom	Fe; 0,5 C; 25 Cr; 10 Ni. D.
715	Nickelchrom	Fe; 0,5 C; 23,0 Cr; 8,0 Ni. D.
716	Nickelchrom	Fe; 17,7 Cr; 7 Ni; 4 W.
717	Nickelchrom, Cekas I	Fe; Cr; Ni. D.
718	Ferrochronin	Fe; Cr; Ni. D.

Andere Ni-Legierungen

719	Ni-Fe-Legierung	70 Fe; 30 Ni.
720	Ni-Fe-Legierung	75 Fe; 25 Ni.
721	Hastelloy A	53—57 Ni; 20—22 Mo; 18—20 Fe; 3 Mn; 1 Cr; 1 Si; <0,12 C. USA.
722	Hastelloy B	60—67 Ni; 26—30 Mo; 4—7 Fe; 1 Mn; 1 Si; 1 Cr; <0,12 C. USA.
723	Hastelloy C	50—58 Ni; 16—18 Mo; 4—5,7 Fe; 15,5—17,5 Cr; 1 Mn; 1 Si; 3,75—4,75 W; <0,15 C; <0,04 P; <0,03 S. USA.
724	Hastelloy D	82,5—84,75 Ni; 7,5—10 Si; 3,85—4,25 Cu; 0,8—1,25 Mn; 1 Cr; 1 Fe; <0,12 C.
725	Chlorimet 2	62 Ni; 32 Mo; 3 Fe; 0,10 C. USA.
726	Chlorimet 3	60 Ni; 18 Mo; 18 Cr; 3 Fe; 0,07 C. USA.
727	Langalloy 4 R	63 Ni; 30 Mo; 5 Fe; 0,75 Mn; 0,75 Si. E.
728	Langalloy 5 R	56 Ni; 17 Mo; 15 Cr; 5 Fe; 5 W; 0,75 Mn; 0,75 Si. E.
729	Langalloy 6 R	85 Ni; 10 Si; 3 Cu. E.

Kobalt

730	Co-Überzüge	elektrolytisch erzeugt.
731	Co-Si-Legierung	>50 Si; Co.
732	Stellit	25 Cr; 75 Co.
733	Stellit	30 Cr; 70 Co.
734	Stellit	3,1 Fe; 0,9 C; 0,8 Si; 22,5 Cr; 59,5 Co; 2 Mn; 10,8 Mo.
735	Stellit	50 Cr; 50 Co.

736	Niob	
737	Tantal	
738	Molybdän	
739	Wolfram	

Zink

740	Zink Kahlbaum, Merck usw. p. a. D.	
741	Feinzink 99,995	Zn 99,995 DIN 1706 >99,995 Zn; <0,005 Beimengungen, davon <0,001 Sn. D.
742	Feinzink 99,99	Zn 99,99 DIN 1706 >99,99 Zn; <0,006 Pb; <0,003 Cd; <0,001 Sn; <0,003 Fe; insgesamt <0,010. D.
743	Feinzink 99,975	Zn 99,975 DIN 1706 >99,975 Zn; <0,020 Pb; <0,010 Cd; <0,001 Sn; <0,005 Fe; insgesamt <0,025. D.

744	Elektrolytzink	Zn; 0,039 Pb; 0,002 Fe; 0,002 Cu; 0,003 Cd. D.
745	Feinzink 99,9	Zn 99,9 DIN 1706 >99,9 Zn; <0,09 Pb; <0,025 Cd; >0,0015 Sn; <0,02 Fe; insgesamt <0,1. D.
746	Feinzink 99,7	Zn 99,7 DIN 1706 >99,7 Zn; <0,25 Pb; <0,03 Cd; <0,003 Sn; <0,02 Fe; insgesamt <0,3. D.
747	Feinzink	Zn; 0,2 Pb; 0,03 Fe; 0,2 Cd.
748	Feinzink 99,5	Zn 99,5 DIN 1706 >99,5 Zn; <0,45 Pb; <0,03 Cd; <0,003 Sn; <0,03 Fe; insgesamt <0,5. D.
749	Raff. Hüttenzink 99,0	Zn 99,0 DIN 1706 >99,0 Zn; Beimengungen <1,0.
750	Zink Kahlbaum	Zn; 1 Pb. D.
751	Zink Kahlbaum	Zn; 1 Cd. D.
752	Raff. Hüttenzink 98,75	Zn 98,75 DIN 1706 >98,75 Zn; Beimengungen <1,25. D.
753	Zink	Zn; 0,03—0,3 Fe; 0—0,2 Cu; 0,01—0,5 Cd; 0—0,005 Sn; 1,05—1,12 Pb; 0—0,7 Sb; 0—0,09 As.
754	Raff. Hüttenzink 98,5	Zn 98,5 DIN 1706 >98,5 Zn; Beimengungen <1,5. D.
755	Umschmelzzink 98,5	UZn 98,5 DIN 1706 >98,5 Zn; Beimengungen <1,5. D.
756	Hüttenrohzink 97,5	Zn 97,5 DIN 1706 >97,5 Zn; Beimengungen <2,5. D.
757	Umschmelzzink 97,5	UZn 97,5 DIN 1706 >97,5 Zn; Beimengungen <2,5. D.
758	Umschmelzzink 96	UZn 96 DIN 1706 >96 Zn; Beimengungen <4,0. D.

Zink-Legierungen

Zink-Spritzgußlegierungen

Zink-Spritzgußlegierungen, Gattung Sp G Zn—Al—Cu:

759	Sp G Zn—Al 4—Cu 3	DIN 1743 3,5—5 Al; 2,4—4 Cu; 0,06—0 Mg; Feinzink 99,99; <0,075 Fe + Mn; <0,012 Pb + Bi + Cd + Sn + Tl (davon <0,001 Sn); 32—38 kg/mm². D.
760	Sp G Zn—Al 4—Cu 1	DIN 1743 3,5—4,3 Al; 0,6—2,4 Cu; 0,06—0 Mg; Feinzink 99,99; Beimengungen wie bei Sp G Zn—Al 4—Cu 3; 27—33 kg/mm². D.

Zink-Spritzgußlegierungen, Gattung Sp G Zn—Al:

761	Sp G Zn—Al 4	DIN 1743 3,5—4,3 Al; 0—0,6 Cu; 0,06—0 Mg; Feinzink 99,99; Beimengungen wie bei SpGZn-Al4-Cu 3; 25—30 kg/mm². D.

Zink-Gußlegierungen
(Einteilung im wesentlichen nach Zinktaschenbuch)

Feinzink-Gußlegierungen, Gattung Zn—Al:

762	G Zn—Al 1	0,7—0,9 Al; 0,35—0,5 Cu; 0,02—0,05 Mg; Feinzink 99,99; <0,075 Fe; <0,008 Pb + Cd; <0,001 Sn; <0,010 Bi + Tl 11—20 kg/mm². D.

Feinzink-Gußlegierungen, Gattung Zn—Al—Cu:

763	G Zn—Al 4—Cu 1	3,6—4,3 Al; 0,7—1,2 Cu; 0,02—0,06 Mg; Feinzink 99,99; <0,075 Fe; <0,011 Pb + Cd; <0,001 Sn; <0,010 Bi + Tl; 18—25 kg/mm². D.
764	G Zn—Al 6—Cu 1	5,6—6,0 Al; 1,2—1,6 Cu; Feinzink 99,99; Beimengungen wie bei G Zn—Al 1; 20—28 kg/mm². D.
765	G Zn—Al 10—Cu 1	9—11 Al; 0,5—0,8 Cu; 0,02—0,05 Mg; Feinzink 99,99; Beimengungen wie bei G Zn—Al 4—Cu 1; 28—32 kg/mm². D.

Feinzink-Gußlegierungen, Gattung Zn—Cu:

766	G Zn—Cu 4	0,15—0,25 Al; 3,6—4,5 Cu; Feinzink 99,975; <0,3 Fe; <0,02 Pb; <0,01 Cd; <0,025 Pb + Cd; <0,005 Sn; <0,02 Bi + Tl; <0,005 Mg; 11—19 kg/mm². D.

Zink-Knetlegierungen
(Einteilung im wesentlichen nach Zinktaschenbuch)

Feinzink-Knetlegierungen, Gattung ZnAl:

767	Zn—Al 1:	0,8 Al; 0,4 Cu; Feinzink 99,99; 18—30 kg/mm². D.
768	Zn—Al 10:	10 Al; 0,3 Cu; Feinzink 99,99; 22—35 kg/mm². D.
769	Zn—Al 15:	15 Al; 0,01 Mg; Feinzink 99,99; 35—42 kg/mm². D.
770	Zn—Al 22:	22 Al; 0,4 Cu; 0,03 Mg; Feinzink 99,99; 44—48 kg/mm². D.

Feinzink-Knetlegierungen, Gattung Zn—Al—Cu:
771   Zn—Al 4—Cu 1:   4 Al; 0,5—1 Cu; 0,03 Mg;
                          Feinzink 99,99; 37—50 kg/mm². D.
                          5 Al; 1 Cu; 0,02 Ca; Feinzink 99,99;
                          31—35 kg/mm². D.
772   Zn—Al 10—Cu 1:   10 Al; 0,7 Cu; Feinzink 99,99; 0,03 Mg; 40—55 kg/mm. D.
                          10 Al; 1 Cu; 0,02 Ca; Feinzink 99,99; 32—36 kg/mm². D.

Feinzink-Knetlegierungen, Gattung Zn—Cu:
773   Zn—Cu 1:   1 Cu; 0—0,2 Al; Feinzink 99,99; 20—28 kg/mm². D.
                          1 Cu; 0,1 Sb; Feinzink 99,99; 25—30 kg/mm². D.
774   Zn—Cu 4:   4 Cu; 0,2 Al; Feinzink 99,975; 23—42 kg/mm². D.
775   Zn—Cu 4 A: 4 Cu; 0,1 Al; 0,7 Pb; 0,3 Bi + Mn + Tl; Feinzink 99,975;
                          30—36 kg/mm². D.

Feinzink-Knetlegierungen, Gattung Zn—Mn:
776   Zn—Mn 1:   <1,0 Mn; <0,5 Al; Feinzink 99,99; 15—25 kg/mm². D.

Mischzink-Knetlegierungen, Gattung Zn—Li:
777   Zn—Li: <0,4 Pb; 0,01 Li: Feinzink 99,99; 25—38 kg/mm². D.

Zulässige Beimengungen:
Legierung **Zn—Al 1**: <0,075 Fe; <0,008 Pb + Cd; <0,001 Sn;
        <0,010 Bi + Tl.
Legierungen **Zn—Al 4—Cu 1** und **Zn—Al 10—Cu 1**: <0,075 Fe; <0,011 Pb + Cd;
        <0,001 Sn; <0,010 Bi + Tl.
Legierungen **Zn—Cu 1** und **Zn—Mn 1**: liegen die zulässigen Beimengungen
        noch nicht fest.
Legierung **Zn—Cu 4**: <0,3 Fe; <0,025 Pb + Cd + Sn + Bi.
Legierung **Zn—Cu 4 A**: <0,3 Fe; <0,005 Mg; <0,018 Cd; <0,005 Sn.

Cadmium

778   Cd-Überzüge   elektrolytisch erzeugt.
779   Cd-Zn-Legierung   11,5 Zn; Cd.
780   Cd-Zn-Legierung   17,4 Zn; Cd.
781   Cd-Zn-Legierung   20,7 Zn; Cd.
782   Cd-Zn-Legierung   54,3 Zn; Cd.
783   Cd-Zn-Legierung   82,6 Zn; Cd.

Zinn

784   Zinn 99,90   Sn 99,90 DIN 1704 99,90 (>99,85) Sn; <0,015 Fe; <0,025 Pb;
                    <0,025 Cu; <0,110 Sb; <0,025 As; 0 Zn; 0 Al;
                    zusammen <0,15. D.
785   Zinn 99,75   Sn 99,75 DIN 1704 99,75 (>99,70) Sn; <0,015 Fe; <0,250 Pb;
                    <0,050 Cu; <0,150 Sb; <0,050 As; 0 Zn; 0 Al;
                    zusammen <0,30. D.
786   Zinn 99   Sn 99 DIN 1704 99,00 (>98,90) Sn; <0,025 Fe; <1,00 Pb;
                    <0,150 Cu; <0,350 Sb; <0,150 As; 0 Zn; 0 Al;
                    zusammen <1,10. D.
787   Zinn 98   Sn 98 DIN 1704 98,00 (>97,80) Sn; <0,025 Fe; <2,00 Pb;
                    <2,00 Cu; <0,650 Sb; <0,200 As; 0 Zn; 0 Al;
                    zusammen <2,20. D.

Lötmetalle
788   Lötzinn 90   Sn L 90 DIN 1707 90 ± 0,5 Sn; <1,30 Sb; <0,10 Fe;
                    <0,20 Cu + As + Ni; Pb. D.
789   Lötzinn 60   Sn L 60 DIN 1707 60 ± 0,5 Sn; <3,20 Sb; <0,10 Fe;
                    <0,20 Cu + As + Ni; Pb. D.
790   Lötzinn 55   Sn L 55 DIN 1707 55 ± 0,5 Sn; <3,60 Sb; <0,10 Fe;
                    <0,20 Cu + As + Ni; Pb. D.
791   Lötzinn 50   Sn L 50 DIN 1707 50 ± 0,5 Sn; <3,30 Sb; <0,09 Fe;
                    <0,18 Cu + As + Ni; Pb. D.
792   Lötzinn 40   Sn L 40 DIN 1707 40 ± 0,5 Sn; <2,70 Sb; <0,08 Fe;
                    <0,16 Cu + As + Ni; Pb. D.
793   Lötzinn 33   Sn L 33 DIN 1707 33 ± 0,5 Sn; <2,20 Sb; <0,07 Fe;
                    <0,14 Cu + As + Ni; Pb. D.

794	Lötzinn 30	Sn L 30 DIN 1707 30 $\pm$ 0,5 Sn; <2,00 Sb; <0,06 Fe; <0,12 Cu + As + Ni; Pb. D.
795	Lötzinn 25	Sn L 25 DIN 1707 25 $\pm$ 0,5 Sn; <1,70 Sb; <0,05 Fe; <0,10 Cu + As + Ni; Pb. D.
796	Lötmetall	15 Sn; 85 Pb. Russ.
797	Lötmetall	10 Sn; 10 Cd; 8 Pb. Russ.
798	Lötmetall	10 Sn; 7 Sb; 83 Pb. Russ.
799	Lötmetall	4 Sn; 6 Sb; 90 Pb. Russ.

Zinn-Spritzgußlegierungen

800	Zinn-Spritzgußlegierung 78	Sg Sn 78 DIN 1742 77—79 Sn; 16—18 Sb; 3,5—4,5 Cu; 0—1,5 Pb; <1,5 Fe + Cd + As; 11,5 kg/mm². D.
801	Zinn-Spritzgußlegierung 75	Sg Sn 75 DIN 1742 74—76 Sn; 16—18 Sb; 4,5—5,5 Cu; 2,5—3,5 Pb; <1,5 Fe + Cd + As; 10 kg/mm². D.
802	Zinn-Spritzgußlegierung 70	Sg Sn 70 DIN 1742 69—71 Sn; 14—16 Sb; 4—5 Cu; 9,5—11,5 Pb; <1,5 Fe + Cd + As; 10 kg/mm². D.
803	Zinn-Spritzgußlegierung 60	Sg Sn 60 DIN 1742 59—61 Sn; 12—14 Sb; 3,5—4,5 Cu; 22—24 Pb; <1,5 Fe + Cd + As; 9 kg/mm². D.
804	Zinn-Spritzgußlegierung 50	Sg Sn 50 DIN 1742 49—51 Sn; 12—14 Sb; 3,5—4,5 Cu; 32—34 Pb; <1,5 Fe + Cd + As; 8 kg/mm². D.

Blei

805	Blei Kahlbaum	Pb; 0,001 Cu; 0,0005 Bi; 0,001 Fe.
806	Elektrolytblei	0,0009 Fe; 0,0007 Cu; 0,0008 Zn; Pb; 0,0019 Sb; 0,0004 Bi; 0,0009 Ag. Gesamt: 0,0056.
807	Elektrolytblei	Pb; 0,004 Cu; 0,003 Bi; 0,001 Sb; 0,0005 Cd; 0,0005 Sn; 0,001 Fe.
808	Feinblei MMM Extra	99,993 Pb; 0,00120 Ag; 0,00033 Bi; 0,00335 Sb; 0,00208 Fe; 0,00022 Zn. D.
809	Feinblei 99,99	99,99 Pb; 0,0007 Ag; 0,0020 Bi; 0,000 Sb; 0,0001 Cd; 0,0004 Fe; 0,0005 Sn; 0,0006 Zn. D.
810	Parkes-Blei	0,0004 Fe; 0,0004 Cu; 0,0003 Zn; 0,0003 Cd; 0,0005 Sn; Pb; 0,0045 Sb; 0,0008 Bi; 0,0006 Ag.
811	Blei reinst	
812	Harris-Hüttenweichblei	Pb; 0,004 Cu; 0,0003 Ag; 0,015 Bi; 0,001 Sb; 0,0005 Cd; 0,0005 Sn; 0,002 Fe.
813	Harris-Hüttenweichblei	99,95 Pb; 0,0007 Cu; 0,045 Bi; 0,0003 Sb; 0,0010 Fe; 0,0005 Zn.
814	Pattinson-Weichblei	Pb; 0,0600 Cu; 0,0024 Ag; 0,0004 As; 0,00006 Au; 0,0090 Bi; 0,0007 Sb; 0,0006 Fe; 0,0003 Zn.
815	Pattinson-Weichblei	Pb; 0,068 Cu; 0,002 Ag; 0,032 Bi; 0,001 Sb; 0,0005 Cd; 0,020 Sn; 0,001 Tl; 0,001 Fe.
816	Edelblei	Pb; 0,001 Cu; 0,0005 Ag; 0,002 Bi; 0,035 Ni; 0,003 Sb; 0,0005 Cd; 0,001 Fe. D.
817	Handelsblei I	Pb; 0,002 Cu; 0,0003 Ag; 0,010 Bi; 0,0005 Sb; 0,001 Cd; 0,0005 Sn; 0,001 Fe. D.
818	Handelsblei III	Pb; 0,006 Cu; 0,0005 Ag; 0,020 Bi; 0,001 Sb; 0,0005 Cd; 0,0005 Sn; 0,001 Fe. D.
819	Handelsblei IV	Pb; 0,004 Cu; 0,005 Ag; 0,028 Bi; 0,001 Sb; 0,0005 Cd; 0,0005 Sn; 0,001 Fe. D.
820	Blei	0,0034 Cu; 0,00025 Co; 0,0002 Zn; Pb; 0,0029 Sb; 0,0047 As; 0,0019 Bi; 0,001 Ag; 0,0024 O_2.
821	Blei	0,0005 Fe; 0,001 Cu; 0,0004 Sn; Pb; 0,004 Sb; 0,044 Bi; 0,005 Ag.
822	Blei	Pb; 0,25 Na.
823	Taintonblei	Pb; 1 Ag.
824	Hartblei	Pb; 10—25 Sb.
825	Hartblei	Pb; 20 Sb.
826	Hartblei	0,1—0,3 Cu; 0,01 Sn; Pb; 18,1—18,3 Sb; 1—3,1 As.

827	Blei	0,01 Fe; 0,05 Cu; 0,04 Sn; Pb; 1,81 Sb; 0,10 As; 0,01 Bi.
828	Selenblei	Pb; <0,1 Se.
829	Tellurblei	Pb; 0,06 Te.
830	Pb-Ni-Legierung	3,5 Ni; 96,5 Pb.
831	Pb-Ni-Legierung	1 Ni; 99 Pb.
832	FM-Legierung	96 Sb; 4 Fe.
833	Lötmetall	90,5 Pb; 1,5 Sn; 8 Zn.

Blei-Spritzgußlegierungen

834	Blei-Spritzgußlegierung 97	Sg Pb 97 DIN 1741 96—98 Pb; 2—4 Sb; <1,5 Fe + Cd + As; 5 kg/mm². D.
835	Blei-Spritzgußlegierung 87	Sg Pb 87 DIN 1741 86—88 Pb; 12—14 Sb; <1,5 Fe + Cd + As; 6 kg/mm². D.
836	Blei-Spritzgußlegierung 85	Sg Pb 85 DIN 1741 84—86 Pb; 4—6 Sn; 9—11 Sb; <1,5 Fe + Cd + As; 7,5 kg/mm². D.
837	Blei-Spritzgußlegierung 59	Sg Pb 59 DIN 1741 58—60 Pb; 24—26 Sn; 12—14 Sb; <1,5 Fe + Cd + As; 8 kg/mm². D.
838	Blei-Spritzgußlegierung 46	Sg Pb 46 DIN 1741 45—47 Pb; 39—41 Sn; 11—13 Sb; 1,5—2,5 Cu; <1,5 Fe + Cd + As; 8 kg/mm². D.

Edelmetalle

839	Feinsilber	100 Ag.
840	Ag-Legierung	99 Ag; 1 Pd; homogen.
841	Ag-Legierung	98 Ag; 2 Pd; homogen.
842	Ag-Legierung	93,5 Ag; 6,5 Cu; homogen.
843	Ag-Legierung	93,5 Ag; 2,5 Cu; 4 Cd; homogen.
844	Ag-Legierung	93,5 Ag; 4 Zn; 2,5 Sb; homogen.
845	Ag-Legierung	89 Ag; 10 Mn; 1 Al; homogen.
846	Ag-Legierung	86 Ag; 13 Cd; 1 Tl; homogen.
847	Ag-Legierung	78 Ag; 20 Cd; 2 Tl; homogen.
848	Ag-Legierung	83,5 Ag; 16,5 Cu; heterogen.
849	Ag-Legierung	83,5 Ag; 3 Cu; 13,5 Cd; homogen.
850	Ag-Legierung	83,5 Ag; 3 Cu; 12 Zn; 1,5 Ni; heterogen.
851	Ag-Legierung	80 Ag; 20 Cu; heterogen.
852	Ag-Legierung	80 Ag; 4 Cu; 16 Cd; homogen.
853	Ag-Legierung	80 Ag; 15 Cd; 5 Sb; homogen.
854	Ag-Legierung	92,5—93 Ag; 0,5—2 Al; <2 Zn; 4—6 Sn.
855	Ag-Legierung	85—93 Ag; 1—4 Cd, Cu, Mn, Ni, Sb, Zn, Sn.
856	Ag-Legierung	80—92,5 Ag; 0,25—1 Ni; 3—5 Sn; 3—14 Cd oder Zn.
857	Ag-Legierung	92,5 Ag; 0,25—1,5 Cr; 4—6,5 Sn.
858	Ag-Legierung	92,5 Ag; 0,25—1,5 Cr; 6—7,1 Sn.
860	Gold	
861	Au-Pt-Legierung 70/30	
862	Au-Pt-Legierung 50/50	
863	Platin physikalisch rein	>99,99 Pt. D.
864	Platin chemisch rein	>99,9 Pt.
865	Geräteplatin	Pt; <0,3 Ir; <0,1 andere Metalle.
866	Platin technisch rein	>99 Pt; >0,5 Pt-Metalle.
867	Pt-Ta-Legierung	5 Ta; Pt.

Korrosionstabellen,
nach angreifenden Stoffen alphabetisch geordnet

W. V. Nr.	Werkstoffe	Zusammensetzung des angreifenden Stoffes	Angriff g/m² · Tag	Angriff mm/Jahr
Abgase				
	Aluminium und Al-Legierungen	Rauchgase	bei mittlerer Temperatur, keine Kondensate — kein Angriff. Kondensate greifen an	
		Flugzeugabgase	Angriff nach 350 bis 450 Flugstunden bei Treibstoffen, die Pb enthalten	
		Lokomotivrauch (1 Jahr)	Lochfraß, sonst geringer Angriff	
	Eisen	Rauchgase	oft verwendbar. O_2 und SO_2 beachten	
	Eisen, verzinkt	Gasheizofen	oft geeignet, wenn keine flüssigen Kondensate	
	Eisen, verbleit	Gasheizofen	nach kurzer Zeit Rost	
	Schwarzblech	Gasheizofen	gleichmäßige Rostbildung	
	Cu-Stahl	Rauchgase	Angriff kleiner als bei Eisen	
	Al-Stahl	Rauchgase	Angriff wie bei Eisen	
	C-Stahl	Lokomotivrauch (1—2 Jahre)	gleichmäßige Rostbildung, laminar	
451—474	18/8 Cr-Ni-Stahl	Lokomotivrauch (1—2 Jahre)	zahlreiche flache Punkte	
475—495	18/9 Cr-Ni-Stahl+Mo	Lokomotivrauch (1—2 Jahre)	geringer Rostanflug an einzelnen Stellen	
	Rostfreie Stähle	Durch Verbrennungsprodukte gasförmiger Brennstoffe kein nennenswerter Angriff, fast ebenso gut Al und Al-Legierungen, Al-Überzüge auf Stahl. Nicht ganz so beständig, aber besser als C-Stahl und unlegierter Grauguß sind niedrig legierte Stähle, Cu und legiertes Gußeisen. Keine ernste Korrosion bis 200°, wenn S-Gehalt (trocken) unter 9 mg/m³. S-Gehalte über 23 mg/m³ Angriff bei C-Stahl, nicht aber bei aluminisiertem Stahl. Aufgebrachte Spannungen bei C-Stahl ohne merklichen Einfluß. 18/8-Cr-Ni-Stahl empfohlen bei Kondensationspunkt.		
	Kupfer	Lokomotivrauch (1 Jahr)	gleichmäßiger Angriff	
	Kupfer	Für Feuerbuchsen weitgehend verwendet. Deutsche Vorschriften lassen folg. Legg. zu: Cu + zusammen <1% As und Ni; für Stehbolzen Cu + <0,5% Sn oder Cu + 5 bis 6% Mn; aushärtbare Kupfer-Silizid-Legg. Im Betriebe findet bei Anwesenheit von Ruß und Rauch Ausbildung einer dichten, festhaftenden Schutzschicht statt. Wenn Wasser in die Feuerbuchse eintritt, so wird diese Schicht abgesprengt. Besonders von Bedeutung ist der Chlor- und Schwefelgehalt der Gase. An feuchten Stellen lokaler Angriff (Grubenbildung). Bei Badeöfen schadet ein Chlor- oder Schwefelgehalt der Brennstoffe.		
690	Nickelchrom	Rauchgase + S	770° 800° 1000° 550 1100 3400	700° 800° 1000° ~25 ~50 ~150

W. V. Nr.	Werkstoff	Zusammensetzung des angreifenden Stoffes	Angriff g/m² · Tag	Angriff mm/Jahr
	Zink auf Stahl	Lokomotivrauch (1 Jahr)	Rost und Zn-Ablösung	

Zusammensetzung der Abgase beachten. — Angaben über die einzelnen
    Bestandteile nachsehen.
Ferner kommen in Betracht:
    Kupferlegierungen, Zink, Blei und Bleilegierungen.

Abwasser

W. V. Nr.	Werkstoff	Zusammensetzung des angreifenden Stoffes	Angriff g/m² · Tag	Angriff mm/Jahr
	Aluminium		oft verwendbar	
	Eisen		oft verwendbar	
	Stahl		oft verwendbar	
322—355	Cr-Stahl	<2,4 bei 20°	<0,1 bei 20°	
451—474	18/8-Cr-Ni-Stahl	<2,4 ,, 20°	<0,1 ,, 20°	
	Kupfer			

In Abwasserleitungen von Haushalten geht Cu vor allem
    in fester Form verloren, intermittierender Betrieb ist
    schädlicher als kontinuierlicher, Cu-Verlust wird mit der
    Zeit geringer.

W. V. Nr.	Werkstoff	Zusammensetzung des angreifenden Stoffes	Angriff g/m² · Tag	Angriff mm/Jahr
	Bronze	saure	empfohlen	
	Zink	$p_H > 5$	in phosphatisiertem Zustand unter Umständen verwendbar	
	Blei	für Ableitung radioaktiver Abwässer empfohlen		

Zusammensetzung beachten. — Angaben über die einzelnen Bestandteile
    nachsehen
Ferner kommen in Betracht:
    Kupferlegierungen, Blei und Bleilegierungen.

Acetaldehyd. Sm. — 123°; Sd. 20°; d 0,783

W. V. Nr.	Werkstoff	Zusammensetzung des angreifenden Stoffes	15°	siedend	15°	siedend
6	Aluminium					
	hart	rein	0,06	0,14	0,008	0,019
	weich	rein	0,04	0,10	0,005	0,014
		H_2O-frei	verwendbar			
		Herstellung von Aerolein	nicht verwendbar			
209—225	Si-Gußeisen		verwendbar			
	Stahl	Herstellung von Aerolein	nicht verwendbar			
322—355	Cr-Stahl		verwendbar			
451—474	18/8 Cr-Ni-Stahl		verwendbar			
475—495	18/8-Cr-Ni-Stahl+Mo		verwendbar			
525—529	Cr-Mn-Stahl		verwendbar			
	Kupfer	Herstellung von Aerolein	verwendbar			
	Messing		verwendbar			
	P-Bronze		verwendbar			
	Al-Bronze		Verhalten wie Kupfer			
	Nickel	Herstellung von Aerolein	empfohlen bei 200—400°			
	Monel		verwendbar			
	Nickelchrom		verwendbar			
	Zinn	Transport	empfohlen			
	Silber	Herstellung aus C_2H_5OH + Luft	verwendbar			
		Herstellung von Aerolein	empfohlen bei 200—400°			
	Platin		kein Angriff			

Empfohlene Werkstoffe bei der Herstellung aus C_2H_2 durch Hydration [15, S. 1]:
    C-Stahl   für Kondensatoren, Wascher, Lagerung

W. V. Nr.	Werkstoff	Zusammensetzung des angreifenden Stoffes	Angriff g/m² · Tag	Angriff mm/Jahr
	18/8 Cr-Ni-Stahl+Mo		für Kühler nach Reaktion, Wascher	
	Pb		für Auskleidung der Wascher und Absetzbehälter	

Acetanilid. Sm. 115°; Sd. 304°; d 1,211

W. V. Nr.	Werkstoff	Zusammensetzung des angreifenden Stoffes	Angriff g/m² · Tag	Angriff mm/Jahr
6	Aluminium Schmiedeeisen	rein	0,002 bei 115° empfohlen	0,0003 bei 115°

Acetate, s. auch die einzelnen

W. V. Nr.	Werkstoff	Zusammensetzung des angreifenden Stoffes	Angriff g/m² · Tag	Angriff mm/Jahr
	Cd-Überzüge	Lg.		Angriff

Acetessigester

W. V. Nr.	Werkstoff	Zusammensetzung des angreifenden Stoffes	Angriff g/m² · Tag	Angriff mm/Jahr
6	Aluminium	~0,02 bei 181°	~0,003 bei 181°	

Aceton Sm. − 94°; Sd. 56°; d 0,792

W. V. Nr.	Werkstoff	Zusammensetzung des angreifenden Stoffes	Angriff g/m² · Tag	Angriff mm/Jahr
6	Aluminium	techn.	0,005	0,0007
			gelblicher Belag an einzelnen Stellen	
90	GAl-Si	techn.	0,017	0,0023
			gelblicher Belag an einzelnen Stellen	
	GAl-Mg-Mn	techn.	0,017	0,0023
			punktförmiger Belag	
93—102	GAl-Mg	techn.	+0,005	+0,0007
114—120	Mg-Al 6		verwendbar	
	Gußeisen		verwendbar für Pumpen	
209—225	Si-Gußeisen		verwendbar	
	Niresist	Handelsware	0,22 bei 20°	0,01 bei 20°
	Stahl	Handelsware	geringer Angriff bei 20°	
	Cr-Stahl	Handelsware	geringer Angriff bei 20°	
		Dampf	kein Angriff bei 60°	
	Ni-Stahl	Handelsware	<2,4 bei 20°	<0,1 bei 20°
451—474	18/8-Cr-Ni-Stahl	Handelsware +H₂O	<2,4 ,, 20°	<0,1 ,, 20°
475—495	18/8-Cr-Ni-Stahl + Mo	Handelsware	<2,4 ,, 20°	<0,1 ,, 20°
	Kupfer		empfohlen	
	Messing		empfohlen	
	Al-Bronze		empfohlen	<0,15 bei 20°
	Nickel		kein Angriff	
672	Monel	Handelsware	kein Angriff bei 20°	
		Dampf	kein Angriff bei 60°	
	Chromnickel		verwendbar	
	Tantal	Handelsware	kein Angriff bei 20°	
	Zink		empfohlen	
	Zinn	rein	verwendbar	
	Silber		empfohlen	
	Platin		kein Angriff bei Siedetemperatur	

Empfohlene Werkstoffe bei der Herstellung aus CH_3COOH katalytisch (Bunawerke, Schkopau) 15, 8. 23:

W. V. Nr.	Werkstoff	Zusammensetzung des angreifenden Stoffes	Angriff g/m² · Tag	Angriff mm/Jahr
	C-Stahl	für Kondensatoren, Wascher usw.		
	25/20-Cr-Ni-Stahl+Si	für Erhitzerrohre		

Acetophenon

W. V. Nr.	Werkstoff	Zusammensetzung des angreifenden Stoffes	Angriff g/m² · Tag	Angriff mm/Jahr
483—491	18/8-Cr-Ni-Stahl + Mo + Ta		empfohlen bei 150—200°, 4 atü	

Empfohlene Werkstoffe bei der Herstellung aus Acetylchlorid + C_6H_6 + wasserfreies $AlCl_3$ (Ludwigshafen) I5, S. 23:

W. V. Nr.	Werkstoff	Zusammensetzung des angreifenden Stoffes	Angriff g/m² · Tag	Angriff mm/Jahr
	Gußeisen	für Rührbehälter		
	Blei	für Kondensatoren, Rohre, Trockner, Behälter usw.		

Acetylcellulose

W. V. Nr.	Werkstoff	Zusammensetzung des angreifenden Stoffes	Angriff g/m² · Tag	Angriff mm/Jahr
209—217	Si-Gußeisen	für Pumpen und Ventile (H_2SO_4)		
482	Cr-Ni-Stahl	für Reaktionsgefäße (Cellulose + CH_3COOH) [15, S. 77]: Rohrleitungen		

Acetylchlorid. Sd. 51°; d 1,105

W. V. Nr.	Werkstoff	Zusammensetzung des angreifenden Stoffes	Angriff g/m² · Tag	Angriff mm/Jahr
	Eisen		Angriff bei 20°	
			20° siedend	20° siedend
451—474	18/8-Cr-Ni-Stahl		<2,4 <24,0	<0,1 <1,0
475—495	18/8-Cr-Ni-Stahl+Mo		Verhalten wie 18/8-Cr-Ni-Stahl	

Acetylen

W. V. Nr.	Werkstoff	Zusammensetzung des angreifenden Stoffes	Angriff g/m² · Tag	Angriff mm/Jahr
6	Aluminium	trocken und feucht	kein Angriff bei 20°	
	Eisen	roh	Angriff bei höherer Temperatur	
209—217	Si-Gußeisen		verwendbar	
	Stahl		Verhalten wie bei Eisen	
396—408	Cr-Mo-Stahl		empfohlen	
451—474	18/8-Cr-Ni-Stahl		empfohlen	
	Kupfer		Angriff, Explosionsgefahr	
	Rotguß		Angriff, Explosionsgefahr	
	Alpaka	roh und feucht	kein Angriff bei 20°	
	Cr-Überzüge		Angriff bei 20°	
662—666	Reinnickel		kein Angriff bei 20°, Angriff bei 200°	
	Nickel		empfohlen	
	Contrazid		empfohlen	
	Zink	rein	fast kein Angriff	
		trocken		
		roh und feucht	geringer Angriff bei 20°	
	Zinn	feucht	kein Angriff bei 20°	
	Blei	roh und feucht	geringer Angriff bei 20° durch PH_3	
	Gold	rein	reag. b. 480° unter Flammenerscheinung	
	Silber	rein	reag. b. 600° unter Flammenerscheinung	
	Platin		C-Aufnahme beim Erhitzen	

Acrolein. Sd. 52,4°; d = 0,841

Empfohlene Werkstoffe bei der Herstellung aus Diallyläther durch Krackung (Shell Chemical Corp.) [15, S. 25]:

W. V. Nr.	Werkstoff	Zusammensetzung des angreifenden Stoffes	Angriff g/m² · Tag	Angriff mm/Jahr
	C-Stahl	für alle Teile, nur Krackofen mit Steinen ausgekleidet		

Empfohlene Werkstoffe bei der Herstellung aus Acetaldehyd und Formaldehyd (katalytisch, Degussa) [15, S. 25]:

W. V. Nr.	Werkstoff	Zusammensetzung des angreifenden Stoffes	Angriff g/m² · Tag	Angriff mm/Jahr
	Aluminium	für alle Teile außer Katalysatorrohre		
451—474	18/8-Cr-Ni-Stahl	für Katalysatorrohre		

Acrylnitril

W. V. Nr.	Werkstoff	Zusammensetzung des angreifenden Stoffes	Angriff g/m² · Tag	Angriff mm/Jahr
	Aluminium	Herstellung und Lagerung	verwendbar, empfohlen	

Äpfelsäure. Sm. 100°; Sd. zers.; d 1,595

W. V. Nr.	Werkstoff	Zusammensetzung des angreifenden Stoffes	Angriff g/m² · Tag	Angriff mm/Jahr
6	Aluminium	Lg.	kein Angriff bei 20°, geringer A. bei 60°	
	Eisen	Lg.	geringer — starker Angriff bei 20°	
		0,75% Lg.	0,4 bei 20°	0,02 bei 20°
	Cr-Stahl	<50% Lg.	<2,4 ,, 20°	<0,1 ,, 20°
		<50% Lg.	>240 ,, 50°	>10,0 ,, 50°

W. V. Nr.	Werkstoff	Zusammensetzung des angreifenden Stoffes	Angriff g/m² · Tag	Angriff mm/Jahr
451—474	18/8-Cr-Ni-Stahl	<50% Lg.	<2,4 bei 50°	<0,1 bei 50°
475—495	18/8-Cr-Ni-Stahl + Mo	<50% Lg.	<2,4 bei 50°	<0,1 bei 50°
662—666	Nickel	6,7 g/l	4.0 bei 100°	0,17 bei 100°
672	Monel	Lg.	kein — geringer Angriff bei 20°	
681	Nickelchrom	Lg.	<2,2 bei 20°	<0,1 bei 20°
682	Inconel	10% Lg. + Luft	0,0 bei 30°	0,0 bei 30°
697	Nickelchrom	Lg.	<2,2 bei 20°	<0,1 bei 20°
	Zinn	0,75% Lg.	0,07 ,, 20°	0,004 ,, 20°
		Lg. + O₂	geringer — starker Angriff ,, 20°	

Äthanolamine

451—474	18/8-Cr-Ni-Stahl		verwendbar
	Cu-Legierungen		Angriff
672	Monel		geringer Angriff

Empfohlene Werkstoffe bei Herstellung aus NH_3 + Äthylenoxyd [15, S. 125]:

Eisen	für Reaktionsgefäß

Empfohlene Werkstoffe bei Herstellung aus CH_3COOH + C_2H_5OH nach dem Wacker-Verfahren [15, S. 125]:

Gußeisen	für Reaktionsgefäße, Lagerbehälter
Kupfer	für Kondensatoren, Dephlegmator

Äther. Sm. — 117°; Sd. 35°; d 0,714

6	Aluminium	rein	kein Angriff bei 35°	
8	Aluminium			
	hart	59,7% H_2O	1,9 bei 20°	0,26 bei 20°
	weich	40,0% Äther	1,3 ,, 20°	0,18 ,, 20°
		0,3% Essigsäure		
	Magnesium		kein Angriff	
	Stahl, weich	rein	kein Angriff bei 20°	
322—355	Cr-Stahl		<2,4 bei 20°	<0,1 bei 20°
396—408	Cr-Mo-Stahl		<2,4 ,, 20°	<0,1 ,, 20°
451—474	18/8-Cr-Ni-Stahl		<2,4 ,, 20°	<0,1 ,, 20°
475—495	18/8-Cr-Ni-Stahl + Mo		<2,4 ,, 20°	<0,1 ,, 20°
	Kupfer	Destillation	empfohlen	
	Messing		empfohlen	
	Bronze		empfohlen	
	Rotguß		empfohlen	
672	Monel		verwendbar	
681	Nickelchrom	rein	<2,2 bei 20°	<0,1 bei 20°
697	Nickelchrom	rein	<2,2 ,, 20°	<0,1 ,, 20°
	Contrazid		verwendbar	
	Zink		geringer Angriff bei 20°	
	Blei		oft verwendbar	
	Hartblei		oft verwendbar	
	Silber		verwendbar	

Ätherische Öle. Als verwendbar werden angegeben:

Aluminium und Al-Legierungen, Niresist, Cr-Mo-Stahl, 18/8-Cr-N-Stahl + Mo, Bronze, Reinnickel bei 20°, Monel, Nickelchrom, Zinn, Silber Aluminium und Al-Legierungen sind am widerstandsfähigsten, Zink ist nicht verwendbar, Eisen wird oft angegriffen, Kupfer gibt oft Verfärbung.

Äthylacetat

Angreifender Stoff:

A Mischung aus 70% C_2H_5OH + 20% CH_3CHO + + 0,5% CH_3COOH + 9% H_2O + 0,1% H_2SO_4; 20—100°C; 8 Tage

B Mischung aus CH_3CHO + 30% C_2H_5OH + 34% CH_3COOH + 1% H_2O + 0,5% H_2SO_4; 100—150°C; 56 Stunden

W. V. Nr.	Werkstoff	Zusammensetzung des angreifenden Stoffes	Angriff g/m² · Tag		Angriff mm/Jahr	
			A	B	A	B
	Aluminium			1,6		0,22
	C-Stahl		4,5		0,22	
451—474	18/8 Cr-Ni-Stahl		0,06	0,7	0,003	0,04
475—495	18/8 Cr-Ni-Stahl + Mo		0,05	0,5	0,0024	0,024
	Kupfer		5,5	22,0	0,23	0,92
	Messing			12,5		0,54
	Al-Bronze			6,0		0,26
	Nickel		3,6	3,6	1,5	1,5
672	Monel		3,0	10,0	0,12	0,42
682	Inconel		4,2	2,4	0,18	0,1

Äthylchlorid. Sm. — 139°; Sd. 13°; d 0,921

6	Aluminium	rein, H_2O-frei	geringer Angriff bei 20°
		$+ H_2O$	starker Angriff bei 20°
	GAl-Si		kein Angriff bei 20°
	GAl-Mg-Mn		kein Angriff bei 20°
	Magnesium		starker Angriff bei 20°
	Eisen und Stahl		kein Angriff bei 10—13° C
322—355	Cr-Stahl		kein Angriff bei Siedetemp.
451—474	18/8-Cr-Ni-Stahl		kein Angriff bei Siedetemp.
	$C_2H_5Cl + H_2O$	transkristalline Rißbildung bei statischer Spannungsbeanspruchung	
475—495	18/8-Cr-Ni-Stahl + Mo		kein Angriff bei Siedetemp.
525—529	18/9-Cr-Mn-Stahl		kein Angriff bei Siedetemp.
	Messing	wasserfrei	sehr geringer Angriff
	Platin	Herstellung $(C_2H_5OH + HCl)$	empfohlen bei 170°, 30 at (Autoklaven aus Stahl, ausgekleidet mit Pt)

Empfohlene Werkstoffe bei Herstellung nach Hochdruckverfahren [15, S. 136]:
Tantal　　　für Reaktionsrohre
Platin (Auskleidung von C-Stahl) für Autoklaven

Äthylen

18/8 Cr-Ni-Stahl	Herstellung empfohlen bei 800° aus $C_3H_5 + C_2H_6 + CH_4$	
Platin		starker Angriff bei hoher Temperatur

Äthylenbromid. Sm. 10°; Sd. 131°; d 2,178

6	Aluminium	rein, H_2O-frei	kein Angriff bei 20°
			starker Angriff bei 131°

Äthylenchlorid. Sm. — 36°; Sd. 84°; d 1,282

6	Aluminium	rein, H_2O-frei	kein Angriff bei 20°	
		Dampf	kein Angriff bei Siedetemp.	
		$+ H_2O$	starker Angriff bei 20°	
451—474	18/8-Cr-Ni-Stahl	rein, H_2O-frei	<2,4 bei Siedetemp.	<0,1 bei Siedetemp.
	Blei	rein, H_2O-frei	empfohlen bei Siedetemp.	

Ferner kommen in Betracht:
　　Schmiedeeisen, Kupfer, Bronze, Nickel, Monel, Zinn, Silber

Äthylenglykol

Al-Bronze	<3,5	<0,15

Äthylsulfat

C-Stahl	verwendbar bei 20°

Agrikultur-Chemikalien

Verhalten von Metallen gegen Agrikultur-Chemikalien[105]
Angreifende Stoffe:
　　1. Superphosphat
　　2. Superphosphat + Serpentin + Rohphosphat

W. V. Nr.	Werkstoff	Zusammensetzung des angreifenden Stoffes	Angriff $g/m^2 \cdot$ Tag	Angriff mm/Jahr

3. Superphosphate + Serpentin
4. Superphosphat + Serpentin + Rohphosphat + wenig $CuSO_4$
5. $CuSO_4$-Lg. 300 g/l $CuSO_4 \cdot 5\ H_2O$
6. $CoSO_4$Lg.   280 g/l $COSO_4 \cdot 5\ H_2O$
7. Streukalk
8. Gebrannter Kalk
9. Basische Schlacke
10. Kalk + NH_4NO_3 (Kalkammonsalpeter)

Abtragung in mm/Jahr:

angreifender Stoff	C-Stahl	Stahl verzinkt	Aluminium	Al-Cu-Leg.	Al-Mg-Leg.	Magnesium
1	0,06	0,00	0,002	0,005	0,002	0,03
2	0,03	0,00	0,00	0,00	0,00	0,015
3	0,04	0,00	0,00	0,00	0,00	0,010
4	0,02	0,00	0,00	0,00	0,00	0,025
5	0,45	0,075	0,01	0,02	0,02	0,13
6		0,00	0,002	0,002	0,000	0,050
7	0,002	0,00	0,00	0,00	0,00	0,002
8	0,00	0,00	0,00	0,00	0,00	0,00
9	0,00	0,00	0,00	0,00	0,00	0,00
10	0,2	0,3	0,00	0,00	0,00	0,8

s. auch die einzelnen Chemikalien.

Akkumulatorensäure

Versuche an Großoberflächenplatten ergaben bei 1000 Ladungen, daß Platten mit besonders hoher Kapazität (Feinblei, Ag-Blei, Co-Blei) starke Schlammbildung und merkliche Krümmungen ergeben. As-Blei zeigt niedrigere Kapazität und geringe Schlammbildung. Platten mit Ag, Co oder Bi sind chemisch weniger widerstandsfähig[1].

Alaun

W.V. Nr.	Werkstoff	Zusammensetzung	Angriff $g/m^2 \cdot$ Tag	Angriff mm/Jahr
6	Aluminium	10% Lg.	geringer Angriff bei 20°	
		Lg. basisch	oft verwendbar	
		5% Lg.	0,4	0,054
			gleichmäßig leicht aufgerauht	
90	GAl-Si	5% Lg.	0,6	0,081
			dunkel verfärbt, leicht aufgerauht	
	GAl-Mg-Mn	5% Lg.	0,7	0,094
			fleckig aufgerauht	
	GAl-Zn-Cu	5% Lg.	0,8	0,108
			schwarzer Belag, dicht übersät mit punktförmigen Anfressungen	
	GAl-Cu	5% Lg.	1,02	0,138
			schwarzer Belag, dicht übersät mit punktförmigen Anfressungen	
	Eisen	Lg.	meist nicht verwendbar	
209—217	Si-Gußeisen	ges. Lg.	<2,4 bei Siedetp.	<0,1 bei Siedetp.
		geschmolzen	<2,4 ,, 200°	<0,1 ,, 200°
218—225	Si-Gußeisen	ges. Lg.	<2,4 ,, Siedetp.	<0,1 ,, Siedetp.
		geschmolzen	<24,0 ,, 200°	<1,0 ,, 200°
			20° 100°	20° 100°
234—243	Cr-Gußeisen	10% Lg.	<2,4 <72,0	<0,1 < 3,0
		ges. Lg.	>240	>10,0
251—255	Cr-Mo-Guß-eisen	10% Lg.	<2,4 <24.0	< 1,0 < 1,0
		ges. Lg.	>240	>10,0

Aldehyde, s. auch die einzelnen

W.V. Nr.	Werkstoff		Angriff	
6	Aluminium		oft verwendbar	

Eisen: für die Herstellung geeignet, wenn mit einem Bakelitlack überzogen, bestehend aus 100 Tl. 37%igen Phenol, 107 Tl. Formaldehyd und 4 Tl. 25%igen NH_3 (gleichmäßig bedeckt, langsam trocknen, in 2 Std.

W. V. Nr.	Werkstoff	Zusammensetzung des angreifenden Stoffes	Angriff g/m² · Tag	Angriff mm/Jahr

auf 50°, dann in 2 Std. auf 40°, nochmals in 2 Std. auf 50° erhitzt, 3 Std. bei 50° gehalten, langsam abkühlen)

Edelstähle		empfohlen	
Kupfer		geringer — starker Angriff	
	1 m Lg. in Pyridin	~12,0 — 250 bei 30°	~0,5 — 10 bei 30°
Zink	aromatische	nicht verwendbar	
Silber	aromatische	nicht verwendbar	

Alizarin Als verwendbar werden angegeben:

Für Reinigung des Anthracens Gußeisen und Schmiedeeisen.
Für Oxydation des Anthracens zu Anthrachinon mit Chromsäure Blei.
Für elektrolytische Regeneration der Chromlauge Blei.
Für Sulfurierung des Anthrachinons säurebeständiges Gußeisen.
Für Verschmelzung der Anthrachinolsulfosäure Gußeisen.
Für Alizarinrot G 18/18-Cr-Ni-Stahl + Mo (geringer Angriff, keine Verfärbung).

Alizarinreinblau

Gußeisen	Herstellung Bromierung	nicht verwendbar
209—217 Si-Gußeisen	Bromierung	empfohlen
Silber	Bromierung	verwendbar

Alkali-Chlor-Elektrolyse

Empfohlene Werkstoffe [15, S. 94]:

Nickel   Erhitzer (NaCl-Lg.) Lagerbehälter (NaOH), Eindampfer (NaOH), Filtersiebe, Kristallisator (reines NaOH)
Monel   Erhitzer (NaCl-Lg.), Zentrifugen
Stahl   Mischer (NaCl-Lg.+Na_2CO_3), Lagerbehälter (NaOH), Pumpen
Stahl, ausgekleidet mit Gummi für Hg-Zellen
Glasrohre für Cl_2
    vgl. auch Chlor-Herstellung

Alkaloide

6 Aluminium		oft verwendbar

Alkanolsäuren

18/8-Cr-Ni-Stahl	Herstellung von 2-Methyloctanolsäure	empfohlen bei 300° und Druck

Alkohol. Sm. — 114°; Sd. 78°; d 0,789

W. V. Nr.	Werkstoff		Zusammensetzung des angreifenden Stoffes	Angriff g/m² · Tag		Angriff mm/Jahr	
6	Aluminium		2% Lg.	0,043 bei 20°		0.006 bei 20°	
			5% Lg.	0,024 ,, 20°		0,003 ,, 20°	
			20% Lg.	0,007 ,, 20°		0,001 ,, 20°	
			40% Lg.	0,014 ,, 20°		0,002 ,, 20°	
			75% Lg.	0,019 ,, 20°		0,003 ,, 20°	
			100% Lg.	0,066 ,, 20°		0,009 ,, 20°	
			<0,01% H_2O	starker Angriff			
8	Aluminium			20°	siedend	20°	siedend
	hart		Rohsprit	0,075	0,065	0,010	0,009
			Sulfitsprit	0,019	0,041	0,002	0,006
			Primasprit	0,005	~ 0	~ 0	~ 0
			Melassesprit	0,002	0,23	~ 0	0,031
			100% Alkohol	0,004	~ 0	~ 0	~ 0
	weich		Rohsprit	0,044	0,044	0,006	0,006
			Sulfitsprit	0,010	0,023	0,001	0,003
			Primasprit	0,003	~ 0	~ 0	~ 0
			Melassesprit	0,002	0,051	~ 0	0,007
			100% Alkohol	0,003	~ 0	~ 0	~ 0
90	GAl-Si		48% Lg.	0,02		0,0027	
			96% Lg.	kein Angriff			

W. V. Nr.	Werkstoff	Zusammensetzung des angreifenden Stoffes	Angriff g/m² · Tag	Angriff mm/Jahr
	GAl-Mg-Mn	48% Lg.	0,015	0,0020
		96% Lg.	kein Angriff	
	GAl-Mg	48% Lg.	kein Angriff	
		96% Lg.	0,007	0,0009
	GAl-Zn-Cu	48% Lg.	0,04	0,0054
		96% Lg.	kein Angriff	
	GAl-Cu	48% Lg.	0,035	0,0047
		96% Lg.	kein Angriff	
	Magnesium u. Mg-Legierungen	H_2O-frei	kein Angriff	
	Eisen	100% Alkohol	<2,4 bei 20°	<0,1 bei 20°
		denatur. Alkohol	geringer Angriff bei 20°	
	Stahl weich		Verhalten wie bei Eisen	
234—243	Cr-Gußeisen	10—100% Lg.	<2,4 bei 20°	<0,1 bei 20°
251—255	Cr-Mo-Guß-eisen	10—100% Lg.	<2,4 ,, 20°	<0,1 ,, 20°
258	Niresist		empfohlen	
342—355	Cr-Stahl	jede Lg.	<2,4 bei Siedetp.	<0,1 bei Siedetp.
322—334	Cr-Stahl	jede Lg.	<2,4 ,, ,,	<0,1 ,, ,,
396—408	Cr-Mo-Stahl	jede Lg.	<2,4 ,, ,,	<0,1 ,, ,,
451—474	18/8-Cr-Ni-Stahl	jede Lg.	<2,4 ,, ,,	<0,1 ,, ,,
475—495	18/8-Cr-Ni-Stahl + Mo	jede Lg.	<2,4 ,, ,,	<0,1 ,, ,,
446	Worthite	jede Lg.	kein Angriff	
525—529	18/9-Cr-Mn-Stahl	jede Lg.	<2,4 bei Siedetp.	<0,1 bei Siedetp.
	Kupfer	rein	oft verwendbar	
	Messing	rein	oft verwendbar	
	Bronze	96% Lg.	oft verwendbar	
	Amerikan.	48% Lg.	kein Angriff	
	Marinebronze	96% Lg.	kein Angriff	
662—666	Nickel		<2,4 bei 20°	<0,1 bei 20°
669	Corronil		oft verwendbar	
672	Monel	96% Lg.	<2,4 bei 20°	<0,1 bei 20°
		70% Lg.	2,4 ,, 40°	0,1 ,, 40°
681, 697	Nickelchrom	96% Lg.	<2,2 ,, 20°	<0,1 ,, 20°
	Zink	rein	kein Angriff	
		50% Lg.	geringer Angriff etwa wie bei destill. H_2O	
		Handelsware	oft Angriff [3, S. 636]	
	Zinn	rein	kein Angriff	
	Blei	100% Alkohol	kein Angriff	
		96% Lg.	20,47 bei 30°	0,66 bei 30°
		Benzin-Alkohol (1:1)	3,6 ,, 30°	0,11 ,, 30°
	Silber	Lg.	empfohlen	

Empfohlene Werkstoffe bei Herstellung aus den üblichen Ausgangs-produkten [15, S. 128]:

	Kupfer	für ganze Anlagen am meisten verwendet		
465	Cr-Ni-Stahl	für Rektifikation u. dgl.		

Alkoholische Getränke

W. V. Nr.	Werkstoff	Zusammensetzung des angreifenden Stoffes	Angriff g/m² · Tag	Angriff mm/Jahr
6	Aluminium	Apfelwein	Angriff	
		Kornbranntwein	Angriff, Eloxalschicht schützt	
		Liköre	Angriff, Eloxalschicht schützt	
		Whisky	Angriff, Eloxalschicht schützt	
322—355	Cr-Stahl	Branntwein	<24,0 bei 20°	<1,0 bei 20°
451—474	18/8-Cr-Ni-Stahl	Branntwein	< 2,4 ,, 20°	<0,1 ,, 20°
		Apfelwein	empfohlen	
662—666	Nickel	Apfelmost	empfohlen	

W. V. Nr.	Werkstoff	Zusammensetzung des angreifenden Stoffes	Angriff g/m² · Tag	Angriff mm/Jahr

Aluminium. Sm. 658°; Sd. 1800°; d 2,64—2,70

	Gußeisen	geschmolzen	empfohlen, versagt oft	
	Eisen	geschmolzen	1000—3000 b. 750°	~50—~150 b. 750°
	Cr-Stahl	geschmolzen	1000—2000 b. 750°	~50—~100 b. 750°
451—474	18/8-Cr-Ni-Stahl	geschmolzen	starker Angriff	
	Cr-V-Stahl	geschmolzen	geringer Angriff, empfohlen	
662—666	Nickel	geschmolzen	starker Angriff	
672	Monel	geschmolzen	starker Angriff	
	Platin	bei hoher Temperatur Legierungsbildung, Verschlechterung der mechanischen und chemischen Eigenschaften		

Aluminiumacetat

6	Aluminium	2% Lg.	0,17	0,023
90	GAl-Si	2% Lg.	0,17	0,023
	GAl-Mg-Mn	2% Lg.	0,2	0,027
	Eisen	Lg.	nicht verwendbar	
224	Antichlor II	ges. Lg.	kein Angriff bei 80—90°	
234—243	Cr-Gußeisen	ges. Lg.	<2,4 bei 20—100°	<0,1 bei 20—100°
251—255	Cr-Mo-Guß-eisen	ges. Lg.	<2,4 „ 20—100°	<0,1 „ 20—100°
322—355	Cr-Stahl	Lg.	empfohlen bei 20°	
451—474	18/8-Cr-Ni-Stahl	ges. Lg.	20° 100° <2,4 <2,4	20° 100° <0,1 <0,1
475—495	18/8-Cr-Ni-Stahl + Mo	ges. Lg.	<2,4 <2,4	<0,1 <0,1

Aluminiumchlorat

451—474	18/8-Cr-Ni-Stahl	25% Lg.	~2,4 bei 100°	~0,1 bei 100°
475—495	18/8-Cr-Ni-Stahl + Mo	25% Lg.	<2,4 „ 100°	<0,1 „ 100°

Aluminiumchlorid. Sd. 183°

6	Aluminium	H₂O-frei	kein Angriff bei 20°	
		Lg.	starker Angriff bei 20°	
	Eisen		Verhalten wie bei Aluminium	
209—225	Si-Gußeisen		für Pumpen empfohlen, gelegentlich verwendbar	
451—474	18/8-Cr-Ni-Stahl	26% Lg.	geringer Angriff bei 10°	
475—495	18/8-Cr-Ni-Stahl + Mo	26% Lg.	geringer Angriff bei 10°	
225	Durichlor	Lg.	empfohlen	
445	Durimet 20	Lg.	empfohlen	
	Kupfer	Lg.	starker Angriff	
	Messing	Lg.	starker Angriff	
672	Monel	Lg.	3,0 bei 20°	0,13 bei 20°
		Lg. + O₂	starker Angriff	
725	Chlorimet 2	Lg.	empfohlen	
726	Chlorimet 3	Lg.	empfohlen	
	Blei	Lg.	nicht verwendbar	
	Zinn	Lg.	starker Angriff	
	Silber	Lg.	verwendbar	
	Platin	Lg.	verwendbar	

Isomerisierung von Kohlenwasserstoffen:
Von metallischen Werkstoffen sind nur Hastelloy B (65 Ni; 30 Mo) und Hastelloy A (57 Ni; 20 Mo; 3 Mn) hinreichend beständig, Hastelloy B auch an Stellen hoher Turbulenz.

Aluminiumfluorid

	Aluminium	50% Lg.	verwendbar bei 70°	
	Al-Bronze		verwendbar (Reaktionsbehälter)	

W. V. Nr.	Werkstoff	Zusammensetzung des angreifenden Stoffes	Angriff g/m² · Tag	Angriff mm/Jahr
	Nickel		verwendbar (Reaktionsbehälter)	
	Silber		verwendbar (Reaktionsbehälter)	
	Platin		verwendbar	
Aluminiumnitrat			20°　　50°	20°　　50°
	Aluminium u. Al-Legierungen	10% Lg.	2,0—4,2　20—60　Auflösung bei 98°	0,27—0,57　2,7—8,1
451—474	18/8-Cr-Ni-Stahl	Lg.	kein Angriff bei 20°	
Aluminiumphosphat				
451—474	18/8 Cr-Ni-Stahl	Lg.	verwendbar	
	Bronze	Lg.	verwendbar	
	Al-Bronze	Lg.	verwendbar	
	Nickelchrom	Lg.	verwendbar	
	Blei	Lg.	verwendbar	
Aluminiumsulfat				
6	Aluminium	fest, feucht	starker Angriff bei 20°	
			20°　　siedend	20°　　siedend
		konz. Lg.	0,28　　170,0	0,04　　22,9
		Lg. sauer	nicht verwendbar	
		Lg. basisch	oft verwendbar	
90	GAl-Si	25% Lg.	0,9	0,12
	GAl-Zn-Cu	25% Lg.	1,0	0,14
	GAl-Cu	25% Lg.	1,5	0,20
	Eisen	Lg.	starker Angriff bei 20°	
409—217	Si-Gußeisen	10% Lg.	<2,4 bei 20°	<0,1 bei 20°
		ges. Lg.	<2,4 ,, 20°	<0,1 ,, 20°
			20°　　100°	20°　　100°
218—225	Si-Gußeisen	10% Lg.	<24,0　　<72,0	<1,0　　<3,0
		ges. Lg.	<24,0　　<24,0	<1,0　　<1,0
234—243	Cr-Gußeisen	10% Lg.	< 2,4　　<240	<0,1　　<10,0
		ges. Lg.	< 2,4　　>240	<0,1　　>10,0
258	Niresist	5% Lg.	2,1 bei 20°	0,09 bei 20°
322—355	Cr-Stahl	verd.-ges. Lg.	<240 ,, 20°	<10,0 ,, 20°
396—408	Cr-Mo-Stahl	verd.-ges. Lg.	<24,0 ,, 20°	< 1,0 ,, 20°
			20°　　siedend	20°　　siedend
451—474	18/8-Cr-Ni-Stahl	10% Lg. neutral	<2,4　　<24,0	<0,1　　<1,0
		ges. Lg. neutral	<2,4　　<72,0	<0,1　　<3,0
475—495	18/8-Cr-Ni-Stahl+Mo	10% Lg. neutral	<2,4　　< 2,4	<0,1　　<0,1
		ges. Lg. neutral	<2,4　　<24,0	<0,1　　<1,0
	Kupfer	Lg.	Angriff, kann aber verwendbar sein	
	Messing	Lg.	nicht verwendbar	
	Al-Bronze	Lg.	7,5 bei 20°	0,40 bei 20°
	Everdur	Lg.	geringer Angriff bei 20°	
			20°　　100°	20°　　100°
662—666	Nickel	10% Lg.	<2,4　　<24,0	<0,1　　<1,0
		ges. Lg.	<2,4　　< 2,4	<0,1　　<0,1
672	Monel	Lg.	<2,4 bei 20°	<0,1 bei 20°
			20°　　100°	20°　　100°
681, 697	Nickelchrom	50% Lg.	<2,2　　<22,0	<0,1　　<1,0
723	Hastelloy C	Lg.	empfohlen	
724	Hastelloy D	Lg.	empfohlen	
	Chlorimet 2	Lg. + H₂SO₄	empfohlen	
	Chlorimet 3	Lg. + H₂SO₄	empfohlen	
	Stellit	10% Lg.	kein Angriff bei Siedetemp.	
	Blei	Lg.	oft verwendbar	
	Silber	Lg.	verwendbar	
	Platin	100 g/l	kein Angriff bei 100°	

W. V. Nr.	Werkstoff	Zusammensetzung des angreifenden Stoffes	Angriff g/m² · Tag	Angriff mm/Jahr
	Iridium	100 g/l	kein Angriff bei 100°	
	Palladium	100 g/l	kein Angriff bei 100°	
	Rhodium	100 g/l	kein Angriff bei 100°	
	Ruthenium	100 g/l	kein Angriff bei 100°	

Bei Anwendungen in der Papierherstellung kommen noch in Betracht: 18/8-Cr-Ni-Stahl + Mo, Nickel, Inconel und Monelmetall.
Empfohlene Werkstoffe bei der Herstellung aus Bauxite [15, 8. 37]:

Stahl — für Bauxite-Zerkleinerung
Blei — für Auskleidung der Behälter
Si-Gußeisen — für Rührvorrichtungen

Aluminiumverbindungen, andere. Als verwendbar werden angegeben:

Für Al-Formiat Aluminium bei 20°.
Für Al(OH)$_3$-Filtration von alkalischem Rotschlamm — Monel.

Als nicht verwendbar wird angegeben:

Für Al-Salze Eisen.

Ameisensäure. Sm. 8°; Sd. 101°; d 1,220

W. V. Nr.	Werkstoff	Zusammensetzung des angreifenden Stoffes	Angriff g/m² · Tag	Angriff mm/Jahr
6	Aluminium	10% Lg.	0,25	0,034
		100% Lg.	0,17	0,023
			20° / 100°	20° / 100°
11	Aluminium	90% Lg.	0,74 / 44,4	0,1 / 6,0
		90% Dampf	185 / 18,5	25,0 / 2,5
90	GAl-Si	10% Lg.	0,35	0,047
		100% Lg.	0,12	0,016
	GAl-Mg-Mn	10% Lg.	0,40	0,054
		100% Lg.	0,50	0,067
	GAl-Zn-Cu	100% Lg.	0,05	0,007
	GAl-Cu	100% Lg.	0,42	0,057
	Aluminium und Al-Legierungen		20° / 50°	20° / 50°
		1% Lg.	0,25—1,0 / 2,4—48,5	0,03—0,13 / 0,3—6,2
		10% Lg.	0,4—7,5 / 4,7— gelöst	0,05—1,0 / >6,0
		Bei 98° starker Angriff bis zur Auflösung		
	Magnesium	Lg.	Angriff	
	Eisen	Lg.	starker Angriff bei 20°	
			20—70° / 100°	20—70° / 100°
209—225	Si-Gußeisen	10% Lg.	<2,4 / <72,0	<0,1 / <3,0
		50% Lg.	<2,4 / <24,0	<0,1 / <1,0
		konz. Lg.	<2,4 / < 2,4	<0,1 / <0,1
			20° / siedend	20° / siedend
234—243	Cr-Gußeisen	10% Lg.	<2,4 / <24,0	<0,1 / < 1,0
		50% Lg.	<2,4 / <240	<0,1 / <10,0
		100% Lg.	<2,4 / <24,0	<0,1 / < 1,0
251—255	Cr-Mo-Guß-eisen	10% Lg.	<2,4 / <24,0	<0,1 / < 1,0
		50% Lg.	<2,4 / <24,0	<0,1 / < 1,0
		100% Lg.	<2,4 / <24,0	<0,1 / < 1,0
258	Niresist	konz. Lg.	1,0 bei 20°	0,05 bei 20°
	C-Stahl	2% Lg. + 1,5% HCHO	24,1	1,25
298	Cu-Stahl	0,5% Lg.	0,85 bei 20°	0,04 bei 20°
		5,0% Lg.	1,30 „ 20°	0,06 „ 20°
			20° / siedend	20° / siedend
322—355	Cr-Stahl	10% Lg.	<2,4 / >240	<0,1 / >10,0
		50% Lg.	<2,4 / >240	<0,1 / >10,0
396—408	Cr-Mo-Stahl	10% Lg.	<2,4 / <240	<0,1 / <10,0
		50% Lg.	<2,4 / >240	<0,1 / >10,0
451—474	18/8-Cr-Ni-Stahl	50% Lg.	<2,4 / >240	<0,1 / >10,0
		80% Lg.	<2,4 / < 72,0	<0,1 / < 3,0
		100% Lg.	<2,4 / < 24,0	<0,1 / < 1,0

W. V. Nr.	Werkstoff	Zusammensetzung des angreifenden Stoffes	Angriff g/m² · Tag	Angriff mm/Jahr
475—495	18/8-Cr-Ni-Stahl + Mo	50% Lg.	<2,4 < 24,0	<0,1 < 1,0
		80% Lg.	<2,4 < 24,0	<0,1 < 1,0
		100% Lg.	<2,4 < 24,0	<0,1 < 1,0
		90% Lg.	<0,6	<0,025
		90% Dampf	<0,6	<0,025
499—503	18/8-Cr-Ni-Stahl + Mo + Cu	verd. — konz. Lg.	verwendbar bei höherer Temperatur	
525—529	18/9-Cr-Mn-Stahl	10—100% Lg.	starker Angriff	
	Kupfer	Lg. O₂-frei	< 7,0 bei 20°	<0,29 bei 20°
		Lg. + O₂	<28,0 ,, 20°	<1,1 ,, 20°
			viel verwendet	
			20° 100°	20° 100°
	Kupfer	90% Lg.	7,9 2,4	0,33 0,1
		90% Dampf	0,8 1,2	0,3 0,05
		2% Lg. + 1,5% HCHO	0,5	0,02
	Messing	Lg.	geringer — starker Angriff	
	Al-Bronze	Lg.	kein Angriff	
	Cu-Si-Leg.	Lg.	kein Angriff	
	70/30-Cu-Ni-Lg.	2% Lg. + 1,5% HCHO	kein Angriff bei 150°	
	Cr-Überzüge	konz. Lg.	geringer Angriff bei Siedetemperatur	
			20° 100°	20° 100°
662—666	Nickel	10% Lg.	< 2,4	<0,1
		20% Lg.	<24,0 <72,0	<1,0 <3,0
			20° 60°	20° 60°
672	Monel	30% Lg.	2,4 14,2	0,1 0,62
		90% Lg.	7,9 bei 100°	0,33 bei 100°
		90% Dampf	2,6 ,, 100°	0,31 ,, 100°
		2% Lg. + 1,5% HCHO	kein Angriff bei 150°	
678	Nickelchrom	0,34% Lg.	6,5 bei 20°	0,30 bei 20°
		85,0% Lg.	5,4 ,, 20°	0,24 ,, 20°
679	Illium	25% Lg.	kein Angriff bei 20°	
			20° 100°	20° 100°
682	Inconel	90% Lg.	2,2 11,0	0,1 0,48
		Dampf	7,2	0,31
		2% Lg. + 1,5% HCHO	1,8 bei 150°	0,075 bei 150°
	Titan	10—90% Lg.	< 1,58 bei 100°	<0,14 bei 100°
721	Hastelloy A	10—85% Lg.	<22,0 bei 70°	<1,0 bei 70°
723	Hastelloy C	10—85% Lg.	< 0,75 bei 70°	<0,03 bei 70°
724	Hastelloy D	10—80% Lg.	<20,0 ,, 70°	<0,8 ,, 70°
	Stellit	10% Lg.	kein Angriff bei Siedetemperatur	
	Tantal	konz. Lg.	bei höherer Temperatur empfohlen	
	Blei	O₂-frei	Angriff	
	Silber	Lg.	verwendbar	

Ammoniak. Sm. — 77; Sd. — 33,5

	Werkstoff	Versuchsdauer in Tagen:	1	2	4	1	2	4
1	Aluminium	0,5% Lg.	51,2	54,6	43,1	6,9	7,4	5,8
		2 % Lg.	37,6	71,4	67,9	5,1	9,7	9,2
		5 % Lg.	78,9	60,7	112	10,7	8,2	15,7
		10 % Lg.	33,6	60,5	94,2	4,6	8,1	12,7
		21,8% Lg.	45,3	21,7	16,3	6,1	2,9	2,2
6	Aluminium	0,5% Lg.	91,8	96,6	28,8	12,4	13,1	3,9
		2 % Lg.	130	104	52,5	17,5	14,2	7,1
		5 % Lg.	176	128	62,5	23,8	17,4	8,4
		10 % Lg.	159	115	60,7	21,5	15,5	8,2
		21,8% Lg.	62,9	38,9	20,8	8,5	5,3	2,8

W. V. Nr.	Werkstoff	Zusammensetzung des angreifenden Stoffes	Angriff $g/m^2 \cdot Tag$	Angriff mm/Jahr
		Gas	<0,1 bei 20°	<0,013 bei 20°
		Gas + Luft	geringer Angriff bei 300°	
		Lg. + Alkalien oder Cl'	starker Angriff	
90	GAl-Si	d = 0,91	2,02	0,27
	GAl-Mg-Mn	d = 0,91	1,35	0,18
9—102	GAl-Mg	d = 0,91	0,07	0,01
	Magnesium	Lg. u. Gas	kein Angriff	
	Eisen	Lg.	oft verwendbar	
		Gas	oft verwendbar, bei 500° starker Angriff	
209—225	Si-Gußeisen	verd. Lg.	<24,0 bei 100°	<1,0 bei 100°
		25% Lg.	< 2,4 ,, 20°	<0,1 ,, 20°
234—243	Cr-Gußeisen	konz. Lg.	< 2,4 ,, 20°	<0,1 ,, 20°
258	Niresist	Lg.	verwendbar	
269	Stahl	konz. Lg.	1,6 bei 20°	0,08 bei 20°
272	Stahl	konz. Lg.	4,6 ,, 20°	0,23 ,, 20°
287	Stahl	konz. Lg.	~0,2 ,, 20°	~0

Zusatz von dreiwertigen As-Verbindungen und gegebenenfalls außerdem von Verbindungen, in welchen zweiwertiger S an C gebunden ist, setzt den Angriff herab.

W. V. Nr.	Werkstoff	Zusammensetzung des angreifenden Stoffes	Angriff $g/m^2 \cdot Tag$	Angriff mm/Jahr
	Stahl			
	phosphatiert	1% Lg.	+ 3 bei 20°	+0,15 bei 20°
	Mennigeanstrich	1% Lg. .	+13 ,, 20°	+0,7 ,, 20°
	vernickelt	1% Lg.	+80 ,, 20°	+4,0 ,, 20°
	verzinnt	1% Lg.	~ 0 ,, 20°	~ 0 ,, 20°
	feuerverzinkt	1% Lg.	3 ,, 20°	0,15 ,, 20°
	elektrolyt. verzinkt	1% Lg.	+ 7 ,, 20°	+0,35 ,, 20°
	sherardisiert	1% Lg.	+ 3 ,, 20°	+0,15 ,, 20°
322—355	Cr-Stahl	Lg. u. Gas	<2,4 ,, 100°	<0,1 ,, 100°
396—408	Cr-Mo-Stahl	Lg. u. Gas	<2,4 ,, 100°	<0,1 ,, 100°
385, 388	Ni-Stahl	Gas	starker Angriff bei 500° und 100 at	
451—474	18/8-Cr-Ni-Stahl	Lg. u. Gas	<2,4 bei 100°	<0,1 bei 100°
		flüssiges NH_3 + NH_4 Salze	kein Angriff in 3 Monaten	
475—495	18/8-Cr-Ni-Stahl + Mo	Lg. u. Gas	<2,4 bei 100°	<0,1 bei 100°
525—529	18/9-Cr-Mn-Stahl	Lg. u. Gas	<2,4 ,, 100°	<0,1 ,, 100°

Für NH_3-Synthese empfohlen:
Sonderstahl Fe; 3 Si; 16 Cr; 16 Ni
Sonderstahl Fe; 0,5 C; 12 Cr; 60 Ni; 2 Mn; 2—6 W
Sonderstahl Fe; 0,30 C; 2,25 Cr; wenig Ni; etwas W
Sonderstahl Fe; 0,3 C; 1 Cr; 3 W
Sonderstahl Fe; 0,5—0,8 Cr; 2,3—2,8 Ni; 0,35—0,50 Mo
Sonderstahl Fe; 2,5 Cr; 1,4 Ti
Sonderstahl Fe; 12 Cr; 12 Ni; W; V
Sonderstahl Fe; 2,54 Cr; 0,24 V; 0,47 Mn; 0,26 C (7 Jahre in Betrieb).

			ruhend 20°	bewegt 20°	ruhend 20°	bewegt 20°
Kupfer		0,01 n Lg.	1,5		0,06	
		1% Lg.		3.800		160
		2% Lg.	16,0		0,66	
		4,2% Lg.		6.600		275
		26,7% Lg.		1.900		80
		Gas, trocken	kein Angriff			
		Gas, feucht	starker Angriff			
Messing		NH_3 feucht	starker Angriff, der bevorzugt entlang den Korngrenzen fortschreitet. Bei inneren Spannungen führt der Angriff zum „Aufreißen" des Messings.			
		NH_3-Lösungen				
		NH_3-Gas	ist stets in der Atmosphäre vorhanden,			

W. V. Nr.	Werkstoff	Zusammensetzung des angreifenden Stoffes	Angriff g/m² · Tag	Angriff mm/Jahr

daher besteht bei einem nicht spannungsfreien Messing die Gefahr des Aufreißens. Die Gefahr ist am größten bei einem Verformungsgrad von 15 bis 35%, aber schon bei 5% vorhanden. Erhitzen auf $200-300°$ beseitigt die Spannungen.

Zusatz von Al zum Messing verringert den Angriff (2% Al etwa 3:1) und auch die Gefahr des Aufreißens.

W. V. Nr.	Werkstoff	Zusammensetzung des angreifenden Stoffes	Angriff g/m² · Tag	Angriff mm/Jahr
	Bronze		kein Aufreißen an den Korngrenzen	
633	Neusilber	1% — konz. Lg.	<47,0 bei 20°	<1.98 bei 20°
637	Ferry-Metall	10% Lg.	2,0 ,, 20°	0,09 ,, 20°
	Cu-Si-Leg.	Lg.	unbeständig bei höheren Konzentrationen und Temperaturen	
653	Al-Bronze	Lg.	~40,0 bei 20°	~1,82 bei 20°
654	Al-Bronze	Lg.	~18,0 ,, 20°	~0,82 ,, 20°
	Cr-Überzüge	Lg.	empfohlen	
		Gas	2,7 bei 20°	0,14 bei 20°
662—666	Nickel	3,5% Lg.	0,5 ,, 20°	0,03 ,, 20°
		10% Lg.	< 2,4 ,, 20°	< 0,1 ,, 20°
			>240,0 ,, 100°	>10,0 ,, 100°
		Gas	starker Angriff	
672	Monel	Lg.	1,5 bei 20°	0,06 bei 20°
		Gas	geringer Angriff bei 20°	
675—677	Nickelchrom	Lg.	oft verwendbar	
679	Illium	Lg.	oft verwendbar	
681	Nickelchrom	Lg.	<2,2 bei 20°	<0,1 bei 20°
697	Nickelchrom	Lg.	<2,2 ,, 20°	<0,1 ,, 20°
703	Nickelchrom	konz. Lg.	kein Angriff bei 20°	
711	Nickelchrom	Gas	empfohlen bei 500° und 650 at	
	Kobalt	Lg.	starker Angriff	
	Stellit	10% Lg.	kein Angriff bei 20°	
	Niob	13% Lg.	kein Angriff bei 20—100°	
		25% Lg.	kein Angriff bei 20—100°	
	Tantal	10% Lg.	kein Angriff bei 100°	
	Wolfram	Gas	kein Angriff bei 650°	
	Zink	trocken	kein Angriff bei 20°	
			bei etwa 600° Nitridbildung	
		Lg. p_H >12,5	nicht verwendbar	
	Cadmium	Lg.	starker Angriff bei 20°	
	Zinn (99, 96; 0,014 Pb)	3% Lg.	1,3 bei 20°	0,05 bei 20°
		6% Lg.	0,93 bei 20°	0,04 bei 20°
		10% Lg.	1,24 bei 20°	0,05 bei 20°
		Gas, trocken	kein Angriff bei 20°	
	Blei	3,5% Lg.	1,5 bei 20°	0,05 bei 20°
		Lg. sauer	kein Angriff bei 20°	
		Lg. basisch	nicht verwendbar	
		Gas, rein	kein Angriff bis 300°	
	Silber	Lg. O_2-frei	kein Angriff bei 20°	
		verd. Lg.	Angriff	
	Gold	Lg. O_2-frei	kein Angriff bei 20°	
		Gas	geringer Angriff bei höherer Temperatur (brüchig)	
	Platin	Lg. O_2-frei	kein Angriff bei 100°	
		Gas	geringer Angriff bei höherer Temperatur (brüchig)	
		NH_3-Verbrennung	1 g Pt je 20 t HNO_3 geht durch Verflüchtigung verloren, bei höherem Druck mehr	

Ammoniumazid. Als nicht verwendbar werden angegeben: Eisen und Reinnickel

W. V. Nr.	Werkstoff	Zusammensetzung des angreifenden Stoffes	Angriff g/m² · Tag	Angriff mm/Jahr

Ammoniumbifluorid. Als verwendbar werden angegeben:
18/8-Cr-Ni-Stahl, 18/8-Cr-Ni-Stahl + Mo.
Als nicht verwendbar werden angegeben:
Cr-Stahl, 18/9-Cr-Mn-Stahl.

Ammoniumbisulfit. Als verwendbar werden angegeben:
Für Säurepumpen, Türme, Behälter usw.
Bei Holzaufschluß mit Ammoniumbisulfit legierte Stähle.

Ammoniumbromid

	Werkstoff	Zusammensetzung	Angriff	
6	Aluminium	Lg.	geringer Angriff bei Siedetemperatur	
	Eisen	Lg.	starker Angriff	
	Platin	Dampf	geringer Angriff	

Ammoniumcarbonat

W.V. Nr.	Werkstoff	Zusammensetzung	Angriff g/m²·Tag	Angriff mm/Jahr
6	Aluminium	Lg. basisch	geringer Angriff, empfohlen	
		Lg. sauer	starker Angriff	
90	GAl-Si	20% Lg.	kein Angriff	
	GAl-Mg-Mn	20% Lg.	kein Angriff	
93—102	GAl-Mg	20% Lg.	0,015	0,002
	GAl-Zn-Cu	20% Lg.	kein Angriff	
	GAl-Cu	20% Lg.	kein Angriff	
	Eisen	Lg. basisch	kein Angriff	
209—225	Si-Gußeisen	Lg.	kein Angriff bei 20°	
322—355	Cr-Stahl	Lg.	<2,4 bei 20° empfohlen bei höherer Temperatur	<1,1 bei 20°
451—474	18/8-Cr-Ni-Stahl	ges. Lg.	<2,4 bei 100°	<1,1 bei 100°
525—529	18/9-Cr-Mn-Stahl	ges. Lg.	<2,4 ,, 100°	<0,1 ,, 100°
662—666	Nickel	Lg.	<24,0 ,, 100°	<1,0 ,, 100°
672	Monel	Lg.	< 2,4 ,, 20° empfohlen bei höherer Temperatur	<0,1 ,, 20°
	Nickelchrom	Lg.	empfohlen bei höherer Temperatur	
	Tantal	konz. Lg.	kein Angriff bei 100°	
	Zink	Lg.	oft verwendbar	
	Blei		empfohlen bei höherer Temperatur	

Ammoniumchlorid

W.V. Nr.	Werkstoff	Zusammensetzung	Angriff g/m²·Tag				Angriff mm/Jahr			
6	Aluminium	10% Lg.	0,30				0,040			
90	GAl-Si	10% Lg.	0,27 löchrige Anfressungen				0,036			
	GAl-Mg-Mn	10% Lg.	0,27 löchrige Anfressungen				0,036			
93—102	GAl-Mg	10% Lg.	0,25 stellenweise leicht angegriffen				0,034			
			20°	50°			20°	50°		
	Aluminium u. Al-Legierungen	1% Lg.	0,25—0,75	0,4—2,2			0,034—0,10	0,052—0,30		
		10% Lg.	0,5 —1,0	0,8—2,8			0,068—0,13	0,11 —0,38		
			98°				98°			
		1% Lg.	0,0— 3,8				0 —0,51			
		10% Lg.	0,5—42,2				0,068—5,70			
		fest, feucht	starker Angriff							
207	Gußeisen	5% Lg.	3,33 bei 20°				0,17 bei 20°			
		Dampf	bei 250—300° fünfmal so starker Angriff als durch HCl							
209—225	Si-Gußeisen	10% Lg.	<2,4 bei 100°				<0,1 bei 100°			
		25% Lg.	<2,4 ,, 100°				<0,1 ,, 100°			
		50% Lg.	<2,4 ,, 100°				<0,1 ,, 100°			

W. V. Nr.	Werkstoff	Zusammensetzung des angreifenden Stoffes	Angriff $g/m^2 \cdot$ Tag	Angriff mm/Jahr
			20° 100° 150°	20° 100° 150°
234—243	Cr-Gußeisen	5% Lg.	<2,4 (20°) <2,4 (100°)	<0,1 (20°) <0,1 (100°)
		20% Lg.	<2,4 (20°) <2,4 (100°)	<0,1 (20°) <0,1 (100°)
		100% Lg.	<24,0 (150°)	<1,0 (150°)
251—255	Cr-Mo-Guß-eisen	5—100% Lg.	<2,4 bei 20—150°	<0,1 bei 20—150°
258	Niresist	5% Lg.	1,0 „ 20°	0,04 „ 20°
293	Elektrolyt-Eisen	5% Lg.	3,33 „ 20°	0,17 „ 20°
294	Armco-Eisen	5% Lg.	3,33 „ 20°	0,17 „ 20°
			Zusatz von Harnstoff setzt den Angriff bedeutend herab	
	Stahl	Lg.	starker Angriff	
322—355	Cr-Stahl	10% Lg.	< 24,0 bei Siedetp.	< 1,0 bei Siedetp.
		25% Lg.	< 24,0 „ „	< 1,0 „ „
		ges. Lg.	<240,0 „ „	<10,0 „ „
383	Ni-Stahl	5% Lg.	1,42 „ 20°	0,06 „ 20°
388	Ni-Stahl	5% Lg.	4,11 „ 20°	0,2 „ 20°
396—408	Cr-Mo-Stahl	10% Lg.	< 24,0 „ Siedetp.	< 1,0 „ Siedetp.
		25% Lg.	< 24,0 „ „	< 1,0 „ „
		ges. Lg.	<240,0 „ „	<10,0 „ „
451—474	18/8-Cr-Ni-Stahl	10% Lg.	< 24,0 „ „	< 1,0 „ „
		50% Lg.	< 24,0 „ „	< 1,0 „ „
475—495	18/8-Cr-Ni-Stahl+Mo	28% Lg.	< 2,4 „ 100°	< 0,1 „ 100°
		ges. Lg.	< 2,4 „ 100°	< 0,1 „ 100°
		ges. $CuCl_2$, $SnCl_2$	< 72,0 „ 100°	< 3,0 „ 100°
525—529	18/9-Cr-Mn-Stahl	10% Lg.	< 24,0 „ Siedetp.	< 1,0 „ Siedetp.
		25% Lg.	< 24,0 „ „	< 1,0 „ „
		ges. Lg.	<240 „ „	<10,0 „ „
		ges. $CuCl_2$, $SnCl_2$	>240 „ „	>10,0 „ „
543	Mn-Stahl	5% Lg.	6,6 „ 100°	< 0,32 „ 100°
	Kupfer	0,5 n Lg. + NH_3	7,4—22 bei 24,5°	0,33—1,0 bei 24,5°[111]
581	Messing Ms 60	5% Lg.	~1,3 bei 20°	0,06 bei 20°
			Entzinkung tritt nicht auf, aber Aufreißen d. Messings b. inneren Spannungen	
590	Bronze	5% Lg.	10,2 bei 20°	0,43 bei 20°
591	Bronze	5% Lg.	10,4 „ 20°	0,44 „ 20°
592	Bronze	5% Lg.	8,6 „ 20°	0,36 „ 20°
649	Al-Bronze	5% Lg.	1,0 „ 20°	0,05 „ 20°
			20° 100°	20° 100°
662—666	Nickel	50% Lg.	<24,0 (20°) <24,0 (100°)	<1,0 (20°) <1,0 (100°)
		Dampf	bei 250—300° 40 mal so starker Angriff als durch HCl	
672	Monel	5% Lg.	1,0 bei 20°	0,05 bei 20°
678	Nickelchrom	ges. Lg.	240,0 „ 20°	10,0 „ 90°
679	Illium	25% Lg.	bei höherer Temperatur geringer Angriff	
681	Nickelchrom	verd. Lg.	< 2,2 bei 20°	<0,1 bei 20°
		ges. Lg.	>22,0 „ 20°	>1,0 „ 20°
721	Ni-Fe-Leg.	5% Lg.	1,4 „ 20°	0,07 „ 20°
	Cr-Überzüge	Lg.	starker Angriff	
	Stellit	10% Lg.	kein Angriff bei Siedetemperatur	
		Dampf	kein Angriff bei Siedetemperatur	
	Titan	1%-ges. Lg.	<1,58 bei 100°	<0,1 bei 100°
740	Zink	10% Lg.	1,9 bei 20°	0,098 „ 20°
750	Zink	10% Lg.	1,7 „ 20°	0,085 „ 20°
751	Zink	10% Lg.	3,8 „ 20°	0,19 „ 20°
754	Zink	10% Lg.	3,0 „ 20°	0,16 „ 20°

Zusatz von Mehl hemmt den Angriff

Einfluß der Werkstoffzusammensetzung bei Zink:

Zusatz von 0,2% Al vergrößert den Angriff (2 : 1)

W. V. Nr.	Werkstoff	Zusammensetzung des angreifenden Stoffes	Angriff g/m² · Tag	Angriff mm/Jahr
		Zusatz von 0,02% As vergrößert den Angriff (2 : 1)		
		„ „ 0,1% Ag verändert den Angriff wenig		
		„ „ 0,01% bis 0,1% Ca verändert den Angriff wenig		
		„ „ 0,05% Cd verringert den Angriff (2 : 1)		
		„ „ 0,01 bis 0,1% Hg verringert den Angriff (10 : 1)		
		„ „ auch geringe Mengen Fe, Ni, Sb vergrößern den Angriff bedeutend.		
	Blei	10% Lg.	kein Angriff bei 100°	
	Silber	Lg. u. Dampf	starker Angriff	
	Platin	Lg. u. Dampf	starker Angriff	

Ammoniumfluorid

W. V. Nr.	Werkstoff	Zusammensetzung des angreifenden Stoffes	Angriff g/m² · Tag	Angriff mm/Jahr
	Magnesium	Lg.	praktisch kein Angriff	
	Eisen	Lg.	geringer — starker Angriff	
	Kupfer	Lg.	starker Angriff	
	Bronze	Lg.	starker Angriff	

Ammoniumfluorosilikat

W. V. Nr.	Werkstoff	Zusammensetzung des angreifenden Stoffes	Angriff g/m² · Tag	Angriff mm/Jahr
	C-Stahl		nicht verwendbar bei 20°	
451—474	18/8-Cr-Ni-Stahl		verwendbar bei 20°	
475—495	18/8-Cr-Ni-Stahl + Mo		empfohlen bei 20°	

Ammoniumkarboaminat

W. V. Nr.	Werkstoff	Zusammensetzung des angreifenden Stoffes	Angriff g/m² · Tag	Angriff mm/Jahr
90	Silumin	60% $NH_2 \cdot CO \cdot ONH_4$	nicht verwendbar bei 100 at, 150°	
	Stahl	+ 30% $CO(NH_2)_2$	nicht verwendbar bei 100 at, 150°	
672	Monel	+ 10% H_2O	nicht verwendbar bei 100 at, 150°	
641	Cu-Si-Leg.		empfohlen bei 100 at, 150°	

Ammoniumnitrat

W. V. Nr.	Werkstoff	Zusammensetzung des angreifenden Stoffes	Angriff g/m² · Tag	Angriff mm/Jahr
6	Aluminium	8% Lg.	0,02 bei 20°	0,003 bei 20°
		konz. Lg.	0,03 „ 80°	0,004 „ 80°
		Lg. 1% NH_3	kein Angriff	
		Lg. 1% HNO_3 + 1,5% H_2SO_4	nicht verwendbar	
		geschmolzen	0,04 bei 180°	0,005 bei 180°
90	GAl-Si	10% Lg.	0,21	0,028
			stark löchrige Anfressungen	
	GAl-Mg-Mn	10% Lg.	0,05	0,007
			leichte Anfressungen an den Kanten	
	Magnesium	Lg.	Angriff	
	Eisen	Lg. verd.	geringer Angriff bei 20°	
		Lg. konz.	starker Angriff bei 20°	
		100—600 g/l	11,0 bei 20°	0,53 bei 20°
		trocken, fest	kein Angriff bei 20°	
209—217	Si-Gußeisen	ges. Lg.	< 2,4 bei Siedetp.	<0,1 bei Siedetp.
218—225	Si-Gußeisen	ges. Lg.	<24,0 „ „	<1,0 „ „
234—243	Cr-Gußeisen	50% Lg.	< 2,4 „ „	<0,1 „ „
251—255	Cr-Mo-Guß-eisen	ges. Lg.	< 2,4 „ „	<0,1 „ „
258	Niresist	5% Lg.	0,52 bei 20°	0,025 bei 20°
	Stahl	Lg.	starker Angriff, noch stärker als bei NH_4Cl	
322—334	Cr-Stahl	ges. Lg.	< 2,4 bei 100°	< 0,1 bei 100°
342—355	Cr-Stahl	ges. Lg.	<24,0 „ 100°	< 1,0 „ 100°
418	Wegucit	Lg.	kein Angriff	
451—474	18/8-Cr-Ni-Stahl	konz. Lg.	< 2,4 bei 120°	< 0,1 bei 120°
		konz. Lg. + H_2SO_4	< 2,4 „ 120°	< 0,1 „ 120°
525—529	18/9-Cr-Mn-Stahl	konz. Lg.	< 2,4 „ 120°	< 0,1 „ 120°
		konz. Lg. + H_2SO_4	<24,0 „ 60°	< 1,0 „ 60°
			<240 „ 120°	<10,0 „ 120°

W. V. Nr.	Werkstoff	Zusammensetzung des angreifenden Stoffes	Angriff g/m² · Tag		Angriff mm/Jahr	
	Kupfer	Lg.	nicht verwendbar			
	Bronze	Lg.	nicht verwendbar			
			20°	100°	20°	100°
662—666	Nickel	10% Lg.	<2,4	<72,0	<0,1	<3,0
672	Monel	Lg. u. fest	nicht verwendbar			
	Cd-Überzüge		starker Angriff			
	Blei	Lg.	verwendbar bei 70°			
	Silber	20% Lg. HNO_3-frei	verwendbar bei 20°			
	Platin		verwendbar			
	Empfohlene Werkstoffe bei der Herstellung aus $NH_3 + HNO_3$ [15, S. 49]:					
327	Cr-Stahl	für Neutralisation				
	Aluminium	für Lagerung				

Ammoniumoxalat

W. V. Nr.	Werkstoff	Zusammensetzung des angreifenden Stoffes	20°	siedend
	C-Stahl	Lg.	verwendbar	nicht verwendbar
451—474	18/8-Cr-Ni-Stahl	Lg.	empfohlen	verwendbar

Ammoniumpersulfat

W. V. Nr.	Werkstoff	Zusammensetzung des angreifenden Stoffes	20°	siedend
	C-Stahl	Lg.	nicht verwendbar	nicht verwendbar
451—474	18/8-Cr-Ni-Stahl	Lg.	verwendbar bei 70°	
	Messing	Lg.	nicht verwendbar	
	Nickel	Lg.	nicht verwendbar	
	Monel	Lg.	nicht verwendbar	
	Silber	Lg.	nicht verwendbar	
	Platin	Lg.	empfohlen für Anoden	

Ammoniumphosphat

W. V. Nr.	Werkstoff	Zusammensetzung des angreifenden Stoffes	20°	60°	20°	60°
6	Aluminium hart	3% Lg.	0,2	5,2	0,027	0,70
		10% Lg.	1,7	188,8	0,23	25,5
	weich	3% weich	0,2	5,2	0,027	0,70
		10% Lg.	1,6	134,7	0,22	18,1
	+ MBV-Schicht	3% Lg.	0,2	3,8	0,027	0,51
		10% Lg.	1,6	104,7	0,22	14,2
	Eisen	0,01—1 g/l	geringer Angriff bei 20°			
		10—50 g/l	kein Angriff bei 20°			
		konz. Lg.	starker Angriff bei 20°			

W. V. Nr.	Werkstoff	Zusammensetzung des angreifenden Stoffes	20°	20° sauer
209—225	Si-Gußeisen	10% Lg.	Angriff bei 20°	
	C-Stahl	Lg.	verwendbar	nicht verwendbar
451—474	18/8-Cr-Ni-Stahl	Lg.	empfohlen	verwendbar
	Cr-Stahl	Lg.	kein Angriff bei 20°	
	Al-Bronze	Lg.	Angriff	
672	Monelmetall	Lg.	<2,4 bei 20°	<0,1 bei 20°
	Zink	Lg.	bei Siedetemperatur Auflösung	
	Empfohlene Werkstoffe bei der Herstellung aus $NH_3 + H_3PO_4$ [15, S. 51]:			
	Gußeisen	für Lagerung (NH_4OH), Rührwerke, Pumpen		
	Stahl	für Trocknung und Zerkleinerung		
451—474	18/8 Cr-Ni-Stahl	für Kristallisation, Zentrifugen und Siebe		
	Blei	Reaktionsgefäße, Lagerung (H_3PO_4, H_2SO_4), Pumpen, Rohrleitungen		

Ammoniumsulfat

W. V. Nr.	Werkstoff	Zusammensetzung des angreifenden Stoffes	Angriff g/m² · Tag	Angriff mm/Jahr
6	Aluminium	10% Lg.	0,07	0,009
			mehrere Stellen löchrige Anfressungen	

W. V. Nr.	Werkstoff	Zusammensetzung des angreifenden Stoffes	Angriff g/m² · Tag		Angriff mm/Jahr	
	GAl-Mg-Mn	10% Lg.	0,12		0,016	
			mehrere Stellen löchrige Anfressungen			
	GAl-Zn-Cu	10% Lg.	0,15		0,020	
			mehrere Stellen löchrige Anfressungen			
	GAl-Cu	10% Lg.	0,07		0,009	
			mehrere Stellen löchrige Anfressungen			
	Eisen	Lg. u. geschmolzen	starker Angriff			
234—243	Cr-Gußeisen	50% Lg.	<2,4 bei Siedetp.		<0,1 bei Siedetp.	
258	Niresist	10% Lg.	1,0 bei 20°		0,05 bei 20°	
		10% Lg. + 5% H_2SO_4	2,6 „ 20°		0,14 „ 20°	
260	Monel-Guß-eisen	6% Lg.	0,94 „ 20°		0,05 „ 20°	
			20°	100°	20°	100°
322—355	Cr-Stahl	ges. Lg.	<24,0	<240	<1,0	<10,0
396—408	Cr-Mo-Stahl	ges. Lg.	< 2,4	<2,4	<0,1	< 0,1
451—474	18/8-Cr-Ni-Stahl	ges. Lg.	< 2,4	<2,4	<0,1	< 0,1
475—495	18/8-Cr-Ni-Stahl + Mo	ges. Lg.	< 2,4	<2,4	<0,1	< 0,1
446	Worthite	Lg.	kein Angriff			
		Lg. + 5% H_2SO_4	geringer Angriff			
			20°	100°	20°	100°
525—529	18/9-Cr-Mn-Stahl	ges. Lg.	<24,0	<240	<1,0	<10,0
	Kupfer	Lg. sauer	Angriff			
	Messing	Lg.	nicht verwendbar			
598	Bronze	Herstellung	empfohlen			
	Amerikan. Marine-bronze	10% Lg.	2,07		0,280	
			20°	90°	20°	90°
652	Corrix gegossen	ges. Lg. + 5% H_2SO_4	0,3	4,0	0,014	0,18
	gewalzt	ges. Lg. + 5% H_2SO_4	0,27	3,6	0,013	0,16
			20°	100°	20°	100°
—	Nickel	10% Lg.	<2,4	<24,0	<0,1	<1,0
		ges. Lg.	<2,4	<24,0	<0,1	<1,0
672	Monel	Lg.	<2,4 bei 20°		<0,1 bei 20°	
		fest	empfohlen			
		+ 0,3% H_2O + 0,35—6,65 H_2SO_4				
697	Nickelchrom	300 g/l + 1% H_2SO_4	<24,0 bei Siedetp.		<1,0 bei Siedetp.	
	Zinn	Lg.	starker Angriff			
	Blei	Lg. rein oder sauer	kein Angriff bei 20°			
		Lg. + NH_3	geringer Angriff bei 20°			
	Blei	Herstellung verwendbar für Eindampfapparate $(NH_4)_2CO_3$ + $CaSO_4$ (Auskleidung)				
	Silber	Lg.	verwendbar			
	Platin	rein	kein Angriff bei höherer Temperatur			
		+ KCl u. KBr	Angriff bei höherer Temperatur			

Empfohlene Werkstoffe bei der Herstellung aus HN_3 + H_2SO_4 [15, S. 54]:

W. V. Nr.	Werkstoff	
482	Cr-Ni-Stahl + Mo	für Sättiger
	Si-Gußeisen	für Pumpen und Rohrleitungen
	Kupfer u. Bronze	für Zentrifugalextraktoren, wenn kein NH_3-Überschuß
	Blei	für Sättiger
	Aluminium	für $(NH_4)_2SO_4$-Lösungen (H_2SO_4-frei, Cl-frei, schwermetallfrei)
	Gußeisen	für Pumpen

W. V. Nr.	Werkstoff	Zusammensetzung des angreifenden Stoffes	Angriff g/m² · Tag	Angriff mm/Jahr
672	Monel	für Sättiger und Wascher, Kristallisatoren, Filter, Absetzbehälter, Pumpen		

Ammoniumsulfid

	Werkstoff	Zusammensetzung	Angriff	
	Aluminium	Lg.	kein Angriff bei 100°	
	Magnesium	Lg.	kein Angriff	
	Eisen	Lg.	geringer — starker Angriff	
	Cr-Stahl	Lg.	geringer — starker Angriff	
	Gold	Lg.	geringer — starker Angriff	
	Au-Cu-Leg.	konz. Lg.	kein Angriff, keine Schwärzung bei 20° wenn mehr als ~50 Gew.-% Au	
	Platin	Lg.	geringer Angriff bei 20°, Schutzschichtbildung	

Ammoniumsulfit

W. V. Nr.	Werkstoff	Zusammensetzung	Angriff g/m² · Tag 20°	100°	Angriff mm/Jahr 20°	100°
209—217	Si-Gußeisen	ges. Lg.	<2,4	< 2,4	<0,1	< 0,1
218—225	Si-Gußeisen	ges. Lg.	<2,4	<24,0	<0,1	< 1,0
234—243	Cr-Gußeisen	ges. Lg.	<2,4	< 2,4	<0,1	< 0,1
251—255	Cr-Mo-Gußeisen	ges. Lg.	<2,4	< 2,4	<0,1	< 0,1
322—355	Cr-Stahl	ges. Lg.	<2,4	< 240	<0,1	<10,0
451—474	18/8-Cr-Ni-Stahl	ges. Lg.	<2,4	< 2,4	<0,1	< 0,1
475—495	18/8-Cr-Ni-Stahl + Mo	ges. Lg.	<2,4	< 2,4	<0,1	< 0,1
525—529	18/9-Cr-Mn-Stahl	ges. Lg.	<2,4	< 240	<0,1	<10,0

Ammoniumverbindungen, andere. Als verwendbar werden angegeben:

Für Ammoniumsalze außer Fluorid, Cyanid und Rhodanid:
Aluminium (nicht für Phosphat),
Si-Gußeisen,
18/8-Cr-Ni-Stahl,
Bronze,
Monel, Nickelchrom,
Tantal, Platin.

Für Ammoniumcarnallit (geschmolzen, 400°) Schmiedeeisen
„ NH_4CN Platin
„ NH_4J + KBr Platin bei höherer Temperatur
„ Ammoniumoxalat Cr-Stahl
„ NH_4ClO_4 18/8-Cr-Ni-Stahl bei Siedetemperatur
„ Ammoniumpersulfat Cr-Stahl
„ NH_4CNS (rein, schwermetallfrei) Aluminium.

Als nicht verwendbar werden angegeben:
Für Ammoniumsalze Eisen, Kupfer, Messing
„ Ammoniumalaun (ges. Lg. 100°) 18/8-Cr-Ni-Stahl
„ Ammoniumpersulfat Reinnickel.

Amylacetat. Sd. 130°; d 0,874

W. V. Nr.	Werkstoff	Zusammensetzung	Angriff
6	Aluminium	rein, H_2O-frei	kein Angriff bei 20°
		+ 50% H_2O	kein Angriff bei 20°
		+ 50, 80, 90% Benzin	kein Angriff bei 20°
	Magnesium		Angriff
	Gußeisen	Rektifik. v. roh. A.	geringer Angriff
	C-Stahl	Rektifik. v. roh. A.	geringer Angriff
451—474	18/8 Cr-Ni-Stahl	Rektifik. v. roh. A.	kein Angriff
475—495	18/8 Cr-Ni-Stahl + Mo	Rektifik. v. roh. A.	kein Angriff
	Kupfer	Rektifik. v. roh. A.	kein — geringer Angriff

W. V. Nr.	Werkstoff	Zusammensetzung des angreifenden Stoffes	Angriff g/m² · Tag	Angriff mm/Jahr
	Al-Bronze	Rektifik. v. roh. A.	geringer Angriff	
	Nickel	Rektifik. v. roh. A.	kein Angriff	
672	Monel	Rektifik. v. roh. A.	kein Angriff	
682	Inconel	Rektifik. v. roh. A.	kein Angriff	

Amylalkohol (iso-). Sd. 130°; d 0,81

W. V. Nr.	Werkstoff	Zusammensetzung des angreifenden Stoffes	Angriff g/m² · Tag	Angriff mm/Jahr
6	Aluminium	rein	0,24 — 2,0 bei 130°	0,03 — 0,27 bei 130°
		+ J₂	starker Angriff	
	Si-Gußeisen		verwendbar	
	Stahl	rein	verwendbar	
		roh	nicht verwendbar	
	Cr-Stahl		verwendbar	
451 — 474	18/8-Cr-Ni-Stahl		verwendbar	
	Kupfer	roh	empfohlen für Rohrleitungen	
	Messing		verwendbar	
	Bronze		verwendbar	
	Al-Bronze		verwendbar	
	Nickel	roh	verwendbar	
472	Monel		verwendbar	
	Chromnickel		verwendbar	
	Blei		verwendbar	
	Zinn		verwendbar	
	Silber		verwendbar	
	Platin		verwendbar	

Amylchlorid

W. V. Nr.	Werkstoff	Zusammensetzung des angreifenden Stoffes	Angriff g/m² · Tag	Angriff mm/Jahr
	C-Stahl		verwendbar bei 20°	
451 — 474	18/8-Cr-Ni-Stahl		empfohlen bei 20°	

Amylmerkaptan

W. V. Nr.	Werkstoff	Zusammensetzung des angreifenden Stoffes	Angriff g/m² · Tag	Angriff mm/Jahr
	Aluminium	Lagerung empfohlen		

Anilin. Sm. —6°; Sd. 184°; d 1,022

W. V. Nr.	Werkstoff	Zusammensetzung des angreifenden Stoffes	Angriff g/m² · Tag	Angriff mm/Jahr
6	Aluminium	rein	geringer Angriff bei 20°	
		rein	starker Angriff ,, 180°	
		$C_6H_5NH_2HCl$	starker Angriff ,, 20°	
		$(C_6H_5NH_2)_2H_2SO_4$	geringer Angriff ,, 20°	
90	GAl-Si	rein	kein Angriff	
	GAl-Mg-Mn	rein	kein Angriff	
93 — 102	GAl-Mg	rein	0,005	0,0007
	Eisen		geringer — starker Angriff	
209 — 225	Si-Gußeisen		verwendbar	
396 — 408	Cr-Mo-Stahl		verwendbar	
451 — 474	18/8-Cr-Ni-Stahl		verwendbar	
	Kupfer		starker Angriff	
	Messing		starker Angriff	
	Bronze		starker Angriff	
672	Monel	rein	verwendbar	
688	Nickelchrom		geringer Angriff	
	Contracid		verwendbar	
	Tantal		kein Angriff bei 20°	
	Blei	$C_6H_5NH_2HCl$-Herstellung	empfohlen	
	Blei	Anilin + H_2SO_4	empfohlen (Elektroden)	
	Silber	Destillation	empfohlen	
	Platin		verwendbar	

Anthracen. Sm. 217°; Sd. 351°; d 1,242

Als verwendbar werden angegeben:
Aluminium und Eisen.

W. V. Nr.	Werkstoff	Zusammensetzung des angreifenden Stoffes	Angriff g/m² · Tag	Angriff mm/Jahr

Anthracenöl. Sd. 250—400°; d 1,1

Als verwendbar werden angegeben:
Für „filtriertes Anthracenöl" Aluminium, Eisen.
Als nicht verwendbar wird angegeben:
Zink.

Anthrachinon. Sm. 285°; Sd. 382°; d 1,425. Als verwendbar werden angegeben:
Aluminium, Eisen, Blei mit wenig Cu.

Antimon. Sm. 630; Sd. 1325°; d 6,62. Als nicht verwendbar werden angegeben:
Aluminium, Eisen, 18/8-Cr-Ni-Stahl und Platin.

Antimonchloride

W. V. Nr.	Werkstoff	Zusammensetzung des angreifenden Stoffes	Angriff g/m² · Tag	Angriff mm/Jahr
	Aluminium		nicht verwendbar	
	Al-Legierungen		nicht verwendbar	
	Eisen	$SbCl_3H_2O$-frei	4,3 bei 100°	0,2 bei 100°
		$SbCl_5H_2O$-frei	64,0 bei 100°	3,0 bei 100°
451—474	18/8-Cr-Ni-Stahl	Lg.	nicht verwendbar bei 20°	
475—495	18/8-Cr-Ni-Stahl+Mo	Lg.	nicht verwendbar bei 20°	
722	Hastelloy B	Lg.	empfohlen bei 20°	
	Blei	$SbCl_3H_2O$-frei	47,5 bei 100°	1,5 bei 100°
	Platin		nicht verwendbar	

Apfelsüßmost

W. V. Nr.	Werkstoff	Zusammensetzung des angreifenden Stoffes	Angriff g/m² · Tag	Angriff mm/Jahr
6	Aluminium	47° Oe 8,8⁰/₀₀ Säure	geringer Angriff	
451—474	18/8-Cr-Ni-Stahl	,,	kein Angriff	
	Kupfer	,,	starker Angriff	
	Messing	,,	starker Angriff	
633	Neusilber	,,	starker Angriff	
	Zink	,,	sehr starker Angriff	

Arsen. Sm. 817°; d 5,72. Als verwendbar wird angegegen:
Für schwarzes As Aluminium.
Als nicht verwendbar werden angegeben:
Für gelbes As Aluminium bei höherer Temperatur, Eisen, Platin.

Arsensäure. Als verwendbar werden angegeben:
Für Lösungen Bronze, Blei, Silber (O_2-frei), Gold.
Als nicht verwendbar werden angegeben:
Für Lösungen Tantal bei höherer Temperatur.
Für Schmelzen Silber.

Arsentrichlorid. Sm. — 13°; Sd. 130°; d 2,60.

W. V. Nr.	Werkstoff	Zusammensetzung des angreifenden Stoffes	Angriff g/m² · Tag	Angriff mm/Jahr
6	Aluminium	rein, H_2O-frei	geringer Angriff bei 20° nicht verwendbar bei 100°	
	Eisen	rein, H_2O-frei feucht	empfohlen bei 20° nicht verwendbar	
	Kupfer		starker Angriff	

Arsentrioxyd (Arsenik). Als verwendbar wird angegeben:
Eisen bei höherer Temperatur (Herstellung).
Als nicht verwendbar wird angegeben:
Aluminium.

Asbest

W. V. Nr.	Werkstoff	Zusammensetzung des angreifenden Stoffes	Angriff g/m² · Tag	Angriff mm/Jahr
	Platin		in oxydierender Atmosphäre kein Angriff bei 1400° in reduzierender Atmosphäre Verschmelzung bei Rotglut	

W. V. Nr.	Werkstoff	Zusammensetzung des angreifenden Stoffes	Angriff g/m² · Tag	Angriff mm/Jahr

Ascorbinsäure

	Aluminium	verwendbar, keine Katalyse		
	Eisen	nicht verwendbar, Oxydation		
451—474	18/8-Cr-Ni-Stahl	verwendbar		
475—495	18/8-Cr-Ni-Stahl + Mo	verwendbar		
	Kupfer	nicht verwendbar, Katalyse		
	Messing	nicht verwendbar		
	Bronze	nicht verwendbar		
	Zinn	verwendbar		
	Silber	verwendbar		
	Platin	verwendbar		

Asphalt und Asphaltöle. Als verwendbar werden angegeben:
Aluminium, Eisen, Reinnickel.

Atmosphäre

	Aluminium	Cu-Gehalt ist ungünstig, besonders wenn noch Fe in größeren Mengen vorhanden. Großstadtluft bewirkt, daß der Glanz verloren geht.
	G Al-Cu-Legierungen	werden nach kurzer Zeit an feuchter Luft dunkel. Ausblühungen.
93—102	G Al-Mg-Legierungen G Al-Mg-Mn-Legierungen	für Bau- und Dekorationszwecke empfohlen.
37—58	Al-Mg-Si	geringe Cu-Zusätze zur Legierung (~0,2%) vergrößern den Angriff und erhöhen die Neigung zur interkristallinen Korrosion, auch geringe Ni-Zusätze setzen die Beständigkeit herab; geringe Zn-Zusätze (~0,1%) schaden nicht.

Wenn für leichten Wasserabfluß und das Fehlen von Stellen, an denen Wasser längere Zeit stehen bleiben kann, gesorgt wird, dann längere Lebensdauer.

Als Grundlage für Lacküberzüge auf Al wird Chlorkautschuk empfohlen. Vor dem Aufbringen der Chlorkautschukschicht soll die Leichtmetalloberfläche chemisch oder elektrolytisch mit einer Oxydschicht überzogen werden[172].

Schutzschichten auf Aluminium*:
Elektrolytische Oxydation (mit besonderer Berücksichtigung des Eloxal-Verfahrens)**.

Unter den Verfahren, die zur Verbesserung der chemischen, physikalischen und mechanischen Eigenschaften der Oberfläche des Aluminiums und seiner Legierungen zur Verfügung stehen, kommt der elektrolytischen oder anodischen Oxydation besondere Bedeutung zu. Ihre Anwendung bleibt nicht auf den Schutz der Metalloberfläche gegenüber chemischen Beanspruchungen beschränkt, sondern sie verändert deren Eigenschaften so weitgehend, daß den Aluminium-Werkstoffen dadurch viele neue Anwendungsgebiete erschlossen werden.

Warenzeichen-Schutz und Lizenzfragen. Die elektrolytische Oxydation des Aluminiums ist in verschiedenen Ländern entwickelt worden und weist infolgedessen verschiedene Verfahrensgruppen auf.

In England wurden sie unter der Bezeichnung „Bengough-Verfahren", in Deutschland, Österreich und den Skandinavischen Ländern unter „Eloxal-Verfahren" und in Amerika sowie in den meisten anderen Ländern unter dem Namen „Alumilite-Verfahren" bekannt. Eine Reihe von noch laufenden Patenten wird gemeinschaftlich ausgewertet.

---

* Die Schichtdickenbestimmung von anod. Überzügen behandeln W. Wiederholt, V. Duffek und A. Vollmer in Korros. u. Metallsch. *18*, 37-41 (1942).
** Eloxal abgekürzt aus elektrolytische Oxydation des Aluminiums.

W. V. Nr.	Werkstoff	Zusammensetzung des angreifenden Stoffes	Angriff g/m² · Tag	Angriff mm/Jahr

Die Bezeichnung „Eloxal" dürfen nur Betriebe anwenden, die Lizenzen von den Firmen
Langbein-Pfanhauser-Werke A. G., Düsseldorf,
Siemens & Halske A. G., Wernerwerk, Abt. Elektrochemie, Berlin-Siemensstadt, oder
Siemens & Halske A. G., Karlsruhe, erworben haben.

Wesen der elektrolytischen Oxydation. Bei der elektrolytischen Oxydation des Aluminiums handelt es sich um die Oxydation des Metalls in einer Badlösung („Elektrolyt") unter Stromdurchgang. Der für die Oxydation des Aluminiums erforderliche Sauerstoff wird beim Oxydationsvorgang in der elektrolytischen Zelle an der Anode entwickelt (daher die oft gebrauchte Bezeichnung anodische Oxydation). Der anodisch freiwerdende Sauerstoff wandelt das Metall, von der Oberfläche nach innen fortschreitend, in Aluminiumoxyd um. Für die Ausführung des Verfahrens werden nach Bedarf Gleich- oder Wechselstrom oder beide Stromarten kombiniert verwendet. Das Gleichstrom-Schwefelsäure-Verfahren (GS-Verfahren) ist die am meisten gebrauchte Variante.

Die in der Praxis der „Eloxal"-Verfahren gebrauchten Abkürzungen bedeuten:

G: Gleichstrom   S: Schwefelsäure
W: Wechselstrom   X: Oxalsäure

Eigenschaften der Schicht. Die Eloxalschicht besitzt im allgemeinen glatte Oberfläche, die glänzend bis matt sein kann entsprechend der ursprünglichen Metallfläche. Ihre Farbe wird hauptsächlich durch die Zusammensetzung des Oxydationsbades und die verwendete Legierung bestimmt.

Die Schichtdicke läßt sich variieren und beträgt im Durchschnitt etwa 15 μ oder 0,015 mm; für Sonderzwecke sind bis zu 50 μ (0,050 mm) Dicke erreichbar. Mindestschichtdicke 10 μ (0,010 mm). Dünnere Schichten sind abzulehnen.

Die elektrolytisch erzeugten Schichten zeichnen sich durch große Härte und Verschleißfestigkeit, feste Verankerung mit dem Grundmetall, Maßhaltigkeit, Tränkungsfähigkeit und elektrische Isolationsfähigkeit aus. Einzelheiten darüber finden sich in dem von der Aluminiumzentrale herausgegebenen Aluminium-Taschenbuch, 11. Auflage.

MBV-Schicht normal: 60 g MBV-Salz (Soda-Chromat) werden in 1 Liter heißem Wasser gelöst; die Temperatur der Lösung wird auf 90—95° gehalten. In dieses Bad werden die zu behandelnden Gegenstände für die Dauer von 5—10 Minuten eingetaucht. In dieser Zeit entsteht eine schiefergraue gleichmäßige Schutzschicht. Anschließend wird in kaltem fließendem Wasser gespült. Die Schutzwirkung der MBV-Schicht kann noch erhöht werden durch 15 Minuten dauerndes Auskochen in 2% Wasserglaslösung. Dabei werden die Poren geschlossen (nachgedichtet) und der Farbton etwas aufgehellt. Als Lackgrundlage gut geeignet.

EW-Schicht: Arbeitsweise wie bei MBV-Schicht, nur ein geringer Zusatz von Wasserglas zu der heißen Soda-Chromatlösung. Die Schutzwirkung gegen atmosphärische Angriffe ist höher als bei MBV-Schicht. Besonders für Cu-haltige Legierungen empfohlen.

			Angriff g/m² · Tag	Angriff mm/Jahr
Magnesium und Mg-Legierung.	recht beständig, die Neigung von hochprozentigen Knetlegierungen zur Spannungskorrosion läßt sich durch Ausglühen beseitigen.			
Eisen, Stahl	mittlere Rostungsgeschwindigkeiten:			
in abgelegenen Gebieten mit langen Frostzeiten			<0,2	<1,01
in mäßig besiedelten Gebieten			0,2—1,0	0,01—0,05
in Wohnbezirken von Großstädten und in mittl. Industriestädten			1,0—2,0	0,05—0,1

W. V. Nr.	Werkstoff	Zusammensetzung des angreifenden Stoffes	Angriff g/m² · Tag	Angriff mm/Jahr
		in großen Industriestädten	1,6—3,0	0,08—0,15
		in der Nähe der Meeresküste	1,2—3,4	0,06—0,17

Aus einer großen Reihe von Versuchen leitet G. SCHIKORR folgende Ergebnisse ab:

Einen geringen, aber deutlichen Einfluß hat die Höhe, in der die Plättchen über dem Erdboden sich befinden, und zwar rosten auf Türmen und Dächern befindliche Plättchen etwas stärker als unmittelbar über dem Erdboden befindliche.

Im Winter rostet Eisen bis zu fünfmal so stark wie im Sommer.

Es besteht ein deutlicher Zusammenhang zwischen der Rostgeschwindigkeit und der Menge von Schwefel-Verbindungen in der Luft. Die Rostgeschwindigkeit steigt mit dem S-Gehalt.

Bei Versuchsdauern von weniger als 1 Monat tritt eine Beschleunigung des Rostens durch bereits vorhandenen Rost auf.

Bei Versuchsdauern von mehr als 1 Monat beginnt der Rost häufig eine deutliche Schutzwirkung auszuüben, die die Rostgeschwindigkeit auf etwa die Hälfte herabsetzen kann.

Eisen, das vor Regen geschützt, aber sonst frei der Witterung ausgesetzt ist, erleidet Monatsverrostungen, die etwa halb so groß sind wie bei frei dem Regen ausgesetztem Eisen. Die Schutzwirkung dieses Rostes ist aber so gering, daß die Jahresverrostung bei vor Regen geschütztem Eisen fast ebenso groß wie ist bei dem Regen frei ausgesetztem Eisen.

Zur Prüfung der Abhängigkeit des Rostens vom sog. Kleinklima wurden Versuche an verschiedenen Orten in und um Berlin ausgeführt, die eine sehr ausgesprochene Abhängigkeit der Verrostung vom Reinheitsgrad der Luft ergaben.

Phosphor- und Kupfer-Gehalt im Eisen wirken in den meisten Fällen deutlich rosthemmend.

Gußeisen zeigt bei der Monatsverrostung ein günstiges Verhalten, der entstehende Rost hat aber nur eine geringe Schutzwirkung, so daß bei Jahresversuchen Gußeisen etwas stärker rostet als normaler Flußstahl.

Werkstoff	Zusammensetzung des angreifenden Stoffes	Angriff g/m² · Tag	Angriff mm/Jahr	Versuchsdauer Tage
(Stahlblech 0,1% C)	gereinigte Luft SO_2- u. CO_2-frei 99% rel. Feuchtigkeit	<0,2	<0,01	30
		~0,1	~0,005	90
	gereinigte Luft SO_2-frei, + CO_2 99% rel. Feuchtgk.	0,06	0,003	30
		0,02	0,001	90
	bis 60% rel. Feuchtgk.	völlig rostfrei		80
	gereinigte Luft SO_2- u. CO_2-frei	0,02	0,001	30
	H_2O-übersättigt	0,1	0,005	80
	wie vorher	0,1	0,005	30
	+ $(NH)_2SO_4$-Teilchen	0,15	0,007	80
	gereinigte Luft + 0,01% SO_2 <70% rel. Feuchtgk.	<0,01	<0,0005	20
	99% rel. Feuchtgk.	0,12	0,006	80
	gereinigte Luft H_2O-überstättigt	0,4	0,02	100
	+ 0,01% SO_2	0,4	0,02	150
	wie vorher	2,2	0,11	100
	+ 0,1% SO_2	2,2	0,11	150
	CO_2-Zusatz verringert den Angriff bis zu 50%			
Stahl	unbehandelt	24,2	1,2	
Stahl	mit $NaNO_3$ in der Wärme oxydiert	7,32	0,36	

W. V. Nr.	Werkstoff	Zusammensetzung des angreifenden Stoffes	Angriff g/m² · Tag	Angriff mm/Jahr
	Stahl	phosphatiert mit 3% H_3PO_4 + 10% $MnCl_2$	6,29	0,31
	Cu-Stahl	Die Cu-Stähle sind schwer rostend, d. h. sie rosten zwar, zeigen aber gegenüber gewöhnlichen Stählen erhöhten Rostungswiderstand und dadurch erhöhte Lebensdauer. Eine Bewertung kann nach K. DAEVES nur auf Grund von mehrjährigen Naturrostungsversuchen an verschiedenen Stellen erfolgen. Kurzzeitige Versuche geben keine sicheren Unterlagen. Durch Zusatz von 0,2—0,3% Cu wird die Lebensdauer gegenüber ungekupferten Stählen und Reineisensorten um etwa 50% erhöht. Ein größerer Cu-Zusatz bewirkt keine weitere wesentliche Verbesserung mehr.		
	Stähle mit 0,02% Cu	Landluft	~0,6	0,030
		Mittel der ersten 8 Jahre. Im weiteren Verlauf verlangsamt sich die Rostgeschwindigkeit erheblich.		
		Industrieluft	~3,0	0,150
		im Laufe der Jahre praktisch gleichbleibend		
	Stähle mit 0,20% Cu	Landluft	0,4	0,020
		Mittel der ersten 8 Jahre. Im weiteren Verlauf verlangsamt sich die Rostgeschwindigkeit erheblich		
		Stadtluft	~0,7	~0,035
		Industrieluft	1,6	0,075
		im Laufe der Jahre praktisch gleichbleibend		
	Stähle mit 0,20% Cu. u. 0,06% P (Patinastähle)	Industrieluft	1,3	0,065

Einfluß von Zusätzen bei Cu-Stahl:

Ein P-Gehalt von 0,1—0,8% verbessert das Rostungsverhalten besonders bei gleichzeitiger Anwesenheit von mehr als 0,3% Mn. Zusatz von 1% Cr verdoppelt die Lebensdauer (0,25% Cu). Versuche von K. DAEVES beweisen die günstige Wirkung eines Zinnzusatzes. Anstriche und metallische Überzüge (Zink) haben auf Cu-Stählen eine längere Lebensdauer.

322—355	Cr-Stahl (>13% Cr)	kein Angriff
396—408	Cr-Mo-Stahl	kein Angriff
451—474	18/8-Cr-Ni-Stahl	kein Angriff
475—495	18/8-Cr-Ni-Stahl + Mo	kein Angriff
525—529	18/9-Cr-Mn-Stahl	kein — geringer Angriff
	Stahl (mit aufgespritztem Al-Überzug)	kein Rostansatz in 7 Jahren
	Stahl (S-haltig)	Angriff beschleunigt

Schweißen von Stahl:

Die Korrosionsfestigkeit der Schweißnaht steht hinter der der verbundenen Teile nicht zurück, wenn beide in der Werkstoffzusammensetzung übereinstimmen. Autogenschweißung kann zur Karbidausscheidung und damit zur Korngrenzenkorrosion führen. Bei Gasschweißung mit streng neutraler Flamme unter 45° Neigung soll die Karbidausscheidung gering sein.

	Kupfer	Unter Dach ist Cu gegen atmosphärischen Angriff völlig beständig, aber auch im Freien hohe Beständigkeit. Im allgemeinen weit beständiger als die meisten Metalle. Nur stark sulfid- oder SO_2-haltige Atmosphären können zu einem merklichen Angriff führen (z. B. Tunnels). Die

W. V. Nr.	Werkstoff	Zusammensetzung des angreifenden Stoffes	Angriff g/m² · Tag	Angriff mm/Jahr
		entstehende Oberflächenpatina enthält meist $15-23\%$ SO_4, $1,5-3,5\%$ CO_3 und etwas Cl bzw. S in Stadtluft, während bei Seeluft $1,5\%$ SO_4, $6,2\%$ CO_3, 14% Cl und Spuren S gefunden wurden.		
	Messing	Wird in der freien Atmosphäre etwas schneller angegriffen als Cu. Bei Ms 70 aber immer noch $<0,01$ mm/Jahr. Es kann aber Entzinkung auftreten, daher α-Messing empfohlen. Bei höheren H_2S-Gehalten in der Atmosphäre ist Messing mit hohem Zn-Gehalt besser als Cu.		

„Season Cracking" wurde an Messing besonders im Herbst bei feuchtigkeitsgesättigter Luft beobachtet. Hervorgerufen werden sie durch gleichzeitige mechanische Spannungen und Gehalte an NH_3 oder NH_4-Salzen in der Luft. O_2 und CO_2 beschleunigen bei gröberem Kristallgefüge größere Bruchneigung. Glühen bei 300° wirkt dagegen.

	geschützt vor Regen	offen	geschützt vor Regen	offen
Elektrolyt-Kupfer 99,94 Cu	0,0316	0,0772	0,00128	0,00313
As-Kupfer 99,4 Cu; 0,5 As	0,0343	0,0728	0,00138	0,00295
Cd-Kupfer 99,1 Cu; 0,8 Cd	0,0316	0,132	0,00128	0,00543
Messing 70/30	0,0534	0,113	0,00230	0,00483
Messing 60/40	0,193	0,138	0,00835	0,00591
Bronze 93 Cu; 7 Sn.	0,0375	0,107	0,00156	0,00440
Al-Bronze 96 Cu; 4 Al	0,0412	0,0836	0,00188	0,00381
Cu-Ni-Leg. 80/20	0,0616	0,0986	0,00257	0,00412
Cu-Ni-Leg. 30/70	0,104	0,0816	0,00434	0,00341
Nickel	0,0946	0,0850	0,00395	0,00355
Nickelchrom 80/20	0,0356	0,0280	0,00153	0,00120

Cr- und Ni-Überzüge:

Untersuchungen, die von mehreren amerikanischen Gesellschaften gemeinsam durchgeführt wurden und sich über einige Jahre erstreckten, wurden von W. BLUM und P. W. C. STRAUSSER in Journal of Research of the National Bureau of Standards RP. 1293 im April 1940 veröffentlicht. Sie ergaben:

1. Der Schutzwert von Cr-Überzügen mit Nickelunterlage auf Stahl, Messing oder Zink wird im wesentlichen durch die Dicke der Nickelschicht bestimmt.

2. Auf Stahl oder Zink erhöht eine Kupferschicht unter dem Nickel den Schutzwert dünner Überzüge nur wenig. Bei dicken Niederschlägen nähert sich der Schutzwert des Überzuges aus mehreren Schichten demjenigen eines Nickelüberzuges derselben Gesamtdicke, aber er übersteigt ihn nicht.

3. Verschiedene Vorbereitung und verschiedene Vernickelungsverfahren haben keinen großen Einfluß auf den Schutzwert.

4. Schwankungen in der Dicke des Chromüberzuges zwischen 0,0002 mm und 0,001 mm haben sehr geringen Einfluß, bei größerer Dicke Gefahr der Rißbildung besonders über Nickelschichten auf Messing.

5. Grundmetalle derselben Gruppe verhalten sich annähernd gleich. Eine größere Nickeldicke ist erforderlich zur Erzielung eines gegebenen Schutzgrades auf Zink als auf Messing und eine größere auf Stahl als auf Zink:

z. B. Messing   0,005
       Zink   0,018
       Stahl   0,022

Kobalt	Verhalten wie bei Nickel
Stellit	kein Angriff
Tantal	kein Angriff

W. V. Nr.	Werkstoff	Zusammensetzung des angreifenden Stoffes	Angriff $g/m^2 \cdot$ Tag	Angriff mm/Jahr

Zink	Elektrolyt-Zink	Raffinade-Zink	Elektrolyt-Zink	Raffinade-Zink
auf Hausdach	0,1	0,1	0,005	0,005
im Stadtgebäude	0,08	0,08	0.004	0,004
„ Walde	0,05	0,05	0,0025	0,0025
„ Gewächshaus	0,06—0,12	0,6 —0,14	0,003 —0,006	0,003 —0,007
„ Laboratorium	0,13—	0,13—0,20	0,0065	0,0065—0,010
„ Abzugsschacht	0,35	0,33—0,40	0,017	0,016 —0,040

CO_2-Gehalt der Luft schadet nicht, dagegen wirken SO_2- und Halogen-Gehalte stark beschleunigend.

Die nachfolgenden Ergebnisse wurden durch eine Großzahl-Auswertung aus Naturkorrosionsversuchen erhalten.

Zink u. Verzinkungen
(galvan. u. feuerverzinkt)

	Angriff $g/m^2 \cdot$ Tag	Angriff mm/Jahr
Landluft	$\sim$0,02	$\sim$0,001
mittelstarke Industrieluft	$\sim$0,1	$\sim$0,005

Während der Anlaufzeit ist die Zerstörungsgeschwindigkeit geringer. Im Verhalten von galvanischen und feuerverzinkten Überzügen sowie in dem Verhalten dicker und dünner Überzüge und wahrscheinlich auch in dem Verhalten von Zinküberzügen verschiedener Reinheit besteht kein merkbarer Unterschied; die Zinkzerstörungsgeschwindigkeit hängt vielmehr allein von den Angriffsbedingungen ab.

Lebensdauer von verzinktem Eisen
(Zinkschicht 0,083 mm)

Klima:	ungefähre Lebensdauer in Jahren:
Tropen trocken	150
Kontinental trocken	80
Tropen Seeluft	70
Südafrika Seeluft	20
England Landluft	25
England Vorstadt	15
England Industrie	10
England Stadt mit Industrie	5—20
England Seeluft	15—25
England Tunnel (Dampfbetrieb)	1

Auch gespritzte Zinküberzüge werden in steigendem Maße verwendet, sie haben sich allein und in Kombination mit Anstrichen, die auch auf neu gespritzten Flächen gut haften, vielfach bewährt. Als Mindestschichtdicke wird 0,05 mm angegeben. Die Lebensdauer von aufgespritzten Zn-Schichten zeigt die folgende Tabelle.

Schichtdicke in mm:		Lebensdauer in Jahren[113]:
0,076—0,127	Landluft	10—20
0,127—0,178		20—40
0,254—0,305		>40
0,152—0,203	Industrieluft	10—20
0,305—0,379		20—40
0,354—0,405		>40
0,254—0,304	Seeluft	10—20
0,305—0,379		20—40
0,354—0,404		>40

Zinkbleche zeigten als Dachabdeckungen eine Lebensdauer von 30—40 Jahren.

Handelszink grau angelaufen

| 767 | ZnAl 1 | gleichmäßig dunkel angelaufen |
| 771 | ZnAl 4 Cu 1 | gleichmäßig dunkel angelaufen |

W. V. Nr.	Werkstoff	Zusammensetzung des angreifenden Stoffes	Angriff g/m² · Tag	Angriff mm/Jahr
768	ZnAl 10	gleichmäßig leicht angelaufen, Spuren lokaler Korr.		
774	ZnCu 4	gleichmäßig leicht angelaufen, Spuren lokaler Korr.		
	Cd-Überzüg.	in trockener Luft kein Angriff		

in feuchter Luft Bildung einer schützenden Deckschicht
beim Erhitzen auf 300° entsteht dünne braune Oxydschicht,
kein weiterer Angriff bis 400°

Die Cd-Überzüge auf spritzwassergefährdeten Teilen sollen nach G. SCHIKORR mindestens $6-8\ \mu$ dick sein. Cd-Überzüge sind gegen Schwitzwasser und Sprühnebel von NaCl-Lg. beständiger als Zn.

W. V. Nr.	Werkstoff	Zusammensetzung des angreifenden Stoffes	Angriff g/m² · Tag	Angriff mm/Jahr
	Zinn	trockene Luft	kein Angriff	
		Außenatmosphäre	geringer Angriff, wenn Cl, SO_2 vorhanden	
791	Lötzinn 50		kein Angriff	
	Blei		$0,03-0,12$	$0,001-0,004$
	Silber- und Ag-Legierungen	S-haltig + feucht	es erfolgt Anlaufen; dieses unterbleibt in völlig trockener Atmosphäre, NH_3 und SO_2 beeinflussen den Anlaufvorgang, die Schichtdicke y wächst nach dem Fickschen Gesetz $y^2 = 2\,Kt$ (K = Konstante, t = Zeit)	

Ag-Cu-Legierungen laufen schneller an als Feinsilber, Cu-freie Ag-Legierungen mit Cd, Zn, Sb, Sn, Pd sind noch beständiger.

Anlaufschutz: Lacküberzug; oberflächliche Feinsilberschicht; Überzüge von Platinmetallen, Cd, Cr, Amalgamen; unsichtbare Schichten, welche für S undurchdringlich oder schwer durchdringlich sind; Einhüllen in Gewebe mit Silberoxyd und anderen S-bindenden Stoffen

W. V. Nr.	Werkstoff	
854	Ag-Legierung als beständig empfohlen	
855	Ag-Legierung als beständig empfohlen	
856	Ag-Legierung als beständig empfohlen	
857	Ag-Legierung als beständig empfohlen	
858	Ag-Legierung als beständig empfohlen	

Zusatz von SO_2, H_2S und CO_2 vergrößert den Angriff.
Vergleichende Übersicht über das Verhalten einiger Metalle, ausgedrückt durch die Abtragung in 0,001 mm/Jahr[114]:

	Eisen	Zink	Blei	Kupfer	Nickel	Magnesium
Landluft	$4,0-\ \ 60$	$1,0-\ \ 3,4$	1,4	1,9	1,1	—
Stadtluft	$30\ \ -\ \ 70$	$2,8-\ \ 6,0$	2,0	2,9	2,4	$13-20$
Industrieluft	$40\ \ -160$	$3,8-19,3$	3,7	4,0	5,8	29
Meeresluft	$60\ \ -170$	$2,4-15,3$	1,8	3,8	2,8	—
Tropenluft	$0,8-\ \ 73$	$0,4-\ \ 1,2$				

Aufreißen

	Werkstoff	
	Messing	Aufreißen tritt besonders bei NH_3 (s. dieses) und NH_4-Salzen, in geringerem Maße bei Chloriden ein

Auspuffgase

W. V. Nr.	Werkstoff	Zusammensetzung des angreifenden Stoffes	
426	Cr-Si-Stahl		für Ventilkegel empfohlen
436	Cr-Ni-Stahl	Auspuffventile	empfohlen
	Stellit-Überzüge		für besonders beanspr. Ventile empfohlen

Ferner werden die verschiedensten Sonderlegierungen empfohlen, von denen sich für Ventilsitzwerkstoffe nach japanischen Mitteilungen vor allem ein Sonderguß mit 64 Co 26 Cr und 4 W bei hohen Temperaturen bewährt haben soll.

Bakterien

Sulfatreduzierende Bakterien veranlassen die Bruttogleichung $4\,Fe + CaSO_4 + 4\,H_2O = Fe\,S + 3\,Fe\,(OH)_2 + Ca\,(OH)_2$, den verbreitetsten und gefährlichsten Typ

W. V. Nr.	Werkstoff	Zusammensetzung des angreifenden Stoffes	Angriff g/m² · Tag	Angriff mm/Jahr

der Bodenkorrosion. Bitumenüberzüge, Beton, Kiesschüttungen geben gute Schutzwirkung.

In zehnjährigen Versuchen an Cu-Legierungen in frischem und im Seewasser wurde festgestellt:

Bakterien können durch direkte Einwirkung während der Lebensvorgänge Korrosion bewirken oder beschleunigen, sie können indirekt einwirken durch Abscheidungen eines Stoffes, wie z. B. H_2S.

Bariumchlorid

W. V. Nr.	Werkstoff	Zusammensetzung des angreifenden Stoffes	Angriff g/m² · Tag	Angriff mm/Jahr
6	Aluminium	10%ig	0,04	0,005
			punktförm. Angriff an einzelnen Stellen	
90	GAl-Si	10%ig	0,11	0,015
			gleichmäßig gerauht	
93—102	GAl-Mg	10%ig	+0,06	+0,008
			deutlich geätzt	
	GAl-Mg-Mn	10%ig	0,035	0,005
	Magnesium	Lg.	Angriff	
	Eisen	Lg.	~2,5 bei 150°	~0,11 bei 150°
		geschmolzen	oft verwendbar	
451—474	18/8-Cr-Ni-Stahl		empfohlen für Pumpen	
	Kupfer		verwendbar	
	Messing		verwendbar	
	Bronze		verwendbar	
	Al-Bronze		verwendbar	
	Nickel	geschmolzen	verwendbar	
672	Monel	Lg.	empfohlen	
	Nickelchrom (20 Cr)	geschmolzen	verwendbar	
	Blei	Lg.	verwendbar	
	Silber	Lg.	empfohlen	

Empfohlene Werkstoffe bei der Herstellung aus BaS + HCl [15, S. 63]:

Werkstoff	
Stahl	ausgekleidet mit säurefesten Steinen für Reaktionsgefäß, Kristallisator, Zwischenbehälter
Stahl	für Vorratsbehälter (BaS)
Monel	für Pumpen, Rohrleitungen, Trockner

Bariumhydroxyd

W. V. Nr.	Werkstoff	Zusammensetzung des angreifenden Stoffes	Angriff g/m² · Tag	Angriff mm/Jahr
6	Aluminium	konz. Lg.	0,22 bei 20°	0,03 bei 20°
	Eisen	>4 mMol/l	kein Angriff	
342—355	Cr-Stahl	konz. Lg.	<2,4 bei Siedetp.	<0,1 bei Siedetp,
322—334	Cr-Stahl	ges. Lg.	<2,4 ,, ,,	<0,1 ,, ,,
451—474	18/8-Cr-Ni-Stahl	ges. Lg.	<2,4 ,, ,,	<0,1 ,, ,,
475—495	18/8-Cr-Ni-Stahl+Mo	ges. Lg.	<2,4 ,, ,,	<0,1 ,, ,,
525—529	18/9-Cr-Mn-Stahl	ges. Lg.	<2,4 ,, ,,	<0,1 ,, ,,
662—666	Nickel	Lg.	kein Angriff	
	Tantal	konz. Lg.	kein Angriff bei 100°	
	Zink	verd. Lg.	geringer — starker Angriff	
	Blei	n/2 Lg.	9,8 bei 20°	0,32 bei 20°
		n/10 Lg.	9,2 bei 20°	0,30 bei 20°
		n/100 Lg. in 4 Tagen	~6,0 bei 20°	~0,19 bei 20°
		n/100 Lg. nach etwa 4 Tagen kein weiterer Angriff[223]		
	Platin	Lg.	kein Angriff bis Siedetemperatur	
		geschmolzen	nicht verwendbar	

Bariumperoxyd

W. V. Nr.	Werkstoff	Zusammensetzung des angreifenden Stoffes	Angriff g/m² · Tag	Angriff mm/Jahr
	Eisen	Lg.	oft verwendbar bei 20°	
		geschmolzen	nicht verwendbar	
	Cr-Stahl	Lg.	nicht verwendbar bei höherer Temper.	

W. V. Nr.	Werkstoff	Zusammensetzung des angreifenden Stoffes	Angriff g/m² · Tag	Angriff mm/Jahr
451 — 474	18/8-Cr-Ni-Stahl	10% Lg.	empfohlen bei 95°	
475 — 495	18/8-Cr-Ni-Stahl + Mo	10% Lg.	empfohlen bei 95°	
672	Monel	verd. Lg.	oft verwendbar bei 20°	
	Silber	verd. Lg.	oft verwendbar bei 20°	
		geschmolzen	starker Angriff	
	Gold	geschmolzen	starker Angriff	
	Platin	geschmolzen	starker Angriff	

Bariumverbindungen, andere. Als nicht verwendbar werden angegeben:

Für $Ba(CN)_2$-Platin
Für BaS-Blei

Basen, s. Ammoniumhydroxyd, Bariumhydroxyd, Kaliumhydroxyd, Natriumhydroxyd.
Als verwendbar werden angegeben:

18/8-Cr-Ni-Stahl, Reinnickel, Monelmetall und Nickelchrom.

Als nicht verwendbar werden angegeben:

Aluminium, Kupfer, Zink und Zinn.

Baustoffe

Korrosion von Stahlblech und verzinktem Blech durch feuchte Baustoffe, Böden usw.

	Stahlblech g/m² · Tag	verzinktes Blech g/m² · Tag
Schaumsilikat	0,2	0,0
Kesselschlacke (rot)	1,7	0,0
Xylolith, normal	0,5	0,0
Faserkiesel	0,08	0,003
Asbest-Zement (Eternit)	1,0	0,003
Weißer S-haltiger Ton	1,2	0,01
Quarzsand	2,3	0,01
Weiße granulierte Schlacke	2,0	0,03
Rote Ziegel (Backsteine)	0,4	0,04
Mineralwolle	1,8	0,05
Asbest	1,4	0,08
Portlandzement-Sand	0,4	0,21
Gips (Wasser-Gips-Faktor 0,4)	2,1	0,25
Gips (Wasser-Gips-Faktor 0,6)	1,9	0,27
Schwarzer Boden (Armenien)	1,3	0,30
Torfmasse von Torfplatten	1,3	0,37
Steinkohlenschlacke	3,1	0,41
Silikatstein	1,8	0,74

Beizen

Zur Entfernung des Zunders von Eisenteilen wird eine Beizbehandlung mit Säuren gegebenenfalls unter gleichzeitiger Einwirkung von elektrischem Strom durchgeführt. Zunder besteht meist zu 60—80% aus FeO, den Rest bildet vorwiegend Fe_3O_4. Um den Angriff beim Beizen herabzusetzen, werden den Beizlösungen geringe Mengen angriffshemmender Stoffe (Sparbeizmittel) beigemengt.

Einige Beispiele von Sparbeizstoffen:

Derivate des Thioharnstoffes, Kondensationsprodukte von Aldehyden mit Aminen, Zelluloseablauge mit Formaldehyd, Thioamid oder Thiokarbamid (Ferrocleanol, Rodine schäumend), sulfonierte Mineralölfraktionen, Acetaldehyd, Thiokarbanilid, organische Sulfoxyde, Aralkylsulfide bzw. -Polysulfide, sulfonierte aromatische Amine und andere Stoffe, die vor allem Stickstoff und Schwefel in gebundener Form enthalten.

In Zahlentafel 1 sind die Ergebnisse vergleichender Versuche von W. MACHU über die Hemmungswirkung von verschiedenen Sparbeizstoffen zusammengestellt, wobei jene Konzentrationen angeführt sind, bei denen die Löslichkeit des Eisens in 32%iger H_2SO_4 bei 15° konstant geworden, so daß also größere Zusätze von Sparbeizstoffen keine wesentliche Verbesserung mehr bringen.

W. V. Nr.	Werkstoff	Zusammensetzung des angreifenden Stoffes	Angriff g/m² · Tag	Angriff mm/Jahr

Zahlentafel 1

Beizzusatz	Konzentration %	g/m² · Tag	Hemmung %	% d. maximal möglichen Hemmung
Außiger Sparbeize	0,05	31,2	88,4	100
Dibenzylsulfoxyd (extrapoliert)...	0,035	38,4	85,7	98,3
Dibenzylsulfid (extrapoliert)	0,05	37,2	86,2	99.8
ACP Rodine 107	0,05	34,8	87,1	98,8
Diorthotolylthioharnstoff	0,06	34,8	87,1	99,8
Ferrocleanol Supra H	0,07	34,8	87,1	99,8
Stärke.......................	1,00	36,0	86,6	99,1
Gummiarabicum.................	0,80	36,0	86,6	99,1
Chinolin	3,0	34,8	87,1	99,8
Gelatine	0,90	36,0	86,6	99,1
Türkischrotöl	1,20	34,8	87,1	99,8
o h n e Beizzusatz..............	—	269	—	—

Bei Untersuchungen über den Einfluß des elektrischen Stromes auf den Angriff von Säuren auf Eisen in Gegenwart von Sparbeizstoffen wurde gefunden, daß die organischen Sparbeizstoffe sowohl an der Kathode als auch an der Anode wirksam sind. Dies geht aus dem Verlauf der Stromspannungskurve und aus den Gewichtsabnahmen bei der Säurekorrosion hervor.

Beim Mittelleiterverfahren wirken die Sparbeizstoffe gleichfalls vermindernd auf die Gewichtsverluste in Säuren ein.

Der Temperaturkoeffizient der Säurekorrosion bei Gegenwart organischer Stoffe wurde von W. MACHU an Eisenblechen (0,10 C; 0,15 Si; 0,35 Mn; 0,026 S; 0,029 P) bestimmt. Die Sparbeizstoffe setzen nicht nur den Angriff als solchen, sondern auch den Temperaturkoeffizienten herab (vgl. Abb. 1 und 2).

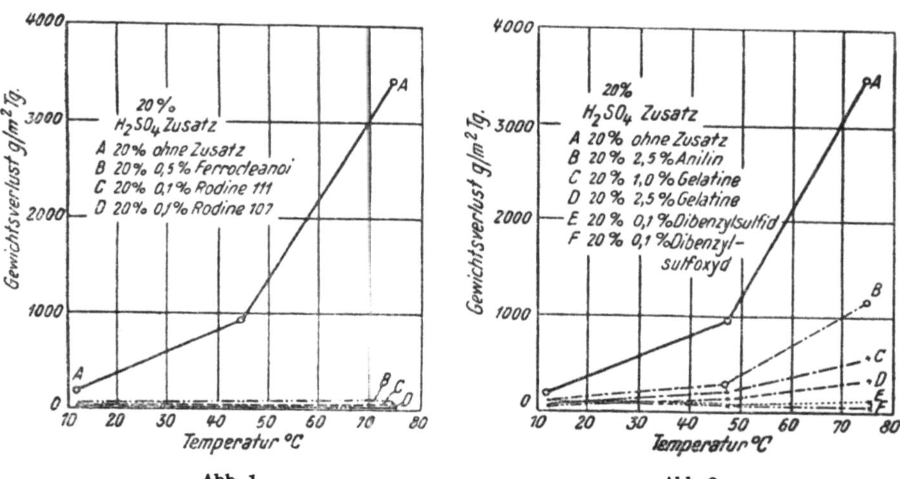

Abb. 1   Abb. 2

Abhängigkeit des Gewichtsverlustes beim Beizen von der Temperatur und den Sparbeizzusätzen (nach MACHU)

	Reineisen (99, 95—99, 98 Fe)	verd. warme H₂SO₄	empfohlen für Beizgestelle
		HCl-Beize	empfohlen für Beizgestelle
475—495	18/8-Cr-Ni-Stahl+Mo	10% HNO₃ + +5% HF	verwendbar für Beizbehälter
672	Monel	10% HCl	empfohlen für Beizkörbe

W. V. Nr.	Werkstoff	Zusammensetzung des angreifenden Stoffes	Angriff g/m² · Tag	Angriff mm/Jahr

Beizmittel. Als verwendbar werden angegeben:

Eisen für Germisan und Uspulun.
Kupfer für Germisan, Kalimat B, Segetan neu und Uspulun.
Zink für Germisan, Kalimat B, Segetan neu, Uraniasaatbeize.

Als nicht verwendbar werden angegeben:

Eisen für Kalimat B, Segetan neu, Uraniasaatbeize und Weizenfusariol.
Kupfer für Uraniasaatbeize und Weizenfusariol.
Zink für Uspulun und Weizenfusariol.

Benzaldehyd. Sm. — 26°; Sd. 179°; d 1,046

W. V. Nr.	Werkstoff	Zusammensetzung des angreifenden Stoffes	Angriff g/m² · Tag	Angriff mm/Jahr
6	Aluminium	50% Lg. in Toluol	empfohlen bei höherer Temperatur	
		Lg. in Äther	kein Angriff bei 179°	
		Lg. in H_2O	starker Angriff	
451—474	18/8-Cr-Ni-Stahl		empfohlen	
	Kupfer	Lg.	starker Angriff	
662—666	Nickel	Lg.	geringer — starker Angriff	
	Kobalt	Lg.	geringer — starker Angriff	
	Zink		starker Angriff	
	Blei		starker Angriff	
	Silber		Angriff	

Benzidin. Sm. 128°; Sd. 400°. Als verwendbar werden angegeben:

Aluminium und Eisen

Benzil. Sm. 95°; Sd. 347°

W. V. Nr.	Werkstoff	Zusammensetzung des angreifenden Stoffes	Angriff g/m² · Tag	Angriff mm/Jahr
	Kupfer	6% Lg. in Pyridin	7,2 bei 30°	0,29 bei 30°

Benzilsäure. Sm. 150°

W. V. Nr.	Werkstoff	Zusammensetzung des angreifenden Stoffes	Angriff g/m² · Tag	Angriff mm/Jahr
	Kupfer	6,45% Lg. i. Pyridin	340,0 bei 30°	13,6 bei 30°

Benzoesäure. Sm. 121°; d 1,34

W. V. Nr.	Werkstoff	Zusammensetzung des angreifenden Stoffes	Angriff g/m² · Tag	Angriff mm/Jahr
	Aluminium	fest	kein Angriff beim Sublimieren	
	Eisen	Lg.	geringer Angriff	
	Gußeisen	Dampf	370,0 bei 250°	18,0 bei 250°
218—225	Si-Gußeisen	geschmolzen	1,56 „ 130°	0,08 „ 130°
	Cr-Stahl	fest	kein Angriff beim Sublimieren	
		Lg.	empfohlen	
451—474	18/8-Cr-Ni-Stahl	Lg.	empfohlen	
	Kupfer	Lg. in Pyridin	Angriff	
		Dampf	geringer Angriff bei 250°	
	Messing	Dampf	100,0 bei 250°	4,3 bei 250°
662—666	Nickel	Dampf	kein Angriff bei 250°	
672	Monel	Dampf	23,0 bei 250°	1,0 bei 250°
	Blei	0,1 n Lg.	7,68 bei 20°	0,25 bei 20°

Benzoin

W. V. Nr.	Werkstoff	Zusammensetzung des angreifenden Stoffes	Angriff g/m² · Tag	Angriff mm/Jahr
	Kupfer	1 m Lg. in Pyridin	54,2 bei 30°	2,2 bei 30°

Benzol. Sm. 6°; Sd. 80°; d 0,879

W. V. Nr.	Werkstoff	Zusammensetzung des angreifenden Stoffes	Angriff g/m² · Tag	Angriff mm/Jahr
6	Aluminium	rein	kein Angriff bei 20°	
		+ 20% Alkohol	kein Angriff bei 20°	
		+ <1% H_2O	kein Angriff bei 20°	
90	G Al-Si		kein Angriff	
	G Al-Mg-Mn		kein Angriff	
93—102	G Al-Mg		0,017	0,0023
	Magnesium		kein Angriff	
	Eisen	rein	kein — geringer Angriff bei 20°	
234—243	Cr-Gußeisen	techn.	<2,4 bis Siedetp.	<0,1 bis Siedetp.
251—255	Cr-Mo-Guß-eisen	techn.	<2,4 „ „	<0,1 „ „

W. V. Nr.	Werkstoff	Zusammensetzung des angreifenden Stoffes	Angriff g/m² · Tag	Angriff mm/Jahr
322—355	Cr-Stahl	rein	<2,4 bis Siedetp.	<0,1 bis Siedetp.
451—474	18/8-Cr-Ni-Stahl	rein	<2,4 ,, ,,	<0,1 ,, ,,
475—495	18/8-Cr-Ni-Stahl + Mo	rein	<2,4 ,, ,,	<0,1 ,, ,,
525—529	18/9-Cr-Mn-Stahl	rein	<2,4 ,, ,,	<0,1 ,, ,,
	Kupfer	rein	kein Angriff	
		S-haltig	Angriff	
	Messing	rein	kein Angriff	
	Bronze	rein	kein Angriff	
	Nickel	Motorbenzol (USA)	2,7	0,11
		Motorbenzol, Dampf	3,5	0,14
672	Monel	Motorbenzol (USA)	5,5	0,23
681, 697	Nickelchrom	rein	<2,2 bei 80°	<2,0 bei 80°
	Zink	+ Alhokol	oft verwendbar	
		rein	kein Angriff	
	Cd-Überzüge	rein	kein Angriff	
	Zinn	S-haltig	oft verwendbar	
	Blei	+ Alkohol	oft verwendbar	
	Silber		verwendbar	
	Platin		verwendbar	

Benzolsulfosäure. Als verwendbar wird angegeben:
Für die Herstellung Si-Gußeisen, Nickelchrom

Benzolwaschöl. Als verwendbar werden angegeben:
Gußeisen und Blei

Benzotrichlorid. Als nicht verwendbar wird angegeben:
Eisen

Benzoylchlorid. Sm. — 1°; Sd. 198°; d 1,211

W. V. Nr.	Werkstoff	Zusammensetzung des angreifenden Stoffes	Angriff g/m² · Tag	Angriff mm/Jahr
6	Aluminium hart u. weich	H_2O-frei	kein Angriff bei 20°	
			$1,5 \cdot 10^5$ bei 198°	$2 \cdot 10^4$ bei 198°
		+ H_2O (1 : 1)	300,0 bei 20°	40,5 bei 20°
	Eisen		nicht verwendbar	
	Si-Gußeisen		nicht verwendbar	
451—474	18/8-Cr-Ni-Stahl	sauer	verwendbar	
		Chlorierung von C_6H_6	nicht verwendbar	
	Kupfer		nicht verwendbar	
	Nickel		verwendbar	
672	Monel		verwendbar	
	Nickelchrom		verwendbar	
	Silber		verwendbar	

Bernsteinsäure. Sm. 183°; d 1,565

W. V. Nr.	Werkstoff	Zusammensetzung des angreifenden Stoffes	Angriff g/m² · Tag	Angriff mm/Jahr
6	Aluminium	1—50% Lg.	∼0,2 bei 100°	∼0,027 bei 100°
	Eisen	fest	oft verwendbar bei 235°	
	Kupfer	fest	oft verwendbar bei 235°	
	Zinn	0,75% Lg. O_2-frei	0,06 bei 20°	0,003 bei 20°

Bier

W. V. Nr.	Werkstoff	Zusammensetzung des angreifenden Stoffes	Angriff g/m² · Tag	Angriff mm/Jahr
3	Aluminium blank		4 Wochen bei 25° heller, glänzend	4 Wochen bei 4° fast unverändert
	+ MBV-Schicht		unverändert	unverändert
	+ Eloxalschicht (aus H_2SO_4-Bad)		gelblich matt	unverändert
	+ Eloxalschicht (aus Oxalsäure)		unverändert	unverändert

W. V. Nr.	Werkstoff	Zusammensetzung des angreifenden Stoffes	Angriff g/m² · Tag	Angriff mm/Jahr
6	Aluminium blank	matt fleckig	wenig fleckig, glänzend	
	+ MBV-Schicht	Anlaufstellen	etwas dunkler	
	+ Eloxalschicht (aus H_2SO_4-Bad)	gelblich, matt	unverändert	
	+ Eloxalschicht (aus Oxalsäure)	unverändert	unverändert	

Al-Mn- und Al-Mg-Legierungen sind für Lagerbehälter seit über 20 Jahren
mit Erfolg in Gebrauch, bessere Festigkeitseigenschaften als Reinaluminium. Neben Eloxalschichten auch sogen. Plastic-Emaillen als Schutzschichten empfohlen.

W. V. Nr.	Werkstoff		Angriff g/m² · Tag	Angriff mm/Jahr
	Aluminium	hart, kalt verformt ist nicht empfehlenswert		
	Al-Cu-Leg.	für Brauereibetriebe nicht geeignet		
	Al-Zn-Leg.	,, ,, ,, ,,		
	Al-Pb-Leg.	,, ,, ,, ,,		
	Al-Sn-Leg.	,, ,, ,, ,,		
234—243	Cr-Gußeisen		<2,4 bei 20°	<0,1 bei 20°
251—255	Cr-Mo-Gußeisen		<2,4 ,, 20°	<0,1 ,, 20°
322—355	Cr-Stahl		<2,4 ,, 20°	<0,1 ,, 20°
451—474	18/8-Cr-Ni-Stahl		<2,4 ,, 20°	<0,1 ,, 20°
	Cr-Mn-Stahl	für Brauereiindustrie empfohlen		
	Kupfer	für Pfannen, Bottiche, Bierleitungen und Kühlanlagen viel verwendet. Unter bestimmten Bedingungen soll eine Schädigung der Hefe eintreten können.		
	Messing		geringer Angriff	
662—666	Nickel		oft verwendbar	
672	Monel		<2,4 bei 20°	<0,1 bei 20°
681	Nickelchrom		<2,2 ,, 20—70°	<0,1 ,, 20—70°
	Zink		nicht verwendbar	
	Zinn		kein — geringer Angriff	

Bierwürze. Als verwendbar wird angegeben:
Messing (geringer Angriff, Schutzschichtbildung).
Als nicht verwendbar werden angegeben:
Kupfer, Bronze, Neusilber, Zink und Zinn.

Biotica

475—495	18/8 Cr-Ni-Stahl + Mo	empfohlen für Herstellung von Penicillin, Terramycin, Chloromycin und Streptomycin		

Bitumen. Als verwendbar werden angegeben:
Aluminium, Eisen, Reinnickel, Zink.
Ein Gehalt an sauren Stoffen wirkt schädlich.

Blausäure. Sm. —13°; Sd. 26°; d 0,697

W. V. Nr.	Werkstoff	Zusammensetzung des angreifenden Stoffes	Angriff g/m² · Tag	Angriff mm/Jahr
6	Aluminium	Gas u. Lg.	kein Angriff, empfohlen	
218—225	Si-Gußeisen	98% Lg.	0,07 bei 20°	0,004 bei 20°
	Cr-Stahl		Angriff	
451—474	18/8-Cr-Ni-Stahl	Lg.	kein Angriff	
475—495	18/8-Cr-Ni-Stahl + Mo	Lg.	kein Angriff	
	Messing	Lg.	verwendbar	
	Bronze	Lg.	verwendbar	
682	Inconel	Lg.	verwendbar	
672	Monel	Lg.	<24,0 bei 20°	<1,0 bei 20°
	Zink	Lg.	oft verwendbar	
	Gold	Lg.	nicht verwendbar	
	Platin	Lg.	kein Angriff bei Siedetemperatur	

Empfohlene Werkstoffe bei Herstellung aus $NaCN + H_2SO_4$[15. 8. 187]:
Stahl für Lagerbehälter (NaCN, H_2SO_4 66° Be)

W. V. Nr.	Werkstoff	Zusammensetzung des angreifenden Stoffes	Angriff g/m² · Tag	Angriff mm/Jahr

Hartblei-Auskleidung für Reaktionsgefäß, Erhitzer, Blei für Kühlschlange Aluminium für Kühler, Lagerbehälter (HCN 97%).

Blei. Sm. 327°; Sd. 1600°; d 11,3

6	Aluminium	geschmolzen	kein Angriff bei 360°	
	Gußeisen	geschmolzen	wenn dicht, dann gut beständig, hält aber meist nicht lange (tropft)	
271	Stahl	geschmolzen	0,007 bei 600°	$\sim$0 bei 600°
	Cr-Stahl	geschmolzen	0,002 „ 600°	$\sim$0 „ 600°
			600° 900°	600° 900°
451—474	18/8-Cr-Ni-Stahl	geschmolzen	<24,0 <72,0	<1,0 <3,0
662—666	Nickel	geschmolzen	geringer — starker Angriff	
672	Monel	geschmolzen	>24,0 bei 260°	>1,0 bei 260°
681, 697	Nickelchrom	geschmolzen	< 2,2 „ 600°	<0,1 „ 600°
	Platin		schon unterhalb Rotglut stark Angr.	
			Zusatz von PbO vergrößert den Angriff	

Bleiacetat

6	Aluminium	10% Lg.	0,55	0,074
90	GAl-Si	10% Lg.	0,55	0,074
	GAl-Mg-Mn	10% Lg.	0,62	0,084
224	Antichlor II	ges. Lg.	kein Angriff bei 80—90°	
234—243	Cr-Gußeisen	25% Lg.	<2,4 bis Siedetp.	<0,1 bis Siedetp.
251—255	Cr-Mo-Guß-eisen	25% Lg.	<2,4 „ „	<0,1 „ „
322—334	Cr-Stahl	konz. Lg.	<2,4 „ „	<0,1 „ „
342—355	Cr-Stahl	konz. Lg.	<2,4 „ „	<0,1 „ „
451—474	18/8-Cr-Ni-Stahl	konz. Lg.	<2,4 „ „	<0,1 „ „
475—495	18/8-Cr-Ni-Stahl + Mo	konz. Lg.	<2,4 „ „	<0,1 „ „
525—529	18/9-Cr-Mn-Stahl	konz. Lg.	<2,4 „ „	<0,1 „ „
662—666	Nickel	10% Lg.	<2,4 bei 100°	<0,1 bei 100°
	Blei	Lg.	geringer — starker Angriff	
		Lg. + p-Nitrophen.	730,0 bei 70°	23,6 bei 70°

Bleiazid

6	Aluminium	fest	kein Angriff, empfohlen	

Bleichlaugen, s. auch Chlor, Chlorkalk und Natriumhypochlorit

	Aluminium	Lg.	oft verwendbar	
	Silumin	1% Lg. Ca(ClO)$_2$	2,4	0,5
	Gußeisen	Lg.	eventuell verwendbar	
	Si-Gußeisen (16 Si)	Lg.	verwendbar für Pumpen, 20°	
	Cr-Stahl (28 Cr)	Lg.	verwendbar für Pumpen	
451—474	18/8-Cr-Ni-Stahl	Lg.	Angriff	
	Kupfer	Lg.	bedingt verwendbar	
	Nickel	5% Lg.	bedingt verwendbar, Katalyse	
672	Monel	3% Lg.	bedingt verwendbar, Katalyse	
			Zusatz von Na-silikat hemmt den Angriff	
	Zinn	trockene Salze	verwendbar	
	Platin		verwendbar	

Als nicht verwendbar werden angegeben:
Eisen, Kobalt, Messing.

W. V. Nr.	Werkstoff	Zusammensetzung des angreifenden Stoffes	Angriff g/m² · Tag	Angriff mm/Jahr

Bleichlorid. Als verwendbar wird angegeben:
> Bronze.
> Als nicht verwendbar wird angegeben:
> Für Lösungen Aluminium.

Bleinitrat

W. V. Nr.	Werkstoff	Zusammensetzung des angreifenden Stoffes	Angriff	
6	Aluminium	Lg.	starker Angriff	
451—474	18/8-Cr-Ni-Stahl	Lg. verd. HNO_3	kein — geringer Angriff, empfohlen	

Bleioxyd

W. V. Nr.	Werkstoff	Zusammensetzung	700°	800°	700°	800°
	Gußeisen	fest	3000	74.000	150	3700
	Eisen, rein	fest	670,0	22.500	33	1120
270	Stahl	fest	3000	31.300	150	1600
	Cr-Stahl	fest	670,0	270,0	33	14
	Zink	fest	starker Angriff bei 450°			
	Silber	fest	starker Angriff bei höherer Temperatur			

Bleisuperoxyd

	Tantal	fest	starker Angriff bei 500°	

Bleitetraäthyl

6	Aluminium	+ Benzin	kein Angriff	

Bleiverbindungen, andere. Als verwendbar werden angegeben:
> 18/8-Cr-Ni-Stahl und Reinnickel.
> Für Bleiarsenat Aluminium.
> Als nicht verwendbar werden angegeben:
> Zink, Cadmium, Blei.

Blut

W. V. Nr.	Werkstoff		Angriff g/m² · Tag	Angriff mm/Jahr
alle	Cr-Stahl		kein Angriff	
451—474	18/8-Cr-Ni-Stahl		<2,4 bei 20°	<0,1 bei 20°
475—495	18/8-Cr-Ni-Stahl + Mo		<2,4 „ 20°	<0,1 „ 20°
525—529	18/9-Cr-Ni-Stahl		<2,4 „ 20°	<0,1 „ 20°
681, 697	Nickelchrom	Schweineblut	<2,2 „ 20°	<2,0 „ 20°

Böden

Jeder Boden enthält wasserlösliche Salze, die zusammen mit H_2O angreifend wirken (z. B. $NaCl$, $MgCl_2$, $CaSO_4$, $FeSO_4$, NH_4-Salze). Ferner sind Säuren, wie Huminsäuren und Gase, wie CO_2, O_2, H_2S und NH_3 vorhanden. Die korrodierende Wirkung hängt von der Gesamtazidität des Bodens ab. Sand und sandige Lehmböden sind verhältnismäßig wenig gefährlich. Tonböden bilden beim Austrocknen zahllose feine Risse, die der Luft Zutritt gestatten. Außerdem findet man in Tonböden häufig Salznester, die mit dem eindringenden Wasser mehr oder minder konzentrierte Salzlösungen ergeben; es können dadurch galvanische Konzentrationsketten gebildet und elektrolytische Korrosion hervorgerufen werden. Solche Korrosionserscheinungen findet man sehr häufig bei Schlickböden, die einen hohen Gehalt an Salzen und Schwefelverbindungen aus Pflanzen- und Tierresten aufweisen. Ähnliches gilt für viele Moorböden.

Der Mergelboden ist als Übergangsstufe zwischen sandigen und tonigen Böden zu betrachten; hier wird die Angriffsfähigkeit meist durch die schützende Wirkung des hohen Kalkgehaltes gemildert.

Eine Hauptgefahr für im Boden verlegte metallische Werkstoffe bilden die elektrischen Erdströme.

Die Maßnahmen gegen Bodenkorrosion müssen darauf hinzielen, den Rohrwerkstoff, sofern er nicht unangreifbar ist, vor dem Zutritt von Wasser und Sauerstoff zu schützen. Man muß die Metalloberfläche also mit geeigneten Schutzschichten umgeben.

Als Schutzumhüllung von Rohren sind alle gleichmäßigen Ton- oder

W. V. Nr.	Werkstoff	Zusammensetzung des angreifenden Stoffes	Angriff g/m² · Tag	Angriff. mm/Jahr.

Lehmböden geeignet, besonders wenn sie unter Wasser ihren Zusammenhalt nicht verlieren. Moorböden und stark moorige Tonböden sind im allgemeinen ungeeignet. Die Böden sollen als Schutzhüllen möglichst feucht geknetet und verarbeitet und, falls sie den Zusammenhalt unter Wasser verlieren, durch Zugabe von 5% Zement verfestigt werden. Diese Böden verhindern dann den Angriff durch den Boden oder durch Grundwasser, weil sie die Bewegung der angreifenden Stoffe auf das Rohr hin unterbinden.

Allgemeine Richtlinien für die Bodenbeurteilung (nach H. Klas):

Günstig	Ungünstig

A. Struktur:

Gleichartig Gleichförmig	Ungleichartig Ungleichförmig

B. Mechanische Bodenzusammensetzung:

Sand Sandiger Lehm Lehm Kalkboden	Ton Kolloidaler Ton Moorböden Schlickböden Schlackböden u. ähnliche aufgeschüttete Böden

C. Chemische Zusammensetzung und chemische Eigenschaften:

Alkalischer oder neutraler p_H-Wert Keine oder geringe Gesamtazidität Geringe Leitfähigkeit bzw. geringer Elektrolytgehalt Hohe Carbonathärte der Bodenflüssigkeit Calcium- und Magnesiumbicarbonat bzw. -carbonat	Saurer p_H-Wert, hohe Gesamtazidität Hohe Leitfähigkeit bzw. hoher Elektrolytgehalt Niedrige Carbonathärte bei hoher bleibender Härte Calcium- und Magnesiumchlorid- bzw. Sulfatgehalt Sulfide bzw. Schwefelwasserstoff Ammoniak Saure Humusstoffe

2	Aluminium Gußeisen	für Kabelmäntel empfohlen. Korrosion tritt auf, wenn Sulfatreduktion im Untergrund, im Boden und in unmittelbarer Nähe des Rohres zugleich feststellbar ist. Besonders stark sind die Zerstörungen, wenn nur in unmittelbarer Nähe des Rohres Sulfatreduktion vorhanden ist. Ist sie nur im Untergrund, dann fast nie Angriff. Wenn Sulfatreduktion fehlt, der Boden aber alkalisch oder sauer reagiert, dann tritt doch Korrosion auf. Es wird empfohlen, eine Lehmumhüllung aus gekalktem Lehm fest um das Rohr herumzustampfen, damit später keine Srukturänderung des Bodens mehr auftreten kann. Als Außen- bzw. Innenschutz kann eine Ferrosiliziumschicht, welche mit $SiCl_4$-Dämpfen erzeugt wird, dienen. Maßgebend für die Korrosionsgeschwindigkeit des Aluminiums im Boden ist das Verhältnis des Wassers zur Luft (O_2) im Boden, Elektrolyte (z. B. NaCl, KCl, $MgCl_2$) beeinflussen wenig. Periodischen Sättigungen des Bodens mit H_2O folgen periodische Schwankungen im Korrosionsverhalten.
	Ni-Guß-eisen	Durch Ni-Gehalte bis zu 3% wird Angriff besonders in Böden mit hohem elektr. Widerstand verzögert. Austenitischer Guß (15 Ni; 2,6 Cr; 6,6 Cu) hält sich in den meisten Böden gut.

W. V. Nr.	Werkstoff	Zusammensetzung des angreifenden Stoffes	Angriff g/m² · Tag	Angriff mm/Jahr
	Stahl	Über die Korrosion im Erdboden und den Einfluß des r_H-Wertes macht G. GUZZONI folgende Angaben:		

Stahl

Über die Korrosion im Erdboden und den Einfluß des r_H-Wertes macht G. GUZZONI folgende Angaben:

In oxydierender Umgebung ($r_H > 27$) nimmt die Korrosion mit abnehmendem p_H-Wert stark zu.

In reduzierender Umgebung $r_H = 18-25$ nimmt die Korrosion mit abnehmendem p_H-Wert zu und zwar etwas weniger als bei $r_H > 27$.

In stark reduzierender Umgebung ($r_H = 10-15$) ist die Korrosion im allgemeinen geringer; sie besitzt einen Kleinstwert bei $p_H = 7$ und nimmt in alkalischer Umgebung ausgesprochen zu.

Lufträume und unvollständige Berührung zwischen Boden und Probe bewirken oft ungleichmäßigen Angriff.

Schutzüberzüge: Einen gewissen Schutz bietet schon die Walzhaut, noch besser wirkt die Gußhaut. Ferner werden empfohlen Phosphatieren, Behandlung mit Chromsäure, Anstriche und Schutzschichten auf der Basis von Teer und Bitumen, Zement, Zementasbest, Beton. Metallische Überzüge, Emaillieren und Gummi-Plattierung werden nur selten angewandt.

Cu-Stahl (~0,2% Cu) — in den oberen Schichten — 0,27—0,55 — 0,014—0,028
Versuchsdauer 7 Jahre

Stahl, niedrig legiert

Maximale Tiefe der durch ungleichmäßigen Angriff entstandenen Gruben (pits) bei verschiedenen niedrig legierten Stählen in 13 Böden nach 1 Jahr:

Stahlsorte	Analyse	Tiefe in mm
SM-Stahl	—	0,055
SM-Stahl	0,45 Cu; 0,07 Mo	0,050
Sm-Stahl	0,54 Cu; 0,13 Mo	0,049
Cu-Ni-Stahl	0,85 Cu; 0,52 Ni	0,051
Ni-Cu-Stahl	1,96 Ni; 1,0 Cu	0,050
Cr-Si-Cu-P-Stahl	1,02 Cr; 0,42 Cu	0,050
Cr-Mo-Stahl	2,01 Cr; 0,57 Mo	0,047
Cr-Stahl	5,02 Cr	0,048
Cr-Mo-Stahl .	4,67 Cr; 0,51 Mo	0,047
Cr-Mo-Stahl	5,76 Cr; 0,43 Mo	0,047

Auch die Abtragung in g/m² Tag ist sehr gering.

Stahl, tauchverzinkt

Untersuchungen an Zn-Schichten von 0,104—0,127 mm in 15 verschiedenen Böden (p_H 2,6—9,14) und elektr. Widerständen von 62—17800 Ω/cm ergaben:
Diese Schichtdicke reicht für einen Schutz auf die Dauer von 10 Jahren in anorganisch oxydierenden und anorganisch schwach reduzierenden Böden. Stark reduzierende anorganische und organische Böden verlangen höhere Schichtdicken.

Kupfer

Unter den Gebrauchsmetallen ist es der beständigste und gegenüber Änderungen der chemischen und physikalischen Bedingungen unempfindlichste Werkstoff. Die Abtragung ist in allen Fällen gering, kein tiefer Lochfraß.
Höhere Sulfid- und Ammoniakgehalte sind im Boden zu vermeiden.

Blei

Nicht überall kann mit genügender Beständigkeit gerechnet werden. SO_4-arme Böden sind gefährlich. Angriff im allgemeinen bei Hartblei etwas größer als bei Weichblei. San-

W. V. Nr.	Werkstoff	Zusammensetzung des angreifenden Stoffes	Angriff g/m² · Tag	Angriff mm/Jahr

dige Böden sind am günstigsten, tonige am ungünstigsten; auch Mergel und Kalk sind ungünstig. Nachteilig ist ferner ein hoher CO_2- oder Humusgehalt.

Die Verunreinigungen im Pb sollen folgende Grenzen nicht überschreiten: 0,03—0,05 Cu; 0,05 Bi; 0,001 Ag; 0,001 As; 0,001 Mg; 0,015 Sb + Sn. Erschütterungen können zu Brüchen führen.

SO_4- u. CO_3-haltig	kein Angriff
$p_H = 7 + SO_4$	Anfressungen
+ organische Stoffe	langsamer, gleichmäßiger Angriff

Zahlentafel 2. Angriff durch verschiedene Bodenarten

	g/m² · Tag				Tiefster Lochfraß in mm/Jahr			
	Sand-Lehm	Ton	Marsch-Boden	Alkali-Boden	Sand-Lehm	Ton	Marsch-Boden	Alkali-Boden
Aluminium 99,25 Al	0,008	0,029	0,013	0,039	0,053	D	L	D
Duraluminium 94,23 Al; 4,10 Cu	—	0,120	0,012	D	—	D	G	D
Al-Mn-Lg. 97,75 Al; 1,12 Mn .	0,032	0,017	0,018	0,026	D	0,036	0,033	0,048
SM-Stahl...................	0,820	0,470	D	D	D	0,178	D	D
Cu-Stahl 0,2 Cu	D	0,454	D	D	D	0,15	D	D
Kupfer....................	0,012	0,037	—	0,012	G	L	—	L
Messing Ms 60	0,065	0,043	0,008	0,008	G, E	G, E	G, E	G, E
Bronze Sn-Bz 10	0,012	0,038	0,380	0,041	0,028	G	0,028	0,079
Plattenzink 99,5 Zn	0,290	0,074	0,192	D	0,102	0,043	0,084	D
Plattenzink, normal	0,159	0,092	0,375	D	0,132	0,051	0,094	D
Raffinade-Blei 99,99	0,011	0,057	0,052	0,017	0,028	L	0,023	0,028
Blei 99,93 Pb; 0,057 Cu......	0,031	0,150	0,064	0,074	0,043	0,064	0,031	0,046

L = örtlicher Lochfraß, Löcher nicht tiefer als 0,15 mm
S = starker Angriff, gleichmäßige Abtragung
G = geringer Angriff, kein Lochfraß
E = Entzinkung über große Flächen
e = Entzinkung in Flecken
D = Durchfressungen

Bor. Sm. 2300°; d 1,73

6	Aluminium	fest	geringer Angriff bei höherer Temperatur
	Eisen	fest	Angriff bei >1000°
	Platin	fest	nicht verwendbar

Borax

			20°	siedend
	C-Stahl	Lg.	verwendbar	nicht verwendbar
451—474	18/8-Cr-Ni-Stahl	Lg.	empfohlen	verwendbar
475—495	18/8-Cr-Ni-Stahl + Mo	Lg.	empfohlen	empfohlen

Borsäure. Sm. 185°; d 1,46

6	Aluminium	5% Lg.	0,03	0,004
		Lg.	starker Angriff bei 100°	
90	GAl-Si	5% Lg.	0,03	0,004
	GAl-Mg-Mn	5% Lg.	0,02	0,003
93—102	GAl-Mg	5% Lg.	0,11	0,015
	Magnesium	Lg.	Angriff	
	Eisen	4% Lg.	geringer Angriff bei 20°	
			starker Angriff bei 100°	

W. V. Nr.	Werkstoff	Zusammensetzung des angreifenden Stoffes	Angriff g/m² · Tag	Angriff mm/Jahr
209—217	Si-Gußeisen	ges. Lg.	<24,0 bei 100°	<1,0 bei 100°
218—225	Si-Gußeisen	ges. Lg.	<72,0 „ 100°	<3,0 „ 100°
258	Niresist	10% Lg.	0,67 „ 20°	0,03 „ 20°
322—334	Cr-Stahl	50% Lg.	< 2,4 „ 100°	<0,1 „ 100°
342—355	Cr-Stahl	50% Lg.	< 2,4 „ 100°	<0,1 „ 100°
	Cr-Al-Stahl	geschmolzen	nicht verwendbar	
	Cr-Si-Stahl	geschmolzen	nicht verwendbar	
451—474	18/8-Cr-Ni-Stahl	ges. Lg.	<2,4 bei 100°	<0,1 bei 100°
475—495	18/8-Cr-Ni-Stahl + Mo	ges. Lg.	<2,4 „ 100°	<0,1 „ 100°
525—529	18/9-Cr-Mn-Stahl	50% Lg.	<2,4 „ 100°	<0,1 „ 100°
	Bronze	Lg.	verwendbar	
	Al-Bronze	Lg.	verwendbar bei 105°	
	Nickel	Lg.	<2,4 bei 20°	<0,1 bei 20°
		geschmolzen	nicht verwendbar	
672	Monel	ges. Lg.	empfohlen bei höherer Temperatur	
		geschmolzen	nicht verwendbar	
679	Illium	4% Lg.	keine Angriff bei 20°	
681, 697	Nickelchrom	Lg.	<2,2 bei 20°	<0,1 bei 20°
		geschmolzen	nicht verwendbar	
	Blei	Lg.	verwendbar bei 20°	
	Silber	Lg.	empfohlen bei Siedetemperatur	
	Platin	geschmolzen + Reduktionsmittel	nicht verwendbar	

Braunkohlenteer. Als verwendbar werden angegeben:

Für die Destillation Gußeisen, Schmiedeeisen und Stahl.

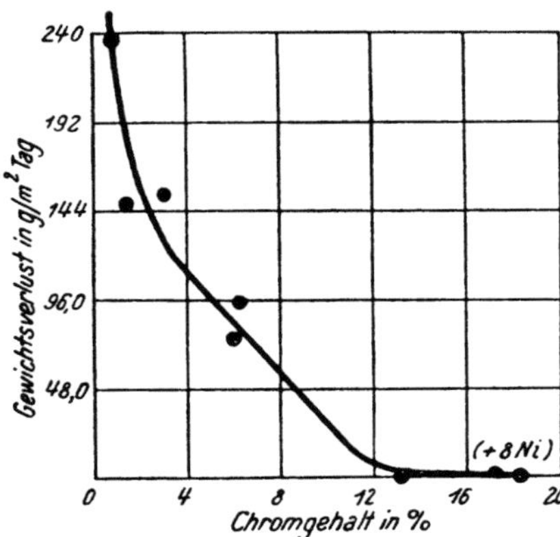

Abb. 3. Gewichtsverlust von chromlegierten Stählen in einer Braunkohlenschwelteer-Hydrieranlage (240 h, 400—500°, 300 at) (nach NEUMANN)

Brom. Sm. — 7,3°; Sd. 59°; d 1,49

			20°	100°	20°	100°
6	Aluminium		starker Angriff			
		Lg.	geringer Angriff bei 20°			
	Eisen	H₂O-frei	kein Angriff bei 20°			
		Lg.	starker Angriff bei 20°			
209—217	Si-Gußeisen	Lg.	< 2,4	<72,0	<1,0	< 3,0
218—225	Si-Gußeisen	Lg.	<24,0	>240	<1,0	>10,0
322—355	Cr-Stahl	feucht	starker Angriff			

W. V. Nr.	Werkstoff	Zusammensetzung des angreifenden Stoffes	Angriff g/m² · Tag	Angriff mm/Jahr
451—474	18/8-Cr-Ni-Stahl	feucht	starker Angriff	
475—495	18/8-Cr-Ni-Stahl + Mo	feucht	starker Angriff	
499—503	18/8-Cr-Ni-Stahl + Cu + Mo	feucht	starker Angriff	
	Kupfer		nicht verwendbar	
	Messing		nicht verwendbar	
643	Rotoxit		Angriff bei 20°	
681, 697	Nickelchrom	feucht	starker Angriff bei 20°	
	Kobalt	feucht	starker Angriff bei 20°	
731	Co-Si-Leg.	Lg.	empfohlen bei 20°	
	Tantal	H_2O-frei	geringer Angriff bei höherer Temperatur	
		Lg.	kein Angriff bei 20°	
	Niob	ges. Lg.	kein Angriff bei 20—100°	
	Wolfram	H_2O-frei	empfohlen bei 20°	
	Zink		nicht verwendbar	
	Zinn		nicht verwendbar	
	Feinsilber	trocken	1,06 bei 20°	0,037 bei 20° [133]
		feucht	1,25 bei 20°	0,044 bei 20°
		trocken:		
		$+0,1\%$ HBr	2,34 bei 20°	0,082 bei 20°
		$+0,1\%$ HCl	1,40 bei 20°	0,049 bei 20°
		$+0,1\%$ H_2SO_4	1,30 bei 20°	0,045 bei 20°
		$+0,1\%$ CH_3COOH	1,25 bei 20°	0,044 bei 20°
		$+5\%$ Fe	1,77 bei 20°	0,062 bei 20°
		feucht:		
		10% H_2O	1,32 bei 20°	0,046 bei 20°
		10% $H_2O + 0,1\%$ HBr	2,34 bei 20°	0,082 bei 20°
		10% $H_2O + 0,1\%$ HCl	1,25 bei 20°	0,044 bei 20°
		10% $H_2O + 0,1\%$ H_2SO_4	1,23 bei 20°	0,043 bei 20°
		10% $H_2O + 0,1\%$ CH_3COOH	2,10 bei 20°	0,074 bei 20°
		10% $H_2O + 5\%$ Fe	4,25 bei 20°	0,149 bei 20°
	Gold	flüssig, trocken	177 bei 20°	3,5 bei 20°
		feucht	67,2 bei 20°	1,4 bei 20°
		in Wasser gesättigt	175,0 bei 20°	3,48 bei 20°
	Platin	in statu nascendi	starker Angriff	
		flüssig, trocken	8,6 bei 20°	0,14 bei 20°
	[134]	flüssig, feucht	4,8 bei 20°	0,08 bei 20°
		Br-Wasser	0,0 bei 20°	0,00 bei 20°
	Iridium	flüssig, trocken	0,0 bei 20°	0,00 bei 20°
		flüssig, feucht	0,0 bei 20°	0,00 bei 20°
		Br-Wasser	0,0 bei 20°	0,00 bei 20°
	Osmium	flüssig, trocken	10,6 bei 20°	0,17 bei 20°
		flüssig, feucht	0,23 bei 20°	0,01 bei 20°
	Palladium	flüssig, trocken	38,0 bei 20°	1,20 bei 20°
		flüssig, feucht	1,0 bei 20°	0,03 bei 20°
		Br-Wasser	0,06 bei 20°	0,00 bei 20°
	Rhodium	flüssig, trocken	0,0 bei 20°	0,00 bei 20°
		flüssig, feucht	0,0 bei 20°	0,00 bei 20°
		Br-Wasser	0,0 bei 20°	0,00 bei 20°
	Ruthenium	flüssig, trocken	0,0 bei 20°	0,00 bei 20°
		flüssig, feucht	0,24 bei 20°	0,01 bei 20°
		Br-Wasser	0,0 bei 20°	0,00 bei 20°

W. V. Nr.	Werkstoff	Zusammensetzung des angreifenden Stoffes	Angriff g/m²·Tag	Angriff mm/Jahr

Großen Einfluß auf das Korrosionsverhalten von Brom hat der Wassergehalt des Broms, wie die nachfolgende Zusammenstellung zeigt.

Korrosionsgeschwindigkeit in mm/Jahr bei Angriff durch trockenes und feuchtes Brom:

Angriffsbedingungen:

A Standversuche in getrocknetem Brom
B Standversuche in ungetrocknetem Brom
C Rührversuche in getrocknetem Brom
D Rührversuche in ungetrocknetem Brom
E Gasphase über getrocknetem Brom
F Gasphase über mit H_2O gesättigtem Brom
G Gasphase über mit H_2O übersättigtem Brom.

W. V. Nr.	Werkstoff	Versuchsdauer Tage	A	B	C	D
	C-Stahl	14	0,82	0,87		
	(+ viel C)	36			0,35	0,28
		69			0,53	0,61
	Nickel	36			0,008	0,024
		69			0,005	0,035
672	Monel	36			0,009	0,014
		69			0,001	0,008
721	Hastelloy A	10	0,15			
722	Hastelloy B	10	0,015			
		36			0,006	0,035
		69			0,012	0,035
723	Hastelloy C	10	0,015			
		36				0,022
		69			0,002	0,013
	Blei	9		0,28		
		14	0,03	0,07		

W. V. Nr.	Werkstoff	Versuchsdauer Tage	E	F	G
	Nickel	43—49	0,04 —0,10	0,205	3,5*
		118—124	0,05 —0,07	0,112	3,5*
672	Monel	43—49	0,03 —0,10	0,33	3,9*
		118—124	0,15 —0,20	0,18—0,19	4,3*
723	Hastelloy C	43—49	0,31 —0,56	1,1 —5,8	zerstört
	Blei	43—49	0,003—0,01	0,01—0,03	0,20—0,33
		118—124	0,004—0,015		0,155

Seit 1948 sind Behälter bis 37 l Inhalt aus Nickel oder Monel für Seetransporte von Brom zugelassen.

Bromoform. Sm. 9°; Sd. 151°; d 2,890

6	Aluminium	rein	starker Angriff bei 20°

Bromsäure. Als verwendbar wird angegeben:

Blei.
Als nicht verwendbar werden angegeben:
Aluminium, Eisen, Cr-Stahl, Kupfer, Cr-Überzüge, Nickel, Monel, Zink, Zinn und Silber.

Bromwasserstoff

6	Aluminium	Lg.	starker Angriff, Angriff kleiner als bei HCl
	Eisen	Lg.	starker Angriff
	Cr-Stahl		starker Angriff
451—474	18/8-Cr-Ni-Stahl		starker Angriff

---

* Probe zerfiel in mehrere Stücke.

W. V. Nr.	Werkstoff	Zusammensetzung des angreifenden Stoffes	Angriff g/m² · Tag	Angriff mm/Jahr
	Kupfer	O$_2$-frei	empfohlen	
	Messing	Lg.	nicht verwendbar	
	Nickel	Lg.	nicht verwendbar	
	Zinn	Lg.	nicht verwendbar	
	Blei	verd. Lg. + H$_2$SO$_4$	verwendbar	
		konz. Lg.	nicht verwendbar	
	Silber	Lg.	starker Angriff	
	Platin	konz. Lg. (rauchend)	11,8 bei 100°	0,20 bei 100°
	Iridium	konz. Lg. (rauchend)	kein Angriff bei 100°	
	Osmium	konz. Lg. (rauchend)	4,6 bei 100°	0,08 bei 100°
	Palladium	konz. Lg. (rauchend)	90,0 bei 20°	2,70 bei 20°
	Rhodium	konz. Lg. (rauchend)	kein Angriff bei 100°	
	Ruthenium	konz. Lg. (rauchend)	kein Angriff bei 100°	

Butadien

W. V. Nr.	Werkstoff	Zusammensetzung des angreifenden Stoffes	Angriff g/m² · Tag	Angriff mm/Jahr
	Al-Bronze		geringer Angriff bei 20°	
	Empfohlene Werkstoffe bei der Herstellung aus C$_2$H$_5$OH 15, 8. 71:			
	C-Stahl		für alle Teile	

Butter

W. V. Nr.	Werkstoff	Zusammensetzung des angreifenden Stoffes	Angriff g/m² · Tag	Angriff mm/Jahr
	Al-Folie	Versuche (Dauer 18, 25 und 45 Tage, 5 und 9 Monate) ergaben, daß keine Schädigung der Butter auftritt. Die Butter war in allen Fällen verwendbar.		
525—529	18/9-Cr-Mn-Stahl		für Transportgefäße und Butterfertiger empfohlen	

Buttersäure. Sm. —8°; Sd. 162°; d 0,964

W. V. Nr.	Werkstoff	Zusammensetzung des angreifenden Stoffes	Angriff g/m² · Tag		Angriff mm/Jahr	
			18°	60°	18°	60°
6	Aluminium	10% Lg.	0,07	0,19	0,010	0,026
		25% Lg.	0,07	0,37	0,010	0,050
		50% Lg.	0,19	1,11	0,026	0,15
		konz. Lg.	0,55	1,48	0,075	0,20
	Aluminium	1% Lg.	0,12	7,4	0,016	1,0
	Eisen	1% Lg.	14,4 bei 20°		0,72 bei 20°	
			20°	siedend	20°	siedend
209—225	Si-Gußeisen	d = 0,964	<2,4	<2,4	<0,1	<0,1
234—243	Cr-Gußeisen	80% Lg.	<2,4 bei 20°		<0,1 bei 20°	
251—255	Cr-Mo-Guß-eisen	80% Lg.	<2,4 „ 20°		<0,1 „ 20°	
322—355	Cr-Stahl	d = 0,964	<2,4 bei Siedetp.		<0,1 bei Siedetp.	
451—474	18/8-Cr-Ni-Stahl	d = 0,964	<2,4 „ „		<0,1 „ „	
475—495	18/8-Cr-Ni-Stahl + Mo	d = 0,964	<2,4 „ „		<0,1 „ „	
497, 498	18/8-Cr-Ni-Stahl + Cu	d = 0,964	<2,4 „ „		<0,1 „ „	
			20°	60°	20°	60°
	Kupfer	1% Lg.	1,7	10,9	0,07	0,44
	Al-Bronze		für Pumpen empfohlen			
662—666	Nickel	0,5% Lg.	< 2,4 bei 20°		<0,1 bei 20°	
		4,0% Lg.	<24,0 „ 20°		<1,0 „ 20°	
672	Monel	Lg.	< 2,4 „ 20°		<0,1 „ 20°	
679	Illium	80% Lg.	kein Angriff bei höherer Temperatur			
681, 697	Nickelchrom	d = 0,964	<2,2 bei 20°		<0,1 bei 20°	
	Zinn	1% Lg.	0,4 „ 60°		0,02 „ 60°	
	Silber		empfohlen			

Butylacetat. Als verwendbar wird angegeben:

6 Aluminium, 18/8-Cr-Ni-Stahl, Kupfer und Cu-Legg.
Ferner kommen in Betracht:
Eisen, Stahl, Nickel, Nickelchrom, Blei, Silber und Platin.

W. V. Nr.	Werkstoff	Zusammensetzung des angreifenden Stoffes	Angriff g/m² · Tag	Angriff mm/Jahr

Empfohlene Werkstoffe bei der Herstellung aus C_4H_9-OH $+$ COOH [15, S. 72]:

	Stahl	für Lagerbehälter
	Kupfer	für Mischer, Destillation
	Gußeisen	für Pumpen
677	Monel	für Erhitzerrohre.

Butylalkohol. Sm. $-80°$; Sd. $117°$; d 0,804

6	Aluminium	rein	kein Angriff bei $100°$
		H_2O-frei	Angriff bei $100°$
		$+ J_2$	starker Angriff
90	Silumin	rein	kein Angriff bei Siedetemperatur
	Eisen		oft verwendbar
209—225	Si-Gußeisen		empfohlen
451—474	18/8-Cr-Ni-Stahl		verwendbar
	Kupfer		verwendbar
	Messing		verwendbar
	Bronze		verwendbar
662—666	Nickel		verwendbar
	Nickelchrom		verwendbar
	Silber		verwendbar

Butyraldehyd

	Aluminium	Mischung aus	kein Angriff
	18/8-Cr-Ni-Stahl	98% Butyral-	kein Angriff
	18/8-Cr-Ni-Stahl $+$ Mo	dehyd $+$ 0,7% Buttersäure	kein Angriff
	Nickel		kein Angriff
672	Monel	$+$ 1,3% HO_2	kein Angriff
682	Inconel		kein Angriff

Cadmium. Sm. $321°$; Sd. $778°$; d 8,64. Als verwendbar wird angegeben:
Für Cd-Destillation Gußeisen.
Als nicht verwendbar wird angegeben:
Platin.

Cadmiumchlorid. Als verwendbar wird angegeben:
Für $CdCl_2$ rein, geschmolzen, O_2-frei Platin.
Als nicht verwendbar wird angegeben:
Für Lösungen Aluminium.

Calcium. Sm. $800°$; d 1,545. Als nicht verwendbar wird angegeben:
Eisen (Diffusion des Ca in das Fe unterhalb Schmelzpunkt des Ca).

Calciumbisulfit. Als verwendbar werden angegeben:
Cr-Gußeisen, Cr-Mo-Gußeisen
18/8-Cr-Ni-Stahl $+$ Mo (bei $200°$, 20 at).
Als nicht verwendbar wird angegeben:
18/8-Cr-Ni-Stahl, Al-Bronze.

Calciumcarbid. Als verwendbar werden angegeben:
Für trockenes CaC_2 Aluminium, Eisen
Für geschmolzenes CaC_2 Eisen.
Als nicht verwendbar werden angegeben:
Für feuchtes CaC_2 Kupfer.

Calciumcarbonat. Als verwendbar werden angegeben:
Für festes $CaCO_3$ und ges. Lg. Aluminium, Eisen, Stahl und Zink.

Calciumchlorid

6	Aluminium	25% Lg.	0,045	0,0006

W. V. Nr.	Werkstoff	Zusammensetzung des angreifenden Stoffes	Angriff g/m² · Tag	Angriff mm/Jahr
			punktförmige Angriffe Eloxalschicht u. MBV-Schicht empfohl.	
90	GAl-Si	25% Lg.	0,075	0,010
			stellenweise starker Angriff	
	GAl-Mg-Mn	25% Lg.	0,035	0,005
	GAl-Zn-Cu	25% Lg.	0,27	0,036
			starke lokale Anfressungen	
	GAl-Cu	25% Lg.	0,06	0,008
			an den Kanten tiefe Anfressungen	
	Magnesium	Lg.	Angriff	
	Titan	5—28% Lg.	geringer Angriff bei 100°	
	Eisen	0,350 g/l	18° ruh. 18° bew. / 2,12 11,0	18° ruh. 18° bew. / 0,1 0,54
		1,748 g/l	2,32 11,2	0,1 0,55
		<1,77 g/l geschmolzen	~0,2 bei 16 at, 200° / starker Angriff	~0,01 bei 16 at, 200°
209—217	Si-Gußeisen	Lg. d = 1,43	< 2,4 bei 100°	<0,1 bei 100°
218—225	Si-Gußeisen	Lg. d = 1,43	<24,0 „ 100°	<0,1 „ 100°
234—243	Cr-Gußeisen	ges. Lg.	< 2,4 „ 20—100°	<0,1 „ 20—100°
251—255	Cr-Mo-Guß-eisen	ges. Lg.	< 2,4 „ 20—100°	<0,1 „ 20—100°
258	Niresist	Lg.	4,1 „ 20° / 20° 100°	0,2 „ 20° / 20° 100°
322—355	Cr-Stahl	Lg.	<240	<10,0
396—408	Cr-Mo-Stahl	Lg.	< 24,0	< 1,0
451—474	18/8-Cr-Ni-Stahl	ges. Lg.	< 24,0 <24,0	< 1,0 <1,0
475—495	18/8-Cr-Ni-Stahl + Mo	ges. Lg.	<24,0	<1,0
525—529	18/9-Cr-Mn-Stahl	Lg.	<240	<10,0
	Kupfer	geschmolzen	geringer — starker Angriff	
569	Messing	0,35 g/l	0,06 bei 18°	0,003 bei 18°
		1,75 g/l	0,09 „ 18°	0,005 „ 18°
627	Rotguß	0,35 g/l	0,03 „ 18°	0,001 „ 18°
		1,75 g/l	0,05 „ 18°	0,002 „ 18°
	70/30-Cu-Ni-Leg.	Lg.	geringer — starker Angriff bei 20°	
662—666	Nickel	0,2 n Lg.	0,16 bei 20°	0,007 bei 20°
672	Monel	10% Lg.	<2,4 „ 20°	<0,1 „ 20°
	Nickelchrom	Lg.	verwendbar	
		geschmolzen	100 bei 800°	4,8 bei 800°
	Stellit	10% Lg.	kein Angriff bei 20°	
	Zink	0,2 n Lg.	starker Angriff bei 20°	
	Zinn	0,2 n Lg.	1,9 bei 20° / Lösung täglich erneuert 7 Tage	0,09 bei 20°
		0,2 n Lg.	0,24 bei 20° / Lösung nicht erneuert 28 Tage	0,12 bei 20°
	Blei	Lg.	geringer — starker Angriff	
		geschmolzen	starker Angriff	

Empfohlene Werkstoffe bei der Herstellung aus CaCl₂-Laugen (Solvay-Prozeß) [15, 8, 73]:

672	Monel	für Verdampfer		
682	Inconel	für Erhitzerrohre		

Calciumhydroxyd

W. V. Nr.	Werkstoff	Zusammensetzung des angreifenden Stoffes	Angriff g/m² · Tag	Angriff mm/Jahr
6	Aluminium	konz. Lg.	0,6 bei 20°	0,08 bei 20°
		Kalkmilch	starker Angriff bei 20°	
	Eisen	0,0013% Lg.	0,9 bei 20°	0,05 bei 20°
		0,013 % Lg.	0,8 „ 20°	0,04 „ 20°
		0,13 % Lg.	0,6 „ 20°	0,03 „ 20°

W. V. Nr.	Werkstoff	Zusammensetzung des angreifenden Stoffes	Angriff g/m² · Tag	Angriff mm/Jahr
		0,67 % Lg.	0,0 bei 20°	0,0 bei 20°
		1,3 % Lg.	0,0 „ 20°	0,0 „ 20°
322—355	Cr-Stahl	Lg.	<2,4 „ 20°	<0,1 „ 20°
451—474	18/8-Cr-Ni-Stahl	Lg.	<2,4 „ 20°	<0,1 „ 20°
475—495	18/8-Cr-Ni-Stahl + Mo	Lg.	<2,4 „ 20°	<0,1 „ 20°
525—529	18/9-Cr-Mn-Stahl	Lg.	<2,4 „ 20°	<0,1 „ 20°
	Cr-Überzüge	Lg.	kein Angriff	
	Kupfer		verwendbar	
	Messing		verwendbar	
	Bronze		verwendbar	
	Nickel		verwendbar	
672	Monel	Lg.	kein Angriff	
	Zink	0,0675—0,135 g/l	starker Angriff bei 20°	
		<0,0675 g/l	geringer Angriff bei 20°	
		>0,135 g/l		
	Cd-Überzüge	Lg.	sehr geringer Angriff	
	Blei	Lg.	~4,0 bei 20°	0,13 bei 20°
	Blei	0,04 Lg.	starker Angriff der Korngrenzen[185]	
	Platin	Kalkwasser	kein Angriff bei Siedetemperatur	

Calciumhypochlorit

W. V. Nr.	Werkstoff		bis 2% Lg. bei 20°	>2% Lg. bei 20°
	C-Stahl		nicht verwendbar	nicht verwendbar
451—474	18/8-Cr-Ni-Stahl		verwendbar	nicht verwendbar
475—495	18/8-Cr-Ni-Stahl + Mo		empfohlen	verwendbar
723	Hastelloy C		kein Angriff	empfohlen

Calciumnitrat

W. V. Nr.	Werkstoff			
6	Aluminium	10% Lg.	0,01	0,0014
90	GAl-Si	10% Lg.	0,08	0,0108
	GAl-Mg-Mn	10% Lg.	0,012	0,0016
	Eisen	Lg.	Angriff	

Calciumsulfat

W. V. Nr.	Werkstoff			
6	Aluminium	ges. Lg.	0,09 bei 20°	0,012 bei 20°
67	Hydronalium	Lg.	geringer Angriff bei 20°	
672	Monel	Lg.	<2,4 bei 20°	<0,1 bei 20°
		Lg. + 1% H_2SO	nicht verwendbar	
	Zink	Lg.	Angriff	
	Blei		kein Angriff	

Ferner kommen in Betracht:
Gußeisen, Stahl, Kupfer, Messing, Bronze, Nickel, Nickelchrom, Zinn.

Calciumverbindungen, andere. Als verwendbar werden angegeben:
Für $Ca(ClO_3)_2$ Wegucit
Für $Ca(HS)_2$ Aluminium (ges. Lg. bei 100°)
Für CaS Aluminium, 18/8-Cr-Ni-Stahl, Al-Bronze, Nickel
Für CaS_2O_3 Gold
Für $CaCN_2$-Herstellung: C-Stahl.
Als nicht verwendbar wird angegeben:
Für Calciumoxalat Aluminium.

Carbolineum. Als verwendbar werden angegeben:
Aluminium (mit MBV- oder Eloxalschicht) und Eisen.

Carbonisierungsmasse. Als verwendbar wird angegeben:
Cr-Stahl (mit 20% Cr) und Nickelchrom.

W. V. Nr.	Werkstoff	Zusammensetzung des angreifenden Stoffes	Angriff g/m² · Tag	Angriff mm/Jahr

Carboxymethylcellulose. Als verwendbar für die Herstellung werden angegeben: 18/8-Cr-Ni-Stahl + Mo, Hastelloy C und für kleinere Apparaturen auch Monel und Durichlor. Die Förderschnecken und andere Apparate nach dem Reaktionskessel können auch aus Flußstahl angefertigt werden.

Carnallit

W. V. Nr.	Werkstoff	Zusammensetzung	20°	siedend	20°	siedend
209—225	Si-Gußeisen			<24,0		< 1,0
322—355	Cr-Stahl	ges. Lg.	<240	>240	<10,0	>10,0
396—408	Cr-Mo-Stahl	ges. Lg.	<2,4	<24,0	< 0,1	< 1,0
451—474	18/8-Cr-Ni-Stahl	ges. Lg.	<2,4	<24,0	< 0,1	< 1,0
475—495	18/8-Cr-Ni-Stahl + Mo	ges. Lg.	<2,4	< 2,4	< 0,1	< 0,1
525—529	18/9-Cr-Mn-Stahl	ges. Lg.	<240	>240	<10,0	>10,0
	Ni-Bronze	ges. Lg.	empfohlen bei 20°			
631	Ambrac	geschmolzen	soll bei 700° der beste von allen Werkstoffen sein			
	Al-Bronze	ges. Lg.	empfohlen			

Carosche Säure

Als verwendbar werden angegeben: Hartblei bis 130°, Platin.

Casein. Als verwendbar wird angegeben:

Für Fällung des Caseins mit Säure Zinn bei 60°

Angaben über die zur Fällung benützte Säure beachten.

Ceresin. Als verwendbar wird angegeben:

Aluminium bei höherer Temperatur.

Chininverbindungen

W. V. Nr.	Werkstoff	Sulfat 20°	Bisulfat 20°	Sulfat 20°	Bisulfat 20°
322—355	Cr-Stahl	<240	<240	<10,0	10,0
396—408	Cr-Mo-Stahl	< 2,4	<24,0	< 0,1	< 1,0
451—474	18/8-Cr-Ni-Stahl	< 2,4	<24,0	< 0,1	< 1,0
475—495	18/8-Cr-Ni-Stahl + Mo	< 2,4	<24,0	< 0,1	< 1,0
525—529	18/9-Cr-Mn-Stahl	<24,0	<240	< 1,0	<10,0

Chinolin

W. V. Nr.	Werkstoff	Zusammensetzung	
6	Aluminium	H_2O-frei	kein Angriff bei Siedetemperatur

Chinon. Als verwendbar wird angegeben:

Aluminium.

Chlor. Sm. −102°; Sd. −33,7°

W. V. Nr.	Werkstoff	Zusammensetzung	20°	100°	20°	100°
6	Aluminium	rein, H_2O-frei	kein Angriff bei 130°			
		rein, H_2O-frei	starker Angriff bei 160°			
		+ H_2O-Dampf	starker Angriff bei 20°			
		Lg.	starker Angriff bei 20°			
90	Silumin	ges. Lg.	9,2 bei 20°		1,2 bei 20°	
	Magnesium		nicht verwendbar			
	Titan	Gas, trocken	starker Angriff bei 30°			
		Gas + >0,013% H_2O	<1,58 bei 75°		<0,18 bei 75°	
		Cl₂-Wasser	<1,58 bei 20°		<0,18 bei 20°	
	Gußeisen, rein	H_2O-frei	geringer Angriff bis 200°			
			starker Angriff bei 240° [136]			
	Armco-Eisen, rein, H_2O-frei		kein Angriff bis 240°			
			starker Angriff bei 300°			
		flüssig, H_2O-frei	kein Angriff bei 20°			
		flüssig, H_2O-frei	starker Angriff bei 90°			
		feucht	starker Angriff bei 20°			
		Lg.	starker Angriff bei 20°			

W. V. Nr.	Werkstoff	Zusammensetzung des angreifenden Stoffes	Angriff g/m² · Tag		Angriff mm/Jahr	
209—217	Si-Gußeisen	Gas	<24,0	>240,0	<1,0	>10,0
		ges. Lg.	< 2,4		<0,1	
218—225	Si-Gußeisen	Gas	<72,0	>240,0	<3,0	>10,0
		ges. Lg.	< 2,4		<0,1	
	C-Stahl	rein	kein Angriff bis 240°			
		H_2O-frei	starker Angriff bei 280°			
		+ Spur H_2O	starker Angriff			
	Cr-Stahl	Gas	empfohlen			
382	Invar	Gas	empfohlen			
451—474	18/8-Cr-Ni-Stahl	rein,	kein Angriff bis 300°			
		H_2O-frei	starker Angriff bei 450°			
		Gas, feucht	starker Angriff bei 20°			
		Chlorwasser	<24,0 bei 20°		<1,0 bei 20°	
475—495	18/8-Cr-Ni-Stahl + Mo		Verhalten wie 18/8-Cr-Ni-Stahl			
525—529	18/9-Cr-Mn-Stahl	Gas, trocken	<2,4 bei 20°		< 0,1 bei 20°	
		Gas, feucht	>240 ,, 20°		>10,0 ,, 20°	
	Kupfer	rein, H_2O-frei	1,0 bei 150°		0,04 bei 150°	
			starker Angriff bei 250°			
		Gas, feucht	starker Angriff bei 20°			
	Messing		starker Angriff			
		Wasser + <0,001 g/l Cl_2	verwendbar			
641	Ambrac	0,05% Lg. CO_2-frei	1,25 bei 20°		0,06 bei 20°	
		0,05% Lg. + CO_2, + O_2	2,1 ,, 20°		0,10 ,, 20°	
632	Adnic	Lg.	empfohlen			
639	Everdur	Gas	empfohlen			
649	Al-Bronze	Gas	bis 350° empfohlen			
	Nickel	rein, H_2O-frei	0,5 bei 500°		0,02 bei 500°	
			starker Angriff bei 600°			
672	Monel	rein, H_2O-frei	< 2,4 bei 20°		<0,1 bei 20°	
681, 687	Nickelchrom	rein, H_2O-frei	< 2,2 ,, 20°		<0,1 ,, 20°	
		feucht	<22,0 ,, 20°		<1,0 ,, 20°	
	Hastelloy C	Gas, feucht	verwendbar bei 20°			
	Kobalt		Angriff			
	Stellit		Angriff			
	Tantal		starker Angriff bei 300°			
742	Zink	Gas, trocken	kein Angriff bei 20°			
		feucht	Angriff bei 20°			
	Zinn		starker Angriff bei 20°			
	Blei	rein, H_2O-frei	geringer Angriff bis 200°			
			starker Angriff bei 300°			
		flüssig	empfohlen bei 20°			
		Gas, feucht	verwendbar bei 100°			
	Silber	rein, H_2O-frei	starker Angriff bei 200°			
		flüssig, H_2O-frei	beständig			
		flüssig + H_2O	sehr starker Angriff bei 80°			
		Chlorwasser gesättigt	Gewichtszunahme in g/m² · Tag bei 20°: 4,0 in den ersten 3 Tagen 0,3 vom 4.—15. Tag 0,04 vom 16.—90. Tag			
	Ag-Cd-Leg. Ag: Cd	Gas, trocken	Gewichtszunahme bei 300° in g/m² · Tag [137]			
100 : 0		Gas, trocken	170		6,2	
99 : 1		Gas, trocken	75		2,7	
98 : 2		Gas, trocken	37		1,35	
96 : 4		Gas, trocken	22		0,8	
94 : 6		Gas, trocken	32		1,20	
92 : 8		Gas, trocken	55		1,95	

W. V. Nr.	Werkstoff	Zusammensetzung des angreifenden Stoffes	Angriff g/m² · Tag	Angriff mm/Jahr
90 : 10		Gas, trocken	120	4,4
	Gold	Gas, trocken	0,76 bei 20°	0,015 bei 20°
		Gas, feucht	86,5 „ 20°	1,7 „ 20°
		Chlor in Wasser, gesättigt	151,0 „ 20°	3,1 „ 20°
	Platin	Gas, trocken	0,47 bei 20°	0,01 bei 20°
		Gas, feucht	0,05 „ 20°	0,001 „ 20°
		Cl₂-Wasser	0,0 „ 100°	0,00 „ 100°
	Iridium	Gas, trocken	0,0 „ 20°	0,00 „ 20°
		Gas, feucht	0,07 „ 20°	0,001 „ 20°
		Cl₂-Wasser	0,0 „ 20°	0,00 „ 20°
	Osmium	Gas, trocken	0,10 „ 20°	0,005 „ 20°
	Palladium	Gas, trocken	19,2 „ 20°	0,30 „ 20°
		Gas, feucht	<35,6 „ 20°	<0,55 „ 20°
		Cl₂-Wasser	34,2 „ 20°	0,53 „ 20°
	Rhodium	Gas, trocken	0,0 „ 20°	0,00 „ 20°
		Gas, feucht	0,0 „ 20°	0,00 „ 20°
		Cl₂-Wasser	0,0 „ 100°	0,00 „ 100°
	Ruthenium	Gas, trocken	0,0 „ 20°	0,00 „ 20°
		Gas, feucht	1,9 „ 20°	0,09 „ 20°
		Cl₂-Wasser	0,0 „ 100°	0,00 „ 100°

Temperatursteigerung, Säurezusatz, nascierender Zustand vergrößern den Angriff.

Empfohlene Werkstoffe bei Herstellung aus HCl nach Wolfen-Verfahren [15, 8. 95]: Nur Graphit, keine metallischen Werkstoffe. Vgl. auch Alkali-Chlor-Elektrolyse.

Chloral. Sm. −58°; Sd. 98°; d 1,512. Als verwendbar werden angegeben: Für die Herstellung Blei und Hartblei.

Chloramin. Als verwendbar werden angegeben: Aluminium (0,5% Lg., 60°), Si-Gußeisen, Al-Bronze, Monel, Platin.

Chlorate 1,57 % ClO₃-Lösung in Form von

	NaClO₃	Ca(ClO₃)₂	NaClO₃ + 2% CaCl₂	NaClO₃	Ca(ClO₃)₂	NaClO₃ + 2% CaCl₂
Eisen	0,8	0,3	10,1	0,04	0,015	0,5
Kupfer	+0,04	+0,08	0,34	+0,002	+0,004	0,017
Messing	0,00	0,00	0,25	0,00	0,00	0,013
Zink	1,3	1,4	+0,6	0,06	0,07	+0,03

Versuchsdauer: 10 Tage

Chlorbenzaldehyd (para). Sm. 47°; Sd. 213°. Als nicht verwendbar werden angegeben: Kupfer, Kobalt, Zink, Blei und Silber.

Chlorbenzol. Sm. −45°; Sd. 132°; d 1,106

451—474	18/8-Cr-Ni-Stahl	rein	<2,4 bei Siedetp.	<0,1 bei Siedetp.
475—495	18/8-Cr-Ni-Stahl + Mo	rein	Verhalten wie bei 18/8-Cr-Ni-Stahl	
	Nickel	C₆H₅Cl + NaOH	verwendbar bei 380°, 250 at	
	Monel	C₆H₅Cl + NaOH	nicht verwendbar bei 380°, 250 at	
		rein	empfohlen bei Siedetemperatur	

Ferner kommen in Betracht: Stahl (20°), Cr-Stahl (20°), Kupfer, Messing, Bronze, Nickelchrom.

W. V. Nr.	Werkstoff	Zusammensetzung des angreifenden Stoffes	Angriff g/m² · Tag	Angriff mm/Jahr

Chlordioxyd

Als verwendbar für Chlordioxyd-Bleiche werden angegeben:
Cr-Ni-Stahl + Mo (Type 316), Hastelloy C, Durichlor, Chlorimet 3 und Tantal. Blei gelegentlich verwendbar. Als nicht verwendbar werden angegeben: Duriron, Stahl und Bronze.

Chlorhydrin. Als verwendbar werden angegeben:
Cr-Stahl, Cr-Ni-Stähle, Kupfer, Messing, Bronze, Nickel, Nickelchrom, Monel, Blei, Zinn, Silber.

Chloride

Kupfer — Alkali- und Erdalkali-Chloride greifen auch in verdünnter Lösung an. Der Angriff nimmt mit steigender Konzentration wenigstens bei verdünnten Lösungen beträchtlich zu. Er steigt mit der Temperatur. Wenn O_2-Gehalt der Lösung sehr niedrig ist, dann ist Kupfer auch gegen Halogensalze beständig. Schwermetallhalogenide, welche oxydierend wirken können, insbesondere $FeCl_3$, greifen aber oft sehr stark an.

Messing — verd. Lg. / feste Salze / feucht — Angriff, Entzinkung nach MAASS und WIEDERHOLT folgende Abstufung des Angriffes: $MgCl_2$, Carnallit, Hartsalz, NaCl, KCl, $MgSO_4$ teilweise punktförmige Angriff.
Messing ist gegen Chloride etwas beständiger als reines Cu.

Bronze — Gegen Chloride nicht beständiger als Messing, aber keine Entzinkungsgefahr.

Chlorkalk

W. V. Nr.	Werkstoff	Zusammensetzung des angreifenden Stoffes	Angriff g/m² · Tag	Angriff mm/Jahr
6	Aluminium	1% Lg.	0,3	0,04
	MBV-Schicht	schützt nicht		
90	GAl-Si	1% Lg.	0,4	0,05
	GAl-Mg-Mn	1% Lg.	0,3	0,04
	Titan	2—6% Lg.	<1,58 bei 100°	<0,18 bei 100°
			20° 100°	20° 100°
209—225	Si-Gußeisen	konz. Lg.	<2,4 <24,0	<0,1 <1,0
229	Cr-Gußeisen	ges. Lg.	< 2,4 bei 40°	<0,1 bei 40°
230	Cr-Gußeisen	ges. Lg.	<24,0 „ 40°	<1,0 „ 40°
			trocken Lg. 2,5 g Cl/l	trocken Lg. 2,5 g Cl/l
			20° 20°	20° 20°
322—355	Cr-Stahl		>240 >240	>10,0 >10,0
451—474	18/8-Cr-Ni-Stahl		<2,4 >24,0	< 0,1 < 1,0
475—495	18/8-Cr-Ni-Stahl + Mo		<2,4 < 2,4	< 0,1 < 0,1
525—529	18/9-Cr-Mn-Stahl		>240 >240	>10,0 >10,0
	Kupfer		Angriff	
631	Ambrac	Lg.	empfohlen	
632	Adnic	Lg.	empfohlen	
	Cr-Überzüge	Lg.	kein Angriff	
662—666	Nickel	5% Lg.	<2,4 bei 100°	<0,1 bei 100°
	Zinn	Lg.	Angriff	
	Blei	für Chlorkalkkammern verwendet		

Chloroform. Sm. —63°; Sd. 61°; d 1,488

W. V. Nr.	Werkstoff	Zusammensetzung des angreifenden Stoffes	Angriff g/m² · Tag	Angriff mm/Jahr
	Aluminium	rein	kein Angriff bei Siedetemperatur	
	Titan	feucht	<1,58 bei Siedetp.	<0,18 bei Siedetp.
	Stahl	feucht	Angriff bei 20°	
322—355	Cr-Stahl	rein	<2,4 bei Siedetp.	<0,1 bei Siedetp.
396—408	Cr-Mo-Stahl	rein	<2,4 „ „	<0,1 „ „
451—474	18/8-Cr-Ni-Stahl	rein	<2,4 „ „	<0,1 „ „

W. V. Nr.	Werkstoff	Zusammensetzung des angreifenden Stoffes	Angriff $g/m^2 \cdot$ Tag	Angriff mm/Jahr
475—495	18/8-Cr-Ni-Stahl + Mo	rein	<2,4 bei Siedetp.	<0,1 bei Siedetp.
525—529	18/9-Cr-Mn-Stahl	rein	<2,4 „ „	<0,1 „ „
			20° siedend	20° siedend
	Kupfer	trocken	0,05 4,7	0,002 0,19
		feucht	0,07 6,5	0,003 0,27
	Messing		verwendbar	
	Bronze		verwendbar	
	Al-Bronze		verwendbar bei Siedetemperatur	
	Nickel		verwendbar bei Siedetemperatur	
672	Monel	Destillation	verwendbar bei Siedetemperatur	
	Nickelchrom		verwendbar bei Siedetemperatur	
	Zinn	rein	verwendbar	

Chlorsäure

	Platin	Lg.	geringe Einwirkung	

Als nicht verwendbar werden angegeben:
Aluminium, Eisen, Cr-Stahl, Kupfer, Messing, Cr-Überzüge, Reinnickel, Monel, Zink, Zinn und Silber.

Chlorsulfonsäure

W. V. Nr.	Werkstoff	Zusammensetzung des angreifenden Stoffes	Angriff $g/m^2 \cdot$ Tag	Angriff mm/Jahr
	Aluminium	H_2O-frei + H_2O	verwendbar bei 70° Angriff	
	Schmiedeeisen	H_2O-frei	oft verwendbar	
	Eisen	feucht	starker Angriff	
	Cr-Stahl		starker Angriff	
396—408	Cr-Mo-Stahl	10% Lg.	>240 bei 20°	>10,0 bei 20°
451—474	18/8-Cr-Ni-Stahl	10% Lg.	>240 „ 20°	>10,0 „ 20°
475—495	18/8-Cr-Ni-Stahl + Mo	10% Lg.	>240 „ 20°	>10,0 „ 20°
525—529	18/9-Cr-Mn-Stahl	10% Lg.	>240 „ 20°	>10,0 „ 20°
	Kupfer	trocken	bedingt verwendbar	
	Nickel	feucht	Angriff	

Chlortoluol

Als verwendbar werden angegeben, wenn trocken und HCl-frei:
Eisen, Cr-Stähle, Cr-Ni-Stähle, Kupfer, Messing, Bronze, Nickel, Monel, Silber, Platin.

Chlorwasserstoff. Sm. —111°; Sd. —85°

W. V. Nr.	Werkstoff	Zusammensetzung des angreifenden Stoffes	Angriff $g/m^2 \cdot$ Tag	Angriff mm/Jahr
6	Aluminium	Gas, H_2O-frei	geringer Angriff bei 20°	
		Gas, feucht	starker Angriff bei 20°	
	Gußeisen	HCl-Gas + 0—75% Luft	>100 bei >330°	>4 bei >330°
			zum Kühlen der Gase vom Sulfatofen viel verwendet	
209—225	Si-Gußeisen	Gas, trocken	<24,0 bei 100°	<1,0 bei 100°
	Cr-Gußeisen (2 C; 34,6 Cr; 2,84 Si) 100% H_2O-frei		2,0 bei —15°	0,096 bei —15°
			0,48 „ 40°	0,024 „ 40°
			3,1 „ 100°	0,15 „ 100°
			30,0 „ 250°	1,5 „ 250°
	Niresist	Gas, trocken	15,6 „ 260°	0,76 „ 260°
			312 „ 538°	15,2 „ 538°
	C-Stahl (0,1 C; 1 Si; 0,33 Mn; 0,015 S; 0,012 P) 100% H_2O-frei		0,96 bei —15°	0,045 bei —15°

W. V. Nr.	Werkstoff	Zusammensetzung des angreifenden Stoffes	Angriff g/m² · Tag	Angriff mm/Jahr
			0,24 bei 40°	0,012 bei 40°
			1,50 „ 100°	0,067 „ 120°
			10,8 „ 250°	0,50 „ 250°
			starker Angriff bei noch höherer Temperatur	
			20° 100° 500°	20° 100° 500°
451—474	18/8-Cr-Ni-Stahl	Gas, trocken	<24,0 <24,0 <240	<1,0 <1,0 <10,0
475—495	18/8-Cr-Ni-Stahl + Mo	Gas, trocken	<24,0 <24,0 <240	<1,0 <1,0 <10,0
	Kupfer	Gas, trocken	Angriff	
	Messing	Gas, feucht	nicht verwendbar	
681, 697	Nickelchrom	Gas	>22,0 bei 500°	>1,0 bei 500°
	Zinn	Gas	starker Angriff	
	Silber	Gas, trocken	Angriff bei >150°	
	Gold	Gas, trocken	geringer Angriff bei hoher Temperatur	
	Platin	Gas, trocken	geringer Angriff bei hoher Temperatur	

Chromalaun

W. V. Nr.	Werkstoff	Zusammensetzung des angreifenden Stoffes	Angriff g/m² · Tag	Angriff mm/Jahr
6	Aluminium	<10% Lg.	geringer Angriff bei 20°	
		>10% Lg.	starker Angriff bei 60°	
90	Silumin		Verhalten wie bei Aluminium	
	Eisen	Lg.	nicht verwendbar	
209—225	Si-Gußeisen	Lg.	empfohlen	
			20° siedend	20° siedend
322—355	Cr-Stahl	Lg.	<240 >240	<10,0 >10,0
396—408	Cr-Mo-Stahl	Lg.	<24,0 >240	< 1,0 >10,0
451—474	18/8-Cr-Ni-Stahl	Lg.	< 2,4 >240	< 0,1 >10,0
475—495	18/8-Cr-Ni-Stahl + Mo	Lg.	< 2,4 >240	< 0,1 >10,0
525—529	18/9-Cr-Mn-Stahl	Lg.	<240 >240	<10,0 >10,0
	Messing	Lg.	nicht verwendbar	
662—666	Nickel	ges. Lg.	<24,0 bei 20°	<1,0 bei 20°
		ges. Lg.	<72,0 „ 100°	<3,0 „ 100°
672	Monel	Lg.	empfohlen	
678	Nickelchrom	Lg. + CH₃COOH + Na₂SO₃	0,05 bei 20°	0,002 bei 20°

Chromsäure

W. V. Nr.	Werkstoff	Zusammensetzung des angreifenden Stoffes	Angriff g/m² · Tag	Angriff mm/Jahr
6	Aluminium		20° 60—70°	20° 60—70°
	hart	1% Lg.	0,43 0,57	0,058 0,077
		5% Lg.	1,54 2,27	0,21 0,30
		10% Lg.	2,12 4,65	0,28 0,63
		konz. Lg.	6,93 27,4	0,94 3,69
	weich	1% Lg.	0,35 0,35	0,047 0,047
		5% Lg.	1,34 2,05	0,18 0,27
		10% Lg.	2,08 4,19	0,28 0,57
		konz. Lg.	6,73 24,8	0,91 3,34
6	Aluminium	5% Lg.	0,42	0,057
90	GAl-Si	5% Lg.	1,12	0,150
	GAl-Mg-Mn	5% Lg.	kein Angriff	
93—102	GAl-Mg	5% Lg.	0,07	0,009
	GAl-Zn-Cu	5% Lg.	1,15	0,154
	GAl-Cu	5% Lg.	1,7	0,228
	Aluminium und Aluminium-Legierungen	10% Lg.	20° 50° <2,4 5—12	20° 50° <0,3 0,7 —1,6
		15% Lg.	<5 10—17	<0,7 1,37—2,2
		20% Lg.	<7 14—20	<1,0 1,9 —2,7
		25% Lg.	<9 18—25	<1,2 2,5 —3,4
			bei 98° starker Angriff	

W. V. Nr.	Werkstoff	Zusammensetzung des angreifenden Stoffes	Angriff g/m² · Tag	Angriff mm/Jahr

Bei vergleichenden Untersuchungen von H. U. VON VOGEL, die an den in Zahlentafel 3 angegebenen Werkstoffen durchgeführt wurden, sind die in Abb. 4 dargestellten Ergebnisse gefunden worden.

Zahlentafel 3. Anzugreifende Werkstoffe

Nr.	Kurzzeichen	Legierung	Härte	Analyse				
				Cu	Mn	Mg	Si	Fe
1.	99,997 H ½	Reinstaluminium ..	33,1	0,0015	—	—	0,0012	0,0005
2.	99,96 H	Reinstaluminium ..	42,4	0,0024	—	—	0,016	0,019
3.	99,74 H ½	Reinaluminium	25,9	<0,01	—	—	0,12	0,14
4.	99,62 H	Reinaluminium	46,4	<0,01	—	—	0,14	0,24
5.	99,43 H ½	Reinaluminium	28,4	<0,01	—	—	0,28	0,29
6.	41 H ½	Al-Mn (Mangal)....	43,4	<0,01	1,50	—	0,37	0,30
7.	19 V	Al-Mg-Si (Pantal) ..	92,6	0,02	0,72	0,82	0,83	0,38
8.	61 H ½	Al-Mg-Mn (KS-Seewasser).......	61,5	0,02	1,29	2,10	0,55	0,33
9.	31 H ½	Al-Si (Silumin)	47,5	<0,01	—	—	12,35	0,40
10.	RA 99,5 H ½	Reinaluminium 99,5	41,5	beiders. 5%ig platt. m. Reinstaluminium Nr. 1				
11.	RA 41 H	Mangal	48,6	,, 5%ig ,, ,, ,, ,, 2				
12.	RA 19 H	Pantal	62,1	,, 5%ig ,, ,, ,, ,, 1				
13.	RA 99,3 H	Reinaluminium 99,3	38,9	,, 5%ig ,, ,, ,, ,, 2				

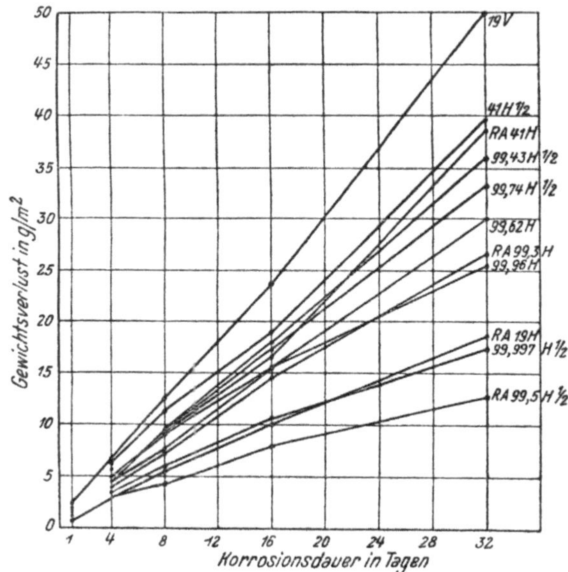

Abb. 4. Verhalten von Aluminium und Al-Legierungen gegen 10% H_2CrO_4 bei 20° (nach VON VOGEL)

Eisen und Stahl	Verchromungs-bäder ohne Zu-sätze	Armco-Eisen, Stahl mit 0,3 und 1,25% Cu und weißes Gußeisen kein merklicher Verlust; schmiedbarer Guß, Schleuderguß und Gußeisen mit 0,68 und 1,2% P-Angriff.

Zusatz von Choriden und Fluoriden vergrößert den Angriff.

W. V. Nr.	Werkstoff	Zusammensetzung des angreifenden Stoffes	Angriff g/m² · Tag		Angriff mm/Jahr	
			20°	siedend	20°	siedend
209—217	Si-Gußeisen	50% Lg.	< 2,4	< 2,4	< 0,1	< 0,1
218—225	Si-Gußeisen	50% Lg.	< 2,4	< 72,0	< 0,1	< 3,0

Verchromungsbäder für Pumpen, Ventile und Wärmeaustauscher empfohlen

W. V. Nr.	Werkstoff	Zusammensetzung des angreifenden Stoffes	Angriff g/m² · Tag		Angriff mm/Jahr	
	Stahl C-arm	Verchromungsbad	verwendbar, Angriff beginnt bei Perlitabscheidung [151]			
			20°	siedend	29°	siedend
322—355	Cr-Stahl	10% Lg.	< 2,4	< 24,0	< 0,1	< 1,0
		50% Lg.	> 240	> 240	> 10,0	> 10,0
		50% Lg. + SO$_3$	> 240	> 240	> 10,0	> 10,0
396—408	Cr-Mo-Stahl	10% Lg.	< 2,4	< 2,4	< 0,1	< 0,1
		50% Lg.	< 240	> 240	< 10,0	> 10,0
		50% Lg. + SO$_3$	< 240	> 240	< 10,0	> 10,0
451—474	18/8-Cr-Ni-Stahl	10% Lg.	< 2,4	< 24,0	< 0,1	< 1,0
		50% Lg.	< 24,0	> 240	< 1,0	> 10,0
		50% Lg. + SO$_3$	< 2,4	> 240	< 0,1	> 10,0
475—495	18/8-Cr-Ni-Stahl + Mo	10% Lg.	< 2,4	< 24,0	< 0,1	< 1,0
		50% Lg.	< 24,0	< 240	< 1,0	< 10,0
		50% Lg. + SO$_3$	< 2,4	> 240	< 0,1	> 10,0
525—529	18/9-Cr-Mn-Stahl	10% Lg.	< 2,4	< 240	< 0,1	< 10,0
		50% Lg.	> 240	> 240	> 10,0	> 10,0
		50% Lg. + SO$_3$	> 240	> 240	> 10,0	> 10,0 .
446	Worthite	Verchromungsbäder für Pumpen empfohlen				
	Kupfer	Lg.	starker Angriff			
643	Rotoxit	Lg.	starker Angriff			
662—666	Nickel	verd. Lg. + H$_2$SO$_4$	geringer Angriff?			
672	Monel	Lg.	Angriff bei 20°			
697	Nickelchrom	50% Lg. d = 1,512	> 22,4 bei Siedetp.		> 1,0 bei Siedetp.	
	Contracid	Lg.	empfohlen			
725	Chlorimet 2	Lg.	nicht verwendbar			
726	Chlorimet 3	Lg.	verwendbar			
	Blei	konz. Lg.	empfohlen			
	Zinn	Lg.	Angriff			
	Silber	Lg.	Ag wird passiv			
		Lg. + H$_2$SO$_4$	Auflösung			
737	Tantal	konz. Lg.	kein Angriff bei erhöhter Temp.			

Chromsulfat

W. V. Nr.	Werkstoff	Zusammensetzung des angreifenden Stoffes	Angriff g/m² · Tag		Angriff mm/Jahr	
	Gußeisen	konz. Lg.	starker Angriff bei 90°			
	Stahl	von bas.	starker Angriff bei 90°			
257	Niresist 2	Cr-Sulfat	2,4	bei 90°	0,1	bei 90°
	Nickel	,,	2,2	,, 90°	0,1	,, 90°
672	Monel	,,	1,6	,, 90°	0,06	,, 90°
682	Inconel	,,	2,2	,, 90°	0,11	,, 90°
722	Hastelloy B	,,	0,04	,, 90°	0,002	,, 90°
723	Hastelloy C	,,	0,005	,, 90°	0,0003	,, 90°
445	Durimet 20	,,	2,2	,, 90°	0,1	,, 90°

Empfohlene Werkstoffe bei Herstellung aus Na$_2$Cr$_2$O$_7$-Kristallen + 96% H$_2$SO$_4$ nach Leverkusen-Verfahren [15, S. 105]:

Stahl für Reaktionsbehälter.

Chromverbindungen, andere. Als verwendbar werden angegeben:

Für Chromfluorid Monel
Für CrO$_3$ (trocken) Aluminium
Für CrO$_3$ + H$_2$SO$_4$ Tantal und Blei.

W. V. Nr.	Werkstoff	Zusammensetzung des angreifenden Stoffes	Angriff g/m² · Tag	Angriff mm/Jahr

Crotonaldehyd

Empfohlene Werkstoffe bei Herstellung aus CH_3CHO nach Wacker-Verfahren 15, 8. 111:

	Gußeisen	für Mischgefäß
465	Cr-Ni-Stahl	für Dephlegmator, Kondensator
482	Cr-Ni-Stahl	für Raffination

Cyan. Als nicht verwendbar werden angegeben:

Bei höherer Temperatur Eisen, Kupfer, Cd-Überzüge und Blei
Bei 20° Zink.

Cyanide

Kupfer		Nicht verwendbar	
Cu-Ni-Leg.	Lg.	12—62 bei 20°	0,5—2,6 bei 20°

Dextrin. Als verwendbar werden angegeben:

Für die Herstellung von Röstdextrin Aluminium, Stahl und Cu-Legierungen
Für die Herstellung von Säuredextrin Angaben über die einzelnen Säuren nachlesen.

Diäthylanilin. Als verwendbar werden angegeben:

Cr-Ni-Stähle, Kupfer, Bronze, Corrix, Nickel, Monel, Inconel, Silber, Platin.

Dichloräthan

451—474	C-Stahl 18/8-Cr-Ni-Stahl	nicht verwendbar bei Siedetemperatur verwendbar bei Siedetemperatur

Dichloräthylen

6	Aluminium	kein Angriff bei Siedetemperatur	
90	Silumin	Verhalten wie bei Aluminium	
	Titan 100%	<1,58 bei Siedetp.	<0,18 bei Siedetp.
	Schmiedeeisen	oft verwendbar	
322—355	Cr-Stahl	<2,4 bei Siedetp.	<0,1 bei Siedetp.
396—408	Cr-Mo-Stahl	<2,4 „ „	<0,1 „ „
451—474	18/8-Cr-Ni-Stahl	<2,4 „ „	<0,1 „ „
475—495	18/8-Cr-Ni-Stahl + Mo	<2,4 „ „	0,1 „ „
525—529	18/9-Cr-Mn-Stahl	<2,4 „ „	<0,1 „ „
	Kupfer	kein Angriff	
662—666	Nickel	<2,4 bei Siedetp.	<1,98 bei Siedetp.
	Blei	kein Angriff bei Siedetemperatur	

Empfohlene Werkstoffe bei Herstellung aus $C_2H_2Cl_4$ 15, 8. 116:
Gußeisen für die ganze Anlage.

Dichlorbenzol. Als verwendbar werden angegeben:

Aluminium (80°), Eisen, Kupfer, Bronze, Corrix, Nickel (80°), Monel, Nickelchrom, Blei, Zinn, Silber, Platin.

Dinitrobenzol. Als verwendbar werden angegeben:

Für die Herstellung die für Mischsäure verwendbaren Werkstoffe.

Diphenyl. Als verwendbar werden angegeben:

Alle gebräuchlichen Metalle.

Empfohlene Werkstoffe bei Herstellung aus C_6H_6 bei 800° nach Leverkusen-Verfahren 15, 8. 119:

C-Stahl	Für 1. Wärmeaustauscher, Kondensator, Separator
Kupfer	„ 2. Wärmeaustauscher, Reaktionsgefäß.

W. V. Nr.	Werkstoff	Zusammensetzung des angreifenden Stoffes	Angriff g/m² · Tag	Angriff mm/Jahr

Düngesalz, vgl. auch Agrikultur-Chemikalien

Zur Herabsetzung des Angriffes auf Verteilungsmaschinen kommen folgende Maßnahmen in Betracht:
1. Verwendung von rostbeständigen Stählen, sehr teuer
2. Überziehen der Metallteile mit korrosionsschützenden Schichten, geringe Widerstandskraft
3. Häufiges Reinigen und Waschen der Maschinen sofort nach Gebrauch, am meisten empfohlen.

Eisenalaun. Als verwendbar werden angegeben:

Für Lösungen Si-Gußeisen
  18/8-Cr-Ni-Stahl, 18/8-Cr-Ni-Stahl + Mo
  Monel, Nickelchrom.

Als nicht verwendbar werden angegeben:
Für Lösungen Aluminium
  Eisen, Cr-Stahl, Messing, Zink.

Eisenbahn. Korrosionserscheinungen an Eisenbahn-Güterwagen wurden von B. J. KELLY untersucht[152].

Verwendete Werkstoffe	C	Mn	P	S	Si	Cu	Cr
USS-Cor-Ten	0,08	0,23	0,144	0,021	0,82	0,39	1,01
C-Mn-Cu-Stahl	0,24	1,40	0,019	0,022	0,20	0,28	—
Cu-Stahl	0,13	0,50	0,021	0,036	—	0,28	—

Waggonbleche aus C-Stahl zeigten nach 13 Jahren im allgemeinen Dienst einen Gewichtsverlust von 46—50%, Bleche aus Cu-Stahl einen Gewichtsverlust von 9—36%. Cu-Mn-Stahl ist noch etwas besser.

Bei 10jähriger Benutzung im Kohlendienst wurde COR-TEN-STAHL 1,5—4mal weniger angegriffen als Cu-Stahl (höhere Festigkeit).

Schienen werden durch Korrosion und mechanische Abnützung unbrauchbar. Besonders starke Abtragung (bis zu 2,5 mm pro Jahr) in Tunnels, die von Diesel-elektrischen Lokomotiven durchfahren werden und in denen die Feuchtigkeit 100% ist.

Eisenchlorid

W. V. Nr.	Werkstoff	Zusammensetzung des angreifenden Stoffes	Angriff g/m² · Tag	Angriff mm/Jahr
6	Aluminium	20%ig	64,5	8,7
90	GAl-Si	20%ig	81,5	11,0
	GAl-Mg-Mn	20%ig	101	13,6
	GAl-Cu	20%ig	176	23,8
	Titan	1—30% Lg.	<1,58 bei 100°	<0,18 bei 100°
209—217	Si-Gußeisen	50% Lg.	< 24,0 bei 50°	< 1,0 bei 50°
218—225	Si-Gußeisen	50% Lg.	>240 ,, 50°	>10,0 ,, 50°
229, 230	Cr-Gußeisen	30% Lg.	< 2,4 ,, 20°	< 0,1 ,, 20°
231—243	Cr-Gußeisen	30% Lg.	>240,0 ,, 20°	>10,0 ,, 20°
	Cr-Stahl	Lg.	starker Angriff	
451—474	18/8-Cr-Ni-Stahl	10% Lg.	10,1 bei 20°	0,5 bei 20° [283]
		20% Lg.	51,6 ,, 20°	2,6 ,, 20°
			transkristalline Rißbildung bei statischer Spannungsbeanspruchung	
439—443	Cr-Ni-Stahl (+ N)	10% Lg.	2,4 bei 20°	0,1 bei 20°
		20% Lg.	4,6 ,, 20°	0,23 ,, 20°
475—495	18/8-Cr-Ni-Stahl + Mo	50% Lg.	<72,0 ,, 20°	<3,0 ,, 20°
497, 498	18/8-Cr-Ni-Stahl + Cu	50% Lg.	Angriff bei 20°	

Ausführliche Untersuchungen wurden von H. A. LIEBHAFSKY und A. E. NEWKIRK über das Verhalten von rostbeständigen Stählen in FeCl₃-Lösungen durchgeführt[153].

W. V. Nr.	Werkstoff	Zusammensetzung des angreifenden Stoffes	Angriff g/m² · Tag	Angriff mm/Jahr
	Kupfer	Lg.	starker Angriff	
	70/30-Cu-Ni-Leg.	Lg.	starker Angriff	
662—666	Nickel	5% Lg.	>240,0 bei 20°	>10,0 bei 20°
679	Illium	5% Lg.	empfohlen	

W. V. Nr.	Werkstoff	Zusammensetzung des angreifenden Stoffes	Angriff g/m² · Tag	Angriff mm/Jahr
697	Nickelchrom	50% Lg.	>22,0 bei 50°	>1,0 bei 50°
723	Hastelloy C	Lg.	verwendbar	
725	Chlorimet 2	Lg.	starker Angriff	
726	Chlorimet 3	Lg.	verwendbar bis 45% Lg. bei 20°, auch wenn bis 16% HCl enthalten	
728	Langalloy 5 R	Lg.	verwendbar bei 20° Angriff bei höherer Temperatur	
	Stellit	1—10% Lg.	kein Angriff bei 20°	
	Tantal	Lg.	kein Angriff bei 20°	
	Zink	Lg.	Angriff	
	Cd-Überzüge	Lg. sauer	starker Angriff	
	Zinn	Lg.	starker Angriff	
	Hartblei	Lg.	starker Angriff bei 85°	
	Gold	Lg. neutral	geringer Angriff	
		Lg. sauer	starker Angriff es wurde das Auftreten von Spannungsrissen beobachtet	
	Platin	100 g/l	0,0005 bei 20° 40,8 bei 100°	0 bei 20° 0,65 bei 100°
	Iridium	100 g/l	kein Angriff bei 100°	
	Osmium	100 g/l	7,70 bei 100°	~0,1 bei 100°
	Palladium	100 g/l	16,3 bei 20° starker Angriff bei 100°	0,5 bei 20°
	Rhodium	100 g/l	kein Angriff bei 100°	
	Ruthenium	100 g/l	kein Angriff bei 100°	

Eisennitrat

W. V. Nr.	Werkstoff	Zusammensetzung des angreifenden Stoffes	Angriff g/m² · Tag	Angriff mm/Jahr
	Eisen	Lg.	starker Angriff	
322—355	Cr-Stahl	Lg.	<2,4 bei 20°	<0,1 bei 20°
396—408	Cr-Mo-Stahl	Lg.	<2,4 „ 20°	<0,1 „ 20°
451—474	18/8-Cr-Ni-Stahl	Lg.	<2,4 „ 20°	<0,1 „ 20°
475—495	18/8-Cr-Ni-Stahl + Mo	Lg.	<2,4 „ 20°	<0,1 „ 20°
525—529	18/9-Cr-Mn-Stahl	Lg.	<2,4 „ 20°	<0,1 „ 20°

Eisensulfat

W. V. Nr.	Werkstoff	Zusammensetzung des angreifenden Stoffes	Angriff g/m² · Tag 20°	100°	Angriff mm/Jahr 20°	100°
4	Aluminium	1% FeSO₄-Lg.	0,7	4,8	0,095	0,65
		10% FeSO₄-Lg.	2,0	67,0	0,27	9,05
		konz. FeSO₄-Lg.	2,1	288,0	0,28	38,9
		Fe₂(SO₄)₃-Lg.	starker Angriff			
90	GAl-Si	10% Lg.		0,25		0,034
	GAl-Mg-Mn	10% Lg.		0,27		0,037
210	Si-Gußeisen	Lg. d = 1,14 + 3% H₂SO₄	kein Angriff bei 85°			
218	Si-Gußeisen	Lg. d = 1,14 + 3% H₂SO₄	geringer Angriff bei 85°			
234—243	Cr-Gußeisen	10% Lg.	<2,4 bei 20—100°		<0,1 bei 20—100°	
251—255	Cr-Mo-Gußeisen	10% Lg.	<2,4 „ 20—100°		<0,1 „ 20—100°	

W. V. Nr.	Werkstoff	Zusammensetzung des angreifenden Stoffes	17°	45°	73°	85°	17°	45°	73°	85°
276	Stahl	3,95% Fe₂(SO₄)₃-Lg.	690,0	1280	1710	2260	32,4	59	81	108
?	Stahl	ges. FeSO₄-Lg. O₂-frei	kein — geringer Angriff							
293	Elektrolyt-Eisen	Lg. 1,98% FeSO₄ + 0,15% Fe₂(SO₄)₃ + 0,7% H₂SO₄ } empfohlen								

W. V. Nr.	Werkstoff	Zusammensetzung des angreifenden Stoffes	20°	siedend	20°	siedend
322—355	Cr-Stahl	FeSO₄ + Fe₂(SO₄)₃ 10% Lg.	<2,4	<24,0	<0,1	<1,0
396—408	Cr-Mo-Stahl	10% Lg.	<2,4	< 2,4	<0,1	<0,1

W. V. Nr.	Werkstoff	Zusammensetzung des angreifenden Stoffes	Angriff g/m² · Tag		Angriff mm/Jahr	
451—474	18/8-Cr-Ni-Stahl	10% Lg.	<2,4	< 2,4	<0,1	<0,1
475—495	18/8-Cr-Ni-Stahl + Mo	10% Lg.	<2,4	< 2,4	<0,1	<0,1
525—529	18/9-Cr-Mn-Stahl	10% Lg.	<2,4	<24,0	<0,1	<1,0
672	Monel		verwendbar, wenn keine freie Säure vorhanden			
	Zink	Lg.	Angriff			
	Cd-Überzüge	Lg. sauer	starker Angriff			
	Zinn	Lg. sauer	starker Angriff			
	Hartblei	Lg. sauer	kein Angriff bei 85°			
	Silber	$FeSO_4$-Lg.	Angriff			
	Gold	$FeSO_4$ geschmolzen	Angriff			

Eisenverbindungen, andere. Als verwendbar wird angegeben:

Für Eisenoxyd Silber bei höherer Temperatur.

Als nicht verwendbar werden angegeben:

Für Eisenbromid Gold und Platin

Für Eisenjodid Gold.

Eiweiß. Als verwendbar werden angegeben:

Aluminium, 18/8-Cr-Ni-Stahl und Nickel.

Enteisungs-Salze

Die Korrosionen können zu 96% verhindert werden, wenn zur Gefriersalzmischung 1% $Na_2Cr_2O_7$ zugesetzt wird. Ein Zusatz von 2% dieses Salzes schützt im allgemeinen vollkommen.

Entzinkung

Eine besondere Form der Zerstörung bei Messing, Cu und Zn gehen zuerst gemeinsam in Lösung; bei weiterem Fortschreiten der Korrosion wird Cu teilweise wieder ausgeschieden, dadurch Lokalelementbildung und verstärkter Angriff. Ohne wahrnehmbare Formänderung oder Dickenabnahme verlieren die Messingteile ihre Festigkeit. Chloridgehalt der angreifenden Lösungen scheint besonders schädlich. Messing mit mehr als 80% Cu ist beständig gegen Entzinkung, dagegen wird $(\alpha + \beta)$-Messing stark angegriffen. Zusatz von 0,02% As verhindert die Entzinkung. Entzinkung kann auch bei Kondensatorrohren auftreten.

Erdöl

Die Ergebnisse von Versuchen, die unter gleichen Bedingungen durchgeführt wurden, sind in Zahlentafel 4 zusammengestellt.

Z a h l e n t a f e l 4 (nach O. DAHL und W. WUNDEK)

	Petroleum-destillation g/m² Tag	Kracken (täglich eine Destillation) g/m² Tag	Petroleum-destillation mm/Jahr	Kracken (täglich eine Destillation) mm/Jahr
Aluminium..........	4,75	—	0,64	—
Gußeisen	1,25	28	0,65	1,4
Cu-Stahl	1,90	32	0,92	1,6
Stahl (rostfrei).......	1,1	36,0	0,051	1,7
Kupfer..............	7,72	405	0,32	16,8
Messing	3,75	218	0,161	9,4
Bronze	2,50	196	0,105	8,1
Kanonen-Metall	1,86	—	0,077	—
Mn-Bronze	2,48	—	0,104	—
Ni-Bronze	2,88	—	0,120	—
Monel	3,95	38,6	0,164	1,6
Al-Bronze	2,75	0,78	0,13	0,037
Zink	—	5,65	—	0,29
Zinn	0,58	—	0,029	

W. V. Nr.	Werkstoff	Zusammensetzung des angreifenden Stoffes	Angriff g/m² · Tag	Angriff mm/Jahr

Weitere Korrosionsangaben:

W. V. Nr.	Werkstoff	Zusammensetzung des angreifenden Stoffes	Angriff g/m² · Tag	Angriff mm/Jahr
	Aluminium	Rohöl	kein Angriff, wenn MgCl₂ abwesend	
		Destillate	kein Angriff	
		Dampfdestillation	4,7 bei höh. Tp.	0,63 bei höh. Tp.
		+ 0,3% S	5,0 „ 400°	0,67 „ 400°
	Gußeisen	+ 0,3% S	22,0 „ 400°	1,0 „ 400°
237	Cr-Gußeisen		in oxydierender Atmosphäre besonders beständig und hitzefest	
258	Niresist	+H+	1,45 bei 180°	0,72 bei 180°
	Mo-Gußeisen		nicht empfohlen	
	Stahl	+ 0,3% S	1500 bei 400°	75 bei 400°
	Stahl, kalorisiert	+ 0,3% S	kein Angriff bei 400°	
322—334	Cr-Stahl		<2,4 bei 20°	<0,1 bei 20°
376	Cr-Stahl	Dampfdestillation	1,12 bei ∼100°	0,06 bei ∼100°
		1. Turm Rohölkd.	0,25	0,012

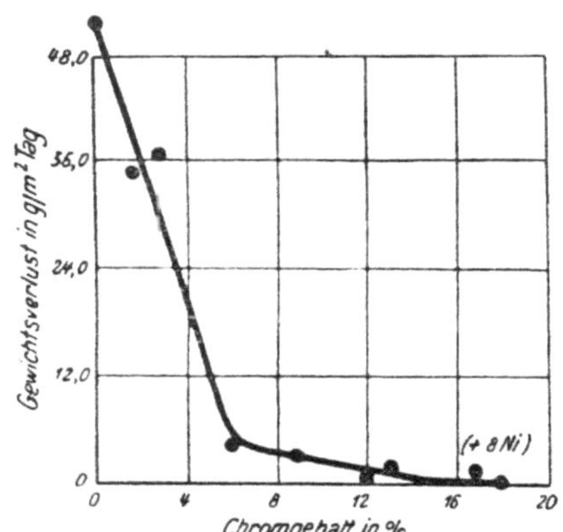

Abb. 5. Gewichtsverlust von chromlegierten Stählen im Flüssigkeitsraum eines Dephlegmators einer Erdölspaltanlage (4 Monate, 400—440°, 29 at) (nach NEUMANN)

W. V. Nr.	Werkstoff	Zusammensetzung des angreifenden Stoffes	Angriff g/m² · Tag	Angriff mm/Jahr
		Krackanlage+H₂S	36,8 bei 370°	1,9 bei 370°
366	Cr-Stahl	Raffination	empfohlen	
267, 268	Cr-Stahl	Destillation	empfohlen	
370	Cr-Stahl	für Verkrackungsrohre in Raffinationsanlagen empfohlen, gute Verzunderungsbeständigkeit		
396—408	Cr-Mo-Stahl		<2,4 bei 20°	<0,1 bei 20°
415	Cr-Mo-Stahl	Krackrohre	empfohlen, vier- bis achtfache Lebensdauer als unlegierte Rohre	
	Cr-Mo-Si-Stahl	Krackrohre	viel verwendet	
392	Cr-Al-Stahl	Rohölraffination	empfohlen[288]	
451—474	18/8-Cr-Ni-Stahl		<2,4 bei 20°	<0,1 bei 20°
464	Cr-Ni-Stahl ⎱ empfohlen bei 20—150°, 1 at und 200—500°			
507	Cr-Ni-Stahl ⎰ 50 at bei Einwirkung von H₂ + 1% bzw. 5% H₂S			
475—495	18/8-Cr-Ni-Stahl + Mo		<2,4 bei 20°	<0,1 bei 20°
	Cr-Ni-Stahlguß	Heißölpumpen	empfohlen	
	Kupfer			

Bestimmend für die Größe des Angriffes ist vor allem der Gehalt an schwefelhaltigen Stoffen, in reinem Petroleum kein merklicher Angriff. Bei der Destillation werden die heißesten Stellen am stärksten angegriffen, besonders gegen Schluß der Destillation. Neben dem S wirkt auch

W. V. Nr.	Werkstoff	Zusammensetzung des angreifenden Stoffes	Angriff g/m²·Tag	Angriff mm/Jahr
		das $MgCl_2$, welches stets im Erdöl enthalten ist, korrodierend durch HCl-Abspaltung bei höherer Temperatur.		
	Messing	Dampfdestillation	2,0 bei ~100°	0,09 bei ~100°
		1. Turm Rohöldest.	25,0	1,1
		Krackanl. + H_2S	starker Angriff bei 370°	
	Bronze		Verhalten wie bei Messing	
632	Adnic	Schwerölrückst.	empfohlen	
639	Everdur	Dampfdestillation	10,3 bei ~100°	0,5 bei ~100°
659	Al-Bronze	Dampfdestillation	3,1 „ 100°	0,15 „ 100°
	Cr-Überzüge auf Stahl	+ 0,3% S	kein Angriff bei 400°	
662—666	Nickel	1. Turm Rohölkond.	16,7	0,8
672	Monel	Leichtöl	empfohlen	
		Schwerölrückst.	empfohlen	
		Dampfdestillation	3,96 bei ~100°	0,18 bei ~100°
		1. Turm Rohölkond.	2,22	~0,1
		Krackanlagen	starker Angriff bei 370°	
697	Nickelchrom	+ S	empfohlen bei 450°, 200 at	
	Zink	Rohöl	bei 100° geringer Angriff (nach 18 Std. 0,14% Gewichtsabn.)	
	Zinn	+ S	sehr geringer Angriff bei 20°	
791	Lötzinn 50		beständig, empfohlen	
793	Lötzinn 33		beständig, empfohlen	
796	Lötmetall		beständig, empfohlen	
797	Lötmetall		beständig, empfohlen	
798	Lötmetall		beständig, empfohlen	
799	Lötmetall		beständig, empfohlen	
833	Lötmetall		beständig, empfohlen	
783	Cd-Zn-Legierung		beständig, empfohlen	
	Blei		oft verwendbar	

In einer zusammenfassenden Darstellung von B. B. Morton werden folgende Werkstoffe empfohlen [154]:

Für Geräte der Laboratorien: Nickel, Monel, Iconel.

Für Bohrgeräte: Ni-Stähle, Ni-Cr-Stähle, als schneidende Teile W-, B- und Cr-Karbide, als Bohrgestänge Werkzeugstähle.

Für Transport: Als Werkstoff für Tanker ein Ni-Stahl mit 0,1—0,2 C und 1,0—1,25 Ni, für Pumpen Niresist und Bronze.

Für „Pipelines", das ist Petroleumleitungen: Viel verwendet ein Stahl mit 0,25 C; 1,25 Mn; eventuell kathodischer Schutz.

Für Raffinerien: Bei niedrigen Temperaturen unter 0° C: Stähle mit 2—8,5 Ni oder 18/8-Cr-Ni-Stähle.

Bei mittleren Temperaturen bis 250° C: Es gelten folgende Richtlinien: Der S-Angriff ist zu beachten und neben C-Stählen kann bei schwereren Bedingungen auch Monel viel Verwendung finden. Ferner kommen Niresist, ein 18/13-Cr-Ni-Stahl mit 2 Mo und Hastelloy D in Betracht. Si-haltiges Gußeisen ist zwar sehr beständig, aber bricht leicht.

Bei höheren Temperaturen bis 700° C: Der S-Einfluß ist durch höhere Cr-Gehalte zu bekämpfen. 18/8-Cr-Ni-Stähle haben sich vielfach bewährt, oft genügt eine Plattierung mit diesen Stählen („clad-steel").

Bei hohen Temperaturen bis 1100° C: S schadet am meisten in Form von H_2S, auch Vanadiumoxad sind schädlich. Bewährt haben sich 28/12-Cr-Ni-Stähle und 25/20-Cr-Ni-Stähle, auch Cr-Stähle mit 28 Cr und Inconel werden verwendet.

Essigsäure. Sm. 17°; Sd. 118°; d 1,049

			20°	50°	siedend	20°	50°	siedend
7	Aluminium	0,004% Lg.	0,10			0,013		
		0,03 % Lg.	0,33			0,045		
		0,25 % Lg.	0,24		76,0	0,033		10,2
		1,0 % Lg.	0,10	0,80	125,0	0,013	0,11	16,9

W. V. Nr.	Werkstoff	Zusammensetzung des angreifenden Stoffes	Angriff g/m² · Tag			Angriff mm/Jahr		
		3% Lg.	0,08	0,80	67,0	0,011	0,11	9,1
		5% Lg.	0,08	0,80	64,0	0,011	0,11	8,7
		10% Lg.	0,07	0,80	58,0	0,009	0,11	7,8
		20% Lg.	0,07	0,80	54,0	0,009	0,11	7,3
		30% Lg.	0,06	0,81	50,0	0,008	0,11	6,8
		40% Lg.	0,06	0,82	47,5	0,008	0,11	6,4
		50% Lg.	0,06	0,80	44,5	0,008	0,11	6,0
		60% Lg.	0,06	0,77	42,0	0,008	0,10	5,7
		70% Lg.	0,06	0,70	37,5	0,008	0,09	5,1
		80% Lg.	0,06	0,57	30,0	0,008	0,08	4,1
		85% Lg.	0,04	0,45	25,0	0,005	0,06	3,4
		90% Lg.	0,03	0,29	18,5	0,004	0,04	2,5
		95% Lg.	0,02	0,10	10,0	0,003	0,01	1,4
		98 — 99,8% Lg.	0,01	0,05	1,2	0,001	0,007	0,17
		100% Lg.	starker Angriff!					

Zusatz von NaCl, KBr, Hg-Salzen, Na_2SO_4 und Al-Salzen vergrößert den Angriff

MBV-Schicht hemmt den Angriff

W. V. Nr.	Werkstoff	Zusammensetzung des angreifenden Stoffes	Angriff g/m² · Tag				Angriff mm/Jahr			
6	Aluminium	10% Lg.	0,15				0,020			
		96% Lg.	kein Angriff							
90	GAl-Si	10% Lg.	0,15				0,020			
		96% Lg.	kein Angriff							
	GAl-Mg-Mn	10% Lg.	0,17				0,023			
		96% Lg.	kein Angriff							
	GAl-Cu	96% Lg.	kein Angriff							
	GAl-Zn-Cu	96% Lg.	kein Angriff							
	Al-Cu-Mg-Lg.	verd. Lg.	geringer Angriff							
		konz. Lg.	sehr beständig, wenn völlig eingetaucht							
	Magnesium	Lg.	Angriff							
	Mg-Mn-Leg. (1,5 Mn)	1% Lg.	90 bei 20°				18,9 bei 20°			
	Titan	5 — 99,5% Lg.	<1,58 bei Siedetp.				<0,18 bei Siedetp.			
			20°	siedend			20°	siedend		
	Gußeisen	20% Lg.	380,0	1400			18,5	68,0		
		60% Lg.	500,0	620,0			24,5	30,0		
		100% Lg.	22,5	125,0			1,10	6,0		

Gußeisen (3% C) Einfluß des Si-Gehaltes des Gußeisens:

	1% Si	0,2 n Lg.	2,0 bei 20°				0,1 bei 20° [319]			
	3% Si	0,2 n Lg.	3,5 „ 20° (Max.)				0,17 „ 20°			
	6% Si	0,2 n Lg.	1,8 „ 20°				0,09 „ 20°			

Von 13 untersuchten Gußeisensorten zeigte ein Gußeisen (geglüht) mit 2,05% Graphit und 0,67% Si den geringsten Angriff.

W. V. Nr.	Werkstoff	Zusammensetzung des angreifenden Stoffes	Angriff g/m² · Tag		Angriff mm/Jahr	
			20°	siedend	20°	siedend
209 — 217	Si-Gußeisen	10% Lg.	<2,4	<2,4	<0,1	<0,1
		50% Lg.	<2,4	<2,4	<0,1	<0,1
		80% Lg.	<2,4	<2,4	<0,1	<0,1
		100% Lg.	<2,4	<2,4	<0,1	<0,1
218 — 225	Si-Gußeisen	10 — 80% Lg.	Verhalten wie vorstehend			
		100% Lg.	<2,4	<24,0	<0,1	<1,0
221	Si-Gußeisen	CH_3COOH rein + C_3H_7-COOH rein (1 : 1)	21,0 bei Siedetp.		1,09 bei Siedetp.	
		+ C_3H_7-COOH rein (1 : 1) + 50% H_2O	5,4 „ „		0,28 „ „	
234 — 243	Cr-Gußeisen	5% Lg.	<2,4	<2,4	<0,1	<0,1
			20°	100°	20°	100°
		10% Lg.	<2,4	<24,0	<0,1	<1,0
		60% Lg.	<2,4	<24,0	<0,1	<1,0
		100% Lg.	<2,4	<24,0	<0,1	<1,0

W. V. Nr.	Werkstoff	Zusammensetzung des angreifenden Stoffes	Angriff g/m² · Tag		Angriff mm/Jahr	
251—255	Cr-Mo-Guß-eisen	5% Lg.	<2,4	< 2,4	<0,1	<0,1
		10% Lg.	<2,4	< 2,4	<0,1	<0,1
		60% Lg.	<2,4	< 2,4	<0,1	<0,1
		100% Lg.	<2,4	< 2,4	<0,1	<0,1
	Zusatz von HCOOH vergrößert den Angriff bedeutend.					
258	Niresist	33% Lg.	<2,1 bei 20°		<0,1 bei 20°	
260	Monel-Guß-eisen	0,2 n Lg.	~2,0 ,, 20°		~0,1 ,, 20°	
		<25% Lg.	empfohlen bei 20°			
268	Stahl	33% Lg.	41,5 bei Siedetp.		1,95 bei Siedetp.	
273	Stahl	33% Lg.	49,5 ,, ,,		2,33 ,, ,,	
274	Flußstahl	5% Lg.	16,1 bei 20°		0,79 bei 20°	
		15% Lg.	25,2 ,, 20°		1,23 ,, 20°	
		33% Lg.	27,5 ,, 20°		1,34 ,, 20°	
294	Armco-Eisen	33% Lg.	3,2 ,, Siedetp.		0,16 ,, Siedetp.	
306	Cu-Stahl	3% Lg.	25,6 ,, 38°		1,21 ,, 38°	
			20°	siedend	20°	siedend
322—355	Cr-Stahl	10% Lg.	<2,4	<24,0	<0,1	< 1,0
		50%—konz. Lg.	<2,4	>240	<0,1	>10,0
396—408	Cr-Mo-Stahl	10%—konz. Lg.	<2,4	< 2,4	<0,1	< 0,1
420	Cr-Si-Stahl	25% Lg.	5,4 bei 20°		0,26 bei 20°	
421	Cr-Si-Stahl	25% Lg.	20,0 ,, 20°		0,95 ,, 20°	
422	Cr-Si-Stahl	25% Lg.	0,3 ,, 20°		0,014 ,, 20°	
423	Cr-Si-Stahl	25% Lg.	0,3 ,, 20°		0,014 ,, 20°	
424	Cr-Si-Stahl	25% Lg.	10,0 ,, 20°		0,48 ,, 20°	
425	Cr-Si-Stahl	25% Lg.	3,7 ,, 20°		0,17 ,, 20°	
445	Durimet 20	5—100% Lg.	kein Angriff bei Siedetemperatur			
			20°	siedend	20°	siedend
451—474	18/8-Cr-Ni-Stahl	10% Lg.	<2,4	< 2,4	<0,1	<0,1
		50% Lg.	<2,4	<24,0	<0,1	<1,0
		80% Lg.	<2,4	<72,0	<0,1	<3,0
		konz. Lg.	<2,4	<24,0	<0,1	<1,0
475—495	18/8-Cr-Ni-Stahl + Mo	10%—konz. Lg.	<2,4	< 2,4	<0,1	<0,1
		konz. Lg.	<24,0 b. 200°, 10 at		<1,0 b. 200°, 10at	
797, 498	18/8-Cr-Ni-Stahl + Cu		Verhalten wie bei 18/8-Cr-Ni-Stahl + Mo			

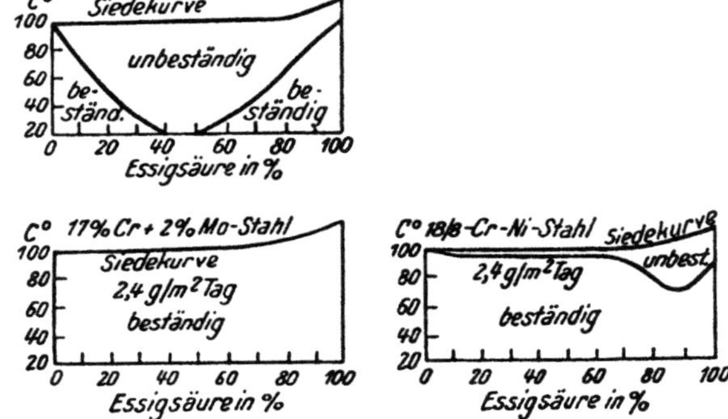

Abb. 6. Einfluß von Molybdän und Nickel auf die Beständigkeit von Stählen mit 17 bis 18% Chrom in reiner Essigsäure (nach ROCHA)

Das Verhalten der säurebeständigen Stähle in der Holzessigfabrikation haben L. WETTERNIK und H. ZITTER eingehend untersucht. Ein Cr-Ni-Mo vom Typ 18/10/2 reicht bei den auftretenden Beanspruchungen nicht aus. Es wurde festgestellt, daß ein Stahl mit etwa 27 Cr, 4,5 Ni, 1,15 Mo die höchste Widerstandsfähigkeit gegen Roh-essigsäuredestillat mit etwa 70% CH_3COOH, 0,5% HCOOH und den normalen Ver-

W. V. Nr.	Werkstoff	Zusammensetzung des angreifenden Stoffes	Angriff g/m² · Tag	Angriff mm/Jahr

unreinigungen zeigt. Die Untersuchungen wurden an siedenden Säuren und in den dazugehörigen Dampfphasen durchgeführt [155].

			20° siedend	20° siedend
525—529	18/9-Cr-Mn-Stahl	10% Lg.	<2,4 < 2,4	<0,1 <0,1
		50% Lg.	<2,4 <24,0	<0,1 <1,0
		konz. Lg.	<2,4 <24,0	<0,1 <1,0
		konz. Lg.	>240 b. 200°, 10 at	>10,0 b. 200°, 10 at

H_2O_2-Zusatz zur Essigsäure (10—50%) verändert den Angriff auf Edelstähle nur wenig.

| 543 | Mn-Stahl | 33% Lg. | 23,7 bei Siedetp. | 1,18 bei Siedetp. |

Kupfer CH_3COOH:
Anhydrid

			25° 50° siedend	25° 50° siedend
		20 : 80	1,1 204	0,05 8,4
		40 : 60	0,6 32,0 297	0,025 1,31 12,2
		90 : 10	3,8 315	0,16 12,9
		6% Lg. + H_2	0,7 bei 20°	0,03 bei 20°
		50% Lg. + H_2	1,6 ,, 20°	0,07 ,, 20°
		konz. Lg. + H_2	<1,0 ,, 20°	<0,04 ,, 20°
		6% Lg. + O_2	11,6 ,, 20°	0,48 ,, 20°
		50% Lg. + O_2	36,6 ,, 20°	1,50 ,, 20°
		konz. Lg. + O_2	<1,0 ,, 20°	<0,04 ,, 20°

Kupfer ist gegen CH_3COOH beständig, wenn kein O_2 vorhanden. Zusätze von Reduktionsmitteln oder Ölschichten werden gegen O_2 angewendet. Die Oberflächenbeschaffenheit des Cu ist ohne Einfluß. Für Destillation von CH_3COOH und Rohessig viel verwendet.

Einfluß des O_2-Gehaltes:

1,2 n Lg.   In die ruhende Lösung 1 Tag lang bei 21° eingetaucht. Vor dem Versuch 1 Std. N_2-O_2-Mischung durchgeleitet.

O_2-Gehalt des durchgeleiteten Gemisches:

in %	g/m² Tag	mm/Jahr
0	<1,0	<0,04
10,4	2,1	0,09
16,1	3,9	0,16
21	3,9	0,16
24,5	5,9	0,24

P-Bronze   Angaben über den Angriff in mm/Jahr:

	20°	50°	siedend
10% Lg.	0,075	0,225	2,0
50% Lg.	0,125	0,55	0,9
75% Lg.	0,200	0,625	1,0
100% Lg.	0,650	0,950	35,0

W. V. Nr.	Werkstoff	Zusammensetzung	Angriff g/m² · Tag	Angriff mm/Jahr
585	Messing	33% Lg.	55,0 bei 20°	2,36 bei 20°
590	Bronze	33% Lg.	1,5 ,, Siedetp.	0,06 ,, Siedetp.
591	Bronze	33% Lg.	1,7 ,, ,,	0,07 ,, ,,
592	Bronze	33% Lg.	2,2 ,, ,,	0,09 ,, ,,
	Rotguß	10% Lg.	Angriff	
633	Neusilber	0—40% Lg.	<2,3 bei 20°	<0,1 bei 20°
		40—70% Lg.	<4,2 ,, 20°	<0,2 ,, 20°
	Si-Bronze (3,5 Si; 1 Mn)	10% Lg.	0,12 bei 23°	0,005 bei 23°
		25% Lg.	0,95 ,, 23°	0,04 ,, 23°
		50% Lg.	1,2 ,, 23°	0,05 ,, 23°
		75% Lg.	2,4 ,, 23°	0,10 ,, 23°
		99,5% Lg.	7,6 ,, 23°	0,32 ,, 23°

Al-Bronze (10 Al; 3,5 Fe)		22° 84°	22° 84°
	10% Lg.	1,2	0,05
	35% Lg.	1,8 12,0	0,075 0,50
	50% Lg.	2,4	0,100

W. V. Nr.	Werkstoff	Zusammensetzung des angreifenden Stoffes	Angriff g/m² · Tag		Angriff mm/Jahr	
	Cr-Überzüge	10% Lg.	13,0 bei 20°		0,67 bei 20°	
		10% Lg.	geringer—starker		Angriff bei höherer	
			Temperatur			
			20°	100°	20°	100°
662—666	Nickel	1% Lg.	< 2,4		<0,1	
		50% Lg.	<24.0	< 72,0	<1,0	< 3,0
		konz.	<24,0	<240,0	<1,0	<10,0
		6% + H_2	1,2 bei 20°		0,05 bei 20°	
		50% + H_2	6,2 „ 50°		0,25 „ 50°	
		100% + H_2	2,5 „ 20°		0,10 „ 20°	
			siedend Rückfluß	siedend Dampf	siedend Rückfluß	siedend Dampf
		5 % Lg.	6,6	4,6	0,26	0,18
		50 % Lg.	11,4	8,9	0,47	0,36
		98 % Lg.	7,3	2,4	0,29	0,10
		99,9 % Lg.	8,4	1,4	0,34	0,06
672	Monel	5 % Lg.	0,8	0,8	0,03	0,03
		50 % Lg.	1,3	2,7	0,05	0,11
		98 % Lg.	1,2	1,0	0,05	0,04
		99,9% Lg.	3,8	1,2	0,15	0,05
			20°	heiß	20°	heiß
676	Nickelchrom	10% Lg.	0,2	16,8	0,01	0,72
677	Nickelchrom	10% Lg.	0,2	9,7	0,02	0,41
678	Nickelchrom	30% Lg.	6,0		0,26	
		Eisessig	31,9		1,37	
679	Illium	Eisessig	kein Angriff bei 20—30°			
			20°	siedend	20°	siedend
681, 697	Nickelchrom	10% Lg.	<2,2	<22,0	<0,1	<1,0
		100% Lg.	<2,2	>22,0	<0,1	>1,0
			siedend Rückfluß	siedend Dampf	siedend Rückfluß	siedend Dampf
682	Inconel	10% Lg.	7,3		0,29	
		80—100% Lg.	71,4	4,8	2,89	0,19
		0,5% Lg. (unbelüftet)	1,3 bei 20°		0,05 bei 20°	
			2,5 „ 70°		0,10 „ 70°	
		2% Lg. (unbelüftet)	1,3 „ 20°		0,05 „ 20°	
			2,6 „ 70°		0,11 „ 70°	
		10% Lg. (luftgesättigt)	0,5 „ 30°		0,02 „ 30°	
		80% Lg. (technisch)	0,1 „ 20°		0,004 „ 20°	
			20°	siedend	20°	siedend
684, 706	Nickelchrom	10—100% Lg.	<2,2	<22,0	<0,1	<1,0
				heiß		heiß
685	Nickelchrom	10% Lg.	0,5	12,0	0,02	0,53
688	Nickelchrom	10% Lg.	1,5	24,0	0,06	1,06
691	Contracid B 2,5 M	10% Lg.	0,8	48,0	0,04	2,12
692	Contracid B 4 M	10% Lg.	0,5	3,6	0,02	0,16
693	Nickelchrom	10% Lg.	0,9	9,6	0,04	0,42
694	Contracid B 6 W	10% Lg.	0,25	4,8	0,01	0,21
695	Contracid B 10 W	10% Lg.	0,2	4,8	0,01	0,21
699	Contracid B 7 M	10% Lg.	0,5	12,0	0,02	0,53
701	Contracid BWMC	10% Lg.	kein Angriff bei höherer Temperatur			

W. V. Nr.	Werkstoff	Zusammensetzung des angreifenden Stoffes	Angriff g/m² · Tag		Angriff mm/Jahr	
			20°	siedend	20°	siedend
721	Hastelloy A	10% Lg.	1,3	1,5	0,05	0,07
		99% Lg.	0,22	5,2	0,01	0,22
723	Hastelloy C	10% Lg.	0	0	0	0
		99% Lg.	0	0	0	0
	Stellit	10% Lg.	kein Angriff bei höherer Temperatur			
		konz.	empfohlen bei höherer Temperatur			
	Niob	konz. Lg.	kein Angriff bei 20—100°			
	Tantal	10% — konz. Lg.	empfohlen bei 20°			
	Zink	Lg.	starker Angriff			
	Zinn	konz. Lg.	empfohlen bei 20°			
		O₂frei				
			25°	siedend	25°	siedend
		20% Lg.	2,6	5,5	0,13	0,28
		60% Lg.	3,2	8,0	0,16	0,40
		100% Lg.	9,9	83,0	0,50	4,18
			20°	50°	20°	50°
	Blei	1% Lg.	15,5		0,50	
		2% Lg.	15,5		0,50	
		3% Lg.	17,4		0,56	
		4% Lg.	17,3		0,56	
		5% Lg.	23,0		0,74	
		10% Lg.	14,6		0,47	
		20% Lg.	22,5		0,72	
		40% Lg.	17,35		0,56	
		60% Lg.	22,5		0,72	
		98% Lg.	66,0	185,0	2,13	6,0
		1—98 + O₂	starker Angriff			
		Zusatz von HCl und CO₂ vergrößert den Angriff.				
	Hartblei	Lg.	Angriff bei 105°			
	Silber	20% Lg.	0,1 bei 20°		0,0045 bei 20° [321]	
		20% Lg + 3% H₂O₂	130,6 ,, 20°		4,8 ,, 20°	
		jede Konzentr.	empfohlen bis 100°			
	Gold	konz. Lg.	0,14 bei 100°		0,003 bei 100°	
	Ag-Legierungen	jede Konzentr.	die homogenen Legierungen sind beständig, solange nicht bei hoher Temperatur die unedlen Metalle nach der Oberfläche diffundieren, dann geringer Angriff; aus heterogenen Legierungen gehen die unedlen Zusätze in Lösung, O₂-Durchleiten ist ohne Einfluß			
		Zusatz von HCl vergrößert den Angriff.				
	Platin	konz. Lg.	kein Angriff bei 100°			
	Iridium	konz. Lg.	kein Angriff bei 100°			
	Palladium	konz. Lg.	kein Angriff bei 20°			
	Rhodium	konz. Lg.	kein Angriff bei 20°			
	Ruthenium	konz. Lg.	kein Angriff bei 20°			

Empfohlene Werkstoffe bei der Herstellung aus C₂H₂ durch Oxydation [15, S. 3]:

W. V. Nr.	Werkstoff	
	Aluminium	für Oxydationsbehälter, Rohrleitungen, Lagerbehälter (CH₃COOH), Kondensatoren
	Silumin	für Pumpen (CH₃OOOH) und Ringe im Oxydationsbehälter
	Stahl	für Acetaldehyd-Behälter und Wascher (CH₃CHO)
475—495	18/8 Cr-Ni-Stahl + Mo	für Erhitzer, Oxydationsbehälter
672	Monel	für Pumpen
	Kupfer	für Kühler, Oxydationsbehälter (mit Mn-Katalysator)

Empfohlene Werkstoffe bei der Herstellung aus Holz-Destillation [15, S. 5]:

	Werkstoff	
	Aluminium	für Lagerung (CH₃COOH)
	C-Stahl	für Lagerung (CH₃OH)

W. V. Nr.	Werkstoff	Zusammensetzung des angreifenden Stoffes	Angriff g/m² · Tag	Angriff mm/Jahr
675 — 695	18/8 Cr-Ni-Stahl + Mo	für Raffination und Destillation (CH₃COOH)		

675 — 695   18/8 Cr-Ni-Stahl + Mo   für Raffination und Destillation (CH$_3$COOH)

Kupfer   für azeotropische Destillation und zugehörige Einrichtungen, Raffination und Destillation (CH$_3$COOH), Vorverdampfer, Vorwärmer

Bronze   für Pumpen
Silber   für Endkondensator.

Empfohlene Werkstoffe bei der Herstellung nach Suida-Prozeß [15, S. 7]:

Kupfer   für alle Kolonnen und Wascher
Cu-Si-Leg.

Bronze   für die Pumpen.

Essigsäureäthylester (Essigester). Sm. — 83°; 77°; d 0,901

W. V. Nr.	Werkstoff	Zusammensetzung des angreifenden Stoffes	Angriff g/m² · Tag		Angriff mm/Jahr	
			20°	siedend	20°	siedend
6	Aluminium	+ H$_2$O / + Spur H$_2$SO$_4$ / + CH$_3$COOH } geringer Angriff				
7	Aluminium hart	10% Lg.	3,44	520,0	0,46	70,3
		konz. Lg.	0,32	5,0	0,04	0,68
	weich	10% Lg.	19,6	632,0	2,64	85,3
		konz. Lg.	0,32	3,0	0,04	0,41
	Eisen	Destillation	empfohlen			
209 — 225	Si-Gußeisen		verwendbar			
258	Niresist		verwendbar			
451 — 474	18/8-Cr-Ni-Stahl		verwendbar			
	Kupfer	Destillation	empfohlen			
		+ Spur H$_2$SO$_4$	verwendbar			
	Messing		verwendbar			
	Bronze		verwendbar			
	Al-Bronze		verwendbar bei Siedetemperatur			
	Cu-Si-Leg.		verwendbar bei Siedetemperatur			
	Nickel		verwendbar			
672	Monel		verwendbar bei Siedetemperatur			
	Nickelchrom		empfohlen			
	Blei		verwendbar			
	Silber		verwendbar			
	Platin		verwendbar bei Siedetemperatur			

Essigsäureanhydrid. Sd. 140°; d 1,082

W. V. Nr.	Werkstoff	Zusammensetzung des angreifenden Stoffes	Angriff g/m² · Tag		Angriff mm/Jahr	
			25°	60°	25°	60°
6	Aluminium	rein	0,04	0,86	0,005	0,116
		Dampf	empfohlen bei 500°			
		+ 10% CH$_3$COOH	starker Angriff			
			25°	siedend	25°	siedend
	Gußeisen	Eisessig: (CH$_3$CO)$_2$O				
		20 : 80	14,5	80,0	0,72	3,95
		40 : 60	12,0	334,0	0,60	16,5
		90 : 10	3,3		0,17	
218 — 225	Si-Gußeisen	Eisessig: (CH$_3$CO)$_2$O				
		40 : 60	3,0	72,0	0,16	3,75
		90 : 10	4,2	8,3	0,22	0,42
		rein (CH$_3$CO)$_2$O	7,2 bei 60°		0,38 bei 60°	
258	Niresist		empfohlen			
			20°	siedend	20°	siedend
322 — 355	Cr-Stahl		<2,4	>240	<0,1	>10,0
396 — 408	Cr-Mo-Stahl		<2,4	<2,4	<0,1	< 0,1
451 — 474	18/8-Cr-Ni-Stahl		<2,4	<2,4	<0,1	< 0,1
475 — 495	18/8-Cr-Ni-Stahl + Mo		<2,4	<2,4	<0,1	< 0,1
525 — 529	18/9-Cr-Mn-Stahl		<2,4	<240	<0,1	<10,0

W. V. Nr.	Werkstoff	Zusammensetzung des angreifenden Stoffes	Angriff g/m² · Tag		Angriff mm/Jahr	
			25°	75°	25°	75°
	Kupfer	rein	1,4	28,5	0,06	1,16
		+ 40% Eisessig	0,56		0,02	
		Herstellung	empfohlen			
	Bronze	Herstellung	empfohlen			
	Al-Bronze	rein	verwendbar bei Siedetemperatur			
		Herstellung	empfohlen			
	Blei		verwendbar			
	Nickel	98% Anhydrid	2,6—3,4 bei Siedetp.		0,11—0,14 bei Siedetp.	
682	Inconel		starker Angriff bei hoher Temperatur			
721	Hastelloy A		geringer Angriff bei hoher Temperatur			
722	Hastelloy B		geringer Angriff bei hoher Temperatur			
723	Hastelloy C		kein Angriff bei hoher Temperatur			
			25°	siedend	25°	siedend
	Zinn	Eisessig: $(CH_3CO)_2O$				
		10 : 90	11,0	61,0	0,55	3,08
		60 : 40	8,4	270,0	0,42	13,5
		80 : 20	31,5	350,0	1,59	17,6
	Silber		für Destillation empfohlen			
	Platin		verwendbar bei Siedetemperatur			

Empfohlene Werkstoffe bei der Herstellung aus CH_3COOH durch Entwässerung (+ Trikresylphosphate) [15, 8. 17]:

Cr-Ni-Stahl (316, 317)	für Destillation, Pumpen, Kühler	
Aluminium	für Kondensation und Lagerung (Anhydrid)	
Silber	für Kondensation (Anhydrid)	
Si-Gußeisen (16%)	für Pumpen.	

Empfohlene Werkstoffe bei der Herstellung aus CH_3COCH_3: für Krackofen 25/20 Cr-Ni-Stahl.

Farbstoffe

W. V. Nr.	Werkstoff	Zusammensetzung des angreifenden Stoffes	Angriff g/m² · Tag	Angriff mm/Jahr
6	Aluminium	Küpenfarbstoffe (alkalisch)	starker Angriff	
		saure Bäder	geringer Angriff	
		basische Bäder	kein Angriff	
		Direktfarbstoffe	empfohlen	
alle	Cr-Stahl	saure Bäder	Angriff	
		alkal. Bäder	oft verwendbar	
451—474	18/8-Cr-Ni-Stahl	sauer		
		basisch		
		Indigofarbstoffe	} kein Angriff	
		Küpenfarbstoffe		
		Anthrachinonfarbstoffe		
475—495	18/8-Cr-Ni-Stahl + Mo	alle Bäder	kein Angriff bei 100°	
525—529	18/9-Cr-Mn-Stahl	alkal. Bäder	kein Angriff bei 100°	
		saure Bäder	Angriff	
	Kupfer	Thiazide		
		Oxazide	} Angriff, sonst meist verwendbar	
		basisch		
672	Monel	sauer		
		Beizenfarbstoffe		
		Direktfarbstoffe	} 2,4 bei 20°	0,1 bei 20°
		Küpenfarbstoffe		
		Entwicklungsfarbstoffe		

W. V. Nr.	Werkstoff	Zusammensetzung des angreifenden Stoffes	Angriff g/m² · Tag	Angriff mm/Jahr
		basisch Gerbsäure Schwefelschwarz-farbstoffe	24,0 bei 20°	1,0 bei 20°
681, 697	Nickelchrom		2,2 bei 20°	0,1 bei 20°
	Blei		oft verwendbar	

Fettalkohole

Empfohlene Werkstoffe bei der Herstellung durch Hydrierung (Chim. et Ind. 72 (1954) S. 919/21):

Rostfreie Stähle für Kontaktofen.

Fette. Als verwendbar werden angegeben:

Aluminium, Magnesium, 18/8-Cr-Ni-Stahl und Reinnickel.

Zusammensetzung der Fette beachten, Angaben über Fettsäuren nachsehen.

Fettsäuren (höhere)

W. V. Nr.	Werkstoff	Zusammensetzung des angreifenden Stoffes	Angriff g/m² · Tag	Angriff mm/Jahr
6	Aluminium	normal	kein Angriff bei 270°	
		H_2O-frei	starker Angriff bei 270°	
		$+ H_2O$-Dampf	Angriff bei 300°	
90	Silumin		kein Angriff bei Siedetemperatur	
23	Duralumi-nium	Stearinsäure	starker Angriff bei 330°	
209 — 225	Si-Gußeisen	Oleinsäure	kein Angriff bei 85°	
	C-Stahl			

Untersuchungen an Ameisensäure, Essigsäure, Propionsäure und Buttersäure haben ergeben:

Bei 18° C und 0,1-n-Säure ist der Angriff gering und ändert sich nicht mit der Zahl der C-Atome der Säure. Bei Temperaturen bis zu 75° C war der Angriff in erster Linie von der Diffusionsgeschwindigkeit der Säure zum Metall abhängig (Rührung), wenn die Säure 0,1-n war. Bei höheren Konzentrationen Angriff abhängig von der Reaktion an der Metalloberfläche.

Werkstoff	Zusammensetzung des angreifenden Stoffes	Angriff g/m² · Tag	Angriff mm/Jahr
Stahlblech mit Walzhaut	Knochenfett	<1,5 bei 60°	<0,07 bei 60°
	Wollfett	<0,5 „ 60°	<0,02 „ 60°
	Sojafett	<5,6 „ 60°	<0,26 „ 60°
	Hartfett	<0,94 „ 60°	<0,05 „ 60°
	Cottonöl	<2,8 „ 60°	<0,13 „ 60°
	Tran	<1,9 „ 60°	<0,09 „ 60°
	Olein	<2,55 „ 60°	<0,12 „ 60°
Stahlblech ohne Walzhaut	Knochenfett	<0,83 „ 60°	<0,04 „ 60°
	Wollfett	<0,56 „ 60°	<0,03 „ 60°
	Sojafett	<4,7 „ 60°	<0,22 „ 60°
	Hartfett	<0,94 „ 60°	<0,05 „ 60°
	Cottonöl	<3,45 „ 60°	<0,16 „ 60°
	Tran	<1,3 „ 60°	<0,06 „ 60°
	Olein	<3,9 „ 60°	<0,18 „ 60°
	Stearin	<0,25 „ 60°	<0,01 „ 60°

W. V. Nr.	Werkstoff	Zusammensetzung des angreifenden Stoffes	150°	235°	300°	150°	235°	300°
342 — 355	Cr-Stahl	techn.	<2,4	>240	>240	<0,1	>10,0	>10,0
322 — 334	Cr-Stahl	techn.	<2,4	<240	>240	<0,1	<10,0	>10,0
396 — 408	Cr-Mo-Stahl	techn.	<2,4	<2,4	<2,4	<0,1	< 0,1	< 0,1
455	Durimet 20	höhere Fettsäuren empfohlen bei höherer Temperatur auch für Pumpen, wenn H_2SO_4 vorhanden						
451 — 474	18/8-Cr-Ni-Stahl	techn.	<2,4	<2,4	<240	<0,1	< 0,1	<10,0
475 — 495	18/8-Cr-Ni-Stahl + Mo	techn.	<2,4	<2,4	<2,4	<0,1	< 0,1	> 0,1
525 — 529	18/9-Cr-Mn-Stahl	techn.	<2,4	<240	>240	<0,1	<10,0	<10,0
	Kupfer		kein Angriff bei höherer Temperatur					
	Messing	Stearinsäure	starker Angriff bei 330°					
643	Rotoxit		empfohlen					

W. V. Nr.	Werkstoff	Zusammensetzung des angreifenden Stoffes	Angriff g/m² · Tag	Angriff mm/Jahr
662—666	Nickel		kein Angriff bei höherer Temperatur	
672	Monel		empfohlen	
682	Inconel	Stearinsäure Oleinsäure }	0,54 bei Siedetp.	0,02 bei Siedetp.
		Fettspaltung 250°, 50 at	als besonders widerstandsfähig empfohlen	
725, 726	Chlorimet	höhere Fettsäuren	kein Angriff, auch bei höherer Temperatur empfohlen, wenn Stähle nicht ausreichen (bis 300°)	
	70/30-Cu-Ni-Legierung	Fettspaltung	1—4	0,06—0,17
	Kobalt	Stearinsäure	starker Angriff bei 330°	
	Zink		starker Angriff bei höherer Temperatur	
	Zinn		nicht verwendbar bei höherer Temperat.	
	Blei		empfohlen	
		Stearinsäure	starker Angriff bei 330°	
	Silber	Stearinsäure Palmitinsäure	empfohlen bei 330°	

Empfohlene Werkstoffe bei der Herstellung von Fettsäure durch Hydrolyse der Fette nach dem Twitchell-Prozeß [15, S. 144/49]:

Stahl für Vorratsbehälter (Fette, Öle, Twitchell's Reagens), Glycerinbehälter, Pressen

Aluminium für Kondensatoren, Kristallisiergefäße

672	Monel	für Hydrolyse-Gefäß, Vorerhitzer
18/8 Cr-Ni-Stahl		für Destillations-Kolonne, Hydrolysegefäß
Blei		für Waschtanks (H_2SO_4)
471	Cr-Ni-Stahl	für Vakuumdestillation.

Fettspaltung

Twitchell-Spaltung [156]:

W. V. Nr.	Werkstoff	Zusammensetzung	flüssig 83 Tage	flüssig-gasförmig 61 Tage	flüssig 83 Tage	flüssig-gasförmig 61 Tage
	Nickel	Fette + 35% H_2O	8,0	9,3	0,32	0,37
672	Monel	+ 1% Sulfo-	1,5	1,35	0,06	0,05
682	Inconel	säure (Betrieb)	3,1	2,6	0,13	0,10

W. V. Nr.	Werkstoff	Zusammensetzung	flüssig-gasförmig 61 Tage, 71—82°	flüssig-gasförmig 61 Tage, 71—82°
	Nickel	Gemisch von	0,1	0,005
672	Monel	Spaltung, Sam-	0,21	0,01
682	Inconel	meltank	<0,05	<0,003

W. V. Nr.	Werkstoff	Zusammensetzung	flüssige Phase 22 Tage	Dampf-Phase 205—315°	flüssige Phase 22 Tage	Dampf-Phase 205—315°
256	Niresist	Vakuum-Destil-	37,0	16,0	1,5	0,67
	Nickel	lation des Fett-	8,7	5,7	0,35	0,23
672	Monel	säure-Ge-	16,0	8,7	0,65	0,35
682	Inconel	misches	2,2	1,0	0,09	0,04

Hochvakuum-Fraktionier-Kolonne für Talgfettsäuren:
A Kolonnenspitze, 195 Tage, 243—260°
B in der Flüssigkeit, 260—288°

W. V. Nr.	Werkstoff	A	B	A	B
256	Niresist	4,3	18,4	0,18	0,76
	Nickel	1,8	9,3	0,07	0,38
672	Monel	2,5	5,0	0,01	0,02
682	Inconel	2,5	6,2	0,01	0,025

Als verwendbar werden angegeben:
Für Vorreinigung mit H_2SO_4 Blei
Für Fettspaltung Schmiedeeisen, Kupfer, 18/8 Cr-Ni-Stahl + Ti.

W. V. Nr.	Werkstoff	Zusammensetzung des angreifenden Stoffes	Angriff g/m² · Tag	Angriff mm/Jahr

Für Destillation Gußeisen und Kupfer.
Als nicht verwendbar wird angegeben:
Für Fettspaltung Gußeisen (wenn nicht nachher destilliert wird)
Für Destillation Aluminium.
Zur Vermeidung der Korrosion der Schweißnähte bei Stahlautoklaven wird Preßschweißung, Elektroschweißung und die Anbringung von Schutzplatten auf den Nähten empfohlen.

Firnis. Als verwendbar werden angegeben:
Für die Kocherei Aluminium, Gußeisen, Schmiedeeisen, Al-Bronze.

Fischerei

Aluminium	Fischtransportkisten	gut bewährt, viel verwendet

Fluor. Sm. $-223°$; Sd. $-187°$

6	Aluminium		starker Angriff
	Elektronmetall		empfohlen
	Gußeisen	gasförmig	bei niedrigem Druck und Temperatur bis 400° verwendbar, wenn Si-Gehalt im Gußeisen möglichst gering
	Stahl		Angriff hängt von Si-Gehalt des Stahles ab, wenn dieser sehr klein, so verwendbar bis 370°
	Kupfer		geringer Angriff bei 20° starker Angriff bei höherer Temperatur
	Kobalt		Angriff
	Tantal		starker Angriff
	Wolfram		nicht verwendbar
	Zink		starker Angriff
	Zinn		Angriff
	Blei		empfohlen, geringer Angriff bei 20°
	Silber		empfohlen, geringer Angriff bei 20° Angriff bei erhöhter Temperatur
	Gold		praktisch beständig bei 20° starker Angriff $>300°$
		BrF₅	starker Angriff
	Platin		starker Angriff oberhalb 400° bei tieferen Temperaturen Schutzschicht

Empfohlene Werkstoffe bei Herstellung aus geschmolzenen Fluoriden[15, S. 150]:
C-Stahl für die Hauptstücke der Elektrolyse-Zellen
Nickel und Monel für das Sieb zwischen Kathode und Anode.

Fluorwasserstoff, vgl. auch Flußsäure

Werkstoff	Zusammensetzung des angreifenden Stoffes	Angriff g/m² · Tag		Angriff mm/Jahr	
Aluminium	Gas + 0,5—3%	0,72 bei	100°	0,097 bei	100°
(0,5 Fe +	H₂O	6,00 ,,	300°	0,81 ,,	300°
Si)		41,00 ,,	500°	5,55 ,,	500°
Magnesium	H₂O-frei	61,2 ,,	500°	12,8 ,,	500°
Titan	Gas, wasserfrei	<15,8 ,,	20°	<1,8 ,,	20°
Gußeisen (3,45 C; 2,02 Si; 0,73 Mn; 0,60 P; 0,24 S)					
	Gas + 0,5—3%	69,3 bei	300°	3,5 ,,	300°
	H₂O	125,2 ,,	500°	6,37 ,,	500°
	HF verflüssigt	11,0 ,,	—15°	0,55 ,,	—15°
Cr-Gußeisen	Gas + 0,5—3%	3,6 ,,	100°	0,19 ,,	100°
(34 Cr)	H₂O	9,6 ,,	300°	0,48 ,,	300°
		216,0 ,,	500°	10,8 ,,	500°
Stahl	Gas, wasserfrei	1,6—57,5 bei 15—150°		0,08—2,5 bei 15—150°	
Armco-Eisen	Gas + 0,5—3%	1,7 bei	100°	0,078 bei	100°
	H₂O	5,5 ,,	300°	0,26 ,,	300°
		75,8 ,,	500°	3,54 ,,	500°

W. V. Nr.	Werkstoff	Zusammensetzung des angreifenden Stoffes	Angriff g/m² · Tag	Angriff mm/Jahr
	Cr-Stahl (0,18 C; 15,8 Cr)	Gas + 0,5—3% H_2O	1,24 bei 100°	0,057 bei 100°
			3,32 ,, 300°	0,16 ,, 300°
			201,2 ,, 500°	8,52 ,, 500°
		HF verflüssigt	12,5 ,, —15°	0,62 ,, —15°
	Kupfer	Gas + 0,5—3% H_2O	31,7 ,, 40°	1,32 ,, 40°
			10,6 ,, 100°	0,44 ,, 100°
			23,5 ,, 300°	0,98 ,, 300°
			50,9 ,, 500°	2,12 ,, 500°
		H_2O-frei	36,5 ,, 500°	1,52 ,, 500°
			29,3 ,, 600°	1,22 ,, 600°
	Messing (32 Zn; Cu)	Gas + 0,5—3% H_2O	2,6 ,, 40°	0,11 ,, 40°
			6,0 ,, 100°	0,27 ,, 100°
			0,98 ,, 300°	0,041 , 300°
			50,4 ,, 500°	2,14 ,, 500°
	Cu-Ni-Leg. (70/30)	Gas verflüssigt wasserfrei	9,1 ,, —15°	0,387 ,, —15°
			1,2 ,, 26°	0,05 ,, 26°
			6,2 ,, 87°	0,26 ,, 87°
	Nickel	Gas, H_2O-frei	23,8 ,, 500°	2,2 ,, 500°
			43,4 ,, 600°	4,0 ,, 600°
		Gas + 0,5—3% H_2O	0,98 ,, 40°	0,04 ,, 40°
			0,24 ,, 100°	0,01 ,, 100°
			0,98 ,, 300°	0,04 ,, 300°
			23,8 ,, 500°	0,98 ,, 500°
672	Monel	Gas, verflüssigt H_2O-frei	10,3 ,, —15°	0,43 ,, —15°
			29,3 ,, 550°	1,219 ,, 550°
			47,5 ,, 600°	1,98 ,, 600°
		Gas + 0,5—3% H_2O	1,7 ,, 40°	0,07 ,, 40°
			0,24 ,, 100°	0,01 ,, 100°
			0,24 ,, 300°	0,01 ,, 300°
			56,6 ,, 500°	2,36 ,, 500°
682	Inconel	Gas, H_2O-frei	37,8 bei 500°	1,84 bei 500°
	Blei (99,7%)	Gas + 0,5—3% H_2O	156,0 ,, 40°	5,0 ,, 40°
			211,9 ,, 100°	6,8 ,, 100°
		Gas, verflüssigt	19,2 ,, —15°	0,61 ,, —15°

Flußsäure

W. V. Nr.	Werkstoff	Zusammensetzung des angreifenden Stoffes	Angriff g/m² · Tag	Angriff mm/Jahr
6	Aluminium	Lg.	Angriff	
	Magnesium (99,9% gegossen, gewalzt)	techn. Lg. rein	Angriff in geschlossenen Gefäßen kein Angriff	
114	Elektron AZM (gegossen, gewalzt)	techn. Lg.	Angriff	
	Titan	1% Lg.	>15,8 bei 20°	>1,8 bei 20°
	Eisen	Lg.	nicht verwendbar	
209—225	Si-Gußeisen	Lg.	nicht verwendbar	
	Stahl	58% Lg. rein	63,5 bei 20°	2,64 bei 20°
		60% Lg. rein	55,4 ,, 20°	2,3 ,, 20°
		61% Lg. rein	51,2 ,, 20°	2,1 ,, 20°
		62% Lg. rein	36,5 ,, 20°	1,5 ,, 20°
		63% Lg. rein	5,3 ,, 20°	0,22 ,, 20°
		64% Lg. rein	1,2 ,, 20°	0,05 ,, 20°
		65% Lg. rein	1,2 ,, 20°	0,05 ,, 20°
		67,5% Lg. rein	1,2 ,, 20°	0,05 ,, 20°
		69,9% Lg. rein	1,7 ,, 20°	0,07 ,, 20°
		75—80% Lg.	verwendbar bei 65°	
		konz. Lg.	verwendbar zum Transport der Säure, wenn die Fässer vorher mit 58%iger Flußsäure passiviert wurden	

W. V. Nr.	Werkstoff	Zusammensetzung des angreifenden Stoffes	Angriff $g/m^2 \cdot$ Tag	Angriff mm/Jahr
			40%, 20°　Dampf, 100°	40%, 20°　Dampf, 100°
322—355	Cr-Stahl		>240　　>240	>10,0　　>10,0
451—474	18/8-Cr-Ni-Stahl		>240　　<24,0	>10,0　　< 1,0
475—495	18/8-Cr-Ni-Stahl + Mo		>240　　<24,0	>10,0　　< 1,0
525—529	18/9-Cr-Mn-Stahl		>240　　>240	>10,0　　<10,0
445	Durimet 20	>60% Lg., reine Sre.	verwendbar	
	Kupfer	a) Dauer 218 Stunden b) Versuche im Beizbehälter, Dauer 28 Tage [2, S. 438/40]		
		5% Lg.	a: 9,8　bei 20°	0,40　　bei 20°
		6% Lg.	b: 0,06　„　76°	0,0025　„　76°
		10% Lg.	a: 4,27　„　20°	0,178　„　20°
		40—60% Lg.	b: 1,82　„　20°	0,076　„　20°
			48 Std. 110°　87½ Std. 38°	48 Std. 110°　87½ Std. 38°
	Kupfer*	38% Lg.	28,6	1,19
		98% Lg.	3,7	0,152
	Ni-Bronze* (30 Ni; Cu)	38% Lg.	21,9	0,914
		98% Lg.	1,22	0,051
	Al-Bronze* (10 Al; Cu)	38% Lg.	25,2	1,168
		98% Lg.	3,28	0,152
	P-Bronze*	38% Lg.	30,9	1,29
		98% Lg.	4,80	0,20
	Cu-Ni-Leg. (70/30)	50% Lg.	<2,4 bei 85°	<0,1 bei 85°
	Cr-Überzüge	40% Lg.	Angriff	
	Nickel	6% Lg.	214,5 bei 76°	8,94 bei 76° (Dauer: 4 Tage)
		10% Lg.	0,06 bei 10—20°	0,0025 bei 10—20° (Dauer: 30 Tage)
		48% Lg.	13,4 bei 80°	0,558 bei 80° (Dauer: 2 Stunden, unbewegt)
		Bei Gegenwart von S-Verbindungen Korngrenzenkorrosion		
672	Monel 157 (Knetleg.)	6% Lg.	0,5　bei　76°	0,02　bei　76°
		10% Lg. (offen)	5,1　„　21°	0,2　„　21°
			4,8　„　58°	0,2　„　58°
		25% Lg. (luftgesättigt)	22,8　„　30°	0,95　„　30°
			6,8　„　80°	0,27　„　80°
		50% Lg. (luftgesättigt)	4,8　„　30°	0,2　„　30°
			2,4　„　80°	0,1　„　80°
		70% Lg. (geschlossen)	0,05　„　20°	0,002　„　20°
			2,7　„　50°	0,12　„　50°
			10,4　„　115°	0,43　„　115°
		98% Lg. (geschlossen)	1,2　„　115°	0,05　„　115°
			luftgesättigt 30°　　80°	luftgesättigt 30°　　80°
	Monel (Guß)	25% Lg.	12,1　　12,3	0,5　　0,52
		50% Lg.	3,6　　2,3	0,15　　0,11
	Monel H	25% Lg.	12,1　　13,5	0,5　　0,6
		50% Lg.	0,4　　2,7	0,02　　0,11
	Monel S	25% Lg.	5,6　　13,1	0,23　　0,6
		50% Lg.	1,9　　2,9	0,08　　0,12
682	Inconel	6% Lg.	Angriff bei 77°	

* Versuchsbedingungen: $^2/_3$ der Probenfläche eingetaucht, $^1/_3$ der Oberfläche im Dampfraum, nicht belüftet, eventuell geringe Luftaufnahme.

W. V. Nr.	Werkstoff	Zusammensetzung des angreifenden Stoffes	Angriff g/m²·Tag	Angriff mm/Jahr	
721	Hastelloy A	48% Lg.			158
		ganz eingetaucht	2,7	0,11	
		$^2/_3$ eingetaucht	8,0	0,33	
722	Hastelloy B	24% Lg.	1,6 bei 20°	0,07 bei 20°	
		40% Lg.	1,45 ,, 20°	0,06 ,, 20°	
			3,4 ,, 43°	0,14 ,, 43°	
		48% Lg.			
		ganz eingetaucht	1,5	0,06	
		$^2/_3$ eingetaucht	15,0	0,63	
		80% Lg.	4,1 bei 20°	0,17 bei 20°	
		99% Lg.	0,005 ,, 20°	0,0002 ,, 20°	
		22,5% Lg. + 35% H_2SiF_6	3,7 ,, 43°	0,15 ,, 43°	
		85% Lg. + 1,6% H_2O + Öl	2,7 ,, 105°	0,11 ,, 105°	
		93% Lg.+Isobutan	1,95 ,, 102°	0,08 ,, 102°	
723	Hastelloy C	24% Lg.	1,35 ,, 20°	0,06 ,, 20°	
		40% Lg.	1,45 ,, 20°	0,07 ,, 20°	
			3,4 ,, 43°	0,14 ,, 43°	
		80% Lg.	3,2 ,, 20°	0,13 ,, 20°	
		99% Lg.	0,005 ,, 20°	0,000 ,, 20°	
		22,5% Lg. + 35% H_2SiF_6	5,6 ,, 43°	0,23 ,, 43°	
		85% Lg. + 1,6% H_2O + Öl	1,35 ,, 105°	0,06 ,, 105°	
		93% Lg.+Isobutan	1,22 ,, 102°	0,05 ,, 102°	
724	Hastelloy D	40% Lg.	0,6 ,, 20°	0,00 ,, 20°	
		99% Lg.	1,6 ,, 20°	0,07 ,, 20°	
		22,5% Lg. + 35% H_2SiF_6	4,9 ,, 43°	0,20 ,, 43°	

W. V. Nr.	Werkstoff	Zusammensetzung des angreifenden Stoffes	Angriff g/m²·Tag 20°	50°	80°	Angriff mm/Jahr 20°	50°	80°
725	Chlorimet 2	5% Lg.	1,2	5,6	8,5	0,05	0,23	0,36
		15% Lg.	1,2	6,3	8,5	0,05	0,26	0,36
		25% Lg.	1,95	8,5	10,0	0,08	0,36	0,40
726	Chlorimet 3	5% Lg.	1,2	5,6		0,05	0,23	
		15% Lg.	1,2	6,8		0,05	0,28	
		25% Lg.	1,95	8,1		0,08	0,33	

Werkstoff	Zusammensetzung des angreifenden Stoffes	Angriff g/m²·Tag	Angriff mm/Jahr	
Stellit	38% Lg.	geringer Angriff		
Niob	10% Lg.	8,0 bei 20°	0,34 bei 20°	
	30% Lg.	14,3 ,, 20°	0,62 ,, 20°	
Tantal	Lg.	Angriff		
	+ HNO_3	starker Angriff		
Wolfram	Lg.	oft verwendbar		
	+ HNO_3	nicht verwendbar		
Blei	<60% Lg.	geringer Angriff, empfohlen 85°		
	+ CrO_3	empfohlen bei 40°		
	48% Lg.	90,0 bei 80°	2,91 bei 80°	
	Kommt für Lagerung und Transport in Betracht			
Silber	40% Lg.	0,07 bei 20°	0,002 bei 20°	
		0,2 ,, 50—70°	0,006 ,, 50—70°	
		0,31 ,, 100°	0,01 ,, 100°	
		1,36 ,, 115°	0,04 ,, 115°	159
		2,9 ,, 110°	0,09 ,, 110°	160
	Wenn S vorhanden, starker Angriff			
Gold	Lg.	0,0 bei 20°	0,00 bei 20°	
Platin	40% Lg.	kein Angriff bei 20°		
	Lg. + HNO_3	empfohlen		
Iridium	40% Lg.	kein Angriff bei 20°		

W. V. Nr.	Werkstoff	Zusammensetzung des angreifenden Stoffes	Angriff g/m² · Tag		Angriff mm/Jahr	

Formaldehyd

W. V. Nr.	Werkstoff	Zusammensetzung	20°	60—70°	20°	60—70°
6	Aluminium hart	1% Lg.	0,0	4,4	0,0	0,59
		5% Lg.	0,93	14,1	0,13	1,95
		10% Lg.	1,34	33,8	0,18	4,56
		20% Lg.	2,37	32,5	0,32	4,38
		40% Lg.	1,24		0,17	
	weich	1% Lg.	0,0	6,8	0,0	0,92
		5% Lg.	1,64	19,4	0,22	2,61
		10% Lg.	1,34	36,5	0,18	4,93
		20% Lg.	2,06	23,7	0,28	3,20
		40% Lg.	2,06		0,28	
		Transport Lagerung	auch für Schiffstransport verwendet			
90	GAl-Si	10% Lg.		1,6		0,21
	GAl-Mg-Mn	10% Lg.		1,5		0,20
93—102	GAl-Mg	10% Lg.		0,005		0,0007
	Titan	Lg.	kein Angriff bei Siedetemperatur			
	Si-Gußeisen	40% Lg.	kein Angriff bei Siedetemperatur			
	Eisen	40% Lg.	geringer Angriff			
	Stahl, weich		empfohlen, Angriff bei 80°			
234—243	Cr-Gußeisen	40% Lg.	<2,4 bei 20°		<0,1 bei 20°	
251—255	Cr-Mo-Gußeisen	40% Lg.	<2,4 „ 20°		<0,1 „ 20°	

W. V. Nr.	Werkstoff	Zusammensetzung	20°	siedend	20°	siedend
322—355	Cr-Stahl	40% Lg.	<2,4	<2,4	<0,1	<0,1
396—408	Cr-Mo-Stahl	40% Lg.	<2,4	<2,4	<0,1	<0,1
451—474	18/8-Cr-Ni-Stahl	40% Lg.	<2,4	<2,4	<0,1	<0,1
475—495	18/8-Cr-Ni-Stahl + Mo	40% Lg.	<2,4	<2,4	<0,1	<0,1
525—529	18/9-Cr-Mn-Stahl	40% Lg.	<2,4	<2,4	<0,1	<0,1
445	Durimet		kein Angriff			
	Kupfer	40% Lg.	verwendbar bei 20°			
		Dampf	verwendbar bei 200—400°			
		CH_3OH-Oxydation	verwendbar			
	Messing	säurefrei	verwendbar			
	Corrix	CH_3OH-Oxydation	verwendbar bei 200—400°			
	Nickel	Herstellung von Aerolein	verwendbar bei 400°			
672	Monel	40% Lg.	verwendbar bei 20°			
723	Hastelloy C		kein Angriff			
	Zink	rein	kein Angriff			
		+ Spur Säure	Angriff			
	Zinn	HCOOH-frei	kein Angriff bei 20°			
		+ HCOOH	Angriff bei 20°			
	Silber	Herstellung von Aerolein	verwendbar bei 400°			

Empfohlene Werkstoffe bei Herstellung nach McCarthy Chemical-Verfahren [15, S. 153]:
Cr-Ni-Stahl für jene Teile, die mit HCHO in Berührung kommen.

Empfohlene Werkstoffe bei Herstellung aus CH_3OH nach Leverkusen-Verfahren [15, S. 154]:
Cr-Mo-Stahl für jene Teile, die mit HCHO in Berührung kommen, auch
(17 Cr; 1,8 Mo) Pumpen und Rohre.

Formamid

W. V. Nr.	Werkstoff		Angriff	
6	Aluminium		kein Angriff bei 20°	

W. V. Nr.	Werkstoff	Zusammensetzung des angreifenden Stoffes	Angriff g/m² · Tag	Angriff mm/Jahr
Fotografische Lösungen.		Entwickler:		
6	Aluminium	Metol-Hydrochinon	3,8	0,51
90	GAl-Si	Metol-Hydrochinon	4,2	0,57
	GAl-Mg-Mn	Metol-Hydrochinon	3,9	0,53
342—355	Cr-Stahl	Agfa-Glycerin	<24,0 bei 20°	<1,0 bei 20°
322—334	Cr-Stahl	Agfa-Glycerin	< 2,4 ,, 20°	<0,1 ,, 20°
396—408	Cr-Mo-Stahl	Agfa-Glycerin	< 2,4 ,, 20°	<0,1 ,, 20°
451—474	18/8-Cr-Ni-Stahl	Agfa-Glycerin	< 2,4 ,, 20°	<0,1 ,, 20°
475—495	18/8-Cr-Ni-Stahl + Mo	Agfa-Glycerin	< 2,4 ,, 20°	<0,1 ,, 20°
525—529	18/9-Cr-Mn-Stahl	Agfa-Glycerin	< 2,4 ,, 20°	<0,1 ,, 20°
	Kupfer		nicht verwendbar	
	Messing		nicht verwendbar	
672	Monelmetall		oft verwendbar bei 20°	
		Fixierbad:		
6	Aluminium	sauer	0,12	0,016
90	GAl-Si	sauer	0,15	0,020
	GAl-Mg-Mn	sauer	0,15	0,020
322—355	Cr-Stahl	sauer, rein	>240 bei 20°	>10,0 bei 20°
396—408	Cr-Mo-Stahl	sauer, rein	>240 ,, 20°	>10,0 ,, 20°
451—474	18/8-Cr-Ni-Stahl	sauer, rein	<2,4 ,, 20°	< 0,1 ,, 20°
475—495	18/8-Cr-Ni-Stahl + Mo	sauer, rein	<2,4 ,, 20°	< 0,1 ,, 20°
525—529	18/9-Cr-Mn-Stahl	sauer, rein	>240 ,, 20°	>10,0 ,, 20°
	Kupfer		nicht verwendbar	
	Messing		nicht verwendbar	
572	Monel		nicht verwendbar bei 20°	

Frostschutzmittel (Kühlerflüssigkeiten). Als verwendbar wird angegeben:

Aluminium° für Alkohol + H_2O, Glycerin + H_2O, Glykol + H_2O, Glysantin + H_2O (geringer Angriff, MBV-Schicht schützt)
Kupfer oft verwendbar, besonders für Alkohol + H_2O, Glycerin + H_2O usw.
Messing (Autokühler) für Glycerin + H_2O, Glykol + H_2O
Lötzinn 50 (Autokühler) für Glycerin + H_2O, Glykol + H_2O.
Als nicht verwendbar wird angegeben:
Eisen für 25% NaCl-Lg. + Na_2CO_3, 25% $CaCl_2$-Lg. + NaOH, 25% $MgCl_2$-Lg., H_2O + 20% Brennspiritus, H_2O + 20% Alkohol (96%ig), 150 g $NaHCO_3$ + 200 g Glycerin + 1000 g H_2O.

Fruchtsäfte

W. V. Nr.	Werkstoff	Zusammensetzung des angreifenden Stoffes	Angriff g/m² · Tag	Angriff mm/Jahr
	Aluminium	Apfelsaft	empfohlen bei 20°	
209—225	Si-Gußeisen		oft verwendbar	
342—355	Cr-Stahl		<24,0	<1,0
322—334	Cr-Stahl		< 2,4	<0,1
396—408	Cr-Mo-Stahl		< 2,4	<0,1
451—474	18/8-Cr-Ni-Stahl		< 2,4	<0,1
475—495	18/8-Cr-Ni-Stahl + Mo		< 2,4	<0,1
525—529	18/9-Cr-Mn-Stahl		< 2,4	<0,1
	Kupfer und Kupferlegierungen		Sehr beständig gegen Apfelsaft, Zitronensaft, Tomatensaft, Orangensaft, Traubensaft usw. Angriff ist im allgemeinen:	
			<10,0 bei Siedetp.	<0,41 bei Siedetp.
662—666	Nickel	+ O_2 Tomatensaftherstellung	20—50 ,, ,, oft verwendbar	0,82—2,1 ,, ,,

W. V. Nr.	Werkstoff	Zusammensetzung des angreifenden Stoffes	Angriff g/m² · Tag	Angriff mm/Jahr
672	Monel	Tomatensaftherstellung	oft verwendbar	

Furfurol. Sm. −31°; Sd. 162°; d 1,165

	Aluminium	verd. Lg.	kein Angriff bei höherer Temperatur	
	Eisen		133,0 bei 20°	6,2 bei 20°
236	Cr-Gußeisen		Für alle Apparate der Herstellung, ausgenommen Autoklaven und Neutralisationsgefäße empfohlen	
	Kupfer		47,5 bei 20°	1,98 bei 20°
645	Al-Bronze		Für Autoklaven und Neutralisationsgefäße empfohlen	

Gärung

Aluminium für industrielle Gärungsprozesse gut geeignet, weil das Gedeihen der Mikroorganismen nicht gestört wird

Gallium

	Cr-Stahl	kein Angriff bei 200°
	(14—18 Cr)	Angriff bei 600°
	18/8-Cr-Ni-Stahl	kein Angriff bei 200°
	(+ Nb)	Angriff bei 600°
	Beryllium	verwendbar bis 500°
682	Inconel	stärkerer Angriff als bei 18/8-Cr-Ni-Stahl
	Wolfram	kein Angriff bei 800°
	Tantal	kein Angriff bei 450°
	Kupfer	kein Angriff bei 20°
		Angriff bei 200°
	Platin	Angriff bei 200°

Als nicht verwendbar bei höherer Temperatur werden angegeben:
Al, Cd, Ce, Cu, Au, In, Fe, Pb, Mg, Ni, Ag, La, Sn, Zr [161].

Gallussäure

W. V. Nr.	Werkstoff	Zusammensetzung des angreifenden Stoffes	Angriff g/m² · Tag	Angriff mm/Jahr
6	Aluminium	1—50% Lg.	0,02—0,16 bei 100°	0,003—0,022 b. 100°
209—225	Si-Gußeisen	ges. Lg.	<24,0 bei 100°	<1,0 bei 100°
322—355	Cr-Stahl	ges. Lg.	< 2,4 „ 100°	<0,1 „ 100°
396—408	Cr-Mo-Stahl	ges. Lg.	< 2,4 „ 100°	<0,1 „ 100°
451—474	18/8-Cr-Ni-Stahl	ges. Lg.	< 2,4 „ 100°	<0,1 „ 100°
475—495	18/8-Cr-Ni-Stahl + Mo	ges. Lg.	< 2,4 „ 100°	<0,1 „ 100°
525—529	18/9-Cr-Mn-Stahl	ges. Lg.	< 2,4 „ 100°	<0,1 „ 100°
681—697	Nickelchrom	ges. Lg.	2,2 bei Siedetemp.	2,0 bei Siedetemp.

Gasöl

	Zink	Angriff

Gasturbinen. Von 11 untersuchten Fe-Legierungen erwiesen sich als am relativ beständigsten die folgenden [162]:

Zusammensetzung	70 Std./1100° mg/cm²	1120 Std./850° mg/cm²
13 Ni, 10 Co, 13 Cr, 2,5 W, 1,8 Mo, 3 Nb	388	117
13 Ni, 10 Co, 20 Cr, 2,5 W, 1,8 Mo, 3 Nb	109	142
	70 Std./1200° mg/cm²	1120 Std./1100° mg/cm²
14 Ni, 25 Cr, 3 W	28	255
22 Ni, 25 Cr	17	129

Andere Untersuchungen ergaben folgende Übersicht über das Verhalten von hitzebeständigen Sinterlegierungen für Gasturbinenschaufeln [163]:

W. V. Nr.	Werkstoff	Zusammensetzung des angreifenden Stoffes	Angriff g/m² · Tag	Angriff mm/Jahr
			Zugfestigkeit nach 1000 Std.	
			bei 20° kg/mm²	bei 980° kg/mm²
	Turbine R 34/Ni/TiC/Cr$_3$C$_2$		105,5	3,8
	Turbine R 45/Ni/TiC/Cr$_3$C$_2$		126,6	3,3
	WZ1b/60 TiC/35 Ni/8 Cr		140,6	5,6
	K 151 A/80 TiC-TaC-NbC/20 Ni		105,5	5,2
	87,5 ZrC/12,5 Nb			11,2 bei 1315°
	64 B$_4$C/36 Fe			16,5 „ 1424°
	Nimonic 90/Ni/Co/Cr			12,7 „ 815°

Die Legierungen auf der Grundlage TiC sind zur Zeit die wichtigsten, gut zu bearbeiten. Bei Temperaturen über 1300° sind die Cr-Al$_2$O$_3$-Cermets diesen Legierungen überlegen.

Gelatine

W. V. Nr.	Werkstoff	Zusammensetzung des angreifenden Stoffes	Angriff g/m² · Tag	Angriff mm/Jahr
6	Aluminium	Lg.	empfohlen bei 80°	
	Eisen	Lg. sauer	Angriff	
	Cr-Stahl	Lg.	verwendbar	
	18/8-Cr-Ni-Stahl	Lg.	verwendbar bei 80°	
	Kupfer	Lg. sauer	geringer Angriff bei 80°	
593	Bronze	Lg.	0,6	0,03
646	Al-Bronze	Lg.	0,06 bei 20°	0,003 bei 20°
662—666	Nickel	Lg.	<0,18 „ 20°	<0,007 „ 20°
672	Monel	Lg.	<2,4 „ 20°	<0,1 „ 20°
	Zinn	Lg.	empfohlen	
	Blei	Lg. sauer	verwendbar bis 70°	
	Silber	Lg.	empfohlen	

Empfohlene Werkstoffe bei Herstellung von eßbarer Gelatine [15, S. 160]:

Aluminium für Kocher, Verdampfer, Trockner, Rohrleitungen, Lagerbehälter

Nickel, Monel, Inconel werden auch verwendet.

Gerbstofflösungen

W. V. Nr.	Werkstoff	Zusammensetzung des angreifenden Stoffes	Angriff g/m² · Tag	Angriff mm/Jahr
6	Aluminium	vegetabilische Gerbstoffe	kein Angriff bei 20°	
		Quillajarinde	geringer Angriff bei 60°	
		Quillajarinde + 3% H$_2$O$_2$	starker Angriff bei 20°	
		Sauerbrühe	starker Angriff bei 20°	
		Quebrachoauszug, unbehandelt	kein Angriff bei 20°	
		Quebrachoauszug, sulfidiert	starker Angriff bei 20°	
		Fichtenrindenauszug	Angriff bei 20°	
		Zellstoffauszug	nicht verwendbar	
		Neradol	nicht verwendbar	
	Eisen		Angriff	
	Cr-Stahl		empfohlen bei höherer Temperatur	
451—474	18/8-Cr-Ni-Stahl	Ca(OH)$_2$-Lg. + Na$_2$S	Angriff	
		Entkalkung	verwendbar	
		Cr-Gerbstoff-Lg.	empfohlen	
		pflanzl. Lg.	kein Angriff	
	Al-Bronze	tanninhaltige Lg.	1,1 bei 20°	0,05 bei 20°
672	Monel	Ca(OH)$_2$-Lg. + Na$_2$S	verwendbar	
		Cr-Gerbstoff-Lg.	nicht verwendbar	
		pflanzl. Lg.	kein Angriff	

W. V. Nr.	Werkstoff	Zusammensetzung des angreifenden Stoffes	Angriff g/m² · Tag	Angriff mm/Jahr
682	Inconel	Entkalkung	empfohlen	
		Cr-Gerbstoff-Lg.	kein Angriff	
		pflanzl. Lg.	kein Angriff	

Getreide

	Aluminium	rein, trocken	gut bewährt	
		feucht, faulend	Angriff	

Glas

	Cr-Stahl		empfohlen	
	Platin	Fensterglas	kein Angriff bei 1200°	
		Bleiglas, Gläser mit viel Metalloxyden	können angreifen	
	Cr-Ni-Stahl (16 Cr; 36 Ni)	Preßformen empfohlen für 1200° [165]		

Glycerin. Sm. 19°; Sd. 290°; d 1,260

	Aluminium			
6	Aluminium	Lg.	kein Angriff bei Siedetemperatur	
		Lg. 58% Glycerin $+ 2\%\ K_2CrO_4$ $+ 0,1\%\ NaOH$ $+$ Rest H_2O	kein — geringer Angriff	
90	Silumin	Lg.	kein Angriff bei 20°	
	Magnesium	Lg.	Angriff	

Der Angriff kann durch Zusatz von höchstens 1% Alkalisulfid bzw. höchstens 0,5% Alkalifluorid ausgeschaltet werden.

	Stahl	Lg.	geringer Angriff	
322—355	Cr-Stahl		<2,4 bei 20°	<0,1 bei 20°
451—474	18/8-Cr-Ni-Stahl		<2,4 „ 20°	<0,1 „ 20°
475—495	18/8-Cr-Ni-Stahl + Mo -		<2,4 „ 20°	<0,1 „ 20°
525—529	18/9-Cr-Mn-Stahl		<2,4 „ 20°	<0,1 „ 20°
	Kupfer		für Herstellung als bester Werkstoff empfohlen	
	Messing	Lg.	geringer Angriff bei Siedetemperatur	
	Bronze	Lg.	verwendbar bei Siedetemperatur	
	Corrix	Lg.	verwendbar bei Siedetemperatur	
	Nickel	Lg. u. Eindampfen von Rohglycerin	kein Angriff bei Siedetemperatur	
672	Monel	Lg. u. Eindampfen von Rohglycerin	kein Angriff bei Siedetemperatur	
682	Inconel	Lg. rein	kein Angriff bei Siedetemperatur	
		Lg. + NaCl	Angriff	
	Zinn	Lg.	nicht verwendbar	
	Silber	Lg.	verwendbar	
	Platin	Lg.	verwendbar	
		Dampf	nicht verwendbar bei Rotglut [166]	

Glykol

Die Korrosion ist gegeben durch die kathodische Polarisation; bei Gegenwart von Inhibitoren (Dextrin + Phosphat) ist die Korrosion durch den anodischen Prozeß bedingt.

Goldverbindungen. Als nicht verwendbar wird angegeben:

Für Lösungen Aluminium, Zink.

Grubenwasser (sauer)

	Aluminium	$0,02\%\ H_2SO_4$ $+ 0,13\%\ Fe^{+++}$	27,5 bei 20°	3,5 bei 20°
6				
	Eisen		nicht verwendbar	
209—225	Si-Gußeisen		kein Angriff bei 20°	

% H_2SO_4	% Fe		
0,14	0,006	0,00 bei 20°	~0 bei 20°
0,21	0,09	0,04 „ 20°	0,002 „ 20°
0,40	0,014	0,02 „ 20°	0,001 „ 20°

W. V. Nr.	Werkstoff	Zusammensetzung des angreifenden Stoffes	Angriff g/m²·Tag	Angriff mm/Jahr
322—355	Cr-Stahl	sauer	<24,0 bei 20°	<1,0 bei 20°
396—408	Cr-Mo-Stahl	sauer	< 2,4 „ 20°	<0,1 „ 20°
451—474	18/8-Cr-Ni-Stahl	sauer	< 2,4 „ 20°	<0,1 „ 20°
475—495	18/8-Cr-Ni-Stahl + Mo	sauer	< 2,4 „ 20°	<0,1 „ 20°
525—529	18/9-Cr-Mn-Stahl	sauer	<24,0 „ 20°	<1,0 „ 20°
	Cr-Si-Ni-Stahl		0,002 „ 20°	0,0 , 20°
	Kupfer		widerstandsfähiger Werkstoff nicht verwendbar	
	Messing	+ 0,2% H_2SO_4	60—70 bei 20°	2,5—3,0 bei 20°
	Bronze	Für saure Grubenwässer werden folgende Bronzen empfohlen:		
638	Cu-Ni-Leg.		35,6 bei 20°	1,46 bei 20°
	Al-Bronze		~20,0 „ 20°	~0,80 „ 20°
	Stellit		empfohlen	
	Blei		empfohlen	

Zusammensetzung in %:

Cu:	80	65	88	75	73,5	85,3	84
Sn:	10	10	8	9,9	8	8,5	3
Zn:			4				
Pb:	10	25		15	17	6	15
Ni:					1,5		3
P:						0,2	

Gummi. Als verwendbar werden angegeben:

6 Aluminium für Rohgummisaft, Koagulationsbecher, Vulkanisierformen, Eisen, Stahl, Kupfer und Nickel

Härten

Chromstahlguß — Als Werkstoff für Härtetiegel, die beim Härten von Schnellstählen Verwendung finden, empfohlen. In diesen Tiegeln wird vornehmlich Cyannatrium, Holzkohle, $BaCl_2$, $BaCO_3$, KCl, NaCl eingesetzt. Die Tiegel, die je nach dem Härtegut Temperaturen von 900° bis 1150° ausgesetzt sind, haben meist eine Analyse, die in den Grenzen, wie sie Zahlentafel 5 wiedergibt, schwankt.

Zahlentafel 5

Gehalt an								
C %	Cr %	Si %	Mn %	P %	S %	Cu %	Mo %	Ni %
0,25	28,5	0,45	0,50	0,05	0,02	0,45	0,10	0,45
0,50	30,5	0,28	0,49	0,07	0,03	0,90	0,25	0,48
0,80	29,7	0,90	0,40	0,06	0,04	0,50	0,15	0,56
1,05	32,0	0,40	0,50	0,08	0,02	0,36	0,19	0,76
1,18	31,0	0,50	0,65	0,05	0,04	0,25	0,52	0,35
1,40	29,0	0,45	0,52	0,05	0,05	0,51	0,20	0,54

Ein C-Gehalt von etwa 1% erleichtert die Gießbarkeit. Den stärksten Angriff bewirken die direkt ansetzenden Feuergase und die an der äußeren Tiegelseite herablaufenden Salze. Ausbeulungen am Tiegelboden sind eine Folge von Überhitzungen. Einwandfrei gefahrene Tiegel (richtige Erhitzung, kein Kriechen der Salze) erreichen eine fünf- bis zehnmal größere Lebensdauer.

Handschweiß

Handschweißkorrosionen, die an blanken Metallen durch Berührung auftreten, können durch Reinigung mit einer Emulsion aus 9 Teilen Wasser und 1 Teil sogenanntem Korrosionsschutzöl entfernt werden, wenn die Reinigung bei Aluminium spätestens 1 Stunde nach der Berührung, bei Stahl innerhalb von ½ Stunde und bei Magnesium sofort erfolgt.

W. V. Nr.	Werkstoff	Zusammensetzung des angreifenden Stoffes	Angriff g/m² · Tag	Angriff mm/Jahr

Hanf

| | C-Stahl | Hanfseile mit
Drahtlitzen | NaCl-Gehalt der Hanfseile darf nicht über 0,01% liegen, sonst Angriff, auch Fettschmierung hilft dann nicht
Manilahanf: 0 bis 0,66% NaCl
Sisalhanf: Praktisch 0% NaCl | |

Harn

6	Aluminium		geringer Angriff, MBV-Schicht schützt	
	Cr-Stahl		kein Angriff	
	Cr-Ni-Stahl		kein Angriff	
672	Monelmetall		$<2,4$ bei 20°	$<0,1$ bei 20°

Harnsäure d 1,335

6	Aluminium	Lg.	Angriff	
	Cr-Stahl	Lg.	kein Angriff	
	Cr-Ni-Stahl	Lg.	kein Angriff	
643	Rotoxit	Lg.	kein Angriff	
672	Monel	Lg.	$<2,4$ bei 27°	$<0,1$ bei 20°

Harnstoff

6	Aluminium	Lg.	nicht verwendbar	
	Magnesium	Lg. kalt	geringer Angriff	
		Lg. warm	Angriff	
	Eisen	Herstellung	nicht verwendbar	
209—225	Si-Gußeisen	geschmolzen + NH$_4$-Carbamat	als gut beständig empfohlen [3, S. 813]	
	Stahl	Herstellung	~3000,0 bei 150°	~145 bei 150°
322—355	Cr-Stahl	Lg.	$<$ 2,4 bei 20°	$<0,1$,, 20°
396—408	Cr-Mo-Stahl	Lg.	$<$ 2,4 ,, 20°	$<0,1$,, 20°
451—474	18/8-Cr-Ni-Stahl	Lg.	$<$ 2,4 ,, 20°	$<0,1$,, 20°
475—495	18/8-Cr-Ni-Stahl + Mo	Lg.	$<$ 2,4 ,, 20°	$<0,1$,, 20°
525—529	18/9-Cr-Mn-Stahl	Lg.	$<$ 2,4 ,, 20°	$<0,1$,, 20°
662—666	Nickel	Herstellung	~20,0 ,, 150°	~0,80 ,, 150°
672	Monel	Herstellung	empfohlen	
	Ni-Cr-Legg.	Herstellung	nicht verwendbar	
	Blei	Herstellung	~240,0 bei 150°	~7,7 ,, 150°
	Platin	geschmolzen + Ammoncarbamat + H$_2$O	bei 142°, 50—75 at beständiger als die meisten Stähle	

Empfohlene Werkstoffe bei Herstellung aus CO$_2$ + NH$_3$ bei hohen Drücken und Temperaturen [15, S. 412]:

Blei-Auskleidungen bis etwa 170° und Silber-Auskleidungen für Reaktionautoklaven.

Hartsalz

Zusammensetzung des angreifenden Stoffes bei allen angeführten Versuchsergebnissen [167—172]:

> 91 g KCl
> 81 g Mg SO$_4$
> 129 g MgCl$_2$
> 115 g NaCl
> 1000 g H$_2$O

	Reineisen (0,016 C, 0,005 P, 0,026 S, 0,002 Si, 0,024 Mn)	Lg.	10,64 gleichmäßiger Angriff, verwendbar	0,53
	Elektrostahl (0,18 C, 0,04 P, 0,02 S, 0,45 Si, 0,80 Mn)	Lg.	16,08 gleichmäßiger Angriff, Verwendung möglich	0,81

W. V. Nr.	Werkstoff	Zusammensetzung des angreifenden Stoffes	Angriff g/m² · Tag	Angriff mm/Jahr
	S-M-Stahl St 37	Lg.	8,57 stellenweise örtlicher Angriff, Verwendung fraglich	0,43
	Röhrenstahl, unlegiert	Lg.	13,43—14,19 gleichmäßiger Angriff, Verwendung möglich	0,67—0,71
	Cu-Stahl	Lg.	8,75 gleichmäßiger Angriff, verwendbar	0,44
	Röhren- stahl + Mo (0,35 Mo)	Lg.	10,42 Anzeichen für Grübchenbildung, Verwendung möglich	0,52
	Cr-Si-Stahl (3 Cr)	Lg.	8,67 gleichmäßiger Angriff, verwendbar	0,43
	18/8 Cr-Ni- Stahl	Lg.	0,26 einzelne Stellen mit Grübchenbildung, Verwendung fraglich. Geschweißte Bleche deutlich örtlicher Angriff, nicht verwendbar	0,013
	18/8 Cr-Ni- Stahl + Zus.	Lg.	0,32 einzelne Roststellen, interkristalliner An- griff, nicht verwendbar geschweißte Bleche, örtlich angegriffen, nicht verwendbar	0,016
	18/8 Cr-Ni- Stahl + Mo (18 Cr; 8 Ni; 2 Mo + Zus.)	Lg.	0,27 einzelne Roststellen mit Grübchen, interkristalliner Angriff, nicht ver- wendbar; geschweißte Bleche nicht verwendbar	0,014
	Cr-Mo-Stahl (17 Cr; 1,75 Mo; 0,1 C + Zus.)	Lg.	0,22 einzelne Roststellen, Grübchen, nicht verwendbar	0,011
	Cr-Stahl (17 Cr; 0,3 Mn; 0,7 Ti; 0,1 C)	Lg.	0,92 Rost und Grübchen, nicht verwendbar	0,046
	Cr-Mn-Stahl (17 Cr; 9 Mn; 1,5 Ni; 0,08 C)	Lg.	0,45 einige Roststellen mit Grübchen, Verwendung zweifelhaft	0,023
	Gußeisen, gußroh	Lg.	7,48 gleichmäßige Rostung der Gußhaut, verwendbar	0,38
	Stahlguß, geschliffen	Lg.	16,08 gleichmäßiger Angriff, kein örtlicher Angriff, verwendbar	0,81
	Ni-Gußeisen (2 Ni)	Lg.	9,93 gleichmäßige Rostung der Gußhaut, verwendbar	0,52
	Cr-Gußeisen (2 Cr)	Lg.	5,70 gleichmäßige Rostung der Gußhaut, verwendbar	0,29
	Ni-Gußeisen (14 Ni; 6 Cu; 2 Cr)	Lg.	3,87 örtlicher Angriff, bedingt verwendbar	0,20
	Cr-Gußeisen (1,0 C; 28—30 Cr)	Lg.	0,25 gleichmäßiger Angriff, verwendbar	0,013
	Cr-Gußeisen (25 Cr)	Lg.	2,77 Gußhaut angegriffen, bedingt verwendbar	0,14
	Cr-Gußeisen (15 Cr; 0,4 Mn; 0,3 C)	Lg.	5,44 Rostschicht, geringer örtlicher Angriff, Verwendung fraglich	0,27
	Cr-Mo-Guß- eisen (28 Cr; 2 Mo; 0,3 C)	Lg.	1,05 gleichmäßiger Rostbefall, verwendbar	0,05

W. V. Nr.	Werkstoff	Zusammensetzung des angreifenden Stoffes	Angriff g/m² · Tag	Angriff mm/Jahr
	Cr-Mo-Guß-eisen (30 Cr; 3—4 Mo)	Lg.	0,83 geringe Rostung, verwendbar	0,04
	Cr-Mo-Guß-eisen (17 Cr; 1,5 Mo; 0,4 C)	Lg.	0,42—5,0 Grübchen, Verwendung fraglich	0,021—0,25
	18/8-Cr-Ni-Guß + Mo (18 Cr; 8 Ni; 2 Mo; 0,1 C)	Lg.	0,16—0,49 einzelne Roststellen, verwendbar	0,008—0,024
	10/18 Cr-Ni-Guß (10 Cr; 18 Ni; 4 Mo; 0,1 C)	Lg.	0,05—1,04 Rostpunkte, interkristalliner Angriff, nicht verwendbar	0,003—0,05
	Si-Gußeisen (15 Si; 0,3 Mn; 1 C; 0,03 T)	Lg.	3,22 Rostung neben örtlichem Angriff, nicht verwendbar	0,16
	Elektrolyt-kupfer	Lg.	9,32—23,61 gleichmäßiger Angriff, verwendbar	0,40—0,99
	Hütten-kupfer C (mehr als 99,4 Cu)	Lg.	7,30—7,53 gleichmäßiger Angriff, verwendbar	0,30—0,31
	Kupfer + As + Ni (0,3 As; 0,25 Ni)	Lg.	13,1 Angriff Abblätterung, Verwendung fraglich	0,55
	Al-Bronze (Al-Bz 4)	Lg.	0,31—0,80 gut beständig, verwendbar	0,013—0,03
	Al-Bronze (Al-Bz 9)	Lg.	0,19 gut beständig und verwendbar	0,008
	Al-Mehr-stoff-Bronze (Al-M-Bz) (90 Cu; 9 Al; Fe Zus.)	Lg.	0,37 gut beständig und verwendbar	0,016
	4-Stoff-Bronze (Al-M-Bz) (83,8 Cu; 7,2 Al; 4,2 Fe; 4,8 Ni)	Lg.	0,18—0,48 gut beständig, verwendbar	0,008—0,020
	Al-Mehr-stoff-Bronze + Si (92 Cu; 6 Al; 2 Si)	Lg.	0,11 kein Angriff, gut beständig, verwendbar für Wellen, Armaturen u. Rohre	0,005
	Mn-Bronze (85 Cu; 15 Mn)	Lg.	1,37 hinreichend beständig, verwendbar	0,059
	Mn-Bronze + Si (Cu; 0,8 Mn; 2—3 Si)	Lg.	4,39 porenartige Löcher, nicht verwendbar	0,19
	Mg-Bronze (Cu; 0,4 Mg)	Lg.	9,9 gleichmäßiger Angriff, wenig beständig, aber verwendbar	0,41
	Messing (Ms 63)	Lg.	1,48 Entzinkung, nicht verwendbar	0,06
	Rot-Tombak (Ms 90)	Lg.	9,64 keine Entzinkung, verwendbar	0,40
	Al-Messing (76 Cu; 22 Zn; 2 Al)	Lg.	0,90 gleichmäßiger Angriff, verwendbar	0,037
	Al-Messing + Cr (Cu; 22 Zn; 2 Al; 0,2 Cr)	Lg.	0,78 gleichmäßiger Angriff, verwendbar	0,032
	Al-Messing (70 Cu; 28 Zn; 2 Al)	Lg.	0,57 Zink bevorzugt gelöst, nicht verwendbar	0,024
	Ni-Cu-Leg. (67 Ni; 5 Zus.; Cu-Rest)	Lg.	0,38—1,83 Lochfraß, nicht verwendbar	0,016
	Al-Mehrstoff-Bronze Guß (92 Cu; 6 Al; 2 Si)	Lg.	0,06 gut beständig, verwendbar	0,003
	Mehrstoff-Lg. (80 Cu; 10 Al; 10 Mn; Fe; Ni)	Lg.	0,16 geringer Angriff, gut verwendbar, schmiedbar	0,007
	Sonder-Mes-sing (53,3 Cu; 40 Zn; 0,4 Al; 5 Ni; 2,3 Mn; 1 Fe Guß)	Lg.	1,0 gleichmäßiger Angriff, geringe Entzinkung, verwendbar	0,04

W. V. Nr.	Werkstoff	Zusammensetzung des angreifenden Stoffes	Angriff $g/m^2 \cdot$ Tag	Angriff mm/Jahr
	Sonder-Mes-sing (53,2 Cu; 40,8 Zn; 2,0 Ni; 2,25 Mn; 1,2 Fe; 2,3 Al Guß)	Lg.	5,61 örtlicher Angriff, Entzinkung, nicht verwendbar	0,24
	Cu-Si-Guß (82 Cu; 15 Si; 0,5 Mn)	Lg.	2,23 gleichmäßiger Angriff, beständig, verwendbar	0,09 167—172

Harze

6	Aluminium		kein Angriff bei H_2O-Dampfdestillation empfohlen bei 300°
451—474	C-Stahl		Angriff, Verfärbung
	18/8 Cr-Ni-Stahl		oft verwendbar
	Kupfer		verwendbar bis 300°
	P-Bronze		verwendbar bis 375°
	Nickel		empfohlen

Harzöle

451—474	Eisen		Angriff
	Gußeisen		geringer Angriff, empfohlen
	18/8-Cr-Ni-Stahl		empfohlen
	Kupfer		geringer Angriff bei 100°
672	Monel		<2,4 bei 20° <0,1 bei 20°
	Blei		Angriff

Hefe

Als verwendbar für die Herstellung werden angegeben: Aluminium, insbesondere elektrolytisch oxydiertes (Eloxal), das auch mit $K_2Cr_2O_7$ oder Ni-Co-Acetat nachgedichtet sein kann, Mangal, gummiertes Eisen, Cr-Strahl mit 15% Cr, 18/8-Cr-Ni-Stahl und Kupfer. Eine Beeinflussung der Hefe durch diese Werkstoffe findet nicht statt.

Heizöl

Aluminium — empfohlen für Verbrennungseinrichtungen

Stahl — Bei Lagerung im Haushalt zeigen Tanks oft[173] Lochfraß (Pitting) in Böden, entstanden durch kleine Wassermengen an Stellen, die von Ablagerungen bedeckt sind (Reste von Walzzunder, Schmutz usw.). Zusatz von $NaNO_2$-Lg. + + Na_2CO_3 setzt den Angriff herab.

Al-Bronze — empfohlen für Verbrennungseinrichtungen

Als verwendbar werden angegeben:
Niresist und Monelmetall
Angaben über Petroleum beachten.

Hexachloräthan

Empfohlene Werkstoffe bei Herstellung aus Perchloräthylen nach dem Wacker-Verfahren:
Blei-Auskleidung für Chlorierung, Kristallisation
Kupfer für Zentrifugen
Gußeisen für Pumpen
Nickel für rotierende Vakuum-Verdampfer.

Hexachlorbutadien

Empfohlene Werkstoffe bei Herstellung aus C_2HCl_3 nach dem Wacker-Verfahren:
Blei-Auskleidungen für die meisten Teile der Anlage.

Hexachlorkohlenstoff

6	Aluminium		starker Angriff bei 20°
	Blei		geringer Angriff bei höherer Temperatur

W. V. Nr.	Werkstoff	Zusammensetzung des angreifenden Stoffes	Angriff g/m² · Tag	Angriff mm/Jahr

Hexamethylentetramin. Als verwendbar wird angegeben:

Für Hexamethylentetramin + H_2O Eisen (geringer Angriff, Schutzschichtbildung).

Holz

Aluminium		für Holztrocknungs-Maschinen empfohlen
Zink	feucht	Angriff (Linde am stärksten, dann Kiefer, am wenigsten Buche)
Blei	harte Hölzer besonders Eiche	Angriff, wenn feucht
	weiche Hölzer	kein Angriff

Holzdestillation. Als verwendbar werden angegeben:

Für Retorten Stahl, ebenso für Holzkohlekühler
Für Kondensator und Reiniger Kupfer
Für Teerdestillation Kupfer
Für Methanoldestillation Eisen, auch für Sammeltank.

Sehr ausführliche Untersuchungen über die Beanspruchungen bei der Holzessigsäure-Erzeugung von WETTERNIK und ZITTER ergaben, daß ein Cr-Ni-Mo-Stahl vom Typ 18/10/2 nicht mehr ausreicht. Gute Widerstandsfähigkeit gegen siedende Lösungen der Rohessigsäure-Destillation (Holzessig) mit etwa 70% CH_3CCOH, 0,5% $HCOOH$ und empyreumatischen Bestandteilen zeigte ein Stahl mit 27 Cr, 4,5 Ni, 1,5 Mo [174].

Holzkonservierungsmittel. Als verwendbar wird angegeben:

Eisen für Anilin, Natriumfluorid, Dinitrophenol, Teeröle, Silicofluoride + + KF + NH_4F.

Als nicht verwendbar wird angegeben:
Eisen für Kupfersulfat, Sublimat und Zinkchlorid
Angaben über die einzelnen Stoffe nachsehen.

Mit Teerölen imprägnierte Hölzer greifen im allgemeinen Metalle nicht an, sondern nur, wenn minderwertige Stoffe an Stelle von Steinkohlenteeröl verwendet wurden. $ZnCl_2$ für Eisenbahnschwellen viel benützt: wenn Luft trocken, so kein Angriff; bei mehr als 90% relativer Feuchtigkeit starker Angriff, unter 65% relativer Feuchtigkeit geringer Angriff auf die Schienennägel. Zusatz von Na_2CrO_4 verstärkt die Korrosion. Ammonsulfat als Feuerschutzmittel greift nicht an, wenn das Holz im Trockenen verbaut ist (Dachstuhl), bei Feuchtigkeit (Dachschindeln) erfolgt Angriff.

Schutzmaßnahme: Ausgießen von Bolzenlöchern mit Teer, Unterlegen von Teerpappe unter Metallaschen.

Huminsäuren. Als verwendbar werden angegeben:

Kupfer, Messing. Bronze.

Als nicht verwendbar werden angegeben:

Aluminium, Eisen, Zink, Blei.
Angaben über Böden nachsehen.

Hydrazin. Als verwendbar wird angegeben:

Für wasserfreies Hydrazin Aluminium, Zink bei 20°.

Hydrazinhydrat

Empfohlene Werkstoffe bei der Herstellung von Hydrazinhydrat aus NH_4OH + NaClO nach dem Raschig-Verfahren (Trauscher & Co., Gersthofen) [15, S. 173]:
Stahlguß für Pumpen
482 Cr-Ni-Stahl für Salz-Verdampfer und alle Teile nach diesem;
Stahl + Polyvinylchlorid-Überzügen für Lagerung (Hydrazin).

W. V. Nr.	Werkstoff	Zusammensetzung des angreifenden Stoffes	Angriff g/m² · Tag	Angriff mm/Jahr

Imprägnieröl

Untersuchungen von G. SCHIKORR an einem Öl, das bei 240° zu sieden beginnt und 3% saure Bestandteile enthält, haben bei Temperaturen über 240° und ruhender Flüssigkeit ergeben:

1 Liter Öl kann 0,5 g Fe auflösen, die Angriffskraft von 1 cm³ Öl auf 1 cm² Eisenoberfläche ist nach drei Stunden erschöpft. Durch Zugabe von 5 g/l CaO zum Öl wird der Angriff praktisch verhindert. Fließendes Öl ohne Kalkzusatz greift Stahl bei 240° stark an (bis zu 240 g/m² Tag, d. i. 10 mm/Jahr).

Indol. Als verwendbar wird angegeben:

Aluminium.

Inkromierung

Stahl — Durch Inkromierung von kohlenstoffarmen Stählen wird eine Oberfläche erhalten, deren Korrosionseigenschaften den eines Chromstahles von mehr als 30% Cr entsprechen. Inkromierte Stähle sind in dieser Hinsicht den nichtrostenden Stählen mit 18% Cr oder 18% Cr und 8% Ni überlegen.

Insektizide

Aluminium u. Al-Leg. — Gegen Spritz- und Stäubemittel, ausgenommen Na-arsenit, gut beständig bei wäßrigen Lösungen und Lösungen auf Petroleumgrundlage.

Vergleichende Versuche ergaben in g/m² Tg. (Auszug aus [175]):

	5% DDT in H_2O	5% DDT in Salzwasser	Na-arsenit in H_2O	Chlorodane in H_2O	5% DDT in Heizöl
Al	0,02*	0,01	0,67*	0,30	0,001
Mg-Leg.	0,32*	1,1*	0,14	0,60*	0,002
Stahl	0,92*	0,8*	0,02	2,8*	0,075
Stahl, verzinkt	2,3*	4,1*	5,4	7,2	0,13
rostfreier Stahl	0,002	0,004	0,004	0,04	0,003
Kupfer	0,16	1,0*	0,52	1,2	0,12
Messing	0,20*	0,36	0,37	1,3	0,045

Interkristalline Korrosion, vgl. Korngrenzenkorrosion.

Isatin. Als verwendbar wird angegeben:

Aluminium.

Isobutylchlorid. Als verwendbar werden angegeben, wenn trocken und säurefrei:

Eisen, Cr-Stahl, Cr-Ni-Stähle, Corrix, Nickel, Monel, Inconel, Silber.

Isolierharzöle. Als verwendbar wird angegeben:

Blei bei 100°.

Isolierstoffe. Die Oberfläche von Wolframkontakten in abgeschlossenen Geräten bei gleichzeitiger Anwesenheit phenolhaltiger Isolierstoffe und ausreichender Luftfeuchtigkeit können durch organische Bedingungen der Gasphase angegriffen werden. Kupfer oder Neusilber erleiden unter gleichen Bedingungen kaum eine Veränderung.

Korrosionsprodukte entstehen nur bei längerer Lagerung oder Transport, besonders unter tropischen Bedingungen. Sie sind im allgemeinen wasserlöslich und leicht entfernbar.

Isopentan. Empfohlene Werkstoffe bei der Herstellung nach dem Shell-Verfahren (Isomerisation) [15, 8. 201]:

C-Stahl für alle Teile, die keinen zu starken mechanischen Beanspruchungen unterworfen sind.

---

* Lochfraß (Pitting) beobachtet.

W. V. Nr.	Werkstoff	Zusammensetzung des angreifenden Stoffes	Angriff g/m² · Tag	Angriff mm/Jahr

Jauche. Als verwendbar werden angegeben:

    Für luftfreie Jauche Aluminium

    Für Jauche + Luft Aluminium + MBV-Schicht, Eisen, Stahl.

Jod. Sm. 113,0°; Sd. 184,4°

W. V. Nr.	Werkstoff	Zusammensetzung des angreifenden Stoffes	Angriff g/m² · Tag	Angriff mm/Jahr
6	Aluminium	fest, H_2O-frei	kein Angriff bei 20°	
		Dämpfe	geringer Angriff bei 20°	
		Lg. in C_2H_5OH	starker Angriff bei 20°	
	Al-Si	1% Lg.	0,4 bei 20°	0,05 bei 20°
90	GAl-Si	1,5% Lg.	12,0 ,, 20°	1,62 ,, 20°
	GAl-Mg-Mn	0,1% Lg.	0,5 ,, 20°	0,06 ,, 20°
	Eisen	fest, H_2O-frei	kein Angriff bei 20°	
		Lg.	nicht verwendbar	
224	Antichlor II	Dämpfe	19,2 bei 170°	2,0 bei 170°

W. V. Nr.	Werkstoff	Zusammensetzung des angreifenden Stoffes	trocken 20°	Lg. 20°	trocken 20°	Lg. 20°
322—355	Cr-Stahl		<2,4	>240	<0,1	>10,0
396—408	Cr-Mo-Stahl		<2,4	>240	<0,1	>10,0
451—474	18/8-Cr-Ni-Stahl	Jodtinktur	0,0002 bei 40°		0,00001 bei 40°	
		20 g J + 24 g NaJ + 49,5%iger C_2H_5OH auf 1000 ml				
475—495	18/8-Cr-Ni-Stahl + Mo		<2,4	>240	<0,1	>10,0
525—529	18/9-Cr-Mn-Stahl		<2,4	>240	<0,1	>10,0

W. V. Nr.	Werkstoff	Zusammensetzung des angreifenden Stoffes	Angriff g/m² · Tag	Angriff mm/Jahr
	Kupfer	Lg.	nicht verwendbar	
	Messing	Lg.	nicht verwendbar	
	Cr-Überzüge	Lg. in C_2H_5OH	kein Angriff	
662—666	Nickel	Lg. u. Dampf	starker Angriff	
672	Monel	fest, H_2O-frei	kein Angriff bei 20°	
		Lg.	starker Angriff bei 20°	
	Stellit		Angriff	
	Tantal	fest, trocken	kein Angriff bei 600°	
		ges. Lg. + KJ	kein Angriff bei 20°	
	Wolfram	fest, trocken	empfohlen bei 20°	
	Zink	Dampf, trocken	geringer Angriff bei 20°	
		Dampf, feucht	starker Angriff bei 20°	
		fest		
	Cd-Überzüge	Lg.	starker Angriff	
	Zinn	Lg. + KJ	Auflösung	
		Lg. KJ-frei	starker Angriff bei 20°	
	Silber	Lg.	starker Angriff bei 20°	
	Gold	trocken	geringer Angriff bei 20°, stärkerer bei 50°	
		J + KJ-Lg.	starker Angriff	
		Lg. in Äther	Angriff bei 20°	
		5% Lg. in C_2H_5OH	1,2 bei 20°	0,025 bei 20°
	Platin	fest, trocken	sehr geringer Angriff bei 20° (Spuren)	
			oft verwendbar, starker Angriff bei höherer Temperatur oder in statu nascendi	
		fest, feucht	kein Angriff bei 20°	
		50 g/l in C_2H_5OH	kein Angriff bei 20°	
	Iridium	fest, trocken	kein Angriff bei 20°	
		fest, feucht	kein Angriff bei 20°	
		50 g/l in C_2H_5OH	kein Angriff bei 20°	
	Osmium	fest, trocken	0,23 bei 20°	0,003 bei 20°
		fest, feucht	kein Angriff bei 20°	
	Palladium	fest, trocken	0,76 bei 20°	0,01 bei 20°
		fest, feucht	0,48 ,, 20°	0,005 ,, 20°
	Rhodium	fest, trocken	0,07 ,, 20°	0,00 ,, 20°
		fest, feucht	0,07 ,, 20°	0,00 ,, 20°
	Ruthenium	fest, trocken	kein Angriff bei 20°	
		fest, feucht	0,38 bei 20°	0,006 bei 20°

W. V. Nr.	Werkstoff	Zusammensetzung des angreifenden Stoffes	Angriff g/m² · Tag	Angriff mm/Jahr
Jodoform				
6	Aluminium		kein Angriff	
322—355	Cr-Stahl	Dampf	<2,4 bei 60°	<0,1 bei 60°
396—408	Cr-Mo-Stahl	Dampf	<2,4 „ 60°	<0,1 „ 60°
451—474	18/8-Cr-Ni-Stahl	Dampf	<2,4 „ 60°	<0,1 „ 60°
475—495	18/8-Cr-Ni-Stahl + Mo	Dampf	<2,4 „ 60°	<0,1 „ 60°
525—529	18/9-Cr-Mn-Stahl	Dampf	<2,4 „ 60°	<0,1 „ 60°
Jodpentoxyd				
	Tantal		starker Angriff bei 500°	
Jodwasserstoff				
	Aluminium	Lg.	starker Angriff	
	Cr-Stahl	Lg.	starker Angriff	
451—474	18/8-Cr-Ni-Stahl	Lg.	starker Angriff	
475—495	18/8-Cr-Ni-Stahl + Mo	Lg.	starker Angriff	
	Messing	Lg.	starker Angriff	
	Zinn		starker Angriff	
	Silber		nicht verwendbar	
	Gold	Gas	geringer Angriff bis 300°	
		Lg. in Äther	Angriff	
		Lg. + H_2SO_4	Angriff	
	Platin	d = 1,75	0,0003 bei 20°	0,000015 bei 20° [177]
			33,6 bei 100°	0,5 bei 100°
	Iridium	d = 1,75	kein Angriff bei 100°	
	Osmium	d = 1,75	2,2 bei 100°	0,05 bei 100°
	Palladium	d = 1,75	kein Angriff bei 20°	
	Rhodium	d = 1,75	kein Angriff bei 20°	
	Ruthenium	d = 1,75	kein Angriff bei 20°	
Kabel				
	Aluminium	Wenn mehr als 99,5% Al, so sind Kabelmäntel aus Aluminium in der Atmosphäre im allgemeinen beständig. Bei Verlegung in Kabelschächten soll direkter Kontakt mit Zement oder Kalkmörtel vermieden werden (Bitumenanstrich). In alkalischen Böden können Aluminiumkabel angegriffen werden. Ein aufgepreßter Kunststoffüberzug bzw. kathodischer Schutz wird empfohlen. Bitumen reicht nicht immer aus.		
	Blei	Für Kabelblei werden folgende Höchstgrenzen der Beimengung empfohlen [179]: 0,03—0,05% Cu, 0,05% Bi, 0,001% Ag, 0,001% As, 0,015% Sb und Sn, 0,001% Mg. Galvanische und Konzentrationsketten, mikrobiologische Einwirkungen, Enteisung durch Salze, mechanische Verletzungen und Einflüsse der Einbettung sind zu beachten. Dichte Überzüge aus Kunststoffen bieten nach 20jährigen Erfahrungen gegebenenfalls in Verbindung mit kathodischem Korrosionsschutz gute Korrosionsbeständigkeit [180].		
Kältemaschinen				
	Cu-Legierung (85 Cu; 14 Zn; 1 Mn)		empfohlen	
Kaffee				
451—474	C-Stahl	siedend	nicht geeignet	
	18/8-Cr-Ni-Stahl	siedend	geeignet	

W. V. Nr.	Werkstoff	Zusammensetzung des angreifenden Stoffes	Angriff g/m² · Tag	Angriff mm/Jahr

Kalium. Sm. 62,5°; Sd. 758°; d 0,862. Als verwendbar wird angegeben:
Für geschmolzenes Kalium Eisen.

Kaliumacetat, vgl. Natriumacetat.

Kaliumbichromat

W. V. Nr.	Werkstoff	Zusammensetzung des angreifenden Stoffes	Angriff g/m² · Tag		Angriff mm/Jahr	
6	Aluminium	10% Lg.	0,001		0,00014	
90	GAl-Si	10% Lg.	0,002		0,0003	
	GAl-Mg-Mn	10% Lg.	0,002		0,0003	
	Aluminium und Al-Legierungen	10% Lg.	<0,05 bei 20—98°			
	Magnesium	Lg.	kein Angriff			
	C-Stahl	Lg.	nicht verwendbar		bei Siedetemperatur	
			20°	siedend	20°	siedend
322—355	Cr-Stahl	25% Lg.	<2,4	>240	<0,1	>10,0
396—408	Cr-Mo-Stahl	25% Lg.	<2,4	<24,0	<0,1	< 1,0
451—474	18/8-Cr-Ni-Stahl	25% Lg.	<2,4	< 2,4	<0,1	< 0,1
475—495	18/8-Cr-Ni-Stahl + Mo	25% Lg.	<2,4	< 2,4	<0,1	< 0,1
525—529	18/9-Cr-Mn-Stahl	25% Lg.	<2,4	< 240	<0,1	<10,0
	70/30-Cu-Ni-Leg.	Lg.	0,05—5,0		0,002—0,2	
			je nach Temperatur und Konzentration			
679	Illium	5% Lg.	empfohlen			
	Blei	n/1 Lg.	~0,4 bei 20°		~0,01 bei 20°	
	Silber	verd. Lg.	kein sichtbarer Angriff			

Kaliumbitartrat (Weinstein)

W. V. Nr.	Werkstoff	Zusammensetzung des angreifenden Stoffes	Angriff g/m² · Tag		Angriff mm/Jahr	
6	Aluminium	konz. Lg.	kein — geringer Angriff bei Siedetemp.			
209—217	Si-Gußeisen	ges. Lg.	<72,0 bei 100°		< 3,0 bei 100°	
218—225	Si-Gußeisen	ges. Lg.	<240 „ 100°		<10,0 „ 100°	
234—243	Cr-Gußeisen	ges. Lg.	<24,0 „ 100°		< 1,0 „ 100°	
322—355	Cr-Stahl	ges. Lg.	>240 „ 100°		>10,0 „ 100°	
396—408	Cr-Mo-Stahl	ges. Lg.	>240 „ 100°		>10,0 „ 100°	
451—474	18/8-Cr-Ni-Stahl	ges. Lg.	<24,0 „ 100°		< 1,0 „ 100°	
475—495	18/8-Cr-Ni-Stahl + Mo	ges. Lg.	<24,0 „ 100°		< 1,0 „ 100°	
525—529	18/9-Cr-Mn-Stahl + Mo	ges. Lg.	>240 „ 100°		>10,0 „ 100°	
			20°	100°	20°	100°
662—666	Reinnickel	5% Lg.	<2,4	< 2,4	<0,1	<0,1
		ges. Lg.	<2,4	<24,0	<0,1	<1,0

Kaliumbromid

W. V. Nr.	Werkstoff	Zusammensetzung des angreifenden Stoffes	Angriff g/m² · Tag	Angriff mm/Jahr
6	Aluminium	5% Lg.	0,032	0,0043
90	GAl-Si	5% Lg.	0,070	0,0095
	GAl-Mg-Mn	5% Lg.	0,045	0,0061
	Cr-Stahl	Lg.	geringer Angriff	
396—408	Cr-Mo-Stahl	Lg.	<2,4 bei 20°	<0,1 bei 20°
451—474	18/8-Cr-Ni-Stahl	Lg.	<2,4 „ 20°	<0,1 „ 20°
475—495	18/8-Cr-Ni-Stahl + Mo	Lg.	<2,4 „ 20°	<0,1 „ 20°
525—529	18/9-Cr-Mn-Stahl	Lg.	<2,4 „ 20°	<0,1 „ 20°
	Kupfer	Lg.	verwendbar bei Siedetemperatur	
	Messing	Lg.	verwendbar bei Siedetemperatur	
	Al-Bronze	konz. Lg.	verwendbar bei Siedetemperatur	

W. V. Nr.	Werkstoff	Zusammensetzung des angreifenden Stoffes	Angriff g/m² · Tag		Angriff mm/Jahr	
662—666	Nickel	Lg.	empfohlen			
672	Monel	Lg.	empfohlen			
	Nickelchrom	Lg.	empfohlen			
	Blei	Lg.	verwendbar			
	Silber	geschmolzen	starker Angriff			
	Platin	$KBr + NH_4J$	beständig			

Kaliumcarbonat

W. V. Nr.	Werkstoff	Zusammensetzung des angreifenden Stoffes	Angriff g/m² · Tag		Angriff mm/Jahr	
6	Aluminium	feuchtes Salz	geringer Angriff			
		Lg.	geringer Angriff			
		Zusatz von Wasserglas, organischen Kolloiden und Chromaten verringert den Angriff				
	Eisen	Lg. 0,07 mMol	geringster Angr. bei 20° (90, $H_2O = 100$)			
		Lg. 7,2 mMol	stärkster Angr. bei 20° (134, $H_2O = 100$) kritische Konzentration			
		sehr verd. Lg.	starker Angriff			
234—243	Cr-Gußeisen	50% Lg.	<2,4 bei 100°		<0,1 bei 100°	
251—255	Cr-Mo-Gußeisen	50% Lg.	<2,4 ,, 100°		<0,1 ,, 100°	
260	Monel-Gußeisen	20% Lg.	1,4 ,, 20°		0,06 ,, 20°	

W. V. Nr.	Werkstoff	Zusammensetzung des angreifenden Stoffes	Angriff g/m² · Tag		Angriff mm/Jahr	
			20°	siedend	20°	siedend
322—355	Cr-Stahl	Lg.	<2,4	<24,0	<0,1	<1,0
396—408	Cr-Mo-Stahl	Lg.	<2,4	< 2,4	<0,1	<0,1
451—474	18/8-Cr-Ni-Stahl	Lg.	<2,4	< 2,4	<0,1	<0,1
475—495	18/8-Cr-Ni-Stahl + Mo	Lg.	<2,4	< 2,4	<0,1	<0,1
525—529	18/9-Cr-Mn-Stahl	Lg.	<2,4	< 2,4	<0,1	<0,1
	Kupfer	+ Luft	geringer Angriff bei Siedetemperatur			
	Messing	Lg.	Angriff			
662—666	Nickel	Lg.	<2,4		<0,1	
672	Monel	Lg.	<2,4		<0,1	
		geschmolzen	kein Angriff			
	Nickelchrom	Lg.	empfohlen			
	Zink	bis 40% Lg.	geringer Angriff bei 20°			
		50% Lg.	starker Angriff bei 20°			
	Zn-Leg.	$KHCO_3$-Lg.	für Feuerschutzmittel nur selten verwendbar			
	Zinn	Lg.	nicht verwendbar			
	Blei	verd. Lg.	verwendbar			
		konz. Lg.	Angriff			
	Silber	Lg.	empfohlen			
	Gold	geschmolzen	geringer Angriff			
	Platin	geschmolzen	geringer Angriff			
		Lg.	kein Angriff			
		Auch Angaben über Na_2CO_3 nachsehen!				

Kaliumchlorat

W. V. Nr.	Werkstoff	Zusammensetzung des angreifenden Stoffes	Angriff g/m² · Tag		Angriff mm/Jahr	
6	Aluminium	5% Lg.	0,048		0,0065	
		+ Schwermetalle	Angriff			
90	GAl-Si	5% Lg.	0,19		0,026	
	GAl-Mg-Mn	5% Lg.	0,045		0,0061	
	Eisen	Lg. 0,04 mMol	geringster Angr. bei 20° (96, $H_2O = 100$)			
		Lg. 0,4 mMol	stärkster Angr. bei 20° (107, $H_2O = 100$) Angriff bei Siedetemperatur			
209—225	Si-Gußeisen	ges. Lg.	<2,4 bei 100°		<0,1 bei 100°	
234—243	Cr-Gußeisen	ges. Lg.	<2,4 ,, 100°		<0,1 ,, 100°	
251—255	Cr-Mo-Gußeisen	ges. Lg.	<2,4 ,, 100°		<0,1 ,, 100°	

W. V. Nr.	Werkstoff	Zusammensetzung des angreifenden Stoffes	Angriff g/m² · Tag	Angriff mm/Jahr
322—355	Cr-Stahl	ges. Lg.	<2,4 bei 100°	<0,1 bei 100°
396—408	Cr-Mo-Stahl	ges. Lg.	<2,4 „ 100°	<0,1 „ 100°
418	Wegucit		kein Angriff	
451—474	18/8-Cr-Ni-Stahl	ges. Lg.	<2,4 bei 100°	<0,1 bei 100°
475—495	18/8-Cr-Ni-Stahl + Mo	ges. Lg.	<2,4 „ 100°	<0,1 „ 100°
525—529	18/9-Cr-Mn-Stahl	ges. Lg.	<2,4 „ 100°	<0,1 „ 100°
	Kupfer		verwendbar	
	Messing		verwendbar	
	Bronze		verwendbar	
			20° 100°	20° 100°
662—666	Nickel	5% Lg.	<2,4 <24,0	<0,1 <1,0
672	Monel		verwendbar	
682	Inconel		verwendbar	
	Blei	n/l Lg.	20,0 bei Siedetp.	0,64 bei Siedetp.
		n/l Lg. + Spur HCl	106 „ „	3,4 „ „
	Platin	geschmolzen	Angriff	
		Lg.	kein Angriff	

Kaliumchlorid

W. V. Nr.	Werkstoff	Zusammensetzung des angreifenden Stoffes	Angriff g/m² · Tag	Angriff mm/Jahr
6	Aluminium	verd. Lg.	starker Angriff bei 20°	
		konz. Lg.	geringer — starker Angriff bei 20°	
		Lg. + 0,5% Wasserglas	geringer Angriff bei 20°	
	Magnesium	Lg.	Angriff	
	Eisen	Lg. 13,4 mMol	geringster Angr. bei 20° (89, H_2O = 100)	
		Lg. 670,0 mMol	stärkster Angr. bei 20° (98, H_2O = 100) kritische Konzentration	
		Lg. KCl+NaNO₃	empfohlen	
209—225	Si-Gußeisen	ges. Lg.	<24,0 bei 100°	<1,0 bei 100°
?	Cr-Gußeisen	geschmolzen	empfohlen	
	Stahl	Lg.	~1,0 bei 25°	~0,05 bei 25°
			20° siedend	20° siedend
322—355	Cr-Stahl	ges. Lg.	<24,0 >240	<1,0 >10,0
396—408	Cr-Mo-Stahl	ges. Lg.	<24,0 < 2,4	<1,0 < 0,1
451—474	18/8-Cr-Ni-Stahl	ges. Lg.	< 2,4 <24,0	<0,1 < 1,0
475—495	18/8-Cr-Ni-Stahl + Mo	ges. Lg.	< 2,4 < 2,4	<0,1 < 0,1
525—529	18/9-Cr-Mn-Stahl	ges. Lg.	< 2,4 <24,0	<0,1 < 1,0

	Werkstoff	Zusammensetzung	Elektrolyt-Cu bei 85°	Hütten-Cu bei 85°	Elektrolyt-Cu bei 85°	Hütten-Cu bei 85°
	Kupfer	1% Lg.	12,9	17,0	0,54	0,71
		5% Lg.	15,8	22,5	0,66	0,94
		10% Lg.	24,4	32,8	1,02	1,37
		20% Lg.	25,0	31,5	1,04	1,31
		Hartsalz-Lg. KCl 86 g/l, NaCl 101 g/l, MgCl₂ 148 g/l, MgSO₄ 65 g/l	8,7	11,3	0,36	0,47
	Messing 70/30	1% Lg.	11,0 bei 85°		0,48 bei 85°	
		5% Lg.	19,2 „ 85°		0,83 „ 85°	
		10% Lg.	18,0 „ 85°		0,77 „ 85°	
		20% Lg.	17,0 „ 85°		0,73 „ 85°	
		Hartsalz-Lg. Zus. wie bei Kupfer	6,4 „ 85°		0,27 „ 85°	

W. V. Nr.	Werkstoff	Zusammensetzung des angreifenden Stoffes	Angriff g/m² · Tag		Angriff mm/Jahr	
	Bronze		Sn-Bronze	Al-Bronze	Sn-Bronze	Al-Bronze
			1,5 Sn; 85°	4 Al; 85°	1,5 Sn; 85°	4 Al; 85°
		1% Lg.	9,8	14,2	0,42	0,61
		5% Lg.	16,0	17,2	0,69	0,74
		10% Lg.	28,3	18,5	1.20	0,79
		20% Lg.	27,0	17,8	1,16	0,76
		Hartsalz-Lg.	8,4	7,5	0,37	0,32

Zus. wie bei Kupfer;

doppelte Abtragung bei Erhöhung der Strömungsgeschwindigkeit auf etwa 1 m/sec bei Hartsalzlösungen

W. V. Nr.	Werkstoff	Zusammensetzung des angreifenden Stoffes	Angriff g/m² · Tag	Angriff mm/Jahr
672	Nickel	ges. Lg.	$<$2,4 bei 100°	$<$0,1 bei 100°
		n/l Lg.	~0,1 „ 20°	~0,004 „ 20°
	Tantal	ges. Lg.	kein Angriff bei 100°	
	Zink	verd. Lg.	geringer Angriff bei 20°	
		konz. Lg.	kein Angriff bei 20°	

Bei teilweisem Eintauchen wird der unbelüftete, tief eintauchende Teil zur Anode und stärker angegriffen als die übrigen Teile

W. V. Nr.	Werkstoff	Zusammensetzung des angreifenden Stoffes	Angriff g/m² · Tag	Angriff mm/Jahr
	Blei	n/1000 Lg.	1,26 bei 20°	0,04 bei 20°
		n/100 Lg.	0,98 „ 20°	0,03 „ 20°
		n/10 Lg.	0,84 „ 20°	0,027 „ 20°
		n/Lg.	1,26 „ 20°	0,04 „ 20°
		KCl-Lg. + 51 mg/l CO_2		
		n/1000 Lg.	0,67 „ 20°	0,02 „ 20°
		n/100 Lg.	0,71 „ 20°	0,02 „ 20°
		n/10 Lg.	0,7 „ 20°	0,02 „ 20°
		gesätt. Lg.	0,64 „ 20°	0,02 „ 20°
	Silber	Lg.	kein Angriff	
		geschmolzen	starker Angriff	
	Gold	Lg. rein Schmelze	kein Angriff	
		KCl + Nitrat oder Sulfat	Angriff bei erhöhter Temperatur	
		KCl + Alaun + KNO_3	Auflösung	
	Platin	Lg. rein Schmelze	kein Angriff	
		KCl + Nitrat	Angriff bei erhöhter Temperatur	

Empfohlene Werkstoffe bei der Herstellung aus Sylvin 15, 8. 295:
Stahl für Wärmeaustauscher, Rohrleitungen, Rührer, Trockner
Monel für Filter, Zentrifugen, Wärmeaustauscher, Kondensatoren
Gußeisen für Rohre, Verdampfer.

Kaliumchromat

W. V. Nr.	Werkstoff	Zusammensetzung des angreifenden Stoffes	Angriff
6	Aluminium	Lg.	kein Angriff bei höherer Temperatur
	Magnesium	Lg.	kein Angriff
	Eisen	verd. — konz. Lg.	kein Angriff
		$<$0,03 g/l	geringer Angriff
		Lg.	starker Angr. bei Hochdr. u. hoh. Temp.
		Zusatz von NaCl, $NaNO_3$ und Na_2SO_4 vergrößert den Angriff	
	Zink	Lg.	Angriff geringer als bei destill. Wasser

Kaliumcyanid. Sm. 624°

W. V. Nr.	Werkstoff	Zusammensetzung des angreifenden Stoffes	Angriff	Angriff
6	Aluminium	verd. Lg.	geringer Angriff bei 20°	
		konz. Lg.	starker Angriff bei 60°	
		Zusatz von 0,5—1% Wasserglas hemmt den Angriff		
	Eisen	Lg. 0,15 mMol	geringster Angr. bei 20° (99, H_2O = 100)	
		konz. Lg.	Angriff	
		geschmolzen	230,0 bei 750°	10,9 bei 750°

W. V. Nr.	Werkstoff	Zusammensetzung des angreifenden Stoffes	Angriff g/m² · Tag	Angriff mm/Jahr
270	Stahl	geschmolzen	362,0 bei 750°	17,0 bei 750°
298	Cu-Stahl	geschmolzen	~230,0 „ 750°	~11,0 „ 750°
	Cr-Stahl	geschmolzen	~280,0 „ 750°	~13,0 „ 750°
		5% Lg.	< 2,4 „ 20°	< 0,1 „ 20°
396—408	Cr-Mo-Stahl	5% Lg.	< 2,4 „ 20°	< 0,1 „ 20°
451—474	18/8-Cr-Ni-Stahl	5% Lg.	< 2,4 „ 20°	< 0,1 „ 20°
475—495	18/8-Cr-Ni-Stahl + Mo	5% Lg.	< 2,4 , 20°	< 0,1 „ 20°
525—529	18/8-Cr-Mn-Stahl	5% Lg.	< 2,4 „ 20°	< 0,1 „ 20°
	Kupfer	Lg.	Angriff bei 20°	
	Messing	Lg.	Angriff bei 20°	
629	Cu-Ni-Leg.	10% Lg.	0,96 bei 15—20°	0,04 bei 15—20°
637	Ferry-Metall	10% Lg.	0,87 „ 15—20°	0,035 „ 15—20°
672	Monel	Lg.	>24,0 „ 20°	>1,0 „ 20°
		geschmolzen	starker Angriff	
	Zink	Lg.	starker Angriff, der aber langsam zum Stillstand kommt. Durch Erwärmen starke Beschleunigung des Angriffs	
	Cd-Überzüge	Lg.	Angriff, besonders wenn O_2 vorhanden	
	Silber	Lg.	starker Angriff	
		Zusatz von O_2 vergrößert den Angriff		
	Gold	Lg.	starker Angriff	
	Au-Legierungen	Lg. + H_2O_2	es wurde das Auftreten von Spannungsrissen beobachtet	
		Zusatz von O_2, Oxydationsmitteln und $(NH_4)_2SO_4$ vergrößert den Angriff		
	Platin	50 g/l	0,002 bei 20° 3,4 „ 100°	0,00003 bei 20° [177] 0,05 „ 100°
		O_2, Oxydationsmittel wie H_2O_2, Alkaliamalgame, anodische Polarisation, Wechselstromelektrolyse vergrößern den Angriff		
		geschmolzen	Angriff	
	95/5-Pt-Ir-Leg.	50 g/l	5,0 bei 20°	0,08 bei 20°
	95/5-Pt-Rh-Leg.	50 g/l	7,7 „ 20°	0,12 „ 20°
	95/5-Pt-Ru-Leg.	50 g/l	2,6 „ 20°	0,04 „ 20°
	Palladium	50 g/l	2,2 „ 20°	0,04 „ 20°

Kaliumferricyanid

W. V. Nr.	Werkstoff	Zusammensetzung des angreifenden Stoffes	Angriff g/m² · Tag		Angriff mm/Jahr	
6	Aluminium	10% Lg.	0,13		0,018	
90	GAl-Si	10% Lg.	0,08		0,011	
	GAl-Mg-Mn	10% Lg.	0,08		0,011	
	GAl-Zn-Cu	10% Lg.	kein Angriff			
	GAl-Cu	10% Lg.	kein Angriff			
	Eisen	<0,1 g/l	Angriff (kritische Lösung)			
		>1 g/l	kein Angriff bei 20°			
			20°	100°	20°	100°
209—217	Si-Gußeisen	25% Lg.	<2,4	< 2,4	<0,1	<0,1
218—225	Si-Gußeisen	25% Lg.	<2,4	<72,0	<0,1	<3,0
234—243	Cr-Gußeisen	25% Lg.	<2,4	< 2,4	<0,1	<0,1
251—255	Cr-Mo-Guß-eisen	25% Lg.	<2,4	< 2,4	<2,4	<0,1
322—355	Cr-Stahl	ges. Lg.	<2,4	< 2,4	<0,1	<0,1
396—408	Cr-Mo-Stahl	ges. Lg.	<2,4	< 2,4	<0,1	<0,1
451—474	18/8-Cr-Ni-Stahl	ges. Lg.	<2,4	< 2,4	<0,1	<0,1

W. V. Nr.	Werkstoff	Zusammensetzung des angreifenden Stoffes	Angriff g/m² · Tag	Angriff mm/Jahr
475—495	18/8-Cr-Ni-Stahl + Mo	ges. Lg.	$<2,4$ $< 2,4$	$<0,1$ $<0,1$
525—529	18/8-Cr-Mn-Stahl	ges. Lg.	$<2,4$ $< 2,4$	$<0,1$ $<0,1$
	Amerikan. Marinebronze	10% Lg.	0,02	0,003
662—666	Nickel	ges. Lg.	$<2,4$ bei $20-100°$	$<0,1$ bei $20-100°$
697	Nickelchrom	ges. Lg.	$<2,2$,, $20-100°$	$<0,1$,, $20-100°$
	Stellit	10% Lg.	geringer Angriff bei 20°	
	Blei	Lg.	empfohlen	
	Edelmetalle	Lg.	Angriff	

Kaliumferrocyanid

W. V. Nr.	Werkstoff	Zusammensetzung des angreifenden Stoffes	Angriff g/m² · Tag	Angriff mm/Jahr
6	Aluminium	Lg. neutral	kein Angriff bei 100°	
		Lg. basisch	nicht verwendbar	
8	Eisen	$<0,1$ g/l	Angriff (kritische Lösung)	
		>1 g/l	kein Angriff bei 20°	
209—217	Si-Gußeisen	ges. Lg.	$< 2,4$ bei 100°	$<0,1$ bei 100°
218—225	Si-Gußeisen	ges. Lg.	$<72,0$,, 100°	$<3,0$,, 100°
	Nickel	Lg.	verwendbar	
672	Monel	Lg.	verwendbar	
682	Inconel	Lg.	verwendbar	
	Blei	Lg.	empfohlen	
	Silber	Lg.	nicht verwendbar	
	Gold	Lg.	nicht verwendbar	

Kaliumfluorid

W. V. Nr.	Werkstoff	Zusammensetzung des angreifenden Stoffes	Angriff g/m² · Tag	Angriff mm/Jahr
	Al und Al-Leg.	10% Lg.	kein Angriff bei $20-98°$	
	Magnesium	Lg.	praktisch kein Angriff	

Kaliumhydroxyd. Sm. 360°

W. V. Nr.	Werkstoff	Zusammensetzung des angreifenden Stoffes	Angriff g/m² · Tag	Angriff mm/Jahr
2	Aluminium	n/1 Lg.	198,0 bei 20°	26,7 bei 20°
6	Aluminium	n/1 Lg.	356,0 ,, 20°	48,0 ,, 20°
10	Aluminium	n/1 Lg.	590,0 ,, 20°	52,7 ,, 20°
	Magnesium	Lg.	nicht verwendbar	
	Titan	10% Lg.	$<1,58$ bei Siedetp.	$<0,18$ bei Siedetp.
208	Gußeisen	$<40%$ Lg.	kein — geringer Angriff bei 20°	
		$>40%$ Lg.	geringer Angriff bei 20°	
		$+ O_2$	starker Angriff bei 20°	

W. V. Nr.	Werkstoff	Zusammensetzung des angreifenden Stoffes	Angriff g/m² · Tag 20°	siedend	Angriff mm/Jahr 20°	siedend
209—225	Si-Gußeisen	10% Lg.	$<2,4$	$< 24,0$	$<0,1$	$< 1,0$
		25% Lg.	$<2,4$	$< 72,0$	$<0,1$	$< 3,0$
		50% Lg.	$<2,4$	$<240,0$	$<0,1$	$<10,0$
		konz. Lg.		$>240,0$		$>10,0$
		geschmolzen	$>240,0$ bei 360°		$>10,0$ bei 360°	

W. V. Nr.	Werkstoff	Zusammensetzung des angreifenden Stoffes	Angriff g/m² · Tag 20°	100°	Angriff mm/Jahr 20°	100°
234—243	Cr-Gußeisen	25% Lg.	$<2,4$	$<24,0$	$< 0,1$	$<1,0$
		50% Lg.	$<2,4$	$<24,0$	$< 0,1$	$<1,0$
		geschmolzen	>240 bei 300°		$>10,0$ bei 300°	
251—255	Cr-Mo-Gußeisen	25% Lg.	$<2,4$	$<24,0$	$< 0,1$	$<1,0$
		50% Lg.	$<2,4$	$<24,0$	$< 0,1$	$<1,0$
		geschmolzen	>240 bei 300°		$>10,0$ bei 300°	
260	Monel-Guß-eisen	25% Lg.	$<75,0$ bei 230°		$<3,5$ bei 230°	
258	Niresist	Lg.	empfohlen bei höherer Temperatur			
		geschmolzen	empfohlen bei höherer Temperatur			
263	Ni-Gußeisen	950 g/l	1,7 bei 20°		0,08 bei 20°	
264	Ni-Gußeisen	geschmolzen	empfohlen			
265	Ni-Gußeisen	geschmolzen	empfohlen			

W. V. Nr.	Werkstoff	Zusammensetzung des angreifenden Stoffes	Angriff g/m² · Tag	Angriff mm/Jahr
269	Stahl	33% Lg.	kein Angriff bei 20°	
272	Stahl	33% Lg.	kein Angriff bei 20°	
287	Stahl	33% Lg.	kein Angriff bei 20°	
			20° siedend	20° siedend
322—355	Cr-Stahl	20% Lg.	< 2,4 < 2,4	< 0,1 <0,1
		50% Lg.	<24,0 <24,0	< 1,0 <1,0
		geschmolzen	>240	>10,0
451—474	18/8-Cr-Ni-Stahl	20% Lg.	< 2,4 < 2,4	< 0,1 <0,1
		50% Lg.	< 2,4 <24,0	< 0,1 <1,0
		geschmolzen	>240	>10,0
525—529	18/9-Cr-Mn-Stahl	20% Lg.	< 2,4 < 2,4	< 0,1 <0,1
		50% Lg.	< 2,4 <24,0	< 0,1 <1,0
		geschmolzen	>240	
	Kupfer	Lg.	geringer Angriff bei 20°	
	Messing	verd. Lg.	oft verwendbar bei 20°	
	Bronze	verd. Lg.	oft verwendbar bei 20°	
629	Cu-Ni-Leg.	5% Lg.	0,01 bei 15—20°	0,0004 bei 15—20°
	70/30-Cu-Ni-Leg.	konz. Lg.	0,05 „ 140°	0,002 „ 140°
		25% Lg. + K_2CO_3 + Merkaptan	8,8 „ 140°	0,37 „ 140°
643	Rotoxit	40% Lg.	empfohlen bei 100°	
652	Corrix		20° 100°	20° 100°
	gegossen	200 g/l	0,28 6,0	0,013 0,28
	gewalzt	200 g/l	0,42 10,0	0,020 0,45
	Cr-Überzüge	verd. Lg.	empfohlen bei höherer Temperatur	
662—666	Nickel	Lg.	empfohlen bei höh. Temp., kein Angriff	
		geschmolzen	<2,4 bei 500°	<0,1 bei 500°
669	Corronil	5% Lg.	0,01 „ 20°	0,0004 „ 20°
672	Monel	Lg.	<2,4 „ 20°	<0,1 „ 20°
697	Nickelchrom	33% Lg.	<2,2 „ 20°	<0,1 „ 20°
		50% Lg.	<22,0 bei Siedetp.	<1,0 bei Siedetp.
		geschmolzen	starker Angriff bei 360°	
	Kobalt	Lg.	kein Angriff	
	Stellit	konz. Lg.	empfohlen bei höherer Temperatur	
			20° 100°	20° 100°
	Niob	2 n Lg.	0,25 1,22	0,011 0,05
		25% Lg.	0,56 155	0,024 6,7
		50% Lg.	0,85 153	0,037 6,6
		geschmolzen	Auflösung	
	Tantal	10% Lg.	empfohlen bei höherer Temperatur	
		geschmolzen	starker Angriff	
	Zink	Lg. p_H >12,5	nicht verwendbar	
	Cd-Überzüge	verd. Lg.	geringer Angriff bei 20°	
	Zinn		nicht verwendbar	
	Blei	verd. Lg.	geringer Angriff bei 20°	
		>10% Lg.	starker Angriff bei höherer Temperatur	
	Silber	konz. Lg. und geschmolzen, O_2-frei	kein Angriff	
		Vgl. auch Verhalten von NaOH.		
	Gold	Lg.	kein Angriff	
		geschmolzen, O_2-frei	kein Angriff	
	Platin	konz. Lg., O_2-frei	kein Angriff bei höherer Temperatur starke Oxydationsmittel wie $KMnO_4$ und anod. Polarisation bewirken sehr geringen Angriff	
		geschmolzen	Angriff	

Kaliumhypochlorit

W. V. Nr.	Werkstoff	Zusammensetzung des angreifenden Stoffes	Angriff g/m² · Tag	Angriff mm/Jahr
6	Aluminium	Lg. 1° Bé	2,5	0,34

W. V. Nr.	Werkstoff	Zusammensetzung des angreifenden Stoffes	Angriff g/m² · Tag	Angriff mm/Jahr
90	GAl-Si	Lg. 1° Bé	2,9	0,39
	GAl-Mg-Mn	Lg. 1° Bé	1,0	0,14
	Stahl			
	unbehandelt	5% Lg.	392 bei 20°	19,6 bei 20°
	phosphatiert	5% Lg.	13 ,, 20°	0,7 ,, 20°
	Mennigeanstrich	5% Lg.	200 ,, 20°	10,0 ,, 20°
	vernickelt	5% Lg.	126 ,, 20°	6,3 ,, 20°
	verzinnt	5% Lg.	∼0 ,, 20°	∼0 ,, 20°
	feuerverzinkt	5% Lg.	$+10$,, 20°	$+0,5$,, 20°
	elektrolyt. verz.	5% Lg.	$+16$,, 20°	$+0,8$,, 20°
	sherardisiert	5% Lg.	∼0 ,, 20°	∼0 ,, 20°
	Cr-Stähle	Lg.	nicht verwendbar bei 20°	
			<2% Lg. bei 20°	>2% Lg. bei 20°
451—474	18/8-Cr-Ni-Stahl		verwendbar	nicht verwendbar
475—495	18/8-Cr-Ni-Stahl + Mo		verwendbar	verwendbar
				nicht verwendbar bei 50°

Kaliumjodat

	Werkstoff	Zusammensetzung	Angriff g/m² · Tag	Angriff mm/Jahr
	Blei	n/l Lg.	Versuchsdauer 1 Tag:	
		n/l Lg.	$+4,85$ bei Siedetp.	$+0,16$ bei Siedetp.
		n/l Lg. + Spur HCl	$+0,81$,, ,,	$+0,03$,, ,,
			Versuchsdauer 16 Tage:	
		n/l Lg.	1,80 bei Siedetp.	0,06 bei Siedetp.
		n/l Lg.	$+3,71$,, ,,	$+0,12$,, ,,
		n/l Lg. + Spur HCl	1,80 ,, ,,	0,06 ,, ,,

Kaliumjodid. Sm. 680°

W. V. Nr.	Werkstoff	Zusammensetzung	Angriff g/m² · Tag		Angriff mm/Jahr	
	Eisen	Lg.	oft verwendbar			
		KJ + J₂ — Lg.	starker Angriff			
			20°	siedend	20°	siedend
342—355	Cr-Stahl	Lg.	<240	<240	<10,0	<10,0
322—334	Cr-Stahl	Lg.	<24,0	<24,0	< 1,0	< 1,0
396—408	Cr-Mo-Stahl	Lg.	< 2,4	< 2,4	< 0,1	< 0,1
451—474	18/8-Cr-Ni-Stahl	Lg.	< 2,4	< 2,4	< 0,1	< 0,1
475—495	18/8-Cr-Ni-Stahl + Mo	Lg.	< 2,4	< 2,4	< 0,1	< 0,1
525—529	18/9-Cr-Mn-Stahl	Lg.	<24,0	<24,0	< 1,0	< 1,0
	Silber	geschmolzen	starker Angriff			

Kaliumnitrat. Sm. 337°

W. V. Nr.	Werkstoff	Zusammensetzung	Angriff g/m² · Tag	Angriff mm/Jahr
4	Aluminium	Lg.	kein Angriff bei 100°	
		Lg. + KJ	kein Angriff bei 100°	
		geschmolzen + NaNO₂	kein Angriff	
6	Aluminium	5% Lg.	0,36	0,048
90	GAl-Si	5% Lg.	0,52	0,070
	GAl-Mg-Mn	5% Lg.	0,61	0,082
93—102	GAl-Mg	5% Lg.	0,02	0,003
	Aluminium und Al-Legierungen	10% Lg.	je nach Temperatur und Werkstoffzusammensetzung Gewichtsabnahme bis zu 3,4 oder Gewichtszunahme bis zu 3,5 g/m² Tag bei 20—98°	
			Es treten Deckschichtenbildung, punktförmiger und muschelförmiger Lochfraß neben gleichmäßigem Angriff auf.	
	Magnesium	Lg.	Angriff	
	Eisen	geschmolzen	kein Angriff	
234—243	Cr-Gußeisen	25% Lg.	<2,4 bei Siedetp.	<2,0 bei Siedetp.
	Stahl	ges. Lg.	117,0 bei 115°	5,5 bei 115°

W. V. Nr.	Werkstoff	Zusammensetzung des angreifenden Stoffes	Angriff g/m² · Tag		Angriff mm/Jahr	
			20°	siedend	20°	siedend
342—355	Cr-Stahl	25% Lg.	<2,4	<240	<0,1	<10,0
		50% Lg.	<2,4	<240	<0,1	<10,0
		geschmolzen	550°	>240		>10,0
322—334	Cr-Stahl	25% Lg.	<2,4	<2,4	<0,1	< 0,1
		50% Lg.	<2,4	<2,4	<0,1	< 0,1
		geschmolzen	550°	<2,4		< 0,1
396—408	Cr-Mo-Stahl	25% Lg.	<2,4	<2,4	<0,1	< 0,1
		50% Lg.	<2,4	<2,4	<0,1	< 0,1
		geschmolzen	550°	<2,4		< 0,1
451—477	18/8-Cr-Ni-Stahl		Verhalten wie bei Cr-Mo-Stahl			
475—495	18/8-Cr-Ni-Stahl + Mo		Verhalten wie bei Cr-Mo-Stahl			
525—529	18/9-Cr-Mn-Stahl		Verhalten wie bei Cr-Mo-Stahl			
	Kupfer	15° Bé	verwendbar bei 80°			
	Messing	Lg.	<2,4 bei Siedetp.		<0,1 bei Siedetp.	
	Al-Bronze	Lg.	<2,4 „ Siedetp.		<0,1 „ Siedetp.	
629	Cu-Ni-Leg.	10% Lg.	0,02 bei 15—20°		0,0008 bei 15—20°	
637	Ferry-Metall	10% Lg.	0,07 „ 15—20°		0,0028 „ 15—20°	
	Nickel	0,5 n Lg. pH = 2, + Luft	6,3 „ 25°		0,30 „ 25° [181]	
672	Monel	Lg.	<2,4 bei 20°		<0,1 bei 20°	
682	Inconel	Lg.	<2,4 „ Siedetp.		<0,1 „ Siedetp.	
	Zink	5—100 g/l	kein — geringer Angriff bei 20°			
	Zinn	Lg.	sehr geringer Angriff bei 20°			
	Blei	5—100 g/l	0,7—2,4 bei 8°		0,02—0,08 bei 8°	
	Silber	Lg.	verwendbar			
		geschmolzen	Angriff			
	Gold	geschmolzen	beständig			
	Platin	Lg.	kein Angriff			
		geschmolzen	Angriff			

Kaliumnitrit

W. V. Nr.	Werkstoff	Zusammensetzung des angreifenden Stoffes	Angriff g/m² · Tag		Angriff mm/Jahr	
4	Aluminium	Lg.	kein Angriff			
	Magnesium	Lg.	Angriff			

Kaliumoxalat

W. V. Nr.	Werkstoff	Zusammensetzung des angreifenden Stoffes	Angriff g/m² · Tag		Angriff mm/Jahr	
6	Aluminium	5% Lg.	0,42		0,057	
90	GAl-Si	5% Lg.	0,50		0,067	
	GAl-Mg-Mn	5% Lg.	0,70		0,095	
	Stahl	Lg.	Angriff			
			20°	siedend	20°	siedend
342—355	Cr-Stahl	konz. Lg.	<2,4	<240	<0,1	<10,0
322—334	Cr-Stahl	konz. Lg.	<2,4	<2,4	<0,1	< 0,1
396—408	Cr-Mo-Stahl	konz. Lg.	<2,4	<2,4	<0,1	< 0,1
451—474	18/8-Cr-Ni-Stahl	konz. Lg.	<2,4	<2,4	<0,1	< 0,1
475—495	18/8-Cr-Ni-Stahl + Mo	konz. Lg.	<2,4	<2,4	<0,1	< 0,1
525—529	18/9-Cr-Mn-Stahl	konz. Lg.	<2,4	<2,4	<0,1	< 0,1

Kaliumpermanganat

W. V. Nr.	Werkstoff	Zusammensetzung des angreifenden Stoffes	Angriff g/m² · Tag		Angriff mm/Jahr	
6	Aluminium	verd. Lg.	kein Angriff bei Siedetemperatur			
234—243	Cr-Gußeisen	10% Lg.	<2,4 bei 100°		<0,1 bei 100°	
251—255	Cr-Mo-Guß-eisen	10% Lg.	<2,4 „ 100°		<0,1 „ 100°	
	Flußstahl	>1,0 g/l	kein Angriff bei 18—20°			
		<0,1 g/l	0,92 bei 18—20°		0,04 bei 18—20°	
			20°	100°	20°	100°
322—355	Cr-Stahl	Lg.	<2,4	>240	<0,1	>10,0

W. V. Nr.	Werkstoff	Zusammensetzung des angreifenden Stoffes	Angriff g/m² · Tag		Angriff mm/Jahr	
396—408	Cr-Mo-Stahl	Lg.	<2,4	<2,4	<0,1	< 0,1
451—474	18/8-Cr-Ni-Stahl	Lg.	<2,4	<2,4	<0,1	< 0,1
475—495	18/8-Cr-Ni-Stahl + Mo	Lg.	<2,4	<2,4	<0,1	< 0,1
525—529	18/9-Cr-Mn-Stahl	Lg.	<2,4	<240	<0,1	<10,0
	Kupfer	konz. Lg.	kein Angriff bei Siedetemperatur			
662—666	Nickel	verd. Lg.	empfohlen bei höherer Temperatur			
672	Monel	Lg.	<24,0 bei 20°		<1,0 bei 20°	
679	Illium	2% Lg.	empfohlen			
	Stellit	verd. Lg.	empfohlen			
	Silber	verd. Lg.	Angriff schon bei 20°			
	Platin	Lg. + KOH	Angriff			

Kaliumperoxyd

	Aluminium		nicht verwendbar
	Eisen	Lg.	nicht verwendbar bei höherer Temp.
		geschmolzen	nicht verwendbar
	Cr-Stahl		Verhalten wie bei Eisen
451—474	18/8-Cr-Ni-Stahl	10% Lg.	empfohlen bei 95°
475—495	18/8-Cr-Ni-Stahl + Mo	10% Lg.	empfohlen bei 95°
672	Monelmetall	Lg.	empfohlen bei 20°
	Nickelchrom	Lg.	empfohlen bei höherer Temperatur
	Blei		nicht verwendbar
	Silber	Lg.	nicht verwendbar bei höherer Temp.
		geschmolzen	nicht verwendbar
	Gold	geschmolzen	nicht verwendbar
	Platin	geschmolzen	nicht verwendbar

Kaliumpersulfat. Als verwendbar werden angegeben:
Für 4% Lg. bei 20°: 18/8-Cr-Ni-Stahl, 18/8-Cr-Ni-Stahl + Mo, Hastelloy C, Inconel
Für die Herstellung Tantal, Blei (geringer Angriff), Gold und Platin.
Als nicht verwendbar werden angegeben:
Für Lösungen Aluminium, Eisen, Stahl, Kupfer, Messing, Bronze, Chrom- und Cadmiumüberzüge, Reinnickel, Monel, Silber.

Kaliumrhodanid. Sm. 174°

6	Aluminium	Lg.	kein Angriff bei 100° bester metallischer Werkstoff!
	Eisen	Lg.	Angriff
	Platin	Lg.	sehr geringer Angriff bei 20°

O_2, Oxydationsmittel wie H_2O_2, Alkaliamalgame, anod. Polarisation, Wechselstromelektrolyse vergrößern den Angriff

		geschmolzen	Angriff

Kaliumsilikat

6	Aluminium	10% Lg.	Angriff bei 20°

Kaliumsulfat

6	Aluminium	Lg. H+-frei	kein — geringer Angriff bei 20°	
		konz. Lg. + 10% NaCl	geringer Angriff	
	Eisen	Lg. 0,57 mMol	geringster Angriff bei 20°	
		Lg. 57,0 mMol	stärkster Angriff bei 20°	
	Cr-Stahl	ges. Lg.	geringer Angriff	
672	Monel	Lg.	<24,0 bei 20°	<1,0 bei 20°

W. V. Nr.	Werkstoff	Zusammensetzung des angreifenden Stoffes	Angriff g/m² · Tag	Angriff mm/Jahr
	Zink	5—100 g/l	geringer Angriff bei 20°	
	Zinn	Lg. sauer	Auflösung in der Hitze	
	Blei	n/1000 Lg.	1,97 bei 20°	0,060 bei 20°
		n/100 Lg.	1,55 „ 20°	0,050 „ 20°
		n/10 Lg.	1,68 „ 20°	0,055 „ 20°
		n Lg.	2,25 „ 20°	0,072 „ 20°
		K_2SO_4-Lg. + 51 mg/l CO_2		
		n/1000 Lg.	0,67 bei 20°	0,021 bei 20°
		n/100 Lg.	0,53 „ 20°	0,017 „ 20°
		n/10 Lg.	0,60 „ 20°	0,019 „ 20°
		gesätt. Lg.	0,09 „ 20°	0,003 „ 20°
	Silber	geschmolzen	Angriff	
	Gold	geschmolzen	beständig	
	Platin	geschmolzen	Angriff	

Kaliumsulfid

W. V. Nr.	Werkstoff	Zusammensetzung des angreifenden Stoffes	Angriff g/m² · Tag	Angriff mm/Jahr
	C-Stahl	Lg.	Angriff bei 20°	
451—474	18/8-Cr-Ni-Stahl	Lg.	verwendbar bei 20°	
	Silber	Lg.	Angriff	
	Gold	Lg.	geringer Angriff bei 20°	
		geschmolzen	starker Angriff	
	Platin		Verhalten wie bei Gold	

Kaliumverbindungen, andere. Als verwendbar werden angegeben:

Für KHSO$_4$ geschmolzen Pt-Ta-Legierung
„ KBrO$_3$-Lg. Eisen und Platin
„ KCNO-Lg. Cr- und Cr-Ni-Stahl
„ KJO$_3$-Lg. Eisen
„ Kaliumsilikat (neutrale Lg.) Aluminium
„ K$_2$SO$_3$ Cr- Stahl
„ K$_2$S$_2$O$_3$-Leg. Aluminium (konz. Lg. bei Siedetemperatur, MBV-Schicht empfohlen).

Als nicht verwendbar werden angegeben:
Für KHSO$_4$ geschmolzen Platin
„ KBrO$_3$ geschmolzen Platin
„ Kaliumborat geschmolzen Tantal
„ Kaliumfluorid Aluminium
„ Kaliumsilikat (konz. Lg.) Aluminium.

Kampfer. Als verwendbar werden angegeben:

Aluminium, Eisen, Stahl und Monelmetall.

Kartoffelmaische. Als verwendbar werden angegeben:

Aluminium, Stahl und Kupfer.
Als nicht verwendbar wird angegeben:
Zink.

Kern-Reaktoren

Zirkon hat sich als Werkstoff und Beryllium bzw. sein Oxyd als Bremsstoff bewährt. Als Mantelstoffe kommen Aluminium, Zirkon und Sonderstähle in Betracht. Als Schutzbekleidung gegen Neutronen und Gammastrahlen dienen u. a. Lagen von Wasser, Stahl, Borkarbid und Aluminium.

Keten

W. V. Nr.	Werkstoff	Zusammensetzung des angreifenden Stoffes	Angriff g/m² · Tag	Angriff mm/Jahr
	Cr-Stahl	Herstellung aus Eisessig + CS$_2$ + Triäthylphosphat	empfohlen bei 840°	

Kieselfluorwasserstoffsäure

W. V. Nr.	Werkstoff	Zusammensetzung des angreifenden Stoffes	Angriff g/m² · Tag	Angriff mm/Jahr
6	Aluminium	Lg.	nicht verwendbar	
	Magnesium + Mg-Leg.	Lg.	nicht verwendbar	
	Eisen	Lg.	Angriff	

W. V. Nr.	Werkstoff	Zusammensetzung des angreifenden Stoffes	Angriff g/m² · Tag	Angriff mm/Jahr
322—355	Cr-Stahl	Dämpfe	>240 bei 100°	>10,0 bei 100°
396—408	Cr-Mo-Stahl	Dämpfe	<24,0 ,, 100°	< 1,0 ,, 100°
451—474	18/8-Cr-Ni-Stahl	Dämpfe	<24,0 ,, 100°	< 1,0 ,, 100°
475—495	18/8-Cr-Ni-Stahl + Mo	Dämpfe	<24,0 ,, 100°	< 1,0 ,, 100°
525—529	18/9-Cr-Mn-Stahl	Dämpfe	<240 ,, 100°	<10,0 ,, 100°
577	Messing	6,5% Lg.	geringer Angriff bei 40°	
643	Rotoxit		empfohlen	
	Reinblei	n/100 Lg. in 20 Tg. (pH = 4,2)	≈10,0 bei 25° nach 20 Tagen kein weiterer Angriff	≈0,3 bei 25° 182
	Platin	Lg.	verwendbar bei Siedetemperatur	

Klebstoffe. Als verwendbar wird angegeben:

Für Leim und andere neutrale Eiweißstoffe Aluminium.
Als nicht verwendbar wird angegeben:
Für saure Stoffe, Casein + Formalin u. dgl. Aluminium.

Kobaltverbindungen. Als nicht verwendbar werden angegeben:
Für Kobaltsalze Aluminium und Gold.

Kölnisch-Wasser

| 6 | Aluminium (blank) | | geringer Angriff bei 20° MBV-Schicht schützt | |

Königswasser

	Titan	HCl : HNO₃		
		1 : 3	<1,58 bei 20°	< 1,8 bei 20°
		2 : 1	<1,58 ,, 20°	< 1,8 ,, 20°
		3 : 1	<1,58 ,, 20°	< 1,8 ,, 20°
		4 : 1	<1,58 ,, 20°	< 1,8 ,, 20°
		5 : 1	<15,8 ,, Siedetp.	<18,0 ,, Siedetp.
		7 : 1	<1,58 ,, 20°	< 1,8 ,, 20°
		20 : 1	<1,58 ,, 20°	< 1,8 ,, 20°
209—207	Si-Gußeisen		<24,0 ,, 20°	< 1,0 ,, 20°
218—225	Si-Gußeisen		<72,0 ,, 20°	< 3,0 ,, 20°
	Cr-reiches und Mo-haltiges Si-Gußeisen empfohlen bis 60°			
322—355	Cr-Stahl		>240 bei 20°	>10,0 bei 20°
396—408	Cr-Mo-Stahl		>240 ,, 20°	>10,0 ,, 20°
451—474	18/8-Cr-Ni-Stahl		>240 ,, 20°	>10,0 ,, 20°
475—495	18/8-Cr-Ni-Stahl + Mo		>240 ,, 20°	>10,0 ,, 20°
525—529	18/9-Cr-Mn-Stahl		>240 ,, 20°	>10,0 ,, 20°
	Nickelchrom		starker Angriff	
724	Ni-Ta-Leg.		kein — geringer Angriff bei Siedetemp.	
	Stellit		geringer Angriff	
	Niob		20° 100° ~0 0,47	20° 100° ~0 0,02
	Tantal		kein Angriff bei 100°	
	Silber		geringer Angriff	
	Gold	10% Lg.	7,5 bei 20°	0,14 bei 20° 391
		konz. Lg.	Auflösung bei 20°	
	Platin	HCl : HNO₃ 3 : 1	480,0 bei 22°	8,0 ,, 22° 1
	Iridium	HCl : HNO₃ 3 : 1	kein Angriff bei 100°	
	Osmium	HCl : HNO₃ 3 : 1	starker Angriff bei 100°	

W. V. Nr.	Werkstoff	Zusammensetzung des angreifenden Stoffes	Angriff g/m² · Tag	Angriff mm/Jahr
	Palladium	HCl : HNO₃ 3 : 1	starker Angriff bei 100°	
	Rhodium	HCl : HNO₃ 3 : 1	kein Angriff bei 100°	
	95/5 Pt-Ru-Leg.	HCl : HNO₃ 3 : 1	70,0 bei 22°	0,12 bei 22°
	95/5 Pt-Ir-Leg.	HCl : HNO₃ 3 : 1	50,0 „ 22°	0,085 „ 22°
	95/5 Pt-Rh-Leg.	HCl : HNO₃ 3 : 1	113,0 „ 22°	2,2 „ 22°

Empfohlen: Iridium, Rhodium, Pt-Ir-Legierung (>20% Ir), Pt-Rh-Legierung (>30% Rh), Pt-Ta-Legierung.

Kohle

Al-Legierungen haben sich für den Bau von Trichterwagen für Kohletransporte während 20 Jahren bewährt. Der Angriff S-haltiger Kohlen ist sehr gering, während Stahlbleche mit 0,04 Ni ziemlich stark angegriffen wurden.

Monel wurde zur Plattierung von Stahlblechen für Kohle-Zubringer-Rohre verwendet, wodurch die Lebensdauer von 2—3 auf 5 Jahre erhöht wurde. Auch rostfreie Stähle wurden zur Plattierung mit gutem Erfolg verwendet.

Kohlehydrierung

W. V. Nr.	Werkstoff	Zusammensetzung des angreifenden Stoffes	Angriff g/m² · Tag	Angriff mm/Jahr
416	Cr-Mo-Stahl	Reaktionsofen	empfohlen	

Kohlendioxyd und Kohlensäure

W. V. Nr.	Werkstoff	Zusammensetzung des angreifenden Stoffes	Angriff g/m² · Tag	Angriff mm/Jahr
6	Aluminium	trocken	kein Angriff	
		feucht	geringer Angriff, MBV-Schicht, Eloxal-Schicht schützen	
90	Silumin	Lg.	3,3 bei 20°	0,45 bei 20°
	Magnesium	feucht	Angriff	
	Eisen	Lg.	geringer Angriff bei 20°	
		Lg.	starker Angriff bei höherer Temperatur	
		Gas	587,3 bei 700°	28,7 bei 700°
	Stahl	Gas	100,0 „ 700°	4,7 „ 700°

W. V. Nr.	Werkstoff	Zusammensetzung	Angriff g/m² · Tag trocken, heiß	Angriff g/m² · Tag feucht, heiß	Angriff mm/Jahr trocken, heiß	Angriff mm/Jahr feucht, heiß
322—355	Cr-Stahl		<2,4	<24.0	<0,1	<1,0
396—408	Cr-Mo-Stahl		<2,4	< 2,4	<0,1	<0,1
451—474	18/8-Cr-Ni-Stahl		<2,4	< 2,4	<0,1	<0,1
475—495	18/8-Cr-Ni-Stahl + Mo		<2,4	< 2,4	<0,1	<0,1
525—529	18/9-Cr-Mn-Stahl		<2,4	<24,0	<0,1	<1,0

W. V. Nr.	Werkstoff	Zusammensetzung	Angriff g/m² · Tag	Angriff mm/Jahr
	Kupfer	Gas	Angriff bei höherer Temperatur	
	Messing	Gas, trocken	kein Angriff bei höherer Temperatur	
672	Monel	Gas, trocken	<2,4 bei 20°	<0,1 bei 20°
675—680	Nickelchrom		empfohlen	
681, 697	Nickelchrom		<2,2 bei 20°	<0,1 bei 20°

W. V. Nr.	Werkstoff	Zus.	700°	800°	Angriff g/m²·Tag 900°	1000°	Angriff mm/Jahr 700°	800°	900°	1000°
720	Ni-Fe-Leg.	Gas	27,8	100,0	254,0	307,5	1,3	4,6	11	14

W. V. Nr.	Werkstoff	Zusammensetzung	Angriff g/m² · Tag	Angriff mm/Jahr
	Zink	trocken	kein Angriff	
	Cd-Überzüge	trocken	kein Angriff bei 150°	
	Blei	Lg.	oft verwendbar	
	Platin		kein Angriff bis 1400°	

Für Mineralwasser nicht verwendbar: Cu, Zn, Pb.
„ Mineralwasser empfohlen: Al, Sn.

Kohlenoxyd

W. V. Nr.	Werkstoff	Zusammensetzung	Angriff g/m² · Tag	Angriff mm/Jahr
	Aluminium		kein Angriff bei 20°	
			geringer Angriff bei 550°	
	Gußeisen		Das CO zerfällt besonders bei 500—700° unter C-Abscheidung. Fe, Ni und Co wirken als Katalysator für den Zerfall.	

W. V. Nr.	Werkstoff	Zusammensetzung des angreifenden Stoffes	Angriff g/m² · Tag	Angriff mm/Jahr
		Die treibende Kraft bei den Zerstörungen ist die Kristallisationskraft des ausfallenden Kohlenstoffes. Der Zerfall kann durch Vermeidung des kritischen Temperaturbereiches, durch Entfernen der schädlichen Metalloxyde aus dem Werkstoff bzw. durch Hinzufügen von etwa 1% Cyangas, NH₃ oder H₂S zum CO weitgehend herabgesetzt werden.		
	Cr-Stahl	CH₃OH-Synthese aus Wassergas	eventuell verwendbar, keine Bildung von Fe-carbonyl bei 200°, 1000 at	
	Cr-Ni-Stahl		empfohlen bei 200° und 500 atü [183]	
		geringe Verunreinigungen von Schwefelverbindungen wirken stark korrodierend		
451—474	18/8 Cr-Ni-Stahl	CO + Na-Phenol	empfohlen unter Druck keine Bildung von Fe-carbonyl bei 200°, 1000 at	
		CH₃OH-Synthese	nicht verwendbar	
544	Mn-Stahl		empfohlen bei Druck	

In der nachfolgenden Übersicht sind die Ergebnisse von Laboratoriumsversuchen angeführt, die bei 1000 at und 200° C. mit legierten Stählen (110 cm²) erhalten wurden. Neben Kohlenoxyd wurde auch Mischgas bestehend aus CO, H₂ und N₂ bei den Untersuchungen verwendet. S-haltiges CO greift viel stärker an als S-freies [184].

Vers.-Nr.	Zusammensetzung %	Kohlenoxyd Gewichtsänderung g	Mischgas 30% CO, 60% H₂, 10% N₂ * Vers.-Nr.	Gewichtsänderung g
1	3,18 Cr; 0,64 Mo; 0.60 W; 0,12 V; 0,18 C	−0,0179	1 a	−0,0038
2	0,17 Si; 5,6 Cr; 0,4 Mo; 0,28 V; 0,19 C	−0,0112		
3	2,20 Si; 5,6 Cr; 0,43 Mo; 0,08 C	−0,0060	3 a	−0,0036
4	14,2 Cr; 0,72 Ni; 0,18 C	−0,0001	4 a	+0,0003
5	15,0 Cr; 0,12 C	0,0001	5 a	0,0000
6	24,4 Cr; 0,05 C	−0,0001	6 a	+0,0001
7	27,9 Cr; 0,7 C	−0,0007	7 a	+0,0003
8	18,0 Cr; 8,9 Ni; 0,53 Ti; 0,09 C	+0,0008	8 a	+0,0010
9	2,8 Si; 0,08 C	−0,0307	9 a	−0,0020
10	4,26 Si; 0,06 C	−0,0179	10 a	−0,0031
11	15,0 Si	−0,0020	11 a	−0,0010
12	5,0 Ni; 0,20 C	−0,0342	12 a	−0,0021
13	23,1 Ni; 0,30 C	−0,0018	13 a	−0,0003
14	2,46 Mn; 0,17 C	−0,0123		
15	1,20 C; 13,5 Mn	−0,0078		
16	0,4—0,6 Mo; 0,15 C	−0,0772	16 a	−0,2682
17	1,61 Cr; 1,28 Mo; 0,10 V; 0,31 C	−0,0334	17 a	−0,1915
18	1,27 Cr; 1,26 Mo; 0,26 V; 0,19 C	−0,0370		
19	2,30 V; 0,20 C	−0,0473	19 a	−0,0512
20	1,22 Nb; 0,15 C	−0,1193	20 a	−0,1734
21	3,5 Nb; 0,17 C	−0,0500	21 a	−0,1402
	Kupfer	nicht verwendbar CO wirkt wie Wasserstoff, aber langsamer (vgl. Wasserstoff)		
	Messing	nicht verwendbar bei höheren Temperaturen (Rißbildung)		
	Al-Bronze	verwendbar bei 20°		
	Nickel	verwendbar bei 20° Ni-carbonylbildung bei höheren Temperaturen und Druck		

* Aus „Brennstoff-Chemie" *21*, 133—141 (1940).

W. V. Nr.	Werkstoff	Zusammensetzung des angreifenden Stoffes	Angriff g/m² · Tag	Angriff mm/Jahr
672	Monel	CH_3OH-Synthese aus Wassergas	verwendbar	
	Nickelchrom		geringer — starker Angriff	
	Kobalt		nicht verwendbar	
	Tantal	trocken, O_2-frei	oft verwendbar bis 350°	
	Molybdän		starker Angriff	
	Zink		kein Angriff bei 20°	
	Silber		Angriff bei 300°	
	Platin	reinst	kein Angriff bei Rotglut	
		+ reduzierbare Verbindungen	Angriff	

Kohlenstoff

W. V. Nr.	Werkstoff	Zusammensetzung des angreifenden Stoffes	Angriff g/m² · Tag	Angriff mm/Jahr
	Aluminium	Kohle, Graphit (trocken)	kein Angriff bei < 650°	
		Graphit + Elektrol.	Angriff bei 20° (Elementbildung)	
	Eisen		C-Aufnahme bei höherer Temperatur	
	Nickel		Angriff bei höherer Temperatur	
672	Monel		Angriff bei höherer Temperatur	
	Tantal		Angriff bei höherer Temperatur	
	Platin	reinster C	keine Aufnahme bei 1200°	

Kohlenwasserstoffe

Nach Untersuchungen von W. KATZ und J. SONNTAG [185] wird eine Korrosion von Werkstoffen durch Kohlenwasserstoffe, die selbst als nichtangreifend gelten, durch Wasserspuren ausgelöst. Auch Zusätze können angreifend wirken.

Überzüge aus aufgespritztem Al oder Zn waren in trockenem, feuchtem und mit Bleitetraäthyl vermischtem Benzin beständig.

Flächen mit Spritzüberzügen aus Al und Zn zeigten sich beständig in trockenen und feuchten Trichloräthylen, werden aber angegriffen von Tetrachlorkohlenstoff und Tetrachloräthan.

Kondensatorrohre, vgl. auch Wasser

Werkstoff		Angriff
Aluminium		für Dampfkondensation im Schiffbau probeweise verwendet
Kupfer + As		bei nicht zu hohen Wassergeschwindigkeiten verwendbar
70/30 Messing		empfohlen für nicht zu hohe Wassergeschwindigkeiten
Al-Messing (76 Al; 22 Zn; 2 Al)	Wässer sulfidfrei	empfohlen
Admiralitätsmetall 70/29/1		nur bis zu Salzgehalten von 1—2 g/l geeignet
70/30-Cu-Ni-Leg.		bei Wassergeschwindigkeiten von mehr als 3 m/sec geeignet
90/10-Cu-Ni-Leg. + bis 2 Fe		gute Beständigkeit gegenüber Korrosion und Erosion
70/30-Cu-Ni-Leg. + 0,4 Fe		beste Beständigkeit im chlorhaltigen Salzwasser [186]

Kontaktkorrosion

Unter dem Begriff „Kontaktkorrosion" versteht man durch elektrische Ströme verursachte Korrosionsvorgänge, wie sie auftreten können, wenn Metalle verschiedener Art miteinander in elektrisch leitender Verbindung stehen und gleichzeitig einem als Elektrolyt wirkenden, korrodierenden Medium ausgesetzt sind. Die elektrisch leitende Verbindung kann durch unmittelbare Berührung der blanken Metalloberflächen oder über Schraub- oder Nietverbindungen oder dergleichen hergestellt sein. Als Elektrolyt kommt u. a. Luftfeuchtigkeit, Schwitzwasser oder Seewasser in Betracht. Bedingung für das Auftreten einer Kontaktkorrosion ist, daß sich die Oberflächen der in Berührung stehenden Metalle elektrochemisch merklich voneinander unterscheiden, oder, falls es sich um Metalle mit blanken Oberflächen handelt, daß die Metalle selbst in der elektrolytischen Spannungsreihe einen merklichen Abstand voneinander haben.

W. V. Nr.	Werkstoff	Zusammensetzung des angreifenden Stoffes	Angriff g/m² · Tag	Angriff mm/Jahr
	Aluminium und Al-Legierungen	Messungen der Potentialunterschiede in Kochsalzlösung zwischen Aluminium, Duralumin, Stahl und Messing ergaben außerordentlich hohe Werte, wenn Al-Legierungen und Schwermetalle in blankem Zustand miteinander in Berührung standen. Hohe Gewichtsverluste treten infolge von Kontaktkorrosion bei ungeschützten Al-Legierungen auf, welche mit ungeschützten Schwermetallen in Berührung stehen, während durch Eloxierung einerseits und Verkadmung andererseits ein wesentlicher Korrosionsangriff unterbunden wird. Zinkschutzschichten auf Schwermetallen schützen nicht im gleichen Maße wie Kadmiumschichten, wenn mit einem Korrosionsangriff durch Seewasser zu rechnen ist. Durch Eloxierung und sachgemäße Nachverdichtung (Sealing) werden die Spannungsunterschiede und die Möglichkeiten der Kontaktkorrosion stark vermindert, in vielen Fällen völlig unterbunden.		

Kopale und Kopallacke. Als verwendbar werden angegeben:
Aluminium, Eisen und Stahl.

Korngrenzenkorrosion (Interkristalline Korrosion)

Der Angriff schreitet entlang der Korngrenzen des Werkstoffes fort, wodurch das Gefüge aufgelockert wird und die mechanischen Eigenschaften stark beeinträchtigt werden. Die Werkstoffabtragung ist oft nur gering, der Grad des Angriffs ist daher durch mechan. Prüfung festzustellen, Angriffsmittel für Prüfung oft $CuSO_4 + H_2SO_4$ Cr-Mn-Stahl $H_2SO_4 + CuSO_4$: 18/8-Cr-Mn-Stahl, 15/12-Cr-Mn-Stahl und 15/9-Cr-Mn-Stahl mit geringen Ni-Gehalten erleiden besonders nach Erhitzung auf 700° interkristalline Korrosion.

Kraftfahrzeuge

Der Angriff der Witterung, Feuchtigkeit, der Atemluft und die abreibende Wirkung von Sand und Steinen nimmt bei Karosseriestahl mit steigendem S-Gehalt und fallendem Cu-Gehalt zu. Der Cu-Gehalt soll mehr als 0,1% und das Doppelte des S-Gehaltes betragen [187].

Kraftstoffe

W. V. Nr.	Werkstoff	Zusammensetzung des angreifenden Stoffes	Angriff g/m² · Tag	Angriff mm/Jahr
6	Aluminium	Benzin, Benzol + 20% Alkohol H_2O-frei	kein Angriff bei 20°, MBV-Schicht empfohlen	
		Benzin, Benzol + 20% Alkohol + 0,5% H_2O	<0,005 bei 20°	∼0 bei 20°
		Benzin, Benzol + 20% Alkohol + 1,1% H_2O	0,01 bei 20°	0,0014 bei 20°
		Spaltbenzin	empfohlen	
37—58	Al-Mg-Si	Benzin, Benzol + 20% Alkohol H_2O-frei und + 0,5% H_2O	Verhalten wie bei Aluminium	
		Benzin, Benzol + 20% Alkohol + 1,1% H_2O	0,025 bei 20°	0,0034 bei 20°
76—89	Al-Mn	Benzin, Benzol + 20% Alkohol + 1,1% H_2O	Verhalten wie bei Al-Mg-Si	
90	G-Al-Si	Benzin, Benzol	kein Angriff bei 20°	
		Absoluter Alkohol	<0,01 bei 20°	∼0 bei 20°
		Euco-Benzin	<0,01 ,, 20°	∼0 ,, 20°
		Euco-Benzol	<0,01 ,, 20°	∼0 ,, 20°
		Monopolin, Stellin	<0,01 ,, 20°	∼0 ,, 20°

W. V. Nr.	Werkstoff	Zusammensetzung des angreifenden Stoffes	Angriff g/m² · Tag	Angriff mm/Jahr
		Dapolin, Gasöl	<0,01 bei 20°	~0 bei 20°
		Dieselöl	<0,01 ,, 20°	~0 ,, 20°
	GAl-Mg-Mn	Benzin	kein Angriff	
93—102	GAl-Mg	Benzin	0,01	0,0014
	Magnesium	Benzin	kein Angriff	
	Gußeisen	Bei einem S-Gehalt des Kraftstoffes von <0,07% bleibt die Abnutzung des Zylinders unter 0,03 mm/1000 km; bei 0,10% steigt der Verschleiß auf 0,13 mm/1000 km.		
	Stahl	Bei Lagerbehältern für Kraftstoffe treten oft Korrosionserscheinungen auf, für welche als Hauptursache das im Kraftstoff enthaltene Wasser anzusehen ist. Durch Abkühlung wird das Wasser zur Ausscheidung gebracht. Besonders das im Kraftstoff dispergierte Wasser ruft in verhältnismäßig kurzer Zeit stärkere punktförmige Rosterscheinungen hervor. Weniger gefährlich ist das gleichmäßig im Kraftstoff gelöste Wasser. Auch dieses kann aber durch Abkühlen in disperse Form übergeführt werden und dann ebenfalls starken örtlichen Angriff bewirken. Aus diesen Gründen ist die Verwendung und Lagerung von möglichst wasserfreien Kraftstoffen zu empfehlen. Die Herstellung eines derartigen Kraftstoffes ist durch Entwässerung mit Kalzium-Hydrid, CaO, NaOH, Natron-Kalk und durch Ausfrieren möglich. Zur Fernhaltung der durch die Belüftungsstutzen in die Lagerbehälter eindringenden Feuchtigkeit ist die Anwendung von Vorlagen mit wasserentziehenden Mitteln erforderlich.		
		Benzin	0,007 bei 20°	~0 bei 20°
		Benzol	0,005 ,, 20°	~0 ,, 20°
		Alkohol 99%	0,003 ,, 20°	~0 ,, 20°
		Dapolin	0,009 ,, 20°	~0 ,, 20°
		Braunkohlenbenzin I	0,07 ,, 20°	0,01 ,, 20°
		Braunkohlenbenzin II	0,008 ,, 20°	~0 ,, 20°
		Holzin	0,12 ,, 20°	0,015 ,, 20°
		Methanol	0,003 ,, 20°	~0 ,, 20°
		Brennspiritus	0,003 ,, 20°	~0 ,, 20°
		Äthyläther	0,042 ,, 20°	0,006 ,, 20°
		Monopolin B II	0,043 ,, 20°	0,006 ,, 20°
		Monopolin A	0,002 ,, 20°	~0 ,, 20°
		Gasanol (50% Benzin, 45% Alkohol, 5% Äther)	Angriff bei 20°	
		,,Mixtur'' (10% Gasanol, 90% Benzin)	Angriff bei 20°	
		Kraftstoffe, S-haltig	starker Angriff bei 20°	
	Cu-Stahl (0,1 C; 0,5—0,6 Cu; 0,15—0,2 P)	Benzin, feucht Petroleum	geschweißte Behälter kein Angriff in 13 Monaten	

W. V. Nr.	Werkstoff	Zusammensetzung des angreifenden Stoffes	Angriff g/m² · Tag		Angriff mm/Jahr	
			20°	siedend	20°	siedend
322—355	Cr-Stahl	Benzin	<2,4	<2,4	<0,1	<0,1
396—408	Cr-Mo-Stahl	Benzin	<2,4	<2,4	<0,1	<0,1
450	Cr-Ni-Stahl	Benzin	empfohlen als Ventilstahl			
		Äthylbenzin	empfohlen als Ventilstahl			
			20°	siedend	20°	siedend
451—474	18/8-Cr-Ni-Stahl	Benzin	<2,4	<2,4	<0,1	<0,1
475—495	18/8-Cr-Ni-Stahl + Mo	Benzin	<2,4	<2,4	<0,1	<0,1
507	Cr-Ni-Stahl	Benzin	empfohlen als Ventilstahl			
		Äthylenbenzin	empfohlen als Ventilstahl			

W. V. Nr.	Werkstoff	Zusammensetzung des angreifenden Stoffes	Angriff g/m² · Tag		Angriff mm/Jahr	
			20°	siedend	20°	siedend
525—529	18/9-Cr-Mn-Stahl	Benzin	<2,4	<2,4	<0,1	<0,1
	Kupfer	alkoholfrei, S-frei	kein Angriff bei 20°			
	Messing	+Alkohol, S-frei	oft verwendbar			
	Bronze	+Alkohol, S-haltig	oft verwendbar			
672	Monel	S-haltig	5,5 bei 20°		0,22 bei 20°	
	Zink	Benzin, Sprit, Monopolin	kein Angriff bei 20°			
		Motorenbenzol (0,34% S)	starker Angriff bei 20°			
		Braunkohlenbenzin (1,13% S)	starker Angriff bei 20°			
	Zinn	+Alkohol, S-haltig	empfohlen			
	Blei	Spaltbenzin	starker Angriff			

Krapplack

W. V. Nr.	Werkstoff	Zusammensetzung des angreifenden Stoffes	Angriff g/m² · Tag		Angriff mm/Jahr	
6	Aluminium	Herstellung	empfohlen, kein Angriff			

Kreosot

W. V. Nr.	Werkstoff	Zusammensetzung des angreifenden Stoffes	Angriff g/m² · Tag		Angriff mm/Jahr	
			20°	20° +3% NaCl	20°	20° +3% NaCl
342—355	Cr-Stahl		<2,4	<240	<0,1	<10,0
322—334	Cr-Stahl		<2,4	<24,0	<0,1	< 1,0
396—408	Cr-Mo-Stahl		<2,4	< 2,4	<0,1	< 0,1
451—474	18/8-Cr-Ni-Stahl		<2,4	< 2,4	<0,1	< 0,1
475—495	18/8-Cr-Ni-Stahl + Mo		<2,4	< 2,4	<0,1	< 0,1
525—529	18/9-Cr-Mn-Stahl		<2,4	<24,0	<0,1	< 1,0

Kresole

W. V. Nr.	Werkstoff	Zusammensetzung des angreifenden Stoffes	Angriff g/m² · Tag	Angriff mm/Jahr
6	Aluminium	H₂O-frei	Angriff bei 140°	
		Lg. in Alkohol	kein — geringer Angriff bei 20—60°	
		Rohkresol	kein Angriff bei 20°	
90	GAl-Si	Rohkresol	0,002	0,0003
	GAl-Mg-Mn	Rohkresol	0,002	0,0003
	Eisen	kresolhaltige feuchte Luft	0,04 bei 20°	~0,002 bei 20°
	Eisen	Handelsware	Angriff, Verfärbung	
	Cr-Stahl	rein	kein Angriff bei Siedetemperatur	
		+ 10% H₂O	Angriff bei Siedetemperatur	
	Cr-Ni-Stahl	+10% H₂O	kein Angriff bei Siedetemperatur	
	Kupfer	kresolhaltige feuchte Luft	0,002 bei 20° Verfärbung des Endproduktes	0,0001 bei 20°
	Messing	kresolhaltige feuchte Luft	kein Angriff bei 20°	
662—666	Nickel	Dampf	<2,4 bei höh. Tmp.	<0,1 bei höh. Tmp.
672	Monel		kein Angriff	
682	Inconel		verwendbar	
	Zink	kresolhaltige feuchte Luft	0,03 bei 20°	0,0015 bei 20°
	Zinn	kresolhaltige feuchte Luft	kein Angriff bei 20°	
	Blei	kresolhaltige feuchte Luft	0,86 bei 20°	0,028 bei 20°
	Silber		kein Angriff	
	Platin		kein Angriff	

Kryolith

W. V. Nr.	Werkstoff	Zusammensetzung des angreifenden Stoffes	Angriff g/m² · Tag	Angriff mm/Jahr
	Gußeisen	geschmolzen	Angriff	
	Stahl	geschmolzen	Angriff	
	Nickel	geschmolzen	beständig bei 950°	

W. V. Nr.	Werkstoff	Zusammensetzung des angreifenden Stoffes	Angriff g/m² · Tag	Angriff mm/Jahr

Kühlsolen

W. V. Nr.	Werkstoff	Zusammensetzung des angreifenden Stoffes	Angriff g/m² · Tag	Angriff mm/Jahr
6	Aluminium	80 H_2O + 20 Brennspiritus	kein Angriff bei 20°	
		80 H_2O + 20 Alkohol 96%	kein Angriff bei 20°	
		66 H_2O + 17 Glyc. + 17 Brennspir.	kein Angriff bei 20°	
		150 g/l $NaHCO_3$ + 200 g/l Glycerin	kein Angriff bei 20°	
		25% NaCl-Lg.	Angriff bei 20°	
		25% $CaCl_2$-Lg.	Angriff bei 20°	
		$MgCl_2$-Lg. (1 : 100) + 10% $CaCl_2$ + 20% $AlCl_3$	Angriff bei 20°	
		33% $Mg(NO_3)_2$-Lg.	0,93 bei 20°	0,13 bei 20°
		24% $MgCl_2$-Lg.	0,93 ,, 20°	0,13 ,, 20°
		29% $Mg(NO_3)_2$ + 5% $CaCO_3$-Lg.	1,0 ,, 20°	0,14 ,, 20°
		20% Na_2SO_4-Lg.	0,33 ,, 20°	0,046 ,, 20°
		25% NH_4NO_3-Lg.	0,01 ,, 20°	0,0013 ,, 20°
		40% $NaNO_3$-Lg.	0,05 ,, 20°	0,007 ,, 20°
		25% NaCl-Lg.	0,28 ,, 20°	0,04 ,, 20°
		45% $CaCl_2$Lg.	0,29 ,, 20°	0,04 ,, 20°
		Frigen, 12, trocken, feucht	gut verwendbar	
	Magnesium- Legierungen	Frigen 12, feucht	Angriff	
	Gußeisen		erwies sich als gut	
	Stahl	O_2 und Luft in der Sole erhöhen den Angriff bei $p_H > 4{,}5$. Cu erhöht den Angriff sehr. Zusatz von Schutzkolloiden hat nur bei $p_H < 4$ eine merkliche Wirkung.		
294	Armco-Eisen		für Eiszellen empfohlen	
	Ni-Stahl		empfohlen	
451—474	18/8-Cr-Ni- Stahl	25% NaCl-Lg. +1% Na_2CO_3	empfohlen	
	Kupfer	Cl'-haltig	starker Angriff	
		Alkohol: H_2O (1 : 4)	geringer Angriff	
	Messing	alle Lg.	Angriff	
		Alkohol + H_2O	empfohlen	
672	Monel		empfohlen	
	Blei		Angriff	

Angaben über die einzelnen Bestandteile nachsehen

Kunstseide. Als verwendbar werden angegeben:

Für Spinndüsen, Aluminium, Tantal, Gold, Au-Pd-Legierung, Platin (für Kupferoxyd-Ammoniakseide).

861	Au-Pt-Legierung	für Spinndüsen viel verwendet
862	Au-Pt-Legierung	für Spinndüsen empfohlen: Brinellhärte 340—360 Einheiten, große Feinkörnigkeit, geringe Aufwölbung selbst bei Spinndrucken von 100 atü

Als nicht verwendbar werden angegeben:

Reinnickel und Silber

Kupfer. Sm. 1064°; Sd. ∼2300°; d 8,933

Als verwendbar wird angegeben:

Für geschmolzenes Kupfer Nickelchrom.

Als nicht verwendbar werden angegeben:

Für geschmolzenes Kupfer Eisen und Platin.

W. V. Nr.	Werkstoff	Zusammensetzung des angreifenden Stoffes	Angriff g/m² · Tag		Angriff mm/Jahr	

Kupferacetat

W. V. Nr.	Werkstoff	Zusammensetzung	20°	siedend	20°	siedend
	Aluminium	Lg.	nicht verwendbar			
	Gußeisen, Stahl	Lg.	nicht verwendbar			
209—225	Si-Gußeisen	Lg.	<2,4		<0,1	
322—355	Cr-Stahl	Lg.	<2,4	<2,4	<0,1	<0,1
396—408	Cr-Mo-Stahl	Lg.	<2,4	<2,4	<0,1	<0,1
451—474	18/8-Cr-Ni-Stahl	Lg.	<2,4	<2,4	<0,1	<0,1
475—495	18/8-Cr-Ni-Stahl + Mo	Lg.	<2,4	<2,4	<0,1	<0,1
525—529	18/9-Cr-Mn-Stahl	Lg.	<2,4	<2,4	<0,1	<0,1
	Bronze	Lg.	nicht verwendbar			
	Corrix	Lg.	verwendbar			
	Nickel	Lg.	verwendbar			
672	Monel	Lg.	verwendbar			
	Nickelchrom	Lg.	verwendbar			
	Zinn	Lg.	nicht verwendbar			
	Silber	Lg.	verwendbar			
	Platin	Lg.	verwendbar			

Kupfercarbonat

W. V. Nr.	Werkstoff	Zusammensetzung	Angriff g/m² · Tag	Angriff mm/Jahr
322—355	Cr-Stahl	Lg. + NH_3	<2,4 bei 20°	<0,1 bei 20°
396—408	Cr-Mo-Stahl		<2,4 ,, 20°	<0,1 ,, 20°
451—474	18/8-Cr-Ni-Stahl		<2,4 ,, 20°	<0,1 ,, 20°
475—495	18/8-Cr-Ni-Stahl + Mo		<2,4 ,, 20°	<0,1 ,, 20°
525—529	18/9-Cr-Mn-Stahl		<2,4 ,, 20°	<0,1 ,, 20°

Kupferchlorid

W. V. Nr.	Werkstoff	Zusammensetzung	Angriff
	Aluminium	Lg.	nicht verwendbar
	Titan	40% Lg.	geringer Angriff bei Siedetemperatur
209—225	Si-Gußeisen	20% Lg.	verwendbar bei 20°
			starker Angriff bei 100°
	Alle Stähle	Lg.	nicht verwendbar
	Messing	Lg.	nicht verwendbar
662—666	Nickel		nicht verwendbar
	Nickelchrom		nicht verwendbar bei 100°
728	Langalloy 5 R	Lg.	bis 20° verwendbar, Angriff bei höherer Temperatur
	Zink	Lg.	auch im phosphatierten und lackierten Zustand nicht beständig
	Silber		Angriff
	Gold		Angriff
	Platin	100 g/l	kein Angriff bei 20°
	Rhodium	100 g/l	0,48 bei 20° 0,02 bei 20°

Kupfercyanid

W. V. Nr.	Werkstoff	Zusammensetzung	Angriff g/m² · Tag	Angriff mm/Jahr
209—217	Si-Gußeisen	ges. Lg.	< 2,4 bei 100°	< 0,1 bei 100°
218—225	Si-Gußeisen	ges. Lg.	<24,0 ,, 100°	< 1,0 ,, 100°
322—355	Cr-Stahl	ges. Lg.	>240 ,, 100°	>10,0 ,, 100°
396—408	Cr-Mo-Stahl	ges. Lg.	< 2,4 ,, 100°	< 0,1 ,, 100°
451—474	18/8-Cr-Ni-Stahl	ges. Lg.	< 2,4 ,, 100°	< 0,1 ,, 100°
475—495	18/8-Cr-Ni-Stahl + Mo	ges. Lg.	< 2,4 ,, 100°	< 0,1 ,, 100°
525—529	18/9-Cr-Mn-Stahl	ges. Lg.	<240 ,, 100°	<10,0 ,, 100°

Kupfernitrat

W. V. Nr.	Werkstoff	Zusammensetzung	Angriff
6	Aluminium	Lg.	nicht verwendbar
	Eisen	Lg.	nicht verwendbar

W. V. Nr.	Werkstoff	Zusammensetzung des angreifenden Stoffes	Angriff g/m² · Tag	Angriff mm/Jahr
322—355	Cr-Stahl	50% Lg.	<2,4 bei 100°	<0,1 bei 100°
396—408	Cr-Mo-Stahl	50% Lg.	<2,4 ,, 100°	<0,1 ,, 100°
451—474	18/8-Cr-Ni-Stahl	50% Lg.	<2,4 ,, 100°	<0,1 ,, 100°
475—495	18/8-Cr-Ni-Stahl + Mo	50% Lg.	<2,4 ,, 100°	<0,1 ,, 100°
525—529	18/9-Cr-Mn-Stahl	50% Lg.	<2,4 ,, 100°	<0,1 ,, 100°
	Zink	Lg.	auch im phosphatierten und lackierten nicht beständig	
	Silber	Lg. neutral	kein Angriff bei 20°	

Kupferoxyd

W. V. Nr.	Werkstoff	Zusammensetzung des angreifenden Stoffes	Angriff g/m² · Tag	Angriff mm/Jahr
662—666	Nickel		Angriff bei höherer Temperatur	
	Zink		starker Angriff bei 390°	
	Blei		starker Angriff bei 250°	
	Silber		kein Angriff bei höherer Temperatur	

Kupfersulfat

W. V. Nr.	Werkstoff	Zusammensetzung des angreifenden Stoffes	Angriff g/m² · Tag	Angriff mm/Jahr
6	Aluminium	Lg.	nicht verwendbar	
	Eisen	Lg.	nicht verwendbar	
209—217	Si-Gußeisen	ges. Lg.	< 2,4 bei 100°	< 0,1 bei 100°
218—225	Si-Gußeisen	ges. Lg.	<24,0 ,, 100°	< 1,0 ,, 100°
234—243	Cr-Gußeisen	ges. Lg.	< 2,4 ,, 100°	< 0,1 ,, 100°
251—255	Cr-Mo-Gußeisen	ges. Lg.	< 2,4 ,, 100°	< 0,1 ,, 100°
322—355	Cr-Stahl	ges. Lg. neutral	<24,0 ,, 100°	< 1,0 ,, 100°
		+ 3% H_2SO_4	<240 ,, 100°	<10,0 ,, 100°
396—408	Cr-Mo-Stahl	ges. Lg. neutral	< 2,4 ,, 100°	< 0,1 ,, 100°
		+ 3% H_2SO_4	<240 ,, 100°	<10,0 ,, 100°
418	Wegucit	Lg.	kein Angriff	
451—474	18/8-Cr-Ni-Stahl	50% ges. Lg.	<2,4 bei 100°	<0 ,1 ,, 100°
		+ 10% H_2SO_4	<2,4 ,, 20°	<0 ,1 ,, 20°
		0,7 g $CuSO_4$	<2,4 ,, 80°	<0 ,1 ,, 80°
		+ 1 g H_2SO_4		
		+ 1 g $FeSO_4$		
		in 1 l H_2O		
466	18/8-Cr-Ni-Stahl + Nb, Ta	saure Lg.	empfohlen bei Siedetemperatur	
475—495	18/8-Cr-Ni-Stahl + Mo		Verhalten wie bei 18/8-Cr-Ni-Stahl	
	Kupfer	Zentrifugen, Rohrleitungen	empfohlen	
	Messing	Lg. sauer	Angriff bei 20°	
629	Cu-Ni-Leg.	5% Lg. + 0,25% H_2SO_4	0,77 bei 15—20°	0,036 bei 15—20°
637	Ferry-Metall	5% Lg. + 0,25% H_2SO_4	0,75 ,, 15—20°	0,035 ,, 15—20°
639	Everdur		empfohlen bei höherer Temperatur	
662—666	Nickel	Lg. sauer	starker Angriff bei 20°	
672	Monel	5% Lg. + 0,25% H_2SO_4	1,2 bei 15—20°	0,05 bei 15—20°
679	Illium	25% Lg.	empfohlen	
682	Inconel	Lg. sauer	kein Angriff bei 20°	
728	Langalloy 5 R	Lg.	bis 20° verwendbar, Angriff bei höherer Temperatur	
	Stellit	5—10% Lg.	empfohlen bei höherer Temperatur	
	Cd-Überzüge	Lg.	nicht verwendbar	
	Zinn	Lg.	Angriff	
	Blei	Herstellung	empfohlen	
	Hartblei	20% Lg.	kein Angriff bei 75°	
	10,7 Sb; 2,7 Sn			

W. V. Nr.	Werkstoff	Zusammensetzung des angreifenden Stoffes	Angriff g/m² · Tag	Angriff mm/Jahr
	Silber Lg.		empfohlen	
	Gold 10% Lg.		0,0 bei 100°	0,00 bei 100°
	Platin 100 g/l		kein Angriff bei 100°	
	Iridium 100 g/l		kein Angriff bei 100°	
	Palladium 100 g/l		kein Angriff bei 100°	

Empfohlene Werkstoffe bei Herstellung aus $Cu + H_2SO_4$ [15, S. 109]:

Blei   für Auskleidung von Mischgefäß, Lösegefäß, Verdampfer und Absetzbehälter

Mn-Stahl für Mühle ($CuSO_4$ fest, zerkleinern)

Kupferverbindungen, andere. Als verwendbar werden angegeben:

Für Kupfersalzlösungen Si-Gußeisen, 18/8-Cr-Ni-Stahl, 18/8-Cr-Ni-Stahl + Mo.

Als nicht verwendbar werden angegeben:

Aluminium, Eisen, Zink und Zinn.

Labferment. Als verwendbar wird angegeben:

Für die Herstellung Zinn.

Lacke

6	Aluminium		kein — geringer Angriff bei höh. Temp.
	C-Stahl		Angriff
451—474	18/8-Cr-Ni-Stahl		kein Angriff
	Kupfer	Herstellung	oft verwendbar
662—666	Nickel		kein Angriff
672	Monel		<2,4 bei höh. Temp. <0,1 bei höh. Temp.

Laugensprödigkeit

Stahl   Die Baustoffe von Kochern, Verdampfern und Kesseln, welche mit laugehaltigen Flüssigkeiten in Berührung kommen, werden oft, wenn sie gleichzeitig mechanisch beansprucht sind (Zugspannung), im Laufe des Gebrauches unter Beibehaltung des äußeren Aussehens spröde. Auftretende Risse sind durch interkristallinen Verlauf gekennzeichnet. Besonders gefährdet sind Nietlöcher, Bohrlöcher usw. Die Abhängigkeit dieser Erscheinung von der Konzentration zeigt die folgende Tabelle:

NaOH-Gehalt der Lösung g/l	0,7	50	280
Dauerfestigkeit kg/mm²	22,3	20,3	17,9

Diese Zahlenwerte wurden an Stahl bei einer Temperatur von 275° und 280 Lastwechseln/min bestimmt. Unterhalb einer Temperatur von 240° benötigt man zur Erzielung des gleichen Effektes etwa die fünffache Lastwechselzahl. Lösungen von Na_3PO_4 bewirken keine Versprödung, da sie einen schützenden Film auf dem Fe bilden.

Die Erscheinung der Laugensprödigkeit tritt auch bei niedrigem Alkaligehalt auf.

Am beständigsten sind Stähle mit ~0,05% Al; Al_2O_3-Gehalt schadet. Stickstoffgehalt scheint keinen Einfluß zu haben.

Eine mittlere Abkühlungsgeschwindigkeit von Normalisierungstemperatur oder Abschrecken und nachfolgendes Anlassen auf 650° erhöht die Beständigkeit.

Als besonders widerstandsfähig gegenüber den Beanspruchungen, die Laugensprödigkeit herbeiführen, werden die folgenden „JZ-Stähle" empfohlen:

JZ — 79   0,26 C; 0,60 Mn; 0,20 Si; 0,020 S; 0,017 P; 0,08 Al; 0,0053 N_2
JZ — 12   0,22 C; 0,56 Mn; 0,21 Si; 0,021 S; 0,011 P; 0,06 Al; 0,0055 N_2
JZ — 11   0,17 C; 0,51 Mn; 0,23 Si; 0,022 S; 0,018 P; 0,08 Al; 0,0059 N_2
JZ — Ob   0,10 C; 0,42 Mn; 0,08 Si; 0,018 S; 0,007 P; 0,11 Al; 0,10 Cu; 0,0069 N_2
JZ — Pl   0,095 C; 0,47 Mn; 0,07 Si; 0,014 S; 0,012 P; 0,068 Al; 0,0055 N_2

W. V. Nr.	Werkstoff	Zusammensetzung des angreifenden Stoffes	Angriff g/m² · Tag	Angriff mm/Jahr

Lebertran

| | Aluminium | Emulsion mit Kalk | kein Angriff keine Veränderung des Lebertrans | |

Leim

6	Aluminium	neutral	kein Angriff	
		sauer	Angriff	
		Herstellung	empfohlen	
	Eisen		oft verwendbar	
322—355	Cr-Stahl		<2,4 bei 100°	<0,1 bei 100°
451—474	18/8-Cr-Ni-Stahl		<2,4 „ 100°	<0,1 „ 100°
475—495	18/8-Cr-Ni-Stahl + Mo		<2,4 „ 100°	<0,1 „ 100°
525—529	18/9-Cr-Mn-Stahl		<2,4 „ 100°	<0,1 „ 100°
662—666	Nickel	neutral	oft verwendbar	
672	Monel		<2,4 bei 20°	<0,1 bei 20°

Leinöl

6	Aluminium	+ PbO, + Mn-Verbindungen	kein Angriff bei 250°	
90	GAl-Si		kein Angriff	
	GAl-Mg-Mn		kein Angriff	

			20° rein	200° +3% H_2SO_4	20° rein	200° +3% H_2SO_4
322—355	Cr-Stahl		<2,4	>240	<0,1	>10,0
396—408	Cr-Mo-Stahl		<2,4	>240	<0,1	>10,0
451—474	18/8-Cr-Ni-Stahl		<2,4	<2,4	<0,1	< 0,1
475—495	18/8-Cr-Ni-Stahl + Mo		<2,4	<2,4	<0,1	< 0,1
525—529	18/9-Cr-Mn-Stahl		<2,4	>240	<0,1	>10,0
	Kupfer		empfohlen			
672	Monel		<2,4 bei Siedetp.		<0,1 bei Siedetp.	

Letternmetall

| | Gußeisen | geschmolzen | gut beständig | |

Leuchtgas

| 6 | Aluminium | | kein Angriff, empfohlen | |

Eisen und Stahl: Nasses Gas greift stärker an als trockenes; bei steigender Temperatur nimmt die Korrosionsgeschwindigkeit zu. HCN greift stärker an als CO_2. Rohe, gewalzte Stahlrohre werden leichter angegriffen als schwarzes Schmiedeeisen und rohe Gußrohre. Möglichst niedrige Gehalte an H_2O, O_2, CO_2 und HCN im Gas sind mit Rücksicht auf die Korrosion erstrebenswert.

Von Schutzschichten haben sich im allgemeinen die eingebrannten Anstriche gegenüber den kalt aufgebrachten besser bewährt. Die gleichen Anstrichmittel verhalten sich an verschiedenen Stellen des Rohrnetzes verschieden infolge des unterschiedlichen Gehaltes an Wasserdampf und schweren Kohlenwasserstoffen. Besonders gute Widerstandsfähigkeit zeigten Bleche mit chemisch veränderter Oberfläche; die bituminösen Anstrichmittel werden unter der Einwirkung des Leuchtgases oft verflüssigt. Innen zementierte Rohre haben sich in Einzelfällen bewährt; die synthetischen Lacke verhalten sich sehr gut.

	Eisen (Schwarzblech)	nasser Gasmesser	∼0,6	∼0,03
	Eisen verbleit	„　　　„	∼0,6	∼0,03
	Eisen verzinnt (>20—30 g/m²)	„　　　„	<0,1	<0,005

Einbringen von Zinkstreifen wirkt schützend, bei Schwarzblech oder verbleiten Blechen tritt aber trotzdem, besonders in der Wasserlinie, Anrostung ein.

W. V. Nr.	Werkstoff	Zusammensetzung des angreifenden Stoffes	Angriff g/m² · Tag				Angriff mm/Jahr			
	Kupfer	+ C_2H_2	Explosionsgefahr							
672	Monel		starker Angriff bei 600° empfohlen							
	Zink	gereinigt, trocken	kein Angriff							
		ungereinigt, feucht	Angriff Phosphatierung empfohlen							
763	GZn — Al 4 — Cu 1		für Gasarmaturen empfohlen							
766	GZn — Cu 4		für Gasarmaturen empfohlen							
	Platin	„leucht. Flamme"	Angriff							

Lichtdruck

W. V. Nr.	Werkstoff	Zusammensetzung des angreifenden Stoffes	Angriff g/m² · Tag	Angriff mm/Jahr
	Zink		als geeignet empfohlen	

Lithium und Lithiumverbindungen

W. V. Nr.	Werkstoff	Zusammensetzung des angreifenden Stoffes	Angriff g/m² · Tag	Angriff mm/Jahr
	Aluminium	Lg.	Angriff	
	Si-Gußeisen	ges. Lg. neutral	verwendbar bei Siedetemperatur	
	C-Stahl	geschmolzen Li-Herstellung	empfohlen für Kathoden	
	Cr-Stahl	ges. Lg. neutral	verwendbar bei Siedetemperatur	
451—474	18/8-Cr-Ni-Stahl	ges. Lg. neutral	verwendbar bei Siedetemperatur	
	Kupfer	Lg.	verwendbar	
	Corrix	Lg.	verwendbar	
662—666	Nickel	ges. Lg.	verwendbar bei Siedetemperatur	
672	Monel	ges. Lg.	verwendbar bei Siedetemperatur	
682	Inconel	Lg.	verwendbar	
	Zinn	Lg.	verwendbar	
	Silber	Lg.	verwendbar	

Lithopone

W. V. Nr.	Werkstoff	Zusammensetzung des angreifenden Stoffes	Angriff g/m² · Tag	Angriff mm/Jahr
	Aluminium		kein Angriff bei 190°, keine Veränderung der Lithopone	
	Kupfer	Herstellung	nicht verwendbar	

Lysol

W. V. Nr.	Werkstoff	Zusammensetzung des angreifenden Stoffes	Angriff g/m² · Tag 20°	60—70°	Angriff mm/Jahr 20°	60—70°
6	Aluminium		20°	60—70°	20°	60—70°
	hart	1% Lg.	∼0	0,03	∼0	0,0041
		5% Lg.	∼0	0,01	∼0	0,0014
	weich	1% Lg.	∼0	0,04	∼0	0,0054
		5% Lg.	∼0	0,02	∼0	0,0027
	C-Stahl		Angriff			
	Cr-Stahl		kein Angriff bei 100°			
322—355	Cr-Mo-Stahl		kein Angriff bei 100°			
451—474	18/8-Cr-Ni-Stahl		kein Angriff bei 100°			
475—495	18/8-Cr-Ni-Stahl + Mo		kein Angriff bei 100°			
525—529	18/9-Cr-Mn-Stahl		kein Angriff bei 100°			
	Cr-Überzüge	Lg.	empfohlen			
672	Monel	Lg.	<2,4 bei 20°		<0,1 bei 20°	
673	M.M.-Metall	Lg.	kein Angriff			

Magnesium

W. V. Nr.	Werkstoff	Zusammensetzung des angreifenden Stoffes	Angriff g/m² · Tag	Angriff mm/Jahr
	Platin		bei hoher Temperatur Legierungsbildung, Verschlechterung der mechanischen und chemischen Eigenschaften	

Magnesiumcarbonat

W. V. Nr.	Werkstoff	Zusammensetzung des angreifenden Stoffes	Angriff g/m² · Tag	Angriff mm/Jahr
8	Aluminium	ges. Lg.	0,005 bei 20°	∼0 bei 20°
322—355	Cr-Stahl	ges. Lg.	<2,4 „ 20°	<0,1 „ 20°
396—408	Cr-Mo-Stahl	ges. Lg.	<2,4 „ 20°	<0,1 „ 20°

W. V. Nr.	Werkstoff	Zusammensetzung des angreifenden Stoffes	Angriff g/m² · Tag	Angriff mm/Jahr
451—474	18/8-Cr-Ni-Stahl	ges. Lg.	<2,4 bei 20°	<0,1 bei 20°
475—495	18/8-Cr-Ni-Stahl + Mo	ges. Lg.	<2,4 „ 20°	<0,1 „ 20°
525—529	18/9-Cr-Mn-Stahl	ges. Lg.	<2,4 „ 20°	<0,1 „ 20°
681, 697	Nickelchrom	Paste	<2,2 „ 20°	<0,1 „ 20°

Magnesiumchlorid

W. V. Nr.	Werkstoff	Zusammensetzung des angreifenden Stoffes	Angriff g/m² · Tag	Angriff mm/Jahr
			20° siedend	20° siedend
6	Aluminium	0,9% Lg.	2,3*	0,31
		0,9% Lg.	0,46**	0,06

* Versuchsdauer: 7 Tage.   ** Versuchsdauer: 28 Tage.

W. V. Nr.	Werkstoff	Zusammensetzung des angreifenden Stoffes	Angriff g/m² · Tag	Angriff mm/Jahr
		60,0% Lg.	0,01	0,001
		$MgCl_2$-Lauge	<0,32 · <43,5	<0,04 <5,86
		fest, trocken	kein Angriff bei 20°	
		fest, feucht	0,014 bei 20°	0,002
			an zahlreichen Stellen tiefer Lochfraß	
90	GAl-Si	10% Lg.	0,06	0,008
	GAl-Mg-Mn	10% Lg.	0,04	0,005
			oberflächlicher, ziemlich gleichm. Angriff	
	Aluminium und Al-Legierungen	1% Lg.	0,02—2,8	∼0—0,38 bei 20—98°
		10% Lg.	0,00—2,5	∼0—0,34 bei 20—98°
		In vielen Fällen punktförmiger bzw. muschelförmiger Lochfraß		
	Al-Mg-Bleche	Steinholz	geringer Angriff, der mit steigender Laugenmenge des Steinholzes zunimmt; Anwesenheit von Fremdmetallen vergrößert den Angriff	
			nichtmetallische Schutzschichten empfohlen	
	Magnesium	Lg.	Angriff	
	Titan	5—42% Lg.	<1,58 bei Siedetp.	<0,18 bei Siedetp.
	Gußeisen	1% Lg.	1,05 „ 20°	0,05 „ 20°
234—243	Cr-Gußeisen	25% Lg.	<2,4 „ 20—100°	<0,1 „ 20—100°
251—255	Cr-Mo-Guß-eisen	25% Lg.	<2,4 „ 20—100°	<0,1 „ 20—100°
258	Niresist	10% Lg.	0,68 „ 20°	0,033 „ 20°
268	Stahl	1% Lg.	1,17 „ 20°	0,06 „ 20°
273	Stahl	1% Lg.	1,20 „ 20°	0,06 „ 20°

W. V. Nr.	Werkstoff	Zusammensetzung des angreifenden Stoffes	15° Ruhe	15° bewegt	200° 16 at	15° Ruhe	15° bewegt	200° 16 at
	Flußstahl	0,068 g/l	1,85	5,57	3,0	0,088	0,26	0,14
		1,100 g/l	1,53	4,83	4,0	0,072	0,23	0,19
		1,900 g/l	1,56	4,57	2,5	0,073	0,22	0,12

W. V. Nr.	Werkstoff	Zusammensetzung des angreifenden Stoffes	Angriff g/m² · Tag	Angriff mm/Jahr
292	Schmiede-eisen	1% Lg.	1,10 bei 20°	0,05 bei 20°
293	Elektrolyt-Eisen	1% Lg.	1,20 „ 20°	0,06 „ 20°
342—355	Cr-Stahl	10—30% Lg.	<240 „ 20°	<10,0 „ 20°
322—334	Cr-Stahl	10—30% Lg.	<24,0 „ 20°	< 1,0 „ 20°
383	Ni-Stahl	1% Lg.	0,27 „ 20°	0,012 „ 20°
388	Ni-Stahl	1% Lg.	1,14 „ 20°	0,046 „ 20°
396—408	Cr-Mo-Stahl	10—30% Lg.	< 2,4 „ 20°	< 0,1 „ 20°
451—474	18/8-Cr-Ni-Stahl	10—30% Lg.	< 2,4 „ 20°	< 0,1 „ 20°
475—495	18/8-Cr-Ni-Stahl + Mo	10—30% Lg.	< 2,4 „ 20°	< 0,1 „ 20°
525—529	18/9-Cr-Mn-Stahl	10—30% Lg.	<24,0 „ 20°	< 1,0 „ 20°

W. V. Nr.	Werkstoff	Zusammensetzung des angreifenden Stoffes	Angriff g/m²·Tag			Angriff mm/Jahr		
543	Mn-Stahl	5% Lg.	0,97 bei 20°			0,05 bei 20°		
	Kupfer	5% Lg.	starker Angriff bei 183°, 10 at					
			15° Ruhe	15° bewegt	200° 16 at	15° Ruhe	15° bewegt	200° 16 at
569	Messing	0,068 g/l	0,04			0,002		
		0,300 g/l	0,06			0,003		
		0,7 g/l	0,08	0,09		0,004	0,004	
		0,9 g/l			0,33			0,014
		1,9 g/l	0,10	0,09	0,11	0,005	0,004	0,005
581	Messing Ms 60	5% Lg.	~0,3 bei 20°			0,013 bei 20°		
590	Bronze	1% Lg.	0,13 „ 20°			0,005 „ 20°		
591	Bronze	1% Lg.	0,13 „ 20°			0,005 „ 20°		
592	Bronze	1% Lg.	0,17 „ 20°			0,007 „ 20°		
	P-Bronze	10% Lg.	0,62 „ 20°			0,03 „ 20°		
			15° Ruhe	15° bewegt	200° 16 at	15° Ruhe	15° bewegt	200° 16 at
627	Rotguß	0,068 g/l	0,12			0,005		
		0,300 g/l	0,17			0,007		
		0,7 g/l	0,13	0,07		0,005	0,003	
		0,9 g/l			0,58			0,024
		1,9 g/l	0,04	0,10	0,37	0,002	0,004	0,015
633	Cu-Ni-Leg.	Lg.	geringer Angriff					
649	Al-Bronze	1% Lg.	0,03 bei 20°			0,002 bei 20°		
656	Al-Bronze	129 g MgCl$_2$ + 80,6 g MgSO$_4$ + 91 g KCl + 115 g NaCl + 1000 g H$_2$O	0,2 „ 20°			0,01 „ 20°		
657	Al-Bronze	1% Lg.	0,02 bei 20°			~0 bei 20°		
662—666	Nickel	0,2 n Lg.	3,60 „ 20°			0,15 „ 20°		
672	Monel	1% Lg.	2,4 „ 20°			0,1 „ 20°		
681, 697	Nickelchrom	10—30% Lg.	2,2 „ 20°			0,1 „ 20°		
721	Ni-Fe-Leg.	1% Lg.	0,3 „ 20°			0,014 „ 20°		
			Wechseltauchversuch 20°					
		Dauer:	2 Tage	7 Tage	14 Tage	2 Tage	7 Tage	14 Tage
744	Elektrolytzink	12 g MgCl$_2$ 6 H$_2$O/l	0,2	0,28	0,21	0,01	0,02	0,01
	Zinn	0,9% Lg.	2,3* bei 20°			0,12 bei 20°		
	Zinn	0,9% Lg.	0,36** „ 20°			0,02 „ 20°		

* Versuchsdauer: 7 Tage. ** Versuchsdauer: 28 Tage.

	Werkstoff	Zusammensetzung	Angriff
	Blei	Lg.	Angriff
	Silber	Lg.	empfohlen
	Platin	O$_2$-frei	kein Angriff bei höherer Temperatur
		+ O$_2$	Angriff bei höherer Temperatur

Empfohlene Werkstoffe bei der Herstellung aus Mg(OH)$_2$ + HCl [15, S. 206]:
Cr-Ni-Stahl für Heizschlangen der Vakuumverdampfer, sonst meist keramische Werkstoffe.

Magnesiumoxychlorid

W. V. Nr.	Werkstoff	Zusammensetzung	Angriff
451—474	C-Stahl	Lg.	nicht verwendbar bei 20°
	18/8-Cr-Ni-Stahl	Lg.	nicht verwendbar bei 20°
475—495	18/8-Cr-Ni-Stahl + Mo	Lg.	nicht verwendbar bei 20°

W. V. Nr.	Werkstoff	Zusammensetzung des angreifenden Stoffes	Angriff g/m² · Tag	Angriff mm/Jahr

Magnesiumsilicofluorid

W. V. Nr.	Werkstoff	Zusammensetzung des angreifenden Stoffes	Angriff g/m² · Tag	Angriff mm/Jahr
	70/30-Cu-Ni-Leg.	20% Lg.	starker Angriff bei 50°	

Magnesiumsulfat

W. V. Nr.	Werkstoff	Zusammensetzung des angreifenden Stoffes	Angriff g/m² · Tag	Angriff mm/Jahr
	Aluminium	0,0001% Lg.	kein Angriff bei 20°	
		0,001% Lg.	kein Angriff bei 20°	
		0,01% Lg.	geringer Angriff bei 20°	
		0,1% Lg.	Angriff bei 20°	
		1 n Lg.	0,01 bei 20°	0,001 bei 20°
		50% Lg. + O_2	geringer Angriff bei 60—70°	
		10% Lg.	kein Angriff beim Eindampfen	
90	GAl-Si	10% Lg.	0,018	0,0024
	GAl-Mg-Mn	10% Lg.	0,010	0,0014
	Gußeisen	5% Lg.	0,97 bei 20°	0,05 bei 20°
209—225	Si-Gußeisen	5% Lg.	~0,10 „ 20°	~0,005 „ 20°
258	Niresist	5% Lg.	0,30 „ 20°	0,015 „ 20°
268	Stahl	5% Lg.	1,17 „ 20°	0,06 „ 20°
273	Stahl	5% Lg.	1,27 „ 20°	0,06 „ 20°

W. V. Nr.	Werkstoff	Zusammensetzung des angreifenden Stoffes	18° Ruhe	18° bewegt	200° 16 at	18° Ruhe	18° bewegt	200° 16 at
274	Flußstahl	0,0859 g/l	1,87	8,39	1,0	0,09	0,42	0,05
		1,1355 g/l	1,52	4,82	5,5	0,07	0,25	0,27
		2,4010 g/l	1,51	3,56	5,6	0,07	0,18	0,28

W. V. Nr.	Werkstoff	Zusammensetzung des angreifenden Stoffes	Angriff g/m² · Tag	Angriff mm/Jahr
294	Armco-Eisen	5% Lg.	1,24 bei 20°	0,06 bei 20°
293	Elektrolyt-Eisen	5% Lg.	1,10 „ 20°	0,05 „ 20°
342—355	Cr-Stahl	10% Lg.	<240 „ 20°	<10,0 „ 20°
322—334	Cr-Stahl	10% Lg.	<24,0 „ 20°	< 1,0 „ 20°
383	Ni-Stahl	5% Lg.	0,37 „ 20°	0,02 „ 20°
388	Ni-Stahl	5% Lg.	1,0 „ 20°	0,05 „ 20°
396—408	Cr-Mo-Stahl	10% Lg.	< 2,4 „ 20°	< 0,1 „ 20°
451—474	18/8-Cr-Ni-Stahl	10% Lg.	< 2,4 „ 20°	< 0,1 „ 20°
475—495	18/8-Cr-Ni-Stahl + Mo	10% Lg.	< 2,4 „ 20°	< 0,1 „ 20°
525—529	18/9-Cr-Mn-Stahl	10% Lg.	<24,0 „ 20°	< 1,0 „ 20°
543	Mn-Stahl	1% Lg.	1,34 „ 20°	0,07 „ 20°

W. V. Nr.	Werkstoff	Zusammensetzung des angreifenden Stoffes	17,5° Ruhe	17,5° bewegt	200° 16 at	17,5° Ruhe	17,5° bewegt	200° 16 at
569	Messing	0,0859 g/l	0,027	0,061	0,45	0,001	0,003	0,019
		1,3915 g/l	0,063	0,108	0,38	0,003	0,005	0,016
		2,4010 g/l	0,062	0,075	0,38	0,003	0,004	0,016

W. V. Nr.	Werkstoff	Zusammensetzung des angreifenden Stoffes	Angriff g/m² · Tag	Angriff mm/Jahr
590	Bronze	5% Lg.	0,03 bei 20°	0,001 bei 20°
591	Bronze	5% Lg.	<0,01 „ 20°	~0 „ 20°
592	Bronze	5% Lg.	0,07 „ 20°	0,003 „ 20°

W. V. Nr.	Werkstoff	Zusammensetzung des angreifenden Stoffes	17,5° Ruhe	17,5° bewegt	200° 16 at	17,5° Ruhe	17,5° bewegt	200° 16 at
627	Rotguß	0,0859 g/l	0,029	0,094	0,21	0,001	0,004	0,009
		1,3915 g/l	0,028	0,050	0,35	0,001	0,002	0,014
		2,4010 g/l	0,027	0,056	0,12	0,001	0,003	0,005

W. V. Nr.	Werkstoff	Zusammensetzung des angreifenden Stoffes	Angriff g/m² · Tag	Angriff mm/Jahr
649	Al-Bronze	5% Lg.	0,07 bei 20°	0,003 bei 20°

W. V. Nr.	Werkstoff	Zusammensetzung des angreifenden Stoffes	20°	90°	20°	90°
652	Corrix					
	gegossen	ges. Lg.	0,02	0,33	~0	0,015
	gewalzt	ges. Lg.	0,02	0,34	~0	0,016
656	Al-Bronze	80,6 g $MgSO_4$ +	0,2 bei 90°		0,01 bei 20°	

+ 129 g $MgCl_2$ + 115 g NaCl + 91 g KCl + 1000 g H_2O

W. V. Nr.	Werkstoff	Zusammensetzung des angreifenden Stoffes	Angriff g/m² · Tag	Angriff mm/Jahr
662—666	Nickel	Lg.	empfohlen	
672	Monel	5% Lg.	<2,4 bei 20°	<0,1 bei 20°
675—680	Nickelchrom	Lg.	empfohlen	
681, 697	Nickelchrom	10% Lg.	<2,2 bei 20°	<0,1 bei 20°
721	Ni-Fe-Leg.	5% Lg.	0,4 „ 20°	0,02 „ 20°
	Zink	Lg.	geringer Angriff	
	Blei	Lg.	kein Angriff	

Empfohlene Werkstoffe bei Herstellung aus $Mg(OH)_2 + H_2SO_4$ [15, S. 208]:

Gußeisen	für Reaktionsgefäße, Pumpen, Filterpressen	
18/8 Cr-Ni-Stahl + Mo	für Verdampfer, Siebe, Ventile	
Monel	für Kristallisation, Trocknung	
Stahl	„ Rührer, Zentrifugen, Trockner usw.	

Magnesiumverbindungen, andere. Als verwendbar werden angegeben:

Für Magnesiumfluorid Nickel bei höherer Temperatur
„ $Mg(OH)_2$-Lg. Monel.

Maleinsäure

W. V. Nr.	Werkstoff	Zusammensetzung des angreifenden Stoffes	Angriff g/m² · Tag	Angriff mm/Jahr
322—355	Cr-Stahl	50% Lg.	<2,4 bei 100°	<0,1 bei 100°
396—408	Cr-Mo-Stahl	50% Lg.	<2,4 „ 100°	<0,1 „ 100°
451—474	18/8-Cr-Ni-Stahl	50% Lg.	<2,4 „ 100°	<0,1 „ 100°
475—495	18/8-Cr-Ni-Stahl + Mo	50% Lg.	<2,4 „ 100°	<0,1 „ 100°
525—529	18/9-Cr-Mn-Stahl	50% Lg.	<2,4 „ 100°	<0,1 „ 100°
629	Cu-Ni-Leg.	5% Lg.	0,41 „ 15—20°	0,019 „ 15—20°
637	Ferry-Metall	5% Lg.	0,48 „ 15—20°	0,022 „ 15—20°
669	Corronil	5% Lg.	0,49 „ 20°	0,023 „ 20°
681, 697	Nickelchrom	50% Lg.	<2,2 „ 100°	<0,1 „ 100°
	Zinn	Lg. + O_2	Angriff	

Manganchlorür

W. V. Nr.	Werkstoff	Zusammensetzung des angreifenden Stoffes	Angriff g/m² · Tag	Angriff mm/Jahr
209—225	Si-Gußeisen	10—50% Lg.	< 2,4 bei 100°	< 0,1 bei 100°
322—355	Cr-Stahl	10—50% Lg.	>240 „ 100°	>10,0 „ 100°
396—408	Cr-Mo-Stahl	10% Lg.	<24,0 „ 100°	< 1,0 „ 100°
		50% Lg.	>240 „ 100°	>10,0 „ 100°
451—474	18/8-Cr-Ni-Stahl	10—50% Lg.	< 2,4 „ 100°	< 0,1 „ 100°
475—495	18/8-Cr-Ni-Stahl + Mo	10—50% Lg.	< 2,4 „ 100°	< 0,1 „ 100°
525—529	18/9-Cr-Mn-Stahl	10—50% Lg.	>240 „ 100°	>10,0 „ 100°

Manganphosphat

W. V. Nr.	Werkstoff	Zusammensetzung des angreifenden Stoffes	Angriff g/m² · Tag	Angriff mm/Jahr
286	Stahl	3% $Mn(H_2PO_4)_2$	~200 bei 98°	~10,0 bei 98°

Mangansulfat

W. V. Nr.	Werkstoff	Zusammensetzung des angreifenden Stoffes	Angriff g/m² · Tag	Angriff mm/Jahr
	Gußeisen	Lg. d = 1,25	12,5 bei 100°	0,6 bei 100°
	C-Stahl	Lg. d = 1,25	12,6 „ 100°	0,6 „ 100°
257	Niresist 2	Lg. d = 1,25	4,1 „ 100°	0,2 „ 100°
	Nickel	Lg. d = 1,25	2,2 „ 100°	0,1 „ 100°
672	Monelmetall	Lg. d = 1,25	2,5 „ 100°	0,12 „ 100°
682	Inconel	Lg. d = 1,25	0,5 „ 100°	0,025 „ 100°

Manganverbindungen, andere. Als verwendbar werden angegeben:

Für Mangansalzlösungen 18/8-Cr-Ni-Stahl, 18/8-Cr-Ni-Stahl + Mo.
Als nicht verwendbar werden angegeben:
Für Mangansalzlösungen Aluminium
„ $MnBr_2$ Gold
„ MnO_2 Tantal bei 500°.

W. V. Nr.	Werkstoff	Zusammensetzung des angreifenden Stoffes	Angriff g/m² · Tag	Angriff mm/Jahr

Mannit

| 6 | Aluminium | | kein Angriff | |

Margarine. Als verwendbar werden angegeben:

Aluminium (Eloxalschicht empfohlen), Zinn, 15/12-Cr-Mn-Stahl (für Transportgefäße und Margarinekneter).
Empfohlene Werkstoffe bei der Herstellung aus Milch + Fetten [15, S. 243]:
Zinn-Überzüge, Aluminium und Cr-Ni-Stahl für Milchbehälter, Fettschmelzen
Stahl für Kühler.

Menschlicher Körper

	Aluminium	eine 0,01 mm dicke Aluminiumfolie mit gutsaugendem Zellstoff wird für Wunden empfohlen		
451—474	18/8 Cr-Ni-Stahl	haben sich zwar bewährt, neigen aber zur Spannungsrißkorrosion		
475—495	18/8 Cr-Ni-Stahl + Mo	Weitere Angaben siehe [188]		

Mesityloxyd

| | C-Stahl | | verwendbar bei 20° | |
| 451—474 | 18/8-Cr-Ni-Stahl | | kein Angriff bei 20° | |

Messing. Sm. ~900°

	Cr-Stahl	geschmolzen	kein Angriff bei höherer Temperatur	
	Cr-Überzüge	geschmolzen	empfohlen bei höherer Temperatur	
Methan	Gußeisen	CH_4 oder CH_4-haltige Gase können ebenso wie CO in Berührung mit Fe zerfallen. Vgl. CO		
	Platin	reinst	kein Angriff bei 1000°	
		+ reduz. Verb.	Angriff	

Methylalkohol. Sm. —97°; Sd. 65°; d 0,792

6	Aluminium	2% Lg.	0,002 bei 20°	~0 bei 20°
		5% Lg.	0,003 „ 20°	0,0004 „ 20°
		20% Lg.	0,001 „ 20°	~0 „ 20°
		40% Lg.	0,003 „ 20°	0,0004 „ 20°
		75% Lg.	0,015 „ 20°	0,002 „ 20°
		100% Lg.	0,008 „ 20°	0,001 „ 20°
		Holzsprit	Angriff	
	Magnesium		Angriff	
	Eisen	+ H_2O	geringer Angriff	
347	Cr-Stahl		für Methanolsynthese empfohlen <2,4 bei 20°	<0,1 bei 20°
396—408	Cr-Mo-Stahl		<2,4 „ 20°	<0,1 „ 20°
451—474	18/8-Cr-Ni-Stahl		<2,4 „ 20°	<0,1 „ 20°
475—495	18/8-Cr-Ni-Stahl + Mo		<2,4 „ 20°	<0,1 „ 20°
525—529	18/9-Cr-Mn-Stahl		<2,4 „ 20°	<0,1 „ 20°
	Kupfer		empfohlen	
	Messing		empfohlen	
	Bronze		empfohlen	
662—666	Nickel	jede Konzentr.	empfohlen bei Siedetemperatur	
672	Monel		kein Angriff bei 20°	
		Dampf	kein Angriff bei Siedetemperatur	
	Nickelchrom		empfohlen	
	Zink	Handelsware	oft Angriff	
	Zinn	Handelsware	verwendbar	
	Blei	Handelsware	17,72 bei 30°	0,57 bei 30°
	Silber + Formamid		empfohlen bei höherer Temperatur	

Methylamin

| 4 | Aluminium | 25% Lg. | sehr geringer Angriff bei 20°, der zu Schutzschichtbildung führt, so daß | |

W. V. Nr.	Werkstoff	Zusammensetzung des angreifenden Stoffes	Angriff g/m²·Tag	Angriff mm/Jahr
			später auch bei Siedetemperatur kein Angriff mehr erfolgt	
	C-Stahl		verwendbar	
	Cr-Stahl		verwendbar	
451—474	18/8-Cr-Ni-Stahl		verwendbar	
	Kupfer		nicht verwendbar	
	Messing		nicht verwendbar	
	Bronze		nicht verwendbar	
662—666	Nickel		verwendbar	
672	Monel		Angriff	
682	Inconel		verwendbar	
	Platin		verwendbar	

Methylchlorid

W. V. Nr.	Werkstoff	Zusammensetzung des angreifenden Stoffes	Angriff	
4	Aluminium	Gas trocken, feucht	kein Angriff	
		flüssiges (trocken)	kein Angriff	
		flüssiges $+ 20\% H_2O$	kein Angriff	
	C-Stahl		verwendbar (Tanks)	
	Cr-Stahl		verwendbar	
451—474	18/8-Cr-Ni-Stahl		verwendbar	
475—495	18/8-Cr-Ni-Stahl + Mo	techn.	verwendbar	
	Kupfer		verwendbar bei 100°	
	Messing	techn.	verwendbar, geringer Angriff bei 20° (0,02 mm/Jahr)	
	Bronze	techn.	verwendbar	
	Al-Bronze		verwendbar	
662—666	Nickel	techn.	verwendbar	
672	Monel		verwendbar	
	Cu-Ni-Leg.		Verhalten ähnlich Messing	
682	Inconel		verwendbar	
	Silber		verwendbar	
	Platin	techn.	verwendbar	

Empfohlene Werkstoffe bei Herstellung aus $CH_4 + Cl_2$ nach dem Hoechst-Verfahren [15, S. 211]:

Gußeisen	für Mischgefäße $(CH_4 + Cl_2)$	
Inconel	für Erhitzer, Mischgefäße	

Milch

	Werkstoff	Zusammensetzung	Angriff	
	Aluminium und Cu-freie Al-Legierungen		keine Veränderung, keine Geschmacksbeeinflussung der Milch bis 40° SH	
		sauer $<40°$ SH	geringer Angriff	

Über den Einfluß der Werkstoffzusammensetzung und Vorbehandlung fanden R. Reif und H. J. Steinbeck:

Beurteilt man die Güte der Bleche nach den Aluminiummengen, die sie während der Versuche an die Milch abgegeben haben, so haben sich die im Oxalsäurebad elektrolytisch oxydierten Bleche am besten bewährt. Beinahe ebensogut schnitten die MBV-behandelten Bleche ab, etwas weniger gut die unbehandelten blanken Bleche, während die im Schwefelsäurebad elektrolytisch oxydierten Bleche die geringste Widerstandsfähigkeit zeigten.

Al-Legierungen verhalten sich etwa wie Reinaluminium.

Über Behälter, Apparate und Geräte in der Milchindustrie vgl. 189.

W. V. Nr.	Werkstoff	Zusammensetzung	Angriff	
	Eisen		Geschmacksbeeinflussung, gegebenenfalls auch Verfärbung der Milch	
322—355	Cr-Stahl	frisch	keine Veränderung oder Geschmacksbeeinflussung der Milch	
		sauer	geringer — starker Angriff	
322—334	Cr-Stahl	Milchindustrie	geeignet, ohne Nachvergütung, gute	

W. V. Nr.	Werkstoff	Zusammensetzung des angreifenden Stoffes	Angriff g/m² · Tag	Angriff mm/Jahr
		Margarineherstellg.	mechanische Werte, wenn elektr. geschweißt	
	Inkromierte Stähle		empfohlen	
	Cr-Stahl (+ Ti)		für Milchlagertanks empfohlen	
451—474	18/8-Cr-Ni-Stahl	sauer	<2,4 bei 65°	<0,1 bei 65°
465—474	18/8-Cr-Ni-Stahl		für Milcherhitzer u. Milchkühler empfohl.	
475—495	18/8-Cr-Ni-Stahl + Mo	sauer	<2,4 bei 65°	<0,1 bei 65°
532	Cr-Mn-Stahl	Milchkannen, Halsstücke	geeignet für Teile, die große Tiefziehfähigkeit besitzen müssen, keine interkristalline Korrosion	
534	Cr-Mn-Stahl	Milchkannen, Milchkühler, Rahmkühler, Butterkneter, Säurewecker, Margarineherstellung	gut geeignet	
	Kupfer, Messing, Bronze, Neusilber u. andere Cu-Legierungen	rufen in jeder Milch eine deutliche Geschmacksbeeinflussung (Talgigkeit) hervor, auch bei kurzdauernder Einwirkung, besonders bei 65°. Auch Verfärbung tritt auf. Bereits 0,01 mg Cu/l wirken auf die Enzyme der Milch (Aldehydreduktase, Peroxydase) ein. Sogar bei verzinntem Cu oder verzinntem Neusilber ist unter Umständen eine Wirkung auf Enzyme möglich		
	Kupfer	Pasteurisieren	<0,2 bei 60°	<0,007 bei 60°
			Aufnahme der Milch an Cu: ~8 mg/l; diese Mengen sind nicht gesundheitsschädlich, beeinträchtigen aber den Geschmack; bei 80° geringer Angriff	
	Cr-Überzüge	süß und sauer	empfohlen, keine Veränderung	
662—666	Nickel	süß	0—1,5 bei 20°	0 —0,06 bei 20°
		Pasteurisieren	10—120 ,, 65°	0,4—5,0 ,, 65°
			Geschmacksbeeinflussung	
			6° 18° 44° 80°	6° 18° 44° 80°
672	Monel		2,0 6,0 16,0 39,0	0,08 0,25 0,66 1,60
682	Inconel	Pasteurisieren	0,22 bei 61°	0,01 bei 61°
			Geschmacksbeeinflussung	
	Zink		nicht verwendbar, giftig	
	Cadmium		nicht verwendbar, giftig	
	Zinn		keine Einwirkung, keine Geschmacksveränderung bei verzinnten Werkstoffen	
	Blei		nicht verwendbar, giftig	
Milchsäure				
6	Aluminium	0,5%ig	0,15	0,020
		80%ig	0,12	0,019
90	GAl-Si	0,5%ig	0,12	0,016
		80%ig	0,11	0,015
	GAl-Mg-Mn	0,5%ig	0,17	0,023
		80%ig	kein Angriff	
	GAl-Zn-Cu	80%ig	0,55	0,074
	GAl-Cu	80%ig	0,77	0,101
	Für Zahnheilkunde empfohlen:			
56?	Al-Leg. (Guß-Leg. vergütet)	DAB 6	~1 bei 37°	~0,13 bei 37°
		50% techn.	~1 ,, 37°	~0,13 ,, 37°
56?	Al-Leg. (Blech, vergütet)	DAB 6	~0,5 ,, 37°	~0,07 ,, 37°
		50% techn.	~0,5 ,, 37°	~0,07 ,, 37°
		50% Genußmittelsäure	~0,5 ,, 37°	~0,07 ,, 37°
	Magnesium	Lg.	Angriff	

W. V. Nr.	Werkstoff	Zusammensetzung des angreifenden Stoffes	Angriff g/m² · Tag	Angriff mm/Jahr
	Mg-Mn-Leg. (1,5 Mn)	85% Lg.	130 bei 20°	27,3 bei 20°
	Mg-Al-Mn-Leg. (6—0,2)	85% Lg.	17,2 ,, 20°	3,61 ,, 20°
	Titan	10—85% Lg.	<1,58 bei 100°	<0,18 bei 100°
209—225	Si-Gußeisen	10% — konz. Lg.	< 2,4 bei Siedetp.	<0,1 bei Siedetp.
234—243	Cr-Gußeisen	10% — konz. Lg.	< 2,4 ,, 20°	<2,4 ,, 20°
	Stahl	1% Lg.	14,4 ,, 20°	0,67 ,, 20°
			20° siedend	20° siedend
342—355	Cr-Stahl	10% Lg.	<24,0 >240	<1,0 >10,0
		konz. Lg.	<24,0 <240	<1,0 >10,0
322—334	Cr-Stahl	10% Lg.	<24,0 > 24,0	<1,0 < 1,0
		konz. Lg.	<24,0 <240	<1,0 <10,0
396—408	Cr-Mo-Stahl	10% Lg.	< 2,4 < 2,4	<0,1 < 0,1
		konz. Lg.	< 2,4 < 24,0	<0,1 < 1,0
451—474	18/8-Cr-Ni-Stahl	2% Lg.	0,5 bei Siedetp.	0,02 bei Siedetp.
		50% Lg.	1,22 ,, ,,	0,06 ,, ,,
		85% Lg.	156 ,, ,,	7,6 ,, ,,
			20° siedend	20° siedend
475—495	18/8-Cr-Ni-Stahl + Mo	1,5% Lg.	< 2,4 < 2,4	<0,1 < 0,1
		10% Lg.	< 2,4 < 2,4	<0,1 < 0,1
		konz. Lg.	< 2,4 < 24,0	<0,1 < 1,0
525—529	18/9-Cr-Mn-Stahl	10% Lg.	< 2,4 < 24,0	<0,1 < 1,0
		konz. Lg.	<24,0 <240	<1,0 <10,0
			20° 65°	20° 65°
	Kupfer	1% Lg.	1,5 7,3	0,06 0,30
		Zusatz von O₂ vergrößert den Angriff (4 : 1)		
	Messing	1% Lg. + 0,5% NaCl	geringer Angriff bei 37—40°	
629	Cu-Ni-Lg.	0,5—5% Lg.	0,006 bei 15—20°	∼0 bei 15—20°
637	Ferry-Metall	5% Lg.	0,007 ,, 15—20°	∼0 ,, 15—20°
	Cu-Al-Leg.	Lg.	geringer Angriff	
	Cr-Überzüge	Lg.	geringer Angriff	
			20° 100°	20° 100°
662—666	Nickel	0,5% Lg.	< 2,4	<0,1
		10 % Lg.	<24,0 <24,0	<1,0 <1,0
669	Corronil	5 % Lg.	0,63 bei 20°	0,026 bei 20°
672	Monel	5 % Lg.	<2,4 ,, 20°	<0,1 ,, 20°
			20° 90°	20° 90°
678	Nickelchrom	25% Lg.	3,4 34,5	0,15 1,50
679	Illium	10% Lg.	empfohlen	
682	Inconel	45% Lg.	0,08 bei 20°	0,004 bei 20°
		10—50% Lg. (Vakuum)	4,7 ,, 54°	0,23 ,, 54°
697	Nickelchrom	1,5% Lg.	<2,2	<0,1
		10 % Lg.	<2,2 <22,0	<0,1 <1,0
	Stellit	konz. Lg.	kein Angriff bei Siedetemperatur	
	Tantal	85% Lg.	kein Angriff bei 20°	
	Zinn	0,1 n Lg. bewegt	7,0—20,9 bei 20°	0,35—1,04 bei 20°
		1% Lg. ruhend	1,8 bei 20°	0,09 bei 20°
	Blei	Lg.	Angriff	

Milchzucker

6	Aluminium	Lg. rein	kein Angriff	
		Lg. roh	Angriff	

Mineralwasser

6	Aluminium	Selterwasser künstl. Mineralwasser	kein — geringer Angriff, MBV-Schicht schützt	
90	Silumin		0,08 bei 20°	0,01 bei 20°

W. V. Nr.	Werkstoff	Zusammensetzung des angreifenden Stoffes	Angriff g/m² · Tag	Angriff mm/Jahr
	Zinn	Selterwasser	kein — geringer Angriff bei 20°	
	Blei	Selterwasser	geringer Angriff	

Mischsäure

W. V. Nr.	Werkstoff	H_2SO_4	HNO_3	H_2O	Angriff g/m² · Tag	Angriff mm/Jahr
5	Aluminium	98,0	0	2,0	19,6 bei 20°	2,64 bei 20°
		90,0	5,5	4,5	26,9 „ 20°	3,63 „ 20°
		82,0	11,4	6,6	28,2 „ 20°	3,80 „ 20°
		73,5	17,5	9,0	28,6 „ 20°	3,86 „ 20°
		64,5	24,5	11,0	28,6 „ 20°	3,86 „ 20°
		55,2	30,6	14,2	28,2 „ 20°	3,80 „ 20°
		45,3	37,8	16,9	26,0 „ 20°	3,51 „ 20°
		34,9	45,2	19,9	24,6 „ 20°	3,32 „ 20°
		24,0	53,3	22,7	18,6 „ 20°	2,52 „ 20°
		12,4	61,5	26,2	11,9 „ 20°	1,61 „ 20°
		0	73,0	27,0	2,5 „ 20°	0,34 „ 20°
		70,0	21,0	9,0	28,8 „ 20°	3,89 „ 20°
		72,2	17,3	10,5	30,4 „ 20°	4,10 „ 20°
		61,0	17,4	21,6	35,2 „ 20°	4,75 „ 20°
		98,0	0	2,0	19,6 „ 20°	2,64 „ 20°
		89,7	7,7	2,6	25,2 „ 20°	3,39 „ 20°
		81,3	15,8	2,9	25,0 „ 20°	3,37 „ 20°
		72,5	24,2	3,3	24,0 „ 20°	3,24 „ 20°
		63,9	32,7	3,4	23,4 „ 20°	3,16 „ 20°
		53,9	41,9	4,2	22,8 „ 20°	3,07 „ 20°
		44,0	51,3	4,7	21,8 „ 20°	2,94 „ 20°
		33,7	61,3	5,0	19,0 „ 20°	2,56 „ 20°
		22,9	71,4	5,7	14,0 „ 20°	1,89 „ 20°
		11,8	82,2	6,0	5,8 „ 20°	0,78 „ 20°
		0	94,0	6,0	0,8 „ 20°	0,11 „ 20°
		0	69,3	30,7	3,0 „ 20°	0,41 „ 20°
		0	55,8	44,2	4,0 „ 20°	0,54 „ 20°
		0	40,7	59,3	5,5 „ 20°	0,74 „ 20°
		0	21,8	78,2	7,0 „ 20°	0,95 „ 20°
		0	9,3	90,7	3,0 „ 20°	0,41 „ 20°
		0	4,4	95,6	2,0 „ 20°	0,27 „ 20°

W. V. Nr.	Werkstoff	Vol.-% H_2SO_4	Vol.-% HNO_3	Angriff g/m² · Tag	Angriff mm/Jahr
6	Aluminium	100	0	12,6 bei 20°	1,70 bei 20°
		90	10	17,3 „ 20°	2,33 „ 20°
		80	20	17,8 „ 20°	2,40 „ 20°
		70	30	17,8 „ 20°	2,40 „ 20°
		60	40	17,8 „ 20°	2,40 „ 20°
		50	50	17,8 „ 20°	2,40 „ 20°
		40	60	17,0 „ 20°	2,29 „ 20°
		30	70	16,0 „ 20°	2,16 „ 20°
		20	80	12,2 „ 20°	1,64 „ 20°
		10	90	7,6 „ 20°	1,03 „ 20°
		0	100	1,6 „ 20°	0,22 „ 20°

W. V. Nr.	Werkstoff		Angriff g/m² · Tag 20°	Angriff g/m² · Tag 75°	Angriff mm/Jahr 20°	Angriff mm/Jahr 75°
	Aluminium hart	2 : 1	28,0	4280	3,78	577
		1 : 2	18,0	2550	2,43	343
	weich	2 : 1	28,0	3680	3,78	497
		1 : 2	18,0	2600	2,43	351
90	Silumin	1 : 9	0,36		0,05	

W. V. Nr.	Werkstoff	$H_2SO_4 : HNO_3$	Angriff g/m² · Tag	Angriff mm/Jahr
	Titan	10 : 90	< 1,58 bei 35°	<0,18 bei 35°
		30 : 70	< 1,58 „ 35°	<0,18 „ 35°
		50 : 50	< 1,58 „ 35°	<0,18 „ 35°
		60 : 40	< 1,58 „ 35°	<0,18 „ 35°
		70 : 30	<15,8 „ 35°	<1,8 „ 35°

W. V. Nr.	Werkstoff	Zusammensetzung des angreifenden Stoffes	Angriff g/m² · Tag	Angriff mm/Jahr
		80 : 20	<15,8 bei 35°	<1,8 bei 35°
		90 : 10	<15,8 „ 35°	<1,8 „ 35°
		99 : 1	<15,8 „ 35°	<1,8 „ 35°
	Gußeisen	% H_2SO_4 / % HNO_3 / % H_2O		
		70 · 30 · —	2,7 bei 20°	0,14 bei 20°
		75 · 25 · —	2,7 „ 20°	0,14 „ 20°
		80 · 20 · —	3,0 „ 20°	0,15 „ 20°
		85 · 15 · —	3,3 „ 20°	0,16 „ 20°
		90 · 10 · —	5,0 „ 20°	0,25 „ 20°
		95 · 5 · —	5,0 „ 20°	0,25 „ 20°
		45 · 30 · 25	5,5 „ 20°	0,29 „ 20°
		50 · 25 · 25	6,0 „ 20°	0,30 „ 20°
		55 · 20 · 25	6,2 „ 20°	0,31 „ 20°
		60 · 15 · 25	7,2 „ 20°	0,36 „ 20°
		65 · 10 · 25	7,2 „ 20°	0,36 „ 20°
		70 · 5 · 25	26,0 „ 20°	1,31 „ 20°
	Si-Gußeisen (14,5 Si)	12% rauchende H_2SO_4 (20% SO_3)	1,1 bei 25°	0,06 bei 25°
		+ 88% HNO_3 (95%)	10,0 bei 120—150°	0,5 bei 120—150°
234, 235	Cr-Gußeisen	<12% Lg.	praktisch kein Angriff	
		% H_2SO_4 / % HNO_3 / % H_2O — Angriff g/m²·Tag bei 20° / 70° / 100°, Angriff mm/Jahr bei 20° / 70° / 100°		
234—243	Cr-Gußeisen	20 · 15 · 65	<2,4 / <24,0 / <240	<0,1 / <1,0 / <10,0
		58 · 40 · 2	<2,4 / <24,0 / <240	<0,1 / <1,0 / <10,0
		2,5 · 97,5 · —	<2,4 / <24,0 / <72,0	<0,1 / <1,0 / < 3,0
251—255	Cr-Mo-Guß-eisen	20 · 15 · 65	<2,4 / <24,0 / <240	<0,1 / <1,0 / <10,0
		58 · 40 · 2	<2,4 / < 2,4 / <72,0	<0,1 / <0,1 / < 3,0
		2,5 · 97,5 · —	<2,4 / < 2,4 / <24,0	<0,1 / <0,1 / < 1,0
	Stahl	% H_2SO_4 / % HNO_3 / % H_2O		
		70 · 30 · —	2,7 bei 20°	0,13 bei 20°
		75 · 25 · —	2,2 „ 20°	0,10 „ 20°
		80 · 20 · —	2,5 ., 20°	0,12 „ 20°
		85 · 15 · —	2,2 „ 20°	0,10 „ 20°
		90 · 10 · —	2,7 „ 20°	0,13 „ 20°
		95 · 5 · —	1,5 „ 20°	0,07 „ 20°
		45 · 30 · 25	7,4 „ 20°	0,35 „ 20°
		50 · 25 · 25	7,7 „ 20°	0,36 „ 20°
		55 · 20 · 25	9,1 „ 20°	0,43 „ 20°
		60 · 15 · 25	9,7 „ 20°	0,46 „ 20°
		65 · 10 · 25	16,0 „ 20°	0,75 „ 20°
292	Stahl	% H_2SO_4 / % HNO_3 / % H_2O		
		10 · 5 · 85	3,11 bei 20°	0,14 bei 20°
		10 · 10 · 80	16,36 „ 20°	0,77 „ 20°
		10 · 20 · 70	37.304,0 „ 20°	1760 „ 20°
		10 · 30 · 60	141.493,0 „ 20°	6600 „ 20°
		10 · 40 · 50	109.389,0 „ 20°	5100 „ 20°
		10 · 50 · 40	25,8 „ 20°	1,22 „ 20°
		10 · 60 · 30	2,0 „ 20°	0,09 „ 20°
		10 · 70 · 20	0,8 „ 20°	0,036 „ 20°
		10 · 80 · 10	0,4 „ 20°	0,018 „ 20°
		5 · 80 · 15	1,7 „ 20°	0,08 „ 20°
		15 · 80 · 5	0,39 „ 20°	0,018 „ 20°
		5 · 85 · 10	0,20 „ 20°	0,009 „ 20°
		10 · 85 · 5	0,46 „ 20°	0,022 „ 20°
		5 · 90 · 5	0,35 „ 20°	0,017 „ 20°
		25 · 10 · 65	19.600,0 „ 20°	920 „ 20°
		25 · 20 · 55	21.700,0 „ 20°	1020 „ 20°

W. V. Nr.	Werkstoff	Zusammensetzung des angreifenden Stoffes			Angriff g/m²·Tag	Angriff mm/Jahr
		25	30	45	51.290,0 bei 20°	2380 bei 20°
		25	50	25	3,0 „ 20°	0,14 „ 20°
		25	70	5	37,0 „ 20°	1,72 „ 20°
		50	10	40	7,9 „ 20°	0,87 „ 20°
		50	20	30	4,3 „ 20°	0,20 „ 20°
		50	30	20	0,34 „ 20°	0,016 „ 20°
		50	40	10	0,70 „ 20°	0,031 „ 20°
		75	10	15	1,60 „ 20°	0,075 „ 20°
		75	20	5	0,85 „ 20°	0,039 „ 20°
322—355	Cr-Stahl				<240,0 bei 20°	<10,0 bei 20°
396—408	Cr-Mo-Stahl				< 2,4 „ 20°	< 0,1 „ 20°
					< 72,0 „ 60°	< 3,0 „ 60°

bei 80°:

W. V. Nr.	Werkstoff	50% H_2SO_4 / 20% HNO_3 / 30% H_2O (g)	60% H_2SO_4 / 20% HNO_3 / 20% H_2O (g)	50% H_2SO_4 / 20% HNO_3 / 30% H_2O_3 (mm)	60% H_2SO_4 / 20% HNO_3 / 20% H_2O (mm)
439	Cr-Ni-Stahl (+ N)	1,7	1,9	0,08	0,09
440	Cr-Ni-Stahl (+ N)	1,5	1,5	0,07	0,07
441	Cr-Ni-Stahl (+ N)	1,2	1,7	0,06	0,08
459	18/8 Cr-Ni-Stahl	4,3	4,3	0,21	0,21

W. V. Nr.	Werkstoff	Zusammensetzung des angreifenden Stoffes	Angriff g/m²·Tag	Angriff mm/Jahr
	18/8 Cr-Ni-Stahl		0,53 bei 25°	0,025 bei 25°
	18/8 Cr-Ni-Stahl	12% rauchende H_2SO_4 (20% SO_3) + 88% HNO_3 (95%)	4,3 bei 120—150°	0,2 bei 120—150°

451—474   18/8-Cr-Ni-Stahl

%H_2SO_3	%HNO_4	%H_2O	20° (g)	60° (g)	95° (g)	110° (g)	20° (mm)	60° (mm)	95° (mm)	110° (mm)
15	5	80				<24,0				<1,0
20	10	70				<24,0				<1,0
20	15	65		<2,4				<0,1		
30	5	65			< 2,4	<24,0			<0,1	<1,0
50	50			<2,4	<24,0	<72,0		<0,1	<1,0	<3,0
58	40	2	<2,4	<2,4	<24,0	>72,0	<0,1	<0,1	<1,0	>3,0
70	10	20		<2,4	<24,0			<0,1	<1,0	
75	25			<2,4	<24,0			<0,1	<1,0	
1	99		<24,0 bei Siedetemp.				<1,0 bei Siedetemp.			
2	98		<24,0 „ „				<1,0 „ „			
10	90		<24,0 „ „				<1,0 „ „			

W. V. Nr.	Werkstoff	Angriff
475—495	18/8-Cr-Ni-Stahl + Mo	Verhalten wie bei 18/8-Cr-Ni-Stahl
525—529	18/9-Cr-Mn-Stahl	starker Angriff
	Kupfer	starker Angriff
	Messing	starker Angriff

Werkstoff	H_2SO_4	HNO_3	H_2O	20° (g)	50° (g)	20° (mm)	50° (mm)
Al-Bronze	93,8	1,3	4,9	4,3	64,8	0,21	3,18
(10 Al; Cu)	88,7	4,7	6,6		31,4		1,57
	77,2	12,5	10,3		53,9		2,94
Sn-Bronze (8,5 Sn; 1,5 Zn; 0,23 Pb; Cu)							
	93,8	1,3	4,9	46,2	74,1	2,13	3,37
	88,7	4,7	6,6		36,2		1,51
	77,2	12,5	10,3		130,3		5,43

W. V. Nr.	Werkstoff	Zusammensetzung des angreifenden Stoffes	Angriff g/m²·Tag	Angriff mm/Jahr
643	Rotoxit		starker Angriff	
662—666	Nickel		Angriff	
672	Monel		Angriff	
679	Illium	2 Vol. 4 n H_2SO_4 + 1 Vol. 4 n HNO_3	empfohlen	
	Tantal	60% Lg.	empfohlen bei höherer Temperatur	
	Zink		nicht verwendbar	
	Cadmium		nicht verwendbar	
	Zinn	12% rauchende H_2SO_4 (20% SO_3)	0,1 bei 25°	0,005 bei 25°
		+ 88% HNO_3 (95%)	65,7 bei 120—150°	3,3 bei 120—150°

W. V. Nr.	Werkstoff	Zusammensetzung des angreifenden Stoffes	Angriff g/m² · Tag	Angriff mm/Jahr
		% H_2SO_4 / % HNO_3 / % H_2O		
	Blei	94,46 3,29 1,2	4.320,0 bei 20°	140 bei 20°
		87,2 8,46 4,33	1.673,0 ,, 20°	54,0 ,, 20°
		83,04 12.28 4,67	23.400,0 ,, 20°	750 ,, 20°
		98,87 1,13	28.100,0 ,, 20°	910 ,, 20°
		91,97 8,03	1.880,0 ,, 20°	61,0 ,, 20°
		50,29 49,71	850,0 ,, 20°	27,4 ,, 20°
		29,61 70,39	850,0 ,, 20°	27,4 ,, 20°
		15,67 84,33	1.540,0 ,, 20°	50,0 ,, 20°
		10,92 89,08	1.310,0 ,, 20°	43,0 ,, 20°
		5,59 94,41	950,0 ,, 20°	30,7 ,, 20°
	Silber		Angriff	
	Gold		geringer Angriff	
	Au-Ag-Leg. (>64% Au)		geringer Angriff	
	Platin		empfohlen	

Mörtel

W. V. Nr.	Werkstoff	Zusammensetzung des angreifenden Stoffes	Angriff g/m² · Tag	Angriff mm/Jahr
	Aluminium	durch alkalischen Zementmörtel Angriff, auch wenn elektrolytisch oxydiert. In Gipsmörtel geringer Angriff, Eloxalschicht oder Apshaltanstrich schützt. Mörtel + Chloride greifen an		
	Eisen	Mörtel + Chloride starker Angriff (Steinholz, Sorelzement, Holzkorkeanstrich)		
		feuchter Gips	~3,0	~0,15
		feuchter Mörtel	Angriff	
		Der Angriff ist sehr ungleichmäßig, starke Anfressungen		
	Kupfer		oft verwendbar, geringer Angriff	
	Messing		oft verwendbar	
662—666	Nickel		kein Angriff	
672	Monel		kein Angriff	
	Nickelchrom		kein Angriff	
	Zink	Gips	bei bestimmten Feuchtigkeitsverhältnissen sehr starker Angriff	
		feuchter Mörtel	starker Angriff	
		feuchter Sand	~25,0	~1,2
		feuchter Beton (Schwitzwasser)		
	Zinn		oft verwendbar	
	Blei	oft Angriff. Zur Vermeidung von Zerstörungen wird Gipsmörtel oder Gips-Sandmörtel bzw. hoch Al_2O_3-haltiger Zement empfohlen. Direkte Berührung der Bleirohre mit Mörtel kann durch Asphaltieren, Überziehen mit Teerlack oder Einbetten in Lehm vermieden werden		
		Beton, frisch, feucht	>300,0	>10

Monochloressigsäure

W. V. Nr.	Werkstoff	Zusammensetzung des angreifenden Stoffes	Angriff g/m² · Tag (20° / 70°)	Angriff mm/Jahr (20° / 70°)
6	Aluminium		Angriff	
	Eisen	d = 1,358	158,0 bei Siedetemp.	7,4 bei Siedetemp.
234—243	Cr-Gußeisen	10% Lg.	<2,4 <24,0	<0,1 < 1,0
		50% Lg.	<2,4 <24,0	<0,1 < 1,0
		90% Lg.	>240	>10
251—255	Cr-Mo-Guß-eisen	10% Lg.	<2,4 < 2,4	<0,1 < 0,1
		50% Lg.	<2,4 <24,0	<0,1 < 1,0
		90% Lg.	<72,0	< 3,0
322—355	Cr-Stahl		>240 bei 20°	>10,0 bei 20°
396—408	Cr-Mo-Stahl		>240 ,, 20°	>10,0 ,, 20°
451—474	18/8-Cr-Ni-Stahl		>240 ,, 20°	>10,0 ,, 20°
475—495	18/8-Cr-Ni-Stahl + Mo		>240 ,, 20°	>10,0 ,, 20°
525—529	18/9-Cr-Mn-Stahl		>240 ,, 20°	>10,0 ,, 20°
	Kupfer	d = 1,358	162,0 ,, 100°	6,8 ,, 20°
	Messing		Angriff	

W. V. Nr.	Werkstoff	Zusammensetzung des angreifenden Stoffes	Angriff g/m²·Tag		Angriff mm/Jahr
	Bronze		Angriff		
	Cr-Überzüge		starker Angriff		
662—666	Nickel	d = 1,358	14,3 bei 100°		0,60 bei 100°
		20°	100°	20°	100°
	Nickelchrom	5,1	96,0	0,23	4,22
681, 697	Nickelchrom	<22,0	>22,0	<1,0	>1,0
	Blei	550,0		17,7	

Mononitrochlorbenzol. Sd. (o) 243°, (p) 234°

	Werkstoff	Zusammensetzung	Angriff g/m²·Tag	Angriff mm/Jahr
	Kupfer	Dampf	48,0 bei Siedetp.	2,0 bei Siedetp.
	Blei	Dampf	starker Angriff bei Siedetemperatur	

Nahrungsmittel

6 Aluminium

Über die praktische Verwendbarkeit von Aluminiumgeschirr geht aus zahl-reichen Untersuchungen folgendes hervor:

Leitungswasser greift je nach seinem Härtegrad Aluminium an, der Angriff ist stärker bei schwach alkalischen und besonders weichen Wässern. Die Angreifbarkeit geht jedoch bei wiederholter Einwirkung (Kochen) auf ein bestimmtes kleines Maß zurück. Dies ist durch Bildung einer Aluminiumoxydschicht und eines Kesselsteinüberzuges bedingt. Durch zu heftiges Reiben beim Reinigen der Gefäße kann die Schicht verletzt werden.

Fette und fetthaltige Speisen und Getränke greifen Aluminium nicht oder kaum an. Aluminium erwies sich als eines der korrosionsbeständigsten Metalle gegenüber Milch (vgl. S. 145), besonders auch gegenüber kondensierter Milch. Ferner ist es für sauren Rahm (bis 40° SH) und Yoghurt (bis 40° SH) verwendbar und wird von Butter + 8% Salz nicht angegriffen. In der Käseindustrie ist Aluminium oft verwendbar.

Wie im allgemeinen auch bei anderen Metallgeschirren findet durch Speisen und Getränke mit hohem Säuregrad (Essigsäure und Fruchtsäuren) der stärkste Angriff statt. Dieser kann bei länger dauernder Berührung in gewissen Fällen zu einer Geschmacksbeeinflussung führen. Als Schutz gegen angreifende Nahrungsmittel kommen oxydische Schutzschichten in Betracht, z. B. Eloxalschichten bei Fruchtessenzen, MBV-Schichten bei Heringslake. Die Einwirkung der übrigen hauptsächlich in Betracht kommenden Speisen und Getränke ist sehr gering. Aluminium wird für Fleisch, Gemüse, Fruchtgelee, Honig u. dgl. empfohlen, von Sauerkraut (saurer Kohl) und Senf wird es jedoch angegriffen. In der Konservenindustrie zur Herstellung von Konservendosen hat Aluminium auch bereits Eingang gefunden. Für fetthaltige Fischkonserven hat es sich gut bewährt. Bei Obstkonserven kann der durch Extrakt-, Wasser- und Säuregehalt bestimmte Übergang von Aluminium in die Konserve zu einer Geschmacksbeeinflussung führen. Über das Verhalten gegen Bier und Wein vgl. S. 61 bzw. S. 275.

Als vollwertiger Ersatz für Zinnfolie wird Aluminiumfolie als Einwickel- und Verpackungsmaterial in der Schokoladen- und Tabakindustrie sowie für Keks, Brot, Pumpernickel usw. verwendet. Wird Butter in Aluminiumfolie verpackt, so wird das Ranzigwerden der Butter gegenüber anderem lichtdurchlässigen Verpackungsmaterial bedeutend verzögert. Ferner hat sich Aluminium als Werkstoff für Kochkessel und Traggeschirr in Großküchen, auch in vielen Krankenanstalten, bewährt.

Da die Widerstandsfähigkeit des Aluminiums mit dem Reinheitsgrad zunimmt, muß zur Herstellung von Aluminiumgeschirr möglichste Reinheit des Metalles gefordert werden. Der Verwendung von Aluminium zur Herstellung von Geschirren und Haushaltsgegenständen, die mit Nahrungsmitteln in Berührung kommen, sowie von Behältern und Apparaten in der Lebensmittelindustrie, stehen auf Grund eingehender Untersuchungen keine gesundheitlichen Bedenken entgegen.

Für Eßgeschirre wird die Verwendung von Hüttenaluminium von >99,5%

W. V. Nr.	Werkstoff	Zusammensetzung des angreifenden Stoffes	Angriff g/m² · Tag	Angriff mm/Jahr

gefordert. Für Henkel, Plättchen und Verbindungsstücke sind Al-Legierungen der Gattung Al-Sl$_2$ oder AlMg$_2$ zu benutzen.

Über das Verhalten von Aluminium- und Al-Legierungen gegenüber Obst liegen ausführliche Untersuchungen vor:

Bei Untersuchungen an Kirschkonfitüre, Apfelmus und Pflaumenmus wurde gefunden, daß die Angriffswirkung offenbar mit dem Wassergehalt der Lebensmittel zunimmt. Im allgemeinen haben sich die Aluminiumproben vom Reinheitsgrad 99,8% etwas besser als die von 99,5% bewährt. Ferner besaßen in den meisten untersuchten Fällen die auf 380 und 550° erhitzten Aluminiumbleche eine etwas größere Widerstandsfähigkeit als die walzharten. Bei den auf 550° erhitzten Blechen trat die Angriffswirkung der Obsterzeugnisse zum Teil durch die Bildung kristalliner Ätzfiguren stärker hervor.

Von allen untersuchten Aluminiumblechen schnitten hinsichtlich ihrer Widerstandsfähigkeit die eloxierten Bleche am besten ab. Diese große Widerstandsfähigkeit erreichten die MBV-behandelten Aluminiumbleche nicht ganz, doch zeigten auch sie sich den anderen geprüften Aluminiumblechen in der Widerstandsfähigkeit durchwegs überlegen.

Al-Legierungen sind weniger widerstandsfähig.

Dosen aus eloxiertem Aluminium haben sich für Fischkonserven gut bewährt, besonders mit zusätzlicher Lackierung. Bei der industriellen Herstellung von Gefrierpackungen von fertigen Speisen, halbfertigen Speisen u. dgl. leistet Al-Folie sehr gute Dienste.

Die Al-Aufnahme durch Speisen in mg/kg nach einhalbstündigem Kochen geht aus der folgenden Tabelle hervor:

Makkaroni	8,5
Rhabarber	270,3
Spinat	242,5 bis 604,9
Milch	Spuren bis 2,5

W. V. Nr.	Werkstoff		Angriff
322—334	Cr-Stahl		oft verwendbar, für Käsefertiger empfohlen
396—408	Cr-Mo-Stahl		kein Angriff
451—474	18/8-Cr-Ni-Stahl		kein Angriff
475—495	18/8-Cr-Ni-Stahl + Mo		kein Angriff
531—535	Cr-Mn-Stahl		empfohlen

Als Reinigungsmittel zur Entfernung von Schmutz und fettigen Säuren in Fällen, in denen Waschen oder Reiben nicht möglich ist, werden empfohlen:

eine 4- bis 6prozentige Lösung von Natriummetasilikat, Trinatriumphosphat, Natriummetaphosphat, Natriumpyrophosphat, oder eine 5- bis 15prozentige Natronlauge, kalt oder warm.

Auf keinen Fall Stahlwolle u. dgl. verwenden. (Beschädigung der Oberfläche.)

W. V. Nr.	Werkstoff	Zusammensetzung des angreifenden Stoffes	Angriff
	Kupfer		oft verwendbar
	Messing	Gemüsesäfte Fruchtsäfte	Angriff
633	Cu-Ni-Leg.	Eßbestecke	empfohlen
662—666	Nickel	säurefrei	empfohlen
		Tomatenpüree, Preißelbeersaft, Obstsäfte, Apfelmost	empfohlen
	Zink		im allgemeinen nicht verwendbar; in einigen besonders gelagerten Fällen gegebenenfalls mit schützenden Überzügen anwendbar, auf alle Fälle ist aber direkte Berührung zu vermeiden. Auch kaschierte Folien sind nur selten anwendbar
	Cadmium		nicht verwendbar, giftig
	Zinn		oft verwendbar
	Blei		Über das Verhalten in Weißblechbüchsen vgl. 190. nicht verwendbar, giftig

W. V. Nr.	Werkstoff	Zusammensetzung des angreifenden Stoffes	Angriff g/m² · Tag	Angriff mm/Jahr
	Silber	Der Übertritt von Pb in die Konserven aus den Dosen wird durch Protein, Kohlehydrate und Fett begünstigt empfohlen		
Naphtha				
258	Niresist	flüssig	$\sim$ 0,20	$\sim$0,01
		dampfförmig + SO_2	$\sim$10,0	$\sim$0,5 [49]
	Zink	+ SO_2	Angriff	
Naphthalin. Als verwendbar werden angegeben: Aluminium und Eisen.				
Naphthalinsulfosäuren				
	Gußeisen	Herstellung	empfohlen	
234—243	Cr-Gußeisen	techn.	<2,4 bei 20°	<0,1 bei 20°
251—255	Cr-Mo-Gußeisen	techn.	<2,4 ,, 20°	<0,1 ,, 20°
451—474	18/8-Cr-Ni-Stahl		<2,4 ,, 20°	<0,1 ,, 20°
Naphthensäuren				
90	Silumin	rein	0,016 bei 350°	0,002 bei 350°
	gewalzt	Lg. in H_2O	0,39 ,, Siedetp.	0,053 ,, Siedetp.
	Gußeisen	Lg. in H_2O	4,0	0,20
	Niresist 2	Lg. in H_2O	5,0	0,25
	C-Stahl	Kolonne der Vakuumdestill.	Angriff	
451—474	18/8-Cr-Ni-Stahl	Kolonne der Vakuumdestill.	Angriff	
475—495	18/8-Cr-Ni-Stahl + Mo	bei 300°	0,1	0,005
	16/13-Cr-Ni-Stahl + Mo	bei 300°	0,4	0,02
	Kupfer	rein, O_2-frei	kein — geringer Angriff	
662—666	Nickel	rein, O_2-frei	0,2	0,01
672	Monell	rein, O_2-frei	0,6	0,03
682	Inconel	rein, O_2-frei	0,4	0,02
Naphthole				
6	Aluminium	H_2O-frei	kein Angriff bei 20°	
		H_2O-frei	$\sim$0,02 bei 100°	$\sim$0,003 bei 100°
	Eisen		oft verwendbar	
Naphthylamin				
6	Aluminium		$\sim$0,02 bei 50°	0,003 bei 50°
Natrium				
	Aluminium		geringer Angriff bei höherer Temperatur	
	C-Stahl		geringer Angriff, aber Neigung zur Entkohlung und Angriff durch Na_2O	
	Cr-Stahl		geeignet für Wärmeübertragungssysteme	
451—474	18/8 Cr-Ni-Stahl		Verhalten ähnlich wie bei Chromstählen	
	Kupfer und Kupferlegierungen		Angriff bei höheren Temperaturen [191]	
Natriumacetat				
8	Aluminium	n/l Lg.	0,05 bei 20°	0,007 bei 20°
	Eisen	Lg. sauer	Angriff	
209—225	Si-Gußeisen	Lg.	empfohlen	
258	Niresist	Lg.	empfohlen	

W. V. Nr.	Werkstoff	Zusammensetzung des angreifenden Stoffes	Angriff g/m² · Tag	Angriff mm/Jahr
451—474	18/8-Cr-Ni-Stahl	Lg. geschmolzen	empfohlen verwendbar bei 340°	
	Kupfer	Lg. geschmolzen	verwendbar Angriff	
	Bronze	Lg.	verwendbar	
662—666	Nickel	Lg.	verwendbar	
672	Monel	Lg.	verwendbar	
682	Inconel	Lg.	verwendbar	
	Blei	saure Lg.	Angriff	
	Silber	Lg.	verwendbar	

Natriumäthylat

W. V. Nr.	Werkstoff	Zusammensetzung des angreifenden Stoffes	Angriff g/m² · Tag	Angriff mm/Jahr
	C-Stahl		verwendbar bei 20°	
451—474	18/8-Cr-Ni-Stahl		kein Angriff bei 20°	

Natriumaluminat

W. V. Nr.	Werkstoff	Zusammensetzung des angreifenden Stoffes	Angriff g/m² · Tag	Angriff mm/Jahr
	C-Stahl	Lg.	verwendbar bei 20°	
451—474	18/8-Cr-Ni-Stahl	Lg.	kein Angriff bei 20°	

Natrium-Aluminiumsulfat

W. V. Nr.	Werkstoff	Zusammensetzung des angreifenden Stoffes	Angriff g/m² · Tag A	B	Angriff mm/Jahr A	B
	Gußeisen	Eindampfen	50,0	720,0	2,5	36,0
	C-Stahl	von 20% bis	50,0	zerstört	2,5	zerstört
	70/30-Cu-Ni-Leg.	60% Lg. bei 110°	38,5	4,8	1,6	0,20
	Nickel	A = im Dampf	26,0	150,0	1,1	6,3
672	Monel	B = in der	17,0	10,0	0,71	0,42
682	Inconel	Flüssigkeit	15,0		0,63	
	Blei	(13 Tage)	2,5	50,0	0,08	1,6

Natriumarsenat

W. V. Nr.	Werkstoff	Zusammensetzung des angreifenden Stoffes	Angriff g/m² · Tag	Angriff mm/Jahr
	Zink	Lg.	Angriff	

Natriumarsenit

W. V. Nr.	Werkstoff	Zusammensetzung des angreifenden Stoffes	Angriff g/m² · Tag	Angriff mm/Jahr
	Zinn	0,35% Lg.	nicht verwendbar	

Natriumbicarbonat

W. V. Nr.	Werkstoff	Zusammensetzung des angreifenden Stoffes	Angriff g/m² · Tag	Angriff mm/Jahr
6	Aluminium	10% Lg.	0,002	0,0003
90	GAl-Si	10% Lg.	0,002	0,0003
	GAl-Mg-Mn	10% Lg.	0,005	0,0007
93—102	GAL-Mg	10% Lg.	+0,04	+0,0054
	Stahl			
	unbehandelt	5% Lg.	+25 bei 20°	+1,3 bei 20°
	phosphatiert	5% Lg.	10 „ 20°	0,5 „ 20°
	Mennigeanstrich	5% Lg.	83 „ 20°	4,2 „ 20°
	vernickelt	5% Lg.	~0 „ 20°	~0 „ 20°
	verzinnt	5% Lg.	52 „ 20°	2,6 „ 20°
	feuerverzinkt	5% Lg.	+114 „ 20°	+5,7 „ 20°
	elektrol. verzinkt	5% Lg.	+98 „ 20°	+4,9 „ 20°
	sherardisiert	5% Lg.	+138 „ 20°	+6,9 „ 20° [499]
561, 581	Messing Ms 70, Ms 60	Lg.	<0,1	<0,005
	Cu-Ni-Leg.	Lg.	unter 6,2 bei 20°	0,25 bei 20°
	Zink	Über die Korrosion von Feinzinklegierungen durch Feuerlöschmittel (Anwendung ist nur fallweise möglich) vgl. [192]		
	Silber	geschmolzen	nicht verwendbar	

Natriumbisulfat

W. V. Nr.	Werkstoff	Zusammensetzung des angreifenden Stoffes	Angriff g/m² · Tag	Angriff mm/Jahr
6	Aluminium	10% Lg.	0,85	0,114
90	GAl-Si	10% Lg.	1,4	0,19

W. V. Nr.	Werkstoff	Zusammensetzung des angreifenden Stoffes	Angriff $g/m^2 \cdot$ Tag	Angriff mm/Jahr
	GAl-Mg-Mn	10% Lg. MBV-Schicht schützt	1,6	0,22
	Gußeisen		Angriff
209—225	Si-Gußeisen	geschmolzen	empfohlen bei 200°	
234—243	Cr-Gußeisen	10% Lg.	<2,4 bei 20—100°	<0,1 bei 20—100°
251—255	Cr-Mo-Guß-eisen	10% Lg.	<2,4 ,, 20—100°	<0,1 ,, 20—100°
258	Niresist		empfohlen	
322—355	Cr-Stahl	Lg.	<2,4 bei 20—100°	<0,1 bei 20—100°
396—408	Cr-Mo-Stahl	Lg.	<2,4 ,, 20—100°	<0,1 ,, 20—100°
451—474	18/8-Cr-Ni-Stahl	Lg.	<2,4 ,, 20—100°	<0,1 ,, 20—100°
475—495	18/8-Cr-Ni-Stahl + Mo	Lg.	<2,4 ,, 20—100°	<0,1 ,, 20—100°
525—529	18/9-Cr-Mn-Stahl	Lg.	<2,4 ,, 20—100°	<0,1 ,, 20—100°
	Kupfer	Lg.	verwendbar bei 20°	
	Bronze	Lg.	verwendbar bei 20°	
662—666	Nickel	Lg.	verwendbar bei 20°	
672	Monel	Lg.	verwendbar bei Siedetemperatur	
	Silber	geschmolzen	starker Angriff	
	Platin	geschmolzen	nicht verwendbar	

Natriumbisulfit

W. V. Nr.	Werkstoff	Zusammensetzung des angreifenden Stoffes	Angriff $g/m^2 \cdot$ Tag	Angriff mm/Jahr
6	Aluminium	0,2% Lg.	kein Angriff bei 100°	
		2—10% Lg. MBV-Schicht schützt	starker Angriff bei 100°	
	Stahl			
	unbehandelt	5% Lg.	128 bei 20°	6,4 bei 20°
	phosphatiert	5% Lg.	215 ,, 20°	10,7 ,, 20°
	Mennigeanstrich	5% Lg.	385 ,, 20°	19,2 ,, 20°
	vernickelt	5% Lg.	450 ,, 20°	22,5 ,, 20°
	verzinnt	5% Lg.	400 ,, 20°	20,0 ,, 20°
	feuerverzinkt	5% Lg.	820 ,, 20°	41,0 ,, 20°
	elektrol. verzinkt	5% Lg.	215 ,, 20°	10,7 ,, 20°
	sherardisiert	5% Lg.	138 ,, 20°	6,9 ,, 20°
322—355	Cr-Stahl	50%	<2,4 bei Siedetp.	<0,1 bei Siedetp.
396—408	Cr-Mo-Stahl	50%	<2,4 ,, ,,	<0,1 ,, ,,
451—474	18/8-Cr-Ni-Stahl	50%	<2,4 ,, ,,	<0,1 ,, ,,
475—495	18/8-Cr-Ni-Stahl + Mo	50%	<2,4 ,, ,,	<0,1 ,, ,,
525—529	18/9-Cr-Mn-Stahl	50%	<2,4 ,, ,,	<0,1 ,, ,,
	Blei	Lg.	kein — geringer Angriff	
	Kupfer	trocken	verwendbar	
	Messing	Lg.	Angriff bei höherer Temperatur	
662—666	Nickel	Lg.	verwendbar bei 20°	
672	Monel	10% Lg.	~2 bei 80°	~0,1 bei 80°
	Platin	Lg.	verwendbar bei 20°	

Natriumborat. Sm. 741°

W. V. Nr.	Werkstoff	Zusammensetzung des angreifenden Stoffes	Angriff $g/m^2 \cdot$ Tag	Angriff mm/Jahr
6	Aluminium	5% Lg.	0,07	0,009
90	GAl-Si	5% Lg.	0,07	0,009
	GAl-Mg-Mn	5% Lg.	0,05	0,007
92—102	GAl-Mg	5% Lg.	0,25	0,034
322—355	Cr-Stahl	geschmolzen	<2,4	<0,1
396—408	Cr-Mo-Stahl	geschmolzen	<2,4	<0,1
451—474	18/8-Cr-Ni-Stahl	geschmolzen	<2,4	<0,1

W. V. Nr.	Werkstoff	Zusammensetzung des angreifenden Stoffes	Angriff g/m² · Tag	Angriff mm/Jahr
475—495	18/8-Cr-Ni-Stahl + Mo	geschmolzen	<2,4	<0,1
525—529	18/9-Cr-Mn-Stahl	geschmolzen	<2,4	<0,1
675—680	Nickelchrom	geschmolzen	empfohlen	
	Tantal	Lg.	kein Angriff	
		geschmolzen	nicht verwendbar	
	Silber	geschmolzen	Angriff	

Natriumbromat

	Werkstoff	Zusammensetzung	Angriff g/m² · Tag	Angriff mm/Jahr
	Stahl	1% Lg.	20,5	1,0
		2% Lg.	0,11	0,054
		3% Lg.	0,0	0,00
	Kupfer	1% Lg.	+0,35	+0,015
		2% Lg.	+1,4	+0,06
		3% Lg.	+1,3	+0,05
	Messing	1% Lg.	+0,23	+0,01
		2% Lg.	+1,0	+0,04
		3% Lg.	+0,9	+0,04
	Zink	1% Lg.	34,6	1,7
		2% Lg.	13,7	0,70
		3% Lg.	43,0	2,2 [501]

Versuchsdauer: 10 Tage

Natriumbromid

W. V. Nr.	Werkstoff	Zusammensetzung	Angriff
	C-Stahl	Lg.	nicht verwendbar bei 20°
451—474	18/8-Cr-Ni-Stahl	Lg.	verwendbar bei 20°

Natriumcarbonat. Sm. 853°

W. V. Nr.	Werkstoff	Zusammensetzung	Angriff g/m² · Tag	Angriff mm/Jahr
6	Aluminium	5% Lg.	21,7	2,92
90	GAl-Si	5% Lg.	22,7	3,16
	GAl-Mg-Mn	5% Lg.	12,7	1,71
92—103	GAl-Mg	5% Lg.	0,012	0,0016

Zahlentafel 6

6 Aluminium walzhart bei 20°, g/m² Tag

Normalität der Na₂CO₃-Lg.	Versuchsdauer in Stunden		
	1	4	24
0,01	12,0	8,4	3,8
0,05	74,0	53,0	29,5
0,10	104	84,0	42,9
0,50	158	128	74,5
1,00	166	133	85,5
1,50	175	144	91,7
2,00	158	142	95,8
4,00	130	141	95,8

Normalität der Na₂CO₃-Lg.	Zusatz von Wasserglas % SiO₂	Versuchsdauer 24 Stunden, 20°
0,01	0,01	—
0,01	0,025	—
0,1	0,01	—
0,1	0,025	—
1,0	0,01	55,4
1,0	0,025	—
2,0	0,01	96,6

W. V. Nr.	Werkstoff	Zusammensetzung des angreifenden Stoffes	Angriff g/m² · Tag	Angriff mm/Jahr
	Aluminium hart	10% Lg.	466,0 bei 25°	63,0 bei 25°
		10% Lg. + je 7,5 g/l		
		Pflanzenleim	402,0 ,, 25°	54,3 ,, 25°
		Knochenleim	217,5 ,, 25°	29,3 ,, 25°
		Fischleim	176,2 ,, 25°	23,8 ,, 25°
		Gummiarabicum	257,0 ,, 25°	34,6 ,, 25°
		Agar-Agar	243,0 ,, 25°	32,8 ,, 25°
		Gelatine	255,0 ,, 25°	34,3 ,, 25°
		Stärke	386,0 ,, 25°	52,1 ,, 25°
		Wasserglas	0,0 ,, 25°	$\sim$ 0 ,, 25°
		0,5% Wasserglas	kein Angriff bei 75°	
		Zusatz von Kolloiden, Wasserglas und CrO_4'' hemmt den Angriff		
	Eisen	Lg.	oft verwendbar	
		geschmolzen	2400 bei 850° in Luft	115
		geschmolzen	1130 ,, 850° ,, N_2	53
		geschmolzen	12,0 ,, 850° ,, H_2	0,56
209—225	Si-Gußeisen	geschmolzen	nicht verwendbar bei 900°	
234—243	Cr-Gußeisen	20% Lg.	<2,4 bei 100°	<0,1 bei 100°
251—255	Cr-Mo-Guß-eisen	20% Lg.	<2,4 ,, 100°	<0,1 ,, 100°
	Stahl			
	unbehandelt	5% Lg.	+3 ,, 20°	+0,15 ,, 20°
	phosphatiert	5% Lg.	13 ,, 20°	0,65 ,, 20°
	Mennigeanstrich	5% Lg.	38 ,, 20°	1,9 ,, 20°
	vernickelt	5% Lg.	3 ,, 20°	0,15 ,, 20°
	verzinnt	5% Lg.	47 ,, 20°	2,4 ,, 20°
	feuerverzinkt	5% Lg.	+22 ,, 20°	+1,1 ,, 20°
	elektrol. verzinkt	5% Lg.	+43 ,, 20°	+2,2 ,, 20°
	sherardisiert	5% Lg.	+95 ,, 20°	+4,7 ,, 20° [499]
			ges. Lg. siedend / geschmolz. 900°	ges. Lg. siedend / geschmolz. 900°
322—355	Cr-Stahl		<2,4 >240	<0,1 >10,0
396—408	Cr-Mo-Stahl		<2,4 >240	<0,1 >10,0
451—474	18/8-Cr-Ni-Stahl		<2,4 >240	<0,1 >10,0
474—495	18/8-Cr-Ni-Stahl + Mo		<2,4 >240	<0,1 >10,0
525—529	18/9-Cr-Mn-Stahl		<2,4 >240	<0,1 >10,0
	Kupfer	2 g/l	nur geringer Angriff bei 194/208° und 14/21 at	
			20° 75°	20° 75°
	Kupfer	1% Lg.	0,013 0,07	0,0005 0,003
561, 581	Messing Ms 70, Ms 60	n/l Lg.	praktisch kein Angriff bei 20°, auch anodisch nur sehr geringer Angriff	
629	Cu-Ni-Leg.	10% Lg.	0,28 bei 15—20°	0,01 bei 15—20°
637	Ferry-Metall	10% Lg.	0,19 ,, 15—20°	0,008 ,, 15—20°
662—666	Nickel	1% Lg.	0,006 ,, 75°	0,00 ,, 75°
		75% Lg. (Sammeltank, Ammoniak-Soda)	0,98 ,, 135°	0,05 ,, 135°
672	Monel	75% Lg. (Sammeltank, Ammoniak-Soda)	1,08 bei 135°	0,05 bei 135°
		geschmolzen	empfohlen	
	Niob	geschmolzen	starker Angriff	
	Tantal	Lg.	kein Angriff	
		geschmolzen	starker Angriff	
	Zink	Lg.	örtlicher Angriff Höchstwert bei 3,7—7 g Na_2CO_3/l	
		0,2 n Lg.	geringer Angriff bei 20° starker Angriff bei 60°	

W. V. Nr.	Werkstoff	Zusammensetzung des angreifenden Stoffes	Angriff g/m² · Tag	Angriff mm/Jahr
	Zinn	$Na_2CO_3 + NaHCO_3$		
		$p_H = 11,2$	1,4 bei 20°	0,06 bei 20°
		$p_H = 10,0$	0,87 ,, 20°	0,04 ,, 20°
		$p_H = 9,5$	0,04 ,, 20°	0,002 ,, 20°
	Blei	Lg.	beständig	
	Gold	geschmolzen	starker Angriff	
	Platin	geschmolzen	starker Angriff	

Neuere Untersuchungen über die Korrosionsprobleme beim Ammoniak-Soda-Prozeß ergaben:

Gußeisen		weit verbreitet für Rohrleitungen (NaCl), wobei auf die Dichtung der Stoßfugen besonders geachtet werden muß	
C-Stahl		Solebehälter können aus diesem Werkstoff bestehen, doch sollen sie von oben bis unter die Wasserlinie mit einem Schutzanstrich versehen sein; Angriff durch NH_3-gesättigte Sole ist gering, wenn kein S vorhanden ist	
Cr-Stahl, rostfrei		für Schaber und rotierende Flitterscheiben ($NaHCO_3$)	
Aluminium		zur Kühlung der heißen Gase ($CO_2 + NH_3$)	

Natriumchlorid. Sm. 800°

W. V. Nr.	Werkstoff	Zusammensetzung des angreifenden Stoffes	Angriff g/m² · Tag	Angriff mm/Jahr
2, 3	Aluminium	<3% Lg.	starker Angriff bei 20°	
		konz. Lg.	geringer Angriff bei 20°	
		konz. Lg. + H_2O_2	starker Angriff bei 20°	
		Lg. alkalisch	starker Angriff bei 20°	
		Pökelbrühen	geringer Angriff bei 20—100°	
		(NaCl + 0,6% $NaNO_2$)		
		Pökelsalz, feucht	geringer Angriff bei 20°	
		Pökelsalz, feucht	kein Angriff bei 20°	
		+ 0,5% Wasserglas		
		MBV-Schicht schützt		
	Aluminium	3% Lg.	0,02—1,9 bei 20—98°	~0—0,26
	und Al-	10% Lg.	0,07—1,6 ,, 20—98°	0,01—0,22
	Legierungen	25% Lg.	0,10—0,7 ,, 20—98°	0,01—0,13
		In vielen Fällen punktförmiger Lochfraß		
	Al-Mg-Si-Legierung	der Korrosionswiderstand im Salzsprühbad wird schon durch kleine Gehalte an Cu und Ni im Werkstoff bedeutend verringert, erhöhte Neigung zur interkristallinen Korrosion		
	Magnesium	Lg.	Angriff	
	Titan	20% bis ges. Lg.	< 1,58 bei Siedetp.	< 0,18 bei Siedetp.
209—217	Si-Gußeisen	ges. Lg.	< 2,4 ,, 100°	< 0,1 ,, 100°
		fest, feucht	< 2,4 ,, 20°	< 0,1 ,, 20°
218—225	Si-Gußeisen	ges. Lg.	<24,0 ,, 100°	< 1,0 ,, 100°
		fest, feucht	< 2,4 ,, 20°	< 0,1 ,, 20°
234—243	Cr-Gußeisen	20% Lg.	< 2,4 ,, 20°	< 0,1 ,, 20°
		20% Lg.	<24,0 ,, 100°	< 1,0 ,, 100°
		geschmolzen	>240 ,, 900°	>10 ,, 900°
251—255	Cr-Mo-Guß-Eisen	20% Lg.	< 2,4 ,, 20—100°	< 0,1 ,, 20—100°
		geschmolzen	>240 ,, 900°	>10,0 ,, 900°
258	Niresist	3% Lg.	5,5 ,, 20°	0,27 ,, 20°
		10% Lg.	2,4 ,, 20°	0,12 ,, 20°
		fest, feucht	0,68 ,, 20°	0,03 ,, 20°
260	Monelguß-eisen	3% Lg. − O_2	5,0 ,, 20°	0,24 ,, 20°
270	Stahl	geschmolzen	1520* ,, 850°	72,0 ,, 850°
		geschmolzen	554** ,, 850°	26,1 ,, 850°

W. V. Nr.	Werkstoff	Zusammensetzung des angreifenden Stoffes	Angriff g/m² · Tag			Angriff mm/Jahr		
			17° Ruhe	17° bewegt	200° 14 at	17° Ruhe	17° bewegt	200° 16 at
288	Stahl	0,1 g/l	2,25	6,93	0,13	0,107	0,33	0,006
		1,9 g/l	2,14	7,49	0,14	0,101	0,35	0,007

* Versuchsdauer: 5 Stunden. ** Versuchsdauer: 26 Stunden.

W. V. Nr.	Werkstoff	Zusammensetzung des angreifenden Stoffes	Angriff g/m² · Tag						Angriff mm/Jahr		
		1,5 g NaCl/l + 1,82 g Na₂SO₄/l	1,84	7,70	0,23	0,087	0,36	0,011			
		konz. Lg.	geringer Angriff								
		geschmolzen	2630*						126		
		geschmolzen	1170**						55		

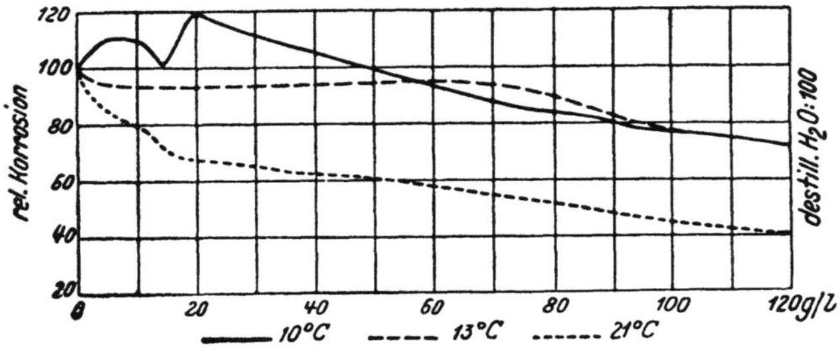

Abb. 7. Flußstahl

Wechseltauchversuch 20°

W. V. Nr.	Werkstoff	Zusammensetzung des angreifenden Stoffes	2 Tage	7 Tage	14 Tage	2 Tage	7 Tage	14 Tage
		Dauer:						
276	Stahl	30 g/l	35	25	36	1,8	1,3	1,8
		Beim Sprühversuch etwas höhere Werte						
	Cu-Stahl	geschmolzen	2710* bei 850°			128 bei 850°		
		geschmolzen	815** ,, 850°			38,4 ,, 850°		
	Cr-Stahl	geschmolzen	471* ,, 850°			23,0 ,, 850°		
		geschmolzen	152** ,, 850°			7,3 ,, 850°		

W. V. Nr.	Werkstoff	Zusammensetzung des angreifenden Stoffes	20°	100°	20°	100°
322—355	Cr-Stahl	ges. Lg.	<24,0	>240	<1,0	>10,0
396—408	Cr-Mo-Stahl	ges. Lg.	< 2,4	<24,0	<0,1	< 1,0
418	Wegucit	Lg.	kein Angriff			
445	Durimet 20	empfohlen für folgende Zwecke: Seifenfabriken (Aussalzen), Pumpen (heiße Lösungen organischer Stoffe + NaCl), Konzentrieren von NaCl-Lösung				

W. V. Nr.	Werkstoff	Zusammensetzung des angreifenden Stoffes	20°	100°	20°	100°
451—474	18/8-Cr-Ni-Stahl	10% Lg.		<0,02		~0
		25% Lg.		<0,72		<0,03
		ges. Lg.	< 2,4	2,4	<0,1	0,1
		ges. Lg. (alkalisch)	<24,0		<1,0	
475—495	18/8-Cr-Ni-Stahl + Mo	Verhalten wie bei 18/8-Cr-Ni-Stahl				
	Kupfer	0,5 n Lg. (pₕ = 2)	5,15—11,6 bei 24,5°		0,3—0,6 bei 24,5°	
		Hartsalz-Lg.	starker Angriff bei 16°			
		NaCl 138 g/l, KCl 101 g/l, MgCl₂ 70 g/l, MgSO₄ 72 g/l, schwach sauer				
		Lg. + O₂	starker Angriff			
		geschmolzen	starker Angriff			

W. V. Nr.	Werkstoff	Zusammensetzung des angreifenden Stoffes	15° Ruhe	15° bewegt	200° 16 at	15° Ruhe	15° bewegt	200° 16 at
569	Messing	0,068 g/l	0,053			0,002		
		0,7 g/l	0,054	0,10	0,12	0,002	0,004	0,005
		1,9 g/l	0,092	0,12		0,004	0,005	
627	Rotguß	0,068 g/l	0,18			0,008		
		0,7 g/l	0,10	0,12	0,30	0,004	0,005	0,013
		1,9 g/l	0,04	0,10	0,38	0,002	0,004	0,016
	Cu-Ni-Leg. (90/10)	4% Lg.	5,3 bei 20°			0,24 bei 20°		

W. V. Nr.	Werkstoff	Zusammensetzung des angreifenden Stoffes	Angriff g/m² · Tag	Angriff mm/Jahr
	Cu-Ni-Leg. (80/20)	4% Lg.	1,5 bei 20°	0,07 bei 20°
	Cu-Ni-Leg. (70/30)	5,8% Lg.	0,3 — 0,9 bei 20°	0,02 — 0,05 bei 20°
	Al-Bronze	5% Lg.	0,48 bei 20°	0,03 bei 20°
652	Corrix		20° 90°	20° 90°
	gegossen	5% Lg.	0,53 0,77	0,03 0,04
	gewalzt	5% Lg.	0,58 0,95	0,03 0,05
662 — 666	Nickel	0,5 n Lg. (p_H = 2)	1,2 bei 20°	0,06 bei 20°
672	Monel	0,5 n Lg. (p_H = 2)	2,0 ,, 20°	0,09 ,, 20°
662 — 666	Nickel	0,5 n Lg. (p_H = 2 + Luft)	2,3 ,, 25°	0,10 ,, 25° [1]
672	Monel	0,5 n Lg. (p_H = 2 + Luft)	1,6 — 2,6 bei 25°	0,07 — 0,12 bei 25°
		Hartsalz-Lg. (NaCl, $MgCl_2$, $MgSO_4$) + O_2	0,3 bei 30° 1,85 ,, 90°	0,015 bei 30° 0,09 ,, 90°
675 — 680	Nickelchrom	Lg.	empfohlen	
697	Nickelchrom	10% — ges. Lg.	<2,2 bei 20 — 100°	<0,1 bei 20 — 100°
725	Chlorimet 2	verwendbar bei allen Konzentrationen und Temperaturen (bei Gegenwart von Oxydationsmitteln Angriff möglich)		
726	Chlorimet 3	verwendbar bei allen Konzentrationen und Temperaturen		
	Niob	ges. Lg.	kein Angriff bei 20°	
		ges. Lg.	0,009 bei 100°	~0 bei 100°
	Tantal	ges. Lg.	kein Angriff bei 100°	

Wechseltauchversuch 20°

			2 Tage	7 Tage	14 Tage	2 Tage	7 Tage	14 Tage
		Dauer:						
744	Elektrolyt-Zink	30 g NaCl/l	9,5	13,7	14,2	0,48	0,70	0,72
		30 g NaCl + 10 g $Na_2SO_4 \cdot 10\ H_2O$/l }	13	21,5	22,5	0,63	1,2	1,3
		30 g NaCl + 12 g $MgCl_2 \cdot 6\ H_2O$/l }	0,5	0,3	0,3	0,03	0,02	0,02

W. V. Nr.	Werkstoff	Zusammensetzung des angreifenden Stoffes	Angriff g/m² · Tag	Angriff mm/Jahr
		NaCl-Lösung greift	Zn stärker an als Meerwasser	
	Zink	3% Lg.	soll bei Korrosionsuntersuchungen an Zink und Zinklegierungen nicht verwendet werden, dagegen wird künstl. Meerwasser für diesen Zweck empfohlen	
	Cadmium	3 — 10% Lg.	kein Angriff bei 20°	
	Zinn	0,2 n Lg.	kein Angriff bei 20°	
		0,2 n Lg.	Lösung täglich erneuert 7 Tage 0,24 bei 20°	0,012 bei 20°
	Blei	n/l Lg.	Lösung nicht erneuert 28 Tage ~4,0 bei 20°	~0,13 bei 20°
		0,5 n Lg. (p_H = 2,3)	starker Angriff der Korngrenzen [194]	
	Silber	Lg. O_2-frei	kein Angriff	
		verd. Lg. + O_2	geringer Angriff, AgCl-Bildung	
		20% Lg.	0,34 bei 20°	0,01 bei 20°
		20% Lg. + 3% H_2O_2	2,7 ,, 20°	0,08 ,, 20°
		geschmolzen	starker Angriff	
	Gold	Lg. + NaCl + $NaNO_3$ + Alaun	starker Angriff	

W. V. Nr.	Werkstoff	Zusammensetzung des angreifenden Stoffes	Angriff g/m² · Tag	Angriff mm/Jahr
	Au-Leg.	3% Lg. + 0,1% H_2O_2	nähere Angaben über das Verhalten bei 20° vgl. 195	
	Platin	geschmolzen	kein — geringer Angriff	

Natriumchromat

	Aluminium u. Al-Leg.	10% Lg.	kein Angriff bei 20—98°	

Natriumcyanid. Sm. 562°

W. V. Nr.	Werkstoff	Zusammensetzung des angreifenden Stoffes	Angriff g/m² · Tag	Angriff mm/Jahr
6	Aluminium	Lg.	starker Angriff bei 20°	
		Lg. + 0,5% Wasserglas	geringer Angriff bei 20°	
	Eisen	Lg.	starker Angriff bei 20°	
		geschmolzen	geringer Angriff, C-Aufnahme	
	Cr-Stahl	Lg.	oft verwendbar	
629	Cu-Ni-Leg.	10% Lg.	0,64 bei 15—20°	0,03 bei 15—20°
637	Ferry-Metall	10% Lg.	0,90 ,, 15—20°	0,04 ,, 15—20°
672	Monel	Lg. u. geschmolzen	nicht verwendbar	
	Blei	Lg.	empfohlen	
	Silber	Lg. + O_2	nicht verwendbar	
		geschmolzen	nicht verwendbar	
	Gold		Verhalten wie bei Silber	
	Platin	Lg.	geringer Angriff bei 20°	

O_2, Oxydationsmittel wie H_2O_2, Alkaliamalgame, anodische Polarisation, Wechselstromelektrolyse vergrößern den Angriff

Natriumfluorid. Sm. 988°

W. V. Nr.	Werkstoff	Zusammensetzung des angreifenden Stoffes	Angriff g/m² · Tag	Angriff mm/Jahr
6	Aluminium	10% Lg.	0,14	0,019
90	GAl-Si	10% Lg.	0,05	0,007
	GAl-Mg-Mn	10% Lg.	0,13	0,018
	Magnesium	Lg.	praktisch kein Angriff	
	Eisen	verd. Lg.	oft verwendbar	
		0,8 n Lg.	kein Angriff	
		geschmolzen	3600 in Luft	~175
		geschmolzen	1440 ,, CO_2	~ 70
		geschmolzen	720,0 ,, N_2	~ 34
			24,0 ,, H_2	~ 1,2
	Bronze		nicht verwendbar	
	Reinblei	n/4 Na_2F_2-Lg. in 4 Tg. (pH = 6,9)	4,0 bei 25° nach 4 Tagen kein weiterer Angriff [196]	0,15 bei 25°
		n/4 $NaHF_2$-Lg. in 20 Tg. (pH = 6,2)	≈1,0 bei 25° Angriff geht weiter [196]	0,04 bei 25°

Natriumhydrid

	Stähle, auch rostfreie		starker Angriff besonders bei höherer Temperatur	

Natriumhydrosulfit

W. V. Nr.	Werkstoff	Zusammensetzung des angreifenden Stoffes	Angriff g/m² · Tag	Angriff mm/Jahr
	Gußeisen	20% Lg.	5,3 bei 25°	0,27 bei 25°
662—666	Nickel	Lg.	kein Angriff bei 20°	
672	Monel	10% Lg. + 1% NaOH	1,25 bei 80°	0,05 bei 80°
	Zinn	Lg.	empfohlen	

Natriumhydroxyd. Sm. 318°

Aluminium

Einfluß des Reinheitsgrades des Aluminiums:

W. V. Nr.	Werkstoff	Zusammensetzung des angreifenden Stoffes	Angriff g/m² · Tag	Angriff mm/Jahr

Zahlentafel 7 (nach E. Zurbrügg)

Reinheitsgrad in % (Fe : Si = 1 : 2)	Gasentwicklung beim Auflösen in 5% NaOH bei 20° in cm³ H₂/Std. cm²
99,99	2,5 — 4
99,95	4 — 6
99,90	5 — 7
99,85	6 — 8
99,7	6 — 8
99,5	6 — 8
99,3	6 — 8
99,0	7 — 10
98,5	7 — 10

W. V. Nr.	Werkstoff	Zusammensetzung des angreifenden Stoffes	Angriff g/m² · Tag	Angriff mm/Jahr
99,99	Reinstaluminium } Lg.		$KMnO_4$- und Na_2CrO_4-Zusatz wirken	
99,6	Reinaluminium		angriffshemmend	
6	Aluminium hart	25% Lg.	1500 bei 25°	202 bei 25°
		25% Lg. + je 7,5 g/l		
		Pflanzenleim	510,0 „ 25°	68,8 „ 25°
		Knochenleim	768,0 „ 25°	103,6 „ 25°
		Fischleim	529,0 „ 25°	71,5 „ 25°
		Gummiarabicum	282,0 „ 25°	38,0 „ 25°
		Agar-Agar	247,0 „ 25°	33,3 „ 25°
		Gelatine	860,0 „ 25°	116,0 „ 25°
		Stärke	542,0 „ 25°	73,2 „ 25°
		Wasserglas	1695 „ 25°	228 „ 25°
90	GAl-Si	5% Lg.	660,0 „ 20°	89,2 „ 25°
	Titan	10% Lg.	0,5 bei 100°	0,02 bei 100°
		40% Lg.	3,5 „ 80°	0,13 „ 80°
	Gußeisen	geschmolzenes NaOH, nach dem Hg-Verfahren hergestellt, greift stärker an als bei Herstellung nach dem Diaphragmenverfahren		
		33% Lg.	kein Angriff bei 20°	
		auf 50% Lg. eindampfen	12,0	0,5
		75% Lg.	40,0 bei 135°	2,0 bei 135°
209—225	Si-Gußeisen	20% Lg.	< 240 bei Siedetp.	<10,0 bei Siedetp.
		34% Lg.	<24,0 „ 100°	< 1,0 „ 100°
	Cr-Gußeisen	geschmolzen	starker Angriff bei 300°	
		Lg.	oft verwendbar	
	Gußeisen, Einfluß des Ni-Gehaltes:			
	0 Ni	50% Lg.	50	2,44
	3,5 Ni	eindampfen	26,3	1,29
	5 Ni	auf 65% Lg.	27,3	1,33
	15 Ni	bei 600 mm Hg	16,8	0,82
	20 Ni		1,85	0,09
	20 Ni + 2 Cr		3,37	0,17
	30 Ni		0,22	0,01
	0 Ni	eindampfen	12	0,61
256	Niresist 1	auf 50% Lg.	2,56	0,13
257	Niresist 2		1,52	0,08
	3 Ni		5,24	0,25
268	Stahl	33% Lg.	3,3 bei 20°	0,15 „ 20°
273	Stahl	33% Lg.	3,3 „ 20°	0,15 „ 20°
	Stahl	5 n Lg.	11 bei 100°	0,53 bei 100°
		10 n Lg.	16 „ 100°	0,78 „ 100°
		19 n Lg.	26 „ 100°	1,27 „ 100°
		50% Lg.	4,4 „ 65°	0,21 „ 65°

<table>
<tr>
<th>W. V. Nr.</th>
<th>Werkstoff</th>
<th>Zusammensetzung des angreifenden Stoffes</th>
<th colspan="3">Angriff g/m² · Tag</th>
<th colspan="3">Angriff mm/Jahr</th>
</tr>
<tr>
<td></td><td></td><td>70% Lg.</td><td colspan="3">32,9 bei 105°</td><td colspan="3">1,61 bei 105°</td>
</tr>
<tr>
<td></td><td></td><td>70 Lg.</td><td colspan="3">388,5 ,, 135°</td><td colspan="3">18,9 ,, 135°</td>
</tr>
<tr>
<td></td><td>Stahl, kaltgewalzt</td><td colspan="7">ist durch Spannungskorrosion gefährdet [197]</td>
</tr>
<tr>
<td></td><td></td><td colspan="7">0,18—0,23 C; 0,3—0,5 Mn; <0,04 P; <0,05 S</td>
</tr>
<tr>
<td>294</td><td>Armco-Eisen</td><td>33% Lg.</td><td colspan="6">kein Angriff bei 20°</td>
</tr>
<tr>
<td>293</td><td>Elektrolyteisen</td><td>33% Lg.</td><td colspan="6">kein Angriff bei 20°</td>
</tr>
<tr>
<td>385, 388</td><td>Ni-Stahl</td><td>konz. Lg.</td><td colspan="3">~0,15 bei 165°</td><td colspan="3">~0,007 bei 165°</td>
</tr>
<tr>
<td></td><td></td><td></td>
<td>20% sied.</td><td>50% sied.</td><td>geschmolz. 320°</td>
<td>20° sied.</td><td>50° sied.</td><td>geschmolz. 320°</td>
</tr>
<tr>
<td>322—355</td><td>Cr-Stahl</td><td></td>
<td><240</td><td>>240</td><td>>240</td>
<td><10,0</td><td>>10,0</td><td>>10,0</td>
</tr>
<tr>
<td>396—408</td><td>Cr-Mo-Stahl</td><td></td>
<td><2,4</td><td><24,0</td><td>>240</td>
<td><0,1</td><td><1,0</td><td>>10,0</td>
</tr>
<tr>
<td>451—474</td><td>18/8-Cr-Ni-Stahl</td><td></td>
<td><2,4</td><td><24,0</td><td><24,0</td>
<td><0,1</td><td><1,0</td><td><1,0</td>
</tr>
<tr>
<td>475—495</td><td>18/8-Cr-Ni-Stahl + Mo</td><td></td>
<td><2,4</td><td><24,0</td><td><24,0</td>
<td><0,1</td><td><1,0</td><td><1,0</td>
</tr>
<tr>
<td>525—529</td><td>18/9-Cr-Mn-Stahl</td><td></td>
<td><240</td><td><240</td><td>>240</td>
<td><10,0</td><td><10,0</td><td>>10,0</td>
</tr>
<tr>
<td></td><td></td><td colspan="7">Cr-, Cr-Mo-, Cr-Ni- und Cr-Mn-Stähle sind gegen 20% NaOH bei 20° beständig</td>
</tr>
<tr>
<td></td><td>Mn-Stahl</td><td>33% Lg.</td><td colspan="6">kein — geringer Angriff bei 20°</td>
</tr>
<tr>
<td>445</td><td>Durimet 20</td><td>75% Lg.</td><td colspan="3">0,08 bei 90°</td><td colspan="3">0,003 bei 90°</td>
</tr>
<tr>
<td></td><td></td><td>10—50% Lg.</td><td colspan="6">kein Angriff bei 100°</td>
</tr>
<tr>
<td>446</td><td>Worthite</td><td>75% Lg.</td><td colspan="6">empfohlen für Pumpen bei 50°</td>
</tr>
<tr>
<td></td><td>Kupfer</td><td>4% Lg.</td><td colspan="3">2,0 bei 20°</td><td colspan="3">0,09 bei 20°</td>
</tr>
<tr>
<td></td><td></td><td>60—75% Lg.</td><td colspan="3">28,6 ,, 150°</td><td colspan="3">1,18 ,, 150°</td>
</tr>
<tr>
<td></td><td>Cu-Zn-Leg. (90/10) (75/25)</td><td>1 n Lg.</td><td colspan="3">~1,5 ,, 18°</td><td colspan="3">0,07 ,, 18°</td>
</tr>
<tr>
<td></td><td>Cu-Zn-Lg. (66/34)</td><td>1 n Lg.</td><td colspan="3">1,8 ,, 18°</td><td colspan="3">0,09 ,, 18°</td>
</tr>
<tr>
<td></td><td>Cu-Zn-Lg. (60/40)</td><td>1 n Lg.</td><td colspan="3">2,2 ,, 18°</td><td colspan="3">0,10 ,, 18°</td>
</tr>
<tr>
<td></td><td>Messing</td><td>10—50% Lg.</td><td colspan="3">9,5 heiß</td><td colspan="3">0,48 heiß</td>
</tr>
<tr>
<td></td><td></td><td colspan="7">NaCl-Zusatz erhöht den Angriff</td>
</tr>
<tr>
<td></td><td>Mn-Si-Bronze (1,21/0,22)</td><td>30% Lg.</td><td colspan="3">1,5 bei 60°</td><td colspan="3">0,07 bei 60°</td>
</tr>
<tr>
<td></td><td>Sn-Bronze (95/5)</td><td>1—2 n Lg.</td><td colspan="3">1—2,3 bei 20°</td><td colspan="3">0,05—1,0 bei 20°</td>
</tr>
<tr>
<td></td><td>Sn-Bronze (90/10)</td><td>1 n Lg.</td><td colspan="3">1,2 bei 18°</td><td colspan="3">0,06 bei 18°</td>
</tr>
<tr>
<td></td><td>Sn-Bronze (88/12)</td><td>1 n Lg.</td><td colspan="3">1,6 ,, 18°</td><td colspan="3">0,075 ,, 18°</td>
</tr>
<tr>
<td>637</td><td>Ferry-Metall</td><td>5% Lg.</td><td colspan="3">0,05 bei 15—20°</td><td colspan="3">0,002 bei 15—20°</td>
</tr>
<tr>
<td>643</td><td>Rotoxit</td><td>35% Lg.</td><td colspan="6">kein Angriff bei 100°</td>
</tr>
<tr>
<td>662—666</td><td>Nickel</td><td>4% Lg. + Luft</td><td colspan="3"><0,06 bei 20°</td><td colspan="3"><0,003 bei 20°</td>
</tr>
<tr>
<td></td><td></td><td>konzentrieren bis 50% Lg.</td><td colspan="3">0,06 ,, 80°</td><td colspan="3">0,003 ,, 80°</td>
</tr>
<tr>
<td></td><td></td><td>60—75% Lg. (Vakuum)</td><td colspan="3">0,66 ,, 150—177°</td><td colspan="3">0,03 ,, 150—177°</td>
</tr>
<tr>
<td></td><td></td><td>konz. Lg.</td><td colspan="3">0,1 ,, 93°</td><td colspan="3">0,005 ,, 93°</td>
</tr>
<tr>
<td></td><td></td><td>konz. Lg. + 0,3% SO_4 + 0,3 Cl</td><td colspan="3">0,6 ,, 93°</td><td colspan="3">0,03 ,, 93°</td>
</tr>
<tr>
<td></td><td></td><td>geschmolzen</td><td colspan="3"><2,4 ,, 500°</td><td colspan="3"><0,1 ,, 500°</td>
</tr>
<tr>
<td>672</td><td>Monel</td><td>4% Lg. + Luft</td><td colspan="3">1,2 ,, 20°</td><td colspan="3">0,06 ,, 20°</td>
</tr>
<tr>
<td></td><td></td><td>konzentrieren bis 50% Lg.</td><td colspan="3">0,12 ,, 80°</td><td colspan="3">0,006 ,, 80°</td>
</tr>
</table>

W.V. Nr.	Werkstoff	Zusammensetzung des angreifenden Stoffes	Angriff g/m² · Tag	Angriff mm/Jahr
		50% Lg.	0,37 bei Siedetp.	0,018 bei Siedetp.
		60—75% Lg. (Vakuum)	2,8 „ 150—177°	0,13 „ 150—177°
		70% Lg. (Sammeltank)	0,71 „ 90—115°	0,035 „ 90—115°
		60—98% Lg. (Verdampfer)	8,2 „ 150—260°	0,40 „ 150—260°
		wasserfrei	32,4 „ 400°	1,35 „ 400°
	80/20-Nickel-chrom	75—100% (konzentrieren)	55 „ <480°	2,29 „ <480°
677	Nickelchrom	16% Lg.	kein Angriff bei 25°	
678	Nickelchrom	16% Lg.	1,7 bei 96°	0,07 bei 96°
679	Illium	Lg. + H_2O_2	empfohlen	
681, 697	Nickelchrom	20% Lg.	<2,2 bei Siedetp.	<0,1 bei Siedetp.
		geschmolzen	<2,2 „ 318°	<0,1 „ 318°
682	Inconel	50% Lg.	<0,06 „ 65°	<0,003 „ 65°
		50% Lg. luftfrei	0,12	0,006
		75% Lg.	0,8 „ 135°	0,04 „ 135°
725	Chlorimet 2	alle Lg.	empfohlen b. reduzierenden Bedingungen	
726	Chlorimet 3	bis 80%	empfohlen b. oxydierenden Bedingungen	
	Kobalt	Lg.	kein Angriff	
	Stellit	10% Lg.	geringer Angriff bei Siedetemperatur	
		konz. Lg.	kein Angriff bei Siedetemperatur	

			20°	100°	20°	100°
	Niob	2 n Lg.	~0	0,34	~0	0,015
		25% Lg.	1,28	59,6	0,06	2,49
		50% Lg.	0,03	4,34	0,001	0,19
		geschmolzen	Auflösung			
	Tantal	5% Lg.	geringer Angriff bei Siedetemperatur			
		geschmolzen	nicht verwendbar			
	Zink	Lg. pH >12,5	nicht verwendbar			
		geschmolzen	nicht verwendbar			

W.V. Nr.	Werkstoff	Zusammensetzung des angreifenden Stoffes	Angriff g/m² · Tag	Angriff mm/Jahr
779	Cd-Zn-Leg.	n/1 Lg.	0,6 bei 25°	0,026 bei 35°
		2 n Lg.	2,0 „ 35°	0,088 „ 35°
		3 n Lg.	1,0 „ 20°	0,044 „ 20°
780	Cd-Zn-Leg.	n/1 Lg.	2,0 „ 25°	0,092 „ 25°
		2 n Lg.	5,0 „ 35°	0,228 „ 35°
		3 n Lg.	3,0 „ 20°	0,137 „ 20°
781	Cd-Zn-Leg.	n/1 Lg.	85,0 „ 25°	3,92 „ 25°
		2 n Lg.	160,0 „ 35°	7,5 „ 35°
		3 n Lg.	126,0 „ 20°	5,8 „ 20°
782	Cd-Zn-Leg.	n/1 Lg.	68,0 „ 25°	3,25 „ 25°
		2 n Lg.	123,0 „ 35°	5,75 „ 35°
		3 n Lg.	82,0 „ 20°	3,85 „ 20°
783	Cd-Zn-Leg.	n/1 Lg.	117,0 „ 25°	5,7 „ 25°
		2 n Lg.	153,0 „ 35°	7,5 „ 35°
		3 n Lg.	141,0 „ 20°	6,9 „ 20°
	Cd-Überzüge	Lg.	sehr geringer Angriff	
	Zinn	0,2 n Lg.	4,32 bei 20°	0,22 bei 20°
		Lösung täglich erneuert, 7 Tage		
		0,2 n Lg.	1,92 bei 20°	0,096 bei 20°
		Lösung nicht erneuert, 28 Tage		
		Zusatz von Co-III-Aminen setzt den Angriff herab		

			20°	100°	20°	100°
	Blei	5% Lg.	0,87	2,8	0,028	0,09
		25% Lg.	0,31	0,77	0,01	0,025
		35% Lg.	0,24	0,36	0,008	0,012
		Belüftung (Wechseltauchversuch) erhöht den Angriff				
		1 n Lg.	~4,0 bei 20°		0,13 bei 20°	
		n/100 Lg.				

W. V. Nr.	Werkstoff	Zusammensetzung des angreifenden Stoffes	Angriff $g/m^2 \cdot Tag$	Angriff mm/Jahr
		in 4 Tagen	~6,0 bei 20°	0,19 bei 20°
			nach etwa 4 Tagen	kein weiterer Angriff [198]
	Silber	10% Lg.	0,06 bei 20°	0,002 bei 20°
		+ Oxydationsmittel	keine wesentl. Erhöhung des Angriffs	
		geschmolzen + O_2	beständig bis 550°	
		starker Angriff bei 710°		
	Reinsilber	geschmolzen	17,4 bei 400°	0,603 bei 400°
	Feinkorn-silber	geschmolzen	14,5 „ 400°	0,496 „ 400° [527]

Man kann Silber zur Verbesserung der mechanischen Eigenschaften auch legieren, ohne daß die Beständigkeit gegen NaOH dadurch beeinträchtigt wird.

W. V. Nr.	Werkstoff	Zusammensetzung des angreifenden Stoffes	Angriff $g/m^2 \cdot Tag$	Angriff mm/Jahr
	Gold	geschmolzen + O_2	oft verwendbar	
	Platin	Lg.	kein Angriff bis Siedetemperatur	
		Starke Oxydationsmittel wie $KMnO_4$ und anod. Polarisation bewirken sehr geringen Angriff.		
		geschmolzen, O_2-frei	kein Angriff bei <400°	
		geschmolzen + O_2	geringer Angriff	

Empfohlene Werkstoffe bei der Herstellung aus Na_2CO_3 + $Ca(OH)_2$ [15, S. 333]:
Stahl für alle Teile der Anlage
vgl. auch Alkali-Chlor-Elektrolyse.

Natriumhypochlorit

W. V. Nr.	Werkstoff	Zusammensetzung des angreifenden Stoffes	Angriff $g/m^2 \cdot Tag$ 20°	siedend	Angriff mm/Jahr 20°	siedend
6	Aluminium	Lg.	nicht verwendbar			
	Titan	Lg. + 5,6% Cl_2	<1,58 bei 20°		<0,18 bei 20°	
	Eisen	verd. Lg.	geringer Angriff bei 20°			
		Lg. + 67% Cl aktiv + 57% Na_2CO_3	starker Angriff			
209—225	Si-Gußeisen	d = 1,21	< 2,4 bei 20°		< 0,1 bei 20°	
234—243	Cr-Gußeisen	19° Bé	<240 „ 20—100°		<10,0 „ 20—100°	
251—255	Cr-Mo-Guß-eisen	19° Bé	<24,0 „ 20—100°		< 1,0 „ 20—100°	
258	Niresist	Lg.	18,6 „ 20°		0,91 „ 20°	
	Stahl	Lg.	>240	>240	>10,0	>10,0
322—355	Cr-Stahl	Lg.	>240	>240	>10,0	>10,0
396—408	Cr-Mo-Stahl	Lg.	< 2,4	<24,0	< 0,1	< 1,0
451—474	18/8-Cr-Ni-Stahl	Lg.	<24,0	<24,0	< 1,0	< 1,0
475—495, 496	18/8-Cr-Mn-Stahl + Mo	Lg.	< 2,4	< 2,4	< 0,1	< 0,1
525—529	18/9-Cr-Mn-Stahl	Lg.	<240	>240	<10,0	>10,0
	Kupfer	20% Lg.	Angriff bei 20°			
	Messing	Lg. alkal.	1,8—18 bei 20°		0,08—0,8 bei 20°	
	Cu-Ni-Leg.	Lg.	1,8—31 „ 20°		0,08—1,3	

der Angriff steigt mit dem Chlorgehalt

W. V. Nr.	Werkstoff	Zusammensetzung des angreifenden Stoffes	Angriff $g/m^2 \cdot Tag$	Angriff mm/Jahr
	Bronze	20% Lg.	empfohlen bei 20°	
631	Ambrac	Lg. (3% Cl_2)	0,15 bei 20°	0,007 bei 20°
	Stellit	20% Lg.	geringer Angriff bei 20°	
	Blei	20% Lg.	empfohlen bei 20°	
	Platin	NaClO-Lg. + NaCl (100 g/l NaOH ges. mit Cl_2)	0,0002 bei 20° / 0,0 „ 100°	0,000 bei 20° / 0,00 „ 100°
	Iridium	NaClO-Lg. + NaCl (100 g/l NaOH ges. mit Cl_2)	0,24 „ 100°	0,003 „ 100°
	Palladium	NaClO-Lg. + NaCl (100 g/l NaOH ges. mit Cl_2)	2,4 „ 100°	0,03 „ 100°
	Rhodium	NaClO-Lg. + NaCl (100 g/l NaOH ges. mit Cl_2)	0,48 „ 100°	0,006 „ 100°

W. V. Nr.	Werkstoff	Zusammensetzung des angreifenden Stoffes	Angriff g/m² · Tag	Angriff mm/Jahr

Natriumnitrat. Sm. 310°

W. V. Nr.	Werkstoff	Zusammensetzung des angreifenden Stoffes	Angriff g/m² · Tag	Angriff mm/Jahr
6	Aluminium	5% Lg.	0,21	0,028
		verd. — konz. Lg.	kein Angriff bei höherer Temperatur	
		geschmolzen	kein Angriff	
		+ NaNO₂	kein Angriff	
		+ KNO₃	kein Angriff	
		+ KNO₂	kein Angriff	
		Lg. + J' oder J₂	Angriff bei 20°	
90	GAl-Si	5% Lg.	0,09	0,012
	GAl-Mg-Mn	5% Lg.	0,04	0,005
294	Armco-Eisen	geschmolzen	empfohlen	
			siedend geschmolz.	siedend geschmolz.
342—355	Cr-Stahl		<2,4 >240	<0,1 >10,0
322—334	Cr-Stahl		<2,4 < 2,4	<0,1 < 0,1
388	Ni-Stahl		— empfohlen	— —
396—408	Cr-Mo-Stahl		<2,4 < 2,4	<0,1 < 0,1
451—474	18/8-Cr-Ni-Stahl		<2,4 < 2,4	<0,1 < 0,1
475—495	18/8-Cr-Ni-Stahl + Mo		<2,4 < 2,4	<0,1 < 0,1
525—529	18/9-Cr-Mn-Stahl		<2,4 < 2,4	<0,1 < 0,1
	Kupfer	Lg.	geringer Angriff	
629	Cu-Ni-Leg.	10% Lg.	0,014 b. 15—20°	0,001 b. 15—20°
637	Ferry-Metall	10% Lg.	0,06 „ 15—20°	0,003 „ 15—20°
662—666	Nickel	geschmolzen	<2,4 „ >310°	<0,1 „ >310°
669	Corronil	10% Lg.	0,095 „ 20°	0,004 „ 20°
672	Monel	Lg.	<2,4 „ 20°	<0,1 „ 20°
679	Illium	25% Lg.	empfohlen	
	Tantal	Lg.	kein Angriff	
		geschmolzen	starker Angriff	
	Silber	geschmolzen	nicht verwendbar	
	Gold	geschmolzen	geringer Angriff	
	Platin	geschmolzen	geringer — starker Angriff	

Natriumnitrit

W. V. Nr.	Werkstoff	Zusammensetzung des angreifenden Stoffes	Angriff g/m² · Tag	Angriff mm/Jahr
6	Aluminium	Lg.	empfohlen	

Natriumoleat

W. V. Nr.	Werkstoff	Zusammensetzung des angreifenden Stoffes	Angriff g/m² · Tag	Angriff mm/Jahr
	C-Stahl		verwendbar bei 20°	
451—474	18/8-Cr-Ni-Stahl		kein Angriff bei 20°	

Natriumoxalat

W. V. Nr.	Werkstoff	Zusammensetzung des angreifenden Stoffes	Angriff g/m² · Tag	Angriff mm/Jahr
6	Aluminium	kalt gesättigt	0,15	0,020
90	GAl-Si	kalt gesättigt	0,20	0,027
	GAl-Mg-Mn	kalt gesättigt	0,20	0,027
	GAl-Cu	kalt gesättigt	0,15	0,020
	GAl-Zn-Cu	kalt gesättigt	0,20	0,027
	Eisen	Lg.	nicht verwendbar	
	Cr-Stahl	Lg.	geringer Angriff bei höherer Temperatur	

Natriumperchlorat

W. V. Nr.	Werkstoff	Zusammensetzung des angreifenden Stoffes	Angriff g/m² · Tag	Angriff mm/Jahr
322—355	Cr-Stahl	10% Lg.	<240 bei Siedetp.	<10,0 bei Siedetp.
396—408	Cr-Mo-Stahl	10% Lg.	< 24,0 „ „	< 1,0 „ „
451—474	18/8-Cr-Ni-Stahl	10% Lg.	< 2,4 „ „	< 0,1 „ „
475—495	18/8-Cr-Ni-Stahl + Mo	10% Lg.	< 2,4 „ „	< 0,1 „ „
525—529	18/9-Cr-Mn-Stahl	10% Lg.	<240 „ „	<10,0 „ „

Natriumperoxyd. Sm. 460°

W. V. Nr.	Werkstoff	Zusammensetzung des angreifenden Stoffes	Angriff g/m² · Tag	Angriff mm/Jahr
	Eisen	Herstellung	empfohlen bei 350°	
		Lg.	oft verwendbar bei 20°, nicht verwendbar bei höherer Temperatur	

W. V. Nr.	Werkstoff	Zusammensetzung des angreifenden Stoffes	Angriff g/m² · Tag		Angriff mm/Jahr	
			20°	siedend	20°	siedend
322—355	Cr-Stahl	10% Lg.	<240	>240	<10,0	>10,0
396—408	Cr-Mo-Stahl	10% Lg.	< 2,4	< 2,4	< 0,1	< 0,1
451—474	18/8-Cr-Ni-Stahl	10% Lg.	< 2,4	< 2,4	< 0,1	< 0,1
475—495	18/8-Cr-Ni-Stahl + Mo	10% Lg.	< 2,4	< 2,4	< 0,1	< 0,1
525—529	18/9-Cr-Mn-Stahl	10% Lg.	< 24,0	<240	< 1,0	<10,0
672	Monel	Lg.	empfohlen bei 20°			
	Tantal		starker Angriff bei höherer Temperatur			
	Silber	Lg.	nicht verwendbar bei höherer Temp.			
	Gold	geschmolzen	nicht verwendbar			
	Platin	geschmolzen	nicht verwendbar			

Natriumpersulfat. Als verwendbar werden angegeben:

für alkalische Lösungen Monelmetall.
für Lösungen Tantal, Blei (geringer Angriff), Gold und Platin.

Als nicht verwendbar werden angegeben:
Aluminium, Eisen, Stahl, Kupfer, Messing, Bronze, Cr-Überzüge, Nickel
und Silber

Natriumphosphate

	Werkstoff	Zusammensetzung	Angriff g/m² · Tag		Angriff mm/Jahr	
		Na_2HPO_4	20°	50°	20°	50°
	Aluminium und Al-Legierungen	1% Lg.	0,00—0,3	0,02—0,8	~0—0,04	0,003—0,08
		10% Lg.	0,0 —0,1	0,0 —0,8	~0—0,013	~0—0,11
		Na_2HPO_4	98°		98°	
		1% Lg.	0,3—1,4		0,04—0,19	
		10% Lg.	0,3—0,4		0,04—0,054	

in einigen Fällen schwacher Lochfraß bzw. geringe Deck-
schichtbildung

	Werkstoff	Zusammensetzung	Angriff g/m² · Tag	Angriff mm/Jahr
	Aluminium und Al-Le-	Na_3PO_4 1—10% Lg.	starker Angriff bis zur Auflösung bei 20—98°	
322—355	Cr-Stahl	Na_2HPO_4-Lg.	<2,4 bei Siedetp.	<0,1 bei Siedetp.
396—408	Cr-Mo-Stahl	Na_2HPO_4-Lg.	<2,4 ,, ,,	<0,1 ,, ,,
451—474	18/8-Cr-Ni-Stahl	Na_2HPO_4-Lg.	<2,4 ,, ,,	<0,1 ,, ,,
475—495	18/8-Cr-Ni-Stahl + Mo	Na_2HPO_4-Lg.	<2,4 ,, ,,	<0,1 ,, ,,
525—529	18/9-Cr-Mn-Stahl	Na_2HPO_4-Lg.	<2,4 ,, ,,	<0,1 ,, ,,
	Kupfer	NaH_2PO_4-Lg.	Angriff bei 100°	
561, 581	Messing Ms 70, Ms 60	Lg.	<0,1	<0,005
	Al-Bronze	Lg. neutral	<3,7 bei 20°	<0,15 bei 20°
		Lg. sauer	<9,6 ,, 20°	<0,40 ,, 20°
662—666	Nickel	0,1 n Na_2HPO_4-Lg. (p_H = 4,5)	2,2 bei 20°	0,1 bei 20°
		0,5 n Lg.	2,3 ,, 25°	0,11 ,, 25° [1]
		p_H = 4,5; + Luft geschmolzen	nicht verwendbar	
672	Monel	Lg.	<2,4 bei 20°	<0,1 bei 20°
	Zink	Lg.	starker Angriff	
	Blei	Lg. p_H = 4,5	verwendbar	
	Silber	geschmolzen	nicht verwendbar	

Natriumsalicylat

	Werkstoff	Zusammensetzung	Angriff
	Eisen	Lg.	starker Angriff
	Cr-Stahl	Lg.	empfohlen

W. V. Nr.	Werkstoff	Zusammensetzung des angreifenden Stoffes	Angriff g/m² · Tag	Angriff mm/Jahr
451—474	18/8-Cr-Ni-Stahl	Lg.	<2,4 bei 20°	<0,1 bei 20°
475—495	18/8-Cr-Ni-Stahl + Mo	Lg.	<2,4 ,, 20°	<0,1 ,, 20°

Natriumsilicofluorid

W. V. Nr.	Werkstoff	Zusammensetzung des angreifenden Stoffes	Angriff g/m² · Tag	Angriff mm/Jahr
	Aluminium und Al-Legierungen	0,75 Lg.	Angriff und Lochfraß bei 20—50° geringer Angriff bzw. Deckschichtbildung bei 98°	
	Eisen	geschmolzen	5030 in Luft	237
		geschmolzen	960,0 in CO_2	45,2
		geschmolzen	2155 in N_2	102
		geschmolzen	0,0 in H_2	~0
		geschmolzen	2,4 in N_2 + 5% H_2	2,0
561, 581	Messing Ms 70, Ms 60	Lg.	<0,1	<0,005
	Gold	geschmolzen	nicht verwendbar	

Natriumsilikat

W. V. Nr.	Werkstoff	Zusammensetzung des angreifenden Stoffes	Angriff g/m² · Tag	Angriff mm/Jahr
6	Aluminium	10% Lg.	neutral, kein Angriff bei 20°	
		Lg. alkalisch	Angriff bei 20°	
90	GAl-Si		0,002	0,0003
	GAl-Mg-Mn		0,001	0,0001
451—474	18/8-Cr-Ni-Stahl	Lg.	<2,4 bei 20°	<0,1 bei 20°
475—495	18/8-Cr-Ni-Stahl + Mo	Lg.	<2,4 ,, 20°	<0,1 ,, 20°

Natriumsulfat. Sm. 884°

W. V. Nr.	Werkstoff	Zusammensetzung des angreifenden Stoffes	Angriff g/m² · Tag	Angriff mm/Jahr
6	Aluminium	10% Lg.	0,09	0,012
		20% Lg.	kein Angriff	
90	GAl-Si	10% Lg.	0,11	0,015
		20% Lg.	0,03	0,004
	GAl-Mg-Mn	10% Lg.	0,06	0.008
		20% Lg.	0,01	0,0014
93—102	GAl-Mg	20% Lg.	0,005	0,0007
	GAl-Zn-Cu	20% Lg.	0,017	0,0023
	GAl-Cu	20% Lg.	0,055	0,0075
204	Gußeisen	Lg.	für Sulfatschalen empfohlen	
207	Gußeisen	10% Lg.	0,74 bei 20°	0,040 bei 20°
209—217	Si-Gußeisen	d = 1,13	< 2,4 ,, 100°	<0,1 ,, 100°
218—225	Si-Gußeisen	d = 1,13	<24,0 ,, 100°	<1,0 ,, 100°
234—243	Cr-Gußeisen	10% Lg.	< 2,4 ,, 100°	<0,1 ,, 100°
251—255	Cr-Mo-Guß-eisen	10% Lg.	< 2,4 ,, 100°	<0,1 ,, 100°
258	Niresist	Lg.	< 1,0 ,, 20°	<0,05 ,, 20°
268	Stahl	10% Lg.	1,04 ,, 20°	0,05 ,, 20°
273	Stahl	10% Lg.	0,97 ,, 20°	0,04 ,, 20°

W. V. Nr.	Werkstoff	Zusammensetzung des angreifenden Stoffes	16° Ruhe	16° bewegt	200° 16 at	16° Ruhe	16° bewegt	200° 16 at
288	Flußstahl weich	0,1213 g/l	1,90	8,14	0,12	0,09	0,38	0,006
		2,3060 g/l	1,93	6,75	0,29	0,09	0,32	0,014
		1,8213 g Na_2SO_4/l + 1,50 g $MgCl_2$/l			14,2			0,67
		1,8213 g Na_2SO_2/l + 1,90 g $MgCl_2$/l			17,6			0,83

W. V. Nr.	Werkstoff	Zusammensetzung des angreifenden Stoffes	Angriff g/m² · Tag	Angriff mm/Jahr
294	Armco-Eisen	10% Lg.	0,90 bei 20°	0,045 bei 20°
293	Elektrolyt-Eisen	10% Lg.	0,93 ,, 20°	0,046 ,, 20°
	Cr-Stahl	5% Lg.	geringer — starker Angriff	
		konz. Lg.	starker Angriff	
383	Ni-Stahl	10% Lg.	0,37 bei 20	0,016 ,, 20°
388	Ni-Stahl	10% Lg.	0,74 ,, 20°	0,032 ,, 20°
			20° siedend	20° siedend

W. V. Nr.	Werkstoff	Zusammensetzung des angreifenden Stoffes	Angriff g/m² · Tag	Angriff mm/Jahr
396—408	Cr-Mo-Stahl	ges. Lg.	< 2,4 <2,4	<0,1 < 0,1
451—474	18/8-Cr-Ni-Stahl	ges. Lg.	< 2,4 <2,4	<0,1 < 0,1
475—495	18/8-Cr-Ni-Stahl + Mo	ges. Lg.	< 2,4 <2,4	<0,1 < 0,1
525—529	18/9-Cr-Mn-Stahl	ges. Lg.	<24,0 <240	<1,0 <10,0
543	Mn-Stahl	10% Lg.	0,90 bei 20°	0,042 bei 20°
	Kupfer	Lg.	geringer Angriff	
			16° Ruhe 16° bewegt 200° 16 at	**16° Ruhe 16° bewegt 200° 16 at**
569	Messing	0,082 g/l	0,032 0,093 0,38	0,0014 0,0040 0,016
		0,8489 g/l	0,048 0,060 0,16	0,0020 0,0028 0,007
		2,306 g/l	0,058 0,032 0,36	0,0028 0,0014 0,015
585	Messing	10% Lg.	0,033 bei 20°	0,0014 bei 20°
590	Bronze	10% Lg.	kein Angriff bei 20°	
591	Bronze	10% Lg.	geringer Angriff bei 20°	=
592	Bronze	10% Lg.	kein Angriff bei 20°	
			16° Ruhe 16° bewegt 200° 16 at	**16° Ruhe 16° bewegt 200° 16 at**
627	Rotguß	0,0824 g/l	0,036 0,100 0,32	0,0015 0,0042 0,013
		0,8489 g/l	0,030 0,094 0,08	0,0013 0,0039 0,003
		2,3060 g/l	0,026 0,162 0,12	0,0011 0,0068 0,005
629	Cu-Ni-Leg.	10% Lg.	2,35 bei 15—20°	0,09 bei 15—20°
637	Ferry-Metall	10% Lg.	0,05 „ 15—20°	0,002 „ 15—20°
649	Al-Bronze	10% Lg.	0,03 „ 20°	0,001 „ 20°
662—666	Nickel	Lg.	empfohlen	
		geschmolzen	<2,4	<0,1
669	Corronil	10% Lg.	0 bei 20°	~0 bei 20°
672	Monel	10% Lg.	<2,4 „ 20°	<0,1 „ 20°
675—680	Nickelchrom	Lg.	empfohlen	
681, 697	Nickelchrom	ges. Lg.	<2,2 bei 60°	<0,1 bei 60°
721	Ni-Fe-Leg.	10% Lg.	0,4 „ 20°	0,02 „ 20°
			Wechseltauchversuch 20°	
		Dauer:	**2 Tage 7 Tage 14 Tage**	**2 Tage 7 Tage 14 Tage**
744	Elektrolyt-Zink	10 g Na₂SO₄ · 10 H₂O/l	1,0 1,6 1,6	0,06 0,08 0,08
	Zink	5—300 g/l	1,2—0,2 bei 12°	0,06—0,01 bei 12°
	Blei	2,5—20 g/l	~0,05 bei 8°	~0,002 bei 8°
		50—200 g/l	kein Angriff bei 8°	
	Silber	geschmolzen	starker Angriff	
	Gold	geschmolzen	beständig	
	Platin	geschmolzen	Angriff	

Natriumsulfid

W. V. Nr.	Werkstoff	Zusammensetzung des angreifenden Stoffes	Angriff g/m² · Tag	Angriff mm/Jahr
6	Aluminium	20% Lg.	1600	215
90	GAl-Si	20% Lg.	1200	162
	GAl-Mg-Mn	20% Lg.	815	110
			20° 50°	**20° 50°**
	Aluminium	2,4 g Na₂S/l	55,2 64,1 (0,20)	7,6 8,8 (0,027)
		2,4 g Na₂S/l + 1 g S/l	38,8 27,9 (0,25)	5,3 3,8 (0,034)
		2,4 g Na₂S/l + 10 g S/l	0,38 2,0 (0,25)	0,052 0,27 (0,034)
		10 g Na₂S/l	214 175 (24,5)	29,3 24,0 (3,36)
		10 g Na₂S/l + 1 g S/l	164 166 (0,25)	22,5 22,6 (0,034)

W. V. Nr.	Werkstoff	Zusammensetzung des angreifenden Stoffes	Angriff g/m² · Tag		Angriff mm/Jahr	
		10 g Na_2S/l + 10 g S/l	22,2 (0,35)	2,6	3,05 (0,048)	0,35
		Die Zahlen in ( ) geben die Gewichts- bzw. Dickenabnahme in weiteren 24 Std. an, die durch Deckschichtbildung sehr verringert wird.				
	Titan	10% Lg.	<1,58 bei Siedetp.		<0,18 bei Siedetp.	
209—225	Si-Gußeisen	50% Lg.	>240 bei 90°		>10,0 bei 90°	
229—235	Cr-Gußeisen	50% Lg.	<2,4 bei Siedetp.		<0,1 bei Siedetp.	
	Stahl	<0,1 n Lg.	geringer Angriff bei 20°			
		>0,1 n Lg.	kein Angriff bei 20°			
		ges. Lg.	kein Angriff bei 20°			
			25% Lg. siedend	50% Lg. siedend	25% Lg. siedend	25% Lg. siedend
322—355	Cr-Stahl		<2,4	>240	<0,1	>10,0
396—408	Cr-Mo-Stahl		<2,4	<24,0	<0,1	< 1,0
451—474	18/8-Cr-Ni-Stahl		<2,4	< 2,4	<0,1	< 0,1
475—495	18/8-Cr-Ni-Stahl + Mo		<2,4	< 2,4	<0,1	< 0,1
525—529	18/9-Cr-Mn-Stahl		<2,4	<240	<0,1	<10,0
	Kupfer	Lg.	Angriff bei 20°			
662—666	Nickel	Lg.	~24,0 bei 20°		~1,0 bei 20°	
		1,5% Lg. + H_2S + 0,1% Na_2CO_3	5,4 „ 65°		0,23 „ 65°	
672	Monel	Lg.	starker Angriff bei 20°			
682	Inconel	konzentrieren bis 50% Lg.	2,3		0,1	
	Tantal	Lg.	kein Angriff bei 20°			
		geschmolzen	starker Angriff			
	Zinn	Lg.	nicht verwendbar			
	Blei	Lg.	kein — geringer Angriff bei 20°			
	Silber	Lg. u. geschmolzen	nicht verwendbar			
	Gold	Lg. u. geschmolzen	nicht verwendbar			
	Au-Leg.	0,2 m Lg.	nähere Angaben über das Verhalten bei 20° vgl. 199			
	Platin	geschmolzen	nicht verwendbar			

Natriumsulfit

W. V. Nr.	Werkstoff	Zusammensetzung des angreifenden Stoffes	Angriff g/m² · Tag	Angriff mm/Jahr
6	Aluminium	10% Lg.	0,047	0,0063
90	GAl-Si	10% Lg.	0,032	0,0043
	GAl-Mg-Mn	10% Lg.	0,060	0,0081
		MBV-Schicht + Wasserglas schützt		
209—225	Si-Gußeisen	50% Lg.	<24,0 bei Siedetp.	<1,0 bei Siedetp.
234—243	Cr-Gußeisen	50% Lg.	< 2,4 „ „	<0,1 „ „
251—255	Cr-Mo-Guß-eisen	50% Lg.	< 2,4 „ „	<0,1 „ „
258	Niresist	5% Lg.	0,23 bei 20°	0,011 „ 20°
		10% Lg.	0,30 „ 20°	0,014 „ 20°
	Stahl	Lg.	Angriff bei 20°	
		Zusatz von Borat, Phosphat und Silikat hemmt den Angriff		
322—355	Cr-Stahl	50% Lg.	<240 bei Siedetp.	<10,0 bei Siedetp.
396—408	Cr-Mo-Stahl	50% Lg.	<24,0 „ „	< 1,0 „ „
451—474	18/8-Cr-Ni-Stahl	50% Lg.	< 2,4 „ „	< 0,1 „ „
475—495	18/8-Cr-Ni-Stahl + Mo	50% Lg.	< 2,4 „ „	< 0,1 „ „
525—529	18/9-Cr-Mn-Stahl	50% Lg.	<240 „ „	<10,0 „ „
672	Monel	Lg.	<2,4 bei 20°	<0,1 bei 20°

Empfohlene Werkstoffe bei der Herstellung aus $Na_2CO_3 + SO_2$ 15, S. 343:
Blei-Auskleidungen für Reaktionsgefäße.

W. V. Nr.	Werkstoff	Zusammensetzung des angreifenden Stoffes	Angriff g/m² · Tag	Angriff mm/Jahr

Natriumtartrat

662—666	Nickel	Lg.	empfohlen	
672	Monel	Lg. + Na_2CO_3	<2,4 bei 20°	<0,1 bei 20°
	Blei	Lg.	Angriff	

Ferner kommen in Betracht: Aluminium, Cr-Stahl, Cr-Ni-Stahl, Nickelchrom, Silber

Natriumthiosulfat

| 6 | Aluminium | verd. — konz. Lg. | kein — geringer Angriff bei Siedetp. | |

MBV-Schicht, Eloxal-Schicht schützen meistens

	Al-Cu-Mg-Legierung	1% Lg.	praktisch beständig	
	Stahl	Lg.	nicht verwendbar	
322—355	Cr-Stahl	25% Lg.	<2,4 bei Siedetp.	<0,1 bei Siedetp.
396—408	Cr-Mo-Stahl	25% Lg.	<2,4 „ „	<0,1 „ „
451—474	18/8-Cr-Ni-Stahl	25% Lg.	<2,4 „ „	<0,1 „ „
475—495	18/8-Cr-Ni-Stahl + Mo	25% Lg.	<2,4 „ „	<0,1 „ „
525—529	18/9-Cr-Mn-Stahl	25% Lg.	<2,4 „ „	<0,1 „ „
662—666	Nickel	Lg.	empfohlen	
672	Monel	Lg.	<2,4 bei 20°	<0,1 bei 20°
	Gold	Lg.	Angriff, nicht verwendbar	

Natriumtrichloroacetat

Korrosionsbedingungen: Raumtemperatur, Dauer: 21 Tage; die Proben wurden halb eingetaucht. Nicht inhibierte Lösung: 50% Na — TCA. Inhibierte Lösung: 50% Na — TAC + 0,7% $Na_2Cr_2O_7$.

Metall:	Korr.-Geschw. mm/Jahr	
	nicht inhibiert	inhibiert
3 S-Aluminium	zerfallen	$2,1 \cdot 10^{-3}$
Weichstahl	0,09	$2,66 \cdot 10^{-3}$
Rotguß	0,80	$12,8 \cdot 10^{-3}$
Messing	0,70	$9,9 \cdot 10^{-3}$
Kupfer	1,10	$22,76 \cdot 10^{-3}$
Verzinnter Stahl	0,01	$0,51 \cdot 10^{-3}$
Rostfreier Stahl	0,00254	$0,254 \cdot 10^{-3}$
Galvanisierte Nägel	weiße Abscheidungen	weniger weiße Abscheidungen

Natriumverbindungen, andere. Als verwendbar werden angegeben:

Für Natriumbitartrat Aluminium (25% Lg. bei höherer Temperatur)
„ NaBr 18/8-Cr-Ni-Stahl, 18/8-Cr-Ni-Stahl + Mo
„ $NaClO_3$ rein Aluminium (bei Cl-Gehalt Angriff)
„ Natriumoxalat Cr-Überzüge
„ $NaClO_4$ 18/8-Cr-Ni-Stahl (10% Lg. bei Siedetemperatur)
„ Natriumsalicylat 18/8-Cr-Ni-Stahl, 18/8-Cr-Ni-Stahl + Mo
„ NaCNS Aluminium (kein Angriff bei 100°)
„ $Na_2WO_2 \cdot H_2O$ Tantal bei 100°.

Als nicht verwendbar werden angegeben:

Für NaBr Aluminium (Lg. siedend)
„ Natriumcitrat Eisen
„ Natriummetaphosphat geschmolzen Silber
„ sulfosaures Natrium Eisen
„ benzolsulfosaures Natrium Blei.

Nickelnitrat

| 6 | Aluminium | Lg. | nicht verwendbar | |
| | Eisen | Lg. | nicht verwendbar | |

W. V. Nr.	Werkstoff	Zusammensetzung des angreifenden Stoffes	Angriff g/m² · Tag	Angriff mm/Jahr
	Cr-Stahl	5—10% Lg.	kein Angriff bei 20°	
451—474	18/8-Cr-Ni-Stahl	5—10% Lg.	<2,4 bei 20°	<0,1 bei 20°
475—495	18/8-Cr-Ni-Stahl + Mo	5—10% Lg.	<2,4 „ 20°	<0,1 „ 20°

Nickelsalze. Als verwendbar werden angegeben:

Cr-Stahl und Cr-Ni-Stahl für verd. Lg.

Als nicht verwendbar werden angegeben:
Aluminium, Eisen, Zink, Gold (für Chlorid und Bromid).

Nickelsulfat

Verwendbar beim Eindampfen von Nickelsulfatlösungen (30—50° Bé), Temperatur bis 100°: 18/8-Cr-Ni-Stahl

Inconel	kein Angriff
Nickel	geringe Pitting-Bildung
Monel	geringer Angriff
Blei	geringer Angriff

Nitrate

Armco-Eisen	geschmolzen	geringer Verzunderungsverlust, keine örtliche Korrosion
	geschmolzen + 0,5% Cl, + 4% Nitrit	kein Angriff b. 500°

Nitroäthan

C-Stahl	verwendbar bei 20°

Nitroanilin

Eisen	Lg. + NH_3	kein Angriff bei 160°

Nitrobenzol. Sd. 211°; d 1,203

	Aluminium	rein	kein Angriff	
90	GAl-Si		kein Angriff	
	GAl-Mg-Mn		kein Angriff	
	GAl-Zn-Cu		kein Angriff	
	Eisen	8 Teile Nitrob. + 1 Teil 87% HNO_3	340,0 bei 20°	~17,0 bei 20°
	C-Stahl	roh, rein Destillation	empfohlen	
	Cr-Stahl		kein Angriff	
	18/8-Cr-Ni-Stahl		kein Angriff	
	Al-Bronze		verwendbar	
662—666	Nickel	rein	verwendbar	
		Nitrobenzol+Säure	Angriff	
672	Monel	rein	verwendbar	
682	Inconel	rein	verwendbar	
	Zink	Nitrobenzol+Säure	Angriff	
	Blei	Herstellung	verwendbar bei 60°	
		Nitrobenzol+Säure	Angriff bei 210°	
	Silber		verwendbar	
	Platin		verwendbar	

Nitrocellulose

6	Aluminium	für Waschapparate	empfohlen
		Nitrocell. Lacke	kein Angriff

W. V. Nr.	Werkstoff	Zusammensetzung des angreifenden Stoffes	Angriff g/m² · Tag	Angriff mm/Jahr
	Aluminium		geringer Angriff bei 20—30°	
	Eisen		starker Angriff bei 20—30°	
	Gußeisen grau		kein Angriff bei 20—30°	
	Stahl (viel C)		geringer Angriff bei 20—30°	
	Stahl (wenig C)	9,1% Nitrocell.	starker Angriff bei 20—30°	
	Cr-Stahl	+ 3,8% H_2O	geringer Angriff bei 20—30°	
	Cr-Si-Stahl	+ 35,7% Alkohol	kein Angriff bei 20—30°	
	Cr-Ni-Stahl	+ 51,4% Äther	kein Angriff bei 20—30°	
	Kupfer	+ Spur Säure	starker Angriff bei 20—30°	
	Bronze		starker Angriff bei 20—30°	
	Zink		starker Angriff bei 20—30°	
	Zinn		kein Angriff bei 20—30°	
	Blei		starker Angriff bei 20—30°	
662—666	Nickel	Photograph. Film	empfohlen für Bänder von Gießmaschinen	

Empfohlene Werkstoffe bei der Herstellung aus Cellulose + Mischsäure [15, S. 85]:
Cr-Ni-Stahl (Typ 304, 316, 347) für Nitriergefäße

Nitrochlorbenzol

	Stahl	Dampf	5,1	0,25
	Kupfer	feucht	verwendbar bei Siedetemperatur	
	Messing		Angriff	

Nitroglycerin

6	Aluminium		kein — geringer Angriff, empfohlen	
	Magnesium		Angriff	
	Eisen		oft verwendbar	
	Blei	Herstellung	empfohlen	

Ferner kommen in Betracht: Cr-Stahl, Cr-Ni-Stahl, Kupfer, Messing, Bronze, Nickel, Monel, Inconel, Silber (wenn säurefrei), Platin.

Nitrophenol

ortho:

			40°	100°	40°	100°
	Aluminium	+ H_2O trocken			Angriff verwendbar	
	Stahl	Herstellung	empfohlen bei 140°			
682	Inconel				verwendbar	
	Silber				verwendbar	
	para:					
	Kupfer	ges. Lg.	2,9	4,4	0,12	0,18
	Blei	ges. Lg.	23,4	40,0	0,75	1,3

Nitropropan

	C-Stahl		verwendbar bei 20°
451—474	18/8-Cr-Ni-Stahl		kein Angriff bei 20°

Nitrose Gase

	Aluminium	trocken	verwendbar
	Magnesium		Angriff
	Cr-Stahl	trocken	empfohlen für Rohrleitungen
		feucht	nicht verwendbar
	Cr-Stahl	NH_3-Verbrennung	empfohlen für Kompressoren
451—474	18/8-Ni-Stahl		empfohlen für Abgasturbinen, Rohre, Ventile
	Si-Gußeisen		verwendbar für Pumpen

W. V. Nr.	Werkstoff	Zusammensetzung des angreifenden Stoffes	Angriff g/m² · Tag	Angriff mm/Jahr
	Cr-Gußeisen (2 Cr)	trocken	verwendbar	
		feucht	Angriff	
	Cr-Gußeisen (28 Cr)	feucht	verwendbar	
	Kupfer		nicht verwendbar	
	Messing		nicht verwendbar	
662—666	Nickel	trocken	verwendbar	
		feucht	nicht verwendbar	
	Blei	trocken	kein Angriff	
		feucht + H_2SO_4	geringer Angriff (Bleikammern)	
		feucht ohne H_2SO_4	starker Angriff	
		H_2SO_4 + 17% Stickoxyde	nicht verwendbar bei 200°	
	Zinn		nicht verwendbar	

Nitrososulfosaures Natrium

W. V. Nr.	Werkstoff	Zusammensetzung des angreifenden Stoffes	Angriff g/m² · Tag	Angriff mm/Jahr
	Gußeisen u. Stahl		starker Angriff	

Nitrosylchlorid

W. V. Nr.	Werkstoff	Zusammensetzung des angreifenden Stoffes	Angriff g/m² · Tag	Angriff mm/Jahr
6	Aluminium		starker Angriff	
	Eisen		starker Angriff	
	Zink		starker Angriff	
	Zinn		starker Angriff	
	Silber		geringer Angriff	
	Gold		Folien werden in der Kälte nicht, bei 100° langsam gelöst	
	Platin		Verhalten wie bei Gold	

Nitrosylschwefelsäure

W. V. Nr.	Werkstoff	Zusammensetzung des angreifenden Stoffes	Angriff g/m² · Tag 20°	75°	Angriff mm/Jahr 20°	75°
	Gußeisen		starker Angriff			
		+ HNO_3	Angriff wird reduziert			
	Cr-Stahl (17 Cr)	H_2SO_4 60° Bé + 4—5% Nitrosylschw.	<2,4	240	<0,1	10
451—474	18/8 Cr-Ni-Stahl	H_2SO_4 60° Bé + 4—5% Nitrosylschw.	<2,4	<2,4	<0,1	<0,1
	Blei	Gloverturm	verwendbar bei 80°			
	Pb-Te-Leg.	Gloverturm	6—7mal haltbarer als Pb			

Nitrotoluol

Als verwendbar werden angegeben: Aluminium, Gußeisen, C-Stahl, Cr-Stahl, 18/8 Cr-Ni-Stahl, Kupfer, Messing, Bronze, Nickel, Monel, Inconel, Blei, Zinn, Silber.

Novocain

Als verwendbar werden angegeben:
Cr-Stahl und 18/8-Cr-Ni-Stahl.

Öle, s. auch die einzelnen.

W. V. Nr.	Werkstoff	Zusammensetzung des angreifenden Stoffes	Angriff g/m² · Tag	Angriff mm/Jahr
6	Aluminium	neutral	kein Angriff bei höh. Temp., empfohlen	
		Apiezenöl	kein Angriff bei 175°	
	Magnesium	neutral	kein Angriff	
	Eisen	S-frei	geringer Angriff bei höherer Temperatur	
		+ 0,05% SO_4"	Angriff	
322—355	Cr-Stahl	Pflanzenöle	<2,4 b. höh. Temp.	<0,1 b. höh. Temp.
396—408	Cr-Mo-Stahl	Pflanzenöle	<2,4 „ „ „	<0,1 „ „ „
451—474	18/8-Cr-Ni-Stahl	Pflanzenöle	<2,4 „ „ „	<0,1 „ „ „
475—495	18/8-Cr-Ni-Stahl + Mo	Pflanzenöle	<2,4 „ „ „	<0,1 „ „ „

W. V. Nr.	Werkstoff	Zusammensetzung des angreifenden Stoffes	Angriff g/m² · Tag	Angriff mm/Jahr
525—529	18/9-Cr-Mn-Stahl	Pflanzenöle	<2,4 b. höh. Temp.	<0,1 b. höh. Temp.
	Kupfer		auch bei höheren Temperaturen kein Angriff, wenn aber das Öl schwefelhaltig, dann Angriff. Cu kann aber Öle katalytisch verändern	
	Zink	Rüböl	geringer Angriff	
	Zinn	Mineralöle	kein Angriff bei 20°	
		Rüböl	kein Angriff bei 100°	

Ölsäure

W. V. Nr.	Werkstoff	Zusammensetzung des angreifenden Stoffes	Angriff g/m² · Tag	Angriff mm/Jahr
6	Aluminium		<0,02 bei 100°	<0,003 bei 100°
			geringer Angriff bei Siedetemperatur	
90	GAl-Si		kein Angriff	
	GAl-Mg-Mn		kein Angriff	
	GAl-Zn-Cu		kein Angriff	
	GAl-Cu		kein Angriff	
234—243	Cr-Gußeisen	technisch	<2,4 bei 150°	<0,1 bei 150°
251—255	Cr-Mo-Gußeisen	technisch	<2,4 ,, 150°	<0,1 ,, 150°
	Stahl		kein Angriff bei höherer Temperatur	
		+ O₂	geringer Angriff bei 20°	
		Verseifung	nicht verwendbar	
	C-Stahl		Angriff bei 200°	
322—355	Cr-Stahl	technisch	<2,4 bei 150°	<0,1 bei 150°
			240 bei 235°	10 bei 235°
396—408	Cr-Mo-Stahl Stahl	technisch	<2,4 bei 150°	<0,1 bei 150°
451—474	18/8-Cr-Ni-Stahl	technisch	<2,4 ,, 150°	<0,1 ,, 150°
			240 bei 300°	10 bei 300°
475—495	18/8-Cr-Ni-Stahl + Mo	technisch	<2,4 bei 150°	<0,1 bei 150°
			verwendbar bei 300°	
525—529	18/9-Cr-Mn-Stahl	technisch	<2,4 bei 150°	<0,1 bei 150°
	Kupfer		geringer Angriff, Verfärbung bei 60°	
			starker Angriff bei 300°	
	Messing	rein	2,5 bei 225°	0,12 bei 225°
		techn. + H₂SO₄	10,0 ,, 225°	0,5 ,, 225°
	Bronze		geringer Angriff, Verfärbung bei 60°	
672	Monel	technisch	4,4 bei 170°	0,18 bei 170°
673	M. M. Metall	technisch	kein Angriff bei 20°	
682	Inconel	Vakuum-Destillation	0,7	0,03
679	Illium		empfohlen	
	Zink		Angriff	
		reinst	Angriff erst bei 100°	
	Silber		verwendbar	

Ofengase

Als verwendbar werden angegeben:
Roheisen (weiß), Schmiedeeisen und Al-Stahl.
Zusammensetzung der Ofengase beachten!

Organische Säuren, s. auch die einzelnen. Als verwendbar werden angegeben:
Armco-Eisen, Si-Gußeisen
18/8-Cr-Ni-Stahl, 18/8-Cr-Ni-Stahl + Mo
Messing (für sehr verdünnte Lösungen)
Bronze (für sehr verdünnte Lösungen)
Nickel.

Als nicht verwendbar werden angegeben:
Cadmium-Überzüge, Zinn (Angriff besonders wenn Luftzutritt oder oxydierende Beimengungen).

W. V. Nr.	Werkstoff	Zusammensetzung des angreifenden Stoffes	Angriff g/m² · Tag		Angriff mm/Jahr	
Oxalsäure. Sm. 189°; d 1,653						
6	Aluminium		20°	70—80°	20°	70—80°
	hart	0,4% Lg.	0,42		0,057	
		0,5% Lg.	0,37	0,54	0,050	0,073
		2,0% Lg.	0,78	3,05	0,105	0,41
		5,0% Lg.	0,86	8,20	0,116	1,11
		10,0% Lg.	0,83	11,07	0,112	1,49
	weich	0,4% Lg.	0,42		0,057	
		0,5% Lg.	0,43	0,51	0,058	0,069
		2,0% Lg.	0,86	3,38	0,116	0,46
		5,0% Lg.	0,82	7,75	0,111	1,05
		10,0% Lg.	0,99	9,39	0,133	1,27
90	GAl-Si	2% Lg.	2,7		0,36	
	GAl-Mg-Mn	2% Lg.	9,2		1,24	
93—102	GAl-Mg	2% Lg.	+0,07		+0,009	
	GAl-Zn-Cu	2% Lg.	2,4		0,32	
	Aluminium		20°	50°	20°	50°
	und Al-	10% Lg.	0,5—6,0	5,0—gelöst	0,07—0,8	0,7—gel.
	Legierungen	ges. Lg.		6,4—gelöst		0,9—gel.
	Bei 98° starker Angriff bis zur Auflösung.					
	Magnesium	Lg.	Angriff			
	Titan	0,5—10% Lg.	< 1,58 bei 35°		<0,18 bei 35°	
		0,5—25% Lg.	>15,8 „ 60°		>1,8 „ 60°	
			20°	100°	20°	100°
209—217	Si-Gußeisen	ges. Lg.	< 2,4	< 24,0	<0,1	< 1,0
218—225	Si-Gußeisen	ges. Lg.	<72,0	>240	<3,0	>10,0
234—243	Cr-Gußeisen	10% Lg.	< 2,4	<24,0	<0,1	< 1,0
		25% Lg.	< 2,4	<72,0	<0,1	< 3,0
		50% Lg.	< 2,4	>240	<0,1	>10,0
251—255	Cr-Mo-Guß-	10% Lg.	< 2,4	<24,0	<0,1	1,0
	eisen	25% Lg.	< 2,4	<72,0	<0,1	< 3,0
		50% Lg.	< 2,4	<240	<0,1	<10,0
258	Niresist	5% Lg.	6,8 bei 20°?		0,33 bei 20°?	
274	Flußstahl	6,3% Lg.	8,6 „ 20°		0,41 „ 20°	
298	Cu-Stahl	5% Lg.	geringer Angriff			
			20°	siedend	20°	siedend
322—355	Cr-Stahl	10% Lg.	<24,0	>240	<1,0	>10,0
		25—50% Lg.		>240		>10,0
396—408	Cr-Mo-Stahl	10% Lg.	< 2,4	>240	<0,1	>10,0
		25—50% Lg.		>240		>10,0
451—474	18/8-Cr-Ni-	10% Lg.	< 2,4	<240	<0,1	<10,0
	Stahl	25—50% Lg.		<240		<10,0
475—495	18/8-Cr-Ni-	10% Lg.	< 2,4	<24,0	<0,1	< 1,0
	Stahl + Mo	25—50% Lg.		<24,0		< 1,0
525—529	18/9-Cr-Mn-	10% Lg.	< 2,4	<240	<0,1	<10,0
	Stahl	25—50% Lg.		>240		>10,0
	Kupfer	20% Lg.	2,0 bei 15°		0,08 bei 15°	
			O₂ vergrößert den Angriff			
639	Everdur	Lg.	oft verwendbar			
	Cr-Überzüge	Lg.	Angriff			
			20°	100°	20°	100°
662—666	Nickel	ges. Lg.	<2,4	<24,0	<0,1	<1,0
672	Monel	30% Lg.	0,39 bei 20°		0,02 bei 20°	
			4,9 „ 60°		0,23 „ 60°	
673	M. M. Metall	konz. Lg.	Verhalten wie bei Monel			
679	Illium	Lg.	empfohlen			
698	Nickelchrom	ges. Lg.	<2,2 bei 100°		<0,1 bei 100°	
	Stellit	5% Lg.	oft verwendbar bei höherer Temperat.			
			20°	100°	20°	100°
	Niob	ges. Lg.	0,09	8,1	0,004	0,35

W. V. Nr.	Werkstoff	Zusammensetzung des angreifenden Stoffes	Angriff g/m² · Tag	Angriff mm/Jahr
	Tantal	ges. Lg.	kein Angriff bei 20°	
		ges. Lg.	geringer Angriff bei 90°	
	Zink	0,01 — 0,1 % Lg.	geringer Angriff bei 20°	
	Zinn	0,75 Lg., O$_2$-frei	0,02 bei 20°	0,001 bei 20°
	Blei	0,1 n Lg.	0,16 ,, 20°	0,005 ,, 20°
	Silber	Lg.	verwendbar	

Empfohlene Werkstoffe bei der Herstellung aus CH_3COONa nach dem Goldschmidt-Verfahren 15, S. 246:

Gußeisen und Stahl für die meisten Teile
Blei o. 90/10 Sn-Bronze für Verdampfer
Kupfer für Kristallisatoren.

Oxalsäureäthylester. Sd. 185°

4	Aluminium	rein	kein — geringer Angriff bei Siedetemp.	
		+ H$_2$O	Angriff	

Oxydierende Gase, s. auch Abgase, Ofengase.

	Fe-Cr-Leg.	empfohlen bei 1300°
	Monel-Gußeisen	empfohlen

Stähle   Bei den zunderbeständigen Stählen tritt nur zu Beginn des Angriffes eine Bildung von Eisenoxyden ein, auf die sofort oder nach gewisser Zeit die Ausbildung einer wirksamen Schutzschicht aus den Oxyden des Legierungselementes folgt. Diese Deckoxydschicht soll eine möglichst geringe Durchlässigkeit für O$_2$ besitzen. Ferner ist eine ausreichende Nachlieferung des das Schutzoxyd bildenden Legierungselementes durch Diffusion erforderlich. Die Größe des Angriffes kann durch Bestimmung der Dickenänderung, der Gewichtszunahme, der Gewichtsabnahme der vom Zunder befreiten Probe oder durch unmittelbare Bestimmung der Lebensdauer des Werkstoffes festgestellt werden. Zu kurze Glühdauer führt leicht zu Fehlschlüssen über die Zunderbeständigkeit, da die Zunderung oft im Anfang besonders stark ist und später abnimmt. Häufige Abkühlungen bedeuten eine Verschärfung der Beanspruchung. Walz-, Schmiede- und Gußhäute können eine Erschwerung der Ausbildung der Deckoxydschicht zur Folge haben. Dies ist zu beachten, da die technische Verwendung meist mit Walzhaut erfolgt.

Bei Cr- oder Cr-Ni-Stählen besteht die Deckoxydschicht zu etwa 90% aus Chromoxyd; bei Cr-Al-Stählen zu etwa 95% aus Al_2O_3. Die Neigung zu örtlich verstärkter Zunderung (Röschenbildung) besteht besonders bei Al- oder Si-Stählen ohne oder mit geringem Cr-Gehalt, sie tritt bei hochlegierten Cr- oder Cr-Ni-Stählen ganz zurück. (Bei 25—30% Cr keine Röschenbildung, bei 1200°.) Enthalten diese Stähle Al, so kann örtlich verstärkte Zunderung zwischen 1200 und 1300° auftreten. Geringste Gehalte an Bor (0,04%) verursachen an Cr-Stählen mit 30% Cr starke Röschenbildung bei 1200°, daher nicht mit Borax schweißen. Schwefelhaltige Gase greifen besonders stark dann an, wenn sie größere Mengen von Kalk oder Alkali enthalten.

	Armco-Eisen		Gewichtszunahme g/m² Tag					
		Luft	750°		850°	950°		1050°
		H$_2$O-frei	2700		1150	4200		10 000
	Cu-Stahl	Bei hoher Temperatur Angriff ungefähr so groß wie bei Eisen. Bei Walzen über 800° entstehen feine Oberflächenrisse.						
318	Cr-Stahl		800°	1000°	1200°	800°	1000°	1200°
			3,6	24,0	84,0	0,15	1,0	4,0
327	Cr-Stahl		700°	800°	1000°	700°	800°	1000°
			4,8	10,8	48,0	0,25	0,52	2,25
			700°	800°	900°	700°	800°	900°
427	Cr-Si-Stahl		9,6	16,8	36,0	0,45	0,82	1,7
			800°	1000°	1200°	800°	1000°	1200°

W. V. Nr.	Werkstoff	Zusammensetzung des angreifenden Stoffes	Angriff g/m² · Tag	Angriff mm/Jahr

Zahlentafel 8. Zunderbeständigkeit der Stähle
(nach BANDEL und HOUDREMONT)

(S = geschliffen, W = Walzhaut, G = Gußhaut, Sch = Schmiedehaut)

Zusammensetzung					Oberfläche	Zunderung g/m² · Tag in 120 Std.			Höchste Verwendungs-temperatur
C %	Si %	Cr %	Ni %	Al %		800°	1000°	1200°	
0,10	2,0	3	—	—		—	—	—	750°
0,1	2,2	3	—	—	S	33	1120	—	—
					Sch	33	3300	—	—
0,10	2,0	6	—	0,5					900°
0,1	2,1	6	—	Mo	S	2,4	172	—	—
					W	17	940	—	—
0,30	1,5	30	—	—		—	—	—	1200°
0,1	2,2	6	—	0,43	S	—	31	—	—
					G	—	222	—	—
0,10	0,4	6	—	0,8		—	—	—	800°
0,10	1,2	24	—	1,8		—	—	—	1200°
0,1	0,5	18	9	—	S	—	275	—	—
					W	—	425	—	—
0,20	1,5	22	9	—		—	—	—	900°
0,15	2,0	20	15	—		—	—	—	1050°
0,25	2,0	28	10	—		—	—	—	1200°
0,15	2,0	25	20	—		—	—	—	1200°
0,1	2,4	25	21	—	S	—	14	—	—
					Sch	—	24	—	—
< 0,10	0,5	20	—	5,0	2 Mo	—	—	—	1300°
< 0,10	0,5	30	—	5,0		—	—	—	1300°

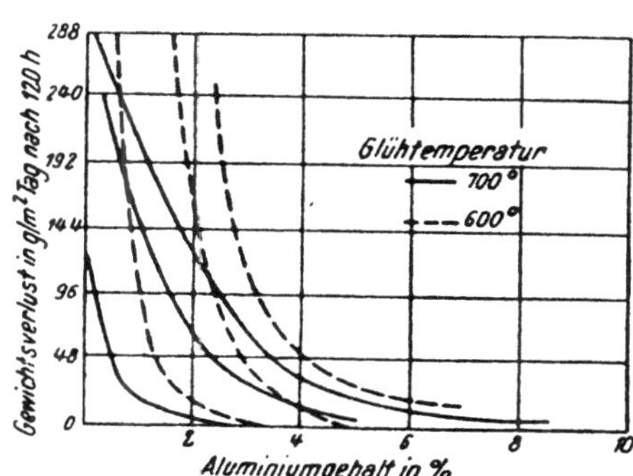

Abb. 8. Einfluß des Aluminiumgehaltes

433	Cr-Ni-Stahl	2,4	16,8	72,0	0,1	0,8	3,0
		700°	800°	1000°	700°	800°	1000°
451—474	18/8-Cr-Ni-Stahl	2,4	9,6	67,2	0,1	0,45	2,9

25/20-Cr-Ni-Stahl Luft-Gas-Gemisch (2 : 1) durch einen H_2S-Gehalt wird der Angriff auf das 3- bis 4fache erhöht bei 1100°

Cr-Mn-Stahl
Cr-Mn-Si-Stahl
Cr-Mn-N-Stahl } empfohlen als Ersatz für Cr-Ni-Stahl bis 950°, gute Beständigkeit auch bei S-Gehalt, gute Dauerfestigkeit

W. V. Nr.	Werkstoff	Zusammensetzung des angreifenden Stoffes	Angriff g/m² · Tag	Angriff mm/Jahr
	Kupfer		Gewichtszunahme g/m² Tag	
		Luft	550° 750° 850°	950°
		H₂O-frei	110 960 2150	3850
	Cu-Ag-Leg. 96 Cu; 4 Ag	Luft	1,2 bei 700°	0,05 bei 700°
	Al-Bronze 99 Cu; 1 Al	Luft	1,2 „ 800°	0,05 „ 800°
	Al-Bronze 97 Cu; 3 Al	Luft	0,25 „ 800°	0,01 „ 800°
	Be-Bronze	Luft	0,12 „ 800°	0,005 „ 800°
662—666	Nickel		Gewichtszunahme g/m² Tag	
		Luft	750° 850° 950°	1050°
		H₂O-frei	120 290° 550	1040
		S-haltig	verwendbar bis 315°	
672	Monel	S-frei	verwendbar bis 540°	
		S-haltig	verwendbar bis 315°	
	Ni-Cr-Leg. Chromgehalt:		Angriff und zugehörige Temperatur	
			<2,4 <24,0 <72,0	<0,1 <1,0 <3,0
	80%		700°	700°
	0—100%		700°	700°
	20—100%		765°	765°
	35— 60%		895°	895°
	10—100%		895°	895°
	30— 75%		1000°	1000°
	30— 60%		120 bei 1100°	5 bei 1100°
	Nickel-chrom	Durch geringe Zusätze (<1%) von Erdalkalimetallen oder seltenen Erden (z. B. Ca, Ce, Th) wird die Durchlässigkeit der Oxydhaut sehr vermindert und die Zahl der Glühungen bis zur Zerstörung auf das drei- bis zehnfache erhöht. Auch die Beständigkeit von Ni-armen Legierungen wird bedeutend verbessert.		

Im Elektroofenbau geben Anlaß zu Korrosionen:

Reaktionen mit feuerfesten Steinen, Glimmer und Asbest, Kieselgur, Einwirkung von Oxyden und Salzen, geschmolzene Metalle, Gase, z. B. schwefelhaltige Gase, die sog. Schwefelpocken hervorrufen.

Ozon

W. V. Nr.	Werkstoff	Zusammensetzung	Angriff
6	Aluminium	H₂O-frei	kein Angriff bei 20°
		feucht	Angriff bei 20°
322	Cr-Stahl	Herstellung	empfohlen
	Zink		kein Angriff bei 20°
	Blei		verwendbar „ 20°
	Zinn		verwendbar „ 20°
	Silber		starker Angriff
	Gold		kein Angriff bei 20°
	Platin		kein Angriff „ 20°
			Angriff bei hoher Temperatur

Palmitinsäure. Sm. 62°; Sd. 215°

W. V. Nr.	Werkstoff	Zusammensetzung	Angriff
6	Aluminium	rein	kein Angriff bei Siedetemperatur
		H₂O-frei	starker Angriff bei höherer Temperatur
611	Bronze		empfohlen
672	Monel		empfohlen

Papier

Als verwendbar werden angegeben:

Für Behälter: Gußeisen, C-Stahl, neben Werkstoffen höherer Beständigkeit.

Für Pumpen: Gußeisen, Niresist, Bronze- oder Bleiauskleidungen.

Für Rohrleitungen: Gußeisen, Stahl, mit Gummi oder Kunstharzen überzogene Stahlrohre, Bleiauskleidungen.

W. V. Nr.	Werkstoff	Zusammensetzung des angreifenden Stoffes	Angriff $g/m^2 \cdot$ Tag	Angriff mm/Jahr

Für Maschinen: Nickel, Monel, Inconel, Everdur sowie Edelstähle.
Für Bleichanlagen: Si-Gußeisen, Niresist, 18/8-Cr-Ni-Stahl + Mo, Monel, Nickel, Inconel.

Paraffin

6	Aluminium		kein Angriff bei höherer Temperatur	
	Eisen		oft verwendbar	
322—355	Cr-Stahl		<2,4 bei 20°	<0,1 bei 20°
389	Ni-Stahl	Herstellung	empfohlen bei —45°	
396—408	Cr-Mo-Stahl		<2,4 bei 20°	<0,1 bei 20°
451—474	18/8-Cr-Ni-Stahl		<2,4 „ 20°	<0,1 „ 20°
475—495	18/8-Cr-Ni-Stahl + Mo		<2,4 „ 20°	<0,1 „ 20°
525—529	18/9-Cr-Mn-Stahl		<2,4 „ 20°	<0,1 „ 20°

Paraldehyd

6	Aluminium	+ Spur H+	kein Angriff bei 20°	

Parker-Lösung

(Phosphorsaure Fe-Mn-Lösung)

	C-Stahl	2,7% Lg.	+ 375 bei 96—99° Gewichtszunahme!	+ 18,7 bei 96—99°

Pektin

	C-Stahl	Lg.	nicht verwendbar bei 100°	
451—474	18/8-Cr-Ni- Stahl	Lg.	verwendbar bei 100°	

Penicillin

Empfohlene Werkstoffe bei Herstellung durch Fermentation [15, S. 249]:
Rostfreie Stähle für die meisten Teile, eventuell Glas.

Pentachloräthan. Sd. 159°

6	Aluminium		nicht verwendbar	
	Eisen	feucht	geringer Angriff bei 20°	
	Kupfer		geringer Angriff bei 20°	
662—666	Nickel		~24,0 bei Siedetp.	~1,0 bei Siedetp.

Empfohlene Werkstoffe bei der Herstellung aus C_2HCl_3 nach dem Wacker-Verfahren (Burghausen) [15, S. 251]:
Blei für die meisten Teile.

Perchloräthylen

Empfohlene Werkstoffe bei der Herstellung aus C_2HCl_4 nach dem Wacker-Verfahren (Burghausen) [15, S. 252]:
Gußeisen und Stahl für die meisten Teile, auch für Lagerung.

Perchlorsäure

	Zwei übliche Konzentrationen:		60% $HClO_4$ und d = 1,55 bei 20°	72% $HClO_4$ d = 1,70 bei 20°

Bei 20° ist die 72%ige Säure eine starke nicht oxydierende Säure, bei höherer Temperatur aber außerordentlich stark und oxydierend (Brände, Explosionen). Nur immer mit kleinsten Mengen arbeiten!

	Niob	70% Lg.	kein Angriff bei Siedetemperatur	
	Platin	Lg.	kein Angriff bei 20—100°	

Persulfate, s. auch Kaliumpersulfat, Natriumpersulfat. Als verwendbar wird angegeben:

Monel für alkalische Lösungen.

Als nicht verwendbar werden angegeben:

Aluminium, Eisen, Kupfer, Messing, Bronze, Cr-Überzüge, Nickel, Kobalt, Zink, Zinn, Blei, Silber.

W. V. Nr.	Werkstoff	Zusammensetzung des angreifenden Stoffes	Angriff g/m² · Tag	Angriff mm/Jahr
pH-Wert				
	Zink	pH-Wert		
		3	starker Angriff	
		4	geringer Angriff	
		6	geringer Angriff	
		8	geringer Angriff	
		10	sehr geringer Angriff	
		12	kein Angriff	
		14	Angriff	
Pharmazeutische Stoffe				
6	Aluminium	Salben	oft verwendbar	
	Kupfer	Herstellung	oft verwendbar	
	Messing		oft Angriff	
	Bronze		oft verwendbar	
	Zink		oft verwendbar	
	Zinn		oft verwendbar	
Phenol. Sm. 41°; Sd. 181°; d 1,06				
6	Aluminium	1—50% Lg.	kein Angriff bei 20°	
		1% Lg.	0,03 bei 60—70°	0,004 bei 60—70°
		3% Lg.	0,06 ,, 60—70°	0,008 ,, 60—70°
		10% Lg.	0,06 ,, 60—70°	0,008 ,, 60—70°
		50% Lg.	0,09 ,, 60—70°	0,012 ,, 60—70°
		75% Lg.	0,10 ,, 60—70°	0,013 ,, 60—77°
		Lg. in Alkohol	kein Angriff bei 20°	
		H_2O-frei	Angriff bei Siedetemperatur	
		+ Formaldehyd Dämpfe	empfohlen bei 100°	
		Phenol + Kresol	starker Angriff	
90	GAl-Si	80% Lg.	kein Angriff	
	GAl-Mg-Mn	80% Lg.	kein Angriff	
	GAl-Zn-Cu	80% Lg.	kein Angriff	
	GAl-Cu	80% Lg.	kein Angriff	
209—225	Si-Gußeisen	Rohphenol	<2,4 bei 100°	<0,1 bei 100°
234—243	Cr-Gußeisen	80% Lg.	<2,4 ,, 130°	<0,01 ,, 130°
251—255	Cr-Mo-Gußeisen	80% Lg.	<2,4 ,, 130°	<0,1 ,, 130°
	Stahl	phenolhaltige feuchte Luft	∼0,05 ,, 20°	∼0,002 ,, 20°
279	Kesselblech	Phenol + Oleum	empfohlen	

W. V. Nr.	Werkstoff	Zusammensetzung des angreifenden Stoffes	Angriff g/m² · Tag		Angriff mm/Jahr	
			rein (+10% H_2O) siedend	roh (90%) siedend	rein (+10% H_2O) siedend	roh (90%) siedend
322—355	Cr-Stahl		<24,0	>240	<1,0	>10,0
396—408	Cr-Mo-Stahl		<24,0	<24,0	<1,0	< 1,0
451—474	18/8-Cr-Ni-Stahl		< 2,4	< 2,4	<0,1	< 0,1
475—495	18/8-Cr-Ni-Stahl + Mo		< 2,4	< 2,4	<0,1	< 0,1
525—529	18/9-Cr-Mn-Stahl		<24,0	<240	<1,0	<10,0

W. V. Nr.	Werkstoff	Zusammensetzung des angreifenden Stoffes	Angriff g/m² · Tag	Angriff mm/Jahr
	Kupfer	rein	nur geringer Angriff, aber Verfärbung des Endproduktes	
		phenolhaltige feuchte Luft	0,002 bei 20°	0,0001 bei 20°
	Messing	phenolhaltige feuchte Luft	kein Angriff bei 20°	
		verd. Lg.	oft verwendbar bei 20°	
	Amerikan. Marinebronze	80% Lg.	0,17	0,023
	Cr-Überzüge		empfohlen	
662—666	Nickel	konz. Lg.	∼2,4 bei 20°	∼0,1 bei 20°
		+ Formaldehyd	empfohlen bei 100°	

W. V. Nr.	Werkstoff	Zusammensetzung des angreifenden Stoffes	Angriff $g/m^2 \cdot$ Tag	Angriff mm/Jahr
672	Monel	Lg.	<2,4 bei 20° empfohlen bei Siedetemperatur	<0,1 bei 20°
	Stellit	5% Lg.	kein Angriff bei 20°	
		5% Lg.	geringer Angriff bei höherer Temperatur	
	Tantal	ges. Lg.	kein Angriff bei 20°	
	Zinn	rein	kein Angriff unter 100°	
	Blei	besonders, wenn CO_2 und H_2O vorhanden, Angriff		

Für die Erzeugung nach dem Monochlorbenzolverfahren wird empfohlen:
C-Stahl (NaCl-Erhitzer, NaOH-Zelle, Laugebehälter, Kompressor, Rohrleitungen, Behälter für Benzol, Emulsionstank, Hochdruckpumpe, Phenolbehälter)
Mo-Stahl (Wärmeaustauscher)
Emaillierter Stahl (Neutralisationsbehälter)
Steinzeug (Leitungen für Cl_2, Trockenturm für Cl_2)
Undurchlässiger Graphit (HCl-Turm, HCl-Kühler)
Nickel und Ni-plattierter Stahl (Tankwagen für Transport, Lagerbehälter).

Phenoläther

	Eisen	Herstellung (Phenolnatrium + CO + Alkohol)	nicht geeignet
451 — 474	18/8-Cr-Ni-Stahl	Herstellung (Phenolnatrium + CO + Alkohol)	empfohlen

Phenolsulfosäure

	C-Stahl	verwendbar bei 20°
451 — 474	18/8-Cr-Ni-Stahl	kein Angriff bei 20°

Phenyläthylmalonsäureester

	C-Stahl	verwendbar bei 20°
451 — 474	18/8-Cr-Ni-Stahl	kein Angriff bei 20°

Phenylglycin. Als verwendbar werden angegeben:
Für ges. Lg. Aluminium, Nickel.

Phosgen. Als verwendbar werden angegeben:
Aluminium, Zink, Blei
Für H_2O-freies Phosgen Eisen.

Phosphatieren

Zur Verbesserung der Korrosionsbeständigkeit wird auf verschiedenen Metallen, die schwerlösliche Phosphate bilden, durch Behandlung mit phosphathaltigen Lösungen eine schützende Oberflächenschicht erzeugt, gegebenenfalls unter gleichzeitiger Anwendung des elektrischen Stromes.

Besonders ausführliche Behandlung findet das gesamte Gebiet des Phosphatierung in O. MACCHIA, Der Phosphatrostschutz.

Eisen und Stahl — Zur Erzielung einer genügenden korrosionsschützenden Wirkung ist bei der Phosphatbehandlung, die mit einer Reihe verschiedener Phosphatierungslösungen erfolgen kann, der Zusatz von 0,5 g Natriumchromat/Liter zum Spülwasser zu empfehlen. Eine Nachbehandlung in Öl findet zweckmäßig unter Verwendung eines Verdünnungsmittels im Verhältnis 1 : 5 statt. Zur Erhöhung der korrosionsschützenden Wirkung können dem Öl noch weitere organische Mittel, wie Paraffin, Stearat und Lanolin, zugesetzt werden.

Zink und Zinklegierungen — Zur Phosphatierung von Rohzink, Feinzink und verzinktem Eisen eignen sich am besten Verfahren, die auf Manganbasis aufgebaut sind, während bei Zinklegierungen die Wahl einer geeigneten Phosphatierungslösung von der Legierungszusammensetzung abhängt. Bei aluminium-

W. V. Nr.	Werkstoff	Zusammensetzung des angreifenden Stoffes	Angriff g/m² · Tag	Angriff mm/Jahr

haltigen Feinzinklegierungen werden Kurzzeitverfahren auf Zinkbasis bevorzugt.

Neben der Erhöhung des Korrosionsschutzes und der Schaffung eines geeigneten Haftgrundes für Nachbehandlungsmittel zeigt der Phosphatüberzug auch auf Zink und seinen Legierungen eine hohe Abriebfestigkeit, so daß die Phosphatierung auch zur Herabsetzung des Verschleißes von sich reibenden Armaturenteilen (z. B. bei Gashähnen) in Frage kommt.

Phosphor. Sm. 44,1°; Sd. 287,3°

W. V. Nr.	Werkstoff	Zusammensetzung des angreifenden Stoffes	Angriff
6	Aluminium	weiß und rot H_2O-frei	kein Angriff bei 20°
		rot	Angriff bei höherer Temperatur
		Dampf	starker Angriff
	Eisen		oft verwendbar bei 20°
			nicht verwendbar bei höherer Temperat.
	Tantal		geringer Angriff bei höherer Temperatur
	Gold		kein Angriff bei <400°
			P-Aufnahme bei >400°
	Platin		nicht verwendbar bei höherer Temperat.

Die Anfälligkeit des Pt für P läßt sich durch Zulegieren eines oder mehrerer Metalle, deren Phosphid-Bildungswärme größer ist als die Bildungswärme des Pt-Phosphids, unterbinden. Empfohlen: 96% Pt, 3,5% Ru, 0,5% Nb.

Phosphorchloride

W. V. Nr.	Werkstoff	Zusammensetzung des angreifenden Stoffes	Angriff g/m² · Tag	Angriff mm/Jahr
6	Aluminium	PCl_3	geringer Angriff bei 20°	
		PCl_5	starker Angriff bei höherer Temperatur	
		$POCl_3$	starker Angriff bei 100°	
	Eisen	H_2O-frei	oft verwendbar	
662—666	Nickel		empfohlen bei 200°	
		$POCl_3$	verwendbar für Transport	
672	Monel		<24,0 bei 200°	<1,0 bei 200°
	Blei		geringer Angriff bei höherer Temperatur	
	Gold	PCl_3, PCl_5	starker Angriff bei höherer Temperatur	
	Platin	PCl_3, PCl_5	Angriff bei 300—500°	

Phosphorpentoxyd

W. V. Nr.	Werkstoff	Zusammensetzung des angreifenden Stoffes	Angriff g/m² · Tag	Angriff mm/Jahr
6	Aluminium	H_2O-frei	geringer Angriff bei 20°	
		feucht	starker Angriff bei 20°	
234—243	Cr-Gußeisen	trocken, feucht	<2,4 bei 20°	<0,1 bei 20°
251—255	Cr-Mo-Guß-eisen	trocken, feucht	<2,4 ,, 20°	<0,1 ,, 20°
322—355	Cr-Stahl	trocken, feucht	<2,4 ,, 20°	<0,1 ,, 20°
396—408	Cr-Mo-Stahl	trocken, feucht	<2,4 ,, 20°	<0,1 ,, 20°
451—474	18/8-Cr-Ni-Stahl	trocken, feucht	<2,4 ,, 20°	<0,1 ,, 20°
475—495	18/8-Cr-Ni-Stahl + Mo	trocken, feucht	<2,4 ,, 20°	<0,1 ,, 20°
525—529	18/9-Cr-Mn-Stahl	trocken, feucht	<2,4 ,, 20°	<0,1 ,, 20°
	Tantal		starker Angriff bei 500°	

Phosphorsäure. Sm. 38,6°; d 1,88

W. V. Nr.	Werkstoff		20°	60—70°	20°	60—70°
6	Aluminium					
	hart	1% Lg.	0,37	0,87	0,05	0,12
		5% Lg.	1,90	4,18	0,26	0,56
		10% Lg.	3,66	9,08	0,49	1,23
		20% Lg.	6,67	9,39	0,90	1,27

W. V. Nr.	Werkstoff	Zusammensetzung des angreifenden Stoffes		Angriff g/m² · Tag		Angriff mm/Jahr	
	weich	1% Lg.	0,40	0,46	0,05	0,06	
		5% Lg.	1,80	4,59	0,24	0,62	
		10% Lg.	3,83	9,15	0,52	1,24	
		20% Lg.	5,95	9,95	0,85	1,34	
90	GAl-Si	2,5% Lg.	11,1		1,49		
	GAl-Mg-Mn	2,5% Lg.	5,0		0,68		
			20°	50°	20°	50°	
	Aluminium u.	1% Lg.	1—20	10—40	0,13— 2,7	1,37— 5,5	
	Aluminium-	5% Lg.	3—50	40—100	0,4 — 7,0	5,5 —13,7	
	legierungen	10% Lg.	5—90	80—200	0,7 —12,4	11,0 —27,4	

Der Einfluß von Temperaturerhöhung und Konzentrationssteigerung ist groß. Als Baustoffe kommen Aluminium und Al-Legierungen für H_3PO_4-Lösungen nicht in Betracht.

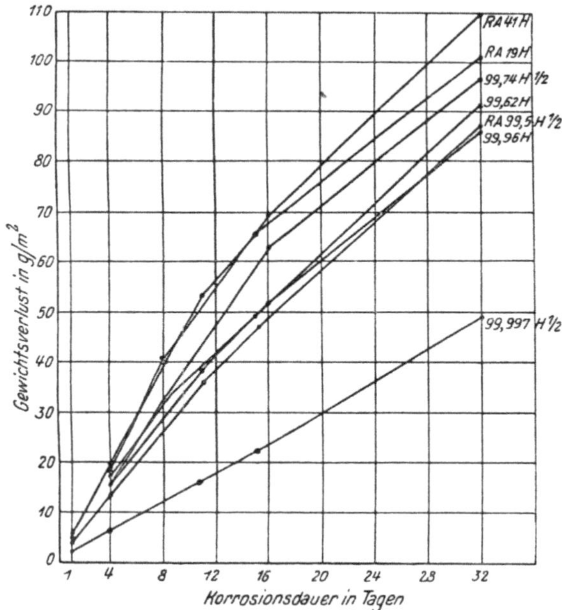

Abb. 9. Einwirkung von 1% H_3PO_4 auf Aluminium und Al-Legierungen bei 20° (nach VON VOGEL) Werkstoffzusammensetzung vgl. Zahlentafel 3, S. 81

W. V. Nr.	Werkstoff	Zusammensetzung des angreifenden Stoffes	Angriff g/m² · Tag		Angriff mm/Jahr	
	Titan	5—30% Lg.	<1,58 bei 35°		<0,18 bei 35°	
		5% Lg.	<15,8 „ 100°		<1,8 „ 100°	
		10% Lg.	>15,8 „ 80°		>1,8 „ 80°	
		5—35% Lg.	<15,8 „ 60°		<1,8 „ 60°	
		35—85% Lg.	<15,8 „ 35°		<1,8 „ 35°	
	Magnesium		Angriff			
	Gußeisen	3,3% Lg.	12,6 bei 20°		0,62 bei 20°	
		Phosphorit	empfohlen			
		+ H_2SO_4				
			20°	siedend	20°	siedend
209—217	Si-Gußeisen	10% Lg.	<2,4	< 2,4	<0,1	< 0,1
		80% Lg.	<2,4	< 24,0	<0,1	< 1,0
218—225	Si-Gußeisen	10% Lg.	<2,4	< 2,4	<0,1	< 0,1
229	Cr-Gußeisen	45% Lg.		< 2,4		< 0,1
		80% Lg.		<240,0		<10,0

W. V. Nr.	Werkstoff	Zusammensetzung des angreifenden Stoffes	Angriff g/m² · Tag	Angriff mm/Jahr
230, 231	Cr-Gußeisen	45% Lg.	< 2,4	< 0,1
		80% Lg.	>240,0	>10,0
233	Cr-Gußeisen	73% Lg.	47,3	2,35
258	Niresist	50% Lg.	2,6	0,13
274	Flußstahl	5—66% Lg.	starker Angriff bei 20°	
	Schweißstahl	3,3% Lg.	2,1 bei 20°	0,09 bei 20°
	Stahl	$H_3PO_4 + MnO_2$	sehr starker Angriff	
			20° — **siedend**	**20°** — **siedend**
322—334	Cr-Stahl	10% Lg.	< 2,4 — <24,0	<0,1 — < 1,0
		45% Lg.	<24,0 — <72,0	<1,0 — < 3,0
		80%	<24,0 — < 240	<1,0 — <10,0
396—408	Cr-Mo-Stahl	10—45% Lg.	< 2,4 — >24,0	<0,1 — < 1,0
		80% Lg.	< 2,4 — > 240	<0,1 — >10,0
	Ni-Stahl	Lg.	nicht verwendbar	
436	Cr-Ni-Stahl	durch heiße H_3PO_4 nur langsamer Angriff		
			20° — **siedend** — **140° 3 at**	**20°** — **siedend** — **140° 3 at**
451—474	18/8-Cr-Ni-Stahl	1% Lg.	<2,4 — < 2,4 — <24,0	<0,1 — < 0,1 — <1,0
		10% Lg.	< 2,4	< 0,1
		45% Lg.	<2,4 — <24,0	<0,1 — < 1,0
		80% Lg.	<2,4 — > 240	<0,1 — >10,0
475—495	18/8-Cr-Ni-Stahl + Mo	1% Lg.	<2,4 — < 2,4 — <2,4	<0,1 — < 0,1 — <0,1
		45% Lg.	<2,4 — < 2,4	<0,1 — < 0,1
		80% Lg.	<2,4 — <24,0	<0,1 — < 1,0

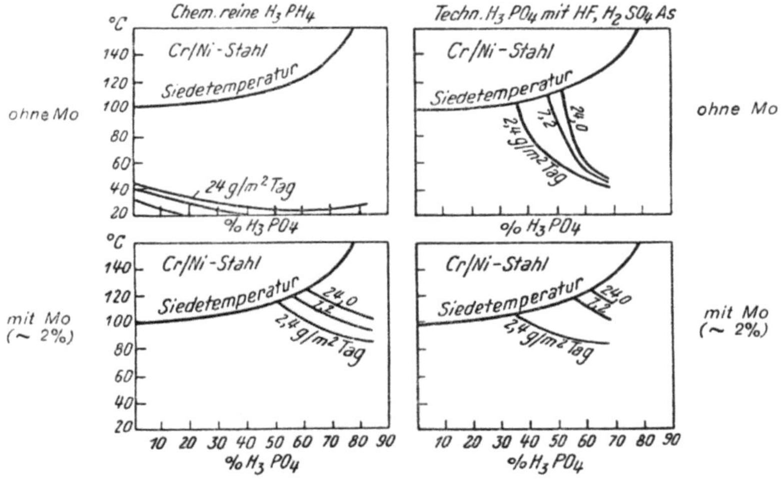

Abb. 10. Einfluß des Molybdäns auf die Empfindlichkeit gegen Beimengungen der Phosphorsäure (nach ROCHA)

W. V. Nr.	Werkstoff	Zusammensetzung des angreifenden Stoffes	Angriff g/m² · Tag	Angriff mm/Jahr
525—529	18/9-Cr-Mn-Stahl	1% Lg.	< 2,4 — < 2,4	<0,1 — < 0,1
		45% Lg.	<24,0 — <240	<1,0 — <10,0
		80% Lg.	<24,0 — >240	<1,0 — >10,0
534, 535	15/10-Cr-Mn-Stahl	Lg.	empfohlen	
			21° — **95°**	**21°** — **95°**
	Kupfer	Luftzutritt, ruhend		
		25% Lg. rein	— 220	— 9,0
		42% Lg. rein	10,0	0,40
		76% Lg. rein	5,0	0,20

W. V. Nr.	Werkstoff	Zusammensetzung des angreifenden Stoffes	Angriff g/m² · Tag	Angriff mm/Jahr
		42% Handelssäure 30,0		1,20
		Luftabschluß, ruhend		
		25% Lg. rein	10,5	0,42
		85% Lg. rein	3,0	0,12
		Zusatz von oxydierenden Salzen erhöht den Angriff bedeutend.		
	Messing	40% Lg.	24,0 — 48,0 bei 20°	1 — 2 bei 20°
		70% Lg.	4,8 — 9,6 ,, 20°	0,2 — 0,4 ,, 20°
		Luftzutritt erhöht den Angriff.		
			15° 50° 75°	15° 50° 75°
	Messing	20% Lg.	5,0 2,7 5,0	0,27 0,14 0,27
	(30 Zn; Cu)	40% Lg.	2,1 1,7	0,11 0,09
		60% Lg.	0,42 0,82	0,02 0,04
		Auch Ni-Messing und Mn-Messing zeigen ähnliches Verhalten.		
			60° 110° 120°	60° 110° 120°
	Sn-Bronze	80% Lg.	0,24 4,1 11,8	0,01 0,21 0,60
	(8,5 Sn; 1,5 Zn; 0,23 Pb; Cu)			
			15° 50° 75°	15° 50° 75°
	Ni-Bronze	20% Lg.	14,8 4,1 13,8	0,61 0,17 0,58
	(14,5 Ni;	40% Lg.	0,62 2,6	0,026 0,11
	2,5 Al; Cu)	60% Lg.	0,12 0,55	0,005 0,023
	Si-Bronze	20% Lg.	3,25 1,02 8,3	0,14 0,044 0,36
	(3,51 Si;	40% Lg.	0,82 1,09 4,0	0,035 0,050 0,17
	0,76 Mn;	60% Lg.	0,07 0,20 1,6	0,003 0,009 0,07
	Cu)			
	Al-Bronze	20% Lg.	1,18 2,0 5,1	0,057 0,10 0,25
	(10 Al; Cu)	60% Lg.	0,17 0,12 0,00	0,008 0,006 0,00
			5,15 bei Siedetp.	0,25 bei Siedetp. *
652	Corrix		20° 90°	20° 90°
	gegossen	konz. Lg.	0,07 0,55	0,003 0,026
	gewalzt	konz. Lg.	0,04 1,10	0,002 0,050
	Si-Mn-Bronze	84% Lg.	60° 120° 180°	60° 120° 180°
		mit Luft	0,52 5,6 37	0,03 0,27 1,9
		ohne Luft	0,09 1,0 4,0	0,005 0,05 0,21
	Chrom	10—50% Lg.	<0,24 bei 80°	<0,01 bei 80°
		technisch	<2,4 ,, 80°	<0,1 ,, 80°
			15° 50° 75°	15° 50° 75°
662—666	Nickel	20% Lg.	1,18 8,5 31,5	0,06 0,44 1,62
		40% Lg.	0,51 8,3 2,4	0,026 0,43 0,10
		60% Lg.	0,33 23,7	0,017 1,22
		unrein, +0,4% Fe starker Angriff bei 80°		
		Zusatz von O_2 vergrößert den Angriff		
	Cu-Ni-Legierungen:			
	% Cu % Ni			
	55 45	8,4% Lg.	11,5	0,48
	67 33	20°	11,5	0,48
	75 25	8 Stunden	14,4	0,60
	80 20		14,4	0,60
	90 10		13,8	0,58
	100 —		18,0	0,75
	70 30	75% Lg.	16,7 bei 70°	0,70 bei 70°
		(30 Tage)		
			15° 50° 75°	15° 50° 75°
672	Monel	20% Lg.	3,85 2,5 4,5	0,16 0,10 0,19
		40% Lg.	2,65	0,11
		60% Lg.	2,17	0,09
		Lg. + 0,4% Fe	575 bei Siedetp. starker Angriff	25,4 bei Siedetp.

Bei Legierungen ähnlicher Zusammensetzung wurden auch etwas abweichende Werte gefunden, vgl. 2, S. 362/364.

* Bei langdauernden Versuchen, da anfangs Angriff.

W. V. Nr.	Werkstoff	Zusammensetzung des angreifenden Stoffes	Angriff g/m² · Tag		Angriff mm/Jahr	
673	M. M. Metall		20°	heiß	20°	heiß
	ungeglüht	10% Lg.	0,58	1,59	0,002	0,07
	geglüht	10% Lg.	0,21	10,0	0,001	0,42
676	Nickelchrom					
	ungeglüht	10% Lg.	0,4	21,5	0,018	0,94
	geglüht	10% Lg.	0,4	36,0	0,018	1,56
677	Nickelchrom					
	ungeglüht	10% Lg.	0,6	40,8	0,027	1,78
	geglüht	10% Lg.		38,5		1,68
679	Illium	10—85 Lg.	empfohlen			
682	Inconel	57% Lg.	0,4 bei 20°		0,02 bei 20°	
			380,0 „ 105°		18,5 „ 105°	
		84% P_2O_5	0,1 „ 60°		0,005 „ 60°	
			0 „ 120—180°		0,00 „ 120—180°	
		84% P_2O_5	0,2 „ 120°		0,01 „ 120°	
		+ Luft	147,7 „ 180°		7,8 „ 180°	
			20°	siedend	20°	siedend
721	Hastelloy A	10% Lg.	1,3	16,2	0,07	0,85
		85% Lg.	0,18	500,0	0,009	24,5
722	Hastelloy B	10% Lg.	1,0	1,2	0,05	0,06
		85% Lg.	0,12	1,6	0,006	0,08
723	Hastelloy C	10% Lg.	0,05	0,9	0,003	0,005
		85% Lg.	0,05	299,0	0,003	15,4
727	Langalloy 4 R	Lg.	empfohlen für Temperaturen bis zum Siedepunkt			
728	Langalloy 5 R	Lg.	empfohlen für kalte Lösungen (Angriff unter 0,025 mm/Jahr)			
			20°	siedend	20°	siedend
	Ni-Mo-Leg.	chem. rein:				
	(19 Mo;	10% Lg.	0,05	0,86	0,002	0,036
	17 Cr; 6 Fe;	30% Lg.	0,024	3,0	0,001	0,127
	5 W; 1 Si;	50% Lg.	<2,4	1,8	<0,1	0,075
	1 Mn; Ni)	85% Lg.	0,024	2,45	0,001	0,102
		technisch:				
		10% Lg.	0,10	2,2	0,004	0,091
		30% Lg.	<2,4	7,9	<0,1	0,33
		50% Lg.	2,65	14,6	0,11	0,61
		85% Lg.	<2,4	22,5	<0,1	0,94
			20°	siedend	20°	siedend
	Ni-Fe-Mo-	chem. rein:				
	Legierung	10% Lg.	1,30	16,1	0,054	0,67
	(18 Fe;	30% Lg.	0,76	13,2	0,032	0,55
	22 Mo;	50% Lg.	0,51	19,4	0,021	0,82
	2 Mn;	85% Lg.	0,17	500	0,007	20,73
	1 Si; Ni)					
		technisch:				
		10% Lg.	2,75	6,0	0,115	0,25
		30% Lg.	3,50	9,6	0,145	0,40
		50% Lg.	3,50	19,4	0,145	0,82
		85% Lg.	2,67	26,8	0,111	1,12
	weitere Angaben 2, S. 357/360					
			20°	siedend	20°	siedend
	Ni-Si-Leg.	chem. rein:				
	(10 Si;	10% Lg.	0,77	1,49	0,036	0,07
	3 Cu; 1 Al;	30% Lg.	0,26	2,78	0,013	0,13
	Ni)	50% Lg.	0,19	27,0	0,009	1,25
		85% Lg.	0,12	176	0,006	8,23
		technisch:				
		10% Lg.	2,4	2,78	0,111	0,13
		30% Lg.	2,78	7,2	0,13	0,33
		50% Lg.	2,4	12,8	0,11	0,61

W. V. Nr.	Werkstoff	Zusammensetzung des angreifenden Stoffes	Angriff g/m² · Tag	Angriff mm/Jahr
		85% Lg.	0,000 20,2	0,000 0,94
	Kobalt	Lg.	Angriff bei 20°	
	Wismut	40—76,5% Lg.	ein Angriff bei 15°	
	Molybdän	Lg.	Angriff bei 20°	
	Antimon	40—76,5% Lg.	6—12 bei 16°	0,34—0,68 bei 16°
	Tantal	10 n Lg.	kein Angriff bei 100°	
		konz. Lg.	0,07 bei 145°	0,003 bei 145°
	Zinn (99, 96; 0,014 Pb)	5,1% Lg.	6,1 bei 20°	0,31 bei 20°
	Zinn	40 % Lg.	8,0 „ 16°	0,49 „ 16°
		76,5% Lg.	9,0 „ 16°	0,56 „ 16°
			20° 50° 75°	20° 50° 75°
	Blei	20% Lg.	16,8 23,3 48,7	0,67 0,93 1,94
		40% Lg.	7,5 47,0 35,1	0,30 1,86 1,36
		60% Lg.	12,0	0,48
		40—75% Lg. rein	starker Angriff bei höherer Temperatur	
		40% Lg. + 0,44% CaSO$_4$ (aus Ca$_3$(PO$_4$)$_2$ + H$_2$SO$_4$ gewonnen)	beständig, also für Kunstdüngerherstllg. geeignet, solange F-Gehalt gering	
	Hartblei (9,4 Sb; Pb)	10—50% Lg.	2,4—24,0 bei 80° starker Angriff bei 110°	0,1—1,0 bei 80°
	Pb-Bi- Legierung (4,3—12,2 Bi)	10—50% Lg.	24,0 bei 80°	<1,0 bei 80°
			35° 60° 100°	35° 60° 100°
	Zirkon	10% Lg.	0,021	0,0011 200
		20% Lg.	0,102	0,0055
		30% Lg.	0,166	0,0090
		40% Lg.	0,199	0,010
		50% Lg.	0,220	0,012
		60% Lg.	0,223	0,012
		70% Lg.	0,238 0,337 4,19	0,013 0,018 0,23
		80% Lg.	0,253 11,2	0,015 0,65
		85% Lg.	0,26 0,71 19,6	0,015 0,039 1,13
	Silber	5% Lg.	0,09 bei 102°	0,003 bei 102°
		45° Lg.	0,0 „ 20—60°	0,00 „ 20—60°
			0,19 „ 110°	0,006 „ 110°
		67% Lg.	0,0 „ 20°	0,00 „ 20°
		—	0,13 „ 60°	0,004 „ 60°
			0,63 „ 125°	0,021 „ 125°
		85% Lg.	2,88 „ 20°	0,096 „ 20°
			0,06 „ 60°	0,002 „ 60°
			1,38 „ 140°	0,046 „ 140°
			9,5 „ 160°	0,32 „ 160° 201
		H$_3$PO$_4$ + HCl + Metaphosphor- säure	kein Angriff	
			geringer Angriff	
		+ Luft	geringer Angriff bei 200°	
		konz. Lg.	Angriff bei Siedetemperatur	
		90% Lg.	~1200 bei 300—400°	~45 bei 300—400°
	Ag-Si-Leg.	verd. Lg.	geeignet bei 20°, nicht verwendbar bei höherer Temperatur	
		konz. Lg.	nicht verwendbar	
	Gold	10% Lg.	0,24 bei 100°	0,004 bei 100°
		O$_2$-frei	kein Angriff bei 20°	
		konz. Lg.	empfohlen bei höherer Temperatur (beständiger Werkstoff)	
		+ O$_2$ (Oxyde)	geringer Angriff bei 20°	
	Iridium	konz. Lg. + C	beständig in der Hitze	
	Platin	konz. Lg. + O$_2$	kein Angriff bei 100° geringer Angriff bei 300°	

W. V. Nr.	Werkstoff	Zusammensetzung des angreifenden Stoffes	Angriff $g/m^2 \cdot$ Tag	Angriff mm/Jahr
			starker Angriff bei $>300°$	
	Iridium	100 g/l	kein Angriff bei 100°	
	Osmium	100 g/l	4,6 bei 100°	0,04 bei 100°
	Palladium	100 g/l	0,24 „ 100°	0,002 „ 100°
	Rhodium	100 g/l	kein Angriff bei 100°	
	Ruthenium	100 g/l	kein Angriff bei 100°	

Empfohlene Werkstoffe bei der Herstellung aus Phosphate $+ H_2SO_4$ nach dem Dorr-Verfahren [15, S. 270]:

Blei-Überzüge für Mischer, Filterapparate, Eindicker, Verdampfer Hartblei.

Empfohlene Werkstoffe bei der Herstellung aus Phosphoriten im Elektro-Ofen-Verfahren [15, S. 271/73]:

Stahl für Zerkleinerung der Phosphorite, Mischung, Kondensation von Phosphor

Cr-Ni-Stahl (316) für Pfanne unter Verbrennungskammer, die aus Graphit besteht

Blei-Auskleidung für H_3PO_4-Lagerbehälter.

Phosphortrisulfid

W. V. Nr.	Werkstoff	Zusammensetzung des angreifenden Stoffes	Angriff $g/m^2 \cdot$ Tag	Angriff mm/Jahr
	Aluminium	trocken	kein Angriff bei 20°	
		$+ <3\% \; H_2O$	geringer Angriff bei 20°	
		$+ >10\% \; H_2O$	starker Angriff bei 20°	

Phthalsäure

W. V. Nr.	Werkstoff	Zusammensetzung des angreifenden Stoffes	Angriff $g/m^2 \cdot$ Tag	Angriff mm/Jahr
6	Aluminium		empfohlen	
	Eisen	Herstellung	oft verwendbar	

Ferner kommen in Betracht: Cr-Stahl, 18/8 Cr-Ni-Stahl, Kupfer, Messing, Bronze, Al-Bronze, Nickel (200°), Nickelchrom, Silber, Platin

Pikrinsäure. Sm. 122°; d 1,767

W. V. Nr.	Werkstoff	Zusammensetzung des angreifenden Stoffes	Angriff $g/m^2 \cdot$ Tag	Angriff mm/Jahr
6	Aluminium	Herstellung	nicht verwendbar	
		3% Lg.	0,85	0,12
90	GAl-Si	3% Lg.	0,70	0,09
	GAl-Mg-Mn	3% Lg.	1,22	0,16
209—225	Si-Guß-eisen	ges. Lg.	kein Angriff bei 85°	
	Stahl	ges. Lg. geschmolzen	240 bei 20° starker Angriff bei 125°	10,0 bei 20°
322—355	Cr-Stahl	ges. Lg.	$<2,4$ bei 20°	$<0,1$ „ 20°
396—408	Cr-Mo-Stahl	ges. Lg.	$<2,4$ „ 20°	$<0,1$ „ 20°
451—474	18/8-Cr-Ni-Stahl	ges. Lg.	$<2,4$ „ 20°	$<0,1$ „ 20°
475—495	18/8-Cr-Ni-Stahl + Mo	ges. Lg.	$<2,4$ „ 20°	$<0,1$ „ 20°
525—529	18/9-Cr-Mn-Stahl	ges. Lg.	$<2,4$ „ 20°	$<0,1$ „ 20°
	Kupfer	25% Lg. geschmolzen	200 „ 20° starker Angriff bei 125°	10 „ 20°
	Messing	25% Lg.	100 bei 20°	5 bei 20
662—666	Nickel		Angriff	
672	Monel		geringer Angriff bei 20° nicht verwendbar bei höherer Temp.	
	Zink		starker Angriff bei 125°	
	Zinn	geschmolzen H_2O- und O_2-frei	kein Angriff bei 125°	
	Blei	25% Lg. geschmolzen ·	30 bei 20° starker Angriff bei 125°	0,97 bei 20°
	Silber		verwendbar bei 20°	
	Au-Cu-Leg.	Lg.	Angriff bis zu 46 Gew.-% Au bei 20°	

W. V. Nr.	Werkstoff	Zusammensetzung des angreifenden Stoffes	Angriff g/m² · Tag	Angriff mm/Jahr

Plastilin

Angriff bis zu 79 Gew.-% Au bei 123°
Angriff bis zu 98,6 Gew.-% Au bei 156°

6 Aluminium — kein — geringer Angriff

Platin

Für geschmolzenes Platin und Platinlegierungen Zirkontiegel empfohlen.

Plattierte Bleche

Es sind folgende Plattierungsverfahren möglich:

1. Rein mechanisch (Kaltwalzen).
2. Mechanisch und durch Diffusion (Warmzusammenwalzen).
3. Nur durch Diffusion (Einschmelzen einer Zwischenschicht, Lötung).

Meist wird ein 10%iges Plattierungsverhältnis angewendet.

Aluminium und Al-Legierung — Um höchste Festigkeitswerte mit guter Korrosionsbeständigkeit zu vereinen, wird z. B. eine Al-Cu-Mg-Legierung mit Reinaluminium (oder auch Al-Mn, Al-Mg-Mn) plattiert. Die Deckschicht schützt auch noch, wenn sie an einer Stelle unterbrochen oder verletzt ist (Fernschutzwirkung, aber nur bei edlerem Kernwerkstoff).

Stahl — Nur solche Metalle gehen mit der Stahlgrundlage eine einwandfreie Bindung ein, deren Gleichmäßigkeit und Reinheitsgrad auf den höchstmöglichen Stand gebracht ist. Besonders wichtig ist die Forderung der Sauerstoff- und Schwefelfreiheit, da diese Elemente vor allen anderen imstande sind, durch Bildung von Trennschichten eine metallische Bindung bei der Plattierung zu verhindern.

Die hauptsächlichsten Plattierungswerkstoffe sind zur Zeit Nickel, Kupfer, Monelmetall und 18/8-Chrom-Nickel-Stahl. Als Stahlgrundlage werden Flußstähle und verschiedene legierte Stähle je nach den vorliegenden Beanspruchungen verwendet.

Die Eigenschaften der plattierten Stahlbleche werden vor allem durch Haftfähigkeit der Plattierung bestimmt.

Auch bei größerem Unterschied der Wärmeausdehnungskoeffizienten beider Werkstoffe tritt ein Verziehen bei Mittel- und Grobblechen nicht ein. Die Schubkräfte führen auch nicht zu einem Ablösen der Plattierungsschicht.

Die chemischen Eigenschaften der Plattierungsschicht werden durch den Plattierungsvorgang nicht verändert.

Plattierte Stahlbleche müssen fugenlos verarbeitet werden, und zwar so, daß die Plattierungsseite keine Unterbrechung erfährt. Die bevorzugte Verbindungsmöglichkeit ist die Schweißung.

Wenn die Schweißnähte richtig hergestellt sind, so wird in allen Fällen die gleiche Beständigkeit wie beim vollen Deckmetall erzielt. Man kann die Erfahrungen, die über die Beständigkeit der massiven Metalle vorliegen, auf die plattierten Bleche übertragen.

Kupfer auf Weicheisen — Als Grundmetall hat sich bewährt: SM-Eisen mit <0,2% C und <0,2% Mn im normalisierten Zustand. Zur Vermeidung einer Grobkornbildung beim Weichglühen wird eine Kaltverformung von 25% empfohlen. Als Plattierkupfer ist bewährt: Reinkupfer mit >99,9% Cu und 0,03/0,06% P, das aus gleichen Teilen von Raffinad- und raffiniertem Elektrolytkupfer erschmolzen wurde.

Silber auf Stahl — Im allgemeinen nach dem Warmwalzverfahren hergestellt, wobei eine Zwischenschicht die Bindung nach beiden Seiten vermittelt.

Propan

Für Kondensatoren bei 20—80° und 23 atü, wenn geringe S-Mengen im Propan, empfohlen: Stahl, Messing.

Propionsäure. Sm. —22°; Sd. 141°; d 0,992; vgl. auch Essigsäure.

W. V. Nr.	Werkstoff	Zusammensetzung	Angriff g/m² · Tag	Angriff mm/Jahr
6	Aluminium	80% Lg.	26,5 bei Siedetmp.	3,58 bei Siedetmp.
		99% Lg.	0,5 „ „	0,07 „ „

W. V. Nr.	Werkstoff	Zusammensetzung des angreifenden Stoffes	Angriff g/m² · Tag	Angriff mm/Jahr
451—474	Eisen 18/8-Cr-Ni-Stahl	H_2O-frei 0,01 n Lg. 0,1 n Lg. 1,0 n Lg.	200,0 · 10³ b. Siedetp. starker Angriff bei Siedetemperatur kein Angriff bei 25° 0,25 bei 25° 0,20 „ 25° bei längerer Einwirkung geringere Werte	27 · 10³ b. Siedetp. 0,01 bei 25° 0,008 „ 25°
662—666	Nickel		nicht verwendbar bei 250°	

Propylalkohol. Sm. —127°; Sd. 97°; d 0,804. Als verwendbar wird angegeben:
6 Aluminium (kein Angriff bei Siedetemperatur)

Propylendichlorid

451—474	C-Stahl 18/8-Cr-Ni-Stahl		verwendbar bei 20° kein Angriff bei 20°	

Propylenglykoll
Verhalten wie bei Propylendichlorid.

Propylenoxyd
Verhalten wie bei Propylendichlorid.

Pyridin

451—474	Eisen Cr-Stahl 18/8-Cr-Ni-Stahl Al-Bronze Kupfer Blei		verwendbar, Verfärbung verwendbar verwendbar verwendbar 0,33 bei 30° empfohlen	0,013 bei 30°

Pyrogallol

6	Aluminium Eisen		kein Angriff bei 100° Angriff	
209—225	Si-Gußeisen	31% Lg.	0,04 bei 20°	0,003 bei 20°
322—355	Cr-Stahl	verd.-konz. Lg.	<2,4 „ 20°	<0,1 „ 20°
396—408	Cr-Mo-Stahl	verd.-konz. Lg.	<2,4 „ 20°	<0,1 „ 20°
451—474	18/8-Cr-Ni-Stahl	verd.-konz. Lg.	<2,4 „ 20°	<0,1 „ 20°
475—495	18/8-Cr-Ni-Stahl + Mo	verd.-konz. Lg.	<2,4 „ 20°	<0,1 „ 20°
525—529	18/9-Cr-Mn-Stahl	verd.-konz. Lg.	<2,4 „ 20°	<0,1 „ 20°
	Bronze		oft verwendbar	
679	Illium	30% Lg.	empfohlen	

Quecksilber. Sm. —38,89°; Sd. 357,0°; d 13,5

	Aluminium	feucht H_2O-frei	starker Angriff bei 20° oft verwendbar bei 20°	
	Al-Cu-Mg-Legierungen	feucht + NaCl-Lg.	Angriff sehr starker Angriff	
			Interkristalline Korrosion tritt nur bei Anwesenheit von elastischen Spannungen auf, sonst kraterförm. Anfressungen.	
	Magnesium	H_2O-frei	kein Angriff bei 20°, sonst Angriff	
	Gußeisen, Stahl		oft verwendbar bei 20°	
322—355	Cr-Stahl		<2,4 bei 50°	<0,1 bei 50°
396—408	Cr-Mo-Stahl		<2,4 „ 50°	<0,1 „ 50°
451—474	18/8-Cr-Ni-Stahl		<2,4 „ 50°	<0,1 „ 50°
475—495	18/8-Cr-Ni-Stahl + Mo		<2,4 „ 50°	<0,1 „ 50°
525—529	18/9-Cr-Mn-Stahl		<2,4 „ 50°	<0,1 „ 50°
	Kupfer		nicht verwendbar	
	Messing		nicht verwendbar	

W. V. Nr.	Werkstoff	Zusammensetzung des angreifenden Stoffes	Angriff g/m² · Tag		Angriff mm/Jahr	
	Bronze		nicht verwendbar			
	Al-Bronze		nicht verwendbar			
662—666	Nickel		Amalgamation beginnt bei 370°			
672	Monel	feucht	nicht verwendbar bei 20°			
		H₂O-frei	<2,4 bei 20°		<0,1 bei 20°	
681, 697	Nickelchrom		<2,2 „ 20°		<0,1 „ 20°	
	Tantal		kein Angriff bei höherer Temperatur			
	Zinn		Angriff			
	Silber		starker Angriff bei höherer Temperatur			
	Gold		starker Angriff bei höherer Temperatur			
	Platin	flüssig	geringer Angriff, Zn, Sn, Säuren CuSO₄ beschleunigen den Angriff			

Quecksilberchlorid

W. V. Nr.	Werkstoff	Zusammensetzung des angreifenden Stoffes	Angriff g/m² · Tag		Angriff mm/Jahr	
			20°	100°	20°	100°
6	Aluminium	verd. Lg.	nicht verwendbar bei 20°			
	Al-Cu-Mg-Leg.	Lg.	starker Angriff bei 20°			
	Gußeisen, Stahl	Lg.	nicht verwendbar bei 20°			
209—217	Si-Gußeisen	0,7% Lg.	< 2,4	< 2,4	< 0,1	< 0,1
218—225	Si-Gußeisen	0,7% Lg.	< 72,0	< 72,0	< 3,0	< 3,0
322—355	Cr-Stahl	0,7% Lg.	<240	>240	<10,0	>10,0
396—408	Cr-Mo-Stahl	0,1% Lg.	< 2,4	< 24,0	< 0,1	< 1,0
		0,7% Lg.	< 24,0	<240	< 1,0	<10,0
451—474	18/8-Cr-Ni-Stahl	0,1% Lg.	< 2,4	< 24,0	< 0,1	< 1,0
		0,7% Lg.	< 24,0	<240	< 1,0	<10,0
		transkristalline Rißbildung bei stat. Spannungsbeanspruchung				
475—495	18/8-Cr-Ni-Stahl + Mo	0,1% Lg.	< 2,4	< 2,4	< 0,1	< 0,1
		0,7% Lg.	< 24,0	<240	< 1,0	<10,0
525—529	18/9-Cr-Mn-Stahl	0,1% Lg.	< 24,0	< 24,0	< 1,0	< 1,0
		0,7% Lg.	<240	<240	<10,0	<10,0
	Kupfer	Lg.	nicht verwendbar			
	Messing	Lg.	nicht verwendbar			
	Bronze	Lg.	nicht verwendbar			
	Al-Bronze	Lg.	nicht verwendbar			
	Cu-Ni-Leg.	Lg.	nicht verwendbar			
	Blei	Lg.	nicht verwendbar			
	Zinn	Lg.	nicht verwendbar			
	Cr-Überzüge	Lg.	empfohlen			
			20°	100°	20°	100°
662—666	Nickel	Lg.	<2,4	<24,0	<0,1	<1,0
681, 697	Nickelchrom	0,1% Lg.	<2,2	>22,0	<0,1	>1,0
	Stellit		empfohlen			
	Silber		Angriff, nicht verwendbar			
	Gold	Lg. + Fe	geringer Angriff bei 20°			
	Platin	Lg.	kein Angriff bei 100°			
	Iridium	Lg.	kein Angriff bei 100°			
	Osmium	Lg.	576,0 bei 100°		46,1 bei 100°	
	Palladium	Lg.	86,0 „ 100°		2,9 „ 100°	
	Rhodium	Lg.	8,4 „ 100°		0,2 „ 100°	

Quecksilberverbindungen, andere. Als verwendbar werden angegeben:

Für Quecksilbercyanid Cr-Stahl
Für Quecksilbercyanidchlorid 18/8-Cr-Ni-Stahl, 18/8-Cr-Ni-Stahl + Mo
Für Quecksilbernitrat Cr-Stahl, 18/8-Cr-Ni-Stahl, 18/9-Cr-Mn-Stahl.
Als nicht verwendbar werden angegeben:

W. V. Nr.	Werkstoff	Zusammensetzung des angreifenden Stoffes	Angriff g/m² · Tag	Angriff mm/Jahr

Für Quecksilbersalzlösungen Aluminium, Magnesium, Stahl, Kupfer, Messing, Monel.

Für Hg_2Cl_2- und HgJ_2-Lg. Silber.

Reduzierende Gase

662—666	Nickel	S-frei, CO-frei	verwendbar bis 1200°
		S-haltig	verwendbar bis 250°
672	Monel	CO-haltig	verwendbar bis 800°
		S-haltig	verwendbar bis 250°
	Nickelchrom	S-frei, CO-frei	verwendbar bis 1000°
		S-haltig	verwendbar bis 500°

Als verwendbar werden angegeben:

Bei höherer Temperatur Stahl, Cr-Stahl, Cr-Ni-Stahl und Nickelchrom.

Für normales Generatorgas Aluminium.

Reibungskorrosion

Sie tritt bei allen Werkstoffen auf, wenn die Bedingungen für ihr Entstehen erfüllt sind. Es entstehen dann Oxydwälle oder rauhe Oberflächen.

Stark anfällig sind folgende Metallkombinationen:

Gußeisen kombiniert mit Al, Mg, Cr, Sn, Kunststoffen und Schellack
Rostfreier Stahl kombiniert mit Al und Bakelit
Gold kombiniert mit Gold
Chrom kombiniert mit Chrom.

Wenig anfällig sind folgende Metallkombinationen:

Gußeisen kombiniert mit Gußeisen, Cu, Messing, Zn, Ag, Plattierungen mit Cu, Ag.

Beständig verhalten sich meist folgende Metallkombinationen:

Gußeisen kombiniert mit Gußeisen bei Schmierung oder Überzügen aus Phosphat, W-sulfid
Kaltwalzstahl kombiniert mit Kaltwalzstahl.

Reinigungsmittel

	Aluminium	Aktivin 0,5% Lg.	kein — geringer Angriff bei 60°
	und Al-	Aktivin konz. Lg.	starker Angriff bei 100°
	Legierung	Alpurit 20% Lg.	kein Angriff bei 20°
		Alpurit + Silica	kein Angriff bei 60°
		Antiformin 1% Lg.	starker Angriff bei 20°
		Brindisin verd. Lg.	empfohlen
		Chloramin 0,5% Lg.	geringer Angriff bei 20°
		Na_2CO_3 verd. Lg. + Wasserglas	geringer Angriff bei 20°
		Neomoscan 3% Lg.	kein Angriff bei 20°
		Neomoscan 3% Lg.	geringer Angriff bei 60°
		Persillauge	kein Angriff
		Silicon WL (p_H = 9,8)	kein Angriff bei 20—98°
		P₃ Almeco (p_H = 10,1)	kein Angriff bei 20—98°
		Try	starker Angriff
		Tartrex	Angriff
322—355	Cr-Stahl	alle	kein Angriff
396—408	Cr-Mo-Stahl	alle	kein Angriff
451—474	18/8-Cr-Ni- Stahl	alle	kein Angriff
475—495	18/8-Cr-Ni- Stahl + Mo	alle	kein Angriff

W. V. Nr.	Werkstoff	Zusammensetzung des angreifenden Stoffes	Angriff g/m² · Tag	Angriff mm/Jahre
	Zink	schwachalkalisch	praktisch kein Angriff	
		(Persil, normale Na₂CO₃- u. Seifen-Lg. Bleichsoda)		

Resorcin. Sd. 277°

6	Aluminium		kein Angriff bei 276°	

Rizinusöl

	Aluminium		kein Angriff bei 100°	
	Stahl, gehärtet		Angriff	

Rongalit

	Kupfer	Lg.	3,4 bei 75°	0,14 bei 75°

Ferner kommen in Betracht:
Aluminium, 18/8 Cr-Ni-Stahl, Bronze, Monel, Blei, Silber

Rosten, vgl. Atmosphäre

Roststäbe

Für Planroste empfohlen:
Verschleißfestes Gußeisen mit nur 0,2—0,3 P

Rüböl

6	Aluminium		kein Angriff bei 100°	

Saccharin

Als verwendbar werden angegeben:
Alle gebräuchlichen Metalle, ausgenommen Eisen bei saurer Lg.

Salicylsäure

W. V. Nr.	Werkstoff	Zusammensetzung	Angriff g/m² · Tag	Angriff mm/Jahre
6	Aluminium			
	hart	1% Lg.	0,43 bei 80°	0,06 bei 80°
		ges.	1,26	0,17
	weich	1% Lg.	0,52 „ 80°	0,07 „ 80°
		ges.	1,09	0,15
		trocken	empfohlen	
		etwa 3% Lg.	0,09 bei 20°	0,012 bei 20°
90	G-Al-Si	etwa 3% Lg.	0,10 „ 20°	0,013 „ 20°
	G-Al-Mg-Mn	etwa 3% Lg.	0,17 „ 20°	0,023 „ 20°
93—102	G-Al-Mg	etwa 3% Lg.	0,15 „ 20°	0,020 „ 20°
	Magnesium	Lg.	Angriff	
	Stahl	Lg.	Angriff, nicht verwendbar	
322—355	Cr-Stahl		<2,4 bei 20°	<0,1 bei 20°
396—408	Cr-Mo-Stahl		<2,4 „ 20°	<0,1 „ 20°
451—474	18/8-Cr-Ni-Stahl		<2,4 „ 20°	<0,1 „ 20°
475—495	18/8-Cr-Ni-Stahl + Mo		<2,4 „ 20°	<0,1 „ 20°
525—529	18/9-Cr-Mn-Stahl		<2,4 „ 20°	<0,1 „ 20°
	Kupfer	Lg.	verwendbar	
	Bronze	Lg.	verwendbar	
	Al-Bronze	Lg. in Öl	verwendbar bei 105°	
662—666	Nickel	Lg.	<2,4 bei 20°	<0,1 bei 20°
672	Monel	Lg.	Verhalten wie bei Nickel	
678	Nickelchrom	Lg. 300 ccm H₂O + 150 ccm Alkohol + 5 g Salicylsäure	5,4 bei 20°	0,23 bei 20°
	Zinn	Herstellung	empfohlen	

Empfohlene Werkstoffe bei der Herstellung aus $C_6H_5OH + NaOH \rightarrow$
$C_6H_5ONa + CO_2 \rightarrow$ Na-salicylat $\rightarrow H_2SO_4 = OHC_6H_4\,OHC_6H$ 15, S. 309:
Stahl für Reaktionsgefäß (C_6H_5ONa, Na-salicylat)
Cr-Ni-Stahl für Trockner (OHC_6H_4COOH).

Salpetersäure. Sm. —41,3°; Sd. 86°; d 1,53

Aluminium und Al-Legierungen:

W. V. Nr.	Werkstoff	Zusammensetzung des angreifenden Stoffes	Angriff g/m² · Tag	Angriff mm/Jahr

Zahlentafel 9. Einfluß des Reinheitsgrades des Aluminiums (nach E. Zurbrügg)

Reinheitsgrad in % (Fe: Si = 1—2)	bei 20—22°		bei 20—22°	
	20 % Lg.	konz. Lg.	20 % Lg.	konz. Lg.
99,99	4—6	2,5—4	0,55—0,8	0,34—0,55
99,95	4—6	3—5	0,55—0,8	0,4 —0,7
99,90	4—6	3—5	0,55—0,8	0,4 —0,7
99,85	5—7	4—6	0,7 —0,95	0,55—0,8
99,7	5—7	4—6	0,7 —0,95	0,55—0,8
99,5	5—7	4—6	0,7 —0,95	0,55—0,8
99,3	5—7	4—6	0,7 —0,95	0,55—0,8
99,0	6—8	4—7	0,8 —1,1	0,55—0,95
98,5	6—8	5—8	0,8 —1,1	0,7 —1,1

W. V. Nr.	Werkstoff	Zusammensetzung	Angriff g/m² · Tag				Angriff mm/Jahr			
			20°	40°	60°	90°	20°	40°	60°	90°
6	Aluminium hart	d = 1,010	1,20		18,0		0,16		2,43	
		d = 1,018	1,35		20,5		0,18		2,76	
		d = 1,035	2,80		30,0		0,38		4,05	
		d = 1,092	3,75	8,2	74,8		0,51	1,10	10,10	
		d = 1,195	9,90		124,0		1,34		16,7	
		d = 1,238	7,60		135,6		1,03		18,4	
		d = 1,281	9,50		121,0		1,28		16,3	
		d = 1,334	10,4		123,0		1,41		16,6	
		d = 1,390	8,32		96,8		1,12		13,06	
		d = 1,410				94,5				12,75
7	Aluminium	10% Lg.	9,3				1,26			
		20% Lg.	13,2				1,77			
		30% Lg.	15,7				2,12			
		40% Lg.	11,4				1,54			
		50% Lg.	8,2				1,10			
		60% Lg.	5,7				0,77			
		70% Lg.	4,0				0,54			
		80% Lg.	2,5				0,34			
		90% Lg.	1,3				0,18			
		100% Lg.	0,35				0,05			

Zusatz von Stickoxyden vergrößert den Angriff.

W. V. Nr.	Werkstoff	Zusammensetzung	Angriff g/m² · Tag	Angriff mm/Jahr
90	Silumin	5% Lg.	1,7 bei 20°	0,23 bei 20°
		25% Lg.	1,0 ,, 20°	0,14 ,, 20°
		konz. Lg.	0,39 ,, 20°	0,05 ,, 20° [615]
	Amerik. Lg.	5% Lg.	2,8 ,, 20°	0,38 ,, 20°
		25% Lg.	vollständige Auflösung bei 20°	
		konz. Lg.	0,66 bei 20°	0,09 bei 20° [615]
	Dtsche Lg.	5% Lg.	2,0 ,, 20°	0,27 ,, 20°
		25% Lg.	vollständige Auflösung bei 20°	
		konz. Lg.	1,3 bei 20°	0,17 bei 20° [615]
	Magnesium		starker Angriff	

Werkstoff	Zusammensetzung	Angriff g/m² · Tag			Angriff mm/Jahr		
		20°	35°	100°	20°	35°	100°
Titan	5% Lg.		0,024	0,19		0,0026	0,020
	10% Lg.		0,051	0,43		0,0056	0,046
	20% Lg.		0,057			0,006	
	30% Lg.		0,084			0,008	
	40% Lg.		0,072			0,008	
	50% Lg.		0,072			0,008	
	60% Lg.		0,087			0,009	
	69,5% Lg.		0,140			0,015	
	90% Lg. (rauchend)	0,018			0,002		

[200]

W. V. Nr.	Werkstoff	Zusammensetzung des angreifenden Stoffes	Angriff g/m² · Tag	Angriff mm/Jahr

Zahlentafel 10. Einfluß geringer Zusätze zu Aluminium
(nach A. VON ZEERLEDER und E. ZURBRÜGG)
Gewichtsverlust in g/m² · Tag bei 20—22° C

Zusatz		14 h bei 300° C geglüht		1 h bei 500° C geglüht und abgeschreckt	
		1—48 h	1—192 h	1—48 h	1—192 h
Raffinal (ohne	5 % Lg.	2,25	1,9	1,0	1,1
Zusatz)	25 % Lg.	5,25	5,3	5,0	5,3
	konz. Lg.	4,0	3,2	3,5	3,4
Fe: 0,10 %	5 % Lg.	2,25	2,25	1,75	2,1
	25 % Lg.	5,75	5,8	5,5	6,1
	konz. Lg.	4,5	3,4	4,5	4,1
Si: 0,50 %	5 % Lg.	2,75	2,3	2,25	1,9
	25 % Lg.	6,50	6,6	4,0	5,0
	konz. Lg.	6,0	5,2	5,0	4,3
Cu: 0,20 %	5 % Lg.	5,75	4,5	4,0	3,9
	25 % Lg.	9,5	10,2	9,25	9,3
	konz. Lg.	4,25	3,2	4,0	3,5
Zn: 0,20 %	5 % Lg.	1,75	1,6	1,5	1,4
	25 % Lg.	3,5	4,0	3,5	3,8
	konz. Lg.	4,0	3,3	4,25	3,6
Mg: 0,20 %	5 % Lg.	2,5	2,1	2,25	2,1
	25 % Lg.	5,0	5,4	4,25	4,5
	konz. Lg.	3,9	3,3	3,75	3,6
Mn: 0,20 %	5 % Lg.	3,0	2,6	1,25	1,9
	25 % Lg.	5,75	5,9	4,5	5,0
	konz. Lg.	4,25	3,6	3,5	3,5

H. U. VON VOGEL hat an Aluminium verschiedener Reinheit und an Al-Legierungen vergleichende Versuche durchgeführt, die Ergebnisse sind in den nachfolgenden Schaubildern eingezeichnet.

Zeichenerklärung				
Nr.	Kurzzeichen	Punkt	Linie	Gattung
1	99,99 H 1/2	•	··················	Al
2	99,8 H 1/2	●	– – – – – – – –	Al
3	99,5 H 1/2	○	— — — — — —	Al
4	41 H 1/2	□	— — — — —	Al-Mn
5	31 H 1/2	◇	· · · · · · · · ·	Al-Si
6	61 H 1/2	▽	————————	Al-Mu-Mg
7	19 V	△	— — — — — —	Al-Mg-Si
8	63/03 H 1/2	+	————————	Al-Mg-3
9	63/07 H 1/2	×	——··——··——	Al-Mg-7
10	RA 99,5 H 1/2	⊙	——·——·——·—	Al
11	RA 41 H 1/2	⊡	——·——·——	Al-Mn
12	RA 19 H 1/2	◬	·——·——·——··	Al-Mg-Si

Abb. 11.   Zeichenerklärung für die Abb. 12, 13 und 20

W. V. Nr.	Werkstoff	Zusammensetzung des angreifenden Stoffes	Angriff g/m² · Tag	Angriff mm/Jahr

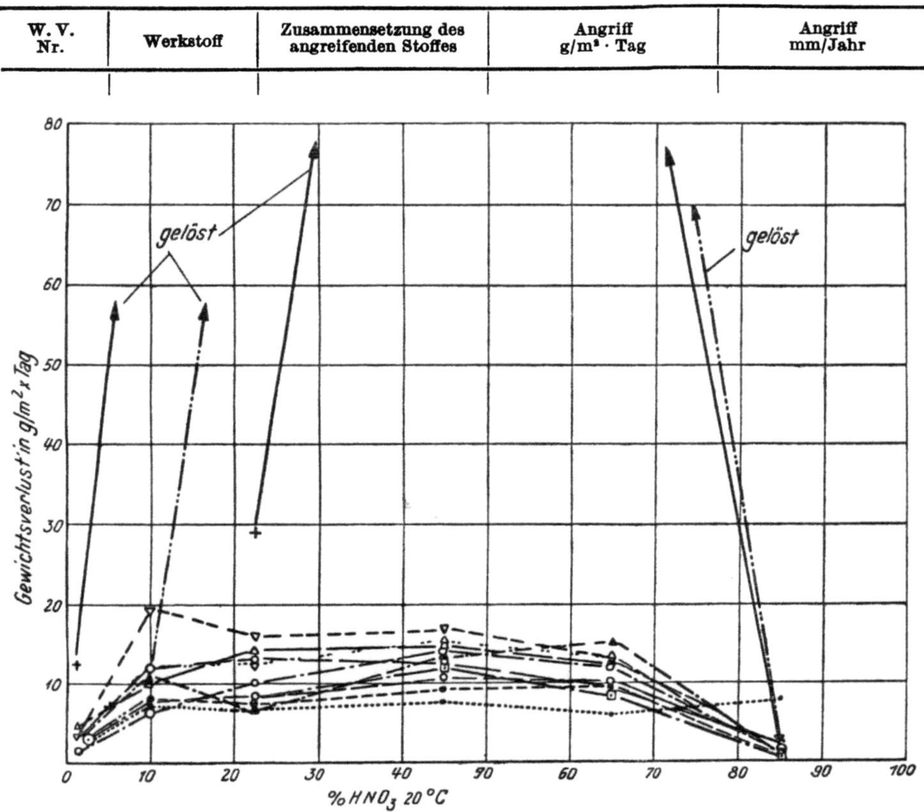

Abb. 12.　Verhalten von Aluminium und Al-Legierungen gegen HNO₃ bei 20° (nach VON VOGEL)

			15°	45°	15°	45°
199	Gußeisen	6,76% Lg.		$50 \cdot 10^3$		$2,6 \cdot 10^3$
		13,15% Lg.	$58 \cdot 10^3$	$110 \cdot 10^3$	$2,9 \cdot 10^3$	$5,5 \cdot 10^3$
		19,61% Lg.	$89 \cdot 10^3$	$151 \cdot 10^3$	$4,5 \cdot 10^3$	$7,5 \cdot 10^3$
		26,66% Lg.	$104 \cdot 10^3$	$161 \cdot 10^3$	$5,1 \cdot 10^3$	$8,0 \cdot 10^3$
		32,36% Lg.	$88 \cdot 10^3$	$89 \cdot 10^3$	$4,5 \cdot 10^3$	$4,5 \cdot 10^3$
205	Gußeisen	6.76% Lg.		$54 \cdot 10^3$		$2,7 \cdot 10^3$
		13,15% Lg.	$18 \cdot 10^3$	$104 \cdot 10^3$	$0,9 \cdot 10^3$	$5,1 \cdot 10^3$
		19,61% Lg.	$64 \cdot 10^3$	$212 \cdot 10^3$	$3,1 \cdot 10^3$	$10,5 \cdot 10^3$
		26,66% Lg.	$100 \cdot 10^3$	$156 \cdot 10^3$	$5,0 \cdot 10^3$	$7,7 \cdot 10^3$
		32,36% Lg.	$94 \cdot 10^3$	$84 \cdot 10^3$	$4,6 \cdot 10^3$	$4,2 \cdot 10^3$
		verd. Lauge + Alkohol empfohlen				
		konz. Lg. + O₂		geringer Angriff		

			20°	siedend	20°	siedend
209—217	Si-Gußeisen	d = 1,04	<2,4	< 2,4	<0,1	<0,1
		d = 1,23	<2,4	<24,0	<0,1	<1,0
		d = 1,40	<2,4	< 2,4	<0,1	<0,1
		d = 1,52	<2,4	< 2,4	<0,1	<0,1
218—225	Si-Gußeisen	d = 1,04	<2,4	<24,0	<0,1	<1,0
		d = 1,23	<2,4	<24,0	<0,1	<1,0
		d = 1,40	<2,4	< 2,4	<0,1	<0,1
		d = 1,52	<2,4	< 2,4	<0,1	<0,1
	Si-Gußeisen					

			20°	90°	20°	90°
14	Si	6,4% Lg.		6,2		0,34

W. V. Nr.	Werkstoff	Zusammensetzung des angreifenden Stoffes	Angriff g/m² · Tag	Angriff mm/Jahr

Das Verhalten bei 50° zeigt Abb. 13. Bei 98° ist der Angriff sehr stark, nur Säure mit >85% HNO_3 bewirkt einen Gewichtsverlust von unter 100 g/m² · Tag.

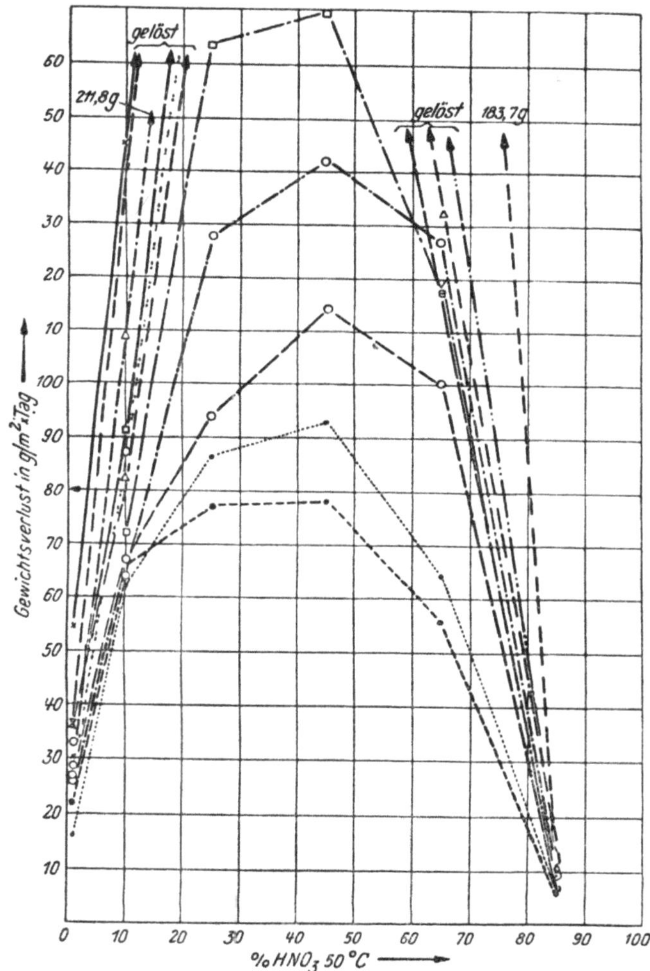

Abb. 13. Verhalten von Aluminium und Al-Legierungen gegen HNO_3 bei 50°
(nach VON VOGEL)

W. V. Nr.	Werkstoff	Zusammensetzung	Angriff g/m² · Tag 20°	40°	siedend	Angriff mm/Jahr 20°	40°	siedend
	18 Si	6,4% Lg.	0	0,2		0	0,01	
	14 Si	52,7% Lg.	<0,48			<0,02		
229, 230	Cr-Gußeisen	d = 1,04			< 2,4			< 0,1
		d = 1,23	<2,4		~ 2,4	<0,1		~ 0,1
		d = 1,40	<2,4		< 24,0	<0,1		< 1,0
		d = 1,52	<2,4	< 72,0	< 72,0	<0,1	< 3,0	< 3,0
234, 235	Cr-Gußeisen	d=1,23-1,40	<2,4		< 24,0	<0,1		< 1,0
		d = 1,52	<2,4	>240,0	>240,0	<0,1	>10,0	>10,0
258	Niresist	1% Lg.	70,0 bei 20°			3,41 bei 20°		

W. V. Nr.	Werkstoff	Zusammensetzung des angreifenden Stoffes	Angriff g/m² · Tag	Angriff mm/Jahr
		5% Lg.	215,0 bei 20°	10,5 bei 20°
		20% Lg.	720,0 „ 20°	35,1 „ 20°
	Eisen	>68% Lg.	im allgemeinen beständig, aber mehr durch die Unterschiede im Werkstoff, als durch die Konzentration beeinflußt	
		97—98,2% Lg.	Korngrenzen-Angriff und Herauslösen einzelner Kristalle bis zum Zerfall des Werkstoffes, geringer Temperatureinfluß	
		hochkonz. HNO_3	über die Abhängigkeit des Angriffes bei 15—20° von der Zusammensetzung und der Vorbehandlung gibt die nachfolgende Zusammenstellung Auskunft [202]	

Zahlentafel 11.   **Angriff von Stahl durch hochkonzentrierte HNO_3, 15—20°**

(nach E. FITZER, H. HOHN und J. SEKAL)

Zusammensetzung des Stahles	Angriff nach Tagen			Angriff nach Tagen		
	4	12	42	4	12	42
0,04 C; 0,01 Si; 0,035 S; 0,014 P; 0,25 Mn; 0,06 Cu; 0,05 Ni;	6	4,7	6,8	0,25	0,19	0,29
0,03 C; 0,01 Si; 0,055 S; 0,02 P; 0,34 Mn; 0,085 Cu; 0,04 Ni; 0,01 Al						
unbehandelt	7,1	7,1	7,6	0,30	0,30	0,32
aufgekohlt	75,0	52,5	18,0	3,15	2,20	0,76
wasserstoffgeglüht	3,2	2,0	2,5	0,13	0,08	0,11
0,1 C unbehandelt	6,1	7,7	6,3	0,26	0,32	0,27
0,14 C; 0,016 Si; 0,035 S; 0,01 P; 0,45 Mn; 0,04 Cu; 0,05 Ni unbehandelt	2,7	2,1	3,3	0,11	0,09	0,14
Tiefziehblech aufgekohlt	55,0	40,0	8,2	2,30	1,70	0,34
wasserstoffgeglüht	6,0	3,7	6,3	0,25	0,15	0,27
3 Si unbehandelt	37,5	18,6	11,2	1,58	0,78	0,46
>0,003 C; Si-Spur unbehandelt	2,7	1,0	0,69	0,11	0,04	0,03
wasserstoffgeglüht	0,75	0,42	0,40	0,03	0,02	0,02

	Angriff nach Tagen		Angriff nach Tagen	
	72	120	72	120
Armco unbehandelt	1,6	3,6	0,07	0,15
wasserstoffgeglüht	0,85	1,0	0,035	0,04

nach 220 Tagen Beginn eines Korngrenzen-Angriffes

W. V. Nr.	Werkstoff	Zusammensetzung des angreifenden Stoffes	Angriff g/m² · Tag	Angriff mm/Jahr
275	Stahl	5% Lg.	18,1 · 10³ bei 20°	0,8 · 10³ bei 20°
		10% Lg.	34,8 · 10³ „ 20°	1,6 · 10³ „ 20°
		20% Lg.	73,5 · 10³ „ 20°	3,5 · 10³ „ 20°
		25% Lg.	89,2 · 10³ „ 20°	4,2 · 10³ „ 20°
		30% Lg.	154,2 · 10³ „ 20°	7,3 · 10³ „ 20°
		40% Lg.	6,6 · 10³ „ 20°	0,3 · 10³ „ 20°

W. V. Nr.	Werkstoff	Zusammensetzung des angreifenden Stoffes	Angriff g/m² · Tag	Angriff mm/Jahr
		50% Lg.	$1,9 \cdot 10^3$ bei 20°	90,0 bei 20°
		60% Lg.	$0,2 \cdot 10^3$,, 20°	9,5 ,, 20°
294	Armco-Eisen	d = 1,2	7592 bei 15°	∼350 bei 15°
293	Elektrolyt-	n/l Lg.	1147 ,, 15°	53,5 ,, 15°
	Eisen	d = 1,2	7261 ,, 15°	∼340 ,, 15°

Einfluß der Zusammensetzung des Werkstoffes bei Stahl:

C — (Graphit): Steigender Gehalt an C vergrößert den Angriff wenig.

Si — Bei Gußeisen vergrößert steigender Gehalt an Si den Angriff, bei C-armen Stählen hemmt Si-Gehalt den Angriff (Si 2% : 16%... Angriff 8 : 1).

P — Steigender Gehalt an P hemmt den Angriff (P 0% : 10%... Angriff 4 : 1).

S — S-Gehalt vergrößert den Angriff.

Cu — 0,5% Cu hemmt den Angriff wenig.

Cr — Steigender Gehalt an Cr hemmt den Angriff (Cr 0% : 30%... Angriff 10 : 1).

Ni — 0—3% Ni hemmt den Angriff, 3—10% Ni vergrößert den Angriff, 10—30% Ni hemmt den Angriff.

Co — 10% Co hemmt den Angriff (5 : 1).

Mn — Verhalten wie bei Ni.

W — Hemmt den Angriff wenig.

Mo — Hemmt den Angriff wenig.

Die angegebenen Verhältniszahlen gelten für 5% HNO_3 und ∼0,55% C-Gehalt.

Einfluß der Werkstoffzusammensetzung aus Großzahlversuchen an kochender HNO_3:

Höherer Si-Gehalt gibt stärkeren Angriff, sonst keine besonderen Einflüsse der Begleitelemente Mn, P, S.

Cu-Stahl — Bei Versuchen in 0,75-n-HNO_3 zeigten Stähle im Walzzustand mit verschiedener Zusammensetzung (Cu : 0,1 bis 0,65%; C : 0,09—0,44%) nahezu gleichartiges Verhalten: 5400...9400 270...470

W. V. Nr.	Werkstoff		20°	siedend	20°	siedend
314	Cr-Stahl	d = 1,04	<2,4	< 2,4	<0,1	<0,1
		d = 1,23—1,52	<2,4	<24,0	<0,1	<1,0

W. V. Nr.	Werkstoff		20°	90°	120°	20°	90°	20°
319	Cr-Stahl	1% Lg.		0,18			0,009	
		10% Lg.		0,13			0,006	
		25% Lg.		0,37			0,019	
		50% Lg.		0,60			0,030	
		70% Lg.	∼0,02	1,92	15,6	∼0	0,097	0,78

Zusatz von $Cu(NO_3)_2$ und $Fe(NO_3)_3$ hemmt den Angriff.
Zusatz von Halogenionen vergrößert den Angriff.

W. V. Nr.	Werkstoff		20°	siedend	20°	siedend
328—334	Cr-Stahl	d = 1,04	< 2,4	< 72,0	<0,1	< 3,0
		d = 1,23—1,40	< 2,4	< 24,0	<0,1	< 1,0
		d = 1,52	< 2,4	<240,0	<0,1	<10,0
342—355	Cr-Stahl	d = 1,04	< 2,4	<240	<0,1	<10,0
		d = 1,52	< 2,4	<240	<0,1	<10,0
358—362	Cr-Stahl	d = 1,04	<24,0	>240	<1,0	>10,0
		d = 1,23—1,52	< 2,4	<240	<0,1	<10,0
		d = 1,52 +10% KNO_3		< 24,0		< 1,0
		d = 1,52 +10% $Al(NO_3)_3$		< 24,0		< 1,0

W. V. Nr.	Werkstoff		flüssig 54°	Dampf 54°	flüssig 54°	Dampf 54°
	Cr-Stahl (0,074 C; 16, 63 Cr)	93% Lg. el. geschweißt	6,5—17,1	3,6—5,5	0,27—0,70	0,15—0,23

2, S. **133/34**

W. V. Nr.	Werkstoff	Zusammensetzung des angreifenden Stoffes	Angriff g/m²·Tag	Angriff mm/Jahr
		desgl. wärmebehandelt	6,5—17,1 3,1—6,0	0,27—0,70 0,13—0,25
		95% el. geschweißt	2,1—3,1 5,1—5,8	0,09—0,13 0,21—0,24
		desgl. wärmebehandelt	2,4—2,6 4,8—5,3	0,10—0,11 0,20—0,22
		97% Lg. el. geschweißt	24,8—25,2 23,7—26,1	1,01—1,04 0,98—1,07
		desgl. wärmebehandelt	20,0—36,1 34,0—34,8	0,82—1,49 1,40—1,43
		99% Lg. el. geschweißt	49,5—50,0 32,5—49,5	2,04—2,07 1,34—2,04
		desgl. wärmebehandelt	46,5—62,0 34,8—44,5	1,92—2,59 1,43—1,28
383	Ni-Stahl	n/l Lg. d = 1,2	1168 bei 20° 6450 ,, 20°	53,0 bei 20° 280 ,, 20°
385	Ni-Stahl	konz. Lg.	nicht verwendbar	

W. V. Nr.	Werkstoff	10% Lg. siedend	50% Lg. siedend	konz. Lg. siedend	10% Lg. siedend	50% Lg. siedend	konz. Lg. siedend
403	Cr-Mo-Stahl	0,48	2,4	7,7	0,024	0,1	0,38
413	Cr-Mo-Stahl	7,2	24,0	57,8	0,36	1,0	2,9

W. V. Nr.	Werkstoff	Zusammensetzung des angreifenden Stoffes	Angriff g/m²·Tag	Angriff mm/Jahr
418	Wegucit	Lg.	empfohlen bei höherer Temperatur	
420—425	Cr-Si-Stahl	5% Lg.	~10,0 bei 20°	~0,5 bei 20°
439	Cr-Ni-Stahl (+ N)	50% Lg.	5,0 bei Siedetmp.	0,25 bei Siedetmp.
440	Cr-Ni-Stahl (+ N)	50% Lg.	4,3 ,, ,,	0,21 ,, ,,
441	Cr-Ni-Stahl (+ N)	50% Lg.	4,1 ,, ,,	0,20 ,, ,,
459	18/8-Cr-Ni-Stahl	50% Lg.	3,6 ,, ,,	0,18 ,, ,,

W. V. Nr.	Werkstoff	Zusammensetzung	20°	siedend	20°	siedend
451—474	18/8-Cr-Ni-Stahl	d = 1,045	<2,4	< 2,4	<0,1	< 0,1
		d = 1,234	<2,4	< 2,4	<0,1	< 0,1
		d = 1,400	<2,4	< 24,0	<0,1	< 1,0
		d = 1,52	<2,4	<240	<0,1	<10,0

Einfluß des Si-Gehaltes bei 18/8-Cr-Ni-Stahl (Versuchsdauer 368 Std.):

	Zusammensetzung	Angriff g/m²·Tag	Angriff mm/Jahr
0,1% Si	d = 1,40	~ 4,8 bei Siedetp.	~0,2 bei Siedetp.
	d = 1,52	~36,0 ,, höh. Tp.	~1,8 ,, höh. Tp.
0,5% Si	d = 1,52	~100 ,, höh. Tp.	~5,0 ,, höh. Tp.

18/10 Cr-Ni-Stahl		flüssig 54°	Dampf 54°	flüssig 54°	Dampf 54°
(0,06 C;	93% Lg.	5,05	3,4	0,21	0,14
18,8 Cr;	95% Lg.	0,72	4,8	0,03	0,20
9,73 Ni)	97% Lg.	1,9	29,8	0,08	1,22
geglüht	99% Lg.	30,0	35,5	1,23	1,48

Durch Schweißen und Wärmebehandlung Erhöhung des Angriffes möglich.

2, 8. 143/45

18/8 Cr-Ni-Stahl + Ti stabilis (0,11 C; 18,5 Cr; 8,8 Ni; 0,71 Si; 0,5 Mn; 0,5 Ti)	Einfluß der Wärmebehandlung: (50% Lg. siedend)	Angriff in mm/Jahr
	+ Wasser abgeschreckt von 1100° C	0,278
	autogen-geschweißt, ohne Bearbeitung des Schweißwulstes, ohne Wärmebehandlung	0,59
	desgl. + Wasser abgeschreckt von 1100° C	0,366
	Lichtbogen-Schweißung mit gleichem Werkstoff, ohne Bearbeitung des Schweißwulstes, ohne Wärmebehandlung	0,576
	desgl. + Wasser abgeschreckt von 1100°C	0,33
	Arcatom-Schweißung mit gleichem Werkstoff, ohne Bearbeitung des Schweißwulstes, ohne	

W. V. Nr.	Werkstoff	Zusammensetzung des angreifenden Stoffes	Angriff g/m² · Tag		Angriff mm/Jahr	
		Wärmebehandlung			0,476	
		desgl. ohne Bearbeitung des Schweißwulstes, + Wasser abgeschreckt von 1100° C			0,31	
	25/18 Cr-Ni-Stahl		flüssig 54°	Dampf 54°	flüssig 54°	Dampf 54°
	(0,11 C; 24,8 Cr; 18,3 Ni)	93% Lg. el. geschweißt	1,2— 2,8	0,7—1,4	0,05—0,12	0,03—0,06
		desgl. wärme-behandelt	5,6—18,2	3,1—6,8	0,23—0,76	0,13—0,28
		95% Lg. el. geschweißt	0,5— 0,7	1,4—1,7	0,02—0,03	0,06—0,07
		desgl. wärme-behandelt	1,2— 2,8	8,6—9,6	0,05—0,12	0,36—0,40
		97% Lg. el. geschweißt	5,8— 6,5	zerstört	0,24—0,27	zerstört
		desgl. wärme-behandelt	4,3— 4,8	zerstört	1,80—1,98	zerstört
		99% Lg. el. geschweißt	zerstört			
		desgl. wärme-behandelt	zerstört			
			20°	siedend	20°	siedend
475—495	18/8-Cr-Ni-Stahl + Mo	d = 1,045	<2,4	< 2,4	<0,1	< 0,1
		d = 1,234—1,400	<2,4	< 24,0	<0,1	< 1,0
497, 498	18/8-Cr-Ni-Stahl + Cu	d = 1,045—1,234	<2,4	< 24,0	<0,1	< 1,0
		d = 1,400	<2,4	< 72,0	<0,1	< 3,0
525—529	18/9-Cr-Mn-Stahl	d = 1,04—1,52	<2,4	<240	<0,1	<10,0
468—472	Cr-Ni-Stahl	Transport	für Transportbehälter und Kesselwagen empfohlen			
532, 533	Cr-Mn-Stahl	Transport				
	Mn-Stahl		starker Angriff bei 20°			
	Kupfer	jede Konz.	nicht verwendbar, stärkster Angriff bei 31—61% Lg., aber auch bei höheren Konzentrationen bildet sich keine praktisch wirksame Schutzschicht			
	Cu-Be-Leg. (2,5% Be)	2% Lg.	Verhalten bei 20° etwa gleich dem von Al-Bronze (92 Cu, 8 Al)			
	Messing		nicht verwendbar			
590	Bronze	n/1 Lg.	44,0 bei 15°		1,80 bei 15°	
		konz. Lg.	7160 „ 15°		295 „ 15°	
591	Bronze	n/1 Lg.	79,0 „ 15°		3,25 „ 15°	
		konz. Lg.	6050 „ 15°		250 „ 15°	
592	Bronze	n/1 Lg.	31,0 „ 15°		1,27 „ 15°	
		konz. Lg.	7060 „ 15°		290 „ 15°	
620	Ni-Bronze					
	geglüht	3% Lg.	10—40 bei 27°		0,41— 1,7 bei 27°	
	vergütet	3% Lg.	190—1100 „ 27°		7,9 —46,0 „ 27°	
629	Cu-Ni-Leg.	1% Lg.	3,4 bei 15—20°		0,14 bei 15—20°	
637	Ferry-Metall	1% Lg.	3,2 „ 15—20°		0,13 „ 15—20°	
643	Rotoxit		nicht verwendbar			
649	Al-Bronze	n/1 Lg.	23,0 bei 15°		1,05 bei 15°	
		konz. Lg.	starker Angriff bei 15°			
	Cr-Überzüge	d = 1,2	6,0 bei 15°		0,03 bei 15°	
		konz. Lg.	geringer Angriff bei Siedetemperatur			
			20°	100°	20°	100°
662—666	Nickel	1% Lg.	< 2,4		<0,1	
		3% Lg.	<72,0		<3,0	
		10% Lg.	<72,0	>240,0	<3,0	>10,0

W. V. Nr.	Werkstoff	Zusammensetzung des angreifenden Stoffes	Angriff $g/m^2 \cdot Tag$			Angriff mm/Jahr		
669	Corronil	1% Lg.	1,24 bei 20°			0,05 bei 20°		
		Zusatz von O_2 vergrößert den Angriff.						
			20°	siedend		20°	siedend	
672	Monel	1% Lg.	1,76	151,3		0,07	6,4	
		10% Lg.	2,67	4640		0,11	190	
		konz. Lg.	1933			80,0		
676	Nickelchrom		20°	heiß		20°	heiß	
	ungeglüht	10% Lg.	276,0	5200		12,0	226	
	geglüht	10% Lg.	237,0	2550		11,0	112	
667	Nickelchrom							
	ungeglüht	25% Lg.	32,0	4000		1,40	174	
678	Nickelchrom							
	ungeglüht	10% Lg.	4,0			0,17		
	geglüht	10% Lg.	4,0	480,0		0,17	27,0	
679	Illium	10% Lg.	0,72			0,03		
		70% Lg.	8,1			0,34		
681, 697	Nickelchrom	1—65% Lg.	< 2,2 bei 20°			<0,1 bei 20°		
		100% Lg. +10% H_2SO_4	>22,0 „ 100°			>1,0 „ 100°		
682	Inconel	5% Lg.	118,0 bei 20°			5,2 bei 20°		
		25% Lg.	1,2 „ 20°			0,05 „ 20°		
		45% Lg.	0,57 „ 20°			0,025 „ 20°		
		65% Lg.	2,2 „ 20°			0,1 „ 20°		
685	Nickelchrom		20°	heiß		20°	heiß	
	ungeglüht	10% Lg.	1,0	1,0		0,04	0,04	
	geglüht	10% Lg.		28,0			1,22	
688	Nickelchrom							
	ungeglüht	10% Lg.	60,0	288,0		2,60	12,7	
	geglüht	10% Lg.	19,0	48,0		0,83	2,12	
691	Contracid B2, 5M	10% Lg.	1,8	0,3		0,08	0,013	
692	Contracid B4M							
	ungeglüht	10% Lg.	0,3	0,5		0,013	0,022	
	geglüht	10% Lg.	1,3	0,5		0,06	0,022	
694	Contracid B6W							
	ungeglüht	10% Lg.	6,0	24,0		0,26	1,06	
	geglüht	10% Lg.	8,0	24,0		0,34	1,06	
695	Contracid B10W							
	ungeglüht	10% Lg.	1,6	48,0		0,071	2,12	
	geglüht	10% Lg.	0,0	28,8		~0	1,27	
699	Contracid B7M							
	ungeglüht	10% Lg.	5,0	5,6		0,21	0,24	
	geglüht	10% Lg.	1,0	5,6		0,04	0,24	
701	Contracid BWMC							
	ungeglüht	10% Lg.	0,8	0,8		0,034	0,034	
	geglüht	10% Lg.	0,8	0,8		0,034	0,034	
722	Ni-Fe-Leg.	5—32% Lg.	starker Angriff bei 20°					
			20°	70° + Luft	siedend	20°	70° + Luft	siedend
723	Hastelloy C	10% Lg. 7,2	23,9	26,9		0,32	1,08	1,21
		70% Lg. 2,9	74,9	1232,0		0,13	3,38	56,5
	Kobalt	Lg.	nicht verwendbar					
	Stellit	Lg.	kein — geringer Angriff bei 20°					
	Wolfram	1—100% Lg.	<2,4 bei 20°			0,046 bei 20°		
	Molybdän	Lg.	geringer bis starker Angriff					
	Zirkon	10% Lg.	0,006 bei 35°			0,0003 bei 35°		
		40% Lg.	0,006 „ 35°			0,0003 „ 35°		
		50% Lg.	0,39 „ 35°			0,02 „ 35°		
		70% Lg.	0,31 „ 35°			0,015 „ 35°		

W. V. Nr.	Werkstoff	Zusammensetzung des angreifenden Stoffes	Angriff g/m²·Tag 20°	Angriff g/m²·Tag 100°	Angriff mm/Jahr 20°	Angriff mm/Jahr 100°
	Niob	2 n Lg.	$\sim$0	$\sim$0	$\sim$0	$\sim$0
		konz. Lg.	$\sim$0	0,22	$\sim$0	0,009
		rauchend	$\sim$0	0,22	$\sim$0	0,009
	Tantal	10 n Lg.	kein Angriff bei 100°			
		konz. Lg.	kein Angriff bei 20°			
	Ta-Mo-Leg.	70% Lg.	wenn Legierung mehr als 40 Atomprozent Ta enthält, kein Angriff			
	Molybdän	10% Lg.	starker Angriff bei höherer Temperatur			
	Zink	Lg.	nicht verwendbar			
	Cd-Überzüge	Lg.	nicht verwendbar			
	Zinn	3% Lg. + H_2	63,0 bei 20°		3,17 bei 20°	
		3% Lg. + O_2	64,0 „ 20°		3,21 „ 20°	
		konz. Lg.	starker Angriff bei 20°			
	Blei	4,5— 23,5% Lg.	starker Angriff bei 20°			
		35 % Lg.	42,1 bei 20°		1,33 bei 20°	
		40— 61 % Lg.	20,8— 6,0 „ 20°		0,7 —0,2 „ 20°	
		65— 70 % Lg.	60,0—54,3 „ 20°		2,0 —1,8 „ 20°	
		77— 94 % Lg.	18,0—12,0 „ 20°		0,6 —0,4 „ 20°	
		97—100 % Lg.	28,6—34,2 „ 20°		0,96—1,14 „ 20°	
	90/10 Pb-Sb-Leg.	Lg.	Auflösung bei 20°			
	Silber	verd. Lg.	zuerst längere oder kürzere Inkubationszeit, dann rasche Auflösung. Eisensalze beschleunigen die Auflösung. Zusatz von Oxydationsmitteln hemmt die Auflösung			
	Gold	rein, d = 1,46	kein Angriff			
		d = 1,5	löst bei 20°			
	Au-Cu-Leg.	d = 1,3	kein Angriff, wenn mehr als $\sim$75,5 Gew.-% = 4/8 Mol Au (Resistenzgrenze nach TAMMANN)			
	Au-Ag-Leg.	d = 1,3	kein Angriff, wenn mehr als $\sim$63 Gew.-% Au			
	Platin	70% Lg.	0,005 bei 20°		0,000 bei 20°	
		95% Lg.	kein Angriff bei 100°			
	Iridium	95% Lg.	kein Angriff bei 100°			
	Osmium	95% Lg.	starker Angriff bei 100°			
	Palladium	95% Lg.	starker Angriff bei 100°			
	Rhodium	95% Lg.	kein Angriff bei 100°			

Salpetersäure, rote, rauchende [204]

A = rote, rauchende Salpetersäure mit 16—20% NO_2
B = rote, rauchende Salpetersäure mit 6,5% NO_2
Versuchsdauer bei 20° 48 Stunden, bei 120—150° 6—8 Stunden

	g/m²·Tag 20° A	g/m²·Tag 20° B	g/m²·Tag 120—150° A	g/m²·Tag 120—150° B	mm/Jahr 20° A	mm/Jahr 20° B	mm/Jahr 120—150° A	mm/Jahr 120—150° B
SAE 1020	5,9	17,0	4000,0	3200,0	0,26	0,76	177,8	139,7
AISI 302		0,35				0,015		
AISI 303			1280,0				55,8	
AISI 304	0,23	0,23	760,0	700,0	0,01	0,01	33,0	30,4
AISI 316		0,46		1460,0		0,02		63,6
AISI 410		0,58		2940,0		0,025		127,0
AISI 414	1,15	2,3		2050,0	0,05	0,10		89,0
AISI 416	2,3	1,8	3120,0	1740,0	0,10	0,08	127,0	76,2
AISI 420			2050,0				89,0	
AISI 430	0,23		470,0		0,01		20,3	
AISI 440	11,8		1460,0		0,51		63,5	

W. V. Nr.	Werkstoff	Zusammensetzung des angreifenden Stoffes	Angriff g/m²·Tag	Angriff mm/Jahr
	AISI 446	0,23	17,4 0,01	0,76
	Stainless W	0,35	2650,0	0,015 101,6
	Worthite	0,00	290,0	0,000 12,6
	Gußeisen	290,0 235,0	8200,0 ~8000,0 12,6	10,1 355,0 ~350,0
	Duriron	1,8	174,0 0,08	7,6
	Stellit 1	0,00	~160,0 0,000	~7,6
	Stellit 6	0,44	1100,0 0,02	50,8
	Alcoa 2—S	0,82	1140,0 0,11	152,6
	Alcoa 17—St	0,37	1320,0 750,0 0,05	177,8 101,6
	Alcoa 24—ST	0,11 0,18	560,0 1160,0 0,015	0,025 76,2 155,0
	Alcoa 43	0,60	1260,0 0,08	170,0
	Alcoa 61—S	1,70	1530,0 0,23	203,2
	Alcoa 195	0,37	1580,0 0,05	210,8
	Alcoa 214	1,9	3570,0 0,26	482,6
	Alcoa 355	0,74	0,10	
	Alcoa 356	0,95 0,00	625,0 850,0 0,13	0,000 83,8 114,3
	Chrom	0,33	400,0 0,015	17,8
	Zinnfolie	0,1	4,0 0,005	0,18
	Gold	0,00	11,0 0,000	0,18
	Tantal		0,0	0,00
	Zinn (Blatt)	rauchend, 6,5% NO_2	0,05 bei 10— 26°	0,002 bei 10— 26°
			3,56 „ 120—150°	0,17 „ 120—150°
	Zinn (Babitt)	rauchend, 6,5% NO_2	4,57 „ 120—125°	0,23 „ 120—125° [205]

Empfohlene Werkstoffe bei Herstellung aus NH_3 durch Oxydation [15, S. 229]:
Stahl für NH_3-Lagerbehälter, NH_3-Verdampfer
Cr-Stahl (430) o. Cr-Ni-Stahl (347) für Converter, Wärmeaustauscher,
Absorptionsturm, Lagerbehälter (HNO_3) 61—65%
Cr-Ni-Stahl (304) o. Cr-Stahl (430) für Kühler.

Salpetrige Säure

6	Aluminium 18/8-Cr-Ni-Stahl	Lg.	geringer Angriff bei höherer Temperatur
		d = 1,42	<2,4 bei 20° <0,1 bei 20°

Salzsäure. d 1,19 (Konz.).

1	Reinstaluminium	2 n Lg.	sehr langsame Auflösung
		5 n Lg.	} stärkerer Angriff
		10 n Lg.	
		konz. Lg.	geringer Angriff

Pt, Fe, Cu beschleunigen die Auflösung sehr, weniger stark wirken Ni, Au, Hg.
Cd und Si mit Cu-haltigem Aluminium legiert, hemmen dessen Auflösungsgeschwindigkeit.

Der Angriff spielt sich in drei Perioden ab: 1. Inkubationsperiode (keine sichtbare Veränderung), 2. Induktionsperiode (rasch stärker werdende H_2-Entwicklung), 3. Reaktionsperiode (gleichbleibender Angriff).

Magnesium

		Angriff					
		35°	60°	100°	35°	60°	100°
Titan (geglüht)	0,5% Lg.	< 0,1			<0,11		[200]
	1 % Lg.	0,05	0,05	0,14	0,005	0,005	0,016
	3 % Lg.		0,091	68,7		0,01	18,9
	5 % Lg.	0,14	26,3		0,016	3,0	
	7,5% Lg.	< 4,8			<0,54		
	10% Lg.	13,3			1,52		
	15% Lg.	20,3			2,31		
	20% Lg.	<39,4			<4,5		
	37% Lg.	625			72,2		

W. V. Nr.	Werkstoff	Zusammensetzung des angreifenden Stoffes	Angriff g/m² · Tag	Angriff mm/Jahr

Zahlentafel 12. Einfluß des Reinheitsgrades des Aluminiums
(nach E. Zurbrügg)

Reinheitsgrad in %	Gasentwicklung beim Auflösen in 10 % HCl bei 20° cm³ H₂/Std. cm²
99,99	0,01 — 0,02
99,95	0,03 — 0,1
99,90	0,1 — 3
99,85	1 — 5
99,7	3 —10
99,5	5 —15
99,3	7 —20
99,0	10 —25
98,5	15 —35

Das Verhalten gegen 1% HCl zeigt Abb. 14. Derivate des Pyridins, Chinolins und Acridins setzen bei einer Konzentration von 0,3 und 3 Millimol/l die Auflösungsgeschwindigkeit von Al in 3-n-HCl bei 25° auf 90—1% gegenüber der reinen HCl-Lösung herab. Zusatz von O_2, $HgCl_2$ und Cl' vergrößert den Angriff.

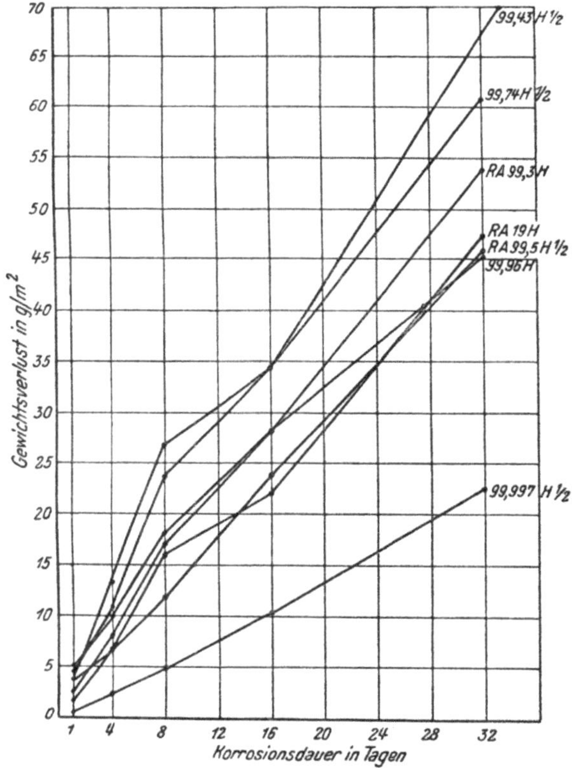

Abb. 14. Verhalten von Aluminium und Al-Legierungen gegen 1% HCl bei 20° (nach von Vogel)
Werkstoffzusammensetzung vgl. Zahlentafel 3, S. 81

W. V. Nr.	Werkstoff	Zusammensetzung des angreifenden Stoffes	Angriff g/m² · Tag	Angriff mm/Jahr
	Gußeisen *	n/l Lg.	3000 bei 20°	150 bei 20°
		2-n Lg.	4500 ,, 20°	225 ,, 20°
		4-n Lg.	5700 ,, 20°	290 ,, 20°
		8-n Lg.	4800 ,, 20°	240 ,, 20°
		10-n Lg.	3150 ,, 20°	158 ,, 20°

Gußeisen (3% C), Einfluß des Si-Gehaltes des Gußeisens:

	1% Si	0,2 n-Lg.	8,0 bei 20°	0,4 bei 20°
	3% Si	0,2 n-Lg.	14,5 ,, 20° (Max.)	0,7 ,, 20°
	6% Si	0,2 n-Lg.	9,5 ,, 20°	0,48 ,, 20°

dx/dt   7,8   7,2   6,1   6,5% bei 25—48°

dx/dt   23,0   20,0% ,, 50—80°

Si-Gußeisen

			20°	30°	80°	20°	30°	80°
12	Si	10% Lg.		75	230		3,15	9,6
14	Si	10% Lg.		15	100		0,63	4,1
16	Si	10% Lg.		2,5	40		0,11	1,7
18	Si	10% Lg.		2,5	25		0,11	1,1
12	Si	35% Lg.		470	>1.000		19,4	>41,0
14	Si	35% Lg.	18	70	460	0,75	29,2	19,1
16	Si	35% Lg.		10	275		0,41	11,5
18	Si	35% Lg.	3	10	> 100	0,13	0,41	> 4,1

Antichlor (0,5 C; 15,6 Si; 3,8 Mo; 1,16 Ni)

Dauer: a)   50 Stunden
        b)   50—100 Stunden
        c)   100 Stunden

		30°	60°	80°	30°	60°	80°
5% Lg.	a)	4,3			0,22		
	b)		19,8—5,0			1—0,26	
	c)	1,7		24,7	0,09		1,28
10% Lg.	a)	4,1			0,21		
	b)		12,9—9,4	20,8—17,5		0,67—0,48	1,00—0,88
15% Lg.	b)	5,8—2,6	13,6—9,2	22,3—15,8	0,30—0,13	0,71—0,47	1,15—0,82
25% Lg.	a)			24,1			1,27
	b)	3,8—3,1	10,8—8,6		0,20—0,16	0,56—0,44	
	c)			16,0			0,83
30% Lg.	a)			32,0			1,65
	b)	4,1—2,4	14,8—8,8		0,21—0,12	0,77—0,46	
	c)			15,8			0,80
35% Lg.	a)	3,8		29,5	0,20		1,54
	b)		16,3—7,4			0,84—0,38	
	c)	2,2		18,5	1,12		0,90

225	Durichlor	Empfohlen bei allen Konzentrationen und höherer Temperatur. Ein Gehalt an FeCl₃ verstärkt den Angriff bedeutend. Pumpen zeigten in HCl-Lg. bei 50—90° 15 Jahre Lebensdauer.		

Ferrosiliziumplattierungen mit 60—70% Si können bis 160° verwendet werden.

256	Niresist 1	0,5% Lg.	1,8 bei 20°	0,08 bei 20°
		1,0% Lg.	2,3 ,, 20°	0,10 ,, 20°
		5,0% Lg.	10,0 ,, 20°	0,46 ,, 20°
		10,0% Lg.	10,0 ,, 20°	0,46 ,, 20°
		20,0% Lg.	26,0 ,, 20°	1,15 ,, 20°

Zusatz von O_2 vergrößert den Angriff (5 : 1)

	Cr-Gußeisen	10—37% Lg.	starker Angriff bei 20°	
260	Monel-	3% Lg.	5,0 bei 20°	0,22 bei 20°
	Gußeisen	10% Lg.	59,8 ,, 20°	2,60 ,, 20°
		20% Lg.	111,1 ,, 20°	5,0 ,, 20°

---

* Auflösungsgeschwindigkeit x. Lg.   n/1   n/2   n/5   n/10

W. V. Nr.	Werkstoff	Zusammensetzung des angreifenden Stoffes	Angriff g/m² . Tag		Angriff mm/Jahr	
			20°	70°	20°	70°
261	Muriatit	n/1 Lg.	1,9	14,9	0,095	0,75
		6 n Lg.	1,7	23,9	0,085	1,18
		10 n Lg.	37,3		1,86	
268	Stahl	n/1 Lg.	584,0 bei 20°		27,5 bei 20°	
		konz. Lg.	1800,0 ,, 20°		85,0 ,, 20°	
274	Flußstahl	10% Lg.	560,0 ,, 20°		27,0 ,, 20°	
		50% Lg.	1420,0 ,, 20°		68,0 ,, 20°	
293	Elektrolyt-Eisen	n/1 Lg.	85,0 ,, 20°		4,1 ,, 20°	
		konz. Lg.	860,0 ,, 20°		41,5 ,, 20°	

Zusatz von As_2O^3, Pyridin, Chinolin, Naphthochinolin und Formaldehyd hemmt den Angriff.

Zusatz von O_2 vergrößert den Angriff (15—70 : 1).

294 Armco-Eisen Versuche mit $^1/_{10}$ — 1-n-HCl ergaben, daß in den ersten Sekunden Hexamethylentetramin noch keine so starke Inhibitorwirkung zeigt wie später [206].

Die Abhängigkeit des Gewichtsverlustes von der Werkstoffzusammensetzung und der Angriffszeit wurde von W. EILENDER, W. GELLER und W. AUSEL untersucht.

Zahlentafel 13. Chemische Analysen der verwendeten Werkstoffe A und B

Werkstoff	C %	Si %	Mn %	P %	S %	Cu %
A 1	0,112	0,074	0,39	0,011	0,023	0,12
A 2	0,094	0,072	0,41	0,013	0,017	0,10
A 3	0,091	0,060	0,41	0,012	0,020	0,12
A 4	0,097	0,082	0,42	0,012	0,018	0,10
A 5	0,100	0,065	0,41	0,009	0,017	0,13
B 6	0,35	0,11	0,55	0,023	0,030	0,12
B 7	0,35	0,15	0,51	0,039	0,031	0,10
B 8	0,33	0,18	0,57	0,019	0,025	0,13
B 9	0,26	0,11	0,59	0,035	0,028	0,25
B 10	0,28	0,12	0,57	0,026	0,020	0,65

Abb. 15. Verhalten von Werkstoff A (1—5) und B (6—10) gegen 0,61-n-HCl bei 20°

W. V. Nr.	Werkstoff	Zusammensetzung des angreifenden Stoffes	Angriff g/m² · Tag	Angriff mm/Jahr

In einer Gemeinschaftsarbeit des Fachausschusses für Korrosionsfragen der Eisenhütte Österreich (Bericht von R. WALZEL und FR. NEUWIRTH) wurden an Versuchsreihen mit kalten oder mäßig erwärmten Säuren die Einflüsse der Probeform, der Beschaffenheit des Lösungsmittels, der Versuchsdauer, der Anwesenheit von Reduktionsmitteln, des Gassättigungsgrades usw. zu erfassen gesucht. Die Wiederholbarkeit der Ergebnisse ist nicht sehr befriedigend, bei Verwendung kochender Säuren konnte hingegen die gewünschte Wiederholbarkeit erhalten werden.

Einfluß der Werkstoffzusammensetzung aus Großzahlversuchen an kochender HCl: Bei steigendem Mn-Gehalt und besonders bei steigendem P-Gehalt stärkerer Angriff, bei steigendem Cu-Gehalt geringerer Angriff.

Aldehyd- und Rohrzuckerzusatz verringern den Angriff bei Eisen und Messing, vergrößern ihn aber bei Edelmetallen:

W. V. Nr.	Werkstoff	Zusammensetzung des angreifenden Stoffes	Angriff g/m² · Tag	Angriff mm/Jahr
	Stahl	n/l Lg.	403 bei 20°	19,9 bei 20°
		n/l Lg. $+0{,}13\%$ Na_3AsO_4	26,0 „ 20°	1,1 „ 20°
		Auch $SbCl_3$-Zusatz setzt den Angriff herab.		
	Cu-Stähle	Keine allgemeine schützende Wirkung; ein Cu-Zusatz zu Stählen mit hohem P- oder S-Gehalt vermindert die Lösungsgeschwindigkeit stark, die der P- und S-armen Stähle aber kaum, bei reinen Proben kann durch Cu-Zusatz sogar der Säureangriff erhöht werden. $CuSO_4$-Gehalt der Lösung vergrößert den Angriff.		
	Cu-Sn-Stahl	(0,13 C; 0,6 Mn; 0,51 Sn; 0,44 Cu; 0,33 Si; 0,07 S; 0,009 P Sn : Cu = 1,159)		
		3,6% Lg. geglüht	21,6 bei 20°	0,99 bei 20°
		angelassen	36,0 „ 20°	1,65 „ 20°
		gehärtet	21,6 „ 20°	0,99 „ 20°
		Sn : Cu = 0,94 oder 1,68 etwas stärkerer Angriff		
322—355	Cr-Stahl	Lg.	starker Angriff	
383	Ni-Stahl	n/l Lg.	17,0 bei 20°	0,78 bei 20°
		konz. Lg.	410,0 „ 20°	18,7 „ 20°
388	Ni-Stahl	n/l Lg.	254,0 „ 20°	12,0 „ 20°
		konz. Lg.	2030 „ 20°	96,0 „ 20°
396—408	Cr-Mo-Stahl	Lg.	starker Angriff	
420	Cr-Si-Stahl	5% Lg.	140,0 bei 20°	6,8 bei 20°
421	Cr-Si-Stahl	5% Lg.	300,0 „ 20°	14,6 „ 20°
445	Durimet 20	bis 20% Lg.	verwendbar bei 20°	
446	Worthite	bis 20% Lg.	geringer Angriff bei 20° (Pumpen)	
		2% Lg.	starker Angriff bei 80°	
451—474	18/8-Cr-Ni-Stahl	1% Lg.	< 2,4 bei 20°	< 0,1 bei 20°
		5% Lg.	~ 2,4 „ 20°	~ 0,1 „ 20°
		10% Lg.	~ 15 „ 20°	~ 0,7 „ 20°
		20% Lg.	~300 „ 20°	~15 „ 20°
		3,9% Lg.	~400 „ 50°	~20 „ 20°
		1% Lg.	~ 5000 b. Siedetmp.	~250 b. Siedetmp.
		3% Lg.	~1 · 10⁴ b. „	~500 „ „
		5% Lg.	~1,5 · 10⁴ b. „	~750 „ „
475—495	18/8-Cr-Ni-Stahl + Mo		Verhalten wie bei 18/8-Cr-Ni-Stahl	
503	10/18-Cr-Ni-Stahl + Mo + Cu		Verhalten zeigt Abb. 16.	
525—529	18/9-Cr-Mn-Stahl	Lg.	starker Angriff	
543	Mn-Stahl	n/l Lg.	59,0 bei 20°	2,8 bei 20°
		konz. Lg.	2350 „ 20°	112 „ 20°
	Kupfer	Bei verdünnter O_2-freier Lösung ist der Angriff gering, bei mittlerer Konzentration (z. B. 1-n Lg.) bereits erheblich; maßgebend ist dann nur noch der Sauerstoff oder der Zusatz von oxydierenden Substanzen. Besonders gefährlich sind Ferrisalze.		
	O_2-frei:	10% Lg.	2,0 bei 20°	0,08 bei 20°
		20% Lg.	6,0 „ 20°	0,24 „ 20°

W. V. Nr.	Werkstoff	Zusammensetzung des angreifenden Stoffes	Angriff g/m² · Tag	Angriff mm/Jahr

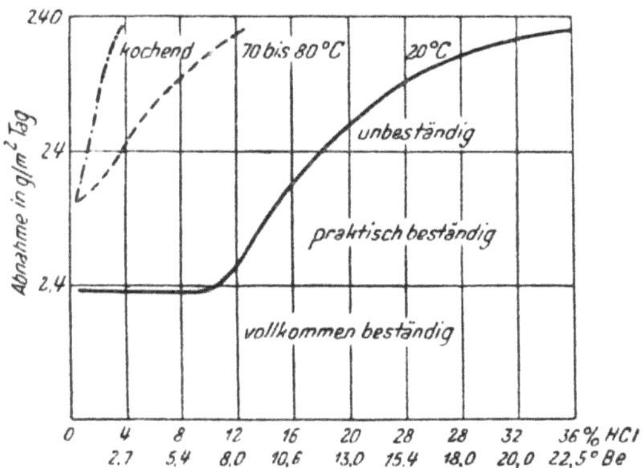

Abb. 16.   Verhalten von Cr-Ni-Mo-Cu-Stahl gegen HCl

		30% Lg.	21,0 bei 20°	0,85 bei 20°
		konz. Lg.	~100 „ 20°	~4,1 „ 20°
	Kupfer	20% HCl	Angriff bei O₂ 179mal stärker als bei H₂	

In die ruhende Lösung 1 Tag lang bei 21° eingetaucht. Vor dem Versuch 1 Stunde N_2-O_2-Mischung durchgeleitet.

O_2-Gehalt des durchgeleiteten Gemisches

in %	g/m² · Tag	mm/Jahr
0	<1,0	<0,04
5,5	7,0	0,3
10,4	21,0	0,9
15	26,0	1,0
26,4	54,0	2,2

W. V. Nr.	Werkstoff	Zusammensetzung	Angriff g/m² · Tag		Angriff mm/Jahr	
	Kupfer	10% in 96% Alkohol	50 bei 20°		2,4 bei 20°	
		10% in 100% Alkohol	80 „ 20°		3,4 „ 20°	
	Messing	Der Angriff ist nur bei völligem Fehlen von O_2 gering. Das gebildete $CuCl_2$ bewirkt als O_2-Überträger starke Erhöhung des Angriffes.				
			15°	50°	15°	50°
561	Messing Ms 70	1/1000 n Lg.	3,1	11,6	0,13	0,50
		1/500 n Lg.	5,3	14,2	0,23	0,61
		1/100 n Lg.	184		7,9	
585	Messing	1 n Lg.	30,0		1,3	
		konz. Lg.	starker Angriff			
		HCl wirkt auch entzinkend				
	Gun metal (88 Cu; 8 Sn; 4 Zn)	1% HCl + +1% FeCl₃	125,2 bei 20°		4,9 bei 20°	
	P-Bronze (96 Cu; 3,4 Sn)	5% Lg.	8,0 bei 15°		0,4 bei 15°	
	Sn-Bronze (5—10 Sn)	10% Lg.	etwa 90 bei 20°		0,44 bei 20°	
	Be-Bronze (2,0 Be; 0,35 Ni; Cu)	10% Lg.	33,7 bei 24°		1,47 bei 24°	
			25°	70°	25°	70°
	Si-Bronze (2,96 Si; 1,1 Mn)	3% Lg.	2,3	18,3	0,12	0,91
		10% Lg.	2,3	13,7	0,12	0,65

W. V. Nr.	Werkstoff	Zusammensetzung des angreifenden Stoffes	Angriff g/m² · Tag		Angriff mm/Jahr	
		25% Lg.	1,8	23,8	0,08	0,95
		70% Lg.	12,3	160,8	0,61	8,0
	Si-Bronze (3,07 Si;	3% Lg.	23,8	17,9	0,99	0,746
	0,96 Zn;	10% Lg.	21,1	12,0	0,88	0,499
	0,38 Sn;	20% Lg.	21,0	24,1	0,86	1,05
	Cu)	35% Lg.	11,3	170,8	0,47	7,12
649	Al-Bronze	n/1 Lg.	4,0 bei 15°		0,18 bei 15°	
		konz. Lg.	23,0 ,, 15°		1,05 ,, 15°	
659	Al-Bronze	konz. Lg.	geringer Angriff bei 15°			
			starker Angriff bei 80°			
	Cr-Überzüge	Lg.	starker Angriff bei 20°			
			luft-gesättigt 30°	luft-frei 30°	luft-gesättigt 30°	luft-frei 30° 207, 208
662—666	Nickel	1% Lg.	28,0	3,0	1,28	0,13
		5% Lg.	65,0	5,0	2,7	0,20
		10% Lg.	50,0	10,0	2,05	0,42
		20% Lg.	45,0	25,0	1,86	1,10
		30% Lg.	50,0	45,0	2,05	1,86
		5—37,2% Lg.	starker Angriff bei 100°			
		4% HCl	Angriff bei O_2 73mal stärker als bei H_2			
669	Corronil	1% Lg.	0,96 bei 20°		0,04 bei 20°	
		10% Lg.	1,68 ,, 20°		0,07 ,, 20°	
672	Monel	0,5% Lg. luftfrei	17,8 bei Siedetp.		0,73 bei Siedetp.	
		1% Lg. luftfrei	25,8 ,, ,,		1,1 ,, ,,	
		5% Lg. luftfrei	150,0 ,, ,,		6,25 ,, ,,	
		10% Lg.	52,4 ,, 60°		2,18 ,, 60°	
			177,3 ,, 80°		7,4 ,, 80°	
		15% Lg.	326 ,, 100°		13,4 ,, 100°	
		15% Lg. + $FeCl_3$	488 ,, 100°		20,1 ,, 100°	
		20% Lg.	4,9 ,, 25°		2,0 ,, 25°	
			38,8 ,, 60°		1,6 ,, 60°	
			1686 ,, 80°		70 ,, 80°	
		30% Lg.	71 ,, 20°		3,0 ,, 20°	
		30% Lg. + $FeCl_3$	83 ,, 20°		3,4 ,, 20°	
	70/30-Ni-Cu-Legierung	1% Lg.	30,0	6,0	1,26	0,26
		5% Lg.	52,0	8,0	2,15	0,32
		10% Lg.	53,0	10,0	2,17	0,42
		20% Lg.	75,0	45,0	3,12	1,86
		30% Lg.	210	170	8,7	7,0
676	Nickelchrom ungeglüht	10% Lg.	18,0 bei 20°		0,78 bei 20°	
	geglüht	10% Lg.	10,0 ,, 20°		0,43 ,, 20°	
677	Nickelchrom ungeglüht	10% Lg.	8,0 ,, 20°		0,35 ,, 20°	
	geglüht	10% Lg.	4,0 ,, 20°		0,17 ,, 20°	
			25°	95—98°	25°	95—98°
678	Nickelchrom	15% Lg.	8,4	2750	0,36	120
		37% Lg.	6,34	7650	0,28	330
679	Illium	5% Lg.	1,66		0,07	
		25% Lg.	12,7		0,55	
681	Nickelchrom	3,3% Lg.	<2,2 bei 20°		<0,1 bei 20°	
682	Inconel	5% Lg. + O_2	76,0 ,, 20°		3,30 ,, 20°	
684	Nickelchrom	3,6—18,5% Lg.	<24,0 ,, 20°		<1,0 ,, 20°	
		37,2% Lg.	>240,0 ,, 20°		>10,0 ,, 20°	
			20°	heiß	20°	heiß
685	Chroman C ungeglüht	10% Lg.	144,0	4000	6,3	170
	geglüht	10% Lg.	8,0	4380	0,35	190

W. V. Nr.	Werkstoff	Zusammensetzung des angreifenden Stoffes	Angriff g/m² · Tag	Angriff mm/Jahr
689	Nickelchrom			
	ungeglüht	10% Lg.	4,0 192,0	0,17 8,5
	geglüht	10% Lg.	3,0 120,0	0,13 5,3
691	Contracid B2, 5M			
	ungeglüht	10% Lg.	5,0 270,0	0,22 11,8
	geglüht	10% Lg.	5,0 820,0	0,22 36,0
692	Contracid B4M			
	ungeglüht	10% Lg.	3,0 290,0	0,13 12,6
	geglüht	10% Lg.	4,3 180,0	0,19 7,8
695	Contracid B10W			
	ungeglüht	10% Lg.	1,2 288,0	0,05 12,6
	geglüht	10% Lg.	0,4 288,0	0,017 12,6
701	Contracid BWMC			
	ungeglüht	10% Lg.	2,4 270,0	0,10 11,8
	geglüht	10% Lg.	2,8 220,0	0,12 9,7
			20° 70° siedend + Luft	20° 70° siedend + Luft
721	Hastelloy A	1% Lg.	24,2 — 50,7	0,95 — 2,1
		10% Lg.	8,8 54,4 161,0	0,35 2,17 6,5
		37% Lg.	2,4 28,7 288,0	0,09 1,16 11,4
722	Hastelloy B	1% Lg.	2,3 14,7 5,6	0,08 0,57 0,22
		10% Lg.	4,0 21,6 7,7	0,15 0,86 0,31
		37% Lg.	1,2 12,3 10,8	0,04 0,50 0,44
723	Hastelloy C	1% Lg.	0,11 1,0 63,5	0,004 0,04 2,55
		10% Lg.	16,4 209,5 1645,0	0,65 8,1 65,2
		10% Lg.	11,2 672,5 2009,0	0,44 28,1 80,0
			50° 70°	50° 70°
725	Chlorimet 2	1% Lg.	<0,2 <0,2	<0,01 <0,01
		10% Lg.	20,0 30,0	0,8 1,25
		25% Lg.	36,6 43	1,5 1,7
		37% Lg.	32,5 40	1,4 1,6
			belüftet unbelüftet 20° 20°	belüftet unbelüftet 20° 20°
727	Langalloy 4R	1% Lg.	4,0 1,0	0,15 0,04
		5% Lg.	6,0 2,0	0,25 0,08
		10% Lg.	4,0 2,0	0,15 0,08
		20% Lg.	3,0 1,0	0,12 0,04
		30% Lg.	2,5 1,0	0,10 0,04
	Kobalt	Lg.	geringer Angriff bei 20° starker Angriff bei 80—100°	
	Stellit	Lg.	geringer — starker Angriff	
	Rhenium-Überzüge	Lg.	empfohlen	
			20° 100°	20° 100°
	Niob	2 n Lg.	~0 ~0	~0 ~0
		d = 1,16	~0 13,5	~0 0,58
		d = 1,19	~0 8,32	~0 0,36
	Tantal	Lg.	0,0 0,0	0 0
	Wolfram	Lg.	0 2,4	0 ~0,05
	Molybdän	Lg.	1 8	~0,02 ~0,14
	Thallium	Lg.	0 0	0 0
	Zink	Lg.	starker Angriff	
			Zinküberzüge aus saurem Hochglanzbad werden weniger angegriffen als normales Elektrolytzink	
	Cd-Überzüge	Lg.	nicht verwendbar	
	Zinn	0,05% Lg	1,4 bei 20°	0,07 bei 20°

W. V. Nr.	Werkstoff	Zusammensetzung des angreifenden Stoffes	Angriff g/m² · Tag	Angriff mm/Jahr
		0,1 Lg.	0,7 bei 20°	0,035 bei 20°
		1 % Lg.	3,6 ,, 20°	0,18 ,, 20°
		5 % Lg.	3,6 ,, 20°	0,18 ,, 20°
		19 % Lg.	19,0 ,, 20°	0,96 ,, 20°
		Zusatz von O_2 vergrößert den Angriff		
	Zinn (99,989; 0,009 Cu; 0,002 Pb)	0,1 n Lg. teilweise eingetaucht	1,85 bei 25°	0,095 bei 25°
	Zinn (99,679; 0,23 Sb)	0,1 n Lg. teilweise eingetaucht	1,67 ,, 25°	0,085 ,, 25°
	Zinn (95,0; 5 Sb)	0,1 n Lg. teilweise eingetaucht	0,9 ,, 25°	0,045 ,, 25°
	Zinn (93,96; 5,05 Sb; 0,98 Cu)	0,1 n Lg. teilweise eingetaucht	0,89 ,, 25°	0,045 ,, 25°
	Zinn (91,89; 5,18 Sb; 2,98 Cu)	0,1 n Lg. teilweise eingetaucht	0,85 ,, 25°	0,045 ,, 25°
	Zinn (99,96; 0,014 Pb)	3% Lg.	109 ,, 20°	5,54 ,, 20°
		4,85% Lg.	119,5 bei 20°	6,05 ,, 20°
		15,3% Lg.	106,0 ,, 20°	5,40 ,, 20°
	Tantal	alle Konzentr.	kein Angriff bei erhöhter Temperatur	
	Quecksilber	Lg.	fast kein Angriff bei Siedetemperatur	
	Zirkon	5% Lg.	0,04 bei 100°	0,002 bei 100°
		10% Lg.	0,05 ,, 100°	0,0025 ,, 100°
		15% Lg.	0,26 ,, 100°	0,015 ,, 100°
		20% Lg.	0,31 ,, 100°	0,02 ,, 100°

Zahlentafel 14. Einfluß von Legierungszusätzen
zum Pb
(In 20% HCl 1 Stunde am Rückflußkühler gekocht)

	g/m² · Tag	mm/Jahr
Blei rein	1 170	38,0
0,01 Sb	4 476	144
0,31 Sb	50 810	1640
0,95 Sb	49 600	1600
0,05 Sn	1 655	53,0
1,06 Sn	3 608	117
0,0025 Bi	5 475	176
0,85 Bi	3 104	100
0,012 Cd	6 929	223
0,04 Cd	18 300	590
1,00 Cd	4 140	133
0,013 Zn	12 510	403
0,56 Zn	3 111	102
1,07 Zn	8 403	272
0,011 Cu	6 076	196
1,00 Cu	28 940	930
0,041 Ag	4 080	131
0,94 Ag	23 400	752
Spur Ni	42 550	1370
0,4 Ni	52 020	1680
0,02 Se	3 269	105
0,10 Se	10 200	335
0,05 As	10 110	328
0,86 As	4 768	154

W. V. Nr.	Werkstoff	Zusammensetzung des angreifenden Stoffes	Angriff g/m² · Tag	Angriff mm/Jahr

Zahlentafel 15. Einfluß der Rührgeschwindigkeit auf die Korrosion von Blei bei Chlorierung 25° (nach RABALD)

Rührgeschwindigkeit m/min	% Lg.	g/m² · Tag	mm/Jahr
0,0	10	48	1,6
0,06	10	126	4,2
0,18	10	177	5,9
0,24	10	174	5,8
0,9	10	218	7,3
1,98	10	198	6,6
2,7	10	234	7,8
3,9	10	234	7,8
7,5	10	282	9,4
4,8	25	237	7,9
8,4	25	273	9,1
8,7	25	285	9,5
9,9	25	366	12,2

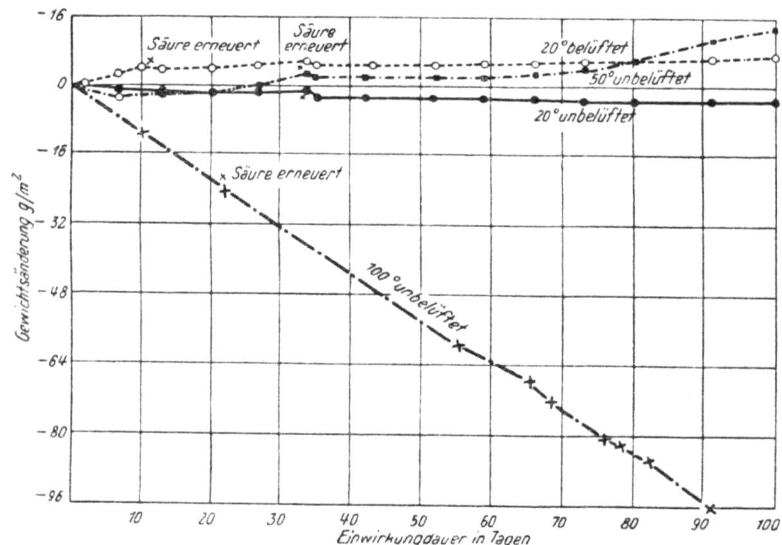

Abb. 17. Verhalten von Silber gegen 5% HCl

		20°	100°	20°	100°
Reinblei	10% Lg.	2,1	6,3	0,06	0,18

Zusatz von O_2 vergrößert den Angriff (10 : 1)

$0,5\%$ Cl_2 erhöhen den Angriff auf das Doppelte, 1% $FeCl_3$ erhöht auf den dreifachen Angriff

		20°		20°	
Reinblei in C_2H_5OH	10% Lg.	20,0 bei 20°		0,64 bei 20°	

Chinoidin-Zusatz verringert den Angriff

		20°	100°	20°	100°
824	Hartblei	1% Lg.	1,0	1,0	0,04	0,04

W. V. Nr.	Werkstoff	Zusammensetzung des angreifenden Stoffes	Angriff g/m² · Tag	Angriff mm/Jahr

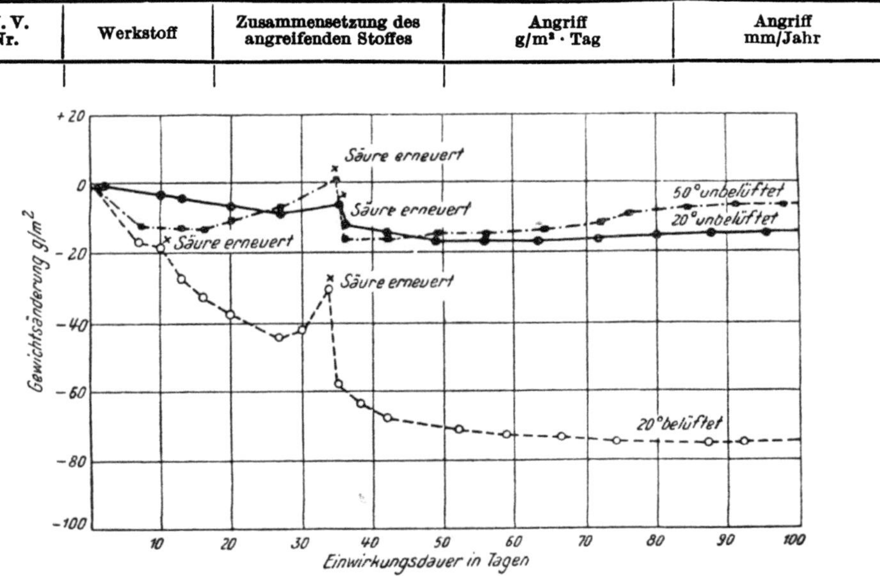

Abb. 18.   Verhalten von Silber gegen 15% HCl

	5% Lg.	1,0	6,0	0,04	0,22
	10% Lg.	2,0	6,0	0,07	0,22
	35% Lg.	10,0	24,0	0,36	0,88
832 FM-Leg. Silber	10—37% Lg.	<0,01	<0,01	~0	~0

Dickenabnahme bei 100° unbelüftet 0,035 mm/Jahr; wenn stets frische 5% HCl auf das mit Luft umspülte Silber einwirkt, dann etwa 0,04 mm/Jahr.

Dickenabnahme in 15% HCl in mm/Jahr:

bei 20° in unbelüftetem Zustand   ~0,007
bei 20° in mit Luft gesättigtem Zustand   ~0,085
bei 50° in unbelüftetem Zustand   0,035—0,042

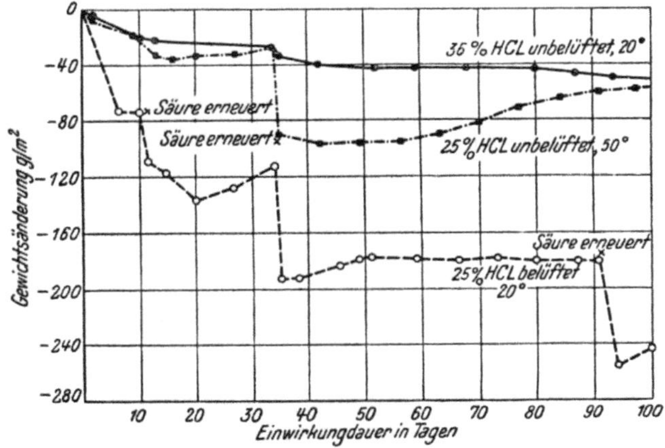

Abb. 19.   Verhalten von Silber gegen 25—36% HCl

W. V. Nr.	Werkstoff	Zusammensetzung des angreifenden Stoffes	Angriff g/m² · Tag	Angriff mm/Jahr

Zahlentafel 16.
Gewichtsverlust in g/m² · Tag

	1. nHCl bei 20°	2. 20% HCl bei 35°	3. 20% HCl bei 100°	4. 20% HCl bei 100° + O₂
839 Feinsilber	+38,0	1,5	5,0	26,0
840 Ag-Legierung	—	2,5	120	74,0
841 Ag-Legierung	—	2,5	75,0	52,0
842 Ag-Legierung	—	3,5	5,0	90,0
843 Ag-Legierung	—	2,5	5,0	74,0
844 Ag-Legierung	—	—	5,0	48,0
845 Ag-Legierung	+8,6	—	—	55,0
846 Ag-Legierung	+7,8	—	—	55,0
847 Ag-Legierung	+5,6	—	—	—
848 Ag-Legierung	1500	9,0	70,0	>240
849 Ag-Legierung	+46,0	2,5	22,0	>240
850 Ag-Legierung	600	1,5	48,0	90,0
851 Ag-Legierung	—	12,5	85,0	>240
852 Ag-Legierung	—	3,5	35,0	90,0
853 Ag-Legierung	—	—	5,0	48,0

Versuchsbedingungen bei 1. völlig eingetaucht, Dauer 3½ Monate, kein Wechsel der Säure; bei 2. völlig eingetaucht, Dauer 361 Std., Erneuerung der Säure und Wägung nach je 48 Std.; bei 3. völlig eingetaucht, Dauer 40 Std., Erneuerung der Säure und Wägung nach je 5 Std.; 4. Durchleiten von O_2, Bleche ¾ eingetaucht, sonst wie bei 3.

Vorgänge bei der Einwirkung von HCl je nach Temperatur und Konzentration: Bildung von AgCl-Schicht, Lösung des AgCl in HCl, Lösung der unedlen Zusatzmetalle, oberflächliche Verarmung an unedlen Metallen bzw. Versilberung.

Ag wird von verd. HCl auch bei höherer Temperatur nur wenig angegriffen, wenn die Lösung $CaCl_2$ + AgCl enthält.

Gold	rein	kompaktes Au kein Angriff bei 1 at
	konz. Lg.	geringer Angriff bei 20°
	+ $MnCl_2$ + Licht	
	konz. HCl	starker Angriff bei 20°
	+ Nitrosulfonsäure	

CH_3OH, C_2H_5OH, $CHCl_3$, Chloralhydrat, Phenol, Rohrzucker, Glycerin, Trioxymethylen, Formaldehyd fördern die Auflösung von fein verteiltem Au in HCl.

Palladium	konz. Lg.	geringer Angriff bei 100°
	konz. Lg. + O_2	starker Angriff bei 20°
Platin	Lg.	kein Angriff bis Siedetemperatur
	+Oxydationsmittel	merklicher Angriff
	wie O_2, SeO_3, TeO_3	
	CrO_3, $FeCl_3$, $MnCl_2$	
	+ Halogene, HNO_3,	starker Angriff
	$HNOSO_4$, $HClO_3$,	
	$HClO$, H_2O_2	

NH_4-Salze mit Ausnahme des NH_4NO_3, reduzierende Stoffe setzen den Angriff bei Gegenwart von Luft herab.

Iridium	36% Lg.	kein Angriff bei 100°	
Osmium	36% Lg.	9,6 bei 100°	0,15 bei 100°
Rhodium	36% Lg.	kein Angriff bei 20°	
Ruthenium	36% Lg.	kein Angriff bei 20°	

Besonders zusammengesetzte HCl-Lösungen

Verhalten in alkoholischen HCl-Lösungen (nach RABALD):

			96% C_2H_5OH	100% C_2H_5OH	96% C_2H_5OH	100% C_2H_5OH
Flußstahl	10% Lg.	20°	1209	2060	60,4	103

W. V. Nr.	Werkstoff	Zusammensetzung des angreifenden Stoffes		Angriff g/m²·Tag		Angriff mm/Jahr	
			40°	2639	5879	132	294
			60°	461	7228	23,0	362
		10% Lg.	20°	54	289	2,7	15,0
		+ Chinoidin	40°	40	1304	2,0	65,0
			60°	331	2548	16,5	127
	Kupfer	10% Lg.	20°	50	80	2,0	3,3
			40°	188	422	7,8	17,2
			60°	88	98	3,6	4,0
		10% Lg.	20°	29	31	1,2	1,3
		+ Chinoidin	40°	121	110	5,0	4,5
			60°	97	95	4,0	3,9
	Blei	10% Lg.	20°	20	13	0,66	0,43
			40°	36	25	1,2	0,83
			60°	24	20	0,8	0,66
		10% Lg.	20°	16	15	0,53	0,50
		+ Chinoidin	40°	29	22	0,96	0,72
			60°	33	24	1,1	0,8
261	Muriatit	10% Lg.	20°	26	—	1,2	—
			40°	42	—	2,0	—
			60°	42	—	2,0	—
		10% Lg.	20°	14	—	0,65	—
		+ Chinoidin	40°	17	—	0,8	—
			60°	30	—	1,4 [656]	—

Kondensation von Phenol mit Aldehyd durch HCl (nach RABALD):

		Angriff g/m²·Tag		Angriff mm/Jahr	
Gußeisen	n/5 HCl	259	bei 20°	12,4	bei 20°
Flußstahl	n/5 HCl	271	„ 20°	13,5	„ 20°
Nickel	n/5 HCl	3,0	„ 20°	0,12	„ 20°
Zinn	n/5 HCl	6,0	„ 20°	0,30	„ 20°
Blei	n/5 HCl	17,0	„ 20°	0,55	„ 20°

Zusatz von freiem Chlor (0,5 — 0,8%) oder $FeCl_3$ (1%) vergrößert den Angriff erheblich (2 — 15mal).

Sauerstoff, vgl. oxydierende Gase

W. V. Nr.	Werkstoff		
6	Aluminium		kein Angriff bei <500°
	Cr-Gußeisen		Die Zunderbeständigkeit erreicht bei 32% Cr den Höchstwert; das Material ist noch bei etwa 1200° zunderbeständig.
	Gußeisen	rein, trocken	kein Angriff bei 20°
		rein	510,0 bei 700°	24,0 bei 700°
	Stahl	rein	100,0 „ 700°	4,8 „ 700°

		700°	900°	700°	900°
525 — 529	18/9-Cr-Mn-Stahl	6,3	36,0	0,3	1,8

Kupfer — Sichtbares Anlaufen ab ∼125° nach dem Exponentialgesetz. Oberhalb 250° Verzunderung, die über 700° dem parabol. Gesetz folgt $z^2 = 2$ pt. Bei 1000° steigt die Angriffsgeschwindigkeit auf das 37000fache der Geschwindigkeit von 400° (2p bei 1000° ist 0,0006). Die Angriffsgeschwindigkeit ist weitgehend unabhängig von der O_2-Konzentration.

Einfluß von Zusätzen zum Kupfer bei 800°:

Ag: geringer Einfluß.
Al: 3% Al hemmt den Angriff 10 : 1,
As: bei 800° starke Erhöhung des Angriffes,
Be: hemmt den Angriff stark, bei 2,4% Be zunderfrei,
Ca: geringe Verminderung des Angriffes,
Ce: vergrößert den Angriff,
Co: ohne Wirkung,
Cr: vergrößert den Angriff,
Fe: ohne Wirkung,
Mg: 2,76% Mg verringert den Angriff 20 : 1,
Mn: ohne Wirkung,

W. V. Nr.	Werkstoff	Zusammensetzung des angreifenden Stoffes	Angriff g/m² · Tag	Angriff mm/Jahr

Ni: geringer Einfluß,
B: verringert den Angriff 2 : 1 bei 7% Ni_2B,
P: vergrößert den Angriff bedeutend,
Sb: ohne Einfluß,
Si: verringert den Angriff bei 32% Si 2 : 1,
Sn: >3% Sn verringern den Angriff; 8,6% Sn 4 : 1,
Ti: geringer Einfluß,
Zn: verringert bei höheren Gehalten den Angriff stark (20% zu 5 : 1)

Messing — Die Oxydation erfolgt bei Temperaturen über 580° nach dem parabolischen Gesetz, wenn <80% Cu. Die Angriffsgeschwindigkeit ist ungefähr 1/8 der Cu-reichen Legierungen. Von 85—100% Cu ist die Geschwindigkeit etwa gleich der von Cu. Feuchtes SO_2, HCl beschleunigen den Angriff. Ms 70 + 1,9% Al ist bis 840° praktisch vollkommen beständig.

649	Al-Bronze	bis 800°	zunderbeständig	
672	Monel		empfohlen bei <700°	
720	Ni-Fe-Leg.		41,2 bei 700°	1,88 bei 700°
			97,2 „ 800°	4,43 „ 800°
			140,0 „ 900°	6,4 „ 900°
			255,0 „ 1000°	11,7 „ 1000°
	Tantal		oft verwendbar bei <350°	
	Zink		nicht verwendbar bei höh. Temperatur	
	Zinn		kein Angriff bei 20°	
			Angriff bei höherer Temperatur	
	Blei		oft verwendbar	
	Silber		kein Angriff bei 20°	
			Angriff bei >200°	
		O_2-Strom	~1,0 bei 750°	~0,04 bei 750°
		Luft-Strom	~0,7 „ 750°	~0,028 „ 750°
	Gold		kein Angriff bei 450°	
	Platin		kein Angriff bei <450°	
			O_2-Aufnahme bei >650°	

Dickenabnahme einer glühenden Pt-Platte in Luft:

°C	mm/Jahr
800	0,0185
900	0,0398
1000	0,154
1100	0,384
1200	1,19
1300	2,206
1400	4,4

Schellack

| 6 | Aluminium | | kein Angriff, empfohlen | |

Schiffe

Korrosionsanfälligkeit der verschiedenen Bereiche des Schiffskörpers eines Trockenfrachters 209:

Bezeichnung des Schiffskörperbereiches (aus Stahl)			Angriff mm/Jahr einseitig	beiderseitig

Außenhaut unterhalb der Wasserlinie:

Vorschiff

normale Korrosion	außen	gesamte Beplattung	0,025	
	innen	Platten und Profile in Wassertanks und Vorratsräumen	0,012	} 0,037
verstärkte Korrosion	außen	nicht zu beobachten	—	
	innen	Platten und Profile im Graben	0,050	} 0,075

W. V. Nr.	Werkstoff	Zusammensetzung des angreifenden Stoffes		Angriff g/m² · Tag	Angriff mm/Jahr
	Mittelschiff				
	normale Korrosion	außen	gesamte Beplattung	0,037	
		innen	Platten und Profile in Heiz- und Treibölbunkern sowie Wasserzellen	0,012	0,050
	verstärkte Korrosion	außen	in der Nähe von See-Ventilen	0,050 L	0,087 bis
		innen	Platten und Profile in Kohlenbunkern und im Graben	0,050	0,100 L
	Hinterschiff				
	normale Korrosion	außen	vorderer Plattenbereich	0,050	
		innen	Platten und Profile in Wassertanks und Vorratsräumen	0,012	0,062
	verstärkte Korrosion	außen	hintere Beplattung, Bereich der verstärkten Wirbelablösung und am Propeller	0,062	0,075 bis
		innen	schlecht konservierbare Bereiche der Hinterpiek	0,025	0,087 L

Außenhaut im Bereich der Wasserlinie:

W. V. Nr.	Werkstoff	Zusammensetzung des angreifenden Stoffes		Angriff g/m² · Tag	Angriff mm/Jahr
	Vorschiff				
	normale Korrosion	außen	gesamte Beplattung	0,037	
		innen	Platten und Profile in Laderäumen, in Vorratsräumen u. Wassertanks	0,012	0,050
	verstärkte Korrosion	außen	nicht zu beobachten	—	
		innen	Platten und Profile in Wohnräumen	0,025	0,062
	Mittelschiff				
	normale Korrosion	außen	gesamte Beplattung	0,050	
		innen	Platten und Profile in Laderäumen	0,012	0,062
	verstärkte Korrosion	außen	in der Nähe der Kühlwasseraustritte	0,062 L	0,100 bis
		innen	Platten und Profile in Kohlenbunkern	0,050	0,112 L
	Hinterschiff				
	normale Korrosion	außen	vorderer Plattenbereich	0,050	
		innen	Platten und Profile in Lade- und Vorratsräumen	0,012	0,062
	verstärkte Korrosion	außen	hintere Beplattung, Bereich der verstärkten Wirbelablösung, am Propeller	0,062 L	0,075 bis
		innen	Platten und Profile in Wohnräumen	0,025	0,087 L

Gesamte Außenhaut oberhalb der Wasserlinie:

W. V. Nr.	Werkstoff	Zusammensetzung des angreifenden Stoffes		Angriff g/m² · Tag	Angriff mm/Jahr
	normale Korrosion	außen	gesamte Beplattung	0,012	
		innen	Platten und Profile in Lade- und Vorratsräumen	0,012	0,025
	verstärkte Korrosion	außen	unter Speigatten	0,025	0,050 bis
		innen	Platten und Profile in Wohn-, Wasch- und Aborträumen	0,037	0,062

L = zusätzlich starker Lochfraß.

Verbände im Doppelboden:

	mm/Jahr
Kofferdämme	0,025
Speise-, Trink- und Waschwassertanks	0,037
Ballast-Wassertanks	0,050
Heiz- und Treiböltanks	0,062
Tanks wahlweise für Öl oder Ballastwasser, Lufttanks unter den Kesseln	0,075

W. V. Nr.	Werkstoff	Zusammensetzung des angreifenden Stoffes	Angriff g/m² · Tag	Angriff mm/Jahr
		Innenboden in Kohlenbunkern, Maschinen und Kesselräumen:		
normale Korrosion	oben	gesamte Beplattung	0,062	0,075
	unten	oberer Abschluß von Leer-, Wasser- und Öltanks	0,012	
verstärkte Korrosion	oben	in Kesselräumen bei Kohlenfeuerung, Kohlenbunker	0,075 L	0,087 bis 0,100 L
	unten	über Zellen, in die erwärmtes Wasser gelangen kann	0,025 L	
		Sonstige Bereiche des Innenbodens:		
normale Korrosion		mittlere Plattenbereiche	0,037	—
verstärkte Korrosion		im Graben	0,050	
		Maschinen- und Kesselfundamente		0,125 L
		Decks:		
normale Korrosion		gesamte Beplattung, Decksbalken und Unterzüge		0,012
verstärkte Korrosion	oben	Stringer, unter schlecht verlegtem Decksbelag	0,075 L	—
	unten	über Maschinen- und Kesselräumen sowie Kohlenbunkern	0,062 L	
		Schotte:		
		Beplattung und Versteifung von Schotten, die beiderseits an Maschinen- und Kesselräume sowie an Kohlenbunkern grenzen	1—2 m über Unterkante oberer Bereich	0,125 L / 0,062
		Zwischen Maschinen- und Kesselräumen sowie Kohlenbunkern einerseits und Laderäumen		0,075 L
		sonstige Schotte		0,025

Schmieröle. Als verwendbar werden angegeben:

Für trockene, säurefreie Schmieröle fast alle metallischen Werkstoffe. Zusammensetzung der Schmieröle und Säuregehalt beachten.

Schutzgase

Eisen und Stahl — Bis zu Temperaturen von 800° ist die Verzunderung in Luft, O_2, CO_2 und Wasserdampf verhältnismäßig gering. Die Strömungsgeschwindigkeit der Gasatmosphäre ist von Einfluß auf die Verzunderung, und zwar liegt für Luft über 600° das Maximum der Verzunderung bei reinem Eisen (Armco-Eisen) bei etwa 0,15 m/sec. Steigende Gasgeschwindigkeit bewirkt wieder ein Absinken des Angriffes, bis schließlich ein Grenzzustand erreicht ist. Als Grenzgeschwindigkeit werden 2 m/sec angegeben. Mit steigender Glühdauer nimmt die Verzunderung zu. Von besonderer Bedeutung ist es, darauf zu achten, ob eine Aufkohlung oder Entkohlung stattfinden kann. Geringe SO_2- und H_2S-Beimengungen bewirken bedeutende Steigerungen des Angriffs, z. B. 0,2% SO_2 eine Verdoppelung bei Temperaturen über 1000°. Diese Beimengungen müssen deshalb entfernt werden. Wasserstoff ist gut geeignet, wenn keine Umsetzung mit C stattfinden kann. C-haltiges Eisen wird durch Wasserstoff besonders bei gleichzeitiger Anwesenheit von H_2O entkohlt. Es wird deshalb empfohlen, H_2 mit C_6H_6-Dampf zu beladen.

W. V. Nr.	Werkstoff	Zusammensetzung des angreifenden Stoffes	Angriff g/m³ · Tag	Angriff mm/Jahr
	Kupfer	Stickstoff verhält sich indifferent, ist aber teuer und enthält oft geringe O_2-Mengen. Es werden auch Mischungen von N_2 und H_2, z. B. 93% N_2 mit 7% H_2, empfohlen. Die Mischungen können entweder durch Verbrennung von elektrolytisch hergestelltem H_2 unter Luftmangel oder durch Spaltung von NH_3 bei 550 bis 600° erzeugt werden. Auch Leuchtgas, Generatorgas, Hochofengas, Koksofengas, Naturgas, Methan, Propan und Butan können bei der Schutzgasherstellung herangezogen werden. Durch Mischung entsprechender Gase lassen sich Gasgemische herstellen, die verhältnismäßig billig und explosionssicher sind. Die Beachtung der Gleichgewichtsverhältnisse ist wichtig, um Gase zu erhalten, die gegenüber dem Glühgut neutral sind oder eine gewünschte Beeinflussung hervorrufen. Der Wasserdampfgehalt soll möglichst unter 2 g/m³ betragen. Freier Wasserstoff ist möglichst zu vermeiden, da er in das Kupfer eintritt und etwa vorhandenes Kupferoxydul reduziert. Der dabei entstehende Wasserdampf kann nicht entweichen. Es kommt zu einer Aufweitung des Kupfergefüges und zur Verminderung der Tiefziehfähigkeit. Schwefelfreiheit ist besonders zu beachten. Für den CO-Gehalt werden 1,5% empfohlen. Der Feuchtigkeitsgrad kann etwa 6,5 g/m³ betragen. Auch Spuren von O_2 führen ein Anlaufen von Kupfer herbei. Zinkhaltige Legierungen mit über 5% Zink sollen nur dann eine blanke Oberfläche erhalten, wenn das Schutzgas bei etwa 20° mit CH_3OH-Dampf gesättigt ist (160 g CH_3OH/m³).		

Schwefel. Sm. 112,8°; Sd. 444,5°

W. V. Nr.	Werkstoff	Zusammensetzung des angreifenden Stoffes	Angriff g/m³ · Tag	Angriff mm/Jahr
6	Aluminium	Schwefelmilch		
		Schwefelblumen	kein Angriff bei 20°	
		Lg. in SC_2 rein	kein Angriff bei Siedetemperatur	
		Dampf + H_2	Angriff bei höherer Temperatur	
90	GAl-Si		kein Angriff bei 445°	
	Magnesium	flüssig	kein Angriff	
		Dampf		
	Titan	geschmolzen	<1,58 bei 240°	<0,18 bei 240°
	Gußeisen		kein Angriff bei 445°	
209—225	Si-Gußeisen		<24,0 bei 445°	<1,0 bei 445°
	Stahl		Angriff bei 445°	

W. V. Nr.	Werkstoff	Zusammensetzung des angreifenden Stoffes	Angriff g/m³ · Tag		Angriff mm/Jahr	
			geschmolz. 130°	siedend 445°	geschmolz. 130°	siedend 445°
322—355	Cr-Stahl		<2,4	>240	<0,1	>10,0
396—408	Cr-Mo-Stahl		<2,4	>240	<0,1	>10,0
451—474	18/8-Cr-Ni-Stahl		<2,4	<72,0	<0,1	< 3,0
475—495	18/8-Cr-Ni-Stahl + Mo		<2,4	<72,0	<0,1	< 3,0
525—529	18/9-Cr-Mn-Stahl		<2,4	>240	<0,1	>10,0

W. V. Nr.	Werkstoff	Zusammensetzung des angreifenden Stoffes	Angriff
390	Cr-Al-Stahl	0,3 g/1 S	empfohlen bei 700° und mehr (auch bei höheren Gehalten an SO_2, CS_2, H_2S)
391	Cr-Al-Stahl	0,3 g/1 S	empfohlen bei 700°, aber doppelte Abtragung gegenüber Cr-Al-Stahl 390
		>0,3 g/1 S	Angriff bei 700°
	Kupfer		Gelöster freier S greift stark an, ebenso Merkaptane. Alkylsulfide, Disulfide, CS_2 greifen nur wenig an. Sulfosäuren und ihre Ester wirken bei Abwesenheit von H_2O nur ganz schwach ein. Temperatursteigerung vergrößert den Angriff. S-haltige Gase, Flüssigkeiten oder feste Stoffe sollen nicht mit Kupfer in Berührung gebracht werden. Auch S-haltige Gummiüberzüge sind schädlich.

W. V. Nr.	Werkstoff	Zusammensetzung des angreifenden Stoffes	Angriff g/m² · Tag	Angriff mm/Jahr
	Kupfer	S-flüssig	~1000 bei 400°	~42,0 bei 400°
	+ 5% Mn	S-flüssig	~ 100 „ 400°	~ 4,2 „ 400°
	+ 33% Mn	S-flüssig	~ 12,0 „ 400°	~ 0,5 „ 400°
	Messing	geschmolzen	geringer Angriff	
	Bronze	geschmolzen	Angriff	
	Al-Bronze	geschmolzen	geringer Angriff	
	Cr-Überzüge	Vulkanisieren	empfohlen	
662—666	Nickel		nicht verwendbar	
672	Monel		nicht verwendbar	
	Nickelchrom		Angriff bei höherer Temperatur	
	Nickelchrom + Al (>9%)		empfohlen	
	Tantal		Angriff bei höherer Temperatur	
	Zink	geschmolzen	geringer Angriff, oft verwendbar	
	Zinn		Angriff beim Erhitzen	
	Blei	geschmolzen	starker Angriff	
	Silber		starker Angriff bei höherer Temperatur	
	Gold		empfohlen bei 445°	
		S + H₂O	geringer Angriff bei 100°	
	Au-Legierungen	Dampf (Vakuum)	nähere Angaben über das Verhalten bei 20° vgl. [210]	
	Platin		starker Angriff bei höherer Temperatur	

Schwefelchlorür

W. V. Nr.	Werkstoff	Zusammensetzung des angreifenden Stoffes	Angriff g/m² · Tag	Angriff mm/Jahr
6	Aluminium		nicht verwendbar	
	Magnesium		oft verwendbar bei 138°	
	Stahl	H₂-O-frei	0,04 bei 20°	0,002 bei 20°
		feucht	Angriff bei 20°	
	Cr-Stahl		Angriff bei 20°	
451—474	18/8-Cr-Ni-Stahl		<2,4 bei 20°	<0,1 bei 20°
475—495	18/8-Cr-Ni-Stahl + Mo		Verhalten wie bei 18/8-Cr-Ni-Stahl	
	Kupfer		geringer — starker Angriff bei 20°	
	Cr-Überzüge		kein Angriff bei 20°	
662	Nickel		kein Angriff bei 138°	
		+ Äther	starker Angriff	
672	Monel		empfohlen bei 20°	
	Kobalt		kein Angriff bei 138°	
	Stellit		geringer Angriff bei 20°	
	Zink		empfohlen bei 138°	
		+ Äther	starker Angriff	
	Cadmium		Verhalten wie bei Zink	
	Blei	+ Äther	geringer Angriff	
	Silber		Angriff bei 20°	
	Gold		kein Angriff bei 136°	
	Platin		kein Angriff bei 136°	

Schwefeldioxyd

W. V. Nr.	Werkstoff	Zusammensetzung des angreifenden Stoffes	Angriff g/m² · Tag	Angriff mm/Jahr
6	Aluminium	H₂-O-frei	0,01 bei 20°	0,0014 bei 20°
		verflüssigt	kein Angriff bei 20°	
		feucht	kein Angriff bei 100—400°	
		feucht	geringer Angriff bei 20°	
		MBV-Schicht schützt.		
	Magnesium		Angriff	
	Eisen und Stahl			

Von W. BAUKLOH und J. VALEA wurde der chemische Reaktionsmechanismus zwischen Fe und SO_2 an Weicheisen und zwei Stählen (einem übereutektoidischen mit 1,36% C und einem untereutektoidischen mit 0,38% C) untersucht. Es wurde festgestellt, daß reines, trockenes SO_2-Eisen bis 200° überhaupt nicht angreift, auch bei 300° ist der Angriff noch gering und kommt nach einiger Zeit zum Stillstand. Im Temperaturbereich von 400—1000° entstehen im wesentlichen Fe_3O_4 bzw. FeO und FeS, bei 20° und feuchtem SO_2 bilden sich vorwiegend FeS, $FeSO_3$, $FeSO_4$, $Fe_2(SO_4)_3$ und S. Höherer C-Gehalt setzt die Verzunderung herab. Der Angriff verläuft bei Zimmertemperatur mit der Zeit linear, bei höherer Temperatur geht der Angriff mit der Zeit etwas zurück.

W. V. Nr.	Werkstoff	Zusammensetzung des angreifenden Stoffes	Angriff g/m² · Tag	Angriff mm/Jahr
	Weicheisen	H_2-O-frei	kein Angriff bei 20°	
		feucht	45,0 bei 20°	2,1 bei 20°

Einfluß des C-Gehaltes bei trockenem SO_2:

W. V. Nr.	Werkstoff	Zusammensetzung des angreifenden Stoffes	Angriff g/m² · Tag 500°	700°	800°	Angriff mm/Jahr 500°	700°	800°
	Weicheisen		150	800	1700	7,5	40,0	85,0
	0,38% C		110	580	1450	5,5	29,0	72,5
	1,36% C		80,0	420	1122	4,0	21,0	55,1

W. V. Nr.	Werkstoff	Zusammensetzung des angreifenden Stoffes	Angriff g/m² · Tag	Angriff mm/Jahr
	Gußeisen DIN Ge 26.91	flüssig		
		H_2O-frei	2,4 bei 20°	0,1 bei 20°
		+ 0,1% H_2O	24,0 ,, 20°	1,0 ,, 20°
		+ 0,3% H_2O	72,0 ,, 20°	3,0 ,, 20°
	Ferrit + + Perlit	flüssig, H_2O-frei	<2,4 bei 20°	<0,1 bei 20°
		flüssig, +0,1% H_2O	70 ,, 20°	3,52 ,, 20°
		>0.4% H_2O	sehr starker Angriff	
207—217	Si-Gußeisen	H_2O-frei	< 2,4 bei 900°	<0,1 bei 900°
		feucht	<24,0 ,, 20°	<1,0 ,, 20°
		feucht	< 2,4 ,, 250—750°	<0,1 ,, 250—750°
218—225	Si-Gußeisen	feucht	<72,0 ,, 20°	<3,0 ,, 20°
			< 2,4 ,, 250—750°	<0,1 ,, 250—750°
249	Cr-Gußeisen	$SO_2 + O_2$ + S	für Pyritöfen bei 850—870° empfohlen	
258	Niresist	Gas	oft verwendbar	
	Stahl schwedisch	flüssig, H_2O-frei	<2,4 bei 20°	<0,1 bei 20°
		flüssig,+ 0,1% H_2-O	84 ,, 20°	4,23 ,, 20°
		>4% H_2-O	sehr starker Angriff	
298	Cu-Stahl	H_2O-frei	2,4 bei 20°	0,1 bei 20°

W. V. Nr.	Werkstoff	Zusammensetzung des angreifenden Stoffes	Angriff g/m² · Tag 20°	300°	500°	900°	Angriff mm/Jahr 20°	300°	500°	900°
322—355	Cr-Stahl	feucht	>240	>240	>240	>240	>10,0	>10,0	>10,0	>10,0
388	Ni-Stahl			300 bei 700°				14,0 bei 700°		
396—408	Cr-Mo-Stahl	feucht	<2,4	<24,0	>240	>240	< 0,1	<1,0	>10,0	>10,0
				für Transport empfohlen						
451—474	18/8-Cr-Ni-Stahl	feucht	<2,4	<2,4	<24,0	<240	< 0,1	< 0,1	< 1,0	<10,0
475—495	18/8-Cr-Ni-Stahl + Mo	feucht	<2,4	<2,4	<24,0	<72,0	< 0,1	< 0,1	< 1,0	< 3,0
525—529	18/9-Cr-Mn-Stahl	feucht	<240	>240	>240	>240	<10,0	>10,0	>10,0	>10,0

W. V. Nr.	Werkstoff	Zusammensetzung des angreifenden Stoffes	Angriff g/m² · Tag	Angriff mm/Jahr
	Kupfer	trocken	kein Angriff bei 20°	
	Messing		nicht verwendbar bei 300°	
	Al-Bronze	trocken, feucht	oft verwendbar	
	Cu-Ni-Leg.	feucht	starker Angriff	
662—666	Nickel		920,0 bei 700°	38,4 bei 700°
			3660 ,, 800°	152 ,, 900°
			840,0 ,, 900°	35,0 ,, 900°
			26,0 ,, 1000°	1,08 ,, 1000°
672	Monel	H_2O-frei verflüssigt	<24,0 ,, 20°	<1,0 ,, 20°
675—680	Nickelchrom		starker Angriff bei höherer Temperatur	
716	Nickelchrom	oxydierend	2,0 bei 700°	0,09 bei 700°
			3,9 ,, 800°	0,17 ,, 800°

W. V. Nr.	Werkstoff	Zusammensetzung des angreifenden Stoffes	Angriff g/m² · Tag	Angriff mm/Jahr
721	Ni-Fe-Leg.		5,3 bei 900° 8,3 ,, 1000° 200,0 ,, 700° 1400 ,, 800° 2000 ,, 900° 2600 ,, 1000°	0,24 bei 900° 0,36 ,, 1000° 9,2 ,, 700° 64,4 ,, 800° 92,0 ,, 900° 120 ,, 1000°
	Kobalt		starker Angriff	
	Tantal		empfohlen bei <450°	
742	99,99 Fein-zink	Luft + SO₂ 20°	zahlreiche lokale Korrosionsstellen	
	Handels-zink	Luft + SO₂ 20°	lokale Korrosionsstellen	
767	ZnAl 1	Luft + SO₂ 20°	allgemeiner Angriff	0,47
771	ZnAl 4 Cu 1	Luft + SO₂ 20°	ähnlich ZnAl 1	0,80
768	ZnAl 10	Luft + SO₂ 20°	interkrist. Korr. u. Abtragg.	0,34
774	ZnCu 4	Luft + SO₂ 20°	selektiver Angriff, Abtragg.	0,07

Versuchsdauer bei den vorstehenden sechs Angaben: 160 Tage.

Zinn	trocken	kein Angriff bei 20°	
	feucht	Fleckenbildung	
Blei	trocken u. feucht	kein Angriff bei 20°	
Silber		Angriff bei höherer Temperatur	
Gold		kein Angriff, katalytische Zersetzung bei höherer Temperatur	
Platin	gasförmig	bei 1200° kein Angriff	

Schwefelkohlenstoff. Sd. 46,2; d 1,263

	Aluminium		empfohlen bei Siedetemperatur (Kondensatoren, Spinnbäder)
	Silumin		empfohlen bei Siedetemperatur
	Magnesium		kein Angriff
	Gußeisen		empfohlen bei Siedetemperatur (Transport, Pumpen, Ventile)
		Herstellung von CS₂	empfohlen (Retorten)
209—217	Si-Gußeisen		empfohlen bei Siedetemperatur
	alle Stähle		kein Angriff bei 20°
	Cr-Stahl		verwendbar (Autoklaven)
	Cr-Ni-Stahl		verwendbar (Autoklaven)
662—666	Nickel	auch + C Cl₄ od. S	verwendbar
672	Monel	auch + C Cl₄ od. S	verwendbar
–	Kupfer	roh	nicht verwendbar
	Messing (92—90 Cu)	roh	verwendbar
	Bronze	roh	nicht verwendbar
	Al-Bronze		verwendbar
	Zinn		verwendbar
	Silber	Dampf	verwendbar
	Platin		verwendbar
	Cu-Be-Leg.		nicht verwendbar bei Glühtemperatur empfohlen, keine Funken

Empfohlene Werkstoffe bei der Herstellung aus C + S [15, 8. 77]:

Gußeisen	ausgekleidet mit feuerfestem Ton für Retorten
Gußeisen	für Pumpen, Ventile
Stahl	für Rohrleitungen.

Schwefelsäure. Sm. 10,5°; Sd. 338°; d 1,84

Aluminium und Al-Legierungen:

W. V. Nr.	Werkstoff	Zusammensetzung des angreifenden Stoffes	Angriff g/m² · Tag	Angriff mm/Jahr

Zahlentafel 17. Verhalten von Reinstaluminium (Raffinal)
(nach A. von Zeerleder und E. Zurbrügg)
20% H_2SO_4, Gewichtsverlust in g/m² · Tag, 20—22° C

Zusatz	14 h bei 300° C geglüht		1 h bei 500° C geglüht und abgeschreckt	
%	1—24 h	1—120 h	1—24 h	1—120 h
Raffinal	1,0	1,3	1,0	1,2
Fe: 0,10	2,0	1,9	1,0	2,5
Si: 0,50	2,0	1,7	1,0	1,4
Cu: 0,20	2,5	2,3	2,5	2,7
Zn: 0,20	1,0	1,2	1,0	1,3
Mg: 0,20	1,5	1,3	1,5	1,3
Mn: 0,20	1,5	1,6	1,5	1,5

Zahlentafel 18. Einfluß des Reinheitsgrades des Aluminiums
(nach E. Zurbrügg)

Reinheitsgrad in % (Fe: Si = 1—2)	% Lg.	g/m² · Tag bei 20—22°	mm/Jahr bei 20—22°
99,99	20	1 —1,5	0,13—0,21
99,95	20	1,3—2	0,18—0,27
99,90	20	1,3—2,5	0,18—0,34
99,85	20	1,5—2,5	0,21—0,34
99,7	20	1,5—3	0,21—0,41
99,5	20	2 —3	0,27—0,41
99,3	20	2 —4	0,27—0,54
99,0	20	3 —5	0,41—0,68
98,5	20	3 —6	0,41—0,82

Einfluß des O_2-Gehaltes bei Aluminium:

Aluminium	6% Lg. + H_2 ges.	1,8 bei 18°		0,25 bei 18°
	6% Lg. + O_2 ges.	6,2 ,, 18°		0,85 ,, 18°

Temperaturkoeffizient ~2 pro 10°
Oleum geringer Angriff bei 20°
Zusatz von F', Cl', ClO_3', BrO_3', J' u. dgl. vergrößert den Angriff
Zusatz von SO_4'' hemmt den Angriff

Magnesium Lg.   Angriff

Titan	1 % Lg.	0,042		bei 35°	0,005		bei 35°
(geglüht	3 % Lg.	0,056		,, 35°	0,006		,, 35°
und kalt	5 % Lg.	0,06 —	0,15	,, 35°	0,007—	0,017	,, 35°
gewalzt)	10 % Lg.	10,9 —	20,6	,, 35°	1,26 —	2,35	,, 35°
	25 % Lg.	20,3 —	60,7	,, 35°	2,3 —	69,5	,, 35°
	40 % Lg.	107 —	133	,, 35°	12,4 —	15,2	,, 35°
	50 % Lg.	48,9 —	86,1	,, 35°	5,6 —	9,8	,, 35°
	65 % Lg.	8,1 —	12,6	,, 35°	0,92 —	1,45	,, 35°
	75 % Lg.	13,2 —	31,1	,, 35°	1,52 —	3,50	,, 35°
	96,5% Lg.	55,6 —	69,6	,, 35°	6,4 —	8,0	,, 35°
198 Gußeisen	48,8% Lg.	140,1	bei 18—20°		7,0	bei 18—20°	
	61,2% Lg.	3,62	,, 18—20°		0,18	,, 18—20°	
	67,7% Lg.	2,03	,, 18—20°		0,10	,, 18—20°	
	73,4% Lg.	1,59	,, 18—20°		0,08	,, 18—20°	
	79,7% Lg.	3,75	,, 18—20°		0,19	,, 18—20°	
	83,7% Lg.	3,31	,, 18—20°		0,17	,, 18—20°	
	85,1% Lg.	3,14	,, 18—20°		0,16	,, 18—20°	

W. V. Nr.	Werkstoff	Zusammensetzung des angreifenden Stoffes	Angriff g/m² · Tag	Angriff mm/Jahr

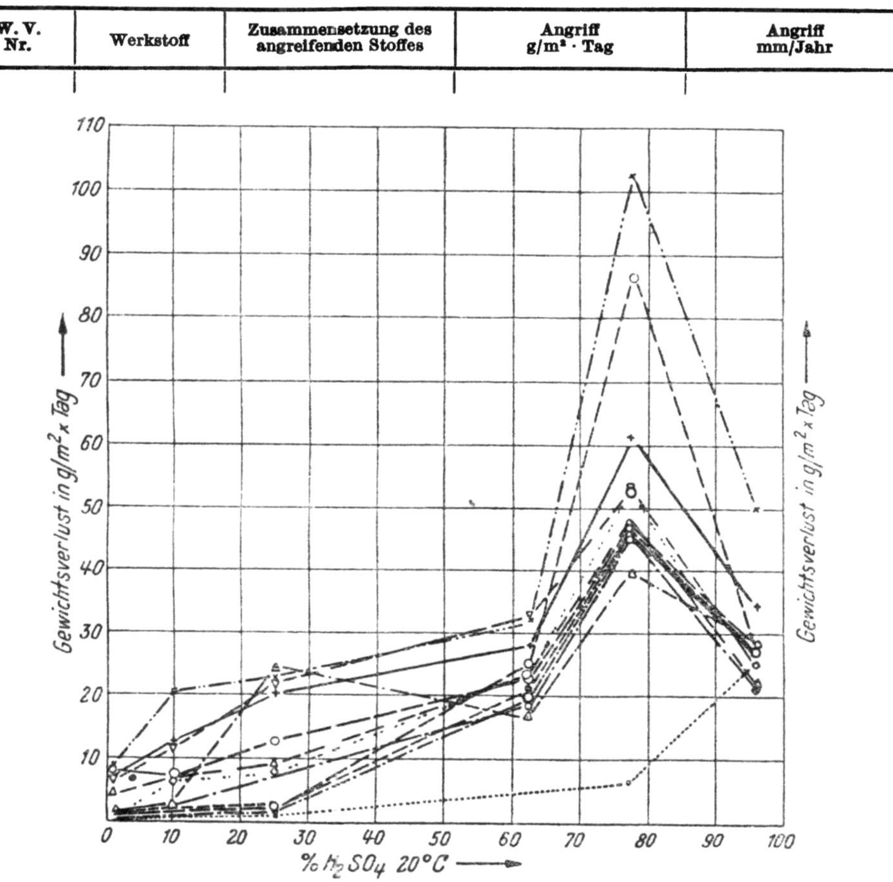

Abb. 20. Verhalten verschiedener Al-Legierungen gegen H₂SO₄ bei 20° (nach VON VOGEL)
Zeichenerklärung vgl. Abb. 11, S. 197

88,2% Lg.	3,92 bei 18—20°	0,20 bei 18—20°
90,6% Lg.	4,21 ,, 18—20°	0,21 ,, 18—20°
92,0% Lg.	2,34 ,, 18—20°	0,12 ,, 18—20°
93,0% Lg.	1,76 ,, 18—20°	0,09 ,, 18—20°
94,3% Lg.	1,74 ,, 18—20°	0,09 ,, 18—20°
95,4% Lg.	3,05 ,, 18—20°	0,15 ,, 18—20°
96,8% Lg.	2,43 ,, 18—20°	0,12 ,, 18—20°
98,4% Lg.	1,64 ,, 18—20°	0,08 ,, 18—20°
98,7% Lg.	1,40 ,, 18—20°	0,07 ,, 18—20°
99,2% Lg.	1,37 ,, 18—20°	0,07 ,, 18—20°
99,3% Lg.	1,37 ,, 18—20°	0,07 ,, 18—20°
99,5% Lg.	1,44 ,, 18—20°	0,07 ,, 18—20°
99,77% Lg.	1,58 ,, 18—20°	0,08 ,, 18—20°
100,0% Lg.	2,08 ,, 18—20°	0,10 ,, 18—20°

% SO₃ (Ges.)	% SO₃ (frei)		
81,8	0,91	4,82 bei 18—20°	0,24 bei 18—20°
82,02	2,00	4,56 ,, 18—20°	0,23 ,, 18—20°
82,28	3,64	3,12 ,, 18—20°	0,16 ,, 18—20°
82,54	4,73	3,69 ,, 18—20°	0,19 ,, 18—20°
82,8	7,45	3,61 ,, 18—20°	0,18 ,, 18—20°
83,5	10,17	1,90 ,, 18—20°	0,10 ,, 18—20°

W. V. Nr.	Werkstoff	Zusammensetzung des angreifenden Stoffes		Angriff g/m² · Tag		Angriff mm/Jahr	
		84,2	12,89	6,48 bei 18—20°		0,33 bei 18—20°	
		84,62	16,16	6,50 ,, 18—20°		0,33 ,, 18—20°	
		85,05	18,34	1,83 ,, 18—20°		0,09 ,, 18—20°	
		86,00	23,78	1,68 ,, 18—20°		0,08 ,, 18—20°	
		88,24	34,67	1,03 ,, 18—20°		0,05 ,, 18—20°	
		90,07	45,56	0,96 ,, 18—20°		0,05 ,, 18—20°	

Gußeisen für Oleum nicht verwendbar, Si wird oxydiert, Zersprengung!

Gußeisen (3% C)   Einfluß des Si-Gehaltes des Gußeisens:

1% Si	1800 bei Siedetp.	90,0 bei Siedetp.
3% Si	2400 ,, ,,	120 ,, ,,
6% Si	1000 ,, ,,	50,0 ,, ,,
10% Si	150 ,, ,,	7,5 ,, ,,
>14% Si	<24,0 ,, ,,	<1,0 ,, ,,

Sphärolithi- Oleum   empfohlen, da keine Rißneigung
sches Gußeisen (nodular iron)

W. V. Nr.	Werkstoff		20°	siedend	20°	siedend
209—217	Si-Gußeisen	d = 1,10	< 2,4	< 24,0	<0,1	< 1,0
		d = 1,518	< 2,4	< 2,4	<0,1	< 0,1
		d = 1,84	< 2,4	< 2,4	<0,1	< 0,1
		d = 1,912	< 2,4	>240,0	<0,1	>10,0
		(11% SO_3)				
218—225	Si-Gußeisen	d = 1,10	<24,0	< 72,0	<1,0	< 3,0
		d = 1,518	< 2,4	< 24,0	<0,1	< 1,0
		d = 1,84—1,912	Verhalten wie bei Si-Gußeisen 209—217			
		50—66° Bé	empfohlen für Pumpen bis 150°			

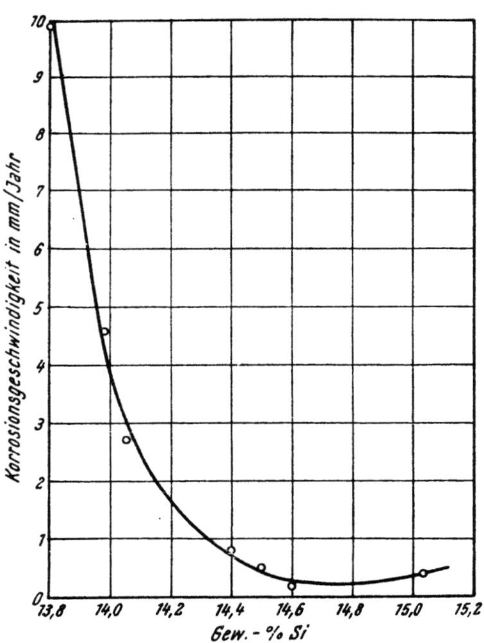

Abb. 21.   Einfluß des Siliziums auf die Korrosion von Eisen in 10%iger H_2SO_4 bei 80°

		20°	50°	100°	20°	50°	100°
Cr-Gußeisen	2% Lg.			>240			>10,0
(1,5—2,5 C;	5% Lg.	<240	>240	>240	<10,0	>10,0	>10,0

2, S. 227

W. V. Nr.	Werkstoff	Zusammensetzung des angreifenden Stoffes	Angriff g/m² · Tag	Angriff mm/Jahr
	32—35 Cr)	15-20% Lg. >240	>240 >240	>10,0 >10,0 >10,0
		65% Lg. 24	>240 >240	1,18 >10,0 >240
		80% Lg. 1,7	<36 >240	0,08 <1,77 >10,0
		95% Lg. 0,12	0,15 14,0	0,005 0,007 6,83
256	Niresist	1% Lg.	2,6 bei 20°	0,13 bei 20°
		5% Lg.	3,68 ,, 20°	0,18 ,, 20°
		20% Lg.	4,25 ,, 20°	0,21 ,, 20°
257	Niresist	0,05% Lg.	7,1 ,, 20°	0,35 ,, 20°
		5% Lg.	21,5 ,, 20°	1,05 ,, 20°
		25% Lg.	10,8 ,, 20°	0,52 ,, 20°
		100% Lg.	21,5 ,, 20°	1,05 ,, 20°
		5% Lg. + O_2	36,5 ,, 20°	1,78 ,, 20°
260	Monel-Guß-eisen	5% Lg. + O_2	35,0 ,, 20°	1,71 ,, 20°
269	Stahl	10% Lg.	146,0 bei 18°	6,9 bei 18°
		konz. Lg.	2,92 ,, 18°	0,14 ,, 18°
270	Stahl	10% Lg.	72,50 ,, 18°	3,53 ,, 18°
		konz. Lg.	3,85 ,, 18°	0,18 ,, 18°
287	Stahl	10% Lg.	41,5 ,, 18°	1,95 ,, 18°
		konz. Lg.	3,45 ,, 18°	0,16 ,, 18°
280	Flußstahl	93,0% Lg.	2,36 ,, 18—20°	0,11 ,, 18—20°
		94,3% Lg.	2,24 ,, 18—20°	0,11 ,, 18—20°
		95,4% Lg.	3,52 ,, 18—20°	0,17 ,, 18—20°
		96,8% Lg.	1,96 ,, 18—20°	0,10 ,, 18—20°
		98,4% Lg.	1,28 ,, 18—20°	0,06 ,, 18—20°
		98,7% Lg.	1,22 ,, 18—20°	0,06 ,, 18—20°
		99,2% Lg.	1,00 ,, 18—20°	0,05 ,, 18—20°
		99,3% Lg.	1,03 ,, 18—20°	0,05 ,, 18—20°
		99,5% Lg.	0,91 ,, 18—20°	0,04 ,, 18—20°
		99,77% Lg.	1,03 ,, 18—20°	0,05 ,, 18—20°
		100,0% Lg.	2,10 ,, 18—20°	0,10 ,, 18—20°
		% SO_3 (Ges.) % SO_3 (frei)		
		81,8 0,91	9,44 bei 18—20°	0,46 bei 18—20°
		82,02 2,00	6,82 ,, 18—20°	0,34 ,, 18—20°
		82,28 3,12	10,6 ,, 18—20°	0,51 ,, 18—20°
		82,54 4,73	23,0 ,, 18—20°	1,12 ,, 18—20°
		82,8 7,45	13,5 ,, 18—20°	0,66 ,, 18—20°
		83,5 10,17	18,2 ,, 18—20°	0,89 ,, 18—20°
		84,2 12,89	24,6 ,, 18—20°	1,20 ,, 18—20°
		84,62 16,16	33,6 ,, 18—20°	1,64 ,, 18—20°
		85,05 18,34	47,5 ,, 18—20°	2,32 ,, 18—20°
		86,00 23,78	5,9 ,, 18—20°	0,29 ,, 18—20°
		88,24 34,67	0,78 ,, 18—20°	0,04 ,, 18—20°
		90,07 45,56	0,43 ,, 18—20°	0,02 ,, 18—20°
284	Schweißstahl	61,2% Lg.	7,31 ,, 18—20°	0,34 ,, 18—20°
		67,7% Lg.	1,89 ,, 18—20°	0,09 ,, 18—20°
		73,4% Lg.	1,49 ,, 18—20°	0,07 ,, 18—20°
		79,7% Lg.	2,77 ,, 18—20°	0,13 ,, 18—20°
		83,7% Lg.	2,53 ,, 18—20°	0,12 ,, 18—20°
		85,1% Lg.	2,48 ,, 18—20°	0,12 ,, 18—20°
		88,2% Lg.	3,40 ,, 18—20°	0,16 ,, 18—20°
		90,6% Lg.	3,21 ,, 18—20°	0,15 ,, 18—20°
		92,0% Lg.	2,50 ,, 18—20°	0,12 ,, 18—20°
		93,0% Lg.	2,05 ,, 18—20°	0,10 ,, 18—20°
		94,3% Lg.	1,69 ,, 18—20°	0,08 ,, 18—20°
		95,4% Lg.	2,91 ,, 18—20°	0,14 ,, 18—20°
		96,8% Lg.	2,36 ,, 18—20°	0,11 ,, 18—20°
		98,4% Lg.	1,57 ,, 18—20°	0,07 ,, 18—20°
		98,7% Lg.	1,36 ,, 18—20°	0,06 ,, 18—20°
		99,2% Lg.	1,21 ,, 18—20°	0,06 ,, 18—20°

W. V. Nr.	Werkstoff	Zusammensetzung des angreifenden Stoffes		Angriff g/m² · Tag	Angriff mm/Jahr
		99,3% Lg.		1,20 bei 18—20°	0,06 bei 18—20°
		99,5% Lg.		1,18 „ 18—20°	0,06 „ 18—20°
		99,77% Lg.		1,18 „ 18—20°	0,06 „ 18—20°
		100,0% Lg.		1,82 „ 18—20°	0,09 „ 18—20°
		% SO₃ (Ges.)	% SO₃ (frei)		
		81,8	0,91	7,72 bei 18—20°	0,36 bei 18—20°
		82,02	2,00	12,3 „ 18—20°	0,57 „ 18—20°
		82,28	3,64	16,4 „ 18—20°	0,77 „ 18—20°
		82,54	4,73	25,7 „ 18—20°	1,22 „ 18—20°
		82,8	7.45	31,6 „ 18—20°	1,49 „ 18—20°
		83,5	10,17	37,0 „ 18—20°	1,74 „ 18—20°
		84,2	12,89	21,4 „ 18—20°	1,01 „ 18—20°
		84,62	16,16	18,2 „ 18—20°	0,86 „ 18—20°
		85,05	18,34	36,8 „ 18—20°	1,73 „ 18—20°
		86,00	23,78	11,3 „ 18—20°	0,53 „ 18—20°
		88,24	34,67	1,27 „ 18—20°	0,06 „ 18—20°
		90,07	45,56	0,46 „ 18—20°	0,02 „ 18—20°
294	Armco-Eisen	5% Lg.		45,6 „ 20°	2,15 „ 20°
		10% Lg.		66,2 „ 20°	3,12 „ 20°
		20% Lg.		110,3 „ 20°	5,15 „ 20°
		30% Lg.		225,0 „ 20°	10,7 „ 20°
		40% Lg.		342,0 „ 20°	16,1 „ 20°
		50% Lg.		495,0 „ 20°	23,3 „ 20°
		55% Lg.		680,0 „ 20°	32,0 „ 20°
		65% Lg.		39,8 „ 20°	1,88 „ 20°
		75% Lg.		18,2 „ 20°	0,86 „ 20°
		90% Lg.		<0,5 „ 20°	<0,02 „ 20°
293	Elektrolyt-Eisen	10% Lg.		68,0 „ 15°	3,20 „ 15°

Abb. 22.   Verhalten von Werkstoff A (*1—5*) und B (*6—10*) gegen 0,45-n-H₂SO₄ bei 20°
(nach EILENDER, GELLER und AUSEL)

Zusatz von As(OH)₃, KHCrO₄, Thioharnstoff, Ag⁺ und Cu⁺⁺ hemmt den Angriff.
Zusatz von O₂, SO₃ und Oxydationsmitteln vergrößert den Angriff (∼10 : 1).

Stahl   Die Abhängigkeit des Gewichtsverlustes von der Werkstoffzusammensetzung, der Angriffszeit und der Vorbehandlung der Werkstoffe wurde von W. EILENDER, W. GELLER und W. AUSEL untersucht.

Chemische Analysen der verwendeten Werkstoffe vgl. Zahlentafel 12, S. 207.

W. V. Nr.	Werkstoff	Zusammensetzung des angreifenden Stoffes	Angriff $g/m^2 \cdot$ Tag	Angriff mm/Jahr

Korrosionsversuche in $0{,}045$-n-H_2SO_4 haben ein ähnliches Verhalten der Werkstoffe ergeben, wenn auch die Löslichkeit naturgemäß geringer ist als in $0{,}45$-n-H_2SO_4.

Einfluß von Wärmebehandlungen auf den Korrosionsangriff in $0{,}45$-n-H_2SO_4:
Wärmebehandlung I: 1 Stunde glühen bei 850 bzw. 950°C, danach abschrecken in Wasser und 1 Stunde anlassen bei verschiedenen Temperaturen. Die Angriffsgeschwindigkeit des abgeschreckten Werkstoffes steigt mit der Anlaßtemperatur zunächst an und erreicht dann ein Maximum, das für den Werkstoff B bei rd. 350°C und für den Werkstoff A bei rd. 250°C liegt. Danach nimmt die Angriffsgeschwindigkeit wieder ab.
Wärmebehandlung II: 1 Stunde bei 680° glühen und

1. in Wasser abschrecken,
2. in Wasser abschrecken und 1 Stunde bei 300° anlassen.

Durch die Anlaßbehandlung bei 300° steigt die Säurelöslichkeit der unterhalb A_1 abgeschreckten Stähle um das zwei- bis fünffache an.

Wärmebehandlung III: 1 Stunde glühen bei 850 (Werkstoff B) bzw. 950°C (Werkstoff A) und

1. an der Luft abkühlen lassen,
2. langsam im Ofen abkühlen lassen,
3. in Öl abschrecken,
4. in Wasser abschrecken.

Die Gewichtsverluste der abgeschreckten Proben liegen durchwegs etwas höher als diejenigen der normalisierten (1. und 2.). Die Art der Abkühlung beim Normalisieren oder Abschrecken ist nur von geringem Einfluß.

Der Angriff eines durch Walzen kaltverformten Werkstoffes steigt in $0{,}45$-n-H_2SO_4 mit steigendem Verformungsgrad regelmäßig an.

W. V. Nr.	Werkstoff	Zusammensetzung des angreifenden Stoffes	Angriff $g/m^2 \cdot$ Tag	Angriff mm/Jahr
	Cu-Stahl		Keine allgemein schützende Wirkung; ein Cu-Zusatz zu Stählen mit hohem P- oder S-Gehalt vermindert die Lösungsgeschwindigkeit stark, die der P- und S-armen Stähle aber kaum, bei reinen Proben kann durch Cu-Zusatz sogar der Säureangriff erhöht werden. $CuSO_4$-Gehalt der Lösung vergrößert den Angriff.	
	Cr-Stahl	verd. — konz. Lg.	nicht verwendbar	
	Invar	10—32% Lg.	6,4 bei 20°	0,29 bei 20°
	Ni-Stahl	n/l Lg.	6,0 „ 0,27	0,27 „ 20°
	Ni-Stahl (25 Ni; Fe)	12—63% Lg.	15° 40° <24,0 <240	15° 40° <1,0 <10,0
	Cr-Mo-Stahl	Lg.	meist starker Angriff	
	Rost- und säurebeständige Stähle	30% Lg.	Zusätze von 1% $CuSO_4$, 2% CrO_3 oder 2% $Na_2Cr_2O_7$ setzen den Angriff durch diese Säure bei 100° oft auf ein erträgliches Maß herab (s. Abb. 24 bis 31).	
445	Carpenter Stainless Steel Nr. 20	Lg.	bei 20° sehr beständig über den ganzen Konzentrationsbereich, bei 80° bis 20%, aber Angriff bei höheren Konzentrationen	
446	Worthite	Lg.	bei 20° verwendbar für alle Konzentrationen	
		>98% Lg.	verwendbar bei 70°, für Pumpen empfohlen	
449	Stainless W	Lg.	Verhalten ähnlich 18/8-Cr-Ni- Stahl	
475—495	18/8 Cr-Ni-Stahl + Mo	H_2SO_4 + + Ammonsulfat	für Ammonsulfatsaturateure empfohlen	
		Sulfurierung von Pflanzenölen	empfohlen	
525—529	Cr-Mn-Stahl Mn-Stahl		nicht verwendbar nicht verwendbar	

W. V. Nr.	Werkstoff	Zusammensetzung des angreifenden Stoffes	Angriff g/m² · Tag	Angriff mm/Jahr

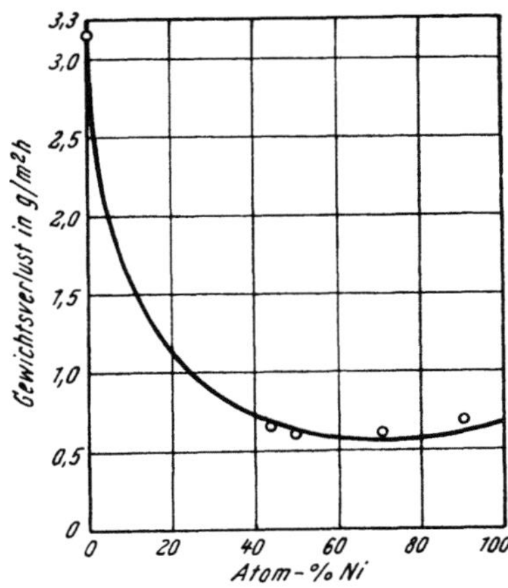

Abb. 23. Verhalten von Fe-Ni-Legierungen
in belüfteter 5%iger H_2SO_4 bei 25°

Kupfer 1% Lg. 2,8 bei 20° 0,11 bei 20°

	20°		50°		20°		50°	
	$+H_2$	$+O_2$	$+H_2$	$+O_2$	$+H_2$	$+O_2$	$+H_2$	$+O_2$
6% Lg.	2,2	92,0	7,5	270,0	0,09	3,73	0,30	10,93
20% Lg.	3,6	84,0	6,2	60,0	0,15	3,40	0,25	2,41
96,5% Lg.	3,5	25,0	26,0	52,0	0,14	1,01	1,05	2,1

n/l Lg.
+ 5% $K_2Cr_2O_7$ 560,0 bei 40°   22,7 bei 40°
+ 5% $NaClO_3$ 850,0 ,, 40°   34,5 ,, 40°

1,2 n Lg.   in die ruhende Lösung 1 Tag lang bei 20° eingetaucht; vor dem Versuch 1 Stunde ein Gemisch aus O_2 und N_2 eingeleitet:

O_2-Gehalt des Gemisches in %		
0	<1,0	<0,04
10,4	2,3	0,10
16,1	3,6	0,15
Luft	5,8	0,24
27,4	6,5	0,27

Die Stärke des Angriffes wird also weitgehend durch O_2 (oxydierende Salze, wie Ferrisalze) bestimmt.

	Messing		nicht verwendbar	
590—592	Bronze	n/l Lg.	4,0 bei 15°	0,17 bei 15°
		10% Lg.	~3,0 ,, 15°	~0,12 ,, 15°
	Rotguß	37,2% Lg.	starker Angriff bei höherer Temperatur	

Bei eingehenden Korrosionsversuchen an Bronzen nach DIN 1705 stellten Th. Eder und F. Kendöl folgendes fest:

Die chemische Beständigkeit von Bronzen gegen H_2SO_4 wird durch den Kupfergehalt bestimmt. Steigender Zinngehalt vermindert die Beständigkeit, geringe Zusätze von Zink und Blei sind praktisch ohne Einfluß. Auch die Korrosionshemmung durch Desoxydation bei Phosphorbronzen ist nur gering.

Der Angriff wächst stark mit der Säurekonzentration. Geringe Mengen H_2O haben bereits eine stark hemmende Wirkung und Säure von 66° Bé korrodiert um ein Vielfaches stärker als Säure von 60° Bé. Ausschlaggebend wird die Korrosion durch Sauerstoffzutritt beeinflußt. Während heiße, verdünnte H_2SO_4 unter Luftabschluß nur

W. V. Nr.	Werkstoff	Zusammensetzung des angreifenden Stoffes	Angriff g/m² · Tag	Angriff mm/Jahr

geringe Korrosionswirkung auf Bronzen ausübt, werden diese sogar von kalter, verdünnter H_2SO_4 bei gleichzeitigem Zutritt von Luftblasen schon beträchtlich angegriffen (etwa 4,0 mm/Jahr durch H_2SO_4 von 10° Bé bei 25° C und ständiger Luftzufuhr). Die Korrosionsgeschwindigkeit steigt naturgemäß stark mit der Temperatur.

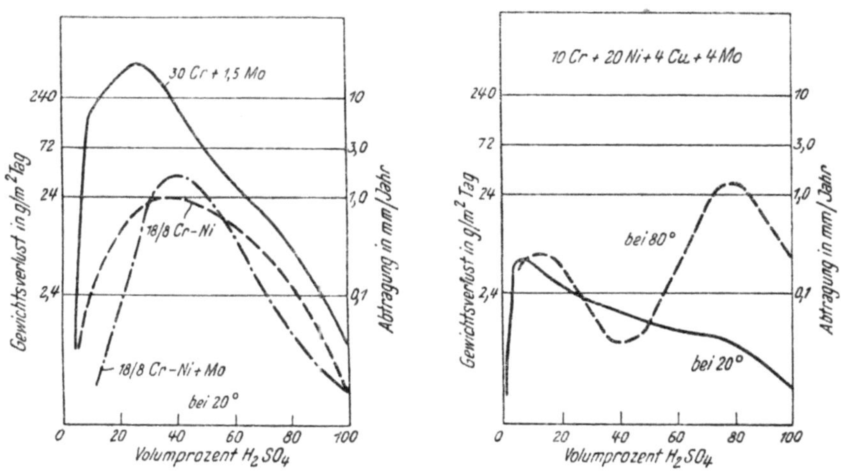

Abb. 24. Verhalten von Cr-Mo-Stahl und Cr-Ni-Mo-Cu-Stahl gegen H_2SO_4 (nach SCHULTE)

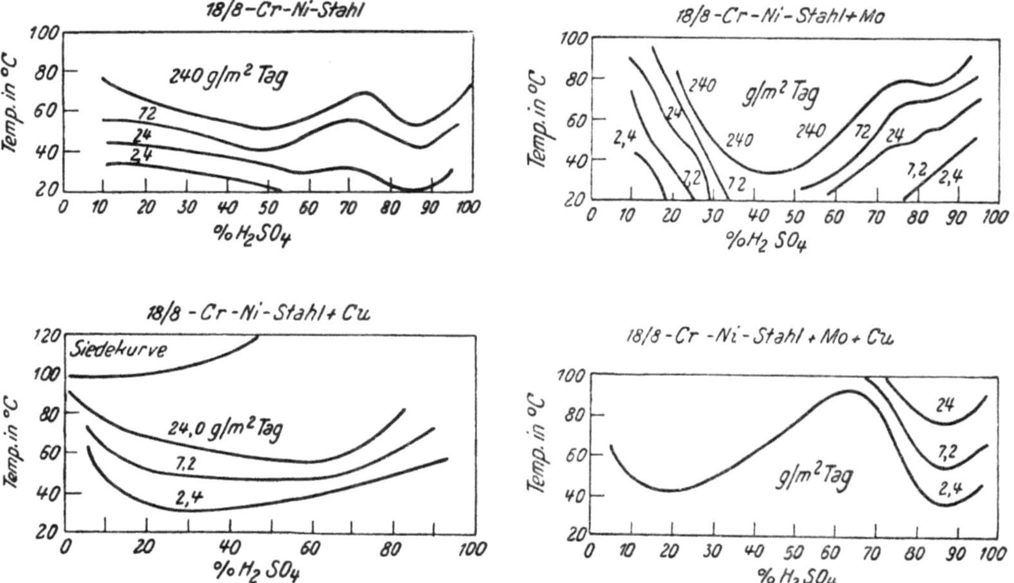

Abb. 25. Verhalten verschiedener Cr-Ni-Stähle gegen H_2SO_4 (nach ROCHA)

W.V. Nr.	Werkstoff	Zusammensetzung des angreifenden Stoffes	Angriff g/m² · Tag	Angriff mm/Jahr

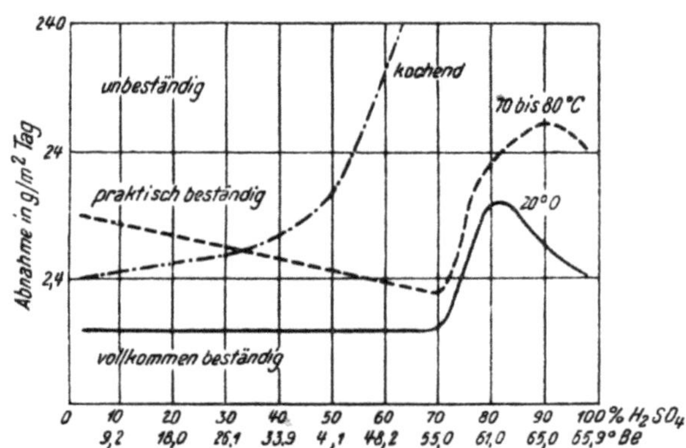

Abb. 26. Verhalten von 18/8 Cr-Ni-Stahl + Mo + Cu gegen H₂SO₄ (nach D. E. W.)

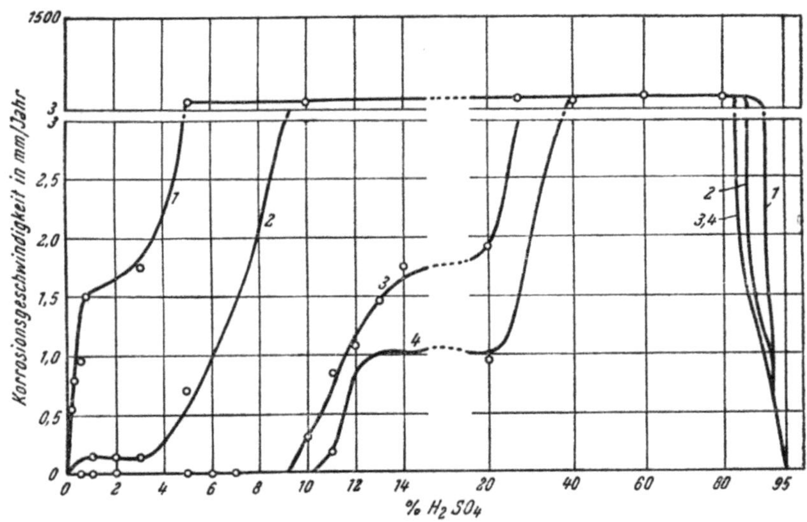

Abb. 27. Verhalten bei 38°

Abb. 27 bis 29. Verhalten von Cr-Ni-Stählen gegen H₂SO₄ (nach G. C. KIEFER und W. G. RENSHAW)

Zusammensetzung der Stähle:

1   0,069 C; 18,42 Cr; 9,26 Ni; 0,45 Mn; 0,44 Si; 0,020 P; 0,018 S;
2   0,073 C; 24,14 Cr; 20,91 Ni; 1,77 Mn; 0,44 Si; 0,017 P; 0,008 S;
3   0,064 C; 17,24 Cr; 13,78 Ni; 2,44 Mo; 1,74 Mn; 0,53 Si; 0,022 P; 0,014 S;
4   0,055 C; 18,50 Cr; 11,69 Ni; 3,45 Mo; 1,90 Mn; 0,50 Si; 0,014 P; 0,009 S (%)

W. V. Nr.	Werkstoff	Zusammensetzung des angreifenden Stoffes	Angriff g/m² · Tag	Angriff mm/Jahr

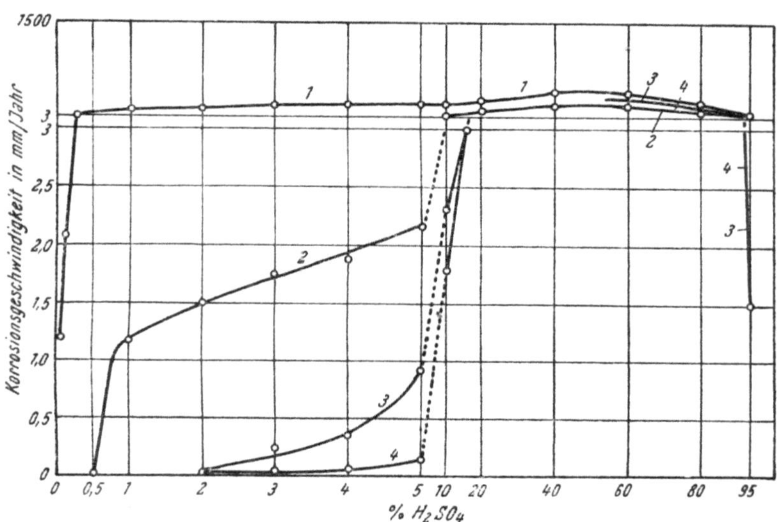

Abb. 28. Verhalten bei 65°

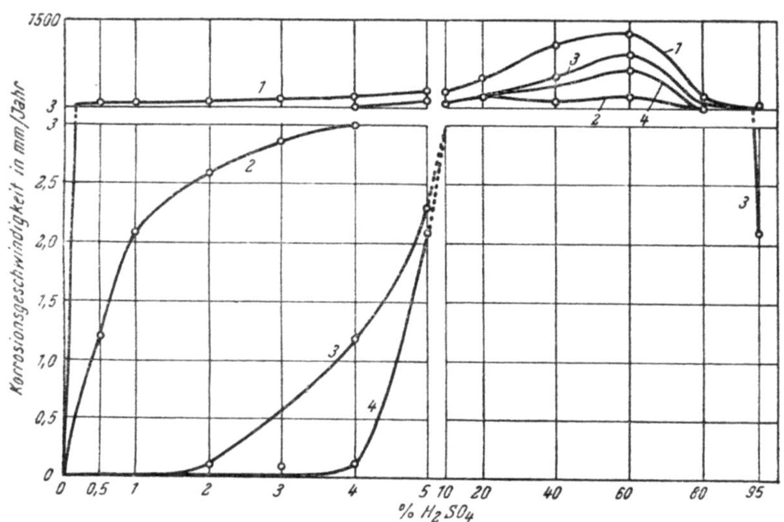

Abb. 29. Verhalten bei 80°

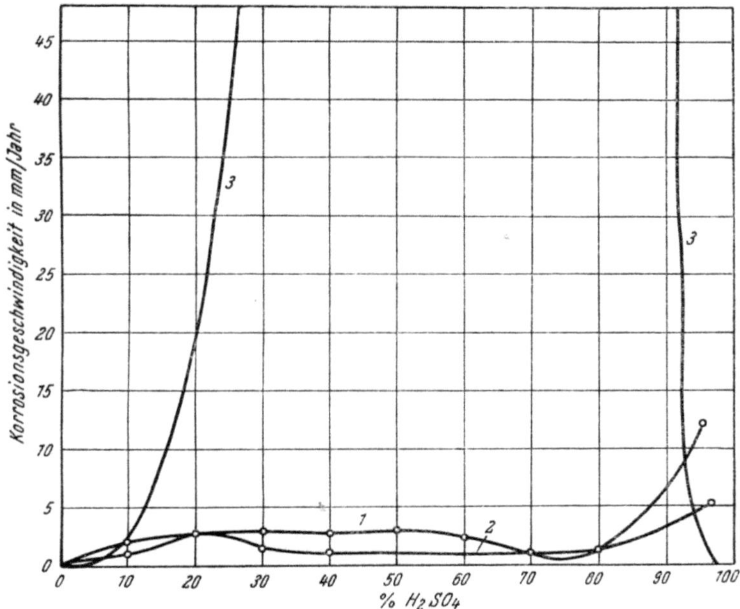

Abb. 30.   Verhalten bei 38°

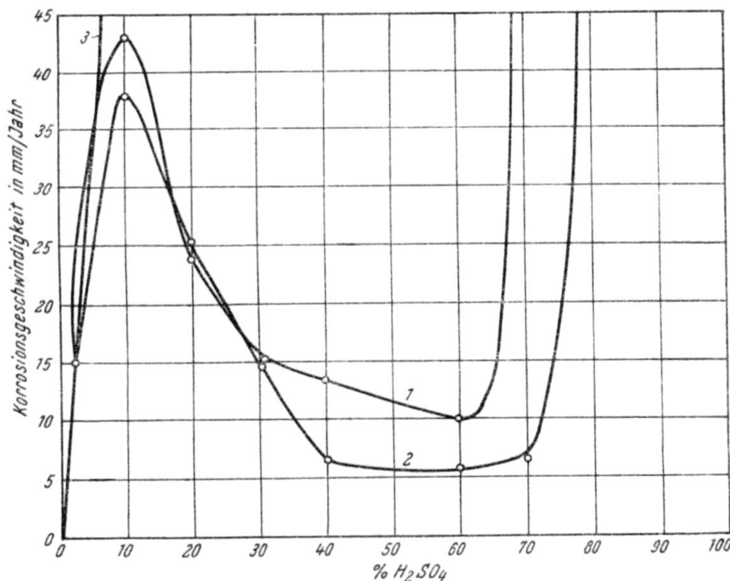

Abb. 31.   Verhalten bei 93°

Abb. 30 und 31.   Verhalten von Cr-Ni-Mo-Cu-Stählen gegen H₂SO₄ (nach G. C. KIEFER
und W. G. RENSHAW)

Zusammensetzung der Stähle:

1   0,07 C; 17,10 Cr; 11,86 Ni; 2,82 Mo; 1,46 Cu; 1,04 Mn   (Abb. 30);
1   0,06 C; 17,83 Cr; 12,80 Ni; 2,64 Mo; 2,15 Cu: 0,90 Mn   (Abb. 31);
2   0,06 C; 17,92 Cr; 13,13 Ni; 2,73 Mo; 3,70 Cu; 1,05 Mn   ⎫
3   0,064 C; 17,24 Cr; 13,78 Ni; 2,44 Mo; 1,74 Mn (%)   ⎭   (Abb. 30 und 31)

W. V. Nr.	Werkstoff	Zusammensetzung des angreifenden Stoffes	Angriff g/m³ · Tag	Angriff mm/Jahr

Zahlentafel 19.

Angriff durch Schwefelsäure verschiedener Konzentration bei 100° unter Luftabschluß (nach EDER und KEUDÖL)

Legierung	Angriff g/m³ · Tag			Angriff mm/Jahr		
	35° Bé	60° Bé	66° Bé	35° Bé	60° Bé	66° Bé
Gußbronze 20	72,0	216	5400	3,0	9,0	225
Gußbronze 14	31,1	108	5400	1,3	4,5	225
Gußbronze 10	14,4	72,0	5400	0,60	3,0	225
Rotguß 10	18,5	72,0	5400	0,75	3,0	225
Rotguß 9	19,8	72,0	5400	0,82	3,0	225
Rotguß 8	22,3	86,2	5400	0,90	3,6	225
Rotguß 5	18,5	72,0	5400	0,75	3,0	225
Rotguß 4	12,5	55,1	5400	0,53	2,3	225
Bleizinnbronze 10	18,5	72,0	4300	0,75	3,0	180
Bleizinnbronze 8	14,4	62,4	3100	0,60	2,6	130

W. V. Nr.	Werkstoff	Zusammensetzung des angreifenden Stoffes	Angriff g/m³ · Tag	Angriff mm/Jahr
629	Cu-Ni-Leg.	1% Lg. 60% Lg.	0,52 bei 15—20° 0,14 „ 15—20°	0,02 bei 15—20° 0,006 „ 15—20°
632	Adnic		empfohlen	
637	Ferry-Metall	1% Lg. 60% Lg.	1,04 bei 15—20° 0,34 „ 15—20°	0,04 bei 15—20° 0,014 „ 15—20°
	Si-Bronze (2,96 Si; 1,1 Mn)	3% Lg. 10% Lg. 25% Lg. 70% Lg.	25° · 70° 1,6 · 4,2 1,4 · 3,5 0,8 · 2,2 0,4 · 0,5	25° · 70° 0,07 · 0,18 0,06 · 0,15 0,04 · 0,09 0,02 · 0,03
643	Rotoxit	10% Lg. 25% Lg.	kein Angriff bei 95° geringer Angriff bei Siedetemperatur	
639	Everdur		empfohlen	
649	Al-Bronze	n/l Lg. 10% Lg.	3,0 bei 20° 2,0 „ 20°	0,12 bei 20° 0,08 „ 20°
652	Corrix gegossen gewalzt	33% Lg. 33% Lg.	20° · 90° 0,29 · 1,54 0,53 · 2,40	20° · 90° 0,014 · 0,072 0,025 · 0,112
653	Al-Bronze	35% Lg. 50% Lg. 60% Lg.	0,91 bei 20° (?) 1,27 „ 20° (?) 1,89 „ 20° (?)	0,04 bei 20° (?) 0,06 „ 20° (?) 0,09 „ 20° (?)
	Be-Bronze (2,0 Be; 0,35 Ni; Cu)	10% Lg.	starker Angriff bei 20°	
	Cr-Überzüge	10% Lg.	14,0 bei 15° nicht verwendbar bei höherer Temperat.	0,72 bei 15°
662—666	Nickel	1% Lg. 10% Lg. 30% Lg. 50% Lg. 60% Lg. konz. Lg.	20° · 100° < 2,4 27,0 · < 72,0 17,5 14,3 · >240,0 < 2,4 <24,0 · <240,0	20° · 100° <0,1 1,12 · < 3,0 0,73 0,60 · >10,0 <0,1 <1,0 · <10,0

W. V. Nr.	Werkstoff	Zusammensetzung des angreifenden Stoffes	Angriff g/m² · Tag		Angriff mm/Jahr	
			luftgesättigt 30°	H_2-gesättigt 30°	luftgesättigt 30°	H_2-gesättigt 30°
	70/30-Ni-Cu-Legierung	10% Lg.	24,0	4,0	0,97	0,16
		20% Lg.	18,0	3,0	0,73	0,12
		40% Lg.	8,0	2,0	0,33	0,08
		60% Lg.	6,0	1,5	0,24	0,06
		80% Lg.	5,0	1,0	0,20	0,04
		90% Lg.	72,0	95,0	2,9	3,9
		konz. Lg.	38,0	35,0	1,5	1,4

		5% Lg.	20°	80°	100°	20°	80°	100°
		luftgesättigt	20,0	74,0	2,0	0,81	3,0	0,08
		H_2-gesättigt	4,0	9,0	1,0	0,16	0,36	0,04

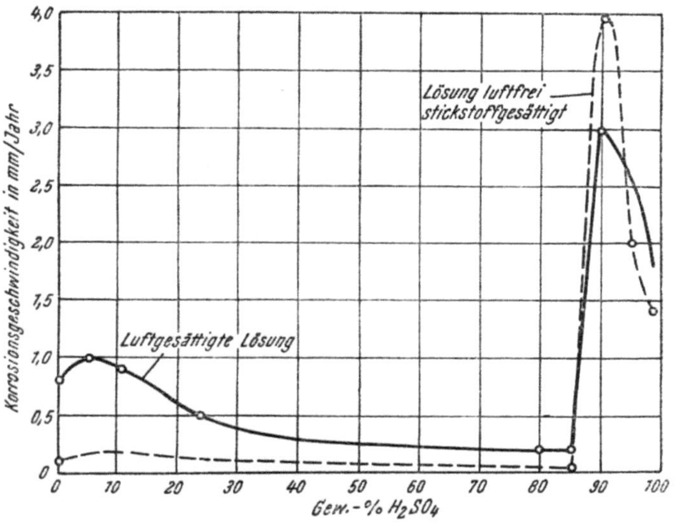

Abb. 32. Verhalten von 70/30 Ni-Cu-Legierung gegen H_2SO_4 bei 20° (nach W. P. BATRAKOW)

W. V. Nr.	Werkstoff	Zusammensetzung	Angriff g/m² · Tag		Angriff mm/Jahr	
			20°		20°	
669	Corronil	1% Lg.	0,58		0,024	
		60% Lg.	0,21		0,009	

Zusatz von O_2 vergrößert den Angriff (40 : 1)

W. V. Nr.	Werkstoff	Zusammensetzung	Angriff g/m² · Tag		Angriff mm/Jahr	
			20°	siedend	20°	siedend
672	Monel	1% Lg.	1,6	25,1	0,07	1,05
		10% Lg.	1,4	22,8	0,06	0,95
		bis 60% Lg.	~40,0 bei 90°		~1,7 bei 90°	
		luftgesättigt, bewegt	starker Angriff bei höherer Konzentration			
		konz. Lg.	<24,0 bei 20°		<1,0 bei 20°	

Zusatz von O_2 vergrößert den Angriff (40—60 : 1)
Zusatz von Fe^{++} (0,005—1,0%) vergrößert den Angriff (100 : 1)
Für Beizerei (7—10% H_2SO_4) Monel empfohlen bei 85°

W. V. Nr.	Werkstoff	Zusammensetzung	Angriff g/m² · Tag		Angriff mm/Jahr	
676	Nickelchrom		20°	heiß	20°	heiß
	ungeglüht	10% Lg.	3,0	288,0	0,13	12,5
	geglüht	10% Lg.	2,0	120,0	0,09	5,3
679	Illium	10—95% Lg.	empfohlen bei 20—30°			
682	Inconel	Lg. bewegt, + Luft	30°	78°	30°	78°
		1% Lg.	29,1	66,4	1,28	2,66

W. V. Nr.	Werkstoff	Zusammensetzung des angreifenden Stoffes	Angriff g/m²·Tag		Angriff mm/Jahr	
		5% Lg.	34,2	120	1,38	4,85
		70% Lg.	27,1		1,10	
		93% Lg.	6,2		0,25	
685	Nickelchrom		20°	heiß	20°	heiß
	ungeglüht	10% Lg.	14,0	215,0	0,61	9,4
	geglüht	10% Lg.	2,0	144,0	0,09	6,25
688	Nickelchrom					
	ungeglüht	10% Lg.	12,0	550,0	0,53	24,0
	geglüht	10% Lg.	3,0	430,0	0,13	18,7
689	Nickelchrom					
	ungeglüht	10% Lg.	0,5	60,0	0,02	2,6
	geglüht	10% Lg.	0,9	64,6	0,04	2,9
691	Contracid B2,5M					
	ungeglüht	10% Lg.	2,4	8,0	0,1	0,36
	geglüht	10% Lg.	4,0	12,0	0,18	0,53
692	Contracid B4M					
	ungeglüht	10% Lg.	1,5	8,0	0,07	0,36
	geglüht	10% Lg.	2,0	6,0	.0,09	0,26
694	Contracid B6W					
	ungeglüht	10% Lg.	3,0	48,0	0,13	2,08
	geglüht	10% Lg.	2,0	48,0	0,09	2,08
695	Contracid B10W					
	ungeglüht	10% Lg.	0,8	12,0	0,036	0,53
	geglüht	10% Lg.	0,8	10,0	0,036	0,43
696	Nickelchrom					
	ungeglüht	10% Lg.	3,0	288,0	0,13	12,5
	geglüht	10% Lg.	2,0	144,0	0,09	6,25
699	Contracid B7M					
	ungeglüht	10% Lg.	6,0	12,0	0,26	0,53
	geglüht	10% Lg.	1,0	5,0	0,04	0,21
701	Contracid BWMC					
	ungeglüht	10% Lg.	0,8	18,0	0,036	0,78
	geglüht	10% Lg.	0,4	16,0	0,018	0,70

Einfluß der Zusammensetzung des Werkstoffes:

Als besonders günstig wird Nickelchrom mit 65% Ni, 15% Cr und 20% Fe angegeben.

Geringe Zusätze von Mo, W und Co verbessern die Korrosionsfähigkeit.

W. V. Nr.	Werkstoff	Zusammensetzung des angreifenden Stoffes	15°	40°	60°	80°	15°	40°	60°	80°
720	Ni-Fe-Leg.	12% Lg.	7,0	33,0	25,0	45,0	0,32	1,50	1,14	2,05
		38% Lg.	12,0	45,0	106,0	164,0	0,55	2,05	4,8	7,5
		63% Lg.	21,0	44,0	76,0	162,0	0,96	2,00	3,45	7,4

W. V. Nr.	Werkstoff	Zusammensetzung des angreifenden Stoffes	20°	70° +Luft	siedend	20°	20° +Luft	siedend
721	Hastelloy A	(Oxydierende Stoffe dürfen nicht zugegen sein)						
		10% Lg.	1,7	17,0	22,0	0,07	0,68	0,89
		60% Lg.	0,24	7,4	2350,0	0,01	0,30	95,0
		96% Lg.	0,19	4,5	220,0	0,008	0,18	8,9
722	Hastelloy B	(Oxydierende Stoffe dürfen nicht zugegen sein)						
		10% Lg.	1,2	13,9	1,5	0,05	0,56	0,06
		60% Lg.	0,23	1,4	23,9	0,01	0,06	0,97
		96% Lg.	0,06	0,77	31,0	0,003	0,03	1,24
723	Hastelloy C	(auch bei Gegenwart von oxydierenden Stoffen)						

W. V. Nr.	Werkstoff	Zusammensetzung des angreifenden Stoffes	Angriff g/m²·Tag			Angriff mm/Jahr		
		10% Lg.	2,4	31,4		0,10	1,25	
		60% Lg.	7,2	2280,0		0,29	92,5	
		96% Lg.	1,6	194,0		0,07	7,4	
724	Hastelloy D	55% Lg.	verwendbar bis Siedetemp.					
			belüftet 80°	siedend		belüftet 80°	siedend [211]	
725	Chlorimet 2	3% Lg.		42,0			1,8	
	(nur für	10% Lg.	9,0	7,0		0,37	0,30	
	reduzieren-	20% Lg.	6,0	5,0		0,25	0,20	
	de Bedin-	50% Lg.	2,5	4,0		0,10	0,16	
	gungen)	80% Lg.	1,0			0,04		
		96% Lg.	0,5			0,02		
726	Chlorimet 3	3% Lg.		3,0			0,12	
	(auch bei	10% Lg.	0,5	7,0		0,02	0,30	
	oxydierenden	20% Lg.	2,5	32,0		0,10	1,3	
	Bedin-	50% Lg.	8,0			0,32		
	gungen)	80% Lg.	27,0			1,1		
		96% Lg.	3,0			0,12		
			belüftet 20°	unbelüftet 20°		belüftet 20°	unbelüftet 20° [212]	
727	Lang-	70% Lg.	0,22	0,08		0,009	0,003	
	alloy 4 R	85% Lg.	0,58	0,13		0,024	0,005	
		90% Lg.	0,20	0,11		0,008	0,004	
		96% Lg.	0,07	0,07		0,003	0,003	
728	Lang-	70% Lg.	0,01	0,01		$<$0,001	$<$0,001	
	alloy 5 R	85% Lg.	0,05	0,03		0,002	0,0015	
		90% Lg.	0,04	0,02		0,002	0,001	
		96% Lg.	0,01	0,01		$<$0,001	$<$0,001	
729	Lang-	70—98% Lg.	verwendbar bei Siedetemperatur					
	alloy 6 R							
	Kobalt		geringer Angriff bei 20°					
			20°	100°		20°	100°	
	Niob	2n Lg.	~0	0,13		~0	0,006	
		konz. Lg.	~0	17,0		~0	0,73	
		rauchend	0,34	31,9		0,015	1,37	
	Tantal	10% Lg.	kein Angriff bei 100°					
		konz. Lg.	4,0 bei 300°			0,2 bei 300°		
		Oleum (15%)	45,6 „ 130°			2,5 „ 130°		
	Ta-Mo-Leg.	95,5% Lg.	kein Angriff bei Legierungen mit mehr als 50 Atomprozent Ta bei 55°, sonst geringer Angriff					
	Wolfram	10% Lg.	kein Angriff bei 20°, Angriff bei höherer Temperatur					
	Molybdän	10% Lg.	0,6 bei 20°			0,02 bei 20°		
			3,6 „ höh. Temp.			0,13 „ höh. Temp.		
			35°	60°	100°	35°	60°	100°
	Zirkon	10% Lg.	0,024			0,001		
		20% Lg.	0,036			0,002		
		30% Lg.	0,154			0,009		
		40% Lg.	0,184			0,011		
		50% Lg.	0,166		0,231	0,010		0,014
		60% Lg.	0,190		0,271	0,012		0,016
		70% Lg.	0,153	0,238	0,343	0,009	0,015	0,021
		75% Lg.	0,5	1,68	9,79	0,03	0,10	0,59
		80% Lg.	25,5	95,1		1,50	5,8	
		82% Lg.	109,5	435		6,55	26,6	

W. V. Nr.	Werkstoff	Zusammensetzung des angreifenden Stoffes	Angriff g/m²·Tag	Angriff mm/Jahr
		85% Lg. 391	2486 23,5	150
		90% Lg. 735	44,2	
		96,5% Lg. 342	1383 20,5	84,0
	Zink		starker Angriff	

Zinküberzüge aus saurem Hochglanzbad werden weniger angegriffen als normales Elektrolyt-Zink.

W. V. Nr.	Werkstoff	Zusammensetzung des angreifenden Stoffes	Angriff g/m²·Tag	Angriff mm/Jahr
	Cd-Überzüge	Lg.	nicht verwendbar	
	Zinn	1% Lg.	1,5 bei 20°	0,08 bei 20°
		6% Lg. + H_2	3,5 „ 20°	0,18 „ 20°
		6% Lg. + O_2	430 „ 20°	22,3 „ 20°
	Zinn (99,96; 0,014 Pb)	4,85% Lg.	68,9 „ 20°	3,9 „ 20°
		10,6% Lg.	54,4 „ 20°	2,7 „ 20°

Blei: Durch umfangreiche Korrosionsversuche der Metallgesellschaft wurde die Wirkung von kleinen Verunreinigungen klargestellt. In der nachstehenden Zahlentafel sind für vier Temperaturen die verschiedenen Bleisorten nach ihrer Beständigkeit gegen 70% H_2SO_4, beginnend vom Blei höchster Beständigkeit, angeführt. An Stelle der Namen der Bleisorten sind die entsprechenden Nummern des Werkstoffverzeichnisses angegeben. Die Grenzwerte des Angriffs, sowie der Angriff, den reinstes Blei erleidet, sind in g/m² · Tag angegeben. Zwischen den angegebenen Grenzen nimmt der Angriff ungefähr linear zu.

Zahlentafel 20. Wirkung kleiner Beimengungen (nach A. BURCKHARDT) 70% H_2SO_4 (Mittelwerte des Angriffs)

Versuchsdauer	20° 10–20 Tage — W. V. Nr.	g/m²·Tag	90° 10 Tage — W. V. Nr.	g/m²·Tag	130° 2 Tage — W. V. Nr.	g/m²·Tag	170° 4 Std. — W. V. Nr.	g/m²·Tag
Blei größter Be-ständigkeit	807 +0,1Sn	1,0	807 +0,1Cu	2,5	807 +0,1Cu	72,0	807 +0,1Cu	240
	—		807 +0,1Ag		815		815	
	—				816		816	
↓ Angriff stärker	—		807		807 +0,02Ni		819 +Cu	
	—		815					
	—		816		807		807	
	—		807 +0,02Ni		807 +0,1Sn		807 +0,1Sb	
	—							
Blei Kahlbaum (reinst)	805	1,1	805	4,2	805	170	805	1100
	815		807 +0,1Sb		812		807 +0,1Sn	
	807				818			
	816		807 +0,1Sn		819		812	
	—				—		819	
↓ Angriff stärker	807 +0,1Ag		818		—		—	
			—		—		—	
	807 +0,02Ni		812		—		818	
			817		817		807 +0,1Cd	
	817		807 +0,1Cd		—			
	818				—		—	
	812		—		—		—	
Blei geringster Beständigkeit	807 +0,1Cd	3,0	819 +Ag	10,7	819 +Ag	340	817	3540
							—	

806	Elektrolyt-Blei	Gloversäure 60° Bé	empfohlen bei 150°	

W. V. Nr.	Werkstoff	Zusammensetzung des angreifenden Stoffes	Angriff g/m² · Tag	Angriff mm/Jahr
810	Parkes-Blei	Gay-Lussac-Turm 60° Bé, + 2% N₂O₃	empfohlen bei 40—60°	
811	Blei, reinst	26,61% Lg.	8,5 bei 20°	0,27 bei 20°
		38,59% Lg.	11,0 ,, 20°	0,36 ,, 20°
		53,03% Lg.	5,4 ,, 20°	0,17 ,, 20°
		63,40% Lg.	6,2 ,, 20°	0,20 ,, 20°
		73,29% Lg.	5,3 ,, 20°	0,17 ,, 20°
		77,57% Lg.	6,9 ,, 20°	0,22 ,, 20°
		83,02% Lg.	17,0 ,, 20°	0,55 ,, 20°
		88,08% Lg.	18,3 ,, 20°	0,59 ,, 20°
		91,97% Lg.	18,8 ,, 20°	0,61 ,, 20°
		98,87% Lg.	281,0 ,, 20°	9,1 ,, 20°
			20° 100° 200°	20° 100° 200°
820	Blei	$d = 1{,}84$ O₂-frei	17,0 476,0 1420	0,55 15,4 46,0
		$d = 1{,}84 + 1\% N_2O_3$	350,0 1476	11,3 47,9
		$d = 1{,}73$ O₂-frei	134,0	4,4
		$d = 1{,}73 + 1\% N_2O_3$	95,3	3,08
820	Blei	$d = 1{,}84 + O_2$	16,0 347,0 2200	0,52 11,2 70,0
		$d = 1{,}84 + 1\% N_2O_3$	19,9 364,0 2089	0,64 11,8 67,0
		$d = 1{,}84 + 1\% N_2O_3 + O_2$	23,5 424,0 3425	0,75 13,8 111,0
	Reinblei	Akkumulatoren-Säure in 4 Tagen	0,2 bei 25° nach 4 Tagen kein weiterer Angriff [213]	0,006 bei 25°
	Akku-Blei, hart	Akkumulatoren-Säure in 4 Tagen	0,45 bei 25° nach 4 Tagen nur sehr geringer Angriff, nach 20 Tagen kein Angriff	0,015 bei 25°
	Akku-Blei + 1,1 Sn	Akkumulatoren-Säure in 4 Tagen	0,5 bei 25° nach 4 Tagen geringer Angriff	0,017 bei 25°

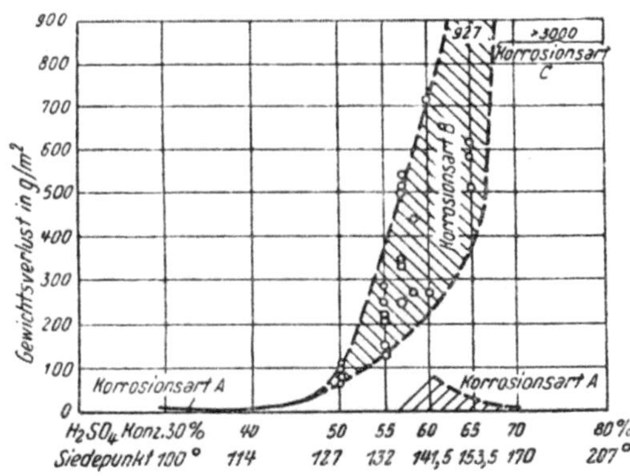

Abb. 33. Angriff siedender H₂SO₄ mittlerer Konzentration auf Blei in 2 Stunden (nach SCHIKORR und SCHALLER)

In H₂SO₄ mittlerer Konzentration wurden bei höherer Temperatur drei Angriffsarten festgestellt:

Angriffsart A: Ein beträchtlicher Angriff findet nicht statt, Blei wird dunkelgrau, kein Bodensatz, Säure bleibt klar

Angriffsart B: Starke H₂-Entwicklung, starker Angriff, Säure wird trübe, Bodensatz von PbSO₄

Angriffsart C: Rascher Zerfall, SO₂- und PbSO₄-Bildung.

Cu-Zusatz (0,06 g Cu/m² Pb-Oberfläche) führen Angriffsart B in Angriffsart A über und vermindern dadurch den Angriff.

W. V. Nr.	Werkstoff	Zusammensetzung des angreifenden Stoffes	Angriff g/m² · Tag	Angriff mm/Jahr

Bleikammerverfahren:

Die modernen Intensivverfahren stellen besondere Ansprüche an das Blei. Die Korrosion wird weitgehend durch das Vorhandensein von Chloriden, die sich in HCl und Nitrosylchlorid umsetzen, beeinflußt. Versuche von K. WICKERT und B. ZENKER ergaben folgendes:

Für Schwefelsäuren mit hohem Gehalt an Nitrosylsäuren ist Ca-haltiges Blei geeignet. (Zusammensetzung von Ca-Blei: 0,1560 Ca; 0,0067 Sb; 0,0069 Bi; 0,0007 Fe; 0,0150 Na.)

Weniger widerstandsfähig ist Sb-haltiges Blei, während sehr reines Elektrolyt-Blei ähnlich angegriffen wird wie Hüttenweichblei. (Zusammensetzung von Elektrolyt-Blei: 0,0008 Sb; 0,0006 Zn; — kein Cu; 0,0002 Ni; Spuren Bi; 0,0006 Fe; 99,9978 Pb.)

In reiner Schwefelsäure (spez. Gewicht 1,735) ist das Ca-haltige Blei bei 90° stark angreifbar, verglichen mit den anderen Bleisorten; Hüttenweichblei dagegen ist für reine Schwefelsäure durchaus geeignet, wenn es etwa folgende Zusammensetzung hat: 0,0035 Bi; 0,0053 Cu; 0,0012 Sb; 0,0041 O_2; 99,9861 Pb.

Ein Gloverkühler aus Ca-haltigem Blei wäre vollkommen unbrauchbar.

Elektrolyt-Blei zeigt in reiner H_2SO_4 (spez. Gewicht 1,735) keinen Vorteil gegen Hüttenweichblei. Für HNO_3-Zugabegefäße ist Hüttenweichblei durchaus geeignet.

In Turm- und Intensivsystemen steht das Blei an vielen Stellen im Kontakt mit säurefesten Steinen und säurefesten Kitten. Ca-haltiges Blei ist für Kitt- und Glasberührung die günstigste von allen Bleilegierungen. Bei der Steinberührung ist das Ca-haltige Blei ebenfalls noch günstig gegen Hüttenweichblei, doch Bi-und Ni-haltiges Blei zeigen eine noch bessere Widerstandsfähigkeit.

Elektrolyt-, Sb- und Hüttenweichblei sind hingegen für Turm- und Intensivverfahren die am wenigsten geeigneten Bleisorten. Ein sehr reines Blei ist nicht immer für Kammern geeignet. Gleichzeitiger Cu- und Bi-Gehalt geben ein gutes Blei für Kammern mit erhöhter mechanischer Festigkeit. Hoher Sb-Gehalt ist bei Gegenwart von Nitrosylsäuren sehr ungünstig.

Hartblei	5% Lg.	Pb-Sb-Legierungen mit 0,1—25% Sb werden bei 20° etwas mehr angegriffen als Reinblei, aber weniger als etwa 0,02 mm/Jahr; bei 50° Angriff ungefähr doppelt so groß. Die Beständigkeit der Legierungen mit 5—15% Sb ist bei 100° größer als die der höher und niedriger legierten Proben.
	20% Lg.	Angriff bei 20 und 50° noch recht gering, höhere Sb-Gehalte geben schlechtere Ergebnisse. Bei 100° sind nur Legierungen mit 0,2—15% Sb gut oder einigermaßen beständig.
	96% Lg.	Schon bei 20° ist die Korrosionsbeständigkeit nicht befriedigend. Die Legierungen sind beständiger als Reinblei. Bei 50 und 100° sind die Legierungen, bei 150° auch Reinblei nicht verwendbar.
Pb-Sb-Leg.		Bei Untersuchungen an gegossenen Akkumulatorengittern stellten A. ARNDT und L. KAESTNER fest, daß durch H_2SO_4 (d = 1,20—1,285) aus einer Legierung mit 8,9% Sb etwa 10mal mehr H_2 bei 25° entwickelt wird, als aus der eutekt. Legierung mit 12,9% Sb.
		Reinblei entwickelt noch weniger (H_2) als die eutekt. Legierungen.

W. V. Nr.	Werkstoff	Zusammensetzung des angreifenden Stoffes	Angriff g/m² · Tag	Angriff mm/Jahr
827	Blei Pb-As-Leg. (0,1% As)	Bleikammer	Angriff größer als bei Blei, rein empfohlen für Auskleidung von H_2SO_4-Behältern, Sulfitlauge (Kunstseide) und Kabelmäntel	
829	Tellurblei	Gloverturm	Angriff geringer als bei Blei, rein (6 : 1)	
830, 831	Pb-Ni-Leg.		Angriff bei höherer Temperatur geringer als bei Blei, rein (2 : 1)	

Blei mit 1% Ag soll sich nach TAINTON für elektrolytische Zn-Gewinnung aus schwefelsauren Lösungen bewährt haben. Durch mechanisches Einfügen des Ag wird nach M. WERNER noch eine bessere Schutzwirkung erzielt.

Zusatz von HCl zur H_2SO_4 vergrößert den Angriff (20—500 : 1).

Feinsilber	50% Lg.	0,7— 5,0 b. 100°	0,03—0,20 b. 100°
u. Ag-Leg.	50% Lg. + O_2	~10,0—100 „ 100°	0,4 —4,0 „ 100°

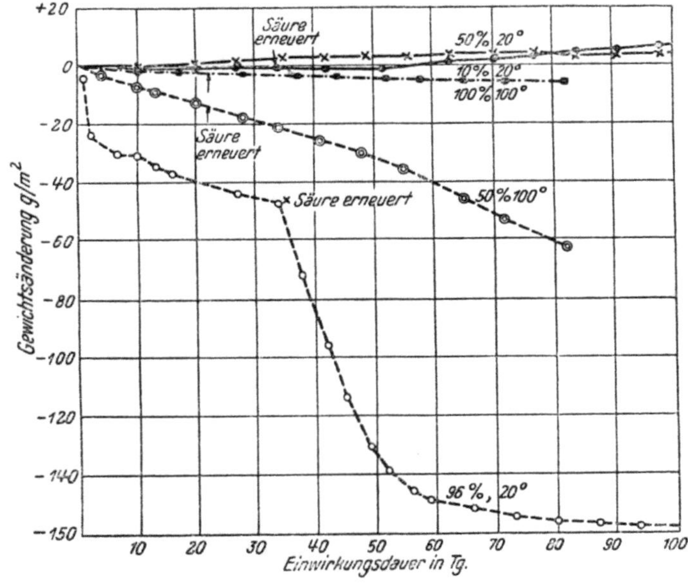

Abb. 34. Angriff von Silber durch H_2SO_4 (weichgeglühte Bleche, unbewegt) (nach E. RAUB)

Gold	jede Konz.	vollkommen beständig <250°	
	konz. Lg.	2,7 bei 300°	0,06 bei 300°
	konz. Lg. + Oxyde	geringer Angriff	
Au-Cu-Leg.		Cu wird anodisch herausgelöst, wenn die Legierung weniger als 0,30 Mol Au enthält, bei höheren Goldgehalten wird es nur spurenweise gelöst	
30/70-Pt-Au-Leg.		empfohlen, widerstandsfähig wie Au, aber bessere mechanische Eigenschaften	
Platin	Lg.	kein Angriff bis 200°	

korrosionsfördernd wirken O_2, SO_3, HNO_2, As_2O_5; korrosionshemmend NH_4-Salze, Alkalinitrate; Kohle, HNO_3, SO_2, As_3O_3

	rauchend	kein Angriff bei 200°
	94% Lg. O_2-frei	14 000 bei 400°
	98,6% Lg. O_2-frei	182 000 „ 450°

W. V. Nr.	Werkstoff	Zusammensetzung des angreifenden Stoffes	Angriff g/m² · Tag	Angriff mm/Jahr
		$+ 2\% \ SO_3 O_2$-frei (rauchend)	650 000 bei 450°	
		94% Lg. $+ O_2$	545 000 ,, 400°	
		Ammonsalze verhindern Angriffe von H_2SO_4-HCl-Gemischen		
	Iridium	98% Lg.	kein Angriff bei 100°	
	Osmium	98% Lg.	kein Angriff bei 100°	
	Palladium	alle Lg.	kein Angriff bei 20°	
		10% Lg.	sehr geringer Angriff bei Siedetemp.	
		konz. Lg.	rasche Auflösung bei 150°	
	Rhodium	98% Lg.	0,72 bei 100°	0,02 bei 100°
	Ruthenium	98% Lg.	kein Angriff bei 100°	

Weitere Literatur [214, 215].

Empfohlene Werkstoffe bei Herstellung nach Kontakt-Verfahren [15, S. 383]:

Stahl für S-Verbrennung, Kühlung und Reinigung (SO_2), Konverter ($SO_2 + O_2$) Oleum-Leitungen.
Stahl mit Masonry-Auskleidung, Oleumturm
Gußeisen für Pumpen.

Empfohlene Werkstoffe bei Herstellung nach Kammerverfahren [15, S. 385/86]:

Hartblei für Pumpen, Ventilatoren
Reinblei für Bleikammern, Türme.

Schwefeltrioxyd. Als verwendbar werden angegeben:

Für wasserfreies SO_3 Aluminium bei 20°, Schmiedeeisen bei höherer Temperatur, Stahl (Angriff), Platin (kein Angriff bei 1200° auf massives Platin), Blei.

Als nicht verwendbar werden angegeben:

Grauguß und Silber.

Schwefelverbindungen, organische. Als verwendbar werden angegeben:

Aluminium, Nickel.

Schwefelwasserstoff

W. V. Nr.	Werkstoff	Zusammensetzung des angreifenden Stoffes	Angriff g/m² · Tag			Angriff mm/Jahr		
	Aluminium	Gas, feucht	kein Angriff bei höherer Temperatur					
		Lg. in H_2O	(bester Werkstoff)					
		Gas + Luft						
	Magnesium		Angriff					
	Titan	ges. Lg.	<1,58 bei 70°			<0,18 bei 70°		
294	Armcoeisen		400°	600°	800°	400°	600°	800°
		$H_2S + H_2$	120	800	2200	6,0	40,0	110

Einfluß der Werkstoffzusammensetzung bei Fe-Legierungen (nach H. BAUKLOH und E. SPETZLER)

Werkstoff	angreifender Stoff	500°	700°	900°	500°	700°	900°
Fe + 5% Cr	$H_2S + H_2$	170	1450	2500	8,5	72,0	125
	$H_2S + N_2$	175	1200	4400	8,7	60,0	220
Fe + 25% Cr	$H_2S + N_2$	85	940	1650	4,2	47,0	82,5
	$H_2S + N_2$	85	780	2200	4,2	39,0	110
Fe + 1% Al	$H_2S + H_2$	260	1340	4600	13,0	67,0	230
	$H_2S + N_2$	100	600	3000	5,0	30,0	150
Fe + 6% Al	$H_2S + H_2$	220	460	1100	11,0	23,0	55,0
	$H_2S + N_2$	100	220	820	5,0	11,0	41,0

Der Korrosionswiderstand hat einen Höchstwert bei 10% Al.

Werkstoff	angreifender Stoff	500°	700°	900°	500°	700°	900°
Fe + 10,26% Mn	$H_2 + H_2S$	160	1600	5500	8,0	80,0	275
Fe + 21,08% Mn	$H_2 + H_2S$	160	640	1700	8,0	32,0	85,0

Bis 700° ist der Angriff von H_2-H_2S-Gemischen höher als von N_2-H_2S-Gemischen, <900° umgekehrt.
Si- und Ni-Zusätze haben nur wenig Wirkung.

W. V. Nr.	Werkstoff	Zusammensetzung des angreifenden Stoffes	Angriff g/m² · Tag	Angriff mm/Jahr
258	Niresist	feucht	10,5 bei 90°	0,51 bei 90°
	Stahl	verflüssigt	geringer Angriff	
			strömender H_2S, 20 l/Std., 50 Sunden	
	Stahl unlegiert		500° 600° 700°	500° 600° 700°
	ohne Nachbehandlung		456	22,7
	+ Al-Diffusion durch Tauchen bei 675—800°		0,48 4,8	0,024 0,24
	+ Al-Diffusion durch Alitieren (Pulver)		6,2	0,30
	Flußstahl	80% H_2S	2,5 bei 200°	0,12 bei 200°
			230,0 ,, 600°	11,0 ,, 600°
	Cu-Stahl		2,4 ,, 20°?	0,1 ,, 20°?

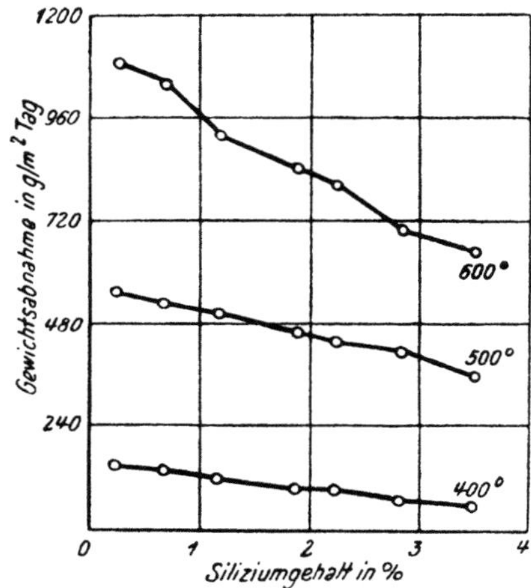

Abb. 35. Einfluß von Siliziumzusätzen auf die Beständigkeit von Stählen mit 6 % Chrom beim Glühen in Schwefelwasserstoff von Atmosphärendruck (nach NEUMANN)

W. V. Nr.	Werkstoff	Zusammensetzung	100°	>200°	100°	>200°
322—355	Cr-Stahl		<2,4	<240	<0,1	<10,0
396—408	Cr-Mo-Stahl		<2,4	<24,0	<0,1	< 1,0
451—474	18/8-Cr-Ni-Stahl		<2,4	>240	<0,1	>10,0
475—495	18/8-Cr-Ni-Stahl + Mo		<2,4	>240	<0,1	>10,0
525—529	18/9-Cr-Mn-Stahl		<2,4	>240	<0,1	>10,0
	Kupfer	feucht	starker Angriff			
		verflüssigt, trocken	geringer Angriff			
	Messing		geringer Angriff bei 20°			
	Al-Bronze		Verhalten etwa wie bei Messing			
	Cr-Überzüge	Lg.	empfohlen			
662—666	Nickel	Gas, feucht	16,0 bei 65°		0,8 bei 65°	
		gelöst in H_2O	1,2 ,, 25°		0,06 ,, 25°	
		+ O_2	24,0 ,, 20°		1,0 ,, 20°	
672	Monel	Lg.	empfohlen bei 20°			
681	Nickelchrom		<2,2 bei 100°		<0,1 bei 100°	
682	Inconel	Gas, feucht	5,8 bei 65°		0,29 bei 65°	
		gelöst in H_2O	0,04 ,, 25°		0,002 ,, 25°	
690	Nickelchrom		empfohlen bei 700—1000°			
	Tantal		kein Angriff bei <600°			
	Kobalt	trocken + O_2	kein Angriff bei 20°			

W. V. Nr.	Werkstoff	Zusammensetzung des angreifenden Stoffes	Angriff g/m² · Tag	Angriff mm/Jahr

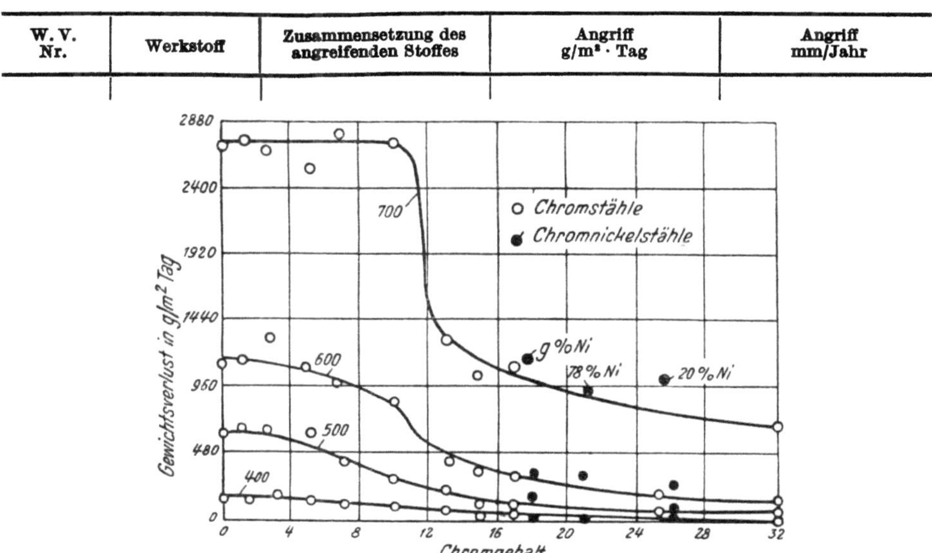

Abb. 36. Einfluß des Chromgehaltes auf die Beständigkeit von Stahl beim Glühen in Schwefelwasserstoff von Atmosphärendruck (nach NEUMANN)

Stellit	feucht	geringer Angriff bei >100°	
	trocken	kein Angriff bei 100°	
Zink	trocken + O₂	empfohlen bei 20°	
Zinn	+ O₂	empfohlen bei 100°	
Blei	trocken	empfohlen bei 20°	
Silber	trocken	geringer Angriff bei 20°	
	feucht + O₂	starker Angriff bei 20°	
Gold	feucht + O₂	geringer Angriff bei 20°	
Platin	gasförmig	nur Verfärbung bei 1000°, ohne tiefergehende Einwirkung	
Iridium	Gas, feucht	kein Angriff bei 20°	
Osmium	Gas, feucht	verfärbt bei 20°	
Palladium	Gas, feucht	kein Angriff bei 20°	
Rhodium	Gas, feucht	kein Angriff bei 20°	
Ruthenium	Gas, feucht	kein Angriff bei 20°	

Weitere Angaben vgl. 216.

Schweflige Säure

W. V. Nr.	Werkstoff	Zusammensetzung	Angriff g/m² · Tag	Angriff mm/Jahr
6	Aluminium	0,2% Lg.	0,6 bei 20°	0,08 bei 20°
		3,0% Lg.	0,8 ,, 20°	0,11 ,, 20°
		5,0% Lg.	1,0 ,, 20°	0,14 ,, 20°
		10,0% Lg.	1,2 ,, 20°	0,10 ,, 20°
		MBV-Schicht + Wasserglas oder + Bakelit schützt.		
10	Aluminium	0,3—0,4% Lg.	0,96 bei 40°, 1 at	0,13 bei 40°, 1 at
			12,0 ,, 75°, 1 at	1,7 ,, 75°, 1 at
		4,5% Lg.	19,2 ,, 130°, 5 at	1,95 ,, 130°, 5 at
90	GAl-Si	6% Lg.	19,0 ,, 20°	2,56 ,, 20°
	Magnesium	Lg.	Angriff	
	Titan	ges. Lg.	<1,58 bei 20—70°	<0,18 bei 20—70°
	Gußeisen	Lg.	nicht verwendbar	
209—225	Si-Gußeisen	Lg.	nicht verwendbar	
229—231	Cr-Gußeisen	ges. Lg.	< 2,4 bei 20°	<0,1 bei 80°
234	Cr-Gußeisen	ges. Lg.	<24,0 ,, 20°	<1,0 ,, 20°
251—255	Cr-Mo-Gußeisen	ges. Lg.	< 2,4 ,, 20—80°	<0,1 ,, 20—80°
258	Niresist	ges. Lg.	24,0 ,, 20°	1,0 ,, 20°
269	Stahl	konz. Lg.	51,0 ,, 18°	2,40 ,, 18°

W. V. Nr.	Werkstoff	Zusammensetzung des angreifenden Stoffes	Angriff g/m² · Tag	Angriff mm/Jahr
272	Stahl	konz. Lg.	68,8 bei 18°	3,25 bei 18°
287	Stahl	konz. Lg.	550,0 ,, 18°	26,0 ,, 18°
	Cr-Stahl	konz. Lg.	starker Angriff	
	Ni-Stahl	konz. Lg.	Angriff	

			20° at: 4	160° 8	180° 10	200° 20	20° 4	160° 8	180° 10	200° 20
451—474	18/8-Cr-Ni-Stahl	ges. Lg.	<2,4	<72,0	<72,0	<72,0	<0,1	<3,0	<3,0	<3,0
475—495	18/8-Cr-Ni-Stahl + Mo	ges. Lg.	<2,4	<2,0	<2,4	<24,0	<0,1	<0,1	<0,1	<1,0

für Zellstoffherstellung empfohlen

W. V. Nr.	Werkstoff	Zusammensetzung des angreifenden Stoffes	Angriff g/m² · Tag	Angriff mm/Jahr
497, 498	18/8-Cr-Ni-Stahl + Cu	ges. Lg.	<2,4	<0,1
525—529	18/9-Cr-Mn-Stahl	Lg.	starker Angriff	
	Kupfer	5% Lg.	geringer Angriff bei 20°	
		5% Lg.	starker Angriff bei höherer Temperatur	

Cu-Legierungen sind nur gegen Sulfitlauge von 40°, nicht aber gegen Sulfitlauge oder Kochsäure von 60—140° bzw. Gasphase beständig.

W. V. Nr.	Werkstoff	Zusammensetzung des angreifenden Stoffes	Angriff g/m² · Tag	Angriff mm/Jahr
	Messing	Lg.	geringer Angriff bei 20°	
611	Bronze	5% Lg.	oft verwendbar bei 20°	
652	Corrix			
	gegossen	6% Lg.	0,36 bei 20°	0,017 bei 20°
	gewalzt	6% Lg.	0,14 ,, 20°	0,007 ,, 20°
	Al-Bronze	5% Lg.	starker Angriff bei Siedetemperatur	
662—666	Nickel	0,15% Lg.	4,2 bei 20°	0,21 bei 20°
		1% Lg.	33,1 ,, 20°	1,62 ,, 20°
672	Monel	0,15% Lg.	0,3 ,, 20°	0,015 ,, 20°
		1% Lg.	38,4 ,, 20°	1,97 ,, 20°
		ges. Lg. + O₂	60,0 ,, 20°	2,46 ,, 20°
673	M. M.-Metall	5% Lg.	1,8 ,, 20°	0,07 ,, 20°
70/30	Ni-Cu-Leg.	0,15% Lg.	4,2 ,, 20°	0,20 ,, 20°
		1% Lg.	38,4 ,, 20°	1,98 ,, 20°
682	Inconel	1% Lg.	7,2 ,, 20°	0,35 ,, 20°
		5% Lg.	15,6 ,, 20°	0,74 ,, 20°
681, 697	Nickelchrom	Lg.	<2,2 ,, 20°	<0,1 ,, 20°
705	Nickelchrom	Lg.	kein Angriff bei höherer Temperatur	
	Stellit		geringer Angriff	
	Zink		Angriff	
	Cd-Überzüge		Angriff	
	Blei	Lg.	kein Angriff	
		Sulfitlaugen (Zellstoffherstellung)		
	Hartblei	Sulfitlaugen	Angriff	
	Gold		empfohlen bei höherer Temperatur	

Ferner kommen in Betracht:

Für Sulfitlaugen bei hohen Beanspruchungen titanhaltiger austenitischer Cr-Ni-Stahl.

Bei Sulfitzellstoffkochern ist zu achten, daß an den Flanschverbindungen kein Säureaustritt stattfindet, da sonst Korrosionen an den Flanschschrauben und dadurch Gefahren auftreten können.

Schweinefutter

Zink	Die Dämpfung von normalem Trank in feuerverzinkten Futterkesseln führt zu keinen gesundheitlichen Schädigungen. Bei längerem Stehen von verdorbenem Futter in feuerverzinkten Gefäßen erfolgt Angriff des Zinkes und Steigerung des Zn-Gehaltes im Futter auf einen unzulässigen Wert.

W. V. Nr.	Werkstoff	Zusammensetzung des angreifenden Stoffes	Angriff g/m² · Tag	Angriff mm/Jahr

Schweinfurter Grün. Als verwendbar werden angegeben:

18/8-Cr-Ni-Stahl, 18/8-Cr-Ni-Stahl + Mo, 18/8-Cr-Ni-Stahl + Cu.

Sebacinsäure. Als verwendbar werden angegeben:

Für ges. Lg. in Alkohol 18/8-Cr-Ni-Stahl, 18/8-Cr-Ni-Stahl + Mo (für geschmolzene Säure nicht verwendbar).

Seewasser. Kondensatorrohr-Korrosion s. Wasser.

6 Aluminium normal Angriff bei normaler Temperatur
Chromat- und Elektrolyt-Überzüge
schützen gut, aber nicht vollkommen

Einfluß von Zusätzen: Besonders günstig sind kornverfeinernde Zusätze, welche in fester Lösung aufgenommen werden.

Ti: wirkt kornverfeinernd und erschwert interkristalline Korrosion,

Sb: wirkt angriffhemmend,

Si: zwar besser gießbar, aber größere Korrosion; wenn aber Mg vorhanden, so daß Mg_2Si gebildet wird, dann Angriff wie bei Al rein,

Cu: starker Angriff.

Al-Leg. aus Festigkeits- und Dehnungsversuchen ergab sich für die Korrosionsbeständigkeit von Al-Walzlegierungen folgende Reihenfolge: Al-Mg, Al-Mg-Mn, Al-Mn gut, Al-Mg-Si mäßig, Al-Cu-Mg, Al-Si schlecht.

Al-Leg. sind im Schiffbau verwendbar, wenn die Korrosion genügend behindert wird. Gehalte von Fe, Cu, Ni, Oxydeinschlüsse, Gasblasen und Mikrolunker im Werkstoff sind zu vermeiden. Plattierung, elektrolytische Oxydation, dichter Anstrich oder deren Kombination sind zu empfehlen.

Al-Cu-Mg plattiert mit je 5% Rein-Al nach 12 Monaten praktisch unveränderte Festigkeit und Dehnung.

Al-Cu-Mg bei Aushärtetemperaturen und Aushärtezeiten, die zu Höchstwerten für Streckgrenze und Härte führen, befindet man sich außerhalb des korrosionsgefährlichen Gebietes, das durch Auftreten starker interkristalliner Korrosion gekennzeichnet ist.

KS-See-wasser-Leg. Nordsee empfohlen, am besten bewährt
Ostsee kein Angriff in 1½ Jahren, auch ohne Anstrich beständig

Umschmelzlegierungen sollen wegen der auftretenden Verunreinigung nicht verwendet werden. Berührungsstellen mit Fremdmetallen sollen vermieden werden. Vor Lötverbindungen wird gewarnt.

Vergleichende Versuche, Dauer 100 Tage:

Dtsch. Leg.	natürl. Seewasser	0,7	
Amer. Leg.	natürl. Seewasser	1,0	
KS-Seewass.	natürl. Seewasser	<0,01	
90 GAl-Si	natürl. Seewasser	0,48—1,0	0,07—0,14
Magnesium		Angriff	

Titan bei zahlreichen Versuchen wurde eine hohe Korrosionsbeständigkeit gefunden, keine Veränderung, kein Lochfraß (pitting), widerstandsfähig gegen Berührungskorrosion, nicht beständig gegen Mikroorganismen (Gegenmittel: rasche Bewegung).

207	Gußeisen	normal	1,33 bei 20°	0,06 bei 20°
209—225	Si-Gußeisen	normal	<2,4 „ 20°	<0,1 „ 20°
234—243	Cr-Gußeisen	normal	<2,4 „ 100°	<0,1 „ 100°
251—255	Cr-Mo-Guß-eisen	normal	<2,4 „ 100°	<0,1 „ 100°
258	Niresist	normal	0,25 „ 20°	0,012 „ 20°
	Stahl			

Die bei Wechselversuchen im Laboratorium und bei Tauch-

W. V. Nr.	Werkstoff	Zusammensetzung des angreifenden Stoffes	Angriff $g/m^2 \cdot Tag$	Angriff mm/Jahr

versuchen im Meer für den mittleren Gewichtsverlust erhaltenen Angaben stimmen für die einzelnen Versuchswerkstoffe qualitativ überein, die zahlenmäßige Übereinstimmung ist nicht immer befriedigend. Ein Zusatz von Cr + Al (1,15% Cr; 2,30% Al) zum Stahl setzt den Angriff im Meerwasser herab. Seeluft und Salzsprühnebelgerät ergeben ungefähr gleichartigen punktförmigen Angriff, während Meerwasser einen unregelmäßigen, durch Furchen und Hohlräume gekennzeichneten Angriff ergibt.

Von besonderer Wichtigkeit für das Korrosionsproblem ist nicht nur die Zusammensetzung der Stähle, sondern auch deren Oberflächenbeschaffenheit.

Die Abhängigkeit des Gewichtsverlustes in künstl. Seewasser von der Werkstoffzusammensetzung und der Angriffszeit bei Wechseltauchversuchen wurden von W. EILENDER, W. GELLER und W. AUSEL untersucht. Werkstoffe im Walzzustand; Cu 0,10 ... 0,65%; C 0,09 ... 0,44%. Angriff in $g/m^2 \cdot Tag$; 5—10 nach 63 Tagen, 3,4 ... 5,4 nach 260 Tagen. Nach 260 Tagen ist der kohlenstoffarme Werkstoff etwas stärker angegriffen als die anderen Stähle. Erhöhter Cu-Gehalt wirkt günstig. C-Gehalte bis 0,5% sind ohne Einfluß. Die Korrosion klingt bei allen Versuchen mit der Zeit ab, da die Korrosionsprodukte sehr fest haften. Die Oberfläche der Proben zeigt nach Entfernen des Rostes flache, muschelige Anfressungen.

Während Parkerisieren, Atramentieren und Metallisieren nur eine mäßige Erhöhung der Korrosionswechselfestigkeit bewirken, wurde bei nitrierten Stählen 40—45 kg/mm^2 Biegewechselfestigkeit festgestellt, wobei ein Rosten der Stahloberfläche nicht eintrat. Auch elektrolytisch aufgebrachte Zn-Schichten verhindern das Rosten und erhöhen die Korrosionswechselfestigkeit von 6 kg/mm^2 auf mindestens 30 kg/mm^2 (100—200 Mill. Lastwechsel, Versuchsdauer bis zu 40 Tagen).

268	Stahl	normal	1,64 bei 20°	0,08 bei 20°
273	Stahl	normal	1,57 ,, 20°	0,07 ,, 20°
294	Armco-Eisen	normal	1,40 ,, 20°	0,07 ,, 20°
293	Elektrolyt-Eisen	normal	1,23 ,, 20°	0,06 ,, 20°

276 Stahl Wechseltauchversuch, 20°:

	Dauer:	2 Tage	7 Tage	14 Tage	2 Tage	7 Tage	14 Tage
Künstliches Nordseewasser		20	14	20	1,0	0,7	1,0

(28,4 g NaCl;
  8,2 g $MgSO_4 \cdot 7\,H_2O$;
  4,3 g $MgCl_2 \cdot 6\,H_2O$;
  2,0 $CaCl_2 \cdot 6\,H_2O/1$)

Beim Sprühversuch etwas höhere Werte.

298	Cu-Stahl			

Der Einfluß der unterschiedlichen Bedingungen kann größer sein als die Wirkung des Cu-Gehaltes. Bei völligem Eintauchen in tropischen Gewässern sind Cu-Stähle besser als reines Eisen, SM-Stahl und Bessemer-Stahl. Chromzusatz zu Cu-Stählen wirkt öfters günstig.

322—355	Cr-Stahl	normal	geringer — starker Angriff	
385	Ni-Stahl	normal	~0,6 bei 20°	~0,028 bei 20°
387	Ni-Stahl	normal	~1,0 ,, 20°	~0,045 ,, 20°

W. V. Nr.	Werkstoff	Zusammensetzung des angreifenden Stoffes	Angriff g/m² · Tag	Angriff mm/Jahr
409	Cr-Mo-Stahl		0,39 bei 20°	0,02 bei 20°
410, 411	Cr-Mo-Stahl		0,02 „ 20°	~0 „ 20°
420	Cr-Si-Stahl	+ 2,9% NaCl	0,22 „ 20°	0,001 „ 20°
421	Cr-Si-Stahl	+ 0,32% $MgCl_2$	0,42 „ 20°	0,020 „ 20°
422	Cr-Si-Stahl	+ 0,25% $MgSO_4$	0,25 „ 20°	0,012 „ 20°
423	Cr-Si-Stahl	+ 0,13% $CaSO_4$	0,43 „ 20°	0,020 „ 20°
424	Cr-Si-Stahl		0,23 „ 20°	0,012 „ 20°
425	Cr-Si-Stahl		0,28 „ 20°	0,013 „ 20°
451—474	18/8-Cr-Ni-Stahl	Nordsee + Na_2SO_4	<2,4 „ 20° <2,4 „ 20°	<0,1 „ 20° <0,1 „ 20°
475—495	18/8-Cr-Ni-Stahl + Mo	Nordsee	<2,4 „ 20°	<0,1 „ 20°

Cr-Ni-Stahl: Fe; 0,06 C; 20 Cr; 9 Ni; 0,26—0,28 Ag; 0,6—0,76 Mn; 1,2 Si; wird als besonders sicher gegen Lochfraß empfohlen, gute Verarbeitbarkeit.

Stähle im Atlantischen Ozean (vergleichende Versuche):

Bezeichnung des Stahles	Stahlanalyse	größte Tiefe der Anfressungen in mm	Versuchsdauer in Jahren
Cr-Stahl	0,08 C; 2,9 Cr	0,94	4,62
Cr-Stahl	0,08 C; 6,0 Cr	2,23	4,62
Cr-Stahl	0,08 C; 13,5 Cr	1,43	1,56
Cr-Stahl	0,10 C; 17,3 Cr	2,74	1,56
Cr-Ni-Stahl	0,05 C; 18,5 Cr; 9,0 Ni	3,3	1,88
Cr-Ni-Stahl + Mo	0,05 C; 18,8 Cr; 10,2 Ni; 2,27 Mo	0,94	5,62
Cr-Mo-Stahl	0,12 C; 21,0 Cr; 0,12 Mo	0,48	2,71

525—529	Cr-Mn-Stahl	normal	Angriff
	Mn-Stahl	normal	Angriff
	Kupfer	normal	1,86	0,09

0,5—1 m/sec.
künstlich 9,0 bei 20° 0,45 bei 20°
A ruhend, 20°
B fließend, unter Druck, 8 Jahre, 20°

im Freien 497 Tage

	A	B	A	B
90/10-Cu-Ni-Leg.	7,0	165	0,34	8,2
80/20-Cu-Ni-Leg.	14,0	160	0,70	8,0
75/25-Cu-Ni-Leg.	16,0	160	0,80	8,0
	30°	50°	30°	50°
Messing Ms 70				
hart	0,12	0,27	0,005	0,012
weich	0,23	0,43	0,010	0,021
Messing 70/29/1				
hart	0,22	0,14	0,010	0,006
weich	0,26	0,09	0,012	0,004
Al-Bronze 8				
hart	0,03	0,17	0,002	0,007
weich	0,08	0,17	0,004	0,007

652	Corrix, gegossen		0,42 bei 20°	0,02 bei 20°
	gewalzt		0,54 „ 20°	0,03 „ 20°
662	Nickel	normal, dauernd eingetaucht	0,5—0,7	0,025—0,035
		wechselnd eingetaucht	0,04—1,0	0,002—0,05
672	Monel	normal, dauernd eingetaucht	0,6—1,0	0,03—0,05

W. V. Nr.	Werkstoff	Zusammensetzung des angreifenden Stoffes	Angriff g/m² · Tag	Angriff mm/Jahr
	Monel K	wechselnd eingetaucht	0,12—1,5	0,006—0,08
		dauernd eingetaucht	0,13	0,007
	alle Nickel-chrom	normal	kein Angriff (Kontakt mit edleren Metallen vermeiden!)	
682	Inconel	dauernd eingetaucht	0,14—0,45	0,007—0,022
721	Hastelloy A	dauernd eingetaucht	0,71	0,036
722	Hastelloy B	dauernd eingetaucht	0,85	0,041
723	Hastelloy C	dauernd eingetaucht	0,03	0,001
	Stellit		kein Angriff	
	Zink		Wechseltauchversuch an Elektrolyt-Zink	

Zink Wechseltauchversuch an Elektrolyt-Zink, 20°:

		Dauer:	2 Tage	7 Tage	14 Tage	2 Tage	7 Tage	14 Tage
Zink und Zn-Leg.	Künstl. Nordseewasser (28,4 g NaCl; 8,2 g $MgSO_4 \cdot 7\,H_2O$; 4,3 $MgCl_2 \cdot 6\,H_2O$; 2,0 g $CaCl_2 \cdot g\,H_2O$/l		0,7	0,57	0,35	0,04	0,03	0,02

Für vergleichende Korrosionsuntersuchungen wird künstliches Meerwasser, Zusammensetzung nach der Vorschrift des Vereins Deutscher Eisenhüttenleute, empfohlen (2,96 g NaCl; 0,36 g $MgCl_2$; 0,24 g $MgSO_4$; 1,3 g $CaSO_4$ in 100 cm³ dest. H_2O; $p_H = 6,3$). Die Ergebnisse sind gleichmäßig und von der Art des verwendeten Gerätes weitgehend unabhängig.

Zink, aufgespritzt

Schichtdicke in mm:		Lebensdauer in Jahren	
0,254—0,305	normal	5—10 [217]	
0,354—0,404		10—20	

		Angriff g/m² · Tag	Angriff mm/Jahr
Cd-Überzüge		empfohlen	
Zinn (99,2)	normal (Bristol-Kanal)	0,015—0,044	0,001—0,002
Zinn (86,9; 7,4 Sb; 3,7 Cu)	normal	1,2	0,06
50/50-Sn-Pb-Lot	normal	0,2—1,5	0,001—0,07
Blei 99,96	normal	0,4	0,02
Sb-Blei (1,6)	normal	0,3	0,015
Pb-Sn-Lot 50/50	normal	0,47	0,015
Pb-Sn-Lot 60/40	normal	1,5	0,05

Ferner kommen in Betracht:

18/8-Cr-Ni-Stahl mit Ag-Zusatz. (Beträchtliche Erhöhung des Korrosionswiderstandes.)

Seife

W. V. Nr.	Werkstoff	Zusammensetzung des angreifenden Stoffes	Angriff g/m² · Tag	Angriff mm/Jahr
6	Aluminium	Schmierseife	1,8	0,24
90	GAl-Si	10% Lg.	0,9	0,12
	GAl-Mg-Mn	10% Lg.	1,0	0,13
		+ Wasserglas	kein Angriff	

MBV-Schicht schützt. Zusatz von Chromaten und Kolloiden hemmt den Angriff

	Schwarzblech	Schmierseife	empfohlen	
322—334	Cr-Stahl	Seifenpressen	empfohlen	
	Cr-Ni-Stähle			
	Cr-Mn-Stähle		kein Angriff bei 20°	
	Mn-Stähle			

W. V. Nr.	Werkstoff	Zusammensetzung des angreifenden Stoffes	Angriff g/m² · Tag		Angriff mm/Jahr	
			20°	75°	20°	75°
	Kupfer	1% Lg.	0,003	0,027	0,000	0,001
		Herstellung, Lagerung	nicht verwendbar			
662—666	Nickel	Kochkessel (platt. Stahlbleche)	empfohlen			
672	Monel	Lg.	<2,4 bei 20°		<0,1 bei 20°	
682	Inconel	Lg.	<2,4 „ 20°		<0,1 „ 20°	
	Zink	Schmierseife	geringer Angriff			
	Blei	Lg.	nicht verwendbar			
	Gold		kein Angriff			

Empfohlene Werkstoffe bei der Herstellung aus Ölen und Fetten [15], S. 313:

    Stahl und Gußeisen sind meist hinreichend
    Nickel für Verdampfer (Glycerin) und Seifenkochkessel
    Monel für Pumpen (NaCl-Lg.)

Selen

W. V. Nr.	Werkstoff	Zusammensetzung des angreifenden Stoffes	Angriff
6	Aluminium		starker Angriff bei höherer Temperatur
	Tantal		starker Angriff bei höherer Temperatur
	Gold		empfohlen
	Platin		starker Angriff bei höherer Temperatur

Selenige Säure

W. V. Nr.	Werkstoff	Zusammensetzung des angreifenden Stoffes	Angriff
6	Aluminium	10% Lg.	starker Angriff bei 20°, Se-Abscheidung

Selensäure

W. V. Nr.	Werkstoff	Zusammensetzung des angreifenden Stoffes	Angriff
6	Aluminium	10% Lg.	starker Angriff bei 20°, Se-Abscheidung
	Eisen		starker Angriff bei 20°, Se-Abscheidung
	Silber		starker Angriff bei 20°
	Gold		geringer Angriff bei 20° starker Angriff bei >300°
	Platin	Lg. HCl-frei + HCl	geringer Angriff bei 20° starker Angriff

Senf

W. V. Nr.	Werkstoff	Zusammensetzung des angreifenden Stoffes	Angriff
451—474	C-Stahl		nicht verwendbar
	18/8-Cr-Ni-Stahl		verwendbar

Silber

W. V. Nr.	Werkstoff	Zusammensetzung des angreifenden Stoffes	Angriff
	Gußeisen	geschmolzen	nicht verwendbar

Silbernitrat. Sm. 208,6°

W. V. Nr.	Werkstoff	Zusammensetzung des angreifenden Stoffes	Angriff g/m² · Tag		Angriff mm/Jahr	
	Eisen	Lg.	nicht verwendbar			
			10% Lg. geschmolz.		10% Lg. geschmolz.	
			siedend	250°	siedend	250°
322—355	Cr-Stahl		<2,4	>240	<0,1	>10,0
396—408	Cr-Mo-Stahl		<2,4	<2,4	<0,1	< 0,1
451—474	18/8-Cr-Ni-Stahl		<2,4	<2,4	<0,1	< 0,1
475—495	18/8-Cr-Ni-Stahl + Mo		<2,4	<2,4	<0,1	< 0,1
525—529	18/9-Cr-Mn-Stahl		<2,4	>240	<0,1	>10,0
662—666	Nickel		nicht verwendbar			
679	Illium	10% Lg.	empfohlen			
681	Nickelchrom	0,1—5% Lg.	<2,2 bei 20°		<0,1 bei 20°	
	Stellit	5% Lg.	kein Angriff			
	Tantal	50% Lg.	kein Angriff bei 100°			
	Zink	Lg. + KCN + + Weinstein	Silberausscheidung, Zn geht in Lösung			
	Cd-Überzüge	Lg.	nicht verwendbar			
	Zinn	Lg.	Angriff			

W. V. Nr.	Werkstoff	Zusammensetzung des angreifenden Stoffes	Angriff g/m² · Tag	Angriff mm/Jahr

Silberverbindungen, andere. Als verwendbar wird angegeben:

    Für AgBr-Lg. Cr-Stahl

Als nicht verwendbar wird angegeben:

    Für Silbersalzlösungen Aluminium

Silicium

6	Aluminium		kein Angriff bei höherer Temperatur
	Eisen		nicht verwendbar bei höherer Temperatur (Diffusion)
	Tantal		geringer — starker Angriff bei höherer Temperatur
	Platin		bei hoher Temperatur Legierungsbildung Verschlechterung der mechan. und chem. Eigenschaften

Siliciumtetrachlorid

6	Aluminium	trocken	kein Angriff bei 20°
		feucht	Angriff bei 20°

Spaltenkorrosion

In engen Spalten, z. B. an Nieten, überlappten Blechen, Flanschen, Gummidichtungen usw. wird oft eine verstärkte Korrosion des Werkstoffes gegenüber den freiliegenden Flächen beobachtet. Daher müssen die Möglichkeiten der Spaltbildung vermieden werden:

    Aluminium und Al-Lg. — Spaltkorrosion wurde beobachtet bei Nahtschweißungen (elektr. Widerstandsschweißung) am äußeren Rand des Spaltes, in tonigem Lehmboden an Stellen, an denen der Lehm am Al fest anliegt, an Ziehriefen, Überlappungen usw., insbesondere in ruhender HNO_3, an Muffendichtungen von Wasserrohren u. a.

Spannungskorrosion

Bei gleichzeitiger Beanspruchung durch chemischen Angriff und mechanische Spannung treten bei verschiedenen Legierungen Fehlerscheinungen auf, vor allem bei aushärtbaren Legierungen, aber nicht bei reinen unlegierten Metallen.

    Al-Leg. — Besonders die aus härtbaren Al-Zn-Mg- und die Al-Mg-Legierungen zeigen Empfindlichkeit gegen Spannungskorrosion. Ein Weichglühen kommt nicht in Frage, weil dadurch zwar die Spannungsempfindlichkeit beseitigt, aber auch die Festigkeitseigenschaften stark vermindert würden.

Legierungszusätze, wie Mn, z. B. 1%, und V haben sich als vorteilhaft erwiesen, die Gehalte an Zn und Mg sollen möglichst gering gewählt werden. Ferner hat sich gezeigt, daß entweder durch Verminderung der Abkühlungsgeschwindigkeit, z. B. durch Luftabkühlung, oder aber dadurch, daß die Legierungen von einer unter der Homogenisierungstemperatur liegenden Temperatur abgeschreckt oder schon bei tieferer Temperatur homogenisiert und abgeschreckt werden, die Empfindlichkeit gegen Spannungskorrosion sehr beträchtlich vermindert werden kann:

    Al-Mg- (9% Mg) Leg. — Durch Erhöhung des Reinheitsgrades wird die Beständigkeit des homogenen Mischkristalles gegen Korrosionsangriff bedeutend gesteigert; liegen jedoch an den Korngrenzen Ausscheidungen der β-Phase vor, so tritt der interkristalline Zerfall unabhängig vom Reinheitsgrad auf.

H. Fischer und L. Koch stellten an Legierungen der Gattung Al-Mg und Al-Mg-Zn fest, daß die elektrolytische Oxydation in jedem Falle eine starke Verlängerung der Aufreißzeit bewirkt. Die beste Abschirmwirkung der Spannungskorrosion wird erreicht, wenn die elektrolytische Oxydation und die Nachdichtung nach dem plastischen und elastischen Verformen erfolgt. Die Abschirmwirkung ist jedoch im allgemeinen nur unwesentlich geringer, wenn das Eloxieren nach dem plastischen, jedoch vor dem elastischen Verformen, entsprechend dem in der Praxis möglichen Arbeits-Vorgehen, erfolgt.

W. V. Nr.	Werkstoff	Zusammensetzung des angreifenden Stoffes	Angriff g/m² · Tag	Angriff mm/Jahr

Die elektrolytische Verzinkung muß auf jeden Fall nach dem Biegen aufgebracht werden, da sie bei der plastischen Verformung reißt und abblättert. Die bisher festgestellte Schutzwirkung ist aber auch dann offenbar wegen der größeren Korrosionsanfälligkeit des Zinks und der geringeren elastischen Verformbarkeit der Schicht geringer als bei der Eloxalbehandlung.

Stahl	Es ist seit langem namentlich bei Flußstahl eine Fehlerscheinung bekannt, die als „Laugensprödigkeit" bezeichnet wird: an Dampfkesseln und an eisernen Werkstücken aus Flußstahl, aber auch austenitischem Stahl, die mit Salzlösungen in Berührung kommen, treten plötzlich spröde Risse auf. Außer NaOH hat sich eine ganze Reihe von Stoffen als wirksam und sogar als gefährlicher erwiesen, vor allem Salz-, insbesondere Nitratlösungen, von denen Calciumnitrat als besonders aggressiv erkannt wurde. Die Risse treten an verformten und damit unter Spannung stehenden Stellen (Nietnähte, Rohreinwalzstellen) auf. Bei Flußstahl verlaufen die Risse interkristallin, bei austenitischem Cr-Ni-Stahl durch die Kristallkörner (intrakristallin).

Es müssen drei Vorbedingungen erfüllt sein:

1. kritischer Gefügezustand des Stahles,
2. kritische Zusammensetzung des Korrosionsmittels und
3. mechanische Beanspruchung.

Der kritische Gefügezustand des Stahls hängt, wie eingehend bewiesen wurde, sowohl von seiner Zusammensetzung als auch bei gleicher Zusammensetzung von der Vorbehandlung ab, der er z. B. durch Wärmen oder Anlassen unterworfen wurde. Besonders gefährdet sind alterungsempfindliche Stähle; alterungsunempfindliche Stähle weisen auch eine verminderte Laugensprödigkeit auf. Als wirksam in dieser Hinsicht haben sich Desoxydationsmittel, vor allem ein geringer Al-Gehalt ($>0,04\%$) erwiesen; Auch eine Erhöhung des C-Gehalts ($\sim 0,25\%$) vermindert die Empfindlichkeit gegen Spannungskorrosion. Weiterhin muß auf den Einfluß von Ofengasen geachtet werden; Glühen in stickstoffhaltiger Atmosphäre vergrößert die Gefahr der Spannungskorrosion stark, namentlich dann, wenn gleichzeitig Entkohlung stattfindet. Schließlich hat sich eine Glühung zwischen 600° und 700° als günstig erwiesen.

Jzett-Stahl	hat sich gut bewährt (vgl. Laugensprödigkeit).
Messing	Schwierigkeiten dadurch, daß kalt verformte Teile wie Rohre oder Tiefziehteile beim Lagern plötzlich und ohne erkennbare äußere Einwirkung Risse bekommen. Es müssen innere Spannungen vorliegen und gleichzeitig ein Korrosionsvorgang. Das Aufreißen von Messing wird befördert durch Lagern an der Witterung, vor allem besteht eine ausgesprochene Empfindlichkeit schon gegen Spuren Ammoniak in der Luft. Auch durch Eintauchen in Ammonsalzlösungen wird das Aufreißen herbeigeführt; sehr wirksam sind weiterhin Quecksilber und Quecksilbersalze. Die Risse verlaufen längs der Korngrenzen (interkristalline Korrosion). Durch Anlassen bei 250—300° kann die Spannungskorrosion infolge Erholung des Werkstoffes beseitigt werden, ohne zu starke Verminderung der Festigkeit. Die Abkühlungsgeschwindigkeit ist ohne Einfluß auf das Aufreißen von Messing.
Goldlegierungen	Schon durch schwach angreifende Reagenzien wie Tinte und Hautschweiß können Rißbildungen ausgelöst werden. Diese treten selten an 14 kar. Gold auf, häufiger bei 8 kar. Gold.

W. V. Nr.	Werkstoff	Zusammensetzung des angreifenden Stoffes	Angriff g/m² · Tag	Angriff mm/Jahr

Ausgangspunkt sind Stellen mit Spannungen von der Gravierung, Stempelung oder sonstigen Verarbeitung. Auch an Dental-Legierungen traten während der Lagerung im verpackten Zustand Risse auf. Der Nachweis der Spannungskorrosion kann an Gold-Silber-Legierungen leicht mit Eisenchlorid und Salpetersäure geführt werden. Bei Au-Cu-Legierungen ist die größte Empfindlichkeit zwischen 20 und 25 At.% Gold zu finden[218].

Stärke. Als verwendbar werden angegeben:
Aluminium, Stahl, Cr-Stahl, Cr-Ni-Stahl und Nickel.

Standöl. Als verwendbar werden angegeben:
Aluminium (300°), 18/8-Cr-Ni-Stahl, Kupfer, Bronze, Al-Bronze, Nickel, Monel, Silber.

	Aluminium		Angriff, Bakelitüberzug empfohlen
	Silumin		Angriff
	C-Stahl		Angriff
	Cr-Stahl		Angriff
451—474	18/8-Cr-Ni-Stahl	12—16% H_2SO_4	
		30—32% Na_2SO_4	geringer — stärkerer Angriff
475—495	18/8-Cr-Ni-Stahl+Mo	0,5—1,5% $ZnSO_4$	
		0,1% CS_2	geringer bis stärkerer Angriff
	Messing	0,3% H_2S	Angriff
	Bronze	ev. $MgSO_4$	an einzelnen Stellen verwendbar
	Al-Bronze		an einzelnen Stellen verwendbar
662	Nickel		Angriff
672	Monel		geringer Angriff bei Pumpen, starker Angriff bei Rohren
	50/50-Pt-Au-Leg.	Spinndüsen	empfohlen

Stearinsäure. Sm. 69°; Sd. 232°; d 0,941

6	Aluminium	rein	kein Angriff bei Siedetemperatur	
		H_2O-frei	starker Angriff bei Siedetemperatur	
	Eisen		Angriff	
	Cr-Stahl		kein Angriff bei höherer Temperatur	
396—408	Cr-Mo-Stahl		<2,4	<0,1
451—474	18/8-Cr-Ni-Stahl		<2,4	<0,1
475—495	18/8-Cr-Ni-Stahl + Mo		<2,4	<0,1
			empfohlen bei 200°	
525—529	18/9-Cr-Mn-Stahl		<2,4	<0,1
	Kupfer		oft verwendbar	
611	Bronze		empfohlen	
662—666	Nickel		empfohlen	
672	Monel		6,2 bei 170°	0,26 bei 170°
681, 697	Nickelchrom		<2,2 ,, 80°	<0,1 ,, 80°
	Silber		empfohlen bei höherer Temperatur	

Stickstoff

6	Aluminium	kein Angriff bei höh. Temp. und Druck
	Eisen	kein Angriff bei höh. Temp. und Druck
	Stahl	geringer Angriff bei 900°

Werden ferritische Cr- oder Cr-Si-Stähle bei hoher Temperatur in Luft oder N_2 geglüht, so setzt sich der Stickstoff mit den Karbiden und der Grundmasse zu Stickstoff-Austenit um; es findet aber keine Beeinflussung der Zunderbeständigkeit statt. In Cr-Al-Stählen wird N_2 zuerst an Al gebunden, schließlich ebenfalls Stickstoff-Austenit gebildet. Die gleichzeitige Herabminderung der Diffusionsfähigkeit des Al setzt die Zunderbeständigkeit herab und begünstigt örtliche Eisen-Oxyd-Zunderung.

	Kupfer	oft verwendbar
	Cr-Überzüge	N_2-Aufnahme bei höherer Temperatur

W. V. Nr.	Werkstoff	Zusammensetzung des angreifenden Stoffes	Angriff g/m² · Tag	Angriff mm/Jahr
662—666	Nickel		nicht verwendbar bei höherer Temperat.	
	Niob	rein	kein Angriff bei 500—600°	
	Tantal	trocken und feucht	empfohlen bei <450°	
		trocken, O_2-frei	geringer Angriff bei 600°	
		trocken, O_2-frei	starker Angriff bei 800°	
		feucht + O_2	starker Angriff bei 500°	
	Zink		kein Angriff	
	Silber		empfohlen bei höherer Temperatur	
	Gold		empfohlen bei höherer Temperatur	
	Platin		kein Angriff bei Rotglut	

Stickstoffoxyde

W. V. Nr.	Werkstoff	Zusammensetzung des angreifenden Stoffes	Angriff g/m² · Tag	Angriff mm/Jahr
6	Aluminium	H_2O-frei	kein Angriff bei 20°	
		feucht	geringer — starker Angriff	
	Eisen	H_2O-frei	geringer Angriff	
		feucht	starker Angriff	
	Cr-Stahl		empfohlen	
	Kupfer		nicht verwendbar	
662—666	Nickel		starker Angriff bei 200°	
	Tantal		starker Angriff bei 500°	
	Silber	NO	kein Angriff bei 20°	
		N_2O_4 flüssig	starker Angriff	

Silber und Silberlegierungen werden als Elektrodenwerkstoffe für die Herstellung von NO im Lichtbogen empfohlen.

Stillstandskorrosion, s. Wasser.

Styrol

Empfohlene Werkstoffe für Herstellung aus C_6H_6 und C_2H_4 [15, S. 349]:
Stahl für Äthylbenzol-Teil der Anlage (H_2O-frei)
451—475 18/8-Cr-N-Stahl im Styrol-Teil der Anlage

Sulfanilsäure. Als verwendbar wird angegeben:
Für die Herstellung Blei.

Sulfate, s. auch die einzelnen

W. V. Nr.	Werkstoff	Zusammensetzung des angreifenden Stoffes	Angriff g/m² · Tag	Angriff mm/Jahr
	Magnesium	Lg.	nicht verwendbar	
	Kupfer	Lg.	verwendbar für Alkali- und Erdalkalisulfate	
	Al-Bronze	feuchte, feste Salze	für Filterpressen empfohlen	
682	Monel	Lg. und fest	empfohlen, oft verwendbar	

Sulfonal. Sm. 127°; Sd. 300°. Als verwendbar wird angegeben:
Aluminium bei Siedetemperatur

Sulfurieren

W. V. Nr.	Werkstoff	Zusammensetzung des angreifenden Stoffes	Angriff g/m² · Tag	Angriff mm/Jahr
	Nickel (plattierte Stahlbleche) Monel	Sulfurieren von Ölen (Rizinusöl, Olivenöl)	empfohlen	

Sulfurylchlorid. Sd. 69°; d 1,67

W. V. Nr.	Werkstoff	Zusammensetzung des angreifenden Stoffes	Angriff g/m² · Tag	Angriff mm/Jahr
6	Aluminium weich	rein	geringer Angriff bei Siedetemperatur	
	Eisen		nicht verwendbar	
	Zink	rein	kein Angriff bei 300° und Druck	
	Cd-Überzüge	rein	kein Angriff bei 300° und Druck	
	Blei		oft verwendbar	
	Silber		kein Angriff bei 300° und Druck	
	Gold		Angriff bei >150°	
	Platin		Angriff bei >150°	

W. V. Nr.	Werkstoff	Zusammensetzung des angreifenden Stoffes	Angriff g/m² · Tag	Angriff mm/Jahr

Tanker

Bauteile aus Stahl: — lineare Korrosionsgeschwindigkeit (beidseitig)

	mm/Jahr
Decksbeplattung	0,435 mm/Jahr
Stringer in Mitteltanks	0,349 mm/Jahr
Schottplatten oberhalb des obersten Stringers	0,328 mm/Jahr
Stringer in Seitentanks	0,318 mm/Jahr
Schottplatten in Seitentanks kurz unter dem Deck und kurz oberhalb des Bodens	0,315 mm/Jahr
Schottplatten in Mitteltanks kurz unter Deck	0,305 mm/Jahr
Schottplatten in Mitteltanks kurz oberhalb des Bodens	0,299 mm/Jahr
Schottplatten zwischen den oberen Stringern	0,295 mm/Jahr
Bodenplatten der Außenhaut	0,293 mm/Jahr
Mittellängsträger unter dem Deck	0,286 mm/Jahr
Oberer Bereich von Längsschotten	0,280 mm/Jahr
Längsspanten, Querrahmen und sonstige Deckversteifungen	0,276 mm/Jahr
Unterer Bereich von Längsschotten	0,273 mm/Jahr
Boden-Mittellängsträger und Schottplatten zwischen den unteren Stringern	0,270 mm/Jahr
Oberer Bereich des senkrechten Teiles von Rahmen	0,266 mm/Jahr
Schottplatten unter dem untersten Stringer	0,260 mm/Jahr
Mittlerer Bereich des senkrechten Teiles von Rahmen	0,241 mm/Jahr
Seitenplatten der Außenhaut, mittlerer Bereich von Längsschotten	0,235 mm/Jahr
Unterer Bereich des senkrechten Teiles von Rahmen	0,194 mm/Jahr
Seitenspanten	0,181 mm/Jahr
Boden-Längsspanten	0,134 mm/Jahr

Tannin (Gerbsäure)

W. V. Nr.	Werkstoff	Zusammensetzung des angreifenden Stoffes	Angriff g/m² · Tag		Angriff mm/Jahr	
6	Aluminium	10% Lg.	0,07		0,009	
90	GAl-Si	10% Lg.	0,07		0,009	
	GAl-Mg-Mn	10% Lg.	0,11		0,015	
	Aluminium u. Al-Leg.	fest, trocken	kein Angriff			
	Mg-Mn-Leg.	0,5% Lg.	4,2 bei 20°		0,88 bei 20°	
	Gußeisen	Lg.	Angriff bei 20°			
			20°	siedend	20°	siedend
209—225	Si-Gußeisen	10% Lg.	<2,4	<24,0	<0,1	<1,0
		50% Lg.	<2,4	< 2,4	<0,1	<0,1
234—243	Cr-Gußeisen	10—50% Lg.	<2,4	< 2,4	<0,1	<0,1
251—255	Cr-Mo-Guß-eisen	10—50% Lg.	<2,4	< 2,4	<0,1	< 0,1
	Stahl, weich	5% Lg.	geringer — starker Angriff			
			20°	siedend	20°	siedend
322—355	Cr-Stahl	10% Lg.	<2,4	< 24,0	<0,1	< 1,0
		50% Lg.	<2,4	> 240	<0,1	>10,0
396—408	Cr-Mo-Stahl	10% Lg.	<2,4	< 2,4	<0,1	< 0,1
		50% Lg.	<2,4	< 24,0	<0,1	< 1,0
451—474	18/8-Cr-Ni-Stahl	10% Lg.	<2,4	< 2,4	<0,1	< 0,1
		50% Lg.	<2,4	< 2,4	<0,1	< 0,1
475—495	18/8-Cr-Ni-Stahl+Mo	10% Lg.	<2,4	< 2,4	<0,1	< 0,1
		50% Lg.	<2,4	< 2,4	<0,1	< 0,1
525—529	18/9-Cr-Mn-Stahl	10% Lg.	<2,4	< 2,4	<0,1	< 0,1
		50% Lg.	<2,4	< 240	<0,1	<10,0
629	Cu-Ni-Leg.	2% Lg.	0,17 bei 15—20°		0,007 bei 15—20°	

W. V. Nr.	Werkstoff	Zusammensetzung des angreifenden Stoffes	Angriff g/m² · Tag	Angriff mm/Jahr
637	Ferry-Metall	2% Lg.	0,28 bei 20°	0,013 bei 15—20°
662—666	Nickel	10% Lg.	<2,4 „ 15—20°	<0,1 „ 20°
669	Corronil	Lg.	~0,4 „ 20°	~0,02 „ 20°
672	Monel	Lg.	empfohlen bei 20°	
681, 697	Nickelchrom	Lg.	<2,2 bei 20°	<0,1 bei 20°
	Tantal	15% Lg.	kein Angriff	
	Blei	Lg.	starker Angriff bei 20°	

Teer

6	Aluminium		oft verwendbar, geringer Angriff bei 20°	
		Schweröl	1,6 bei 90°	0,22 bei 90°
	Cr-Ni-Guß-eisen (austenit.)	Destillation	kein wesentlicher Angriff in 650 Tagen	
	Stahl	neutral	geringer Angriff bei 20°	
		Rohteer, sauer	Angriff bei 20°	
		Destillation (>0,1% Cl)	nicht verwendbar	
	Zink		verwendbar im Bauwesen, ein Gehalt an sauren Stoffen (Phenol) wirkt schädlich	
	Blei		empfohlen bei höherer Temperatur	

Ferner kommen in Betracht:
18/8-Cr-Ni-Stahl, Monelmetall, Inconel.

Teeröl

6	Aluminium		kein Angriff	
90	GAl-Si		kein Angriff	
	GAl-Mg-Mn		kein Angriff	
	GAl-Zn-Cu		kein Angriff	
	GAl-Cu		kein Angriff	
	Amerikan. Marinebronze		angeätzt, Teeröl zersetzt	

Tellur

6	Aluminium	fest	nicht verwendbar bei höherer Temperat.	
	Tantal		nicht verwendbar bei höherer Temperat.	
	Gold	Dampf	starker Angriff	
	Platin		nicht verwendbar bei höherer Temperat.	

Terpene

6	Aluminium		im allgemeinen kein Angriff	

Terpentin. Als verwendbar werden angegeben:
Aluminium bei 100°, 18/8-Cr-Ni-Stahl und 18/8-Cr-Ni-Stahl + Mo

Terpentinöl

6	Aluminium		kein Angriff bei 100°	
	Eisen		geringer Angriff	
451—474	18/8-Cr-Ni-Stahl		<2,4 bei 35°	<0,1 bei 35°
475—495	18/8-Cr-Ni-Stahl + Mo		<2,4 „ 35°	<0,1 „ 35°
	Blei	Dampf	kein Angriff bei höherer Temperatur	

Tetrachloräthan. Sd. 131°; d 1,592

6	Aluminium		nicht verwendbar	
	Titan	100%	<1,58 bei Siedetp.	<0,18 bei Siedetp.
	Eisen	trocken	empfohlen bei höherer Temperatur	
		feucht	geringer Angriff	
	Kupfer	trocken	geringer Angriff bei höherer Temperatur	
		feucht	starker Angriff bei höherer Temperatur	
662—666	Nickel		kein — geringer Angriff bei Siedetemp.	
	Zinn		Angriff	
	Blei	trocken	kein Angriff bei 20°	
		feucht	Angriff bei höherer Temperatur	

W. V. Nr.	Werkstoff	Zusammensetzung des angreifenden Stoffes	Angriff g/m² · Tag	Angriff mm/Jahr

Empfohlene Werkstoffe bei Herstellung aus $C_2H_2 + Cl_2$ nach dem Wacker-Verfahren (Burghausen) [15, S. 400/402]:

Blei und Blei-Auskleidungen für Reaktionsgefäße und Destillation.

Tetrachloräthylen

W. V. Nr.	Werkstoff	Zusammensetzung des angreifenden Stoffes	Angriff g/m² · Tag	Angriff mm/Jahr
6	Aluminium		starker Angriff	
	Titan	100%	<1,58 bei Siedetp.	<0,18 bei Siedetp.

Tetrachlorkohlenstoff. Sd. 77°; d 1,594

W. V. Nr.	Werkstoff	Zusammensetzung des angreifenden Stoffes	Angriff g/m² · Tag	Angriff mm/Jahr
6	Aluminium	feucht	0,7 bei 20°	0,095 bei 20°
		feucht	starker Angriff bei Siedetemperatur	
6	Aluminium			
	hart	H_2O-frei	27,8 bei Siedetp.	3,75 bei Siedetp.
	weich	H_2O-frei	35,8 „ „	4,83 „ „
	Magnesium		kein Angriff	
	Titan	Handelsware + 1% H_2O	1,58 bei Siedetp.	<0,18 bei Siedetp.
	Gußeisen	feucht	oft verwendbar bei 20°	
		trocken	empfohlen bei Siedetemperatur	
209—225	Si-Gußeisen	rein	<2,4 bei Siedetp.	<0,1 bei Siedetp.
234—243	Cr-Gußeisen		<2,4 „ „	<0,1 „ „
251—255	Cr-Mo-Gußeisen		<2,4 „ „	<0,1 „ „
258	Niresist	rein	0,23 bei 20°	0,011 bei 20°
	Stahl	feucht	~1,0 „ 20°	~0,05 „ 20°
			~30,0 „ Siedetp.	~1,4 „ Siedetp.
		trocken	geringer Angriff bei Siedetemperatur	

W. V. Nr.	Werkstoff	Zusammensetzung des angreifenden Stoffes	Angriff g/m² · Tag 20°	siedend	Angriff mm/Jahr 20°	siedend
322—355	Cr-Stahl	trocken	<2,4	<2,4	<0,1	<0,1
396—408	Cr-Mo-Stahl	trocken	<2,4	<2,4	<0,1	<0,1
451—474	18/8-Cr-Ni-Stahl	trocken	<2,4	<2,4	<0,1	<0,1
475—495	18/8-Cr-Ni-Stahl + Mo	trocken	<2,4	<2,4	<0,1	<0,1
525—529	18/9-Cr-Mn-Stahl	trocken	<2,4	<2,4	<0,1	<0,1

Bei Gegenwart von H_2O oder C_2H_5OH werden die Stähle angegriffen.

W. V. Nr.	Werkstoff	Zusammensetzung des angreifenden Stoffes	Angriff g/m² · Tag	Angriff mm/Jahr
	Kupfer	trocken	kein Angriff bei 77°	
		feucht	~7,0 bei 20°	~0,3 bei 20°
		Dampf, trocken	geringer Angriff bei 76—77°	
		Dampf, feucht	176,0 bei 67°	7,1 bei 67°
	Messing		Verhalten wie bei Kupfer	
	Bronze	H_2O-frei	kein Angriff bei Siedetemperatur	

W. V. Nr.	Werkstoff	Zusammensetzung des angreifenden Stoffes	Angriff g/m² · Tag 20°	67°	Angriff mm/Jahr 20°	67°
590	Bronze	feucht	34,8	1610	1,43	66,0
591	Bronze	feucht	11,9	780,0	0,50	32,0

W. V. Nr.	Werkstoff	Zusammensetzung des angreifenden Stoffes	Angriff g/m² · Tag	Angriff mm/Jahr
631	Ambrac	trocken	kein Angriff bei Siedetemperatur	
		feucht	geringer — starker Angriff bei 20—67°	
662—666	Nickel	trocken	kein Angriff bei Siedetemperatur	
		feucht	0,28 bei 20°	0,012 bei 20°
		feucht	1270 „ 67°	53,0 „ 67°
672	Monel	trocken	kein Angriff bei Siedetemperatur	
		feucht	geringer — starker Angriff bei 20—67°	
	Zink	feucht	nicht verwendbar	
	Zinn	trocken	geringer Angriff bei 20°	
		feucht	7,38 bei 20°	0,39 bei 20°
		feucht	56,2 „ 67°	2,90 „ 67°
	Blei	trocken	kein Angriff bei 20°	
		feucht	1,47 bei 20°	0,05 bei 20°
		feucht	151,0 „ 67°	4,9 „ 67°
	Silber	feucht	empfohlen	

W. V. Nr.	Werkstoff	Zusammensetzung des angreifenden Stoffes	Angriff g/m² · Tag	Angriff mm/Jahr

Empfohlene Werkstoffe bei der Herstellung aus $CS_2 + Cl_2$ [15, S. 80]:

Gußeisen	für verschiedene Teile, Pumpen	
Stahl	für Lagerbehälter	
Blei	für Raffination	

Tetralin. Als verwendbar wird angegeben:

6 Aluminium

Thionylchlorid

	Eisen	nicht verwendbar
662	Nickel	kein Angriff bei $<150°$
	Zink	kein Angriff bei $<150°$
	Zinn	starker Angriff, nicht verwendbar
	Blei	kein Angriff bei $<150°$

Tiefe Temperaturen

Das Versagen der Werkstoffe ist meist auf zu geringe Zähigkeit, weniger auf Korrosion zurückzuführen.

Kaltzähe Werkstoffe:

Aluminium, Kupfer, Nickel und deren Legierungen, soweit sie aus einheitlichen Mischkristallen bestehen, z. B. auch Stahlguß mit 5% Ni, Nickelchrom, Monel.

Kaltspröde Werkstoffe:

Weiches Eisen, die meisten Stähle auch Cr-Stähle mit hohem Cr-Gehalt, Al-Fe-Legierungen und Cu-Fe-Legierungen.

Tinte und Tusche

W. V. Nr.	Werkstoff	angreifender Stoff	Angriff g/m² · Tag		Angriff mm/Jahr	
6	Aluminium	Tinte, Tusche	nicht verwendbar			
	Flußeisen	Tinte	geringer Angriff bei 20°			
234—243	Cr-Gußeisen	Tinte	$<2,4$ bei 20—100°		$<0,1$ bei 20—100°	
251—255	Cr-Mo-Guß- eisen	Tinte	$<2,4$,, 20—100°		$<0,1$,, 20—100°	
322—355	Cr-Stahl	Tinte	geringer Angriff			
			20°	100°	20°	100°
396—408	Cr-Mo-Stahl	Tinte	$<2,4$	$<24,0$	$<0,1$	$<1,0$
451—474	18/8-Cr-Ni- Stahl	Tinte	$<2,4$	$<24,0$	$<0,1$	$<1,0$
475—495	18/8-Cr-Ni- Stahl+Mo	Tinte	$<2,4$	$<24,0$	$<0,1$	$<1,0$
525—529	18/9-Cr-Mn- Stahl	Tinte	$<2,4$	$<24,0$	$<0,1$	$<1,0$
681, 697	Nickelchrom	Tinte	$<2,2$		$<0,1$	
	Pd-Ag-Cu- Legierung	Tinte	für Füllfedern empfohlen			

Für Füllfedern wird ferner eine Legierung mit Fe, 10—30% Si und 1—30% Pt, Pd, Rh, Ir, Ru oder Os empfohlen.

Titansulfat

Blei mit 8 Sb		empfohlen für Konzentration von Titansulfatlösungen

Toluidin. Als verwendbar werden angegeben:

Aluminium und Eisen bei 20°.

Als nicht verwendbar werden angegeben:

Aluminium, Kupfer, Messing und Bronze bei höherer Temperatur.

Toluol. Sd. 111°. Als verwendbar werden angegeben:

Aluminium, Al-Bronze und Monel

W. V. Nr.	Werkstoff	Zusammensetzung des angreifenden Stoffes	Angriff g/m² · Tag	Angriff mm/Jahr

Toluylaldehyd. Als nicht verwendbar werden angegeben:
Kupfer, Kobalt, Zink, Blei und Silber.

Transformatorenöle. Als verwendbar werden angegeben:
Aluminium (bei 120°), Zink (bei 120°).

Als nicht verwendbar wird angegeben:
Kupfer, Blei (schlechte Einwirkung auf das Öl).

Traubenzucker. Als verwendbar wird angegeben:
Aluminium bei 100°

Trichloräthylen. Sd. 87°; d 1,47.

W. V. Nr.	Werkstoff	Zusammensetzung des angreifenden Stoffes	Angriff g/m² · Tag	Angriff mm/Jahr
	Aluminium	flüssig, Dampf $+ H_2O$ $+$ wenig CH_3COOH $+$ wenig H_2SO_4	kein Angriff bei Siedetemperatur geringer Angriff bei Siedetemperatur oft verwendbar bei Siedetemperatur	
	Titan	stabilisiert u. unstabilisiert	$<1{,}58$ bei Siedetp.	$<0{,}18$ bei Siedetp.
234—243	Cr-Gußeisen		$<2{,}4$ bis Siedetp.	$<0{,}1$ bis Siedetp.
251—255	Cr-Mo-Gußeisen		$<2{,}4$,, ,,	$<0{,}1$,, ,,
	Stahl	rein	$\sim0{,}8$ bei 20°	$\sim0{,}04$ bei 20°
322—355	Cr-Stahl	rein	$<24{,}0$ bei Siedetp.	$<1{,}0$ bei Siedetp.
396—408	Cr-Mo-Stahl	rein	$<24{,}0$,, ,,	$<1{,}0$,, ,,
451—474	18/8-Cr-Ni-Stahl	rein	$<2{,}4$,, ,,	$<0{,}1$,, ,,
495—495	18/8-Cr-Ni-Stahl $+$ Mo	rein	$<2{,}4$,, ,,	$<0{,}1$,, ,,
525—529	18/9-Cr-Mn-Stahl	rein	$<24{,}0$,, ,,	$<1{,}0$,, ,,
	Kupfer	rein	$\sim0{,}2$ bei 20°	$\sim0{,}008$ bei 20°
662—666	Nickel	rein	$\sim0{,}7$ bei Siedetp.	$\sim0{,}03$ bei Siedetp.
	Zink		Angriff	
	Zinn		geringer — starker Angriff	
	Blei	rein	$\sim0{,}6$ bei 20°	$\sim0{,}02$ bei 20°

Empfohlene Werkstoffe bei Herstellung aus $C_2H_2Cl_4 +$ CaO nach dem Wacker-Prozeß (Burghausen) [15, S. 408/10]:
Gußeisen und Stahl für die meisten Teile der Anlage.

Blei-Auskleidungen für jene Teile, die mit H_2O-haltigem Trichloräthylen in Berührung kommen.

Trichloressigsäure

W. V. Nr.	Werkstoff	Zusammensetzung des angreifenden Stoffes	Angriff g/m² · Tag	Angriff mm/Jahr
322—355	Cr-Stahl	10%—konz. Lg.	$<2{,}4$ bei 20°	$<0{,}1$ bei 20°
396—408	Cr-Mo-Stahl	10%—konz. Lg.	$<2{,}4$,, 20°	$<0{,}1$,, 20°
451—474	18/8-Cr-Ni-Stahl	10%—konz. Lg.	$<2{,}4$,, 20°	$<0{,}1$,, 20°
475—495	18/8-Cr-Ni-Stahl $+$ Mo	10%—konz. Lg.	$<2{,}4$,, 20°	$<0{,}1$,, 20°
525—529	18/9-Cr-Mn-Stahl	10%—konz. Lg.	$<2{,}4$,, 20°	$<0{,}1$,, 20°
697	Nickelchrom	50% Lg.	$<2{,}2$,, 20° nicht verwendbar bei 100°	$<0{,}1$,, 20°
	Stellit	10% Lg.	kein Angriff bei 20°	

Trikresylphosphat

W. V. Nr.	Werkstoff	Zusammensetzung des angreifenden Stoffes	Angriff g/m² · Tag	Angriff mm/Jahr
6	Aluminium		kein Angriff bei 20° ganz geringer Angriff bei 180°	

Überchlorsäure

Als verwendbar werden angegeben: Platin, Palladium bei 20°.

W. V. Nr.	Werkstoff	Zusammensetzung des angreifenden Stoffes	Angriff $g/m^2 \cdot$ Tag	Angriff mm/Jahr

Als nicht verwendbar werden angegeben für wäßrige Lösungen: Aluminium, Eisen, Cr-Stahl, 18/8-Cr-Ni-Stähle, Kupfer, Monel, Palladium (100°).

Ultramarin

  6 Aluminium   kein Angriff, keine Veränderung

Unterchlorige Säure. Als nicht verwendbar werden angegeben:

Aluminium, Eisen, Cr-Stahl, Kupfer, Kobalt, Zink, Zinn und Silber.

Urteeröle

W. V. Nr.	Werkstoff	Zusammensetzung des angreifenden Stoffes	Angriff $g/m^2 \cdot$ Tag	Angriff mm/Jahr
6	Aluminium	Phenolhaltige	kein — geringer Angriff bei 20°	
	Eisen	Urteeröle, 100 cm³	0,15 bei 20°	0,007 bei 20°
	(Schwarz-blech)	Vorlauf + 600 cm³, Siedetemperatur		
	Kupfer	150 bis 250°	1,95 ,, 20°	0,08 ,, 20°
575	Messing	+ 300 cm³,	0,16 ,, 20°	0,007 ,, 20°
629	Cu-Ni-Leg.	Siedetemperatur	~0,25 ,, 20°	~0,01 ,, 20°
	Zink	250 bis 270 + H_2O	0,36 ,, 20°	0,02 ,, 20°
	Blei	gesättigt + O_2	0,33 ,, 20°	0,01 ,, 20°

Valeriansäure. Als verwendbar wird angegeben:

  6 Aluminium   (10% — konz. Lg. bei 60°).

Vanadiumoxyd

  23/20 Cr-Ni-Stahl + Si-Diffusion empfohlen[220]

Verbrennungsgase

Stahl   Durch Auswertung des vorhandenen Versuchsmaterials gelangt man zu folgenden Richtlinien für die Verwendung:
Bei aufkohlenden oder schwefelstoffhaltigen Verbrennungsgasen eignen sich die ferritischen und ferritisch-austenitischen Stähle mit hohem Chromgehalt. Gegen schwefeldioxydhaltige Verbrennungsgase sind die ferritischen Chrom-, Chrom-Silizium- und Chrom-Silizium-Aluminium-Stähle, die ferritisch-austenitischen Chromstähle mit niedrigem Nickelgehalt und die austenitischen Chrom-Mangan-Silizium-Stähle beständig.
Die austenitischen hitzebeständigen Chrom-Nickel-Stähle mit bis rd. 30% Ni und die Chrom-Mangan-Silizium-Stähle neigen je nach der chemischen Zusammensetzung bei längeren Beanspruchungen in dem Temperaturgebiet von 600 bis 900° durch Ausscheidungen von Karbid und/oder der Verbindung FeCr mehr oder weniger stark zur Versprödung. Ferrit enthaltende austenitische Stähle werden nach langer Beanspruchung in dem Temperaturgebiet von 600 bis 900° infolge Ausscheidung der Verbindung FeCr kaltspröde. Bei den ferritisch-austenitischen Stählen mit rd. 25% Cr und niedrigem Nickelgehalt kann man der Versprödung durch Wahl des Nickelgehaltes unter etwa 3% begegnen. Die ferritischen Stähle werden nach längeren Beanspruchungen bei Temperaturen über 950° kaltspröde. Die ferritisch-austenitischen Stähle neigen nach Beanspruchung bei Temperaturen über 950° praktisch nicht zur Kaltversprödung. Ferritische Stähle mit über rd. 15% Cr weisen nach längeren Beanspruchungen in dem Temperaturbereich von 400 bis 500° Kaltsprödigkeit auf; die Neigung dazu nimmt mit steigendem Chromgehalt zu.

Vinylacetat

Empfohlene Werkstoffe bei Herstellung aus $C_2H_2 + CH_3COOH$ nach dem Hoechst-Verfahren [15], [S. 422]:

W. V. Nr.	Werkstoff	Zusammensetzung des angreifenden Stoffes	Angriff g/m² · Tag	Angriff mm/Jahr

Stahl für Verdampfer, Wärmeaustauscher, Vorwärmer, Separator, Katalysegefäß.
Cr-Ni-Stahl + Mo (18/8/3) für Kondensatoren, Destillation

Vinylchlorid

Polyvinylchlorid:
Empfohlene Werkstoffe bei der Herstellung durch Polymerisation von Vinyl-
chlorid [15, S. 294]:
Glasüberzüge auf Stahl für Reaktionsgefäße, Eisen für Trockner und Lagerbehälter.
Polyvinylchlorid, chloriert:
Empfohlene Werkstoffe bei Herstellung nach Rheinfelden-Verfahren [15, S. 91]:

Blei	für Reaktionsgefäße	
Bronze	für Pumpen	
Nickel	für Trockner	

Vitamin

	C-Stahl	Lg.	nicht verwendbar
451—474	18/8-Cr-Ni-Stahl	Lg.	verwendbar
672	Monel	Lg.	empfohlen

Wachs. Als verwendbar werden angegeben:
Für Bienenwachs und Montanwachs (geschmolzen) Aluminium und Nickel.

Wasser

W. V. Nr.	Werkstoff	Zusammensetzung des angreifenden Stoffes	Angriff g/m² · Tag	Angriff mm/Jahr
6	Aluminium	Regenwasser	anfangs geringer Angriff, Schutzschicht-	
		dest. Wasser	bildung, kein Angriff	
		Eis	kein Angriff	
		Leitungswasser:		
		mäßig hart	geringer Angriff	
		weich	Angriff größer als bei „mäßig hart"	
		alkalisch	geringer Angriff, Schwärzung	

NO_3', CrO_4'', Cr_2O_7'', PO_4''', Borate und Silikate verringern den Angriff.
Zusatz von Cl', CO_3'', HCO_3', SO_4'', Fe^{++}, Cu^{++} und Pb^{++} vergrößert den Angriff.

MBV-Schicht, Eloxalschicht empfohlen.		
Flußwasser	0,016	0,002
(Neckar strömend)		
Dampf, trocken	kein Angriff	
Dampf, feucht	~0,1 bei 100°	~0,013 bei 100°

Aluminium, aufgespritzt:

Schichtdicke in mm:	0,152—0,203		Lebensdauer in Jahren:	5—10
	0,152—0,254	Frischwasser		10—20
	0,305—0,379			20—40

W. V. Nr.	Werkstoff	Zusammensetzung des angreifenden Stoffes	Angriff g/m² · Tag	Angriff mm/Jahr
90	GAl-Si	Flußwasser	0,042	0,005
		Dampf, trocken	0,6 bei 200°, 13 at	0,08 bei 200°, 13 at
	Amer. Leg.	Flußwasser	0,032	0,004
		Dampf, trocken	3,25 bei 200°, 13 at	0,4 bei 200°, 13 at
	Dtsche Leg.	Dampf, trocken	11,8 „ 200°, 13 at	1,5 „ 200°, 13 at
	KS-See-wasser-Leg.	Flußwasser	0,012	0,0015
	Magnesium	rein	kein Angriff bei 20°	
		+ CO_2	Angriff bei 20°	
	Gußeisen, grau	Dampf, O_2-frei	Verzunderung im allgemeinen ein wenig größer als bei reinem Eisen	
	Gußeisen weiß	Dampf O_2-frei	Verzunderung durchwegs etwas geringer als bei grauem Gußeisen	
207	Gußeisen	Wasser, fließend untergetaucht	7,5 bei 20°	0,34 bei 20°
		abwechselnd	~0,1 „ 20°	~0,005 „ 20°
		Leitungswasser Brackwasser	für dynamisch beanspruchte Teile emp-fohlen	

W.V. Nr.	Werkstoff	Zusammensetzung des angreifenden Stoffes	Angriff g/m² · Tag			Angriff mm/Jahr		
209—225	Si-Gußeisen	Wasser, fließend	~0,1	bei	20°	~0,005	bei	20°
		Dampf + O_2	~0,2	,,	100°	~0,01	,,	100°
258	Niresist	Leitungswasser	0,55	,,	20°	0,026	,,	20°
		Regenwasser	2,2	,,	20°	0,11	,,	20°
		Wasser + NaCl	0,33	,,	20°	0,016	,,	20°
		Wasser + NaOH	2,2	,,	20°	0,11	,,	20°
		Wasser + H_2S	5,4	,,	100°	0,26	,,	100°
60	Monel-Guß-eisen	$H_2O + CO_2$ ges.	11,0	,,	20°	0,54	,,	20°

Stahl Einfluß der Zusammensetzung des Werkstoffes:

Eine von RICHARDSON mitgeteilte Tabelle, in welcher zahlenmäßige Angaben über den Angriff verschiedener handelsüblicher Stahlsorten durch Wasser gegeben werden, berechtigt zu der Aussage, daß der Einfluß der Legierungselemente C, Si, P, S, Mn und Cu nicht besonders bedeutend ist.

Art und Menge der im Wasser enthaltenen Verunreinigungen sind hingegen von oft ausschlaggebender Bedeutung.

Einfluß der Verunreinigungen:

NH_4-Salz	Fabrikwasser Sickerwasser	starker Angriff
Al-, Fe-, Mn-Salze		Angriff, Krustenbildung
$CaCl_2$	Kesselwasser $CaCO_3$ + NaCl	Angriff
$CaCO_3$ Ca(HCO_3)_2	natürl. Wasser ,,Härte"	Angriff durch CO_2-Abgabe, Krustenbildung
$Ca(NO_3)_2$	Sickerwasser	Angriff durch Nitritbildung
$CaSO_4$	natürl. Wasser ,,Härte"	Bildung harter, fest haftender Krusten
Cl_2	Wasserreinigung	starker Angriff bei höh. Konzentration
SiO_2	kolloidal gelöst	Krustenbildung
CO_2	natürl. Wasser	starker Angriff
$MgCl_2$	Abwasser	starker Angriff bei höh. Konzentration
$MgCO_3$ Mg(HCO_3)_2	natürl. Wasser	Angriff durch CO_2-Abgabe, $Mg(OH_2)$ verursacht Schäumen
$Mg(NO_3)_2$	Sickerwasser	Angriff durch Nitritbildung
$MgSO_4$		Angriff durch Bildung von $MgCl_2$
NaCl		Angriff durch Bildung von $MgCl_2$
Na_2CO_3	natürl. Wasser Reinigungsverfahren	Schutzwirkung bei niedriger Konzentration, bei Gegenwart von Öl schäumen
NaOH	Reinigungsverfahr.	Schutzwirkung bei niedriger Konzentration, Angriff (Brüche) bei höherer Konzentration
$NaNO_3$	selten vorhanden	geringer Angriff
Na_2SO_4	natürl. Wasser	kein Angriff
Organische Säuren	Moor-Wasser	starker Angriff durch Huminsäuren, Schäumen
O_2	natürl. Wasser (Regenwasser 4,5 bis 7,0 cm³/l)	starker Angriff, besonders wichtig
H_2SO_4	Grubenwasser	starker Angriff
H_2SO_3	Industriewasser	starker Angriff
H_2S	Sickerwasser	Angriff

Angaben über die einzelnen Bestandteile nachsehen!

Stillstehendes, kaltes, chemisch reines Wasser greift Stahl praktisch nicht an; dagegen ruft bewegtes, 200° heißes, kohlendioxydhaltiges Kondensat infolge der höheren Korrosionsgeschwindigkeit einen Angriff hervor. Durch die Zurückdrängung der Wasserstoffionenkonzentration mit Ammoniak auf einen p_H-Wert von etwa 9,5 gemessen bei 23°, wird der Angriff des 200° heißen, kohlendioxydhaltigen, sauerstoff-freien Kondensates zum Stehen gebracht. Das Ammoniak wird dem Kondensat als solches oder dem Speisewasser in Form von Ammonsalzen zugesetzt.

W. V. Nr.	Werkstoff	Zusammensetzung des angreifenden Stoffes	Angriff g/m² · Tag	Angriff mm/Jahr

Sehr stark angreifend wirken außerordentlich härtearme Wässer, die merkliche Mengen von freier, organischer Säure enthalten, z. B. norwegische Seenwässer. Am besten hat sich in diesen Fällen Cu bewährt.

Viele Korrosionen bei Warmwasseranlagen beruhen auf der geringen Lösung von Cu aus den Armaturen-Werkstoffen, daher ist es besser, für die gesamte Anlage nur Fe zu verwenden. Während die Beeinflussung des CO_2-Gehaltes des Kalt- und Warmwassers durch alkalische Zusätze praktisch keine Verminderung des Angriffes mit sich bringt, hat es sich sehr gut bewährt, die gesamte Menge, auch die kleinsten Spuren von O_2 zu entfernen. Die lokalelementfördernden Stoffe sollen aus dem H_2O entfernt werden. Die Feinreinigung des Leitungswassers kann bei Wässern ohne werkstoffangreifende Eigenschaften durch eine ausreichende Sandfilterung gegebenenfalls unter Zuhilfenahme von Füllungsmitteln vorgenommen werden. Bei Wässern mit angreifenden Eigenschaften ist die Beseitigung dieser korrodierenden Beimengungen Voraussetzung, eine Filterung dürfte aber im Anschluß daran kaum zu umgehen sein.

Bei Warmwasserbereitungsanlagen sind vor allem die Sohle der Speicher und die Heizschlangen gefährdet. Im Rohrnetz sind die Schäden im allgemeinen geringer. Der Angriff tritt meist als Lochfraß auf und wird außer durch gelösten Sauerstoff auch durch kathodische und anodische Gebiete veranlaßt.

Die Geschwindigkeit des Korrosionsvorganges wird von mehreren Faktoren beeinflußt: Ist das Kaltwasser hart, dann kann eine schützende Schicht von Ca- oder Mg-Karbonat ausgefällt werden. Aus weicheren Wässern können bei langsamer Abscheidung annähernd dichte Schichten entstehen, die den Angriff herabsetzen. Eine erhöhte Temperatur bewirkt die genannten Abscheidungen, aber auch eine Erhöhung der Umsetzungsgeschwindigkeit um etwa das Doppelte je 10°. Nach Untersuchungen von K. DAVES u. a. ist die Lebensdauer im Durchschnitt bei Niederdruckanlagen größer. Als Mittel zur Herabsetzung des Angriffes werden empfohlen: Aufbereitung des Wassers, besonders Entfernung von O_2, Ausbildung von Deckschichten, beispielsweise durch Zusatz von Phosphatlösungen, zusätzliche aufgezwungene Polarisation, Emailleüberzüge, Zementbeläge, Kunststoffüberzüge.

K. WICKERT und H. PILZ untersuchten die Reaktion zwischen Wasserdampf und Eisen. Beim Bensonkessel ist eine solche Reaktion möglich, nicht nur im Trockendampf-, sondern auch im Verdampfer- und Naßdampfteil des Kessels. Sauerstoff und freie CO_2 dürfen im Speisewasser nicht vorhanden sein, wenn die üblichen warmfesten Legierungen verwendet werden. Die Anforderungen an das Speisewasser können etwas weniger streng sein, wenn die letzten Pakete des Strahlungsteiles und der Übergangsteil des Kessels aus hinreichend Cr-legiertem Material ausgeführt sind[221].

Die Korrosion in Niederdruckdampfheizungen bearbeitete G. SEELMAYER[222]. Es ist:

a) der p_H-Wert des Kondenswassers niedriger als der p_H-Wert des Speisewassers, wenn dieses nicht aufbereitet wurde; bei Alkalizugabe zum Speisewasser liegen die Werte umgekehrt;

b) im Kondenswasser weniger freie CO_2 als im Speisewasser;

c) Kesselwasser CO_2 frei, wenn Speisewasser alkalisch;

d) Chloride sind immer im Kessel und gehen mit dem Dampf in das Kondensat;

e) Nitrate, Nitrite und NH_3 sind im Kondensat höchstens in Spuren;

f) CaO gelangt leichter mit Dampf ins Kondensat als MgO;

g) Organische Stoffe reichern sich im Kessel ständig an.

Bei natürlichen Wässern ist zur Schutzschichtbildung in Rohrleitungen ein gewisser Mindestgehalt an O_2 erforderlich. Die Entgasung von kaltem Speisewasser (Kondensaten) ist durch Verwendung von festen, körnigen, in Wasser unlöslichen Katalysatoren mit Sulfit möglich. Die Reinigung von Lokomotivspeisewasser kann zur Verhütung der Bildung eines harten Kesselsteines mit Spezialphosphaten erfolgen[223].

Werden gleichzeitig verzinkter Stahl und Kupfer in Heißwassersysteme eingebaut, können Brüche an den Stahltanks auftreten.

W. MACHU empfiehlt die Zugabe von 3% Wasserglas und Alkalitannaten zum Wasser, wodurch auf bearbeiteten Stahlflächen eine hinreichende Schutzschicht ausgebildet wird.

Bei Untersuchungen an Speisewasserpumpen stellte M. WERNER u. a. folgendes fest:

Zwecks Vermeidung der Korrosion kommt es nicht darauf an, daß das Wasser alkalisch ist. Auch in Wasser mit einer p_H-Zahl < 7 wird keine Korrosion eintreten,

W. V. Nr.	Werkstoff	Zusammensetzung des angreifenden Stoffes	Angriff g/m² · Tag	Angriff mm/Jahr

wenn das Wasser z. B. mit Bikarbonaten genügend gepuffert ist. Korrosion tritt nicht nur bei 150°, sondern auch bei 30—40° auf.

Kupferionen (aus Kupfer-, Messing- oder Bronzeteilen des Kessels) wirken durch Zementation und Lokalelementbildung korrodierend. Cu in Form von komplexen Verbindungen schadet nicht. Kupfer wird nur solange gelöst, als das Speisewasser Sauerstoff enthält. Die p_H-Zahl ist für die Bildung der Schutzschichten auf dem Eisen wichtig.

Als mögliche Abhilfemaßnahmen werden genannt:

Anderes Pumpenmaterial (Chromguß). Wahl von beständigem Material oder solchen Kupferlegierungen, die kein Kupfer abgeben.

Entfernung des Sauerstoffes, bevor das Wasser mit Kupfer oder kupferlegierten Teilen in Berührung kommt.

Erhöhung der p_H-Zahl bzw. Puffern des Speisewassers.

Komplexe Bindung des im Speisewasser gelösten Kupfers.

Bei Höchstdruckkesseln wird empfohlen, mit einem p_H-Wert von nicht unter 8 zu arbeiten.

Bei der Verwendung von Stahl in Hauswasserleitungen als Austausch für Pb und Cu wird Innenschutz empfohlen. Die Rohre können bituminiert oder verzinkt werden, bei hohen Anforderungen und für Verbindungsstücke empfiehlt es sich, nach dem Atrament-, Parker- Bonder- oder Elektrogranodine-Verfahren eine Eisenphosphatschicht aufzubringen und auf diese Lackschichten einzubrennen.

Die Temperaturen, bei welchen Eisen mit H_2O-Dampf unter H_2-Entwicklung reagiert, zeigt die nachfolgende Zusammenstellung.

		Eisensorte:		Beginn der H_2-Entwicklung:
		Eisen reduziert		200°
		Eisen gepulvert		300°
		Armco-Eisen		350°
		Mo-Stahl (0,35 Mo)		500°
		22/9 Cr-Si-Stahl		800°
	Stahl	fließend	0,1	0,005
		ruhend	0,3	0,015
269	Stahl	Leitungswasser	2,45 bei 18°	0,12 bei 18°
272	Stahl	Leitungswasser	2,92 ,, 18°	0,15 ,, 18°
282	Stahl	Leitungswasser $+O_2$	7,79 ,, 66°	0,38 ,, 66°
287	Stahl	Leitungswasser	3,03 ,, 18°	0,15 ,, 18°
294	Armco-Eisen	Wasser, fließend		
		untergetaucht	4,2 ,, 20°	0,21 ,, 20°
		abwechselnd feucht/trocken	~0,1 ,, 20°	~0,005 ,, 20°

			Gewichtszunahme g/m² · Tag			
		Dampf, rein	750°	850°	950°	1050°
		O_2-frei	2160	3400	5500	15 000

293	Elektrolyt-Eisen	Wasser, fließend		
		untergetaucht,	4,3 bei 20°	0,22 bei 20°
		abwechselnd feucht/trocken	0,03 ,, 20°	0,0015 bei 20°

Einfluß der Oberflächenbehandlung:

Stahl				
	unbehandelt	Trinkwasser	174 bei 20°	8,7 bei 20°
	phosphatiert	Trinkwasser	~0 ,, 20°	~0 ,, 20°
	Menniganstrich	Trinkwasser	6,7 ,, 20°	0,38 ,, 20°
	vernickelt	Trinkwasser	106 ,, 520°	5,3 ,, 20°
	verzinnt	Trinkwasser	~0 ,, 20°	~0 ,, 20°
	feuerverzinkt	Trinkwasser	+33 ,, 20°	+1,7 ,, 20°
	elektrolyt. verzinkt	Trinkwasser	+23 ,, 20°	+1,2 ,, 20°
	sherardisiert	Trinkwasser	+50 ,, 20°	+2,5 ,, 20°
Stahl	unbehandelt	Wasser mit CO_2 ges.	184 bei 20°	9,2 bei 20°
	phosphatiert	Wasser mit CO_2 ges.	~0 ,, 20°	~0 ,, 20°
	Mennig-anstr.	Wasser mit CO_2 ges.	6,7 ,, 20°	0,38 ,, 20°

W. V. Nr.	Werkstoff	Zusammensetzung des angreifenden Stoffes	Angriff $g/m^2 \cdot$ Tag	Angriff mm/Jahr
	vernickelt	Wasser mit CO_2 ges.	54 bei 20°	2,7 bei 20°
	verzinnt	Wasser mit CO_2 ges.	3,3 ,, 20°	0,17 ,, 20°
	feuerverzinkt	Wasser mit CO_2 ges.	106 ,, 20°	5,3 ,, 20°
	elektrolyt. verzinkt	Wasser mit CO_2 ges.	94 ,, 20°	4,7 ,, 20°
	sherardisiert	Wasser mit CO_2 ges.	94 ,, 20°	4,7 ,, 20°
Stahl	unbehandelt	belüftetes Wasser	$+10$ bei 20°	$+0,5$ bei 20°
	phosphatiert	belüftetes Wasser	$+ 3$,, 20°	$+0,15$,, 20°
	Mennig-anstr.	belüftetes Wasser	3 ,, 20°	0,15 ,, 20°
	vernickelt	belüftetes Wasser	10 ,, 20°	0,5 ,, 20°
	verzinnt	belüftetes Wasser	$\sim$0 ,, 20°	$\sim$0 ,, 20°
	feuerverzinkt	belüftetes Wasser	$+23,4$,, 20°	$+1,2$,, 20°
	elektrolyt. verzinkt	belüftetes Wasser	$+20$,, 20°	$+1,0$,, 20°
	sherardisiert	belüftetes Wasser	$+43$,, 20°	$+2,2$,, 20°
Stahl	unbehandelt	Wasserdampf	$+124$ bei 100°	$+6,2$ bei 100°
	phosphatiert	Wasserdampf	$\sim$0 ,, 100°	$\sim$0 ,, 100°
	Mennig-anstr.	Wasserdampf	228 ,, 100°	11,4 ,, 100°
	vernickelt	Wasserdampf	30 ,, 100°	1,5 ,, 100°
	verzinnt	Wasserdampf	$+ 3$,, 100°	$+0,15$,, 100°
	feuerverzinkt	Wasserdampf	$+ 23,4$,, 100°	$+1,2$,, 100°
	elektrolyt. verzinkt	Wasserdampf	$+ 20$,, 100°	$+1,0$,, 100°
	sherardisiert	Wasserdampf	$+ 43$,, 100°	$+2,2$,, 100°
	Cu-Stahl	keine oder nur geringe Verbesserung gegenüber Cu-freien Stählen.		
	alle Cr-Stahl	Leitungswasser destill. Wasser Flußwasser, Heißdampf	empfohlen $<$2,4 bei 100°	$<$0,1 bei 100°
	Cr-Stahl (18 Cr + S)		für Wassermesser empfohlen, gleiche Lebensdauer wie Ni	
383, 388	Ni-Stahl	Wasser, fließend abwechselnd feucht/trocken Dampf + O_2	kein Angriff bei 20° kein Angriff bei 20° 0,1 bei 100°	0,005 bei 100°
396—408	Cr-Mo-Stahl		$<$2,4 ,, 100°	$<$0,1 ,, 100°
451—474	18/8-Cr-Ni-Stahl	Dampf 400—600° 50—200 at	$<$2,4 ,, 100° besonders empfohlen	$<$0,1 ,, 100°
475—495	18/8-Cr-Ni-Stahl + Mo		$<$2,4 bei 100°	$<$0,1 bei 100°
525—529	18/9-Cr-Mn-Stahl		$<$2,4 ,, 100°	$<$0,1 ,, 100°
	Mn-Stahl	Wasser, fließend abwechselnd feucht/trocken Dampf + O_2	7,4 ,, 20° 2,1 ,, 20° $\sim$0,2 ,, 100°	0,37 ,, 20° 0,10 ,, 20° $\sim$0,001 bei 100°
	Kupfer	Gegen destilliertes Wasser sehr beständig. Wenn O_2 Zutritt hat, dann bildet sich eine oft gut schützende, rötlichbraune Schicht, die man auch künstlich durch Eintauchen in Wasser von 50° oder in 1% $K_2Cr_2O_7$-Lösung erhalten kann. Im Laufe mehrerer Monate entsteht in lufthaltigem Wasser eine poröse Oxydschicht.		

			20° ruhend	20° fließend	20° ruhend	20° fließend
	Gußkupfer	dest. H_2O	0,15	0,34	0,006	0,014
	Cu-Blech	dest. H_2O	0,15		0,006	

W. V. Nr.	Werkstoff	Zusammensetzung des angreifenden Stoffes	Angriff g/m² · Tag	Angriff mm/Jahr

Auch gegen natürliche Wässer ist Kupfer von den gebräuchlichen Rohrwerkstoffen Blei, Eisen und Kupfer am beständigsten. Der Angriff ist gleichmäßig und praktisch zu vernachlässigen.

                       norm. H_2O ~0,1 bei 20°   ~0,006 bei 20°
                       H_2O + viel O_2, CO_2 ~1,0 „ 20°   ~0,06 „ 20°
                       Leitungswasser   Angriff am kleinsten bei $p_H = 8-9$

Auch die höchsten im Wasser gefundenen gelösten Cu-Mengen von $2-3$ mg/l führen zu keiner gesundheitlichen Schädigung.

                       Dampf, rein   kein Angriff bis 1000°
                       O_2-frei
                       Dampf + viel NH_3 starker Angriff
           Messing   destilliertes Wasser   nur sehr geringer Angriff bei 200°, 16 at

Gegen natürliches Wasser meist beständig, nur ausnahmsweise bei besonderen Bedingungen stärkerer Angriff, daher wird Messing in der Wärme- und Wassertechnik viel verwendet. Wegen der Entzinkungsgefahr sollen besonders bei Heißwasserapparaten, Heißdampf- und CO_2-Gehalt α-Messinge verwendet werden. Für Landkondensatoren wird α-Messing oder $(\alpha + \beta)$-Messing mit As-Zusatz empfohlen.

W. V. Nr.	Werkstoff	Zusammensetzung des angreifenden Stoffes	Angriff g/m² · Tag	Angriff mm/Jahr
590—592	Bronze	Wasser, fließend	~0,1 bei 20°	~0,004 bei 100°
		Dampf + O_2	0,2 „ 100°	0,008 „ 100°
627	Rotguß	rein, ruhend	0,08 „ 15°	0,003 „ 15°
629	Cu-Ni-Leg.	destill. Wasser	0,01 „ 15—20°	~0 „ 15—20°
637	Ferry-Metall	destill. Wasser	0,06 „ 15—20°	0,002 bei 15—20°
	Si-Mn-Bronze	Radiatorrohre	als besonders geeignet empfohlen	
649	Al-Bronze	Wasser, fließend	geringer Angriff bei 20°	
		Dampf + O_2	0,3 bei 100°	0,012 bei 100°
		Dampfturbinen	starker Angriff bei 70—150°	
	Cr-Überzüge	Dampf + O_2	kein — geringer Angriff	
662—666	Nickel	destill. Wasser	kein Angriff bei 20°	
		Wasser + CO_2	geringer Angriff bei 20°	
		Heißdampf	empfohlen	

                                          Gewichtszunahme g/m²-Tag
                       Dampf, rein   750°   850°   950°   1050°
                       O_2-frei   72,0   120   150   210
                       Kondensat   10—15 bei 50—120°   0,5—0,7 bei 50—12°
                       Kritisches Gebiet des Angriffes bei 50—120° und 2,45 kg/cm²
                       Druck zwischen 55 und 90 Vol.% CO_2. Sind Korrosionsprodukte von Fe vorhanden (Behinderung der Schutzschichtbildung), so kritisches Gebiet von 40—90 Vol.% CO_2 in den nicht kondensierbaren Gasen [224].

W. V. Nr.	Werkstoff	Zusammensetzung des angreifenden Stoffes	Angriff g/m² · Tag	Angriff mm/Jahr
672	Monel	Wasser, fließend abwechselnd feucht/trocken	<2,4 bei 20°	<0,1 bei 20°
		Dampf + O_2	<2,4 „ 100°	<0,1 „ 100°
		Kondensat	Verhalten ähnlich dem Ni bei 30—90 Vol.% CO_2	
	Cu-Ni-Leg.	Überhitzter Dampf	0,06	0,003
		Speisewasservorwärmer	1,9	0,09

                       in Gegenwart von Luft, CO_2 u. a. kann der Angriff bedeutend stärker sein.

W. V. Nr.	Werkstoff	Zusammensetzung des angreifenden Stoffes	Angriff g/m² · Tag	Angriff mm/Jahr
675—680	Nickelchrom	rein	kein Angriff	
681, 697	Nickelchrom	Leitungswasser	<2,2 bei 20°	<0,1 bei 20°
		Dampf	<2,2 „ 100°	<0,1 „ 100°
682	Inconel	Dampf	verwendbar bis 590°	
	Tantal	Heißdampf	geringer Angriff bei 400°	
			starker Angriff bei 600°	
	Zink		Für das Verhalten ist maßgebend, wieweit das Inlösunggehen durch Bildung von Schutzschichten verhindert wird.	

Zn in feiner Verteilung wird von Wasser viel stärker an-

W. V. Nr.	Werkstoff	Zusammensetzung des angreifenden Stoffes	Angriff g/m² · Tag	Angriff mm/Jahr

gegriffen als kompaktes Zn. Bei destilliertem H_2O ist der CO_2-Gehalt von ausschlaggebender Bedeutung.

	destill. H_2O		0,39 bei 20°	0,02 bei 20°
			1,37 bei 50°	0,07 „ 50°
	=		7,62 „ 55°	0,34 „ 55°
			57,7 „ 65°	2,8 „ 65°
			46,0 „ 75°	2,3 „ 75°
			5,87 „ 95°	0,29 „ 95°
			2,35 „ 100°	0,12 „ 100°
	Schwitzwasser		bis 25,0	bis 1,0
	Leitungswasser normal	etwa 1,2 in Heizöfen		0,06 in Heizöfen
	Regenwasser + organ. Stoffe von Dachanstrich			starker Angriff

Bei mehr als 27 mg/l CO_2-Schutzschichtbildung, in fließendem, stark CO_2-haltigem Wasser aber verstärkter Angriff. Das Maximum des Angriffes liegt bei etwa 70—90°. Von den natürlichen Wässern greift Regenwasser etwa doppelt so stark an wie destilliertes Wasser. Die anderen Wässer zeigen im allgemeinen einen geringeren Angriff. Für Leitungswasser ist Zn brauchbar; bei 7° deutscher Härte und mehr findet Schutzschichtbildung statt. Für Warmwasser- und Heißwasserleitungen ist Zink ungeeignet. Durch Entfernen von O_2, Zusatz von Silikaten oder Schutzkolloiden wird der Angriff herabgesetzt. Besonders wirkungsvoll ist ein Zusatz von 0,2% Agar-Agar. Durch neutrale Wässer wird Elektrolytzink (99,98 Zn) im allgemeinen etwas weniger angegriffen als Raffinadezink (99,00 Zn).

Zink, aufgespritzt:
Schichtdicke in mm: 0,152—0,203   Frischwasser   Lebensdauer in Jahren: 5—10
                  0,254—0,305   10—20
                  0,305—0,379   20—40

763	GZn-Al 4-Cu 1		für Kaltwasserarmaturen empfohlen
766	GZn-Cu 4		für Kaltwasserarmaturen empfohlen
	Zn-Si-Leg.	Heißwasser	für Waschkessel, Mäntel und Brandrohre von Badeöfen empfohlen

Vergleichende Untersuchungen über den Einfluß von H_2O-Dampf und fließendem Wasser (nach L. Koch):

742	Feinzink 99, 99	Dampf 95°	lokaler Angriff	−0,21 mm/Jahr
	Handelszink	Dampf 95°	Salzschicht, darunter geringer, gleichmäßiger Angriff	
767	Zn-Al 1	Dampf 95°	interkrist. durchkorrod.	+1,1 mm/Jahr
771	Zn-Al 4-Cu 1	Dampf 95°	interkrist. durchkorrod.	+2,1 mm/Jahr
768	Zn-Al 10	Dampf 95°	interkrist. Angriff	+1,9 mm/Jahr
774	Zn-Cu 4	Dampf 95°	interkrist. durchkorrod.	+0,12 mm/Jahr

Versuchsdauer bei den vorstehenden sechs Angaben: 50 Tage.

742	Feinzink	fließend 12°	lokale Ablagerungen. Lochfraß	−0,035 mm/Jahr
	Handelszink	fließend 12°	gleichmäßige Ablagerung. Angriff	−0,010 mm/Jahr
767	Zn-Al 1	fließend 12°	gleichmäßige Ablagerung. Angriff	−0,010 mm/Jahr
771	Zn-Al 4-Cu 1	fließend 12°	ähnlich ZnAl 1	−0,020 mm/Jahr
768	Zn-Al 10	fließend 12°	oberflächliche Blasenbildung	−0,020 mm/Jahr
774	Zn-Cu 4	fließend 12°	gleichmäßige Schicht, darunter Angriff	+0,040 mm/Jahr

Versuchsdauer bei den vorstehenden sechs Angaben: 350 Tage.

	Cd-Überzüge	Wasser, Dampf	kein — geringer Angriff (Angriff kleiner als bei Zink). Oxydation bei 400°.
	Zinn	dest. Wasser	kein Angriff bei <150°
		Trinkwasser	Oxydation bei 650°
		Wasser + CO_2	
791	Lötzinn 50	Leitungswasser	kein Angriff

W. V. Nr.	Werkstoff	Zusammensetzung des angreifenden Stoffes	Angriff g/m² · Tag	Angriff mm/Jahr
798	Lötmetall	Leitungswasser	kein Angriff	
	Blei	destill. H_2O	~1,0—5,0 bei 20°	~0,03—0,16 bei 20°
		+<2 mg CO_2/1	~5,0 „ 20°	~0,16 „ 20°
		+ 60 mg CO_2/1	~0,6 „ 20°	~0,02 „ 20°
		Versuchsdauer 100 Tage		
	Blei	destill. H_2O	der Angriff ist linear abhängig vom O_2-Gehalt der über dem H_2O stehenden Gasphase:	

O_2-Gehalt der Gasphase in %: 10   5,0 bei 25°   0,015 bei 25°

80   40,0 „ 25°   0,13 „ 25°

Verformtes Blei wird infolge Zerstörung der Schutzschicht stärker angegriffen.
Leitungswasser fließend, mittelhart:

in den ersten 6 Wochen	~0,5 bei 20°	~0,016 bei 20°	
im ersten Jahr	~0,1—0,2 „ 20°	~0,005 „ 20°	
im zweiten bis fünften Jahr	~0,007 „ 20°	~0,002 „ 20°	
Dampf	Oxydation bei 950—1000°		

Nach KLUT wird Blei angegriffen:

1. von Wasser, das gegen Lackmus und Rosolsäure nicht alkalisch reagiert,
2. von Wasser, das $CaCO_3$ auflösende („aggressive") Kohlensäure enthält,
3. von Wasser, das CO_2, aber nicht O_2 enthält,
4. von sehr weichem Wasser + O_2,
5. von Wasser, das keinen $CaCO_3$-Belag erzeugt, d. i. von <7° deutscher Härte,
5. von Wasser, das H_2S enthält,
7. von Wasser, das größere Mengen Cl′, $NO′_3$, $SO_4″$ enthält.

Grenzwert für gelöstes Blei: 0,3 mg/l in Deutschland, 0,1 mg/l in Amerika.
Maximum des Angriffes bei 60°.
Für Dampfleitungen ist Blei nicht verwendbar.

Hartblei	Trinkwasser	Verhalten wie bei Blei, empfohlen
	destilliert	Angriff geringer als bei Blei
Antimon	Dampf	Oxydation bei 750—800°
Silber	In 7 Tagen lösen sich 0,01 mg/l Ag; ist der Gehalt an Ag-Ionen größer als $2 \cdot 10^{-11}$ Mol/l, dann keimtötende Wirkung.	
	rein	kein Angriff bei 100°
	Dampf	kein Angriff bei 100°
Platin	Wasser, Dampf	kein Angriff bei 100°

Korrosion der Kondensatorrohre:

Bei den Oberflächen-Kondensatoren wird die Kühlfläche durch die in die Stirnwand von Gehäusen eingedichteten Rohre gebildet. Für die Gehäuse- und Wasserkammern wird Guß- oder Flußeisen empfohlen. Die Rohrböden und die Rohrstützwände werden in Flußeisen, Stahlblech oder Kupferlegierungen, insbesondere Messing, hergestellt. Beim Bau von Kondensatoren ist darauf zu achten, daß das Kühlwasser wirbelfrei in die Wasserkammern eingeführt wird und sich gleichmäßig auf die Rohre verteilt. Luftbeimischung ist zu vermeiden und eingedrungene Luft soll sich ausscheiden können.

Die Rohre gelangen meist mit einem Außendurchmesser von 10—30 mm, einer Wandstärke von 0,75—2 mm und einer Länge von 3—7 m zur Verwendung. Die freitragende Rohrlänge soll das 50—70fache des Außendurchmessers nicht überschreiten. Besonders gefährdet sind die Einspann- und Auflagestellen der Rohre. Die Rohre müssen folgende Eigenschaften aufweisen: Steifheit zur Verhütung des Durchsackens, Festigkeit zur Vermeidung von Einbeulungen, Zähigkeit für das Einwalzen an den Enden, Härte als Widerstand gegen mechanischen Abrieb und besonders auch möglichste Spannungsfreiheit. Spannungen können zum Brechen oder zum Aufreißen führen, wenn NH_3 haltige Gase oder Dämpfe auf spannungbehaftete Rohre einwirken. Es tritt dann Korngrenzenkorrosion ein, die nach verhältnismäßig kurzer Zeit zum Aufplatzen der Rohre führt. Durch Wärmebehandlung können die Rohre entspannt werden. Weiche Rohre haben geringe Verschleiß- und Schwingfestigkeit.

Beim Einbau der Rohre sind Einbeulungen zu vermeiden. Scharfe Kanten an den

W. V. Nr.	Werkstoff	Zusammensetzung des angreifenden Stoffes	Angriff g/m² · Tag	Angriff mm/Jahr

Rohren sind besonders der Zerstörung ausgesetzt. Das Einwalzen soll auf der Wassereintrittseite vorgenommen werden, da die Stopfbüchse Wirbelungen begünstigt. Die Abdichtung der Rohre an den Rohrböden muß sehr sorgfältig durchgeführt werden, da sonst besonders bei Stopfbüchsen leicht Störungen auftreten.

Die Kühlwässer sind möglichst zu enthärten, da hartes Wasser Abscheidungen an die Rohre ansetzt, wodurch der Wärmeübergang sehr vermindert wird und Verstopfungen eintreten können. Die Temperatur des Kühlwassers soll $40-50°$ nicht übersteigen. Die Wassergeschwindigkeit wird zwischen $1,5-3,0$ m/sec gewählt. Gasblasen sind um so gefährlicher, je größer sie sind. Schaumbildung, die besonders bei Verwendung von Seewasser auftreten kann, bringt verstärkten Angriff mit sich. In längeren Betriebspausen ist der Kondensator zu entleeren, und zwar so, daß keine Wasserreste stehen bleiben. Von Wasser eingeschlossene Luft führt besonders an ihrer Grenze mit dem Wasser zu Korrosion. Bei der Reinigung werden lose Ablagerungen durch Ausspülen mit hoher Wassergeschwindigkeit entfernt; harte versteinerte Krusten werden mechanisch oder durch Behandlung mit verdünnter HCl oder H_2SO_4 gelockert (Sparbeizzusätze). Jede Verletzung der Rohroberfläche ist zu vermeiden. Als Werkstoffe für Kondensatorrohre werden solche gewählt, welche durch ihren edlen Charakter oder durch Bildung einer wirksamen Schutzschicht gegen den Angriff des Kühlwassers beständig sind.

Kupfer	bildet keine Schutzschichten. Am meisten angegriffen wird im allgemeinen die von O_2 besonders bespülte Stelle. Für O_2- und zugleich säurehaltige, bzw. für O_2- und chloridhaltige Wässer ist Kupfer nicht brauchbar. Auch hohe Wassergeschwindigkeiten sind zu vermeiden. Es wird sauerstofffreies Raffinadekupfer empfohlen.
Messing	Es kommen α- und $(\alpha + \beta)$-Messinge in Frage. Die ersteren zeigen rasche Schutzschichtbildung und gute mechanische Eigenschaften. Bei höheren Zinkgehalten findet oft Entzinkung statt. Durch kleine As-Zusätze (0,02%) kann diese ausgeschaltet werden. Besonders für Seewasser wird Ms 70/30 bei Wassergeschwindigkeiten von 1 m/sec empfohlen. Der Eisen- und Bleigehalt soll nicht 0,1%, die Gesamtsumme aller Beimengungen nicht $0,4-0,75\%$ überschreiten.
563 Admiralty	wird oft verwendet. Zeigt gute Schutzschichtbildung.
567 Marinemessing	besitzt erhöhte Seewasserbeständigkeit, ist aber schwer verformbar.
557 Al-Messing	ist gegen Seewasser sehr beständig und wird für diesen Zweck neben Cu-Ni-Legierungen vor allem empfohlen. Gegen Süßwasser ist es oft viel weniger beständig. Auch eine Legierung aus Cu, Al, Sn, Si, As, Zn und P soll sich bewährt haben.
Cu-Ni-Leg.	sind besonders für hohe Beanspruchung geeignet. Die Deckschicht ist dünn, festhaftend und widersteht auch den Chloriden. Angriffe wachsen mehr in die Breite als in die Tiefe. Die Ausheilung verletzter Stellen geht sehr schnell vor sich.

Besonders bewährt haben sich die nachfolgend angeführten Kondensatorrohre aus Cu-Ni-Legierungen mit Fe:

70 Cu; 30 Ni; $0,4-1,0$ Fe   „AE" Super-Nickel (England)
Super-Nickel 702 und Cupro-Nickel (USA)
bewährt in Schiffskondensatoren und in Landkraftstationen bei heftigem Flüssigkeitsaufprall, stark verunreinigtem Wasser, Bakterien und Erosion durch feste Körper;

$88-89$ Cu; 10 Ni; $1-2$ Fe   Kunifer 88/10/2 (England)
Cupro-Nickel 754 und Cupro-Nickel 89/10/1 (USA)
leichter zu bearbeiten, hinreichende Beständigkeit, billiger, für die gleichen Zwecke verwendet wie die vorgenannten Legierungen;

W. V. Nr.	Werkstoff	Zusammensetzung des angreifenden Stoffes	Angriff g/m² · Tag	Angriff mm/Jahr

93,8 Cu; 5 Ni; 1,2 Fe   Kunifer 93,8/5/1,2 (England) verwendet für geringere Beanspruchungen, z. B. auch für Speisevorwärmer (Brit. Patent 578.283).

Al-Bronze   wird gelegentlich mit Al-Gehalten von 4—10% angewendet. Die von Werkstoffen für Kondensatorrohre verlangten Festigkeitswerte liegen fast durchwegs über 40 kg pro mm² in angelassenem bzw. halbgehärtetem Zustand (vgl. DIN 1785).

Tombak   Kondensatorrohre   empfohlen
Messing   Kondensatorrohre   empfohlen
Al-Bronze   Kondensatorrohre   empfohlen

Die drei zuletzt genannten Legierungen zeigten sehr geringe Korrosion bei 8½jährigen Versuchen. Die Angriffszahlen stimmen bei diesen drei Legierungen praktisch überein und sind so gering, daß Rohre in Schiffskondensatoren noch nach 20 Jahren frei von jedem Anzeichen einer ernsten Korrosion sein können. Erodierende Bestandteile (Sand, Luftblasen) schaden.

Hoher CO_2-Gehalt des Wassers, H_2S und NH_3 fördern den Angriff. Ein Al-Zusatz zum Messing (z. B. 76% Cu, 22% Zn, 2% Al) wird empfohlen.

Stillstandskorrosion:

Stahl   Sickerdampf (naß) $+O_2$ bewirken oft an Dampfturbinen „Stillstandskorrosionen". Ölfilme, insbesondere aus emulgierbaren Ölen üben eine Schutzwirkung aus, sind aber bei Kondensationstrieb evtl. störend.

Cr-Stahl   ferritisch mit 14—15% Cr, wird als gut widerstandsfähig gegen Stillstandskorrosion empfohlen.

Wasserstoff

6   Aluminium   empfohlen bei höherer Temp. und Druck

Gußeisen   Unterhalb von 700° bestimmt die Diffusionsgeschwindigkeit des Wasserstoffes den Verlauf der Entkohlung. Oberhalb 700° wirken verschiedene Einflüsse zusammen. Bei mehr als 1,7% C zeigen getempertes und graues Gußeisen stärkere Entkohlung als weißes Gußeisen. Das Maximum derselben liegt bei 1050°. Legierungselemente, wie Si, Mn, Ni, Cr, W, Ti, Al beeinflussen den Entkohlungsvorgang.

Stahl   nicht verwendbar bei höherer Temperat. (durchlässig bei >500°, brüchig)

Die Beständigkeit von Stahl wird durch Legierungselemente, welche stabile Karbide bilden, stark erhöht, besonders durch V, Ti, Zr, Ta, Nb.

Bei elektrolytischen Prozessen erfolgt oft durch H_2-Aufnahme Versprödung des Stahles, stark in zyanid-alkalischen Bädern (Zn, Cd, Cu, Ag, Messing), fast gar nicht in schwachen sauren Bädern (Ni, Pb, Zn). Die H_2-Aufnahme erfolgt überwiegend in den ersten Minuten, erhöhte Stromdichte setzt die Versprödung herab.

$H_2 + H_2S$ Über den Einfluß der Werkstoffzusammensetzung vgl. Schwefelwasserstoff

Sonderstähle Ammoniaksynthese vgl. Ammoniak

416   Cr-Mo-Stahl   keine Festigkeitsverluste durch Glühen in H_2 100 Std. 300 at, 600°

Kupfer H_2 dringt oberhalb etwa 500° in Cu ein; reduziert das Cu_2O unter Bindung von H_2O-Dampf, der das Cu auftreibt, so daß es brüchig wird (Wasserstoffkrankheit). Geringe Mengen von H_2 können Cu verderben ohne äußeres Kennzeichen. Die Einwirkung nimmt mit der Temperatur stark zu. Cu mit <0,01% O_2 ist praktisch gegenüber Wasserstoffkrankheit beständig. Beim Glühen in oxydierender Atmosphäre bei >800° kann es aber gegen H_2 empfindlich werden.

Niob   kein Angriff bei 20° Bildung von Niobwasserstoff bei höherer Temperatur

Tantal   geringer Angriff bei <400° starker Angriff bei 500°

W. V. Nr.	Werkstoff	Zusammensetzung des angreifenden Stoffes	Angriff g/m² · Tag	Angriff mm/Jahr
	Zinn		kein Angriff bei 20°	
	Platin	reiner H_2	bei >400° okkludiert, bei Rotglut diffundiert H_2 durch Pt hindurch, dadurch, aber keine Schädigung der Eigenschaften	
		H_2 + indifferente, reduzierende Verbindungen	Pt wird spröde und brüchig und schließlich zerstört	

Untere Grenze des Wasserstoffangriffes auf Metalle:

Druck Atmosphären	Temperatur °C
1	350—360
10— 30	300—320
30— 60	280—300
60— 100	270—280
100— 150	240—270
150— 200	230—240
200— 300	220—230
300— 400	210—220
400— 600	200—210
600— 800	180—200
800—1000	170—190

Wasserstoffsuperoxyd

W. V. Nr.	Werkstoff	Zusammensetzung des angreifenden Stoffes	Angriff g/m² · Tag	Angriff mm/Jahr
6	Aluminium	rein, 6% Lg.	0,002	0,0003
		87% Lg.	0,0000 bei 50°	0,0000 bei 50°
		<50% Lg.	für Lagerung und Verschiffung verwendbar und zugelassen.	
90	GAl-Si	rein, 6% Lg.	0,004	0,0005
	GAl-Mg-Mn	rein, 6% Lg.	0,004	0,0005
93—102	GAl-Mg	rein, 6% Lg.	0,101	0,014
90	Silium ⎫ Amerik. Lg. ⎬ Dtsche Lg. ⎭	0,2% Lg. +1% NaCl	⎧ 3,62 bei 20° ⎨ 23,8 ,, 20° ⎩ 16,7 ,, 20°	0,49 bei 20° 3,1 ,, 20° 2,1 ,, 20°

Zusatz von 0,5% Wasserglas hemmt den Angriff.
Zusatz von Cl′-Stabilisator vergrößert den Angriff.

Aluminium und Cu-freie Al-Legierungen bewirken keine katalytische Zersetzung des H_2O_2.

W. V. Nr.	Werkstoff	Zusammensetzung des angreifenden Stoffes	Angriff g/m² · Tag	Angriff mm/Jahr
234—243	Cr-Gußeisen	30% Lg.	<2,4 bei 20°	<0,1 bei 20°
251—255	Cr-Mo-Guß-eisen	30% Lg.	<2,4 ,, 20°	<0,1 ,, 20°
258	Nirestist	20% Lg.	0,7 ,, 20°	0,03 ,, 20°
	Stahl	rein	kein Angriff bei 20°	
		Handelsware	Angriff bei 20° (katalyt. Zersetzung)	
322—355	Cr-Stahl	20% Lg.	kein Angriff bei 20°	
		20% Lg.	geringer Angriff bei 80°	
396—408	Cr-Mo-Stahl		<2,4 bei 20°	<0,1 bei 20°
451—474	18/8-Cr-Ni-Stahl	30% Lg.	<2,4 ,, 20°	<0,1 ,, 20°
	Cr-Ni-Stahl + Mo (16—18 Cr; 10—14 Ni; 1,75—2,50 Mo)	30% Lg. (chem. rein)	0,000 bei 50°	0,000 bei 50°
		35% Lg. (technisch)	+0,05 bei 50°	0,000 bei 50°
		90% Lg. (technisch)	0,06 ,, 50°	0,0025 ,, 50°
525—529	18/9-Cr-Mn-Stahl	30% Lg.	<2,4 bei 20°	<0,1 bei 20°

Bei 80° katalytisch zersetzender Einfluß.

W. V. Nr.	Werkstoff	Zusammensetzung des angreifenden Stoffes	Angriff g/m² · Tag	Angriff mm/Jahr
	Kupfer	Lg.	Angriff bei 20° Katalyse	
			15° 50° 75°	15° 50° 75°
	Fe-Al-Mn-Bronze (10,71 Fe; 9,42 Mn; 8,64 Al; Cu)	20% Lg.	3,25 9,4 11,0	0,145 0,42 0,50
		40% Lg.	1,46 6,5 24,0	0,06 0,29 1,12
		60% Lg.	3,35 15,6	0,011 0,75
			siedend bei verschiedener Dauer in Stunden:	
			24 100 200	24 100 200
		60% Lg.	248 103 67	11,7 4,58 3,08
662—666	Nickel	89,5% Lg.	0,07 bei 50°	0,003 bei 50°
		Zusatz von Mineralsäuren vergrößert den Angriff		
672	Monel	Lg.	2,4—24,0 bei 20°	0,1—1,0 bei 20°
	Nickelchrom eisenarm	Herstellung	empfohlen	
	Ni-Mo-Leg. (20 Mo; 20 Fe; Ni)	30% Lg. (chem. rein)	0,03 bei 50°	0,0012 bei 50°
		35% Lg. (technisch)	0,0000 ,, 50°	0,0000 ,, 50°
		90% Lg. (technisch)	<0,28 ,, 50°	0,023 ,, 50°
	Tantal	90% Lg.	kein Angriff bei höherer Temperatur	
	Zink	rein	kein Angriff bei 20°	
		Handelsware	Angriff bei 20°	
	Zinn	Lg.	nicht verwendbar, Sn-Spuren zersetzen katalytisch	
	Blei	Herstellung	verwendbar bei 130°	
	Edelmetalle	H₂O₂-Lg. werden an Edelmetallen zersetzt, am langsamsten an Au, schneller an Ag, am stärksten an Pt (Gasentwicklung auch bei hoher Verdünnung). Ag wird angegriffen, Au, Pt kein Angriff.		

Empfohlene Werkstoffe bei Herstellung durch Elektrolyse [15, 8. 195]:

Neben Glas und keramischen Werkstoffen auch Cr-Ni-Stahl + Mo und Aluminium.

Wein

Höchstzulässige Metallkonzentration in Wein in mg/l:

	Fe	Sn	Cr	Cu	Al	Zn	Ni
	1	1	15	60	100	200	200

W. V. Nr.	Werkstoff	Zusammensetzung des angreifenden Stoffes	Angriff g/m² · Tag	Angriff mm/Jahr
	Aluminium	Wein, Apfelwein, Branntwein	im allgemeinen geringer Angriff, Geschmacksveränderung, ungeeignet	
	Gußeisen und Stahl		nicht verwendbar	
322—355	Cr-Stahl		<2,4 bei 20°	<0,1 bei 20°
396—408	Cr-Mo-Stahl		<2,4 ,, 20°	<0,1 ,, 20°
451—474	18/8-Cr-Ni-Stahl		<2,4 ,, 20°	<0,1 ,, 20°
		Keine Geschmacksbeeinflussung.		
475—495	18/8-Cr-Ni-Stahl + Mo		<2,4 bei 20°	<0,1 bei 20°
		Keine Geschmacksbeeinflussung.		
525—529	18/9-Cr-Mn-Stahl		<2,4 bei 20°	<0,1 bei 20°
	Kupfer	Lagerung	nicht verwendbar	
	Messing		starker Angriff, nicht verwendbar	
662—666	Nickel		nicht verwendbar	
682	Inconel		empfohlen	
	Zink		Angriff bei 20°	
	Zinn		nicht verwendbar	

Weinessig

W. V. Nr.	Werkstoff	Zusammensetzung des angreifenden Stoffes	Angriff g/m² · Tag	Angriff mm/Jahr
6	Aluminium		0,045	0,006

W. V. Nr.	Werkstoff	Zusammensetzung des angreifenden Stoffes	Angriff g/m² · Tag	Angriff mm/Jahr
90	GAl-Si		0,15	0,020
	GAl-Mg-Mn		0,09	0,012
207	Gußeisen		63,8 bei 20°	3,15 bei 20°
209—225	Si-Gußeisen		0,13 ,, Siedetp.	0,006 ,, Siedetp.
258	Niresist		0,42 ,, 20°	0,02 ,, 20°
268	Stahl		1,0 ,, 20°	0,05 ,, 20°
273	Stahl		1,06 ,, 20°	0,05 ,, 20°
293	Elektrolyt-Eisen		1,47 ,, 20°	0,07 ,, 20°
			20° siedend	20° siedend
342—355	Cr-Stahl		<240 >240	<10,0 >10,0
322—334	Cr-Stahl		<2,4 < 2,4	< 0,1 < 0,1
383	Ni-Stahl		0,66	0,03
388	Ni-Stahl		1,20	0,06
396—408	Cr-Mo-Stahl		<2,4 < 2,4	< 0,1 < 0,1
451—474	18/8-Cr-Ni-Stahl		<2,4 < 2,4	< 0,1 < 0,1
475—495	18/8/8-Cr-Ni-Stahl + Mo		<2,4 < 2,4	< 0,1 < 0,1
525—529	18/9-Cr-Mn-Stahl		<2,4 <24,0	< 0,1 < 1,0
	Mn-Stahl		9,55	0,47
	Kupfer	10% Lg.	8,0 bei 20°*	0,33 bei 20°
		10% Lg.	11,7 ,, 20°**	0,49 ,, 20°
		10% Lg.	13,7 ,, 20°***	0,57 ,, 20°
585	Messing		geringer Angriff bei 20°	
552	Al-Bronze		<0,01 bei 20°	~0 bei 20°
672	Monel		0,12 ,, 20°	0,005 ,, 20°
684	Nickelchrom		1,02 ,, 20°	0,05 ,, 20°

Weinsäure. Sm. 170°; d 1,76.

W. V. Nr.	Werkstoff	Zusammensetzung des angreifenden Stoffes	Angriff g/m² · Tag	Angriff mm/Jahr
6	Aluminium	fest, krist.	geringer Angriff bei 20°	
		<3% Lg.		
		10% Lg.	0,06	0,008
		konz. Lg.	starker Angriff bei höherer Temperatur	
90	GAl-Si	5% Lg.	0,09 bei 20°	0,012 bei 20°
	gegossen	20% Lg.	0,06 ,, 20°	0,008 ,, 20°
	GAl-Mg-Mn	10% Lg.	0,07 ,, 20°	0,009 ,, 20°
	Aluminium		20° 50°	20° 50°
	u. Al-Leg.	1% Lg.	0,1 —0,3 0,8—2,1	0,013—0,04 0,11—0,29
		10% Lg.	0,06—0,5 0,8—1,5	0,008—0,07 0,11—0,21
			98°	98°
		1% Lg.	10,5—137	1,45—19,0
		10% Lg.	7,7—gelöst	1,1 — gelöst
	Magnesium	Lg.	Angriff	
	Stahl	0,75% Lg.	0,33 bei 20°	0,016 bei 20°
			20° 100°	20° 100°
209—217	Si-Gußeisen	10—50% Lg.	<2,4 <2,4	<0,1 <0,1
218—225	Si-Gußeisen	10—50% Lg.	<2,4 <2,4	<0,1 <0,1
234—243	Cr-Gußeisen	10—50% Lg.	<2,4 bei 100°	<0,1 bei 100°
251—255	Cr-Mo-Guß-eisen	10—50% Lg.	<2,4 ,, 100°	<0,1 ,, 100°
258	Niresist	5% Lg.	1,1 bei 20°	0,06 bei 20°
			20° siedend	20° siedend
342—355	Cr-Stahl	10—50% Lg.	<2,4 <24,0	<0,1 < 1,0
		ges. Lg.	<240	<10,0
322—334	Cr-Stahl	10—50% Lg.	<2,4 <24,0	<0,1 < 1,0
		ges. Lg.	<24,0	< 1,0
396—408	Cr-Mo-Stahl	10% — ges. Lg.	<2,4 < 2,4	<0,1 < 0,1

* Versuchsdauer: 2 Tage.
** Versuchsdauer: 4 Tage.
*** Versuchsdauer: 11—19 Tage.

W. V. Nr.	Werkstoff	Zusammensetzung des angreifenden Stoffes	Angriff g/m² · Tag	Angriff mm/Jahr
451—474	18/8-Cr-Ni-Stahl	10—50% Lg. ges. Lg.	<2,4 < 2,4 <24,0	<0,1— < 0,1 < 1,0
475—495	18/8-Cr-Ni-Stahl + Mo	10% — ges. Lg.	<2,4 < 2,4	<0,1 < 0,1
497, 498	18/8-Cr-Ni-Stahl + Cu		Verhalten wie 18/8-Cr-Ni-Stahl + Mo	
538	Cr-Mn-Stahl		9,3 bei 20°	0,4 bei 20°
537	Cr-Mn-Stahl		1,4 ,, 20°	0,07 ,, 20° [958]
	Kupfer	Lg. O_2-frei	< 5,0 ,, 20°	<0,20 ,, 20°
		Lg. + O_2	<40,0 ,, 20°	<1,65 ,, 20°
		Lg. + O_2	100—200 heiß	4,1—8,2 heiß
	Messing	1% Lg	starker Angriff bei 30—50°	
629	Cu-Ni-Leg.	5% Lg.	0,53 bei 15—20°	0,022 bei 15—20°
637	Ferry-Metall	5% Lg.	0,49 ,, 15—20°	0,020 ,, 15—20°
658	Al-Bronze	Lg.	empfohlen	
	Cr-Überzüge	Lg.	geringer Angriff bei 20°	
662—666	Nickel	n/10 Lg.	0,22 bei 20°	0,01 bei 20°
		$p_H = 2{,}0$	starker Angriff bei 100°	
			Zusatz von O_2 vergrößert den Angriff	
660	Corronil	5% Lg.	0,59 bei 20°	0,024 bei 20°
672	Monel	30% Lg.	0,70 ,, 20°	0,029 ,, 20°
			1,1 ,, 60°	0,05 ,, 60°
682	Inconel	57% Lg.	1,4 ,, 54°	0,07 ,, 54°
697	Nickelchrom	ges. Lg.	<2,2 bei 100°	<0,1 bei 100°
	Zinn	0,75% Lg.	0,004 ,, 20°	~0 ,, 20°
	Blei	0,1 n Lg.	3,24 ,, 20°	0,11 ,, 20°

Empfohlene Werkstoffe bei Herstellung aus weinsäurehaltigen Rohstoffen [15, S. 398]:
Blei-Auskleidungen für verschiedene Teile der Anlagen.

Wismut. Sm. 271°; d 9,8. Als verwendbar wird angegeben:
    Aluminium

Als nicht verwendbar wird angegeben:
    Platin.

Zellstoff. Als verwendbar werden angegeben:
    Für Natronzellstoffkocher Eisen.
    Für Sulfit-Zellstoff 18/8-Cr-Ni-Stahl, Bronze (zinkarm) und Blei (nicht aber Hartblei).
    Zusammensetzung beachten.
    Angaben über die einzelnen Bestandteile nachsehen.

Empfohlene Werkstoffe bei der Herstellung von Sulfat-Zellstoff aus Holz + Na_2S, NaOH [15, S. 360/65]:
    Stahl für Zerkleinerung (Holz), Mischer, Reaktionsgefäß, Ablaugeverarbeitung.
    Cr-Ni-Stahl für Pumpen, Reaktionsgefäß
    (304) vgl. auch Bleichlaugen

Empfohlene Werkstoffe bei Herstellung von Sulfit-Zellstoff aus Holz + $NaHSO_3$ [15, S. 368/71]:
    Stahl für S-Verbrennung
    Hartblei für Kühler und Pumpen (SO_2) eventuell Teil der Absorptionstürme.
    Cr-Ni-Stahl für Sulfit-Lauge (frisch)
    (317)
    Stahl mit Steinauskleidung für Reaktionsgefäße

Zellwolle

398	Cr-Mo-Stahl		für Messer empfohlen
	Au-Pt-Leg.		mit 40—60 Pt; 0,25—1,0 Rhenium;

W. V. Nr.	Werkstoff	Zusammensetzung des angreifenden Stoffes	Angriff g/m² · Tag	Angriff mm/Jahr

Rest Au
für Spinndüsen empfohlen

Zement

6	Aluminium	Portlandzement	Angriff beim Abbinden	
		Tonerdezement	kein Angriff beim Abbinden	
90	GAl-Si		0,25	0,034
	GAl-Mg-Mn		0,05	0,007
	GAl-Zn-Cu		0,20	0,027
	Eisen und Stahl	Portlandzement	kein Angriff beim Abbinden	
		Holzzement	geringer Angriff beim Abbinden	
		Schlackenzement	geringer Angriff beim Abbinden	

Zusatz von Salzlösungen vergrößert den Angriff, vagabundierende Ströme — starker Angriff.

	Kupfer		Angriff beim Abbinden	
	Zink	ohne Zusatz	starker gleichmäßiger Angriff	
		+ Sand	geringer Angriff	
		Zement		
		+ Mauersand	kein Angriff	
		+ Normalkalkteig		
	Zinn		kein Angriff beim Abbinden	
	Blei		nicht verwendbar	

Zimtaldehyd

| | Kupfer | 1 m Lg. in Pyridin | 114 bei 30° | 4,75 bei 30° |

Zink. Sm. 419°; Sd. 906; d 7,1

6	Aluminium	geschmolzen	Angriff bei höherer Temperatur	
	Gußeisen	geschmolzen	$31,0 \cdot 10^3$ bei 500°	$1,5 \cdot 10^3$ bei 500°
	Schwarzer Temperguß (2,25 C; 0,98 Si)	geschmolzen	starker Angriff bei 470°	
	Weißer Temperguß (1,25 C; 0,45 Si)	geschmolzen	starker Angriff bei 470°	
	Weißer Temperguß (0,25 C)	geschmolzen	kein wesentlicher Angriff bei 470° in 100 Std., empfohlen	
	Ferrosilizium	geschmolzen	430 bei 420°	22,3 bei 420°
209—225	Si-Gußeisen	geschmolzen	nicht verwendbar bei 500°	
270	Stahl	geschmolzen	$19,0 \cdot 10^3$ bei 500°	$0,9 \cdot 10^3$ bei 500°
	Puddelstahl	geschmolzen	$56,2 \cdot 10^3$ „ 500°	$2,8 \cdot 10^3$ „ 500°
	Reineisen	geschmolzen	$11,0 \cdot 10^3$ „ 500°	$0,5 \cdot 10^3$ „ 500°
294	Armco-Eisen	geschmolzen	für Verzinkungswannen empfohlen	

Zahlentafel 21. Einfluß des Al-Gehaltes im Zink
(nach A. BURCKHARDT)

Al-Gehalt im Zn	Reineisen gelöst			
	420°	480°	420°	480°
%	g/m² · Tag		mm/Jahr	
0	6720	9600	336	480
0,01	3520	5420	176	271
0,05	960	2080	48	104
0,1	320	960	16	48
0,2	160	400	8	20
0,3	80	80	4	4

W. V. Nr.	Werkstoff	Zusammensetzung des angreifenden Stoffes	Angriff g/m² · Tag	Angriff mm/Jahr

Einfluß der Beimengungen des Zinkes (nach H. BABLIK und F. GÖTZL):

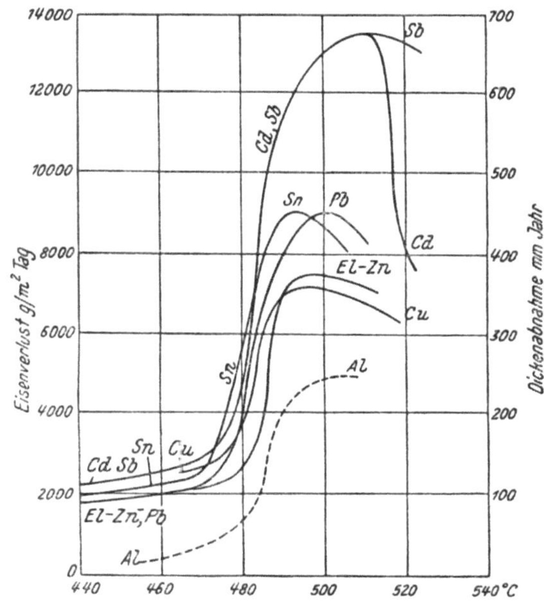

Abb. 37. Lösungsverlust von Armco-Eisen bei einstündiger Tauchdauer und verschiedenen Tauchtemperaturen in Bädern aus:

El-Zn	. . . .	Elektrolytzink
Cu	. . . . .	Elektrolytzink + 0,2% Cu
Sn	. . . . .	Elektrolytzink + 1,0% Sn
Pb	. . . . .	Elektrolytzink bleigesättigt
Cd	. . . . .	Elektrolytzink + 1% Cd
Sb	. . . . .	Elektrolytzink + 1% Sb
Al	. . . . .	Elektrolytzink + 0,2% Al

Für Spritzgußformen werden Stähle mit 0,35—0,45 C, 0,5—0,8 Mn, unter 0,045 P und unter 0,05 S empfohlen. Auch 0,8—0,9 Cr kann enthalten sein.

451—474	18/8-Cr-Ni-Stahl	geschmolzen	nicht verwendbar bei 500°	
475—495	18/8-Cr-Ni-Stahl + Mo	geschmolzen	nicht verwendbar bei 500°	
525—529	18/9-Cr-Mn-Stahl	geschmolzen	nicht verwendbar bei 500°	
	Mo-Fe-Leg. (>80% Mo)	geschmolzen	empfohlen	
	Cr-Überzüge	geschmolzen	kein Angriff	
662—666	Nickel	geschmolzen	>240,0	>10,0
672	Monel	geschmolzen	nicht verwendbar	
	Gold	geschmolzen	starker Angriff	

Zinkchlorid. Sm. 365°

6	Aluminium	10% Lg.	0,10		0,013	
90	GAl-Si	10% Lg.	0,09		0,012	
	GAl-Mg-Mn	10% Lg.	0,09		0,012	
9	Aluminium		20°	75°	20°	75°
	hart	1% Lg.	0,10	0,25	0,013	0,034
		5% Lg.	0,16	3,50	0,022	0,047

W. V. Nr.	Werkstoff	Zusammensetzung des angreifenden Stoffes	Angriff g/m² · Tag		Angriff mm/Jahr	
	weich	1% Lg.	0,07	0,23	0,01	0,031
		5% Lg.	0,21	3,35	0,028	0,45
		MBV-Schicht schützt.				
	Magnesium	Lg.	Angriff			
	Gußeisen	geschmolzen	oft verwendbar, geringer Angriff			
209—225	Si-Gußeisen	Lg. d = 2,05	<2,4 bei 35°		<0,1 bei 35°	
			20°	siedend	20°	siedend
234—243	Cr-Gußeisen	Lg. d = 1,21	<24,0	>240	<1,0	>10,0
251—255	Cr-Mo-Guß- eisen	Lg. d = 1,21	<24,0	>240	<1,0	>10,0
322—355	Cr-Stahl	Lg. d = 1,2	<24,0	>240	<1,0	>10,0
396—408	Cr-Mo-Stahl	Lg. d = 1,2	<24,0	>240	<1,0	>10,0
451—474	18/8-Cr-Ni- Stahl	Lg. d = 1,2	< 2,4	<240	<0,1	<10,0
475—495	18/8-Cr-Ni- Stahl + Mo	Lg. d = 1,2	< 2,4	<240	<0,1	<10,0
525—529	18/9-Cr-Mn- Stahl	Lg. d = 1,2	<24,0	<240	<1,0	<10,0
	Messing	mit ZnCl₂ imprägniertes Holz kann korrodierend wirken, wenn die Imprägnierung nicht völlig getrocknet oder die Atmosphäre feucht ist.				
591	Bronze	Lg.	empfohlen bei höherer Temperatur			
			20°	100°	20°	100°
662—666	Nickel	10% Lg.	<2,4	<24,0	<0,1	<1,0
672	Monel	Lg.	starker Angriff bei 20°			
	Zink	Lg.	nicht verwendbar			
	Zinn	Lg.	nicht verwendbar			

Zinkoxyd

W. V. Nr.	Werkstoff	Zusammensetzung des angreifenden Stoffes	Angriff g/m² · Tag	Angriff mm/Jahr
6	Aluminium	5%ige Aufschwemmung	0,11	0,015
90	GAl-Si	5%ige Aufschwemmung	0,10	0,014
	GAl-Mg-Mn	5%ige Aufschwemmung	0,13	0,018

Zinksulfat

W. V. Nr.	Werkstoff	Zusammensetzung des angreifenden Stoffes	Angriff g/m² · Tag		Angriff mm/Jahr	
6	Aluminium	2% Lg.	0,03		0,004	
90	GAl-Si	2% Lg.	0,03		0,004	
	GAl-Mg-Mn	2% Lg.	0,015		0,002	
	Ferrosilizium		als Anodenstoff für Elektrolyse empfohl.			
209—225	Si-Gußeisen	25% Lg.	<2,4 bei 20—100°		<0,1 bei 20—100°	
234—243	Cr-Gußeisen		<2,4 „ Siedetp.		<0,1 „ Siedetp.	
251—255	Cr-Mo-Guß- eisen	25%—ges. Lg.	<2,4 „ Siedetp.		<0,1 „ Siedetp.	
			20°	siedend	20°	siedend
322—355	Cr-Stahl	25% Lg.	<2,4	<240	<0,1	<10,0
		ges. Lg.		<240		<10,0
396—408	Cr-Mo-Stahl	25%—ges. Lg.	<2,4	< 2,4	<0,1	< 0,1
451—474	18/8-Cr-Ni- Stahl	25%—ges. Lg.	<2,4	< 2,4	<0,1	< 0,1
475—495	18/8-Cr-Ni- Stahl + Mo	25%—ges. Lg.	<2,4	< 2,4	<0,1	< 0,1
525—529	18/9-Cr-Mn- Stahl	25% Lg.	<2,4	<240	<0,1	<10,0
		ges. Lg.		<240		<10,0
639	Everdur		empfohlen bei höherer Temperatur			
652	Corrix		20°	90°	20°	90°
	gegossen	ges.Lg.+5%H₄SO-	0,74	1,78	0,035	0,084
	gewalzt	ges.Lg.+5%H₄SO-	0,68	7,2	0,032	0,34
			20°	100°	20°	100°
662—666	Nickel	10% Lg.	<2,4	<24,0	<0,1	<1,0

W. V. Nr.	Werkstoff	Zusammensetzung des angreifenden Stoffes	Angriff g/m² · Tag	Angriff mm/Jahr
	C-Stahl		60,0 bei 90°	2,54 bei 90°
	Nickel	Herstellung durch	5,5 „ 90°	0,235 „ 90°
672	Monel	Auflösen von Zn		(Lochfraß)
682	Inconel	in H_2SO_4 von	5,0 „ 90°	0,215 bei 90°
722	Hastelloy B	53° Bé	4,6 „ 90°	0,20 „ 90°
445	Durimet 20		1,4 „ 90°	0,06 „ 90°
			5,5 „ 90°	0,235 „ 90°

Zinkverbindungen, andere. Als verwendbar werden angegeben:

Für Zinkcyanid 18/8-Cr-Ni-Stahl, 18/8-Cr-Ni-Stahl+Mo und Reinnickel.
„ ZnO Aluminium und Silber.

Zinn. Sm. 232°; d 7,28

6	Aluminium	geschmolzen	Angriff bei 230°						
	Gußeisen	geschmolzen	gut verwendbar						
			300°	400°	600°	300°	400°	600°	
322—355	Cr-Stahl	geschmolzen	<240	>240	>240	<10,1	>10,1	>10,0	
396—408	Cr-Mo-Stahl	geschmolzen	<2,4	<24,0	>240	< 0,1	< 1,0	>10,0	
451—474	18/8-Cr-Ni-Stahl	geschmolzen	<2,4	<24,0	>240	< 0,1	< 1,0	>10,0	
475—495	18/8-Cr-Ni-Stahl+Mo	geschmolzen	<2,4	<24,0	>240	< 0,1	< 1,0	>10,0	
525—529	18/9-Cr-Mn-Stahl	geschmolzen	<240	>240	>240	<10,0	>10,0	>10,0	
	Messing	geschmolzen	Angriff, nicht verwendbar						
	Cr-Überzüge	geschmolzen	kein Angriff						
662—666	Nickel	geschmolzen	nicht verwendbar						
672	Monel	geschmolzen	nicht verwendbar						

Zinnammoniumchlorid (Pinksalz)

209—225	Si-Gußeisen	Lg.	geringer Angriff				
			20°	60°	20°	60°	
322—355	Cr-Stahl	ges. Lg.	<240	>240	<10,0	>10,0	
396—408	Cr-Mo-Stahl	ges. Lg.	<24,0	>240	< 1,0	>10,0	
451—474	18/8-Cr-Ni-Stahl	ges. Lg.	<24,0	>240	< 1,0	>10,0	
475—495	18/8-Cr-Ni-Stahl+Mo	ges. Lg.	< 2,4	>240	< 0,1	>10,0	
525—529	18/9-Cr-Mn-Stahl	ges. Lg.	<240	>240	<10,0	>10,0	
697	Nickelchrom	ges. Lg.		>22,0		> 1,0	

Zinnchlorid

6	Aluminium	Lg.	starker Angriff, nicht verwendbar				
209—225	Si-Gußeisen	Lg. d = 1,21	<2,4 bei 20°		<0,1 bei 20°		
			nicht verwendbar bei Siedetemperatur				
	C-Stahl	Lg.	nicht verwendbar bei 20°				
			20°	siedend	20°	siedend	
322—355	Cr-Stahl	Lg.	>240	>240	>10,0	>10,0	
396—408	Cr-Mo-Stahl	Lg.	>240	>240	>10,0	>10,0	
451—474	18/8-Cr-Ni-Stahl	Lg.	<24,0	>240	< 1,0	>10,0	
475—495	18/8-Cr-Ni-Stahl+Mo	Lg.	<24,0	>240	< 1,0	>10,0	
525—529	18/9-Cr-Mn-Stahl	Lg.	>240	>240	>10,0	>10,0	
662—666	Nickel		nicht verwendbar bei 20°				
672	Monel		nicht verwendbar bei 20°				
	Hastelloy C	<1% Lg.	verwendbar bei Siedetemperatur				
	Tantal	ges. Lg.	kein Angriff bei 20°				
	Blei	wasserfrei	verwendbar				

W. V. Nr.	Werkstoff	Zusammensetzung des angreifenden Stoffes	Angriff g/m²·Tag		Angriff mm/Jahr	

Zinnchlorür

W. V. Nr.	Werkstoff	Zusammensetzung	g/m²·Tag A	g/m²·Tag B	mm/Jahr A	mm/Jahr B
6	Aluminium	Lg.	nicht verwendbar			
			50°	100°	50°	100°
209—217	Si-Gußeisen	ges. Lg.	< 2,4	<72,0	< 0,1	< 3,0
218—225	Si-Gußeisen	ges. Lg.	<24,0	>240	< 1,0	>10,0
322—355	Cr-Stahl	ges. Lg.	>240	>240	>10,0	>10,0
396—408	Cr-Mo-Stahl	ges. Lg.	>240	>240	>10,0	>10,0
451—474	18/8-Cr-Ni-Stahl	ges. Lg.	<24,0	>240	< 1,0	>10,0
475—495	18/8-Cr-Ni-Stahl + Mo	ges. Lg.	<24,0	>240	< 1,0	>10,0
525—529	18/9-Cr-Mn-Stahl	ges. Lg.	>240	>240	>10,0	>10,0
662—666	Nickel	ges. Lg.		<2,4		< 0,1
697	Nickelchrom	ges. Lg.	<2,2		<0,1	
	Zinn		nicht verwendbar			

Zitronensäure. Sm. 153°; Sd. zers.; d 1,542

W. V. Nr.	Werkstoff	Zusammensetzung	g/m²·Tag A	g/m²·Tag B	mm/Jahr A	mm/Jahr B
6	Aluminium		20°	60—70°	20°	60—70°
	hart	1% Lg.	0,026		0,0035	
		5% Lg.	0,021	0,82	0,0028	0,0110
		10% Lg.	0,021		0,0028	
		72% Lg.	0,017		0,0023	
	weich	1% Lg.	0,013		0,0017	
		5% Lg.	0,021	0,79	0,0028	0,0106
		10% Lg.	0,013		0,0017	
		72% Lg.	0,009		0,0012	
	MBV-Schicht hat keine Schutzwirkung					
90	GAl-Si	10% Lg.	0,035		0,0047	
	GAl-Mg-Mn	10% Lg.	0,045		0,0061	
			20°	50°	20°	50°
	Aluminium und Al-Leg.	1% Lg.	0,10—0,5	0,0—2,8	0,013—0,07	∼0—0,38
		10% Lg.	0,0 —0,3	0,4—0,8	∼0—0,04	0,055—0,11
			98°		98°	
		1% Lg.	4,5—130		0,62—18,0	
		10% Lg.	3,8—110		0,52—15,1	
	Titan	10—50% Lg.	<1,58 bei 100°		<0,18 bei 100°	
207	Gußeisen	5% Lg.	46,7 bei 20°		2,28 bei 20°	
			20°	siedend	20°	siedend
209—217	Si-Gußeisen	10—50% Lg.	<2,4	< 2,4	<0,1	<0,1
218—225	Si-Gußeisen	10% Lg.	<2,4	< 2,4	<0,1	<0,1
		25—50% Lg.	<2,4	<24,0	<0,1	<1,0
234—243	Cr-Gußeisen	10—25% Lg.	<2,4	< 2,4	<0,1	<0,1
		50% Lg.	<2,4	<24,0	<0,1	<1,0
251—255	Cr-Mo-Gußeisen	10—50% Lg.	<2,4	< 2,4	<0,1	<0,1
258	Niresist	5% Lg.	1,0		0,05	
269	Stahl	33,3% Lg.	49,5 bei 18°		2,33 bei 18°	
268	Stahl	5,0% Lg.	46,5 „ 20°		2,19 „ 20°	
272	Stahl	33,3% Lg.	9,7 „ 18°		0,46 „ 18°	
273	Stahl	5,0% Lg.	48,7 „ 20°		2,29 „ 20°	
287	Stahl	33,3% Lg.	5,2 „ 18°		0,25 „ 18°	
274	Flußstahl	6% Lg.	62,4 „ 20°		3,0 „ 20°	
274	Armco-Eisen	5% Lg.	3,89 „ 20°		0,19 „ 20°	
293	Elektrolyt-Eisen	5% Lg.	2,53 „ 20°		0,12 „ 20°	
	Cu-Stahl	Lg.	keine allgemeine schützende Wirkung; ein Cu-Zusatz zu Stählen mit hohem P-			

oder S-Gehalt vermindert die Lösungsgeschwindigkeit stark, die der P- und S-armen Stähle aber kaum, bei reinen Proben kann durch Cu-Zusatz sogar der Säureangriff erhöht werden. $CuSO_4$-Gehalt der Lösung vergrößert den Angriff.

<table>
<tr><th rowspan="2">W. V. Nr.</th><th rowspan="2">Werkstoff</th><th rowspan="2">Zusammensetzung des angreifenden Stoffes</th><th colspan="3">Angriff g/m² · Tag</th><th colspan="3">Angriff mm/Jahr</th></tr>
<tr><th>20°</th><th>siedend</th><th>140° 3 at</th><th>20°</th><th>siedend</th><th>140° 3 at</th></tr>
<tr><td rowspan="4">342—355</td><td rowspan="4">Cr-Stahl</td><td>1% Lg.</td><td>< 2,4</td><td><240</td><td></td><td><0,1</td><td><10,0</td><td></td></tr>
<tr><td>5% Lg.</td><td></td><td colspan="2"><240</td><td></td><td colspan="2"><10,0</td></tr>
<tr><td>10% Lg.</td><td><24,0</td><td>>240</td><td></td><td><1,0</td><td>>10,0</td><td></td></tr>
<tr><td>50% Lg.</td><td>>24,0</td><td>>240</td><td></td><td><1,0</td><td>>10,0</td><td></td></tr>
<tr><td rowspan="4">322—334</td><td rowspan="4">Cr-Stahl</td><td>1% Lg.</td><td>< 2,4</td><td><24,0</td><td></td><td><0,1</td><td>< 1,0</td><td></td></tr>
<tr><td>5% Lg.</td><td></td><td colspan="2"><24,0</td><td></td><td colspan="2">< 1,0</td></tr>
<tr><td>10% Lg.</td><td>< 2,4</td><td><24,0</td><td></td><td><0,1</td><td>< 1,0</td><td></td></tr>
<tr><td>50% Lg.</td><td>< 2,4</td><td><240</td><td></td><td><0,1</td><td><10,0</td><td></td></tr>
<tr><td>383</td><td>Ni-Stahl</td><td>5% Lg.</td><td colspan="3">0,87 bei 20°</td><td colspan="3">0,04 bei 20°</td></tr>
<tr><td>388</td><td>Ni-Stahl</td><td>5% Lg.</td><td colspan="3">9,7 „ 20°</td><td colspan="3">0,44 „ 20°</td></tr>
<tr><td rowspan="4">396—408</td><td rowspan="4">Cr-Mo-Stahl</td><td>1% Lg.</td><td><2,4</td><td><2,4</td><td></td><td><0,1</td><td>< 0,1</td><td></td></tr>
<tr><td>5% Lg.</td><td></td><td colspan="2"><24,0</td><td></td><td colspan="2"><1,0</td></tr>
<tr><td>10% Lg.</td><td><2,4</td><td><2,4</td><td></td><td><0,1</td><td>< 0,1</td><td></td></tr>
<tr><td>50% Lg.</td><td><2,4</td><td><2,4</td><td></td><td><0,1</td><td>< 0,1</td><td></td></tr>
<tr><td rowspan="8">451—474</td><td rowspan="8">18/8-Cr-Ni-Stahl</td><td>1% Lg.</td><td><2,4</td><td><2,4</td><td></td><td><0,1</td><td>< 0,1</td><td></td></tr>
<tr><td>5% Lg.</td><td></td><td colspan="2"><24,0</td><td></td><td colspan="2">< 1,0</td></tr>
<tr><td>10% Lg.</td><td><2,4</td><td><2,4</td><td></td><td><0,1</td><td>< 0,1</td><td></td></tr>
<tr><td>50% Lg.</td><td><2,4</td><td><240</td><td></td><td><0,1</td><td><10,0</td><td></td></tr>
<tr><td>25% Lg. + 0,6% H_2SO_4</td><td colspan="3">< 2,4 bei 20°</td><td colspan="3"><0,1 bei 20°</td></tr>
<tr><td>25% Lg. + 0,75% H_2SO_4</td><td colspan="3"><72,0 „ 20°</td><td colspan="3"><3,0 „ 20°</td></tr>
<tr><td>50% Lg. + 0,6% H_2SO_4</td><td colspan="3">< 2,4 „ 20°</td><td colspan="3"><0,1 „ 20°</td></tr>
<tr><td>50% Lg. + 0,7% H_2SO_4</td><td colspan="3"><72,0 „ 20°</td><td colspan="3"><3,0 „ 20°</td></tr>
<tr><th></th><th></th><th></th><th>20°</th><th>siedend</th><th>140° 3 at</th><th>20°</th><th>siedend</th><th>140° 3 at</th></tr>
<tr><td rowspan="4">475—495</td><td rowspan="4">18/8-Cr-Ni-Stahl+Mo</td><td>1% Lg.</td><td><2,4</td><td><2,4</td><td></td><td><0,1</td><td><0,1</td><td></td></tr>
<tr><td>5% Lg.</td><td></td><td colspan="2"><2,4</td><td></td><td colspan="2"><0,1</td></tr>
<tr><td>10% Lg.</td><td><2,4</td><td><2,4</td><td></td><td><0,1</td><td><0,1</td><td></td></tr>
<tr><td>50% Lg.</td><td><2,4</td><td><2,4</td><td></td><td><0,1</td><td><0,1</td><td></td></tr>
<tr><td rowspan="4">525—529</td><td rowspan="4">18/9-Cr-Mn-Stahl</td><td>1% Lg.</td><td><2,4</td><td><24,0</td><td></td><td><0,1</td><td><1,0</td><td></td></tr>
<tr><td>5% Lg.</td><td></td><td colspan="2"><24,0</td><td></td><td colspan="2"><1,0</td></tr>
<tr><td>10% Lg.</td><td><2,4</td><td><24,0</td><td></td><td><0,1</td><td><1,0</td><td></td></tr>
<tr><td>50% Lg.</td><td><2,4</td><td><240</td><td></td><td><0,1</td><td><10,0</td><td></td></tr>
<tr><td>543</td><td>Mn-Stahl</td><td>5% Lg.</td><td>23,4</td><td></td><td></td><td>1,02</td><td></td><td></td></tr>
<tr><td rowspan="4"></td><td rowspan="4">Kupfer</td><td>0,2% Lg.</td><td colspan="3">1,4 bei 20°</td><td colspan="3">0,06 bei 20°</td></tr>
<tr><td>50% Lg + H_2</td><td colspan="3">2,4 „ 20°</td><td colspan="3">0,1 „ 20°</td></tr>
<tr><td>50% Lg + O_2</td><td colspan="3">13,8 „ 20°</td><td colspan="3">0,57 „ 20°</td></tr>
<tr><td>ges. Lg.</td><td colspan="3">0,3 „ 20°</td><td colspan="3">0,012 „ 20°</td></tr>
<tr><td></td><td>Messing</td><td>5% Lg.</td><td colspan="3">~1,0 bei 20°</td><td colspan="3">~0,04 bei 20°</td></tr>
<tr><td>590</td><td>Bronze</td><td>5% Lg.</td><td colspan="3">0,93 „ 20°</td><td colspan="3">0,039 „ 20°</td></tr>
<tr><td>591</td><td>Bronze</td><td>5% Lg.</td><td colspan="3">0,96 „ 20°</td><td colspan="3">0,040 „ 20°</td></tr>
<tr><td>592</td><td>Bronze</td><td>5% Lg.</td><td colspan="3">1,0 „ 20°</td><td colspan="3">0,042 „ 20°</td></tr>
<tr><td>639</td><td>Everdur</td><td></td><td colspan="6">gegen Lösungen beständig</td></tr>
<tr><td>649</td><td>Al-Bronze</td><td>5% Lg.</td><td colspan="3">0,86 bei 20°</td><td colspan="3">0,039 bei 20°</td></tr>
<tr><td></td><td>Cr-Überzüge</td><td>Lg.</td><td colspan="6">langsam fortschreitender Angriff</td></tr>
<tr><td>662—666</td><td>Nickel</td><td>5% Lg.</td><td colspan="3"><2,4 bei 20°</td><td colspan="3"><0,1 bei 20°</td></tr>
<tr><td>669</td><td>Corronil</td><td>5% Lg.</td><td colspan="3">0,7 „ 20°</td><td colspan="3">0,029 „ 20°</td></tr>
</table>

W. V. Nr.	Werkstoff	Zusammensetzung des angreifenden Stoffes	Angriff g/m² · Tag	Angriff mm/Jahr
672	Monel	30% Lg.	0,89 bei 20° 4,5 „ 60°	0,04 bei 20° 0,22 „ 60°
682	Inconel	60—78% Lg.	1,4 „ 42—64°	0,07 „ 42—64°
697	Nickelchrom	5% Lg. ges. Lg.	>2,2 bei 20° >2,2 „ 100°	>0,1 bei 20° >0,1 „ 100°
	Stellit	10% Lg.	bei Siedetemperatur kein Angriff	
	Tantal	Lg.	bei 20° kein Angriff	
	Zink	Lg.	wird angegriffen	
	Zinn	0,2% Lg. 0,75% luftfrei	1,8 bei 20° 0,05 „ 20°	0,09 bei 20° 0,0025 „ 20°
	Zinn (99,989; 0,009 Cu; 0,002 Pb)	0,1 m Lg. teilweise eingetaucht	1,5 „ 25°	<0,07 „ 25°
	Zinn (91,89; 5,18 Sb; 2,98 Cu)	0,1 m Lg. teilweise eingetaucht	1,45 bei 25°	<0,07 bei 25°
	Blei	0,1 n Lg.	9,63 bei 20°	0,32 bei 20°

Empfohlene Werkstoffe bei Herstellung aus Zitronen [15, S. 107]:
Monel für Zerstäubung, Trockner, Kristallisatoren.

Cr-Ni-Stahl (316) für Herstellung von Zitronensäure für den menschlichen Genuß.

Zucker

W. V. Nr.	Werkstoff	Zusammensetzung des angreifenden Stoffes	Angriff g/m² · Tag	Angriff mm/Jahr
6	Aluminium	Rohrzucker-Lg. Rübenzucker-Lg. neutral, sauer	kein Angriff bei höherer Temperatur	
		kalkhaltige Säfte	geringer Angriff	
		Sirup-Herstellung	kein Angriff	
		10% Lg.	0,005	0,0007
90	GAl-Si	Schlammsaft Dünnsaft Dicksaft	empfohlen bei 70—85° empfohlen bei 70—85° empfohlen bei 70—85°	
		10% Lg.	0,050	0,007
	GAl-Mg-Mn	10% Lg.	0,010	0,0014
93—102	GAl-Mg	10% Lg.	0,010	0,002

Angriff unter Betriebsbedingungen:

W. V. Nr.	Werkstoff	Zusammensetzung des angreifenden Stoffes	Angriff g/m² · Tag	Angriff mm/Jahr
	Aluminium	Dünnsaft	20—60	2,7—8,1
		Dicksaft	1,3	0,17
	+	Eloxalschicht Dünnsaft	~2	0,27
90	A-Gl-Si	erste Saturation	~1,0	0,14
	Eisen und Stahl	Im Anfang werden alle Eisen- und Stahlsorten etwas angegriffen, aber bei Dünnsäften nach 1—2 Tagen, bei Dicksäften nach mehreren Tagen Inkrustationsbildung und dann gute Korrosionsfestigkeit. Nur bei Stählen mit ausnahmsweise geringer Inkrustationsbildung tritt Korrosion ein:		
			20—40	~1—2

Für Verdampfungsapparate geeignet; die geringere Wärmeleitfähigkeit des Eisens kann gegenüber der Beeinflussung des Wärmedurchganges durch die Inkrustationsschichten vernachlässigt werden.

W. V. Nr.	Werkstoff	Zusammensetzung des angreifenden Stoffes	Angriff g/m² · Tag	Angriff mm/Jahr
258	Niresist	Melasse	1,0 bei 20°	0,05 bei 20°
322—326	Cr-Stahl		für Zuckerrübenverarbtg. empfohlen	
		Melasse	kein Angriff	
		Dünnsaft	kein Angriff	
		Dicksaft	kein Angriff	
		Lg.	<2,4 bei 20°	<0,1 bei 20°
396—408	Cr-Mo-Stahl	Lg.	<2,4 „ 20°	<0,1 „ 20°

W. V. Nr.	Werkstoff	Zusammensetzung des angreifenden Stoffes	Angriff g/m² · Tag	Angriff mm/Jahr
451—474	18/8-Cr-Ni-Stahl	Lg.	<2,4 bei 20°	<0,1 bei 20°
475—495	18/8-Cr-Ni-Stahl + Mo	Lg.	<2,4 ,, 20°	<0,1 ,, 20°
525—529	18/9-Cr-Mn-Stahl	Lg.	<2,4 ,, 20°	<0,1 ,, 20°
	Kupfer	Dünnsaft	<0,2 bei höh. Tmp.	<0,008 b. höh. Tp.
		Dicksaft	<0,2 ,, ,, ,,	<0,008 ,, ,, ,,
		+ SO₂, CO₂	10—20	0,41—0,82
		besonders für Vorwärmerohre empfohlen, ein NH₃-Gehalt ist aber zu vermeiden. Für Diffusionswasser geeignet.		
	Messing		nur in seltenen Fällen angegriffen. Säfte mit besonders großem NH₃-Gehalt können korrodierend wirken. Auch Luftpolster sind zu vermeiden. Falsche Wärmebehandlung bei der Herstellung gibt Veranlassung zur Rißbildung, besonders, wenn NH₃ vorhanden. Die Gefahr der Rißbildung ist bei Messing 70/30 geringer als bei Messing 60/40. Für Verdampferapparate geeignet.	
561, 574	Messing Ms 70, Ms 63 Bronze Zn-frei	Rübensaft	kein Angriff, viel beständiger (etwa zwölfmal) als Fe, bevorzugter Werkstoff der Zuckerindustrie, empfohlen (Kreiselpumpen)	
	80/20-Cu-Ni-Leg.	2% Lg.	1,4 bei 20°	0,06 bei 20°
662—666	Nickel		<2,4	<0,1
681	Nickelchrom		<2,2 bei 20°	<0,1 bei 20°
	Zinn		kein Angriff	
	Gold	Dünnsaft	manchmal Verfärbung	

Zuckercouleur. Als verwendbar wird angegeben:
Eisen.

Umrechnungsfaktoren

$$\left\{\frac{mg}{dm^2 \cdot Tag}\right\} \cdot 0,1 = \left\{\frac{g}{m^2 \cdot Tag}\right\} \qquad \left\{\frac{g}{cm^2 \cdot Monat}\right\} \cdot 333 = \left\{\frac{g}{m^2 \cdot Tag}\right\}$$

$$\left\{\frac{g}{m^2 \cdot h}\right\} \cdot 24 = \left\{\frac{g}{m^2 \cdot Tag}\right\} \qquad \left\{\frac{mg}{cm^2 \cdot h}\right\} \cdot 240 = \left\{\frac{g}{m^2 \cdot Tag}\right\}$$

$$\left\{\frac{g}{dm^2 \cdot h}\right\} \cdot 2400 = \left\{\frac{g}{m^2 \cdot Tag}\right\}.$$

Schrifttum

Bücher und Arbeiten allgemeinen Inhalts

[1] AKIMOW, G.W.: Korrosion, Spannungskorrosion und Verschleiß von Stählen und ihre Bekämpfung. Berlin: VEB Verlag Technik, 1955. — [2] BATRAKOW, W. P.: Korrosion metallischer Werkstoffe in aggressiven Mitteln, deutsche Ausgabe. Berlin: VEB Verlag Technik, 1954. — [3] BAUER, O., O. KRÖHNKE und G. MASING: Die Korrosion metallischer Werkstoffe. I. Band: Die Korrosion des Eisens und seiner Legierungen. Leipzig: Hirzel, 1936. [4] II. Band: Die Korrosion von Nichteisenmetallen und deren Legierungen. Leipzig: Hirzel, 1938. [5] III. Band: Korrosionsschutz. Leipzig: Hirzel, 1940. — [6] BECK, A.: Magnesium und seine Legierungen. Berlin: Springer, 1939. — [7] BURCKHARDT, A.: Technologie der Zinklegierungen. Berlin: Springer, 1940. — [8] Das chemische Verhalten von Aluminium. Düsseldorf: Aluminiumzentrale e.V., 1955. — [9] DECHEMA-Werkstofftabelle. Bearbeitet von E. RABALD und H. BRETSCHNEIDER. Dechema, Frankfurt/Main, ab 1953. — [10] EVANS, U. R.: Metallic Corrosion, Passivity and Protection, 2. Aufl. London: E. Arnold & Co., 1948. — [11] HAASE, L. W.: Werkstoffzerstörung und Schutzschichtbildung im Wasserfach, 2. Aufl. Weinheim/Bergstr.: Verlag Chemie, 1951. — [12] HESSENBRUCH, W.: Metalle und Legierungen für hohe Temperaturen, I. Teil: Zunderfeste Legierungen. Berlin: Springer, 1940. — [13] HOUDREMONT, E.: Handbuch der Sonderstahlkunde. Berlin: Springer, 1943. — [14] Institute of Metals: Symposium on International Stresses in Metals and Alloys. London: Selbstverlag, 1948. — [15] LEE, J. A.: Materials of Construction for Chemical Process Industry. New York: McGraw-Hill Book Comp., 1950. — [16] MACCHIA, O.: Der Phosphatrostschutz, deutsche Ausgabe. Berlin: Verlag Chemie, 1940; dazu 1. Ergänzungs-Band: Fortschritte auf dem Gebiete der Phosphatierung. Berlin: Verlag Chemie, 1942. — [17] MacKAY, R. J. und R. WORTHINGTON: Corrosion Resistance of Metals and Alloys. New York: Reinhold Publishing Corp., 1947. — [18] MASSTERKOW, T. A.: Korrosionsschutz von Metallerzeugnissen. Moskau: Zentrales Haus der Technik, 1940. — [19] MONYPENNY, J. H. G.: Stainless Iron and Steel, 2. Aufl. London: Chapman & Hall, 1931. — [20] MÜLLER, W. J.: Die Bedeckungstheorie der Passivität der Metalle. Berlin: Verlag Chemie, 1933. — [21] National Association of Corrosion Engineers: Symposium on Sulfide Stress Corrosion. Houston: Selbstverlag, 1952. — [22] PERSCHKE, W. K. und J. JA. KLINOW: Chemischer Widerstand von Werkstoffen. Moskau-Leningrad: Goschimisdat, 1946. — [23] RABALD, E.: Corrosion Guide. New York and Amsterdam: Elsevier Publishing Company, 1951. — [24] RAPATZ, F.: Die Edelstähle, 4. Aufl. Berlin: Springer, 1951. — [25] RAUB, E.: Die Edelmetalle und ihre Legierungen. Berlin: Springer, 1940. — [26] REHBINDER, P. A.: Der Kampf mit der Korrosion in der chemischen Industrie (Sammlung von Arbeiten). Moskau-Leningrad: Goschimisdat, 1946. — [27] SCHIKORR, G.: Die Zersetzungserscheinungen der Metalle. Leipzig: J. A. Barth, 1943. — [28] SEELMEYER, G.: Rost- und Steinschutz in Niederdruckanlagen. Weinheim/Bergstr.: Verlag Chemie, 1953. — [29] SIEBEL, E.: Handbuch der Werkstoffprüfung, Band 2: Die Prüfung der metallischen Werkstoffe. Berlin: Springer, 1939. — [30] SMITHELLS, C. J.: Metals Reference Book. London: Butterworths Scientific Publications Ltd., and Berlin-Göttingen-Heidelberg: Springer, 1949. — [31] SPELLER, F. N.: Corrosion, Causes and Prevention. New York and London: McGraw-Hill Book Comp., 1935. — [32] THUM, E.: Handbuch über nichtrostende Stähle. Moskau: Wissenschaftlich-technischer Staatsverlag, 1940. — [33] TÖDT, F.: Korrosion und Korrosionsschutz. Berlin: W. de Gruyter & Co., 1955. — [34] UHLIG, H. H.: The Corrosion Handbook. New York: J. Wiley & Sons, 1948. — [35] Verein Deutscher Eisenhüttenleute. Werkstoffhandbuch Stahl und Eisen. Düsseldorf: Verlag Stahleisen, 1955. — [36] WAEHLERT, W.: Nickel-Handbuch. Frankfurt/Main: Nickel-Informationsbüro, 1938. — [37] WIEDERHOLT, W.: Korrosionsprüfverfahren. Berlin: Verlag Chemie, 1946. — [38] WOOD, V. N.: Corrosion of Metals. Cleveland: American Society for Metals, 1946. — [39] ZEERLEDER, A. VON: Technologie des Aluminiums. Leipzig: Akadem. Verlagsgesellschaft, 1935. — [40] Zinktaschenbuch, S. 85-90. Halle, 1941.

Zeitschriften und andere periodisch erscheinende Veröffentlichungen

[41] Aluminium (Berlin, seit 1951 Düsseldorf). — [42] Aluminium and the Non-ferrous Review (London). — [43] American Institute of Chemical Engineers. — [44] American Petroleum Institute. — [45] American Society for Testing Materials, Technical Papers. — [46] Archiv für das Eisenhüttenwesen. — [47] Berg- und Hüttenmännische Monatshefte der Montanistischen Hochschule in Leoben. — [48] British Non-ferrous Metals Research Association, Research Reports, Association Series. — [49] Bulletin of the British Non-ferrous Metals Research Association. — [50] Bureau of Standards Journal of Research. — [51] Chemical Abstracts. — [52] Chemical Engineer (Chicago). — [53] Chemie-Ingenieur-Technik (bis Jg. 20, 1948, unter dem Titel „Angewandte Chemie, Ausgabe B, Technisch-Wirtschaftlicher Teil", noch früher „Die Chemische Fabrik" bzw. einige Jahre als „Chemische Technik vereinigt mit Chemische Apparatur"). — [54] Chemiker-Zeitung. — [55] Chimie et Industrie. — [56] Corrosion (American Association of Corrosion Engineers). — [57] Corrosion et Anticorrosion (Paris). — [58] Corrosion Technology (London). — [59] Eidgenössische Materialprüfungs- und Versuchsanstalt für Industrie, Bauwesen und Gewerbe (Zürich). — [60] Engineering. — [61] Gas- und Wasserfach. — [62] Gazzetta Chimica Italiana. — [63] Industrial and Engineering Chemistry. — [64] Industrial and Engineering Chemistry (News Edition). — [65] International Tin Research and Development Council, Technical Publications. — [66] Internationale Zeitschrift für Metallographie. — [67] Iron Age. — [68] Iron and Steel Industry. — [69] Jahresberichte der Chemisch-technischen Reichsanstalt, Leipzig. — [70] Journal of the Institute of Metals. — [71] Journal of the Iron and Steel Institute. — [72] Journal of the Society of Chemical Industry, Japan (English Version). — [73] Japan Nickel Review. — [74] Kruppsche Monatshefte. — [75] Métaux (Aciers Spéciaux, Métaux et Alliages). — [76] Metallurgia (Manchester). — [77] Metallurgie und Gießereitechnik. — [78] Metallwirtschaft, Metallwissenschaft, Metalltechnik. — [79] Metals and Alloys. — [80] Metal Industry (London). — [81] Metal Industry (New York). — [82] Metal Progress. — [83] Metall und Erz. — [84] Métaux et Corrosion. — [85] Mitteilungen aus dem Forschungs-Institut der Vereinigten Stahlwerke A.-G., Dortmund. — [86] Mitteilungen aus dem Kaiser-Wilhelm-Institut für Eisenforschung zu Düsseldorf. — [87] Oberflächentechnik. — [88] Österreichische Chemiker-Zeitung. — [89] Oil and Gas Journal. — [90] Petroleum. — [91] Revue du Nickel. — [92] Stahl und Eisen. — [93] Transactions of the American Electrochemical Society. — [94] United States Bureau of Standards Technical Papers. — [95] Werkstoffe und Korrosion. — [96] Zeitschrift für angewandte Chemie. — [97] Zeitschrift für Elektrochemie. — [98] Zeitschrift für Metallkunde. — [99] Zeitschrift für Physik. — [100] Zeitschrift des Vereines Deutscher Ingenieure.

Schrifttum über das Verhalten gegen die einzelnen angreifenden Stoffe

[101] ALLEN, C. H. und M. J. TAUSCHEK: Corrosion of Gasoline Engine Exhaust Valve Steels. Corrosion *12*, 55-62 (1956). — [102] KEAR, R. W.: Low-Temperature Corrosion by Flue-Gas Condensates. Corrosion Technology 59-64, 78-80, 125-127 (1956). — [103] MARSHALL, T. und R. M. SINCLAIR: Corrosion of Materials Subjected to Locomotive Smoke and Funnel Blast. Corrosion *11*, 31-34 (1955). — [104] PRAY, H. A., R. S. POEPLES und E. WHITE: Korrosion metallischer Werkstoffe durch Verbrennungsprodukte gasförmiger Brennstoffe. Amer. Gas. Assoc., Rep. 4 D. G. R.-4-Ch. (Juni 1953). — [105] MARSHALL, T. und L. G. NEUBAUER: Corrosion by Agricultural Chemicals. Corrosion *11*, 45-52 (1955). — [106] SCHREIBER, CH. F.: Corrosion of Aircraft Structural Materials by Agricultural Chemicals. Corrosion *11*, 33-44 (1955). — [107] COURSHEE, R. J.: Corrosion in Agricultural Sprayers. Corrosion Technology 287-288 (1956). — [108] GEBHARDT, E. und W. OBROWSKI: Reaktionen von festem Eisen mit Schmelzen aus Aluminium und Aluminiumlegierungen. Z. Metallkunde *44*, 154-60 (1953). — [109] SCHNEIDER, K. und H. KESSLER: Die Reaktion von festem Eisen mit Schmelzen zinkhaltiger Aluminiumlegierungen. Metall *7*, 608-10 (1953). — [110] TRESEDER, R. S. und A. WACHTER: Corrosion in Petroleum Processes Employing Aluminium Chloride. Corrosion *5*, 383-90 (1949). — [111] KATZ, W.: Die Auflösungsgeschwindigkeit von Kupfer in verschiedenen Salzlösungen und der Mechanismus der Kupferkorrosion. Werkstoffe u. Korrosion *1*, 393 (1950). — [112] BOGAERTS, PH.: Der Schutz von Metallen durch Zink. Revêtement et Protection *2*, 113 (1949). — [113] WAKEFIELD, J. E.: Gespritzte Metalle sichern innerhalb weiter Grenzen die Korrosionssicherheit. Materials and Methods *31*, Nr. 4, 67 (1950). — [114] FISCHER, J. in TÖDT, F.: Korrosion und Korrosionsschutz, S. 475. Berlin 1955. — [115] ROMANOVSKY, V.: L'étude de la corrosion en milieu tropical. Corrosion et Anticorrosion 53-59 (1956). — [116] ZÜLLIG, H. T.: Neuzeitliche Autostraßen-Beleuchtung mit Anticorodal-Gehäusen. Aluminium Suisse No. 6, 199-204 (1955). — [117] COMPTON, K. G., A. MENDIZZA und W. W. BRADLEY: Atmospheric

Galvanic Couple Corrosion: Corrosion *11*, 35-44 (1955). — [118] RUDOLF, H. T.: Design Against Atmospheric Corrosion. Corrosion *11*, 35-38 (1955). — [119] ZIMMERER, R. I.: Atmospheric Corrosion of Mild Steel in a Chemical Plant. Corrosion *11*, 17 (1955). — [120] WALTON, C. J., D. O. SPROWLS und J. A. NOCK, JR.: Resistance of Aluminium Alloys to Weathering. Corrosion *9*, 345-58 (1953). — [121] BINGER, W. W., R. H. WAGNER und R. H. BROWN: Resistance of Aluminium Alloys to Chemically Contaminated Atmospheres. Corrosion *9*, 440-46 (1953). — [122] LA QUE, F. L. und J. A. BOYLAN: Effect of Composition of Steel on the Performance of Organic Coatings in Atmospheric Exposure. Corrosion *9*, 237-41 (1953). — [123] KATZ, W.: Korrosion des Bleis. Auflösung in zeitlicher Abhängigkeit. Metalloberfläche 7 A, 161 (1953). — [124] HAASE, L. W.: Werkstoffe und Böden. Werkstoffe u. Korrosion *3*, 90-92 (1951). — [125] DENISON, I. A. und M. ROMANOFF: Corrosion of Nickel Cast Irons in Soils. Corrosion *10*, 199-204 (1954). — [126] DENISON, I. A. und M. ROMANOFF: Corrosion of Galvanized Steel in Soils. Corrosion *9*, 132-141 (1953). — [127] DENISON, I. A. und M. ROMANOFF: Corrosion of Low-Alloy Irons and Steels in Soils. Corrosion *9*, 141-149 (1953). — [128] MARKOVIC, T. und M. KARSULIN: Der Einfluß der Lüftung auf die Bodenkorrosion des Aluminiums. Werkstoffe u. Korrosion *1*, 6-8 (1955). — [129] MARKOVIC, T.: Einfluß der Oberflächenbeschaffenheit auf die Korrosionsgeschwindigkeit von Eisen im Boden. Werkstoffe u. Korrosion *3*, 81-83 (1954). — [130] MARKOVIC, T.: Über die Bodenkorrosion des Aluminiums. Werkstoffe u. Korrosion *2*, 84-86 (1955). — [131] MARKOVIC, T.: Der Einfluß der Bodenfeuchtigkeit auf die Korrosionsgeschwindigkeit von Eisen und Blei im Erdreich. Werkstoffe u. Korrosion *7*, 244-246 (1954). — [132] SCHWERDTFEGER, W. J.: Electrical Measurements in the Selection of Bolt Materials for Service Underground. Corrosion *10*, 355-363 (1954). — [133] WEINER, R.: Die Korrosion von Silber durch Brom. Arch. Metallkunde *1*, 281 (1947). — [134] ATKINSON, R., A. RAPER und A. MIDDLETON: Unveröffentlicht. Mond Nickel Co., Acton, London. — [135] KATZ, W.: Korrosion des Bleis. Auflösung in zeitlicher Abhängigkeit. Metalloberfläche 7A, 161 (1953). — [136] TSEITLIN, KH. L.: Einfluß der Temperatur auf die Chlorkorrosion. J. angew. Chem. (russ.) *28*, 490-96 (1955). — [137] SCHATZ, L.: Silberlegierung mit hoher Beständigkeit gegen Chlor. Werkstoffe u. Korrosion *1*, 248 (1950). — [138] New Chlorine - Caustic Plant for the Southwest. Chem. Industries *63*, No. 6, 956-959 (1948). — [139] BARKER, E. R. JR., HOLLINGSWORTH und WHITNEY: Chlorine Bleaching. Paper Trade J. *135*, No. 20, 253-254, 256-257 (1952). — [140] BROWN, M. H., W. B. DE LONG und J. R. AULD: Corrosion by Chlorine and by Hydrogen Chloride at High Temperature. Ind. Engng. Chem. *39*, 839-44 (1947). — [141] CHURCH, H. M., J. L. TRAUB und J. S. CHOWNING: Wet and Dry Chlorine vs. Materials of Chemical Plant Construction. Chem. Metallurg. Engng. *54*, No. 1, 211-214 (1947). — [142] Electrolytic Chlorine Production. Chem. Metallurg. Engng. *53*, No. 1, 227-228 (1946). — [143] CROWLEY, E. L.: Chlorine Handling in Pulp Mills. Paper Ind. *33*, No. 11, 1311-1312 (1952). — [144] HEINEMANN, G., F. GARRISON und P. HABER: Corrosion of Steel by Gaseous Chlorine. Ind. Engng. Chem. *38*, 479-9 (1946). — [145] HIGHTOWER, J. V.: Chlorine-Caustic Soda. Chem. Metallurg. Engng. *55*, 112-16 (1948). — [146] HIGHTOWER, J. V.: Handling Chlorine. Chem. Metallurg. Engng. *56*, No. 1, 96-98 (1949). — [147] HILDYARD, J. M.: Instrumentation in a Modern Chlorine Handling Plant. Paper before Electrochemical Society, Cleveland, April 19-22, 1950; J. Electrochem. Soc. *97*, No. 11, 367-376 (1940). — [148] KAUFFMANN, H. O. und R. L. McEWEN: Use of Stainless Steels in Contact with Chlorine. Chem. Abstracts *34*, P 705-5 (1940); U. S. Patent 2, 174, 516, Oct. 3, 1939. — [149] LINFORD, H. B. und M. J. FORD: Corrosion of Silver in a Water-Saturated Chlorine Atmosphere. Chem. Abstracts *42*, 1865d (1948); Trans. Electrochem. Soc. *93*, No. 1, 16-26 (1948). — [150] SCHATZ, J.: Silberlegierungen mit erhöhter Beständigkeit gegen Chlor. Werkstoffe u. Korrosion *1*, H. 6-7, 248 (1950). — [151] KOCH, L.: Korrosionsangriff von Stahl durch den Elektrolyten von Verchromungsanlagen. Metalloberfläche *4*A, 65 (1950). — [152] KELLY, B. J.: Corrosion of Railroad Hopper Car Body Sheets. Corrosion - National Association of Corrosion Engineers *7*, 196-201 (1951). — [153] LIEBHAFSKY, H. A. und A. E. NEWKIRK: Corrosion of Stainless Steel in Ferric Chloride Solution. Corrosion - National Association of Corrosion Engineers *12*, 48-54 (1956). — [154] MORTON. B. B.: Metallurgical Methods for Combatting Corrosion and Abrasion in the Petroleum Industry. J. Inst. Petroleum *34*, No. 289, January (1948). — [155] WETTERNIK, L. und H. ZITTER: Säurebeständige Stähle in der Holzessigfabrikation. Werkstoffe u. Korrosion 282-287 (1955). — [156] FRIEND, W. Z.: Chem. Metallurg. Engng. *56*, 237 (1949). — [157] FRIEND, W. Z.: Chem. Metallurg. Engng. *56*, 228 (1949). — [158] CHISHOLM, C. G.: Chem. Metallurg. Engng. *56*, 218 (1949). — [159] GRETSCHMANN, M. und K. W. FRÖHLICH: Beständigkeit gegen Flußsäure. Chemie-Ing.-Techn. *21*, 68 (1949). — [160] Hydrofluoric Acid Handling Ind. Chem. *30*, 608 — 10 (1954). — [161] WILKINSON, W. D.: Effects of Gallium on Materials at

Elevated Temperatures. US Atomic Energy Commission: Argonne National Laboratory Report 5027 (1953). — [162] HARRIS, G. T. u. a.: Iron and Steel 28, No. 6, 268-71 (1955). — [163] Materials and Methods 40, Nr. 1, 165 (1954). — [164] HUMPHREYS, F. E.: Corrosion in the Tannery. Corrosion Technology 174-76 (1955). — [165] Glas, Email, Keramotechnik 1, H. 1, 8-9 (1950). — [166] FRIEND, W. Z. und J. F. MASON: Corrosion 5, 355-68 (1949). — [167] KATZ, W.: Kaliindustrie, in TÖDT, F.: Korrosion und Korrosionsschutz, S. 878 — 889. Berlin 1955. — [168] KATZ, W.: Sauerstoffbestimmung in Lösungen, besonders magnesiumhaltigen Salzlösungen. Kali, verwandte Salze, Erdöl 27 (1941). — [169] MERZ, A. und E. BRENNICKE: Korrosionserscheinungen an Al-Bronzen, ihre Ursachen und Maßnahmen zur Verhütung. Korrosion u. Metallschutz 4, 136 (1938). — [170] KATZ, W.: Eine Beobachtung bei der Korrosion von Flüssigkeitspumpen. Metalloberfläche 4 A, 136 (1950). — [171] KATZ, W.: Eine unzweckmäßige Anwendung von Chromstahl in der Praxis. Metall 3, 295 (1949). — [172] KATZ, W.: Magnesiumhydroxyd-Löslichkeiten, pH-Zahlen und Pufferung im System H_2O-$MgCl_2$-$Mg(OH)_2$. Kali, verwandte Salze, Erdöl 37 (1941). — [173] WIELAND, R. und R. S. TRESEDER: Internal Corrosion in Domestic Fuel Oil Tanks. Corrosion 10, 401-06 (1954). — [174] WETTERNIK, L. und H. ZITTER: Säurebeständige Stähle in der Holzessigfabrikation. Werkstoffe u. Korrosion 6, 282-87 (1956). — [175] GEORGE, S. und N. DICKINSON: Corrosion of Metals by Insecticidal Solutions. Corrosion 6, 137-38 (1950). — [176] KEIL, A.: Eine spezifische Korrosionserscheinung an Wolfram-Kontakten. Werkstoffe u. Korrosion 7, 263-65 (1952). — [177] ATKINSON, R., A. RAPER und A. MIDDLETON: Unveröffentlicht. Mond Nickel Co., Acton, London. — [178] WILD, J. P.: Aluminiummäntel für Starkstrom- und Telephonkabel. Aluminium Suisse No. 1 (1955). — [179] EMMERICH, E. und J. BECKMANN: Beimengungen im Hüttenblei von Kabelmänteln. Felten & Guilleaume Rdsch. 294-306 (1951). — [180] REINITZ, B. B.: Cable Sheath Corrosion and Prevention. Corrosion 9, 425-31 (1953). — [181] KATZ, W. in TÖDT, F.: Korrosion und Korrosionsschutz, S. 360. Berlin 1955. — [182] KATZ, W.: Korrosion des Bleis. Auflösung in zeitlicher Abhängigkeit. Metalloberfläche 7 A, 161 (1953). — [183] SUNDEN, O. und E. BÖHM: Korrosionsbeständigkeit legierter Stähle gegenüber reinem und schwefelhaltigem Kohlenoxyd. Chemie-Ing.-Techn. 23, 3 (1951). — [184] Ergebnisse von Laboratoriumsversuchen mit Kohlenoxyd und Mischgas. Brennstoff-Chemie 21, 133-141 (1940). — [185] KATZ, W. und J. SONNTAG: Korrosion durch Benzin und chlorierte Kohlenwasserstoffe. Metall 8, 203-5 (1954). — [186] KRAFACK, K. und E. FRANKE: Über das Korrosionsverhalten von eisenhaltigen Kupfer-Nickel-Legierungen 90/10. Werkstoffe u. Korrosion 8-9, 310 (1953). — [187] MICHALEWICZ, Z. S.: Corrosion in the Motor-Car. Corrosion Technology 75-77 (1955). — [188] BUFE, W.: Metall und Gewebe. Werkstoffe u. Korrosion 3, 95-98 (1953). — [189] RECK, R.: Behälter, Apparate und Geräte aus Aluminium in der Milchindustrie. Aluminium Suisse Nr. 5 (1955). — [190] DICKINSON, D.: Korrosion von Weißblech durch Lebensmittel in Konservendosen. Corrosion Technology 2, Nr. 1, 4-7; Nr. 2, 49-51 (1955). — [191] BRUSH, E. G.: Construction Materials for Liquid Sodium Systems. Corrosion 11, 27-30 (1955). — [192] BEYTHIEN, R.: Korrosion und Metallschutz 17, 133-40 (1941). — [193] KATZ, W.: Die Korrosion von Kupfer in technischen Salzlösungen. Metalloberfläche 3 A, 101 (1949); Die Geschwindigkeit der Kupferkorrosion in Salzlösungen. Metalloberfläche 4 A, 101 (1950). — [194] KATZ, W.: Korrosion des Bleis. Auflösung in zeitlicher Abhängigkeit. Metalloberfläche 7 A, 161 (1953). — [195] RAUB, E. und E. ENGEL: Über die chemischen Eigenschaften des Goldes. Z. Metallkunde 44, 298 (1953). — [196] KATZ, W.: Korrosion des Bleis. Auflösung in zeitlicher Abhängigkeit. Metalloberfläche 7 A, 161 (1953). — [197] BECK, A. A. und W. F. WALDECK: Gefahrenzone für das Auftreten von Spannungskorrosion in Ätznatronlösungen. Chem. Metallurg. Engng. 57, 235 (1950). — [198] KATZ, W.: Korrosion des Bleis. Auflösung in zeitlicher Abhängigkeit. Metalloberfläche 7 A, 161 (1953). — [199] RAUB, E. und E. ENGEL: Über die chemischen Eigenschaften des Goldes. Z. Metallkunde 44, 298 (1953). — [200] GEE, E. A., L. B. GOLDEN und W. E. LUSBY: Titanium and Zirconium Corrosion Studies, Common Mineral Acids. Ind. Engng. Chem. 41, 1668 (1949). — [201] FRÖHLICH, K. W.: Der sinnvolle Einsatz von Edelmetallen in der Technik. Chem. Techn. 16, 19 (1943). — [202] FITZER, E., H. HOHN und J. SEKAL: Über das Korrosionsverhalten von Eisen in hochkonzentrierter Salpetersäure. Werkstoffe u. Korrosion 4, 290 (1953). — [203] FIELD, B. E.: Nickel-Molybdenum and Nickel-Molybdenum-Iron-(Chromium) Alloys. Corrosion Handbook, H. H. UHLIG, S. 294. New York und London 1948. — [204] KAPLAN, N. und R. J. ANDRUS: Ind. Engng. Chem. 40, 1946-47 (1948); Werkstoffe u. Korrosion 1, 154-56 (1950). — [205] APLAN, N. und R. J. ANDRUS: Corrosion of Metals in Red Fuming Nitric Acid and in Mixed Acid. Ind. Engng. Chem. 49, 1947 (1948). — [206] WICKERT, K. u. a.: Löslichkeit von Eisen in HCl in den ersten Sekunden. Werkstoffe u. Korrosion 1,

160-67 (1950). — [207] FRIEND, Z. W.: Nickel. Corrosion Handbook, H. H. UHLIG, S. 253. New York und London 1948. — [208] FRIEND, W. Z. und B. B. KNAPP: Trans. Amer. Inst. Chem. Engrs. *39*, 731 (1943). — [209] HUCHZERMEIER, H. M. in TÖDT, F.: Korrosion und Korrosionsschutz, S. 848-866. Berlin 1955. — [210] RAUB, E. und E. ENGL: Über die chemischen Eigenschaften des Goldes. Z. Metallkunde *44*, 298 (1953). — [211] FRANKE, E.: Neue korrosionsbeständige Werkstoffe im Ausland II. Werkstoffe u. Korrosion *1*, 171 (1950). — [212] RICHARDSON, W. H.: Metallurgia *40*, 3 (1949); Nickel Bull. *23*, 2 (1950), vgl. auch Zusammenfassung von E. FRANKE: Neue korrosionsbeständige Werkstoffe im Ausland III. Werkstoffe u. Korrosion *1*, 305 (1950). — [213] KATZ, W.: Korrosion des Bleis. Auflösung in zeitlicher Abhängigkeit. Metalloberfläche *7 A*, 161 (1953). — [214] BÜNGER, J.: Die Korrosion durch Schwefelsäure. Werkstoffe u. Korrosion *6*, 322-30 (1956). — [215] LOWRISON, G. C. und F. HEPPENSTALL: Corrosion and Construction Problems of Sulphuric Acid Plant. Corrosion Technology *6* (1956). — [216] BACKENSTO, E. B., R. D. DREW und C. C. STAPLEFORD: High Temperature Hydrogen Sulfide Corrosion. Corrosion-National Association of Corrosion Engineers *12*, 22-32 (1956). — [217] WAKEFIELD, J. E.: Gespritzte Metalle sichern innerhalb weiter Grenzen die Korrosionssicherheit. Materials and Methods *31*, Nr. 4, 67 (1950). — [218] GRAF, L.: Zur Abhängigkeit der Spannungskorrosionsempfindlichkeit homogener Legierungen vom Gehalt unedler Komponenten. Vortrag Deutsche Gesellschaft für Metallkunde, Herbst 1952. — [219] JUPP, W. B.: Vortrag vor der Society of Naval Architects and Marine Engineers am 14. November 1952 in New York. Auszüge in Motor Ship, Januar 1953, und Schiff u. Hafen *475*, *476* (1954). — [220] FITZER, E.: Theorie und Praxis der Metallverzunderung. Österr. Chemiker-Ztg. *54*, 266 (1953). — [221] WICKERT, K. und H. PILZ: Experimentelle Untersuchungen über die Reaktion zwischen Wasserdampf und Eisen. Werkstoffe u. Korrosion *1*, 56-64 (1950). — [222] SEELMAYER, G.: Praktische Korrosionsuntersuchungen an Niederdruck-Dampfheizungen. Werkstoffe u. Korrosion *1*, 93-102 (1950). — [223] HAASE, L. W.: Grundsätzliche Fragen der Bedeutung des O_2 für die Wasseraufbereitung und den Korrosionsschutz. Werkstoffe u. Korrosion *1*, 4-9 (1950). — [224] WESLEY, W. A. und H. R. COPSON: Effect of Non Condensable Gases. J. Electrochem. Soc. *95*, 226 (1949); vgl. auch Referat Werkstoffe u. Korrosion *1*, 159 (1950).